OBRAS

SOBRE

MATHEMATICA

OBRAS

SOBRE

MATHEMATICA

DO

Dr. F. Gomes Teixeira

DIRECTOR DA ACADEMIA POLYTECHNICA DO PORTO,
ANTIGO PROFESSOR NA UNIVERSIDADE DE COIMBRA, ETC.

PUBLICADAS

POR ORDEM DO GOVERNO PORTUGUÊS

VOLUME SEXTO

COIMBRA
Imprensa da Universidade
1912

OBRAS

SOBRE

MATHEMATICA

DO

Dr. F. Gomes Teixeira
DIRECTOR DA ACADEMIA POLYTECHNICA DO PORTO,
ANTIGO PROFESSOR NA UNIVERSIDADE DE COIMBRA, ETC.

PUBLICADAS

POR ORDEM DO GOVERNO PORTUGUÊS

VOLUME SEXTO

COIMBRA
Imprensa da Universidade
1912

CURSO

DE

ANALYSE INFINITESIMAL

CALCULO INTEGRAL

3.ª edição

CALCULO INTEGRAL

(PRIMEIRA PARTE)

CAPITULO I

Integraes indefinidos

I

Principios e methodos geraes

1. Chama-se *Calculo integral* o ramo da Analyse que tem por fim procurar as funcções quando são dadas as suas derivadas. As funcções procuradas chamam-se *integraes* das funcções dadas, e o processo que se emprega para as achar chama-se *integração*.

As derivadas podem ser dadas ou directamente ou por meio de equações differenciaes. Nesta primeira parte do *Calculo integral* supporemos que é dada directamente a derivada $f(x)$ e que se procuram os seus integraes.

A determinação do numero de integraes de uma funcção dada é a primeira questão que se encontra ao entrar nesta parte do *Calculo integral*. No caso particular das funcções continuas é ella resolvida pelos theoremas seguintes:

THEOREMA 1.º — *Se a funcção $f(x)$ fôr continua em um intervallo dado, existe sempre uma funcção* $\mathrm{F}(x)$ *cuja derivada, no mesmo intervallo, é egual a $f(x)$.*

Com effeito, viu-se no *Calculo differencial* (n.º 80) que, sendo x_0 uma quantidade constante e x uma quantidade variavel, comprehendidas no intervallo considerado, sendo $h_1, h_2, \ldots, h_n$ n partes em que se divida $x-x_0$, e sendo $x_1, x_2, \ldots$ quaesquer quantidades respectivamente comprehendidas nos intervallos de x_0 a x_0+h_1, de x_0+h_1 a $x_0+h_1+h_2$, etc., a somma

$$h_1 f(x_1)+h_2 f(x_2)+\ldots+h_n f(x_n)$$

tende para uma funcção $F(x)$, quando se augmenta o numero das partes em que se divide $x-x_0$ de modo que $h_1, h_2, \ldots, h_n$ tendam simultaneamente para zero; e viu-se tambem (n.º 81) que a derivada d'esta funcção é $f(x)$.

O integral de $f(x)$, que vimos de considerar, chama-se *integral definido* de $f(x)$ entre os limites x_0 e x, e representa-se pela notação

$$\int_{x_0}^{x} f(x)\,dx.$$

Theorema 2.º — *Se a funcção $f(x)$ fôr continua em um intervallo dado, e se $F(x)$ representar uma funcção que tenha para derivada $f(x)$ no mesmo intervallo, todas as funcções que têem para derivada $f(x)$, neste intervallo, estão comprehendidas na expressão $F(x)+C$, onde C representa uma constante arbitraria.*

Com effeito, $F(x)+C$ tem para derivada $f(x)$; e, por outra parte, qualquer funcção $F_1(x)$, que tenha para derivada $f(x)$, deve differir (*C. dif.*, n.º 64) de $F(x)$ por uma constante, e deve portanto estar comprehendida na expressão geral $F(x)+C$.

A expressão $F(x)+C$ chama-se *integral indefinido*, e representa-se pela notação

$$\int f(x)\,dx.$$

D'este modo temos

$$\int f(x)\,dx = \int_{x_0}^{x} f(x)\,dx + C.$$

2. Ás regras de derivação dadas no *Calculo differencial* correspondem as seguintes regras de integração:

1) Se A representar uma constante, teremos

$$\int A f(x)\,dx = A\int f(x)\,dx.$$

Com effeito, a derivada do segundo membro d'esta egualdade é egual a $Af(x)$.

2) Por ser egual a x^m a derivada de $\frac{x^{m+1}}{m+1}$, quando m é differente de -1, será

$$\int x^m\,dx = \frac{x^{m+1}}{m+1} + C.$$

Do mesmo modo se acha, sendo $u = f(x)$, a fórmula mais geral

$$\int u^m u'\,dx = \frac{u^{m+1}}{m+1} + C,$$

da qual se tira a regra seguinte:

Obtem-se o integral indefinido do producto de uma potencia de uma funcção pela differencial da funcção augmentando uma unidade ao expoente da potencia, dividindo o resultado pelo expoente assim augmentado e ajuntando ao quociente a constante arbitraria.

O integral das expressões $\frac{u'dx}{u^m}$ e $\sqrt[q]{u^p}\,u'dx$ obtem-se applicando a regra precedente ás expressões $u^{-m}\,u'dx$ e $u^{\frac{p}{q}}\,u'dx$.

3) Por ser egual a $\frac{1}{x}$ a derivada de $\log x$, temos

$$\int \frac{dx}{x} = \log x + C,$$

e mais geralmente

$$\int \frac{u'dx}{u} = \log u + C,$$

d'onde se tira a regra seguinte:

O integral indefinido de uma funcção, cujo numerador é differencial do denominador, é egual ao logarithmo do denominador augmentado da constante arbitraria.

4) $$\int e^x\,dx = e^x + C, \quad \int e^u\,u'dx = e^u + C.$$

5) $$\int \operatorname{sen} x\,dx = -\cos x + C, \quad \int \operatorname{sen} u\,.\,u'dx = -\cos u + C.$$

6) $$\int \cos x\,dx = \operatorname{sen} x + C, \quad \int \cos u\,.\,u'dx = \operatorname{sen} u + C.$$

7) $$\int \frac{dx}{\sqrt{1-x^2}} = \operatorname{arc\,sen} x + C = -\operatorname{arc\,cos} x + C',$$

$$\int \frac{u'dx}{\sqrt{1-u^2}} = \operatorname{arc\,sen} u + C = -\operatorname{arc\,cos} u + C'.$$

8) $$\int \frac{dx}{1+x^2} = \operatorname{arc\,tang} x + C, \quad \int \frac{u'dx}{1+u^2} = \operatorname{arc\,tang} x + C.$$

3. Aos principios geraes relativos á differenciação de sommas, de productos e de funcções de funcções, demonstrados no *Calculo differencial,* correspondem os seguintes methodos de integração:

I. *Methodo de integração por decomposição.* — Se a funcção dada $f(x)$ poder ser decomposta na somma de outras funcções $\varphi_1(x)$, $\varphi_2(x)$, ..., $\varphi_n(x)$, taes que se saiba integrar as differenciaes $\varphi_1(x)\,dx$, $\varphi_2(x)\,dx$, etc., o integral de $f(x)\,dx$ será dado pela fórmula

$$\int f(x)\,dx = \int \varphi_1(x)\,dx + \int \varphi_2(x)\,dx + \ldots + \int \varphi_n(x)\,dx.$$

Com effeito, derivando o segundo membro d'esta egualdade, vem a somma

$$\varphi_1(x) + \varphi_2(x) + \ldots + \varphi_n(x),$$

que, por hypothese, é egual a $f(x)$.

Exemplo 1.º — Para integrar a fracção

$$\frac{3x^2 - 7x + 7}{(x-1)(x-2)^2},$$

decomponhamol-a em fracções simples, o que dá

$$\frac{3x^2 - 7x + 7}{(x-1)(x-2)^2} = \frac{3}{x-1} + \frac{5}{(x-2)^2};$$

e portanto

$$\int \frac{3x^2 - 7x + 7}{(x-1)(x-2)^2}\,dx = 3\int \frac{dx}{x-1} + 5\int \frac{dx}{(x-2)^2} = 3\log(x-1) - \frac{5}{x-2} + C.$$

Exemplo 2.º — Para achar o integral

$$\int \sqrt{\frac{1+x}{1-x}}\,dx,$$

ponhamos

$$\sqrt{\frac{1+x}{1-x}} = \frac{1+x}{\sqrt{1-x^2}} = \frac{1}{\sqrt{1-x^2}} + \frac{x}{\sqrt{1-x^2}},$$

e teremos (n.º 2)

$$\int \sqrt{\frac{1+x}{1-x}}\,dx = \int \frac{dx}{\sqrt{1-x^2}} - \frac{1}{2}\int -2x(1-x^2)^{-\frac{1}{2}}\,dx = \text{arc sen}\,x - (1-x^2)^{\frac{1}{2}} + C.$$

II. *Methodo de integração por partes.* — Se a funcção dada $f(x)$ poder ser decomposta no producto de duas funcções $\varphi(x)$ e $\psi'(x)$, e se soubermos integrar uma d'estas funcções, $\psi'(x)$ por exemplo, a fórmula

$$\int f(x)\,dx = \int \varphi(x)\,\psi'(x)\,dx = \varphi(x)\,\psi(x) - \int \varphi'(x)\,\psi(x)\,dx,$$

que se obtem integrando os dois membros da egualdade

$$\frac{d\,[\varphi(x)\,\psi(x)]}{dx}\,dx = \varphi'(x)\,\psi(x)\,dx + \varphi(x)\,\psi'(x)\,dx,$$

faz depender o integral pedido do integral $\int \varphi'(x)\,\psi(x)\,dx$; de modo que, todas as vezes que este integral fôr conhecido, póde-se pela fórmula precedente achar o integral de $f(x)\,dx$.

Da egualdade precedente tira-se a regra seguinte:

O integral do producto de duas funcções é egual ao resultado que se obtem subtrahindo do producto de uma das funcções pelo integral da outra o integral do producto d'esta ultima quantidade pela derivada da primeira funcção.

Exemplo 1.º — Applicando a regra precedente á funcção

$$f(x) = x^n \log x,$$

vem

$$\int x^n \log x\,dx = \frac{x^{n+1}}{n+1}\log x - \frac{1}{n+1}\int x^n\,dx = \frac{x^{n+1}}{n+1}\log x - \frac{x^{n+1}}{(n+1)^2} + C.$$

Exemplo 2.º — Do mesma modo se acha

$$\int \operatorname{sen} x \cos x\,dx = \operatorname{sen}^2 x - \int \operatorname{sen} x \cos x\,dx,$$

e portanto

$$\int \operatorname{sen} x \cos x\,dx = \frac{1}{2}\operatorname{sen}^2 x + C.$$

Exemplo 3.º — Temos tambem, quando n é inteiro e positivo,

$$\int x^n e^x\,dx = x^n e^x - n\int x^{n-1} e^x\,dx,$$

$$\int x^{n-1} e^x\,dx = x^{n-1} e^x - (n-1)\int x^{n-2} e^x\,dx,$$

. . . .

$$\int x e^x\,dx = x e^x - \int e^x\,dx = x e^x - e^x,$$

e portanto

$$\int x^n e^x\,dx = e^x\,[x^n - n x^{n-1} + n(n-1)\,x^{n-2} - \ldots \pm n(n-1)\ldots 2x \mp n(n-1)\ldots 2.1] + C.$$

III. *Methodo de integração por substituição.* — Consiste este methodo em substituir em $f(x)\,dx$ a variavel x por outra variavel z, ligada com x por uma equação $x = \varphi(z)$ dada, e integrar o resultado. Teremos d'este modo a egualdade

$$\int f(x)\,dx = \int f[\varphi(z)]\,\varphi'(z)\,dz,$$

que se verifica derivando o primeiro membro relativamente a z e notando que o resuldado é egual a $f[\varphi(z)]\,\varphi'(z)$.

Todas as vezes que se poder escolher $\varphi(z)$ de modo que se possa obter o segundo integral da egualdade precedente, teremos, eliminando nelle z por meio da relação $x = \varphi(z)$, o integral pedido.

Exemplo. — Para achar o integral

$$\int \frac{dx}{\sqrt{ax - x^2}},$$

ponha-se

$$x = \frac{1}{2}\,a\,(1 - z),$$

o que dá

$$\sqrt{ax - x^2} = \frac{1}{2}\,a\sqrt{1 - z^2}, \quad dx = -\frac{1}{2}\,adz,$$

e portanto

$$\int \frac{dx}{\sqrt{ax - x^2}} = \int -\frac{dz}{\sqrt{1 - z^2}} = \operatorname{arc\,cos} z + C = \operatorname{arc\,cos} \frac{a - 2x}{a} + C.$$

Nota. — Por meio dos methodos precedentes, applicados umas vezes separadamente, outras vezes conjunctamente, faz-se a integração de um grande numero de funcções, como veremos. Para os applicar, é muitas vezes necessaria uma certa habilidade, maior ou menor segundo os casos, para fazer a decomposição da funcção dada em parcellas ou em productos, nos dois primeiros methodos, e para achar a relação que liga a nova variavel á primitiva, no terceiro methodo, de modo a fazer depender o integral proposto de integraes conhecidos.

Devemos ainda observar que nem sempre é possivel exprimir o integral da funcção dada por meio das funcções elementares. Veremos, pelo contrario, o problema da integração levar ao estudo de muitas funcções novas, cujas propriedades serão aqui expostas. Neste caso, os methodos precedentes servem frequentes vezes para reduzir os integraes dados a outros mais simples. Por exemplo, as fórmulas obtidas por integração por partes

$$\int \frac{e^x\,dx}{(x - a)^n} = -\frac{e^x}{(n - 1)(x - a)^{n-1}} + \frac{1}{n - 1}\int \frac{e^x\,dx}{(x - a)^{n-1}},$$

$$\int \frac{e^x\,dx}{(x - a)^{n-1}} = -\frac{e^x}{(n - 2)(x - a)^{n-2}} + \frac{1}{n - 2}\int \frac{e^x\,dx}{(x - a)^{n-2}},$$

$$\cdots\cdots\cdots\cdots\cdots\cdots\cdots\cdots\cdots\cdots\cdots\cdots,$$

$$\int \frac{e^x\,dx}{(x - a)^2} = -\frac{e^x}{x - a} + \int \frac{e^x\,dx}{x - a},$$

onde n é um numero inteiro positivo, fazem depender o integral $\int \frac{e^x\, dx}{(x-a)^n}$ do integral $\int \frac{e^x\, dx}{x-a}$.

Pondo neste ultimo $x-a=z$, vem ainda

$$\int \frac{e^x\, dx}{x-a} = e^a \int \frac{e^z\, dz}{z}.$$

Fica-se pois reduzido a estudar o integral $\int \frac{e^z\, dz}{z}$, para obter todos os integraes da fórma $\int \frac{e^x\, dx}{(x-a)^n}$.

II

Integração das funcções racionaes

4. Seja $f(x)$ a funcção racional que se quer integrar. Decompondo-a em fracções simples, vem um resultado da fórma (*C. dif.*, n.º 42)

$$\begin{aligned} f(x) = \mathrm{F}(x) + \frac{\varphi(x)}{\psi(x)} &= a_0 + a_1 x + a_2 x^2 + \ldots + a_k a^k \\ &+ \frac{\mathrm{A}_1}{x-a} + \frac{\mathrm{A}_2}{(x-a)^2} + \ldots + \frac{\mathrm{A}_\alpha}{(x-a)^\alpha} \\ &+ \ldots\ldots\ldots\ldots\ldots\ldots \\ &+ \frac{\mathrm{L}_1}{x-l} + \frac{\mathrm{L}_2}{(x-l)^2} + \ldots + \frac{\mathrm{L}_\lambda}{(x-l)^\lambda}. \end{aligned}$$

Integrando, vem pois [1]

$$(1)\quad \left\{ \begin{aligned} \int f(x)\, dx &= a_0 x + a_1 \frac{x^2}{2} + a_2 \frac{x^3}{3} + \ldots + a_k \frac{x^{k+1}}{k+1} \\ &+ \mathrm{A}_1 \log(x-a) - \frac{\mathrm{A}_2}{x-a} - \ldots - \frac{\mathrm{A}_\alpha}{(\alpha-1)(x-a)^{\alpha-1}} \\ &+ \ldots\ldots\ldots\ldots\ldots\ldots\ldots\ldots \\ &+ \mathrm{L}_1 \log(x-l) - \frac{\mathrm{L}_2}{x-l} - \ldots - \frac{\mathrm{L}_\lambda}{(\lambda-1)(x-l)^{\lambda-1}} + \mathrm{C}. \end{aligned} \right.$$

EXEMPLO 1.º — Sendo dada a funcção

$$f(x) = \frac{x^2 - 3x + 5}{(x-1)^4 (x-2) x},$$

[1] Viu-se no n.º 42 do *Calculo differencial* que Leibniz, João Bernoulli e Euler fôram os primeiros geometras que se occuparam da decomposição das funcções racionaes em fracções simples. Foi o problema da integração d'estas funcções que os levou a considerar esta questão.

temos (*C. dif.*, n.º 42)

$$f(x)=\frac{1}{x-1}-\frac{4}{(x-1)^2}+\frac{1}{(x-1)^3}-\frac{3}{(x-1)^4}+\frac{\frac{3}{2}}{x-2}-\frac{\frac{5}{2}}{x},$$

e portanto

$$\int f(x)\,dx=\log(x-1)+\frac{3}{2}\log(x-2)-\frac{5}{2}\log x+\frac{4}{x-1}-\frac{1}{2(x-1)^2}+\frac{1}{(x-1)^3}+C.$$

Exemplo 2.º — Integremos agora a funcção

$$\frac{dx}{x^n(x-1)^n},$$

n sendo um numero inteiro positivo.

Temos

$$\frac{1}{x^n(x-1)^n}=\frac{A_1}{x}+\frac{A_2}{x^2}+\ldots+\frac{A_n}{x^n}+\frac{B_1}{x-1}+\frac{B_2}{(x-1)^2}+\ldots+\frac{B_n}{(x-1)^n}.$$

Para determinar $A_1, A_2, \ldots, A_n$, ponha-se (*C. dif.*, n.º 42) $x=h$ em $\frac{1}{(x-1)^n}$ e divida-se 1 por $(h-1)^n$, o que dá, empregando para fazer esta divisão a fórmula do binomio,

$$\frac{1}{(h-1)^n}=(-1)^n(1-h)^{-n}=(-1)^n\Big[1+nh+\frac{n'(n+1)}{2}h^2+\ldots$$
$$+\frac{n(n+1)\ldots(n+n-2)}{(n-1)!}h^{n-1}+\ldots\Big];$$

e portanto

$$A_1=(-1)^n.\frac{n(n+1)\ldots(n+n-2)}{(n-1)!},\quad\ldots,$$

$$A_{n-2}=(-1)^n\frac{n(n+1)}{2},\quad A_{n-1}=(-1)^n n,\quad A_n=(-1)^n.$$

Para determinar $B_1, B_2, \ldots, B_n$, ponha-se $x=1+h$ em $\frac{1}{x^n}$ e divida-se 1 por $(1+h)^n$, o que dá

$$\frac{1}{(1+h)^n}=1-nh+\frac{n(n+1)}{2}h^2-\ldots+(-1)^{n-1}\frac{n(n+1)\ldots(n+n-2)}{(n-1)!}h^{n-1}+\ldots;$$

e portanto

$$B_1=(-1)^{n-1}\frac{n(n+1)\ldots(n+n-2)}{(n-1)!},\quad\ldots,$$

$$B_{n-2}=\frac{n(n+1)}{2},\quad B_{n-1}=-n,\quad B_n=1.$$

Temos pois, quando n é par,

$$\frac{1}{x^n(x-1)^n} = \frac{1}{x^n} + \frac{1}{(x-1)^n} + n\left[\frac{1}{x^{n-1}} - \frac{1}{(x-1)^{n-1}}\right]$$

$$+ \frac{n(n+1)}{2}\left[\frac{1}{x^{n-2}} + \frac{1}{(x-1)^{n-2}}\right] + \dots$$

$$+ \frac{n(n+1)\dots(n+n-2)}{(n-1)!}\left[\frac{1}{x} - \frac{1}{x-1}\right],$$

e integrando

$$\int \frac{dx}{x^n(x-1)^n} = C - \frac{1}{n-1}\left[\frac{1}{x^{n-1}} + \frac{1}{(x-1)^{n-1}}\right]$$

$$- \frac{n}{n-2}\left[\frac{1}{x^{n-2}} - \frac{1}{(x-1)^{n-2}}\right]$$

$$- \frac{n(n+1)}{2!(n-3)}\left[\frac{1}{x^{n-3}} + \frac{1}{(x-1)^{n-3}}\right]$$

$$- \dots\dots\dots\dots\dots\dots\dots\dots$$

$$- \frac{n(n+1)\dots(n+n-3)}{(n-2)!}\left[\frac{1}{x} + \frac{1}{x-1}\right]$$

$$- \frac{n(n+1)\dots(n+n-2)}{(n-1)!}\log\frac{x-1}{x}.$$

Do mesmo modo se considera o caso de n ser impar.

Deduz-se d'esta fórmula um processo para calcular a differença dos logarithmos neperianos de dois numeros consecutivos, que expozemos em um artigo publicado nos *Nouvelles Annales de Mathématiques* (4.ª série, t. v, 1905).

5. Vê-se pela fórmula (1) que o integral das funcções algebricas é composto de duas partes, uma algebrica racional da fórma

$$\frac{P(x)}{(x-a)^{\alpha-1}(x-b)^{\beta-1}\dots(x-l)^{\lambda-1}},$$

onde $P(x)$ representa uma funcção inteira de x, e outra transcendente:

$$A_1\log(x-a) + \dots + L_1\log(x-l).$$

Mostrou Hermite, no seu importante *Cours d'Analyse,* que se póde obter a parte l ge rica do integral sem conhecer as raizes $a, b, \dots, l$ da equação $\psi(x) = 0$. É o que vamos mostrar por um methodo diverso, fundando-nos para isso na theoria das funcções symetricas (1). Seja

$$\frac{\varphi(x)}{\psi(x)} = \frac{\varphi(x)}{[P_1(x)]^\alpha [P_2(x)] [P_2(x)]^\beta \dots [P_p(x)]^\omega \dots},$$

onde $P_1(x)$, $P_2(x)$, etc. são polynomios da fórma:

$$P_p(x) = (x - a_1)(x - a_2) \dots (x - a_n) = x^n + h_1 x^{n-1} + \dots,$$

que se obtêem applicando o methodo para a determinação das raizes eguaes á equação $\psi(x) = 0$.

Applicando a fórmula (1), obtem-se um resultado da fórma

$$\begin{aligned}\int \frac{\varphi(x)}{\psi(x)} dx = \Sigma \Big\{ & A_1 \log(x - a_1) - \frac{A_2}{x - a_1} - \dots - \frac{A_\omega}{(\omega - 1)(x - a_1)^{\omega-1}} \\ & + B_1 \log(x - a_2) - \frac{B_2}{x - a_2} - \dots - \frac{B_\omega}{(\omega - 1)(x - a_2)^{\omega-1}} \\ & + \dots\dots\dots\dots\dots\dots\dots\dots\dots\dots \\ & + L_1 \log(x - a_n) - \frac{L_2}{x - a_n} - \dots - \frac{L_\omega}{(\omega - 1)(x - a_n)^{\omega-1}} \Big\}.\end{aligned}$$

A parte algebrica do integral de $\frac{\varphi(x)}{\psi(x)}$ compõe-se pois de sommas da fórma

$$-\frac{A_m}{(m-1)(x - a_1)^{m-1}} - \frac{B_m}{(m-1)(x - a_2)^{m-1}} - \dots - \frac{L_m}{(m-1)(x - a_n)^{m-1}},$$

que são funcções symetricas racionaes de $a_1, a_2, \dots, a_n$, como é facil de vêr, attendendo ao modo como se calculam as constantes $A_m, B_m, \dots, L_m$. Póde-se portanto determinar estas sommas por meio dos theoremas da theoria das funcções symetricas, sem conhecer as raizes $a_1, a_2, \dots, a_n$. É o que melhor se comprehenderá applicando a doutrina precedente ao integral

$$\int \frac{dx}{(x^2 - 3x + 2)^2},$$

de que vamos calcular a parte algebrica, sem procurar as raizes do denominador.

Representando pelas letras a_1 e a_2 as duas raizes da equação $x^2 - 3x + 2 = 0$, temos

$$\begin{aligned}\int \frac{dx}{(x^2 - 3x + 2)^2} = \int \frac{dx}{(x - a_1)^2 (x - a_2)^2} = & A_1 \log(x - a_1) + B_1 \log(x - a_2) \\ & - \frac{A_2}{x - a_1} - \frac{B_2}{x - a_2} + C,\end{aligned}$$

(1) Veja-se a este respeito o nosso artigo intitulado: *Sur la détermination de la partie algébrique de l'intégrale des fonctions rationnelles* (*Rendiconti della R. Accademia dei Lyncei*, Roma, 1885).

onde as constantes A_2 e B_2, que se determinam applicando o methodo conhecido (*C. dif.*, n.° 42) á fracção

$$\frac{1}{(x-a_1)^2(x-a_2)^2}=\frac{A_2}{(x-a_1)^2}+\frac{B_2}{(x-a_2)^2}+\ldots,$$

têem os valores

$$A_2=\frac{1}{(a_1-a_2)^2},\quad B_2=\frac{1}{(a_1-a_2)^2}.$$

Temos pois

$$\frac{A_2}{x-a_1}+\frac{B_2}{x-a_2}=\frac{(A_2+B_2)x-(A_2a_2+B_2a_1)}{x^2-3x+2}.$$

Mas, attendendo a que as fórmulas da theoria das funcções symetricas, applicadas ás raizes da equação $x^2-3x+2=0$, dão

$$a_1+a_2=3,\quad a_1^2+a_2^2=5,\quad a_1a_2=2,$$

temos

$$A_2+B_2=2,\quad A_2a_2+B_2a_1=3.$$

Logo

$$\frac{A_2}{x-a_1}+\frac{B_2}{x-a_2}=\frac{2x-3}{x^2-3x+2},$$

e portanto

$$\int\frac{dx}{(x^2-3x+2)^2}=A_1\log(x-a_1)+B_1\log(x-a_2)-\frac{2x-3}{x^2-3x+2}+C.$$

6. Seja $f(x)$ uma funcção real de x. Por ser

$$\int f(x)\,dx=\int_{x_0}^{x}f(x)\,dx+C$$

e por ser real o integral definido, a parte dependente de x do integral indefinido deve ser tambem real. Logo, se algumas das raizes $a, b, \ldots, l$ são imaginarias, a somma dos termos imaginarios contidos na expressão que resulta da fórmula (1), quando se reduzem os seus termos á fórma $A+Bi$, deve ser nulla. Para esta reducção, se $p+iq$ é uma das raizes imaginarias da equação $\psi(x)=0$, deve substituir-se a funcção $\log(x-p-iq)$, proveniente de $\int\frac{dx}{x-p-iq}$, pela expressão

$$\frac{1}{2}\log[(x-p)^2+q^2]+i\operatorname{arc\,tang}\frac{x-p}{q},$$

o que resulta do que se disse no n.° 48 do volume consagrado ao *Calculo differencial* a respeito dos logarithmos das quantidades imaginarias, ou das igualdades

$$\int \frac{dx}{x-p-iq} = \int \frac{(x-p+iq)\,dx}{(x-p)^2+q^2},$$

$$\int \frac{(x-p)\,dx}{(x-p)^2+q^2} = \frac{1}{2}\log[(x-p)^2+q^2],$$

$$\int \frac{iq\,dx}{(x-p)^2+q^2} = i\int \frac{q^{-1}\,dx}{1+\left(\frac{x-p}{q}\right)^2} = i \operatorname{arc\,tang} \frac{x-p}{q}.$$

Exemplo. — Se a funcção dada é

$$\frac{1}{x^3+1}$$

temos

$$\frac{1}{x^3+1} = \frac{A}{x+1} + \frac{B}{x-\frac{1}{2}-\sqrt{\frac{3}{4}}\,i} + \frac{C}{x-\frac{1}{2}+\sqrt{\frac{3}{4}}\,i}.$$

Determinando A, B e C pelo processo conhecido, acha-se

$$A = \frac{1}{3}, \quad B = \frac{1}{-\frac{3}{2}+\frac{3}{2}\sqrt{3}i} = -\frac{1}{6}-\frac{\sqrt{3}}{6}i, \quad C = -\frac{1}{6}+\frac{\sqrt{3}}{6}i;$$

e temos portanto

$$\int \frac{dx}{x^3+1} = \frac{1}{3}\log(x+1) - \left(\frac{1}{6}+\frac{\sqrt{3}}{6}i\right)\log\left(x-\frac{1}{2}-\frac{\sqrt{3}}{2}i\right)$$
$$-\left(\frac{1}{6}-\frac{\sqrt{3}}{6}i\right)\log\left(x-\frac{1}{2}+\frac{\sqrt{3}}{2}i\right)+C;$$

e, pondo

$$\log\left(x-\frac{1}{2}-\frac{\sqrt{3}}{2}i\right) = \frac{1}{2}\log(x^2-x+1) + i \operatorname{arc\,tang} \frac{2x-1}{\sqrt{3}},$$

$$\log\left(x-\frac{1}{2}+\frac{\sqrt{3}}{2}i\right) = \frac{1}{2}\log(x^2-x+1) - i \operatorname{arc\,tang} \frac{2x-1}{\sqrt{3}},$$

vem emfim

$$\int \frac{dx}{x^3+1} = \frac{1}{3}\log(x+1) - \frac{1}{6}\log(x^2-x+1) + \frac{\sqrt{3}}{3}\operatorname{arc\,tang}\frac{2x-1}{\sqrt{3}} + C.$$

7. A introducção de imaginarios na integração das funcções racionaes reaes póde ser evitada, fazendo uma decomposição da funcção dada differente da que foi empregada nos n.^{os} anteriores. É o que vamos ver.

I. Consideremos a parte fraccionaria $\frac{\varphi(x)}{\psi(x)}$ da funcção $f(x)$ dada. Sejam a, b, ..., l as raizes reaes, e p_1+iq_1, p_1-iq_1, p_2+iq_2, p_2-iq_2, ..., p_m+iq_m, p_m-iq_m as raizes imaginarias da equação $\psi(x)=0$, e supponhamos

$$\psi(x)=(x-a)^\alpha \dots (x-l)^\lambda [(x-p_1)^2+q_1^2]^\omega \dots [(x-p_m)^2+q_m^2]^\nu.$$

A fracção precedente será susceptivel da decomposição seguinte:

$$\begin{aligned}\frac{\varphi(x)}{\psi(x)}=&\frac{A_1}{x-a}+\frac{A_2}{(x-a)^2}+\dots+\frac{A_\alpha}{(x-a)^\alpha}\\ &+\dots\dots\dots\dots\dots\dots\\ &+\frac{L_1}{x-l}+\frac{L_2}{(x-l)^2}+\dots+\frac{L_\lambda}{(x-l)^\lambda}\\ &+\frac{M_1+N_1x}{(x-p_1)^2+q_1^2}+\dots+\frac{M_\omega+N_\omega x}{[(x-p_1)^2+q_1^2]^\omega}\\ &+\dots\dots\dots\dots\dots\dots\\ &+\frac{P_1+Q_1x}{(x-p_m)^2+q_m^2}+\dots+\frac{P_\nu+Q_\nu x}{[(x-p_m)^2+q_m^2]^\nu}.\end{aligned}$$

Com effeito, pondo

$$\psi_1(x)=\frac{\psi(x)}{[(x-p_1)^2+q_1^2]^\omega}$$

e representando por $\varphi_1(x)$ o quociente e por R o resto da divisão de $\varphi(x)-(M_\omega+N_\omega x)\psi_1(x)$ por $(x-p_1)^2+q_1^2$, temos

$$\varphi(x)-(M_\omega+N_\omega x)\psi_1(x)=\varphi_1(x)[(x-p_1)^2+q_1^2]+R,$$

e vamos mostrar que se podem determinar as constantes M_ω e N_ω de modo que seja $R=0$.

Notemos, para isso, que R deve ter a fórma

$$R=H+Kx,$$

H e K representando duas constantes dadas pelas equações

$$\varphi(p_1+iq_1)-[M_\omega+N_\omega(p_1+iq_1)]\psi_1(p_1+iq_1)=H+K(p_1+iq_1),$$

$$\varphi(p_1-iq_1)-[M_\omega+N_\omega(p_1-iq_1)]\psi_1(p_1-iq_1)=H+K(p_1-iq_1),$$

que resultam de substituir na egualdade anterior x por $p_1 + iq_1$ e por $p_1 - iq_1$. Determinando M_ω e N_ω por meio das egualdades

$$M_\omega + N_\omega (p_1 \pm iq_1) = \frac{\varphi(p_1 \pm iq_1)}{\psi_1(p_1 \pm iq_1)} = P \pm iQ,$$

ou

$$M_\omega + N_\omega p_1 = P, \quad N_\omega q_1 = Q,$$

aquellas equações dão

$$H + K(p_1 + iq_1) = 0, \quad H + K(p_1 - iq_1) = 0,$$

d'onde resulta $H = 0$, $K = 0$, e portanto $R = 0$.

Vem pois

$$\varphi(x) = (M_\omega + N_\omega x)\,\psi_1(x) + \varphi_1(x)\,[(x - p_1)^2 + q_1^2],$$

e portanto

$$\frac{\varphi(x)}{\psi(x)} = \frac{M_\omega + N_\omega x}{[(x-p_1)^2 + q_1^2]^\omega} + \frac{\varphi_1(x)}{[(x-p_1)^2 + q_1^2]^{\omega-1}\,\psi_1(x)}.$$

D'esta fórmula e da fórmula analoga dada no n.º 42 do volume consagrado ao *Calculo differencial* tira-se o theorema enunciado, procedendo como neste ultimo logar.

Pelo processo anterior obtêem-se tambem os numeradores das fracções simples em que se decompõe a fracção dada. É porém mais simples achal-os pelo methodo dos coefficientes indeterminados, como vamos ver no exemplo seguinte.

Exemplo. — A funcção racional

$$\frac{2x - 3}{(x^2+1)^2(x-1)}$$

é susceptivel da decomposição seguinte:

$$\frac{2x-3}{(x^2+1)^2(x-1)} = \frac{A}{x-1} + \frac{M_1 + N_1 x}{x^2+1} + \frac{M_2 + N_2 x}{(x^2+1)^2}.$$

Para determinar as constantes A, M_1, M_2, etc., reduzam-se as fracções que entram no segundo membro ao menor denominador commum, sommem-se, e eguale-se o numerador da somma ao numerador da fracção que entra no primeiro membro. Teremos assim a identidade

$$2x - 3 = A(x^2+1)^2 + (M_2 + N_2 x)(x-1) + (M_1 + N_1 x)(x-1)(x^2+1),$$

ou

$$2x - 3 = (A + N_1)x^4 + (M_1 - N_1)x^3 + (2A + N_2 - M_1 + N_1)x^2 + (M_2 - N_2 + M_1 - N_1)x + A - M_2 - M_1,$$

que, devendo ter logar qualquer que seja o valor de x, dá as equações

$$A+N_1=0,\quad M_1-N_1=0,\quad 2A+N_2-M_1+N_1=0,$$
$$M_2-N_2+M_1-N_1=2,\quad A-M_2-M_1=-3,$$

das quaes se tira

$$A=-\frac{1}{4},\quad M_2=\frac{5}{2},\quad N_2=\frac{1}{2},\quad M_1=\frac{1}{4},\quad N_1=\frac{1}{4}.$$

Temos pois

$$\frac{2x-3}{(x^2+1)^2(x-1)}=-\frac{1}{4(x-1)}+\frac{5+x}{2(x^2+1)^2}+\frac{1+x}{4(x^2+1)}.$$

O calculo precedente póde simplificar-se, determinando primeiramente A pelo processo indicado no n.º 42 do *Calculo differencial,* e empregando em seguida, para determinar M_1, M_2, N_1 e N_2, o processo que vimos de expor.

II. Feita a decomposição da funcção dada pelo methodo anterior, somos levados, para a integrar, a considerar o integral seguinte:

$$y=\int\frac{M+Nx}{[(x-p)^2+q^2]^m}dx,$$

que, pondo $x-p=qz$, se reduz a

$$y=\frac{M+Np}{q^{2m-1}}\int\frac{dz}{(1+z^2)^m}+\frac{N}{q^{2m-2}}\int\frac{zdz}{(1+z^2)^m}.$$

1.º Caso. — Se é $m=1$, temos

$$y=\frac{M+Np}{q}\operatorname{arc\,tang} z+\frac{N}{2}\log(1+z^2)+C,$$

e portanto

$$y=\frac{M+Np}{q}\operatorname{arc\,tang}\frac{x-p}{q}+\frac{N}{2}\log[(x-p)^2+q^2]+C.$$

2.º Caso. — Seja agora m differente da unidade. A egualdade evidente

$$\int\frac{dz}{(1+z^2)^m}=\int\frac{(z^2+1-z^2)\,dz}{(1+z^2)^m}=\int\frac{dz}{(1+z^2)^{m-1}}-\int\frac{z^2\,dz}{(1+z^2)^m},$$

e a egualdade seguinte, que se obtem pelo methodo de integração por partes:

$$\int \frac{z^2 dz}{(1+z^2)^m} = \frac{1}{2}\int z \frac{2z\,dz}{(1+z^2)^m} = -\frac{z}{2(m-1)(1+z^2)^{m-1}} + \frac{1}{2(m-1)}\int \frac{dz}{(1+z^2)^{m-1}},$$

dão a fórmula

$$\int \frac{dz}{(1+z^2)^m} = \frac{z}{2(m-1)(1+z^2)^{m-1}} + \frac{2m-3}{2(m-1)}\int \frac{dz}{(1+z^2)^{m-1}},$$

por meio da qual e das seguintes, que se obtêem mudando nesta m em $m-1$, $m-2$, ..., 2:

$$\int \frac{dz}{(1+z^2)^{m-1}} = \frac{z}{2(m-2).(1+z^2)^{m-1}} + \frac{2m-5}{2(m-2)}\int \frac{dz}{(1+z^2)^{m-2}},$$

....

$$\int \frac{dz}{(1+z^2)^2} = \frac{z}{2.1(1+z^2)} + \frac{1}{2.1}\int \frac{dz}{1+z^2} = \frac{z}{2(1+z^2)} + \frac{1}{2}\operatorname{arc\,tang} z,$$

se calcula $\int \frac{dz}{(1+z^2)^m}$, isto é, o primeiro integral que entra na expressão de y.

O segundo integral, que contem a expressão de y, é dado pela fórmula

$$\int \frac{zdz}{(1+z^2)^m} = \frac{1}{2}\int \frac{2z\,dz}{(1+z^2)^m} = -\frac{1}{2(m-1)(1+z^2)^{m-1}}.$$

Obtida assim a expressão de y em funcção de z, basta substituir z por $\frac{x-p}{q}$ para ter o integral procurado.

Exemplo. — Para integrar a funcção

$$\frac{2x-3}{(x^2+1)^2(x-1)},$$

que se decompõe do modo seguinte, como já vimos:

$$\frac{2x-3}{(x^2+1)^2(x-1)} = -\frac{1}{4(x-1)} + \frac{5+x}{2(x^2+1)^2} + \frac{1+x}{4(x^2+1)},$$

emprega-se a fórmula

$$\int \frac{2x-3}{(x^2+1)^2(x-1)}dx = -\frac{1}{4}\log(x-1) + \frac{5}{2}\int \frac{dx}{(x^2+1)^2}$$
$$+\frac{1}{2}\int \frac{xdx}{(x^2+1)^2} + \frac{1}{4}\int \frac{dx}{x^2+1} + \frac{1}{4}\int \frac{xdx}{x^2+1},$$

que, por ser

$$\int \frac{dx}{(x^2+1)^2} = \frac{x}{2(x^2+1)} + \frac{1}{2} \operatorname{arc tang} x,$$

$$\int \frac{xdx}{(x^2+1)^2} = -\frac{1}{2(x^2+1)}, \quad \int \frac{xdx}{x^2+1} = \frac{1}{2} \log (x^2+1),$$

dá

$$\int \frac{(2x-3)\,dx}{(x^2+1)^2(x-1)} = \frac{5x-1}{4(x^2+1)} - \frac{1}{4} \log (x-1) + \frac{1}{8} \log (x^2+1) + \frac{3}{2} \operatorname{arc tang} x + C.$$

III

Integração de algumas funcções irracionaes

8. A integração das funcções irracionaes não póde ser sempre effeituada por meio das funcções elementares. Para resolver esta questão em todos os casos, é necessario considerar novas funcções transcendentes, algumas das quaes serão adeante estudadas. Aqui vamos considerar alguns casos importantes em que o integral de funcções irracionaes é exprimivel por meio de funcções elementares (¹).

9. Consideremos primeiramente o integral

$$\int f(x, y^\alpha, y^\beta, \ldots)\,dx,$$

onde

$$y = \frac{ax+b}{a'x+b'};$$

e supponhamos que f representa uma funcção racional de x, y^α, y^β, etc., que a, b, a', b' são quantidades constantes e que α, β, etc. são numeros racionaes dados.

(¹) Na obra de Newton intitulada *Methodus fluxionum et serierum*, já mencionada no n.º 60 do *Calculo differencial*, encontram-se os integraes de algumas funcções irracionaes comprehendidas nos casos que vamos considerar.

Representando por m o menor multiplo commum dos denominadores de α, β, etc., e pondo

$$\frac{ax+b}{a'x+b'}=t^m,$$

o que dá

$$x=\frac{b'\,t^m-b}{a-a'\,t^m} \qquad dx=\frac{m\,(ab'-ba')\,t^{m-1}}{(a-a'\,t^m)^2}\,dt,$$

a differencial considerada transforma-se na differencial racional

$$f\left[\frac{b'\,t^m-b}{a-a'\,t^m},\ t^{m\alpha},\ t^{m\beta},\ \ldots\right]\frac{m\,(ab'-ba')\,t^{m-1}}{(a-a'\,t^m)^2}\,dt,$$

cujo integral se obtem pelos processos estudados nos n.ºs 4 a 7.

Exemplo. — A funcção

$$\frac{x^{\frac{1}{2}}\,dx}{x^{\frac{2}{3}}-1}$$

transforma-se, pondo $x=t^6$, na seguinte:

$$\frac{6t^8\,dt}{t^4-1}=6\left[t^4+1+\frac{1}{4\,(t-1)}-\frac{1}{4\,(t+1)}-\frac{1}{2\,(t^2+1)}\right],$$

que dá

$$\int\frac{6t^8\,dt}{t^4-1}=6\left[\frac{t^5}{5}+t+\frac{1}{4}\log\frac{t-1}{t+1}-\frac{1}{2}\,\text{arc tang}\,t\right]+C.$$

Logo temos

$$\int\frac{x^{\frac{1}{2}}\,dx}{x^{\frac{2}{3}}-1}=\left[\frac{x^{\frac{5}{6}}}{5}+x^{\frac{1}{6}}+\frac{1}{4}\log\frac{x^{\frac{1}{6}}-1}{x^{\frac{1}{6}}+1}-\frac{1}{2}\,\text{arc tang}\,x^{\frac{1}{6}}\right]+C.$$

10. Consideremos em segundo logar a differencial binomia

$$X\,dx=x^m\,(a+bx^n)^p\,dx,$$

onde m, n e p representam numeros racionaes.

I. A integração d'esta differencial póde ser effeituada por meio das funcções elementares nos casos seguintes [1]:

1.º Caso. — Se p é inteiro, integra-se a differencial precedente pelo methodo exposto no n.º anterior, isto é, pondo $x = t^u$, u representando o menor multiplo commum dos denominadores de m e n.

2.º Caso. — Se $\frac{m+1}{n}$ é inteiro, representando por ν o denominador de p e pondo

$$a + bx^n = t^\nu,$$

o que dá

$$x = \left(\frac{t^\nu - a}{b}\right)^{\frac{1}{n}}, \quad dx = \frac{\nu t^{\nu-1}}{nb}\left(\frac{t^\nu - a}{b}\right)^{\frac{1}{n}-1} dt,$$

a differencial considerada transforma-se na differencial racional

$$\frac{\nu}{nb} t^{\nu p + \nu - 1}\left(\frac{t^\nu - a}{b}\right)^{\frac{m+1}{n}-1} dt,$$

que se integra pelos methodos estudados anteriormente.

3.º Caso. — Se $\frac{m+1}{n} + p$ é inteiro, escrevendo a differencial proposta debaixo da fórma

$$\mathrm{X}dx = x^{m+pn}(ax^{-n} + b)^p\, dx,$$

fica reduzida ao caso anterior.

Exemplo 1.º — Integremos a differencial

$$\mathrm{X}dx = x^{-1}(1 - x^2)^{-\frac{1}{2}} dx,$$

que pertence ao segundo dos casos considerados.

Pondo

$$1 - x^2 = t^2,$$

o que dá

$$x = (1 - t^2)^{\frac{1}{2}}, \quad dx = -t(1 - t^2)^{-\frac{1}{2}} dt,$$

(1) Antes da invenção do Calculo integral, Sluse obteve as áreas de uma classe de curvas, chamadas *pérolas*, cuja quadratura equivale á integração das expressões binomias que vamos considerar. Veja-se a respeito d'estas curvas o nosso *Tratado de las curvas especiales notables* ou o tomo II da edição franceza d'esta obra.

*

vem

$$Xdx = \frac{dt}{t^2-1}.$$

Mas

$$\int \frac{dt}{t^2-1} = \frac{1}{2}\log\frac{t-1}{t+1} + C.$$

Logo temos

$$\int \frac{dx}{x\sqrt{1-x^2}} = \frac{1}{2}\log\frac{\sqrt{1-x^2}-1}{\sqrt{1-x^2}+1} + C.$$

Exemplo 2.º — A differencial

$$Xdx = x^{-2}(x^2-1)^{-\frac{1}{2}}dx$$

está no terceiro dos casos considerados. Dando-lhe a fórma

$$Xdx = x^{-3}(1-x^{-2})^{-\frac{1}{2}}dx,$$

e pondo $1-x^{-2}=t^2$, o que dá

$$x = (1-t^2)^{-\frac{1}{2}}, \quad dx = t(1-t^2)^{-\frac{3}{2}}dt,$$

a expressão considerada transforma-sa em dt, cujo integral é t. Logo

$$\int \frac{dx}{x^2(x^2-1)^{\frac{1}{2}}} = \frac{(x^2-1)^{\frac{1}{2}}}{x} + C.$$

Nota. — Demonstrou Tchebychew (1) que os tres casos, que vimos de considerar, são os unicos em que o integral da differencial binomia proposta é exprimivel por meio das funcções elementares.

II. Entre os integraes das differenciaes binomias correspondentes a valores differentes de m, n e p existem relações importantes, que vamos deduzir.

Eliminando o integral $\int x^m(a+bx^n)^p dx$ entre a egualdade

$$\int x^m(a+bx^n)^p dx = \frac{x^{m+1}}{m+1}(a+bx^n)^p - \frac{npb}{m+1}\int x^{m+n}(a+bx^n)^{p-1}dx,$$

(1) Tchebychew: *Sur l'intégration des différentielles irrationnelles* (*Jornal de Liouville*, 1.ª série, tomo XVII)

que se obtem pelo methodo de integração por partes, e a egualdade evidente

$$\int x^m (a+bx^n)^p\,dx = \int a x^m (a+bx^n)^{p-1}\,dx + b\int x^{m+n}(a+bx^n)^{p-1}\,dx,$$

e mudando no resultado m em $m-n$ e p em $p+1$, obtem-se a *fórmula de re du*

$$(1)\qquad \int x^m (a+bx^n)^p\,dx = \frac{x^{m+1-n}(a+bx^n)^{p+1}}{b(m+1+np)} - \frac{a(m+1-n)}{b(m+1+np)}\int x^{m-n}(a+bx^n)^p\,dx.$$

Se m e n têem o mesmo signal e é $|m| > |n|$, por meio d'esta fórmula e das fórmulas analogas que se obtêem mudando nella m em $m-n$, $m-2n$, $m-3n$, etc., faz-se depender o integral considerado d'outro no qual o valor absoluto do expoente de x fóra do binomio é menor do que $|n|$.

Eliminando entre as mesmas duas egualdades o integral $\int x^{m+n}(a+bx^n)^{p-1}\,dx$, vem

$$(2)\qquad \int x^m (a+bx^n)^p\,dx = \frac{x^{m+1}(a+bx^n)^p}{m+1+np} + \frac{nap}{m+1+np}\int x^m (a+bx^n)^{p-1}\,dx.$$

Se p é positivo e maior do que a unidade, por meio d'esta fórmula e das formulas anaogas que se obtêem mudando p em $p-1$, $p-2$, etc., faz-se depender o integral considerado d'outro no qual o valor absoluto do expoente do binomio é menor do que a unidade.

Mudando na fórmola (1) m em $m+n$ e na fórmula (2) p em $p+1$, obtêem-se as egualdades

$$(3)\qquad \int x^m (a+bx^n)^p\,dx = \frac{x^{m+1}(a+bx^n)^{p+1}}{(m+1)a} - \frac{b(m+np+1+n)}{(m+1)a}\int x^{m+n}(a+bx^n)^p\,dx,$$

$$(4)\qquad \int x^m (a+bx^n)^p\,dx = -\frac{x^{m+1}(a+bx^n)^{p+1}}{na(p+1)} + \frac{m+np+1+n}{na(p+1)}\int x^m (a+bx^n)^{p+1}\,dx.$$

Pela primeira faz-se depender o integral considerado, quando m e n têem signaes contrarios e é $|m| > |n|$, d'outro em que o valor absoluto do expoente de x fóra do binomio é menor do que $|n|$. Pela segunda faz se depender o integral considerado, quando p é negativo e $|p| > 1$, d'outro em que o valor absoluto de p é menor do que a unidade.

EXEMPLO 1.º — A fórmula (1) dá

$$\int \frac{x^m\,dx}{\sqrt{1-x^2}} = -\frac{x^{m-1}\sqrt{1-x^2}}{m} + \frac{m-1}{m}\int \frac{x^{m-2}\,dx}{\sqrt{1-x^2}}.$$

Se m é um numero inteiro positivo, por meio d'esta fórmula e das que resultam de mudar nella m em $m-2$, $m-4$, ..., 4, 2, faz-se depender o integral que entra no primeiro membro do integral

$$\int \frac{dx}{\sqrt{1-x^2}} = \text{arc sen}\, x + C,$$

se m é par; e do integral

$$\int \frac{xdx}{\sqrt{1-x^2}} = \int (1-x^2)^{-\frac{1}{2}} xdx = -\sqrt{1-x^2},$$

se m é impar.

Exemplo 2.° — A fórmula (3) dá a relação

$$\int \frac{dx}{x^m\sqrt{1-x^2}} = -\frac{\sqrt{1-x^2}}{(m-1)x^{m-1}} + \frac{m-2}{m-1}\int \frac{dx}{x^{m-2}\sqrt{1-x^2}},$$

por meio da qual se faz depender o integral, que entra no primeiro membro, dos integrae. conhecidos

$$\int \frac{dx}{\sqrt{1-x^2}}, \quad \int \frac{dx}{x\sqrt{1-x^2}}.$$

11. Consideremos agora o integral

$$\int f(x, \sqrt{a+bx\pm x^2})\, dx,$$

onde $f(x, \sqrt{a+bx\pm x^2})$ representa uma funcção racional de x e de $\sqrt{a+bx\pm x^2}$.

I. No caso de se pretender achar o integral

$$\int f(x, \sqrt{a+bx+x^2})\, dx,$$

ponha-se

$$\sqrt{a+bx+x^2} = t \pm x,$$

o que dá as relações

$$x = \frac{t^2-a}{b\mp 2t}, \quad dx = \frac{2\,[bt\mp(t^2+a)]\,dt}{(b\mp 2t)^2}, \quad \sqrt{a+bx+x^2} = \frac{bt\mp(t^2+a)}{b\mp 2t},$$

por meio das quaes se transforma a funcção que se quer integrar em uma funcção racional.

Exemplo. — As relações precedentes, usando dos signaes inferiores, transformam

$$\int \frac{dx}{\sqrt{a+bx+x^2}}$$

no integral

$$\int \frac{2dt}{2t+b} = \log(2t+b) + \log C = \log C(2t+b);$$

logo temos

$$\int \frac{dx}{\sqrt{a+bx+x^2}} = \log C(b+2x+2\sqrt{a+bx+x^2}).$$

II. O integral

$$\int f(x, \sqrt{a+bx-x^2})\,dx$$

podia ser reduzido ao anterior, pondo

$$\sqrt{a+bx-x^2} = \sqrt{-1}\,\sqrt{x^2-bx-a}.$$

Para evitar porém os imaginarios no calculo, quando a funcção que se quer integrar é real, é preferivel pôr

$$\sqrt{a+bx-x^2} = \sqrt{-(x-\alpha)(x-\beta)} = (x-\alpha)\,t,$$

α e β representando as raizes da equação $x^2-bx-a=0$; o que dá as relações

$$x = \frac{\beta+\alpha t^2}{1+t^2}, \quad dx = \frac{2(\alpha-\beta)\,tdt}{(1+t^2)^2}, \quad \sqrt{a+bx-x^2} = \frac{(\beta-\alpha)\,t}{1+t^2},$$

por meio das quaes se transforma o integral considerado no integral de uma funcção racional.

Exemplo. — O integral da expressão

$$\frac{dx}{\sqrt{a+bx-x^2}}$$

transforma-se no integral

$$-2\int\frac{dt}{1+t^2} = -2\,\text{arc tang}\,t + \text{C}.$$

Logo

$$\int\frac{dx}{\sqrt{a+bx-x^2}} = -2\,\text{arc tang}\sqrt{\frac{\beta-x}{x-\alpha}} + \text{C},$$

ou

$$\int\frac{dx}{\sqrt{a+bx-x^2}} = -2\,\text{arc cos}\sqrt{\frac{x-\alpha}{\beta-\alpha}} + \text{C}.$$

12. Consideremos o integral

$$\int f(x, y)\,dx,$$

onde $f(x, y)$ representa uma funcção racional de x e y, e onde y é uma funcção algebrica de x definida pela equação do grau n

$$\text{F}(x, y) = 0;$$

e supponhamos que estas variaveis podem exprimir-se em funcção de uma terceira variavel t por meio das relações

$$x = \varphi(t), \quad y = \psi(t),$$

$\varphi(t)$ e $\psi(t)$ representando duas funcções racionaes de t. Neste caso, para achar o integral considerado, basta procurar o integral

$$\int f[\varphi(t), \psi(t)]\, \varphi'(t)\, dt,$$

que se obtem pelo processo exposto no n.º 4, e em seguida substituir no resultado achado a variavel t pelo seu valor em funcção de x.

Para conhecer os casos em que se póde exprimir x e y em funcção racional de uma terceira variavel t, deu Clebsch o seguinte theorema importante:

É condição necessaria e sufficiente para que a equação $F(x, y) = 0$ *seja satisfeita pelas duas funcções racionaes* $x = \varphi(t)$ *e* $y = \psi(t)$, *que a curva representada por aquella equação tenha* $\frac{(n-1)(n-2)}{2}$ *pontos duplos.*

Aqui limitar-nos-hemos a demonstrar a segunda parte d'este theorema, isto é, que, se a curva considerada tem $\frac{(n-1)(n-2)}{2}$ pontos duplos, x e y são exprimiveis em funcção racional de t (¹).

Para isso, recordemos primeiramente, a respeito das curvas algebricas, os seguintes principios:

1.º Os pontos duplos satisfazem ás equações (*C. dif.*, n.º 136)

$$F(x, y) = 0, \quad \frac{\partial F}{\partial x} = 0, \quad \frac{\partial F}{\partial y} = 0;$$

e cada ponto duplo deve ser considerado como equivalente a dois pontos simples.

2.º A equação geral das curvas algebricas do grau $n-2$:

$$A + Bx + Cy + Dx^2 + Exy + Fy^2 + \ldots = 0 \tag{1}$$

contem

$$1 + 2 + 3 + \ldots + (n-1) = 1 + \frac{(n+1)(n-2)}{2}$$

(¹) Póde vêr-se a demonstração completa d'este theorema no *Cours d'Analyse de Hermite* (Paris, 1873, pag. 245-255).

constantes arbitrarias A, B, etc.; e portanto póde-se, em geral, fazer passar por $\frac{(n+1)(n-2)}{2}$ pontos dados (x_1, y_1), (x_2, y_2), etc. uma curva algebrica do grau $n-2$, cuja equação se obtem determinando por meio das equações de condição

$$A + Bx_1 + Cy_1 + Dx_1^2 + Ex_1y_1 + Fy_1^2 + \ldots = 0,$$
$$A + Bx_2 + Cy_2 + Dx_2^2 + Ex_2y_2 + Fy_2^2 + \ldots = 0,$$
$$\ldots\ldots\ldots\ldots\ldots\ldots\ldots\ldots\ldots\ldots\ldots$$

os quocientes $\frac{A}{T}$, $\frac{B}{T}$, etc. (T representando uma das constantes A, B, etc.) e substituindo os valores resultantes na equação (1).

3.º Por $\frac{(n+1)(n-2)}{2} - 1$ pontos dados póde-se fazer passar um feixe de curvas algebricas do grau $n-2$, cuja equação é da fórma

$$M + Nt = 0, \tag{2}$$

onde M e N representam funcções inteiras de x e y, e t uma quantidade arbitraria. Com effeito, por meio das equações que exprimem que a curva (1) passa pelos pontos dados, obtêem-se os quocientes $\frac{A}{T}$, $\frac{B}{T}$, ... expressos em funcção linear de um d'elles, que representaremos por t, o qual fica arbitrario; substituindo depois os valores d'estes quocientes na equação que resulta de dividir todos os termos de (1) por T, obtem-se a equação (2).

Posto isto, sejam (a_1, b_1) (a_2, b_2), etc. os $\frac{(n-1)(n-2)}{2}$ pontos duplos da curva $F(x, y) = 0$, e (α_1, β_1), (α_2, β_2), etc. $n-3$ pontos simples da mesma curva. Por ser

$$\frac{(n-1)(n-2)}{2} + n - 3 = \frac{(n+1)(n-2)}{2} - 1,$$

podemos fazer passar por estes pontos um feixe de curvas do grau $n-2$, cuja equação é da fórma (2).

Cada curva d'este feixe cortará a curva dada em $n(n-2)$ pontos, distinctos ou coincidentes; e, como cada uma d'ellas corta, por hypothese, esta curva em $\frac{(n-1)(n-2)}{2}$ pontos duplos, que equivalem a $(n-1)(n-2)$ pontos simples, e em $n-3$ pontos simples, cortá-la-ha ainda em outro ponto real ou imaginario. Mas a equação que resulta de eliminar y entre $F(x, y) = 0$ e a equação do feixe, é da fórma

$$kx^m + px^{m-1} + qx^{m-2} + \ldots = 0,$$

onde $m = n(n-2)$, e onde k, p, q, etc. são funcções inteiras de t; e a_1, a_2, etc. são raizes duplas e α_1, α_2, etc. são raizes simples d'esta equação. Logo, se dividirmos o seu primeiro membro por

$$(x - a_1)^2 (x - a_2)^2 \ldots (x - \alpha_1)(x - \alpha_2) \ldots,$$

vem um resultado da fórma

$$Kx + L = 0,$$

onde K e L são funcções inteiras de t, que dá

$$x = -\frac{L}{K} = \varphi(t).$$

Do mesmo modo se acha $y = -\frac{L_1}{K_1} = \psi(t)$, K_1 e L_1 representando funcções inteiras de t.

Empregando na doutrina anterior, em logar de um feixe de curvas do grau $n-2$, um feixe de curvas do grau $n-1$, que passem por $\frac{(n-1)(n-2)}{2}$ pontos duplos e por $2n-3$ pontos simples da curva $F(x, y) = 0$, chega-se á mesma conclusão.

No caso, que vimos de considerar, de se poderem exprimir as coordenadas x e y da curva $F(x, y) = 0$ em funcção racional de uma variavel t, diz-se que a curva é *unicursal*.

I. Como applicação do theorema precedente, consideremos em primeiro logar o caso de ser $n=2$, isto é, o caso de $F(x, y) = 0$ representar uma *conica*. Como neste caso $\frac{(n-1)(n-2)}{2} = 0$, e como as conicas não têem pontos duplos, a curva considerada é unicursal, e o processo anterior é applicavel. Seja

$$y^2 = a + bx + cx^2 = c(x-\alpha)(x-\beta)$$

a equação da conica, e corte-se esta curva por um feixe de rectas passando pelo ponto $(\alpha, 0)$. Será

$$y = t(x-\alpha)$$

a equação do feixe; e a eliminação de y entre esta equação e a da curva dá

$$t^2(x-\alpha) = c(x-\beta),$$

d'onde se tiram as relações

$$x = \frac{\alpha t^2 - c\beta}{t^2 - c}, \quad y = \frac{c(\alpha-\beta)t}{t^2 - c},$$

que concordam com as que se empregaram no n.º anterior.

II. Como segunda applicação, consideremos o caso de $F(x, y) = 0$ representar uma *cubica* com um ponto duplo. Por ser $\frac{(n-1)(n-2)}{2} = 1$, esta curva é unicursal, e a doutrina anterior é applicavel.

Seja

$$A + Bx + Cy + Dx^2 + Exy + Fy^2 + Gx^3 + Hx^2y + Kxy^2 + Ly^3 = 0$$

a equação da cubica considerada, e (a, b) o seu ponto duplo.

Mudando a origem das coordenadas para este ponto e designando por x' e y' as novas coordenadas do ponto (x, y), a equação da cubica transforma-se na seguinte:

$$F(a + x', b + y') = 0,$$

ou

$$F(a, b) + F'_x(a, b)x' + F'_y(a, b)y' + \frac{1}{2}F''_{xx}(a, b)x'^2 + \ldots = 0;$$

ou, notando que as coordenadas do ponto duplo (a, b) satisfazem ás equações

$$F(x, y) = 0, \quad F'_x(x, y) = 0, \quad F'_y(x, y) = 0,$$

e substituindo $F''_{xx}(a, b)$, $F''_{xy}(a, b)$, etc. pelos seus valores tirados da equação da cubica,

$$(D + 3Ga + Hb)x'^2 + (E + 2Ha + 2Kb)x'y'$$
$$+ (F + Ka + 3Lb)y'^2 + Gx'^3 + Hx'^2y' + Kx'y'^2 + Ly'^3 = 0.$$

Cortando agora esta curva por um feixe de rectas passando pela origem das coordenadas, cuja equação é

$$y' = tx',$$

e pondo

$$D + 3Ga + Hb = A_1, \quad E + 2Ha + 2Kb = B_1, \quad F + Ka + 3Lb = C_1,$$

vem a equação

$$A_1 + B_1t + C_1t^2 + x'(G + Ht + Kt^2 + Lt^3) = 0;$$

e portanto temos as relações

$$x' = -\frac{A_1 + B_1t + C_1t^2}{G + Ht + Kt^2 + Lt^3}, \quad y' = -\frac{A_1t + B_1t^2 + C_1t^3}{G + Ht + Kt^2 + Lt^3},$$

que, com as relações $x = x' + a$, $y = y' + b$, resolvem a questão proposta.

IV

Integraes ellipticos e hyperellipticos

13. Seja y uma funcção inteira de x do grau n, e $f(x, \sqrt{y})$ uma funcção racional de x e de $\sqrt{y}$. Ao integral $\int f(x, y)\,dx$ dá-se o nome de *integral elliptico*, quando n é egual a 3 ou a 4, e de *integral hyperelliptico*, quando n é superior a 4. A respeito d'estes integraes vamos aqui demonstrar os seguintes theoremas:

THEOREMA 1.º — *Se n é par, é sempre possivel transformar a differencial $f(x, \sqrt{y})\,dx$ na differencial $f_1(t, \sqrt{\mathrm{T}})\,dt$, onde $f_1(t, \sqrt{\mathrm{T}})$ representa uma funcção racional de t e $\sqrt{\mathrm{T}}$, e T uma funcção inteira de t do grau $n-1$.*

Com effeito, sendo $\alpha, \beta, \ldots, \lambda$ as raizes da equação $y=0$, temos

$$y=(x-\alpha)(x-\beta)\ldots(x-\lambda);$$

e, pondo

$$\frac{x-\alpha}{x-\beta}=t,$$

vẽem as relações

$$x=\frac{\alpha-\beta t}{1-t}, \quad dx=\frac{(\alpha-\beta)\,dt}{(1-t)^2},$$

$$\sqrt{y}=\frac{\alpha-\beta}{(1-t)^{\frac{n}{2}}}\sqrt{t\,[\alpha-\gamma+(\gamma-\beta)\,t]\ldots[\alpha-\lambda+(\lambda-\beta)\,t]}=\frac{\alpha-\beta}{(1-t)^{\frac{n}{2}}}\sqrt{\mathrm{T}},$$

onde T é uma funcção inteira de t do grau $n-1$, por meio das quaes se obtem a transformação indicada no theorema.

THEOREMA 2.º — *A funcção $f(x, \sqrt{y})$ é reductivel á fórma*

$$f(x, \sqrt{y})=\mathrm{G}+\frac{\mathrm{H}}{\sqrt{y}},$$

onde G *e* H *representam funcções racionaes de x.*

Com effeito, podemos sempre reduzir a funcção dada á fórma

$$\frac{P+Q\sqrt{y}}{R+S\sqrt{y}},$$

onde P, Q, R e S representam funcções inteiras de x e y, ou, multiplicando o numerador e o denominador por $R-S\sqrt{y}$,

$$\frac{PR-QSy}{R^2-S^2y}+\frac{QR-PS}{R^2-S^2y}\sqrt{y},$$

ou

$$\frac{PR-QSy}{R^2-S^2y}+\frac{(QR-PS)\,y}{R^2-S^2y}\cdot\frac{1}{\sqrt{y}}=G+\frac{H}{\sqrt{y}}.$$

Theorema 3.º — *Podemos sempre fazer depender o integral* $\int f(x, \sqrt{y})\,dx$ *dos integraes seguintes:*

$$\int\frac{dx}{\sqrt{y}},\quad \int\frac{x\,dx}{\sqrt{y}},\quad \ldots,\quad \int\frac{x^{n-2}\,dx}{\sqrt{y}},$$

e de integraes da fórma

$$\int\frac{dx}{(x-a)\sqrt{y}}.$$

Com effeito ([1]), o theorema anterior dá

$$\int f(x, \sqrt{y})\,dx=\int G\,dx+\int\frac{H\,dx}{\sqrt{y}}.$$

O primeiro integral do segundo membro é exprimivel por funcções algebricas e logarithmicas, e póde obter-se pelo methodo exposto no n.º 4. Vamos considerar o segundo.

Por ser H uma funcção racional de x, é decomponivel em termos da fórma Ax^m e em termos da fórma $\frac{B}{(x-a)^m}$, onde A e B representam constantes e a representa qualquer raiz da equação $\frac{1}{H}=0$; e portanto o integral $\int\frac{H\,dx}{\sqrt{y}}$ depende de integraes da fórma $\int\frac{x^m\,dx}{\sqrt{y}}$, e de integraes da fórma $\int\frac{dx}{(x-a)^m\sqrt{y}}$.

([1]) A demonstração que vamos dar d'este importante theorema é extrahida do nosso artigo *Sur la réduction des intégrales hyperelliptiques*, publicado no *Boletim da Sociedade Real das Sciencias de Praga* (1888).

Consideremos primeiramente o segundo d'estes integraes. Integrando por partes, temos

$$\int \frac{dx}{(x-a)^m \sqrt{y}} = -\frac{1}{(m-1)(x-a)^{m-1}\sqrt{y}} - \frac{1}{2(m-1)} \int \frac{y'dx}{(x-a)^{m-1} y\sqrt{y}}.$$

Se a é differente das raizes α, β, ..., λ, a decomposição em fracções simples da fracção racional que entra no segundo integral da egualdade precedente, dá

$$\frac{y'}{2(m-1)(x-a)^{m-1} y} = \frac{A}{x-\alpha} + \frac{B}{x-\beta} + \ldots + \frac{L}{x-\lambda}$$
$$+ \frac{M_1}{x-a} + \frac{M_2}{(x-a)^2} + \ldots + \frac{M_{m-1}}{(x-a)^{m-1}},$$

onde A, B, ..., L, M_1, M_2, etc. representam quantidades constantes; e portanto temos

$$\int \frac{dx}{(x-a)^m \sqrt{y}} = -\frac{1}{(m-1)(x-a)^{m-1}\sqrt{y}}$$
$$-A\int \frac{dx}{(x-\alpha)\sqrt{y}} - B\int \frac{dx}{(x-\beta)\sqrt{y}} - \ldots - L\int \frac{dx}{(x-\lambda)\sqrt{y}}$$
$$-M_1\int \frac{dx}{(x-a)\sqrt{y}} - M_2\int \frac{dx}{(x-a)^2\sqrt{y}} - \ldots - M_{m-1}\int \frac{dx}{(x-a)^{m-1}\sqrt{y}}.$$

Por meio d'esta fórmula e das fórmulas analogas que se obtêem pondo nella $m=2, 3, \ldots, m-1$, reduz-se o estudo do integral $\int \frac{dx}{(x-a)^m \sqrt{y}}$ ao estudo dos integraes:

$$\int \frac{dx}{(x-a)\sqrt{y}}, \quad \int \frac{dx}{(x-\alpha)\sqrt{y}}, \quad \frac{dx}{(x-\beta)\sqrt{y}}, \quad \ldots, \quad \int \frac{dx}{(x-\lambda)\sqrt{y}}.$$

Se a é egual a uma das raizes da equação $y=0$, a α por exemplo, temos do mesmo modo

$$\frac{y'}{2(m-1)(x-a)^m(x-\beta)\ldots(x-\lambda)} = \frac{B}{x-\beta} + \ldots + \frac{L}{x-\lambda}$$
$$+ \frac{M_1}{x-a} + \frac{M_2}{(x-a)^2} + \ldots + \frac{M_m}{(x-a)^m}.$$

Obtem-se a constante M_m determinando o valor que toma a fracção

$$\frac{y'}{2(m-1)(x-\beta)\ldots(x-\lambda)} = \frac{(x-\beta)(x-\gamma)\ldots + (x-\alpha)(x-\gamma)\ldots + \ldots}{2(m-1)(x-\beta)\ldots(x-\lambda)}$$

quando $x = a = \alpha$, o que dá

$$\mathrm{M}_m = \frac{1}{2(m-1)}.$$

Temos pois neste caso a fórmula

$$\frac{2m-1}{2(m-1)}\int\frac{dx}{(x-a)^m\sqrt{y}} = -\frac{1}{(m-1)(x-a)^{m-1}\sqrt{y}}$$
$$-\mathrm{B}\int\frac{dx}{(x-\beta)\sqrt{y}} - \ldots - \mathrm{L}\int\frac{dx}{(x-\lambda)\sqrt{y}}$$
$$-\mathrm{M}_1\int\frac{dx}{(x-a)\sqrt{y}} - \ldots - \mathrm{M}_{m-1}\int\frac{dx}{(x-a)^{m-1}\sqrt{y}},$$

que serve para o mesmo fim que a fórmula analoga do caso anterior.

A analyse que precede leva a considerar os integraes

$$\int\frac{dx}{(x-\alpha)\sqrt{y}},\quad \int\frac{dx}{(x-\beta)\sqrt{y}},\quad \ldots,\quad \int\frac{dx}{(x-\lambda)\sqrt{y}},$$

de que vamos occupar-nos.

Da identidade

$$\frac{1}{x-\alpha} + \frac{1}{x-\beta} + \ldots + \frac{1}{x-\lambda} = \frac{y'}{y}$$

tira-se immediatamente a seguinte relação entre estes integraes:

$$(a) \qquad \int\frac{dx}{(x-\alpha)\sqrt{y}} + \int\frac{dx}{(x-\beta)\sqrt{y}} + \ldots + \int\frac{dx}{(x-\lambda)\sqrt{y}} = -\frac{2}{\sqrt{y}}.$$

Por outra parte, a egualdade, obtida por integração por partes,

$$\int\frac{x^k\,dx}{\sqrt{y}} = \frac{x^{k+1}}{(k+1)\sqrt{y}} + \frac{1}{2(k+1)}\int\frac{x^{k+1}\,y'\,dx}{y\sqrt{y}}$$

e a relação

$$\frac{x^{k+1}\,y'}{y} = \frac{x^{k+1}}{x-\alpha} + \frac{x^{k+1}}{x-\beta} + \ldots + \frac{x^{k+1}}{x-\lambda}$$
$$= nx^k + a_1x^{k-1} + a_2x^{k-2} + \ldots + a_k$$
$$+ \frac{\alpha^{k+1}}{x-\alpha} + \frac{\beta^{k+1}}{x-\beta} + \ldots + \frac{\lambda^{k+1}}{x-\lambda}$$

dão

$$(b)\quad \begin{cases} (2k+2-n)\displaystyle\int\frac{x^k\,dx}{\sqrt{y}}-a_1\int\frac{x^{k-1}\,dx}{\sqrt{y}}-\ldots-a_k\int\frac{dx}{\sqrt{y}} \\ =\dfrac{2x^{k+1}}{\sqrt{y}}+\alpha^{k+1}\displaystyle\int\frac{dx}{(x-\alpha)\sqrt{y}}+\ldots+\lambda^{k+1}\int\frac{dx}{(x-\lambda)\sqrt{y}}, \end{cases}$$

e, pondo $k=0,\ 1,\ 2,\ \ldots,\ n-2$,

$$\alpha\int\frac{dx}{(x-\alpha)\sqrt{y}}+\ldots+\lambda\int\frac{dx}{(x-\lambda)\sqrt{y}}=-(n-2)\int\frac{dx}{\sqrt{y}}-\frac{2x}{\sqrt{y}},$$

$$\alpha^2\int\frac{dx}{(x-\alpha)\sqrt{y}}+\ldots+\lambda^2\int\frac{dx}{(x-\lambda)\sqrt{y}}=-(n-4)\int\frac{x\,dx}{\sqrt{y}}-a_1\int\frac{dx}{\sqrt{y}}-\frac{2x^2}{\sqrt{y}},$$

$$\ldots\ldots\ldots\ldots\ldots\ldots\ldots\ldots\ldots\ldots\ldots\ldots,$$

$$\alpha^{n-1}\int\frac{dx}{(x-\alpha)\sqrt{y}}+\ldots+\lambda^{n-1}\int\frac{dx}{(x-\lambda)\sqrt{y}}$$
$$=(n-2)\int\frac{x^{n-2}\,dx}{\sqrt{y}}-a_1\int\frac{x^{n-3}\,dx}{\sqrt{y}}-\ldots-a_{n-2}\int\frac{dx}{\sqrt{y}}-\frac{2x^{n-1}}{\sqrt{y}}.$$

Por meio d'estas equações e da equação (a) obtêem-se os integraes

$$\int\frac{dx}{(x-\alpha)\sqrt{y}},\quad \int\frac{dx}{(x-\beta)\sqrt{y}},\quad \ldots,\quad \int\frac{dx}{(x-\lambda)\sqrt{y}}$$

em funcção dos integraes

$$\int\frac{dx}{\sqrt{y}},\quad \int\frac{x\,dx}{\sqrt{y}},\quad \ldots,\quad \int\frac{x^{n-2}\,dx}{\sqrt{y}},$$

visto que o determinante

$$\begin{vmatrix} 1 & 1 & 1 & \ldots & 1 \\ \alpha & \beta & \gamma & \ldots & \lambda \\ \alpha^2 & \beta^2 & \gamma^2 & \ldots & \lambda^2 \\ \ldots & \ldots & \ldots & \ldots & \ldots \\ \alpha^{n-1} & \beta^{n-1} & \gamma^{n-1} & \ldots & \lambda^{n-1} \end{vmatrix}$$

é differente de zero.

A fórmula (b) permitte tambem exprimir o integral indefinido $\int\frac{x^k\,dx}{\sqrt{y}}$, quando $k>n-2$, por meio dos integraes precedentes.

De tudo o que precede conclue-se pois que é sempre possivel reduzir o calculo dos integraes $\int \frac{x^m dx}{\sqrt{y}}$ e $\int \frac{dx}{(x-a)^m \sqrt{y}}$ ao calculo dos integraes

$$\int \frac{dx}{\sqrt{y}}, \quad \int \frac{xdx}{\sqrt{y}}, \quad \ldots, \quad \int \frac{x^{n-2} dx}{\sqrt{y}}, \quad \int \frac{dx}{(x-a)\sqrt{y}},$$

o que demonstra o theorema enunciado.

Sendo n um numero impar, aos integraes

$$\int \frac{dx}{\sqrt{y}}, \quad \int \frac{xdx}{\sqrt{y}}, \quad \ldots, \quad \int \frac{x^{\frac{n-3}{2}} dx}{\sqrt{y}}$$

dá-se o nome de *integraes de primeira especie;* aos integraes

$$\int \frac{x^{\frac{n-1}{2}} dx}{\sqrt{y}}, \quad \ldots, \quad \int \frac{x^{n-2} dx}{\sqrt{y}}$$

dá-se o nome de *integraes de segunda especie;* finalmente aos integraes da fórma

$$\int \frac{dx}{(x-a)\sqrt{y}}$$

dá-se o nome de *integraes de terceira especie.*

Convem notar que todas as relações empregadas para fazer a reducção que vimos de considerar, são racionaes e symetricas relativamente ás raizes α, β, ..., λ da equação $y=0$. Vê-se pois que se podem deduzir d'estas relações outras em que figurem, em logar d'estas raizes, os coefficientes da equação $y=0$. Podem vêr-se estas relações no *Cours d'Analyse de l'École Polytechnique de Hermite,* onde são obtidas por uma analyse directa.

V

Integraes ellipticos

14. O integral considerado nos n.[os] anteriores

$$\int f(x, \sqrt{y})\, dx$$

depende, quando y é um polynomio do terceiro grau, dos tres integraes

$$\int \frac{dx}{\sqrt{y}}, \quad \int \frac{xdx}{\sqrt{y}}, \quad \int \frac{dx}{(x-a)\sqrt{y}},$$

o primeiro dos quaes dá origem á theoria das funcções ellipticas, como adiante veremos.

Quando y representa um polynomio do quarto grau, o integral elliptico póde ser transformado, como vimos no n.º 13, em outro integral elliptico em que o radical affecta um polynomio do terceiro grau.

Póde tambem fazer-se depender todos os integraes ellipticos dos tres integraes seguintes:

$$\int \frac{dx}{\sqrt{(1-x^2)(1-k^2x^2)}}, \quad \int \sqrt{\frac{1-k^2x^2}{1-x^2}}\, dx, \quad \int \frac{dx}{(1+mx^2)\sqrt{(1-x^2)(1-k^2x^2)}},$$

ou, pondo $x = \operatorname{sen} \varphi$ e representando, para simplicar, por $\Delta\varphi$ o radical $\sqrt{1-k^2 \operatorname{sen}^2 \varphi}$,

$$\int \frac{d\varphi}{\Delta\varphi}, \quad \int \Delta\varphi\, d\varphi, \quad \int \frac{d\varphi}{(1+m \operatorname{sen}^2 \varphi)\, \Delta\varphi},$$

onde k^2 (que se chama *módulo*) representa uma constante menor do que a unidade.

Não nos occuparemos aqui d'esta reducção, devida a Legendre, que estudou profundamente estes integraes ([1]). Limitar-nos-hemos a demonstrar algumas propriedades do primeiro, que pela inversão levou Abel e Jacobi á theoria das funcções ellipticas, e do segundo, que, como adiante veremos, dá o comprimento dos arcos da ellipse.

Suppondo a variavel φ comprehendida entre 0 e $\frac{\pi}{2}$, teremos (n.º 1)

$$\int \frac{d\varphi}{\Delta\varphi} = \int_0^\varphi \frac{d\varphi}{\Delta\varphi} + c, \qquad \int \Delta\varphi\, d\varphi = \int_0^\varphi \Delta\varphi\, d\varphi + c',$$

onde c e c' representam constantes arbitrarias. Os dois integraes definidos precedentes são sentam funcções de φ, que foram representadas por Legendre pelas notações

$$\int_0^\varphi \frac{d\varphi}{\Delta\varphi} = \mathrm{F}(k, \varphi), \qquad \int_0^\varphi \Delta\varphi\, d\varphi = \mathrm{E}(k, \varphi).$$

I. Substituindo a variavel φ por outra φ_1 ligada com φ pela equação

$$\operatorname{tang} \varphi = \frac{\operatorname{sen} 2\varphi_1}{k + \cos 2\varphi_1},$$

([1]) Legendre: *Traité des fonctions elliptiques.*

vem

$$d\varphi = \frac{2(1+k\cos\varphi_1)\,d\varphi_1}{1+2k\cos 2\varphi_1+k^2} = \frac{2(1+k\cos 2\varphi_1)\,d\varphi_1}{(1+k)^2-4k\,\mathrm{sen}^2\,\varphi_1},$$

$$\Delta\varphi = \frac{1+k\cos 2\varphi_1}{\sqrt{1+2k\cos 2\varphi_1+k^2}} = \frac{1+k\cos 2\varphi_1}{\sqrt{(1+k)^2-4k\,\mathrm{sen}^2\,\varphi_1}},$$

e portanto

$$\int \frac{d\varphi}{\Delta\varphi} = \frac{2}{1+k}\int \frac{d\varphi_1}{\Delta_1\varphi_1},$$

onde

$$k_1^2 = \frac{4k}{(1+k)^2}, \quad \Delta_1\varphi_1 = \sqrt{1-k_1^2\,\mathrm{sen}^2\,\varphi_1}.$$

Pondo nesta fórmula

$$\int \frac{d\varphi}{\Delta\varphi} = \mathrm{F}(k, \varphi) + c, \quad \int \frac{d\varphi_1}{\Delta_1\varphi_1} = \mathrm{F}(k_1, \varphi_1) + c_1,$$

vem

$$\mathrm{F}(k, \varphi) + c = \frac{2}{1+k}[\mathrm{F}(k_1, \varphi_1) + c_1].$$

Para determinar c, ponha-se nesta equação $\varphi = 0$ e note-se que temos neste caso $\varphi_1 = 0$, $\mathrm{F}(k, 0) = 0$, $\mathrm{F}(k_1, 0) = 0$; virá $c = \frac{2c_1}{1+k}$. Logo

$$(1) \qquad \mathrm{F}(k, \varphi) = \frac{2}{1+k}\mathrm{F}(k_1, \varphi_1).$$

Por ser $k < 1$, e portanto $(1+k)^2 < 4$, temos

$$\frac{4k}{(1+k)^2} > k > k^2,$$

o que dá $k_1 > k$.

Logo, por meio da fórmula (1), devida a Legendre, faz-se depender a funcção $\mathrm{F}(k, \varphi)$ de outra da mesma especie com módulo maior.

Inversamente, por meio das fórmulas

$$\mathrm{F}(k_1, \varphi_1) = \frac{1+k}{2}\mathrm{F}(k, \varphi), \quad k = \frac{1-\sqrt{1-k_1^2}}{1+\sqrt{1-k_1^2}},$$

faz-se depender a funcção $\mathrm{F}(k_1, \varphi_1)$ de outra da mesma especie com módulo menor.

II. Applicando a transformação precedento ao integral

$$\int(\Delta\varphi + k\cos\varphi)\,d\varphi = \int\Delta\varphi\,d\varphi + k\,\mathrm{sen}\,\varphi$$

*

vem

$$\int (\Delta\varphi + k\cos\varphi)\,d\varphi = 2\int \frac{(1+k\cos 2\varphi_1)\,d\varphi_1}{\sqrt{1+2k\cos\varphi_1+k^2}}$$

$$= \frac{2}{1+k}\int \frac{(1+k-2k\,\text{sen}^2\varphi_1)\,d\varphi_1}{\Delta_1\varphi_1} = \int\left[(1+k)\,\Delta_1\varphi_1 + (1-k)\frac{1}{\Delta_1\varphi_1}\right]d\varphi_1,$$

d'onde se deduz a fórmula

$$\int \Delta\varphi\,d\varphi + k\,\text{sen}\,\varphi = (1+k)\int \Delta_1\varphi_1\,d\varphi_1 + (1-k)\int \frac{d\varphi_1}{\Delta_1\varphi_1},$$

ou

$$E(k, \varphi) + k\,\text{sen}\,\varphi = (1+k)\,E(k_1, \varphi_1) + (1-k)\,F(k_1, \varphi_1) + C,$$

onde C representa uma constante.

Para determinar esta constante, ponha-se $\varphi = 0$, o que dá

$$\varphi_1 = 0, \quad E(k, 0) = 0, \quad E(k_1, 0) = 0, \; F(k_1, 0) = 0,$$

e portanto $C = 0$.

Temos pois a relação importante, descoberta por Legendre:

$$(2) \qquad E(k, \varphi) + k\,\text{sen}\,\varphi = (1+k)\,E(k_1, \varphi_1) + (1-k)\,F(k_1, \varphi_1)$$

que liga as duas especies de funcções consideradas.

III. *A somma de duas funcções* $F(k, \varphi)$ *e* $F(k, \psi)$ *é uma funcção da mesma especie* $F(k, \zeta)$, *onde* ζ *é determinado pela equação*

$$\cos\zeta = \cos\varphi\cos\psi - \text{sen}\,\varphi\,\text{sen}\,\psi\,\Delta\zeta.$$

Este importante theorema, conhecido pelo nome de *theorema de addição* da funcção $F(k, \varphi)$, foi descoberto por Euler. Aqui limitar-nos-hemos a enunciá-lo, reservando a sua demonstração para outro logar d'este *Curso.*

IV. A funcção $E(k, \varphi)$ tem tambem um *theorema de addição,* descoberto por Legendre, que se enuncia do modo seguinte:

Se fôr

$$\cos\zeta = \cos\varphi\cos\psi - \text{sen}\,\varphi\,\text{sen}\,\psi\,\Delta\zeta,$$

temos

$$E(k, \varphi) + E(k, \psi) - E(k, \zeta) = k^2\,\text{sen}\,\varphi\,\text{sen}\,\psi\,\text{sen}\,\zeta.$$

Este theorema será tambem demonstrado adiante.

VI

Integração de algumas funcções transcendentes

15. Consideremos em primeiro logar o integral

$$\int f(\operatorname{sen} x,\ \cos x)\, dx,$$

onde $f(\operatorname{sen} x,\ \cos x)$ representa uma funcção algebrica de sen x e $\cos x$. Pondo

$$\operatorname{sen} x = t,$$

o que dá

$$(a) \qquad \cos x = \sqrt{1-t^2}, \quad dx = \frac{dt}{\sqrt{1-t^2}},$$

temos

$$(b) \qquad \int f(\operatorname{sen} x, \cos x)\, dx = \int f(t, \sqrt{1-t^2}) \frac{dt}{\sqrt{1-t^2}}.$$

O integral considerado transforma-se pois no integral de uma funcção algebrica de t.

No caso de $f(\operatorname{sen} x,\ \cos x)$ representar uma funcção racional de sen x e $\cos x$, o integral que entra no segundo membro de (b) transforma-se no integral de uma funcção racional, substituindo a variavel t por outra variavel z ligada com t pela relação (n.º 11–II)

$$\sqrt{-(t-1)(t+1)} = (t-1)\, z,$$

que dá

$$t = \frac{z^2-1}{z^2+1}.$$

Esta relação e as relações (a) dão as fórmulas

$$\operatorname{sen} x = \frac{z^2-1}{z^2+1}, \quad \cos x = \frac{2z}{z^2+1}, \quad dx = \frac{2dz}{z^2+1},$$

por meio das quaes se transforma immediatamente o integral proposto no integral de uma funcção racional de z.

No caso particular importante de se pretender achar o integral

$$\int \operatorname{sen}^a x \cos^b x \, dx,$$

onde a e b representam dois numeros racionaes, a primeira transformação dá

$$\int \operatorname{sen}^a x \cos^b x \, dx = \int t^a (1-t^2)^{\frac{b-1}{2}} dt.$$

Póde portanto exprimir-se o integral considerado (n.º 10) por funcções elementares quando $\frac{b-1}{2}$ é inteiro, quando $\frac{a+1}{2}$ é inteiro e quando $\frac{a+b}{2}$ é inteiro.

O integral considerado póde ainda ser reduzido a outro mais simples por meio das fórmulas seguintes, que resultam de applicar ao integral que entra no segundo membro da egualdade precedente, as fórmulas (1), (2), (3) e (4) do n.º 10, e de substituir depois t por $\operatorname{sen} x$:

$$\int \operatorname{sen}^a x \cos^b x \, dx = -\frac{\operatorname{sen}^{a-1} x \cos^{b+1} x}{a+b} + \frac{a-1}{a+b} \int \operatorname{sen}^{a-2} x \cos^b x \, dx,$$

$$\int \operatorname{sen}^a x \cos^b x \, dx = \frac{\operatorname{sen}^{a+1} x \cos^{b-1} x}{a+b} + \frac{b-1}{a+b} \int \operatorname{sen}^a x \cos^{b-2} x \, dx,$$

$$\int \operatorname{sen}^a x \cos^b x \, dx = \frac{\operatorname{sen}^{a+1} x \cos^{b+1} x}{a+1} + \frac{a+b+2}{a+1} \int \operatorname{sen}^{a+2} x \cos^b x \, dx,$$

$$\int \operatorname{sen}^a x \cos^b x \, dx = -\frac{\operatorname{sen}^{a+1} x \cos^{b+1} x}{b+1} + \frac{a+b+2}{b+1} \int \operatorname{sen}^a x \cos^{b+2} x \, dx.$$

Exemplo 1.º — O integral

$$\int \frac{dx}{\operatorname{sen} x - \cos x},$$

pondo

$$\operatorname{sen} x = \frac{z^2-1}{z^2+1},$$

transforma-se no integral

$$2\int \frac{dz}{z^2-2z-1} = \frac{\sqrt{2}}{2}\left[\log \frac{z-1-\sqrt{2}}{z-1+\sqrt{2}} + \log C\right].$$

Logo

$$\int \frac{dx}{\operatorname{sen} x - \cos x} = \frac{\sqrt{2}}{2} \log C \frac{\sqrt{\frac{1+\operatorname{sen} x}{1-\operatorname{sen} x}} - 1 - \sqrt{2}}{\sqrt{\frac{1+\operatorname{sen} x}{1-\operatorname{sen} x}} - 1 + \sqrt{2}}$$

$$= \frac{\sqrt{2}}{2} \log C \frac{\operatorname{tang}\left(45^\circ + \frac{1}{2}x\right) - 1 - \sqrt{2}}{\operatorname{tang}\left(45^\circ + \frac{1}{2}x\right) - 1 + \sqrt{2}}.$$

Exemplo 2.º — Para achar o valor do integral

$$\int \operatorname{sen}^3 x \cos^{\frac{1}{2}} x \, dx,$$

ponha-se $\operatorname{sen} x = t$, o que transforma este integral no seguinte:

$$\int t^3 (1-t^2)^{-\frac{1}{4}} dt = 2(1-t^2)^{\frac{3}{4}} \left[\frac{1}{7}(1-t^2) - \frac{1}{3}\right] + \mathrm{C}.$$

Logo

$$\int \operatorname{sen}^3 x \cos^{\frac{1}{2}} x dx = 2 \cos^{\frac{3}{2}} x \left[\frac{1}{7}\cos^2 x - \frac{1}{3}\right] + \mathrm{C}.$$

16. Consideremos agora a differencial $f(e^{mx})\,dx$, onde $f(e^{mx})$ representa uma funcção algebrica de e^{mx}.

Pondo $e^{mx} = t$, o que dá $dx = \dfrac{dt}{mt}$, vem

$$\int f(e^{mx})\,dx = \frac{1}{m}\int f(t)\,\frac{dt}{t}.$$

Por meio d'esta fórmula faz-se depender a integração da differencial transcendente dada da integração de uma funcção algebrica.

Exemplo. — Pondo $e^{2x} = t$, vem

$$\int \frac{dx}{1+e^{2x}} = \frac{1}{2}\int \frac{dt}{t(t+1)} = \log \mathrm{C}\sqrt{\frac{t}{t+1}} = \log\left[\mathrm{C}\sqrt{\frac{e^{2x}}{e^{2x}+1}}\right].$$

17. Calculemos o integral

$$\int e^{mx} f(x)\,dx,$$

onde $f(x)$ representa uma funcção racional de x.

Decompondo $f(x)$ na sua parte inteira e em uma somma de fracções simples (*C. dif.*, n.º 42), vê-se que, para obter o integral precedente, basta calcular integraes da fórma

$$\int e^{mx} x^{\omega}\,dx, \quad \int \frac{e^{mx}\,dx}{(x-a)^{\alpha}},$$

onde ω e α representam numeros inteiros positivos.

Para calcular o primeiro integral, emprega-se a fórmula

$$\int e^{mx} x^{\omega} dx = \frac{e^{mx}}{m} x^{\omega} - \frac{\omega}{m} \int e^{mx} x^{\omega-1} dx,$$

que se obtem pelo methodo de integração por partes. Por meio d'ella, e por meio das fórmulas analogas que se obtêem mudando ω em $\omega-1$, $\omega-2$, ..., 2, 1, faz-se depender o integral considerado do integral

$$\int e^{mx} dx = \frac{e^{mx}}{m} + \mathrm{C}.$$

Para calcular o segundo integral, emprega-se a fórmula

$$\int \frac{e^{mx} dx}{(x-a)^{\alpha}} = -\frac{e^{mx}}{(\alpha-1)(x-a)^{\alpha-1}} + \frac{m}{\alpha-1} \int \frac{e^{mx} dx}{(x-a)^{\alpha-1}}.$$

Por meio d'esta fórmula e das fórmulas que se obtêem mudando n'ella α em $\alpha-1$, $\alpha-2$, ..., 2, faz-se depender o integral considerado do integral

$$\int \frac{e^{mx} dx}{x-a} = e^{ma} \int \frac{e^t dt}{t},$$

pondo $x - a = \frac{t}{m}$.

O integral $\int \frac{e^t dt}{t}$, de que fica dependente a integração da funcção dada, é uma transcendente nova, a que se dá o nome de *logarithmo integral*. Pondo $e^t = z$, transforma-se ainda no integral

$$\int \frac{dz}{\log z}.$$

NOTA. — Vê-se pelo que precede que o integral $\int e^{mx} f(x) dx$ tem a fórma

$$\int e^{mx} f(x) dx = e^{mx} \Theta(x) + \Sigma \mathrm{A} \int \frac{e^{mx} dx}{x-a},$$

onde a primeira parte contem uma funcção racional $\Theta(x)$, e a segunda parte depende da transcendente *logarithmo integral*. O methodo, que vem de expôr-se, para obter este integral, exige a decomposição de $f(x)$ em fracções simples, e portanto a indagação das raizes do seu denominador. Faremos porém notar que se póde achar a parte $e^{mx} \Theta(x)$ do integral sem procurar estas raizes. É o que vamos mostrar, raciocinando para mais clareza sobre um exemplo simples [1].

---

(1) Veja-se o nosso artigo — *Sur l'intégrale* $\int e^{\omega x} f(x) dx$ (*Rendiconti della R. Accademia dei Lincei*, Roma, 1885).

Procuremos a parte $e^{mx}\Theta(x)$ do integral

$$\int \frac{e^{mx}\,dx}{(x^2-3x+2)^2},$$

sem resolver a equação $x^2-3x+2=0$.

Temos primeiramente, decompondo $f(x)$ em fracções simples, um resultado da fórma

$$\frac{1}{(x^2-3x+2)^2}=\frac{A_1}{x-a_1}+\frac{A_2}{(x-a_1)^2}+\frac{B_1}{x-a_2}+\frac{B_2}{(x-a_2)^2};$$

e portanto

$$\int \frac{e^{mx}\,dx}{(x^2-3x+2)^2}=A_1\int\frac{e^{mx}\,dx}{x-a_1}+A_2\int\frac{e^{mx}\,dx}{(x-a_1)^2}+B_1\int\frac{e^{mx}\,dx}{x-a_2}+B_2\int\frac{e^{mx}\,dx}{(x-a_2)^2}.$$

Temos tambem

$$\int\frac{e^{mx}\,dx}{(x-a_1)^2}=-\frac{e^{mx}}{x-a_1}+m\int\frac{e^{mx}\,dx}{x-a_1},$$

$$\int\frac{e^{mx}\,dx}{(x-a_2)^2}=-\frac{e^{mx}}{x-a_2}+m\int\frac{e^{mx}\,dx}{x-a_2}.$$

Logo

$$\int\frac{e^{mx}\,dx}{(x^2-3x+2)^2}=-e^{mx}\left[\frac{A_2}{x-a_1}+\frac{B_2}{x-a_2}\right]$$

$$+(A_1+mA_2)\int\frac{e^{mx}\,dx}{x-a_1}+(B_1+mB_2)\int\frac{e^{mx}\,dx}{x-a_2},$$

ou (n.º 5)

$$\int\frac{e^{mx}\,dx}{(x^2-3x+2)^2}=-\frac{(2x-3)\,e^{mx}}{x^2-3x+2}$$

$$+(A_1+mA_2)\int\frac{e^{mx}\,dx}{x-a_1}+(B_1+mB_2)\int\frac{e^{mx}\,dx}{x-a_2}.$$

18. Consideremos finalmente a differencial

$$f(x)\,F(e^{ax},\ e^{bx},\ \ldots,\ \text{sen}\,\alpha x,\ \text{sen}\,\beta x,\ \ldots,\ \cos\gamma x,\ \cos\mu x,\ \ldots)\,dx,$$

onde $f(x)$ representa uma funcção racional de x e $F(e^{ax}, e^{bx}, \ldots)$ uma funcção inteira de e^{ax}, e^{bx}, etc.

Para a integrar, ponha-se

$$\text{sen}\,\alpha x=\frac{e^{\alpha ix}-e^{-\alpha ix}}{2i},\ \ldots,\ \cos\gamma x=\frac{e^{\gamma ix}+e^{-\gamma ix}}{2},\ \ldots,$$

o que a transforma em uma somma de termos da fórma

$$e^{mx} f(x)\, dx,$$

que se integram pelo methodo exposto no numero anterior.

Applicando esta doutrina á funcção differencial e^{ax} sen $\alpha x\, dx$, acha-se

$$\int e^{ax} \operatorname{sen} \alpha x\, dx = \int \frac{e^{(a+\alpha i)x}\, dx}{2i} - \int \frac{e^{(a-\alpha i)x}\, dx}{2i} = \frac{e^{(a+\alpha i)x}}{2i(a+\alpha i)} - \frac{e^{(a-\alpha i)x}}{2i(a-\alpha i)}$$

$$= \frac{e^{ax}(a \operatorname{sen} \alpha x - \alpha \cos \alpha x)}{a^2 + \alpha^2}.$$

Do mesmo modo se obtem a egualdade

$$\int e^{ax} \cos \alpha x\, dx = \frac{e^{ax}(a \cos \alpha x + \alpha \operatorname{sen} \alpha x)}{a^2 + \alpha^2}.$$

CAPITULO II

Integraes definidos

I

Noções e methodos geraes

19. Vimos já que, se $f(x)$ representar uma funcção continua de x no intervallo de $x=a$ a $x=X$, se h_1, h_2, etc. representarem n partes em que se divida $X-a$ e se x_1, x_2, etc. representarem quaesquer numeros pertencendo respectivamente aos intervallos de a a $a+h_1$, de $a+h_1$ a $a+h_1+h_2$, etc., a somma

$$(1) \qquad h_1 f(x_1) + h_2 f(x_2) + \ldots + h_n f(x_n)$$

tende para um limite determinado [que se chama (n.º 1) *integral definido* e que se representa pela notação $\int_a^X f(x)\,dx$], quando h_1, h_2, etc. tendem para zero. Os numeros a e X chamam-se *limites do integral*. Considerando um dos limites do integral, a por exemplo, como constante e o outro como variavel, o integral definido é uma funcção do limite X, cuja derivada é (*C. dif.*, n.º 80) $f(X)$.

Podemos pois escrever, representando por $\sum_a^X f(x_i)\,h_i$ a somma (1),

$$\int_a^X f(x)\,dx = \lim \sum_a^X f(x_i)\,h_i, \qquad \frac{d\int_a^X f(x)\,dx}{dX} = f(X).$$

Da definição precedente resultam immediatamente as seguintes propriedades dos integraes definidos.

I. *O integral* $\int_a^X f(x)\,dx$ *é susceptivel da decomposição seguinte:*

$$\int_a^X f(x)\,dx = \int_a^b f(x)\,dx + \int_b^c f(x)\,dx + \ldots + \int_m^p f(x)\,dx + \int_p^X f(x)\,dx.$$

É o que resulta da identidade

$$\sum_a^X f(x_i)\,h_i = \sum_a^b f(x_i)\,h_i + \sum_b^c f(x_i)\,h_i + \ldots,$$

fazendo tender h_1, h_2, ... para zero.

II. *Um integral definido conserva o mesmo valor absoluto e muda de signal, quando se trocam os seus limites. Assim*

$$\int_a^X f(x)\,dx = -\int_X^a f(x)\,dx.$$

Os dois integraes são, com effeito, os limites de sommas de parcellas eguaes com signal contrario.

D'este principio se conclue que a derivada relativamente ao limite inferior X do integral definido $\int_X^a f(x)\,dx$ é egual a $-f(X)$.

III. *Se fôr*

$$F(x) \geqq f(x)$$

para todos os valores de x *desde* a *até* X *e* $X > a$*, temos*

$$\int_a^X F(x)\,dx \geqq \int_a^X f(x)\,dx.$$

É o que resulta da desegualdade

$$\sum_a^X F(x_i)\,h_i > \sum_a^X f(x_i)\,h_i,$$

fazendo tender h_1, h_2, ... para zero.

IV. Suppondo $X > a$, a desegualdade

$$\left| \sum_a^X f(x_i)\, h_i \right| \overline{\overline{<}} \sum_a^X \left| f(x_i) \right| h_i$$

dá, fazendo tender h_1, h_2, ... para zero,

$$\left| \int_a^X f(x)\, dx \right| \overline{\overline{<}} \int_a^X \left| f(x) \right| dx.$$

Logo o valor absoluto de um integral definido não póde ser maior do que o integral do valor absoluto da funcção.

20. *Se a funcção $f(x)$ fôr continua no intervallo de $x = a$ a $x = X$ e se no mesmo intervallo $F(x)$ representar um integral de $f(x)\,dx$, temos*

$$\int_a^X f(x)\, dx = F(X) - F(a).$$

Com effeito, por terem o integral definido e a funcção $F(X)$ a mesma derivada, podemos escrever

$$\int_a^X f(x)\, dx = F(X) + C,$$

C designando uma constante arbitraria, e portanto temos, pondo $X = a$,

$$0 = F(a) + C.$$

D'estas egualdades resulta o theorema enunciado.

Representa se muitas vezes a differença $F(X) - F(a)$ pela notação $[F(x)]_a^X$.

O theorema importante, que vimos de demonstrar, dá um methodo geral para calcular os integraes definidos das funcções de que se conhece o integral indefinido. Assim, por exemplo, por ser

$$\int \frac{dx}{x - \alpha} = \log(x - \alpha) + C,$$

temos, quando α representa uma constante real,

$$\int_a^X \frac{dx}{x - \alpha} = \log(X - \alpha) - \log(a - \alpha) = \log \frac{X - \alpha}{a - \alpha},$$

se o numero α, que torna a funcção $\frac{1}{x - \alpha}$ descontinua, não pertence ao intervallo de a a X.

Nota. — O theorema que precede é applicavel ao caso em que o integral indefinido de $f(x)\,dx$ é uma funcção com muitos ramos. Neste caso, devem-se tomar para valores de $F(a)$ e $F(X)$ os valores que um ramo qualquer da funcção $F(x)$, que seja continuo no intervallo de $x=a$ a $x=X$, toma nestes pontos. Assim, da egualdade

$$\int \frac{dx}{1+x^2} = \text{arc tang}\, x + C$$

resulta

$$\int_a^X \frac{dx}{1+x^2} = \text{arc tang}\, X - \text{arc tang}\, a.$$

Os valores de arc tang x comprehendidos entre $-\frac{\pi}{2}$ e $\frac{\pi}{2}$ constituem um ramo continuo da funcção arc tang x. Logo póde-se tomar para valores de arc tang X e arc tang a na fórmula precedente os valores que estes arcos têem entre aquelles numeros.

Da egualdade

$$\int \frac{dx}{+\sqrt{1-x^2}} = \text{arc sen}\, x + C$$

resulta do mesmo modo

$$\int_a^X \frac{dx}{+\sqrt{1-x^2}} = \text{arc sen}\, X - \text{arc sen}\, a,$$

a e X representando dois numeros comprehendidos entre 1 e -1, e arc sen X e arc sen a dois arcos comprehendidos entre $-\frac{\pi}{2}$ e $\frac{\pi}{2}$.

Finalmente da egualdade

$$\int \frac{dx}{-\sqrt{1-x^2}} = \text{arc cos}\, x + C$$

resulta

$$\int_a^X \frac{dx}{-\sqrt{1-x^2}} = \text{arc cos}\, X - \text{arc cos}\, a,$$

a e X representando dois numeros comprehendidos entre 1 e -1, e arc cos X e arc cos a dois arcos comprehendidos entre 0 e π.

21. O estudo de um integral definido póde fazer-se depender do estudo de outros pelos methodos de *decomposição*, de *substituição* e de *integração por partes* considerados no n.º 3, como vamos ver.

I. *Se fôr*

$$f(x) = A\varphi_1(x) + B\varphi_2(x) + \ldots + L\varphi_k(x),$$

teremos

$$\int_a^X f(x)\,dx = A\int_a^X \varphi_1(x)\,dx + B\int_a^X \varphi_2(x)\,dx + \ldots + L\int_a^X \varphi_k(x)\,dx.$$

Para o demonstrar, basta fazer tender h_1, h_2, ... para zero na identidade

$$\sum_a^X f(x_i)\,h_i = \sum_a^X A\varphi_1(x_i)\,h_i + \sum_a^X B\varphi_2(x_i)\,h_i + \ldots$$

Exemplo — Por ser

$$\cos ax \cos bx = \frac{1}{2}\cos(a+b)\,x + \frac{1}{2}\cos(a-b)\,x,$$

temos

$$\int_0^{2\pi} \cos ax \cos bx\,dx = \frac{1}{2}\int_0^{2\pi} \cos(a+b)\,x dx + \frac{1}{2}\int_0^{2\pi} \cos(a-b)\,x dx,$$

e portanto, quando a e b são numeros inteiros,

$$\int_0^{2\pi} \cos ax \cos bx\,dx = 0, \qquad \int_0^{2\pi} \cos^2 ax\,dx = \pi.$$

Do mesmo modo se acha

$$\int_0^{2\pi} \cos ax \operatorname{sen} bx\,dx = 0, \qquad \int_0^{2\pi} \operatorname{sen} ax \operatorname{sen} bx\,dx = 0,$$

$$\int_0^{2\pi} \operatorname{sen}^2 ax\,dx = \pi, \qquad \int_0^{2\pi} \operatorname{sen} ax \cos ax\,dx = 0.$$

II. *Seja* $x = \varphi(z)$, $\varphi(z)$ *representando uma funcção de* z *que tenha um unico valor para cada valor de* z, *e sejam* z_0 *e* Z *dois valores deseguaes da variavel* z *que dêem a* x *os valores* a *e* X. *Se a funcção* $f(x)$ *fôr continua para todos os valores que toma* x, *quando* z *varia desde* z_0 *até* Z, *e se a funcção* $\varphi'(z)$ *fôr continua no intervallo de* $z = z_0$ *a* $z = Z$, *temos*

$$\int_a^X f(x)\,dx = \int_{z_0}^Z f[\varphi(z)]\,\varphi'(z)\,dz.$$

Com effeito, por ser continua a funcção $f(x)$ no intervallo de a e X, temos, representando por F (x) uma funcção cuja derivada seja $f(x)$,

$$\int_a^X f(x)\,dx = F(X) - F(a) = F[\varphi(Z)] - F[\varphi(z_0)].$$

Por outra parte, por ser continua a funcção $f[\varphi(z)]$ no intervallo de z_0 a Z e por ser $f[\varphi(z)]\,\varphi'(z)$ a derivada de $F[\varphi(z)]$, temos tambem

$$\int_{z_0}^Z f[\varphi(z)]\,\varphi'(z)\,dz = F[\varphi(Z)] - F[\varphi(z_0)].$$

Da comparação d'esta fórmula com a anterior resulta o theorema enunciado.

Assim, por exemplo, applicando o theorema ao integral

$$\int_\alpha^{\alpha+\beta} \frac{dx}{(x-\alpha)^2+\beta^2},$$

onde α e β representam constantes reaes, temos, pondo $x = \alpha + \beta z$,

$$\int_\alpha^{\alpha+\beta} \frac{dx}{(x-\alpha)^2+\beta^2} = \frac{1}{\beta}\int_0^1 \frac{dz}{1+z^2} = \frac{\pi}{4\beta}.$$

III. *Se as funcções $f(x)$ e $f_1(x)$ fôrem continuas no intervallo de $x = a$ a $x = X$ e se fôr*

$$\int f(x)\,dx = \Theta(x) + \int f_1(x)\,dx + C,$$

temos

$$\int_a^X f(x)\,dx = \Theta(X) - \Theta(a) + \int_a^X f_1(x)\,dx.$$

É o que resulta immediatamente da egualdade

$$\int [f(x) - f_1(x)]\,dx = \Theta(x) + C,$$

que dá (n.º 20)

$$\int_a^X [f(x) - f_1(x)]\,dx = \Theta(X) - \Theta(a).$$

Em particular, da egualdade, obtida por integração por partes:

$$\int \varphi'(x)\,\psi(x)\,dx = \varphi(x)\,\psi(x) - \int \varphi(x)\,\psi'(x)\,dx$$

resulta

$$\int_a^X \varphi'(x)\,\psi(x)\,dx = \varphi(X)\,\psi(X) - \varphi(a)\,\psi(a) - \int_a^X \varphi(x)\,\psi'(x)\,dx.$$

Exemplo. — Consideremos o integral

$$u_m = \int_0^1 x^m (1-x)^n dx,$$

onde n representa um numero inteiro e positivo, e m um numero qualquer maior do que -1. Da egualdade

$$\int_0^1 x^m (1-x)^n dx = \left[\frac{x^{m+1}(1-x)^n}{m+1}\right]_0^1 + \frac{n}{m+1}\int_0^1 x^{m+1}(1-x)^{n-1} dx$$

deduz-se a fórmula

$$\int_0^1 x^m (1-x)^n dx = \frac{n}{m+1}\int_0^1 x^{m+1}(1-x)^{n-1} dx.$$

Do mesmo modo se obtêem as egualdades

$$\int_0^1 x^{m+1}(1-x)^{n-1} dx = \frac{n-1}{m+2}\int_0^1 x^{m+2}(1-x)^{n-2} dx,$$

. . . .

$$\int_0^1 x^{m+n-1}(1-x)\, dx = \frac{1}{m+n}\int_0^1 x^{m+n} dx = \frac{1}{(m+n)(m+n+1)}.$$

D'estas fórmulas deduz-se

$$u_m = \frac{1.2\ldots n}{(m+1)(m+2)\ldots(m+n+1)}.$$

II

Extensão da noção de integral definido ao caso das funcções descontinuas e dos limites infinitos

22. Definiu-se e estudou-se nos paragraphos precedentes o integral $\int_a^X f(x)dx$, quando a funcção $f(x)$ é continua no intervallo de a a X. Vamos agora estender a noção de integral definido ao caso em que esta funcção é descontinua em um numero limitado de pontos pertencentes áquelle intervallo.

Sejam b, c, d, etc., os valores que toma x nos pontos em que a funcção $f(x)$ é descontinua, e sejam u, v, w, y, etc. numeros variaveis que se possam dispôr conjunctamente com os anteriores, segundo a ordem crescente ou decrescente, do modo seguinte:

$$a,\ u,\ b,\ v,\ w,\ c,\ y,\ \ldots,\ z,\ X;$$

e supponhamos que a somma

$$\int_a^u f(x)\,dx + \int_v^w f(x)\,dx + \ldots + \int_z^X f(x)\,dx$$

tende para um limite finito e determinado, quando u e v tendem de qualquer modo para b, w e y tendem de qualquer modo para c, etc. Este limite é então uma funcção de X, que se chama ainda *integral definido* de $f(x)\,dx$ e que se representa pelo signal $\int_a^X f(x)\,dx$.

Por exemplo, temos

$$\int_0^1 \frac{dx}{\sqrt{1-x^2}} = \lim_{u=1} \int_0^u \frac{dx}{\sqrt{1-x^2}},$$

o que dá

$$\int_0^1 \frac{dx}{\sqrt{1-x^2}} = \lim_{u=1} \operatorname{arc\,sen} u = \frac{\pi}{2}.$$

Do mesmo modo temos, quando $X > 1$,

$$\int_0^X (x-1)^{-\frac{1}{3}} dx = \lim_{u,\,v=1} \left[\int_0^u (x-1)^{-\frac{1}{3}} dx + \int_v^X (x-1)^{-\frac{1}{3}} dx\right]$$

$$= \frac{3}{2} \lim_{u,\,v=1} \left[(u-1)^{\frac{2}{3}} - 1 + (X-1)^{\frac{2}{3}} - (v-1)^{\frac{2}{3}}\right] = \frac{3}{2}\left[(X-1)^{\frac{2}{3}} - 1\right].$$

Consideremos finalmente o integral importante

$$\int_a^X \frac{\varphi'(x)\,dx}{1+[\varphi(x)]^2}.$$

Se as funcções $\varphi(x)$ e $\varphi'(x)$ são continuas no intervallo de $x=a$ a $x=X$, temos (n.º 19)

$$\int_a^X \frac{\varphi'(x)\,dx}{1+[\varphi(x)]^2} = \operatorname{arc\,tang} \varphi(X) - \operatorname{arc\,tang} \varphi(a),$$

devendo os valores dos arcos que entram nesta fórmula ser tomados entre $-\frac{\pi}{2}$ e $\frac{\pi}{2}$. Com effeito, neste caso os valores de arc tang $\varphi(x)$ comprehendidos entre $-\frac{\pi}{2}$ e $\frac{\pi}{2}$ constituem uma funcção continua de x, cuja derivada é $\frac{\varphi'(x)}{1+[\varphi(x)]^2}$.

Supponhamos agora que no intervallo considerado existem pontos em que a funcção $\varphi(x)$ é infinita, ou em que esta funcção é continua, mas não o é a sua derivada $\varphi'(x)$, e sejam b, c, ... estes pontos. Representando por $F(x)$ a funcção que se quer integrar e fazendo tender u e v para b, w e y para c, etc., teremos

$$\int_a^X F(x)\,dx = \lim\left[\int_a^u F(x)\,dx + \int_v^w F(x)\,dx + \ldots + \int_z^X F(x)\,dx\right]$$

$$\begin{aligned} &= \text{arc tang}\,\varphi(X) - \text{arc tang}\,\varphi(a) \\ &+ \lim_{u,\,v=b}\left[\text{arc tang}\,\varphi(u) - \text{arc tang}\,\varphi(v)\right] \\ &+ \lim_{w,\,y=c}\left[\text{arc tang}\,\varphi(w) - \text{arc tang}\,\varphi(y)\right] \\ &+ \ldots\ldots\ldots\ldots\ldots\ldots \end{aligned}$$

Somos assim levados a procurar o valor da expressão

$$\text{(A)} \qquad \lim_{u,\,v=b}\left[\text{arc tang}\,\varphi(u) - \text{arc tang}\,\varphi(v)\right],$$

e de outras analogas que se calculam do mesmo modo.

Se a funcção $\varphi(x)$ se torna infinita e muda de positiva para negativa, quando x, variando desde a até X, passa pelo ponto b, as quantidades $\varphi(u)$ e $\varphi(v)$ são a primeira positiva e a segunda negativa na vizinhança d'este ponto. As funcções arc tang $\varphi(u)$ e arc tang $\varphi(v)$ tendem pois para $\frac{\pi}{2}$ e $-\frac{\pi}{2}$, quando u e v tendem para b, e a expressão anterior é egual a π.

Vê-se do mesmo modo que a expressão (A) é egual a $-\pi$, quando, na passagem de x pelo ponto b, a funcção $\varphi(x)$ muda de negativa para positiva, e que é egual a 0, quando $\varphi(x)$ não muda de signal.

Se a funcção $\varphi'(x)$ é descontinua no ponto b e a funcção $\varphi(x)$ é continua neste ponto, as duas funcções arc tang $\varphi(u)$ e arc tang $\varphi(v)$ tendem para arc tang $\varphi(b)$, quando u e v tendem para b, e a expressão (A) é egual a zero.

Temos pois o seguinte theorema, devido a Cauchy:

Se, quando x varia desde a até X, a funcção $\varphi(x)$ é infinita em n pontos onde passa de positiva para negativa, em m pontos onde passa de negativa para positiva e em um numero qualquer de pontos onde não muda de signal, temos

$$\int_a^X \frac{\varphi'(x)\,dx}{1+[\varphi(x)]^2} = \text{arc tang}\,\varphi(X) - \text{arc tang}\,\varphi(a) + (n-m)\pi$$

*

23. Da definição dada no n.º anterior resulta, como vamos vêr, que as propriedades demonstradas no n.º 19, para o caso de a funcção $f(x)$ ser continua no intervallo de $x=a$ a $x=X$, ainda têem logar quando esta funcção é descontinua em pontos isolados d'este intervallo. Supporemos que, no intervallo de $x=a$ a $x=X$, existe um unico ponto b em que $f(x)$ é discontinua, porque, pelo modo como se procede neste caso, é facil de vêr como se deve proceder no caso geral.

I. Seja c um numero comprehendido entre a e b. Teremos

$$\int_a^X f(x)\,dx = \lim_{u,\,v=b}\left[\int_a^u f(x)\,dx + \int_v^X f(x)\,dx\right]$$

$$= \lim_{u,\,v=b}\left[\int_a^c f(x)\,dx + \int_c^u f(x)\,dx + \int_v^X f(x)\,dx\right]$$

$$= \int_a^c f(x)\,dx + \int_c^X f(x)\,dx\,;$$

e portanto a decomposição considerada no n.º 19-I tem ainda logar quando a funcção $f(x)$ é descontinua no ponto b.

Do mesmo modo se procede quando c está comprehendido entre b e X.

II. A propriedade II do n.º 19 tem tambem logar, por ser

$$\int_a^X f(x)\,dx = \lim_{u,\,v=b}\left[-\int_u^a f(x)\,dx - \int_X^v f(x)\,dx\right] = -\int_X^a f(x)\,dx.$$

III. Sommando membro a membro as desegualdades

$$\int_a^u F(x)\,dx \geqq \int_a^u f(x)\,dx,\quad \int_v^X F(x)\,dx \geqq \int_v^X f(x)\,dx$$

e fazendo tender u e v para b, vê-se que o principio III do n.º 19 subsiste no caso de serem descontinuas uma ou ambas as funcções $f(x)$ e $F(x)$.

Do mesmo modo se mostra que a desegualdade demonstrada no n.º 19 — IV tem logar no caso de ser descontinua a funcção $f(x)$.

IV. A derivada do integral $\int_a^X f(x)\,dx$ relativamente a X é $f(X)$, nos pontos em que esta funcção é continua. É o que resulta de derivar ambos os membros da egualdade

$$\int_a^X f(x)\,dx = \int_a^\alpha f(x)\,dx + \int_\alpha f(x)\,dx,$$

α representando um numero tal que a funcção $f(x)$ seja continua no intervallo de $x=\alpha$ a $x=X$.

Em todos os pontos que vimos de considerar o integral $\int_a^X f(x)\,dx$ é uma funcção continua de X; e esta propriedade subsiste mesmo para os pontos em que a funcção $f(X)$ é descontinua. Com effeito, temos

$$\lim_{u=b} \int_a^u f(x)\,dx = \int_a^b f(x)\,dx,$$

e, por ser

$$\int_b^X f(x)\,dx = \int_b^v f(x)\,dx + \int_v^X f(x)\,dx,$$

temos tambem

$$\lim_{v=b} \int_b^v f(x)\,dx = 0,$$

e portanto

$$\lim_{v=b} \int_a^v f(x)\,dx = \lim_{v=b} \left[\int_a^b f(x)\,dx + \int_b^v f(x)\,dx\right] = \int_a^b f(x)\,dx;$$

logo o integral $\int_a^X f(x)\,dx$ é uma funcção continua de X no ponto $X=b$.

24. Representando por $F(x)$ um integral de $f(x)\,dx$, da egualdade

$$\int_a^X f(x)\,dx = \lim_{u,\,v=b} \left[\int_a^u f(x)\,dx + \int_v^X f(x)\,dx\right]$$

$$= F(X) - F(a) + \lim_{u,\,v=b} [F(u) - F(v)]$$

deduz-se

$$\int_a^X f(x)\,dx = F(X) - F(a),$$

quando $F(x)$ é continua no ponto b, visto que neste caso $F(u)$ e $F(v)$ tendem para $F(b)$, quando u e v tendem para b. Temos pois o theorema seguinte, que contém como caso particular o theorema demonstrado no n.º 20:

Se a funcção $F(x)$ *é continua no intervallo de* $x=a$ *a* $x=X$ *e admitte para derivada* $f(x)$, *nos pontos em que esta funcção é continua, o integral* $\int_a^X f(x)\,dx$ *é finito e determinado, e é dado pela egualdade*

$$\int_a^X f(x)\,dx = F(X) - F(a).$$

Assim, por exemplo, no caso do integral anteriormente considerado

$$\int_0^X (x-1)^{-\frac{1}{3}}\,dx, \quad X>1,$$

por ser

$$\int (x-1)^{-\frac{1}{3}}\,dx = \frac{3}{2}(x-1)^{\frac{2}{3}} + C,$$

e por ser continua a funcção $(x-1)^{\frac{2}{3}}$ no intervallo de $x=0$ a $x=X$, a fórmula anterior é applicavel e temos

$$\int_0^X (x-1)^{-\frac{1}{3}}\,dx = \frac{3}{2}\left[(X-1)^{\frac{2}{3}} - 1\right],$$

como já tinhamos visto.

25. Os principios demonstrados no n.º 21 podem tambem ser estendidos ao caso de as funcções integradas serem descontinuas em pontos isolados, como vamos vêr.

I. Supponhamos que todas ou algumas das funcções $\varphi_1(x)$, $\varphi_2(x)$, etc., são descontinuas no ponto b. Se fôr

$$f(x) = A\varphi_1(x) + B\varphi_2(x) + \ldots + L\varphi_k(x)$$

e se os integraes $\int_a^X \varphi_1(x)\,dx$, $\int_a^X \varphi_2(x)\,dx$, ... fôrem finitos e determinados, temos

$$\int_a^X f(x)\,dx = \lim_{u,\,v=b} \Big[A\int_a^u \varphi_1(x)\,dx + B\int_a^u \varphi_2(x)\,dx + \ldots$$

$$+ A\int_v^X \varphi_1(x)\,dx + B\int_v^X \varphi_2(x)\,dx + \ldots \Big],$$

e portanto

$$\int_a^X f(x)\,dx = A\int_a^X \varphi_1(x)\,dx + B\int_a^X \varphi_2(x)\,dx + \ldots + L\int_a^X \varphi_k(x)\,dx.$$

II. Supponhamos que uma ou ambas as funcções $f(x)$ e $\varphi'(z)$ são descontinuas em pontos isolados. A egualdade demonstrada no n.º 21-II ainda tem logar, *se a funcção* $\varphi(z)$ *é continua no intervallo de* $z = z_0$ *a* $z = Z$ *e o integral* $\int_a^x f(x)\,dx$ *é finito e determinado para todos os valores que toma o seu limite superior* x, *quando* z *varia desde* z_0 *até* Z.

É o que se deduz do theorema demonstrado no n.º 24 de um modo analogo ao que foi empregado no n.º 21-II para o caso menos geral ahi considerado.

Com effeito, por ser finito e determinado o integral $\int_a^x f(x)\,dx$, quando x varia desde a até X, existe uma funcção continua $F(x)$ cuja derivada é egual a $f(x)$, e temos (n.º 24)

$$\int_a^X f(x)\,dx = F(X) - F(a) = F[\varphi(Z)] - F[\varphi(z_0)].$$

Mas, por ser continua a funcção $F[\varphi(z)]$ e por admittir para derivada $f[\varphi(z)]\,\varphi'(z)$, temos tambem (n.º 24)

$$\int_{z_0}^Z f[\varphi(z)]\,\varphi'(z)\,dz = F[\varphi(Z)] - F[\varphi(z_0)].$$

D'estas egualdades resulta o theorema enunciado.

III. Baseando-se no principio enunciado no n.º 24, vê-se facilmente que a doutrina exposta no n.º 21-III ainda tem logar quando uma ou ambas as funcções $f(x)$ e $f_1(x)$ são descontinuas no ponto b, se a funcção $\Theta(x)$ é continua no intervallo de $x = a$ a $x = X$.

Consideremos, por exemplo, o integral

$$u_m = \int_0^1 \frac{x^m\,dx}{\sqrt{1-x^2}},$$

onde m representa um numero inteiro e positivo.

A fórmula de reducção (n.º 10-II)

$$\int \frac{x^m\,dx}{\sqrt{1-x^2}} = -\frac{x^{m-1}\sqrt{1-x^2}}{m} + \frac{m-1}{m}\int \frac{x^{m-2}\,dx}{\sqrt{1-x^2}}$$

dá a egualdade

$$u_m = \frac{m-1}{m} u_{m-2},$$

da qual se tiram os resultados seguintes:

1.º Se m é par, temos

$$u_{2n} = \frac{2n-1}{2n} u_{2n-2},$$

$$u_{2n-2} = \frac{2n-3}{2n-2} u_{2n-4},$$

$$\dots\dots\dots\dots\dots,$$

$$u_2 = \frac{1}{2} u_0 = \frac{1}{2} \cdot \frac{\pi}{2};$$

e portanto

$$u_{2n} = \int_0^1 \frac{x^{2n}\,dx}{\sqrt{1-x^2}} = \frac{(2n-1)(2n-3)\dots3.1}{2n(2n-2)\dots4.2} \cdot \frac{\pi}{2}.$$

2.º Se m é impar, acha-se do mesmo modo

$$u_{2n+1} = \frac{2n(2n-2)\dots4.2}{(2n+1)(2n-1)\dots3.1}.$$

Das egualdades precedentes deduzem se, pondo $x = \operatorname{sen}\varphi$, as seguintes:

$$\int_0^{\frac{\pi}{2}} \operatorname{sen}^{2n}\varphi\,d\varphi = \frac{(2n-1)\dots3.1}{2n\dots4.2} \cdot \frac{\pi}{2},$$

$$\int_0^{\frac{\pi}{2}} \operatorname{sen}^{2n+1}\varphi\,d\varphi = \frac{2n\dots4.2}{(2n+1)\dots3.1}.$$

26. Todo o integral definido de uma funcção $f(x)$ dada, que é descontinua em pontos isolados do intervallo entre os limites da integração, póde ser decomposto, por meio dos principios I e II do n.º 23, em outros da fórma $\int_a^b f(x)\,dx$, de que elle seja a somma, taes que, em cada um, a funcção $f(x)$ seja descontinua sómente em um dos limites a ou b da integração e seja $b > a$. Para ver pois se o integral proposto é finito e determinado, temos de considerar integraes da fórma $\int_a^b f(x)\,dx$, em que a funcção $f(x)$ só é descontinua no ponto a ou no ponto b e em que é $b > a$.

Não se conhece um criterio geral para decidir se o integral $\int_a^b f(x)\,dx$ é finito e determinado, quando a funcção $f(x)$ é discontinua em um dos pontos a ou b. Conhecem-se apenas regras abrangendo maior ou menor numero de casos. Um processo que muitas vezes se emprega para este fim consiste em comparar o integral $\int_a^b f(x)\,dx$ com o integral $\int_a^b \psi(x)\,dx$ de uma outra funcção $\psi(x)$, que tambem seja discontinua no mesmo ponto, e que seja conhecido, como vamos vêr.

I. Supponhamos em primeiro logar que a funcção $f(x)$ é discontinua no ponto b, que é positiva no intervallo de $x=a$ a $x=b$, que

$$f(x)=\varphi(x)\,\psi(x)$$

e que os valores que toma $\varphi(x)$, quando x varia desde a até b, estão comprehendidos entre os numeros positivos m e M. Teremos

$$m\psi(x) \lesseqgtr f(x) \lesseqgtr \mathrm{M}\psi(x),$$

e portanto, u representando um numero comprehendido entre a e b,

$$m\int_a^u \psi(x)\,dx \lesseqgtr \int_a^u f(x)\,dx \lesseqgtr \mathrm{M}\int_a^u \psi(x)\,dx.$$

Fazendo tender u para b, os integraes $\int_a^u f(x)\,dx$ e $\int_a^u \psi(x)\,dx$ crescem constantemente, e portanto tendem para um limite finito ou para o infinito. Temos pois

$$m\int_a^b \psi(x)\,dx \lesseqgtr \int_a^b f(x)\,dx \lesseqgtr \mathrm{M}\int_a^b \psi(x)\,dx.$$

A segunda d'estas deseguałdades faz ver que, se as quantidades M e $\int_a^b \psi(x)\,dx$ fôrem finitas, tambem o integral $\int_a^b f(x)\,dx$ é finito, e a primeira faz ver que, se o integral $\int_a^b \psi(x)\,dx$ fôr infinito e se m fôr differente de zero, o integral $\int_a^b f(x)\,dx$ é infinito.

Appliquemos estas considerações ao caso de ser

$$f(x)=\varphi(x)\,(b-x)^{-n}, \quad n>0.$$

Por ser

$$\int_a^u (b-x)^{-n}\,dx = \frac{1}{n-1}\left[\frac{1}{(b-u)^{n-1}} - \frac{1}{(b-a)^{n-1}}\right],$$

quando n é differente da unidade, e

$$\int_a^u (b-x)^{-1}\,dx = \log\frac{b-a}{b-u},$$

vê se que o integral $\int_a^b (b-x)^{-n}\,dx$ é finito quando $n < 1$, e é infinito quando $n \geqq 1$. Logo o *integral* $\int_a^b f(x)\,dx$ *é finito quando* M *é finito e* $n < 1$, *e é infinito quando* $m > 0$ *e* $n \geqq 1$.

Assim, por exemplo, o integral elliptico

$$\int_0^1 \frac{dx}{\sqrt{(1-x^2)(1-k^2x^2)}}$$

é finito. Com effeito, por ser

$$\frac{1}{\sqrt{(1-x^2)(1-k^2x^2)}} = (1-x)^{-\frac{1}{2}}\frac{1}{\sqrt{(1+x)(1-k^2x^2)}},$$

M é finito e n é egual a $\frac{1}{2}$.

Pelo contrario, o integral

$$\int_0^X \frac{e^x\,dx}{x},$$

onde $X > 0$, é infinito, visto ser $n = 1$ e $m = 1$.

II. O caso de a funcção $f(x)$ ser negativa no intervallo de $x = a$ a $x = b$, ou em parte d'este intervallo, reduz-se ao precedente por meio do theorema seguinte:

Se o integral $\int_a^b |f(x)|\,dx$ *fôr finito, o integral considerado* $\int_a^b f(x)\,dx$ *é finito e determinado.*

Com effeito, se o integral $\int_a^u |f(x)|\,dx$ tender para um limite finito, quando u tender para b, a cada valor da quantidade positiva δ, por mais pequeno que seja, corresponde um numero β tal que a desegualdade

$$\left|\int_a^{u+v} |f(x)|\,dx - \int_a^u |f(x)|\,dx\right| = \left|\int_u^{u+v} |f(x)|\,dx\right| < \delta$$

é satisfeita pelos valores de u e $u+v$ comprehendidos entre β e b. Logo temos tambem, para os mesmos valores de u e $u+v$,

$$\left|\int_u^{u+v} f(x)\,dx\right| < \delta;$$

o que prova que $\int_a^u f(x)\,dx$ tende para um limite finito e determinado, quando u tende para b.

Entre as consequencias d'este principio notaremos a seguinte:

Se $\varphi(x)$ fôr inferior a um numero finito M, *no intervallo de $x = a$ a $x = b$, e se o integral $\int^b |\psi(x)|\,dx$ fôr finito, o integral $\int_a^b \varphi(x)\,\psi(x)\,dx$ é finito e determinado.*

Neste caso o integral $\int_a^b |\varphi(x)|\,|\psi(x)|\,dx$ é, com effeito, finito (n.º 26-I).

Nota. — Por meio de considerações semelhantes ás que vêem de ser empregadas, vê-se facilmente que os principios, que vimos de demonstrar, têem logar quando a funcção $f(x)$, que entra no integral $\int_a^b f(x)\,dx$, é discontinua no limite inferior a da integração.

27. Consideremos em especial o caso em que a funcção $f(x)$ é finita no intervallo de $x = a$ a $x = X$. Do que se disse no n.º anterior conclue-se que o integral $\int_a^X f(x)\,dx$ é finito e determinado. Podemos accrescentar que este integral é egual, como no caso das funcções continuas, ao limite para que tende a somma

$$\text{(A)} \qquad h_1 f(x_1) + h_2 f(x_2) + \ldots + h_n f(x_n),$$

considerada no n.º 19, quando h_1, h_2, ... tendem para zero. Suppondo, com effeito, que a funcção é discontinua no ponto b, por exemplo, que é $X > a$, e que b está comprehendido entre u e v, temos

$$\sum_a^X f(x_i)\,h_i = \sum_a^u f(x_i)\,h_i + \sum_u^v f(x_i)\,h_i + \sum_v^X f(x_i)\,h_i,$$

e, representando por M um numero não inferior aos valores que toma $|f(x)|$ no intervallo

*

de $x = u$ a $x = v$,

$$\left|\sum_u^v f(x_i) h_i\right| \overline{\gtrless} \sum_u^v |f(x_i)| h_i < \mathrm{M} \sum_u^v h_i .$$

Mas, por ser $\sum_u^v h_i = v - u$, esta desegualdade mostra que

$$\lim_{u,\, v=b} \sum_u^v f(x_i) h_i = 0.$$

Logo temos, fazendo tender h_1, h_2, ... para zero,

$$\lim \sum_a^{\mathrm{X}} f(x_i) h_i = \lim_{u=b} \int_a^u f(x) dx + \lim_{v=b} \int_v^{\mathrm{X}} f(x) dx = \int_a^{\mathrm{X}} f(x) dx.$$

O caso em que a funcção $f(x)$ é continua e o caso em que esta funcção é discontinua em pontos isolados não são os unicos em que a somma (A) tende para um limite determinado, quando h_1, h_2, ... tendem para zero. Existem muitos outros casos em que esta circumstancia tem logar, o que dá origem a uma nova extensão da noção de integral definido, de que aqui não nos occuparemos, mas a respeito da qual se póde consultar a memoria célebre de Riemann intitulada: *Ueber die Darstellbarkeit einer Function durch eine trigonometriche Reihe* (1).

28. Temos supposto até aqui que os limites X e a do integral $\int_a^{\mathrm{X}} f(x) dx$ são finitos. Se, quando X tende para infinito, o integral precedente tende para um limite finito e determinado, dá-se a este limite ainda o nome de integral definido e representa-se pela notação $\int_a^{\infty} f(x) dx$. Assim, temos

$$\int_a^{\infty} f(x) dx = \lim_{\mathrm{X}=\infty} \int_a^{\mathrm{X}} f(x) dx.$$

Do mesmo modo, $\int_{-\infty}^{\infty} f(x) dx$ representa o limite para que tende $\int_a^{\mathrm{X}} f(x) dx$, quando a e X tendem respectivamente para $-\infty$ e $+\infty$.

(1) Uma traducção franceza d'esta memoria foi publicada no *Bulletin des sciences mathématiques*, t. v, 1873.

Assim, por exemplo, $\int_{-\infty}^{\infty} \frac{dx}{1+x^2}$ representa o limite para que tende o integral

$$\int_a^X \frac{dx}{1+x^2} = \text{arc tang X} - \text{arc tang } a,$$

quando X tende para ∞ e a para $-\infty$. Temos pois

$$\int_{-\infty}^{\infty} \frac{dx}{1+x^2} = \frac{\pi}{2} - \left(-\frac{\pi}{2}\right) = \pi.$$

Os integraes definidos com limites infinitos gozam das propriedades que temos demonstrado para o caso dos limites finitos, como é facil de verificar.

29. A questão de saber se o integral $\int_a^X f(x)\,dx$ tende ou não para um valor finito e determinado, quando um ou ambos os limites tendem para o infinito, dá origem a theoremas analogos áquelles a que leva a questão a que nos referimos no n.º 26.

Se a funcção $f(x)$ é positiva no intervallo de $x=a$ a $x=\infty$ e se

$$f(x) = \varphi(x)\,\psi(x),$$

$\varphi(x)$ representando uma funcção que no intervallo de $x=a$ a $x=\infty$ tome valores comprehendidos entre dois numeros positivos m e M, temos, como no n.º 26,

$$m\int_a^{\infty} \psi(x)\,dx \gtreqless \int_a^{\infty} f(x)\,dx \gtreqless M\int_a^{\infty} \psi(x)\,dx,$$

e esta desegualdade faz ver que o integral $\int_a^{\infty} f(x)\,dx$ é finito quando M e $\int_a^{\infty} \psi(x)\,dx$ são finitos, e que é infinito quando $\int_a^{\infty} \psi(x)\,dx$ é infinito e $m > 0$.

Se fôr

$$f(x) = \varphi(x)\,x^{-n},$$

basta attender a que o integral $\int_a^{\infty} x^{-n}\,dx$ é finito quando $n > 1$, e que é infinito quando $n \overline{\gtrless} 1$, para concluir que *o integral* $\int_a^{\infty} f(x)\,dx$ *é finito quando* M *é finito e* $n > 1$, *e que é infinito quando* $m > 0$ *e* $n \overline{\gtrless} 1$.

O caso em que a funcção $f(x)$ é negativa no intervallo de $x=a$ a $x=\infty$, ou em parte d'este intervallo, reduz-se ao anterior por meio do theorema seguinte, que se demonstra do mesmo modo que o theorema analogo do n.º 26:

Se o integral $\int_a^\infty |f(x)|\,dx$ *é finito, o integral* $\int_a^\infty f(x)\,dx$ *é finito e determinado.*

D'este theorema deduz-se como corollario que, *se* $\varphi(x)$ *fôr inferior a um numero finito* M, *no intervallo de* $x=a$ *a* $x=\infty$, *e se o integral* $\int_a^\infty |\psi(x)|\,dx$ *fôr finito, tambem o integral* $\int_a^\infty \varphi(x)\,\psi(x)\,dx$ *é finito.*

Theoremas analogos têem logar no caso de ser $a=-\infty$.

O caso de ser ao mesmo tempo $X=\infty$ e $a=-\infty$ reduz-se aos anteriores por meio da decomposição

$$\int_{-\infty}^\infty f(x)\,dx = \int_{-\infty}^b f(x)\,dx + \int_b^\infty f(x)\,dx,$$

onde b representa um numero qualquer.

III

Valores médios dos integraes definidos

30. Ha muitas questões em que é necessario conhecer dois valores entre os quaes o integral definido $\int_a^X f(x)\,dx$ esteja comprehendido. A este respeito, vamos demonstrar alguns theoremas mais importantes. Supporemo , o que é sempre possivel, $X>a$.

I. Já vimos que, *se as desegualdades*

$$F_1(x) \geqq f(x) \geqq F_2(x)$$

tiverem logar para todos os valores de x *desde* $x=a$ *até* $x=X$, *teremos*

$$\int_a^X F_1(x)\,dx \gtreqless \int_a^X f(x)\,dx \gtreqless \int_a^X F_2(x)\,dx.$$

Estas desegualdades determinam dois numeros que comprehendem o integral $\int_a^X f(x)\,dx$, quando $F_1(x)$ e $F_2(x)$ são funcções que se sabe integrar.

Assim, por exemplo, por ser

$$e^{-X^2} < e^{-x^2} = \frac{1}{1+x^2+\frac{x^4}{1.2}+\ldots} < \frac{1}{1+x^2}$$

para todos os valores de x comprehendidos entre 0 e o numero positivo X, temos

$$\int_0^X e^{-X^2}\,dx < \int_0^X e^{-x^2}\,dx < \int_0^X \frac{dx}{1+x^2},$$

o que dá

$$Xe^{-X^2} < \int_0^X e^{-x^2}\,dx < \operatorname{arc\,tang} X.$$

II. *Se $\psi(x)$ representar uma funcção de signal constante no intervallo de $x=a$ a $x=$ temos*

$$(1) \qquad \int_a^X \varphi(x)\,\psi(x)\,dx = K\int_a^X \psi(x)\,dx,$$

K *representando um numero não superior ao limite superior nem inferior ao limite inferior dos valores que toma $\varphi(x)$, quando x varia desde $x=a$ até $x=X$.*

Com effeito, representando m e M o limite inferior e o limite superior dos valores que toma $\varphi(x)$ no intervallo de $x=a$ a $x=X$, temos

$$m \overline{\overline{<}} \varphi(x) \overline{\overline{<}} M,$$

e portanto, suppondo a funcção $\psi(x)$ positiva,

$$m\psi(x) \overline{\overline{<}} \varphi(x)\,\psi(x) \overline{\overline{<}} M\psi(x),$$

d'onde resultam as desegualdades

$$m\int_a^X \psi(x)\,dx \overline{\overline{<}} \int_a^X \varphi(x)\,\psi(x)\,dx \overline{\overline{<}} M\int_a^X \psi(x)\,dx,$$

das quaes se tira o principio enunciado.

Do mesmo modo se procede no caso em que a funcção $\psi(x)$ é negativa.

Este theorema importante é conhecido pelo nome de *primeiro theorema da média.*

Se a funcção $\varphi(x)$ fôr *continua* no intervallo de $x=a$ a $x=X$, existe um numero x_1, neste intervallo, tal que $\varphi(x_1)$ é egual a K, e á fórmula (1) póde-se dar a fórma

$$(1') \qquad \int_a^X \psi(x)\varphi(x)\,dx = \varphi(x_1)\int_a^X \psi(x)\,dx.$$

Esta proposição não differe essencialmente do theorema de Cauchy demonstrado no n.º 64 do *Calculo differencial*. Com effeito, pondo

$$\int \varphi(x)\psi(x)\,dx = f(x)+C, \quad \int \psi(x)\,dx = F(x)+C',$$

o que dá

$$\varphi(x)\psi(x) = f'(x), \quad \psi(x) = F'(x),$$

temos

$$f(x)-f(a) = \frac{f'(x_1)}{F'(x_1)}[F(X)-F(a)].$$

III. *Se as funcções $\varphi(x)$ e $\psi(x)$ fôrem finitas e se a funcção $\psi(x)$ fôr positiva e não crescente no intervallo de $x=a$ a $x=X$, temos*

$$(2) \qquad \int_a^X \varphi(x)\psi(x)\,dx = \psi(a)\int_a^{\alpha} \varphi(x)\,dx,$$

α representando um dos valores que toma x quando varia desde $x=a$ até $x=X$.

Este theorema, conhecido pelo nome de *segundo theorema da média*, é devido a O. Bonnet [1], que o achou applicando aos integraes definidos uma transformação das series devida a Abel [2].

Sejam h_1, h_2 ..., h_n numeros que satisfaçam á condição

$$h_1+h_2+\ldots+h_n = X-a,$$

e x_1 um numero qualquer do intervallo de a a $a+h_1$, x_2 um numero qualquer do intervallo de $a+h_1$ a $a+h_1+h_2$, etc.

Pondo

$$S_n = h_1\varphi(x_1)\psi(x_1)+h_2\varphi(x_2)\psi(x_2)+\ldots+h_n\varphi(x_n)\psi(x_n)$$

e

$$s_k = h_1\varphi(x_1)+h_2\varphi(x_2)+\ldots+h_k\varphi(x_k),$$

o que dá

$$s_{k-1} = h_1\varphi(x_1)+h_2\varphi(h_2)+\ldots+h_{k-1}\varphi(x_{k-1}),$$

---

(1) *Jornal de Liouville*, 1.ª série, t. XIV.

(2) *Oeuvres*, t. I.

e portanto

$$s_k - s_{k-1} = h_k \varphi(x_k),$$

temos

$$S_n = s_1 \psi(x_1) + (s_2 - s_1)\psi(x_2) + \ldots + (s_n - s_{n-1})\psi(x_n) = s_1[\psi(x_1) - \psi(x_2)] + s_2[\psi(x_2) - \psi(x_3)]$$
$$+ \ldots + s_{n-1}[\psi(x_{n-1}) - \psi(x_n)] + s_n \psi(x_n).$$

Mas, por ser $\psi(x_n) \gtreqless \psi(x_{n-1}) \gtreqless \ldots \gtreqless \psi(x_1)$, o ultimo membro da desegualdade precedente será menor do que

$$M_1[\psi(x_1) - \psi(x_2) + \psi(x_2) - \psi(x_3) + \ldots + \psi(x_{n-1}) - \psi(x_n) + \psi(x_n)] = M_1 \psi(x_1)$$

e maior do que

$$m_1[\psi(x_1) - \psi(x_2) + \psi(x_2) - \psi(x_3) + \ldots + \psi(x_{n-1}) - \psi(x_n) + \psi(x_n)] = m_1 \psi(x_1),$$

representando por M_1 e m_1 a maior e a menor das sommas $s_1, s_2, \ldots, s_n$. Logo temos

$$m_1 \psi(x_1) < S_n < M_1 \psi(x_1).$$

Fazendo tender $h_1, h_2, \ldots, h_n$ para zero, S_n tende para $\int_a^X \varphi(x)\psi(x)\,dx$, M_1 e m_1 tendem para o maior M e o menor m dos valores que toma o integral $\int_a^x \varphi(x)\,dx$, quando x varia desde a até X, e temos portanto, pondo $x_1 = a$,

$$m\psi(a) \gtreqless \int_a^X \varphi(x)\psi(x)\,dx \gtreqless M\psi(a),$$

d'onde se tira

$$\int_a^X \varphi(x)\psi(x)\,dx = K\psi(a),$$

K representando um valor não superior a M nem inferior a m.

Basta attender agora a que o integral $\int_a^x \varphi(x)\,dx$ é uma funcção continua do seu limite superior x, para ver que existe um numero α, no intervallo de a a X, tal que $\int_a^\alpha \varphi(x)\,dx = K$.

IV. Do theorema que precede deduziu Du Bois-Reymond o seguinte, applicavel mesmo quando a funcção $\psi(x)$ varia de signal no intervallo de $x = a$ a $x = X$:

Se a funcção $\psi(x)$ varia sempre no mesmo sentido, quando x cresce desde a até X, *temos*

$$(3)\qquad \int_a^X \varphi(x)\psi(x)\,dx = \psi(a)\int_a^\alpha \varphi(x)\,dx + \psi(X)\int_\alpha^X \varphi(x)\,dx,$$

α representando um dos valores que toma x, quando varia desde a até X.

Supponhamos primeiramente que a funcção $\psi(x)$ é constante ou decrescente no intervallo de $x=a$ a $x=X$. A differença $\psi(x)-\psi(X)$ é positiva e não crescente neste intervallo, e o theorema anterior dá a egualdade

$$(a)\qquad \int_a^X [\psi(x)-\psi(X)]\,\varphi(x)\,dx = [\psi(a)-\psi(X)]\int_a^\alpha \varphi(x)\,dx,$$

da qual se deduz a fórmula (3).

Se $\psi(x)$ é constante ou crescente no intervallo de $x=a$ a $x=X$, deduz-se esta mesma fórmula applicando o theorema anterior á funcção $\psi(X)-\psi(x)$.

Observaremos ainda, a respeito da fórmula (3), que, no caso, principalmente util nas applicações, de $\psi(x)$ ser continua e admittir uma derivada que tenha um numero limitado de discontinuidades no intervallo de $x=a$ a $x=X$, póde esta fórmula ser deduzida do primeiro theorema da média, como vamos ver [1].

Integrando por partes a funcção $\varphi(x)\,\psi(x)$, temos

$$\int \varphi(x)\psi(x)\,dx = \psi(x)\int_a^x \varphi(x)\,dx - \int \psi'(x)\left(\int_a^x \varphi(x)\,dx\right)dx,$$

e portanto

$$\int_a^X \varphi(x)\psi(x)\,dx = \psi(X)\int_a^X \varphi(x)\,dx - \int_a^X \psi'(x)\left(\int_a^x \varphi(x)\,dx\right)dx.$$

Suppondo agora que $\psi(x)$ varia sempre no mesmo sentido no intervallo de $x=a$ a $x=X$, $\psi'(x)$ conserva sempre o mesmo signal, e podemos applicar ao ultimo integral o primeiro theorema da média, que dá

$$\int_a^X \psi'(x)\left(\int_a^x \varphi(x)\,dx\right)dx = \int_a^\alpha \varphi(x)\,dx \,.\int_a^X \psi'(x)\,dx = [\psi(X)-\psi(a)]\int_a^\alpha \varphi(x)\,dx.$$

Eliminando o integral que entra no primeiro membro d'esta egualdade, entre ella e a precedente, vem a fórmula que se pretendia achar.

V. *Se $\varphi(x)$ e $\psi(x)$ representarem funcções taes que cada uma varie em um determinado*

(1) Esta demonstração muito simples é devida ao sr. Dr. J. Bruno de Cabedo, professor na Universidade de Coimbra (*Jornal de Sciencias mathematicas e astronomicas*, t. XI, 1893).

sentido, quando x varia desde $x = a$ até $x = X$, a expressão

$$(X - a)\int_a^X \varphi(x)\psi(x)\,dx - \int_a^X \varphi(x)\,dx \cdot \int_a^X \psi(x)\,dx$$

é positiva, se as duas funcções variam no mesmo sentido, e negativa, se variam em sentido contrario.

Este theorema, devido a Tchebychew, foi demonstrado por Franklin (1) do modo seguinte. Integrando relativamente a x ambos os membros da identidade

$$[\varphi(x) - \varphi(y)][\psi(x) - \psi(y)] = \varphi(x)\psi(x) - \varphi(x)\psi(y) - \varphi(y)\psi(x) + \varphi(y)\psi(y),$$

vem

$$\int_a^X [\varphi(x) - \varphi(y)][\psi(x) - \psi(y)]\,dx = \int_a^X \varphi(x)\psi(x)\,dx$$
$$- \psi(y)\int_a^X \varphi(x)\,dx - \varphi(y)\int_a^X \psi(x)\,dx + (X - a)\varphi(y)\psi(y).$$

Integrando de novo esta segunda identidade relativamente a y e tomando os integraes entre os limites a e X, vem

$$\int_a^X dy \int_a^X [\varphi(x) - \varphi(y)][\psi(x) - \psi(y)]\,dx = (X - a)\int_a^X \varphi(x)\psi(x)\,dx$$
$$- \int_a^X \psi(y)\,dy \cdot \int_a^X \varphi(x)\,dx - \int_a^X \varphi(y)\,dy \cdot \int_a^X \psi(x)\,dx$$
$$+ (X - a)\int_a^X \varphi(y)\psi(y)\,dy,$$

e portanto

$$\int_a^X dy \int_a^X [\varphi(x) - \varphi(y)][\psi(x) - \psi(y)]\,dx$$
$$= 2(X - a)\int_a^X \varphi(x)\psi(x)\,dx - 2\int_a^X \varphi(x)\,dx \cdot \int_a^X \psi(x)\,dx.$$

Se as duas funcções $\varphi(x)$ e $\psi(x)$ variam no mesmo sentido, quando x cresce desde a

(1) *American Journal of Mathematics*, t. VII.

até X, as duas differenças $\varphi(x)-\varphi(y)$ e $\psi(x)-\psi(y)$ têem o mesmo signal, e o primeiro membro da identidade precedente é o limite de uma somma de termos positivos. Logo o segundo membro da mesma egualdade é positivo, o que demonstra a primeira parte do theorema.

Se as funcções $\varphi(x)$ e $\psi(x)$ variam em sentido contrario, quando x cresce desde a até X, as differenças $\varphi(x)-\varphi(y)$ e $\psi(x)-\psi(y)$ têem signaes contrarios, e o primeiro membro da egualdade precedente é o limite de uma somma de termos negativos. Logo o segundo membro da mesma egualdade é negativo, o que demonstra a segunda parte do theorema.

Exemplo 1.º — Por serem as funcções

$$\frac{1}{\sqrt{(1-x^2)(1-k^2x^2)}}; \quad 1-k^2x^2$$

uma crescente e a outra decrescente, quando x varia desde 0 até 1, temos

$$X\int_0^X \frac{\sqrt{1-k^2x^2}}{\sqrt{1-x^2}}\,dx < \int_0^X (1-k^2x^2)\,dx \,.\int_0^X \frac{dx}{\sqrt{(1-x^2)(1-k^2x^2)}},$$

quando $X<1$, ou

$$\int_0^X \frac{\sqrt{1-k^2x^2}}{\sqrt{1-x^2}}\,dx < \left(1-\frac{1}{3}k^2X^2\right)\int_0^X \frac{dx}{\sqrt{(1-x^2)(1-k^2x^2)}}.$$

Exemplo 2.º — Se X e a fôrem positivos e maiores que a maior das raizes reaes da equação do grau n

$$y=(x-\alpha)(x-\beta)\ldots(x-\lambda)=0,$$

temos a relação seguinte entre integraes hyperellipticos de primeira e segunda especie:

$$(X-a)\int_a \frac{x^m\,dx}{\sqrt{y}} < \int_a^X x^m\,dx \,.\int_a^X \frac{dx}{\sqrt{y}}.$$

VI. Terminaremos o que temos a dizer sobre os valores médios dos integraes definidos, demonstrando a desegualdade seguinte:

$$(4) \qquad \int_a^X \varphi^2(x)\,dx \,.\int_a^X \psi^2(x)\,dx > \left[\int_a^X \varphi(x)\,\psi(x)\,dx\right]^2.$$

Da identidade

$$[\varphi(x)\,\psi(y)-\varphi(y)\,\psi(x)]^2 = \varphi^2(x)\,\psi^2(y) - 2\varphi(x)\,\psi(x)\,\varphi(y)\,\psi(y) + \varphi^2(y)\,\psi^2(x)$$

deduz-se, integrando os dois membros relativamente a x e tomando os integraes entre os limites a e X,

$$\int_a^X [\varphi(x)\psi(y) - \varphi(y)\psi(x)]^2 dx = \psi^2(y)\int_a^X \varphi^2(x)\,dx$$
$$- 2\varphi(y)\psi(y)\int_a^X \varphi(x)\psi(x)\,dx + \varphi^2(y)\int_a^X \psi^2(x)\,dx.$$

Integrando os dois membros d'esta segunda identidade relativamente a y e tomando os integraes entre os limites a e X, vem a egualdade

$$\frac{1}{2}\int_a^X dy \int_a^X \left[\varphi(x)\psi(y) - \varphi(y)\psi(x)\right]^2 dx$$
$$= \int_a^X \varphi^2(x)\,dx \,.\int_a^X \psi^2(x)\,dx - \left[\int_a^X \varphi(x)\psi(x)\,dx\right]^2,$$

da qual se tira o theorema enunciado, visto que o primeiro membro é o limite de uma somma de termos positivos.

Por meio da desegualdade que vimos de deduzir acha-se um limite superior

$$+\left[\int_a^X \varphi^2(x)\,dx \,.\int_a^X \psi^2(x)\,dx\right]^{\frac{1}{2}}$$

e um limite inferior

$$-\left[\int_a^X \varphi^2(x)\,dx \,.\int_a^X \psi^2(x)\,dx\right]^{\frac{1}{2}}$$

do integral $\int_a^X \varphi(x)\,\psi(x)\,dx$, emquanto que a desegualdade de Tchebychew dá só um limite inferior d'este integral.

Por ser, em virtude do theorema de Tchebychew,

$$\int_a^X \varphi^2(x)\,dx > \frac{1}{X-a}\left(\int_a^X \varphi(x)\,dx\right)^2$$

$$\int_a^X \psi^2(x)\,dx > \frac{1}{X-a}\left(\int_a^X \psi(x)\,dx\right)^2,$$

temos

$$\left[\int_a^X \varphi^2(x)\,dx \,.\int_a^X \psi^2(x)\,dx\right]^{\frac{1}{2}} > \frac{1}{X-a}\left|\int_a^X \varphi(x)\,dx\right|\left|\int_a^X \psi(x)\,dx\right|,$$

d'onde se conclue que a desegualdade de Tchebychew dá um limite mais proximo de $\int_a^X \varphi(x)\psi(x)dx$ do que a desegualdade (4). Por isso deve empregar-se a desegualdade (4) conjunctamente com a de Tchebychew para calcular aquelle dos limites d'este integral que esta não dá.

IV

Integração das funcções dadas por séries

31. *Se $u_1, u_2, u_3, \ldots$ representam funcções continuas de x no intervallo de $x=a$ a $x=X$, se no mesmo intervallo a série*

$$(1) \qquad \varphi(x) = u_1 + u_2 + \ldots + u_n + \ldots$$

é uniformemente convergente, e se o integral $\int_a^X |\psi(x)|\,dx$ é finito, teremos

$$\int_a^X \varphi(x)\psi(x)\,dx = \int_a^X u_1\psi(x)\,dx + \int_a^X u_2\psi(x)\,dx + \ldots + \int_a^X u_n\psi(x)\,dx + \ldots$$

Com effeito, pondo

$$r_n = \varphi(x) - u_1 - u_2 - \ldots - u_n,$$

temos

$$\int_a^X \varphi(x)\psi(x)\,dx = \int_a^X u_1\psi(x)\,dx + \ldots + \int_a^X u_n\psi(x)\,dx + \int_a^X r_n\psi(x)\,dx.$$

Mas, por ser o desenvolvimento de $\varphi(x)$ uniformemente convergente no intervallo de $x=a$ a $x=X$, a cada valor de δ, por mais pequeno que seja, corresponde um numero n_1, independente de x, tal que a desegualdade $|r_n|<\delta$ é satisfeita pelos valores de n superiores a n_1. Logo temos, suppondo $X>a$,

$$\left|\int_a^X r_n\psi(x)\,dx\right| \overline{\gtrless} \int_a^X |r_n|\,|\psi(x)|\,dx < \delta\int_a^X |\psi(x)|\,dx,$$

e portanto

$$\lim_{n=\infty}\int_a^X r_n\psi(x)\,dx = 0.$$

D'esta egualdade e da anterior deduz se o theorema enunciado [1].

Representando M um numero egual ou superior ao maior valor que toma $|r_n|$ quando x varía desde a até X, temos

$$\left|\int_a^X r_n \psi(x)\,dx\right| < M\int_a^X |\psi(x)|\,dx.$$

Logo $M\int_a^X |\psi(x)|\,dx$ dá um limite superior do erro que se commette, quando se calcula $\int_a^X \varphi(x)\psi(x)\,dx$ por meio dos n primeiros termos do seu desenvolvimento.

32. O theorema que precede dá o desenvolvimento em série de muitas funcções definidas por integraes ou exprimiveis por integraes. Vamos fazer applicação d'elle a alguns exemplos importantes.

I. Consideremos primeiramente o integral

$$I = \int_0^X \frac{dx}{\sqrt{1-x^2}}.$$

Por ser, quando $|x| < 1$,

$$(1-x^2)^{-\frac{1}{2}} = 1 + \frac{1}{2}x^2 + \ldots + \frac{1.3\ldots(2n-1)}{2.4\ldots 2n}x^{2n} + \ldots,$$

temos, quando $|X| < 1$,

$$I = X + \frac{1}{2}\cdot\frac{X^3}{3} + \ldots + \frac{1.3\ldots(2n-1)}{2.4\ldots 2n}\cdot\frac{X^{2n+1}}{2n+1} + \ldots$$

D'esta egualdade tira-se o desenvolvimento em série da funcção arc sen X:

$$\text{arc sen } X = X + \frac{1}{2}\cdot\frac{X^3}{3} + \ldots + \frac{1.3\ldots(2n-1)}{2.4\ldots 2n}\cdot\frac{X^{2n+1}}{2n+1} + \ldots,$$

que tem logar quando X está comprehendido entre $+1$ e -1.

Este desenvolvimento é devido a Newton. O grande geometra deduziu d'elle, pelo methodo de inversão das séries, o desenvolvimento de sen X.

---

[1] Vejam-se as considerações que a respeito do theorema precedente fizemos em uma carta dirigida ao sr. Hermite, que foi publicada no *Bulletin des Sciences mathématiques* (2.ª série, t. XII).

Applicando o mesmo methodo aos integraes $\int_0^X \frac{dx}{1+x^2}$ e $\int_0^X \frac{dx}{1+x}$, e suppondo $X<1$, obtêem-se os desenvolvimentos

$$\text{arc tang}\, X = X - \frac{X^3}{3} + \frac{X^5}{5} - \frac{X^7}{7} + \ldots,$$

$$\log(1+X) = X - \frac{X^2}{2} + \frac{X^3}{3} - \frac{X^7}{7} + \ldots$$

que fôram achadas no n.º 121 do *Calculo differencial* por outro methodo (1).

II. Consideremos agora o integral

$$\int_a^X \frac{e^x\, dx}{x},$$

encontrado no n.º 17, onde $0<a<X$.

Temos o desenvolvimento uniformemente convergente

$$\frac{e^x}{x} = \frac{1}{x} + 1 + \frac{x}{2!} + \frac{x^2}{3!} + \ldots + \frac{x^{n-1}}{n!} + \ldots,$$

e portanto

$$\int_a^X \frac{e^x\, dx}{x} = \int_a^X \frac{dx}{x} + \int_a^X dx + \ldots + \frac{1}{n!}\int_a^X x^{n-1}\, dx + \ldots$$

$$= \log\frac{X}{a} + X - a + \frac{X^2-a^2}{2!\,2} + \ldots + \frac{X^n - a^n}{n!\,n} + \ldots.$$

Representando por M o erro que se commette calculando e^X por meio dos n primeiros termos do seu desenvolvimento, um limite superior do erro que se commette calculando o integral precedente por meio de n termos do seu desenvolvimento será dado pela expressão

$$M\int_a^X \frac{dx}{x} = M \log\frac{X}{a}.$$

---

(1) O methodo para obter os desenvolvimentos em série de arc sen X, arc tang X e log (1 + X), que vimos de expôr, não differe essencialmente do que empregaram para o mesmo fim Newton, James Gregory e Mercator.

III. Consideremos o integral elliptico de primeira especie

$$F(k, \varphi) = \int_0^{\varphi} \frac{d\varphi}{\sqrt{1 - k^2 \operatorname{sen}^2 \varphi}},$$

onde $k^2 < 1$.

Por ser

$$(1 - k^2 \operatorname{sen}^2 \varphi)^{-\frac{1}{2}} = 1 + \frac{1}{2} k^2 \operatorname{sen}^2 \varphi + \ldots + \frac{1.3\ldots(2n-1)}{2.4\ldots 2n} k^{2n} \operatorname{sen}^{2n} \varphi + \ldots,$$

temos

$$F(k, \varphi) = \varphi + \frac{1}{2} k^2 \int_0^{\varphi} \operatorname{sen}^2 \varphi \, d\varphi + \ldots + \frac{1.3\ldots(2n-1)}{2.4\ldots 2n} k^{2n} \int_0^{\varphi} \operatorname{sen}^{2n} \varphi \, d\varphi + \ldots$$

Por meio d'esta série calcula-se o valor do integral considerado com a approximação que se quizer, visto que podemos obter os valores dos integraes que entram nella por meio do processo exposto no n.º 15 e do theorema demonstrado no n.º 20.

No caso de ser $\varphi = \frac{\pi}{2}$, temos (n.º 25)

$$F\left(k, \frac{\pi}{2}\right) = \frac{\pi}{2}\left[1 + \left(\frac{1}{2}\right)^2 k^2 + \ldots + \left(\frac{1.3\ldots(2n-1)}{2.4\ldots 2n}\right)^2 k^{2n} + \ldots\right].$$

IV. No caso do integral elliptico de segunda especie

$$E(k, \varphi) = \int_0^{\varphi} \sqrt{1 - k^2 \operatorname{sen}^2 \varphi} \, d\varphi$$

acha-se do mesmo modo

$$E(k, \varphi) = \varphi - \frac{1}{2} k^2 \int_0^{\varphi} \operatorname{sen}^2 \varphi \, d\varphi - \ldots - \frac{1.3\ldots(2n-3)}{2.4\ldots 2n} k^{2n} \int_0^{\varphi} \operatorname{sen}^{2n} \varphi \, d\varphi + \ldots,$$

e, pondo $\varphi = \frac{\pi}{2}$,

$$E\left(k, \frac{\pi}{2}\right) = \frac{\pi}{2}\left[1 - \left(\frac{1}{2}\right)^2 k^2 - \ldots - \left(\frac{1.3\ldots(2n-3)}{2.4\ldots 2n}\right)^2 (2n-1) k^{2n} - \ldots\right].$$

33. Se, no intervallo de $x = a$ a $x = t$, e por mais proximo que t seja de X, as funcções u_1, u_2, ... fôrem continuas, a série (1) fôr uniformemente convergente e o integral $\int_a^X |\psi(x)| \, dx$ fôr finito, e se alguma d'estas circumstancias deixar de ter logar quando $t = X$, temos ainda

$$\int_a^X \varphi(x)\,\psi(x)\,dx = \int_a^X u_1\,\psi(x)\,dx + \int_a^X u_2\,\psi(x)\,dx + \ldots,$$

quando a série que entra no segundo membro d'esta egualdade é *uniformemente convergente* no intervallo de $x = a$ a $x = X$.

Temos com effeito, em virtude do theorema anterior,

$$\int_a^t \varphi(x)\,\psi(x)\,dx = \int_a^t u_1\,\psi(x)\,dx + \int_a^t u_2\,\psi(x)\,dx + \ldots$$

Mas a série que entra no segundo membro d'esta egualdade, sendo, por hypothese, uniformemente convergente na visinhança do ponto $t = X$, é (*C. dif.*, n.º 148) uma funcção contínua de t no ponto $t = X$, e tende portanto para o limite

$$\int_a^X u_1\,\psi(x)\,dx + \int_a^X u_2\,\psi(x)\,dx + \ldots,$$

quando t tende para X.

Logo o integral que entra no primeiro membro da mesma egualdade deve tender para este mesmo limite.

I. Consideremos, por exemplo, o integral $\int_0^1 \frac{\log^a x}{x-1}\,dx$.

O desenvolvimento

$$(1-x)^{-1} = 1 + x + x^2 + \ldots$$

é divergente quando $x = 1$; porém o desenvolvimento

$$\int_0^t \log^a x\,dx + \int_0^t x \log^a x\,dx + \int_0^t x^2 \log^a x\,dx + \ldots$$

é uniformemente convergente no intervallo de $t = 0$ a $t = 1$, visto que o valor absoluto de cada um dos seus termos é inferior ao valor absoluto do termo respectivo da série

$$\int_0^1 \log^a x\,dx + \int_0^1 x \log^a x\,dx + \int_0^1 x^2 \log^a x\,dx + \ldots,$$

que, por ser

$$\int_0^1 x^n \log^a x\,dx = \left[\frac{x^{n+1}}{n+1} \log^a x\right]_0^1 - \frac{a}{n+1}\int_0^1 x^n \log^{a-1} x\,dx,$$

e portanto

$$\int_0^1 x^n \log^a x\,dx = -\frac{a}{n+1}\int_0^1 x^n \log^{a-1} x\,dx = (-1)^2 . \frac{a(a-1)}{(n+1)^2}\int_0^1 x^n \log^{a-2} x dx$$

$$= \ldots = (-1)^a \frac{a\,!}{(n+1)^{a+1}},$$

se reduz á seguinte

$$(-1)^a a\,!\left[1 + \frac{1}{2^{a+1}} + \frac{1}{3^{a+1}} + \ldots\right].$$

Logo temos

$$\int_0^1 \frac{\log^a x}{x-1}\,dx = (-1)^{a+1} a\,!\left[1 + \frac{1}{2^{a+1}} + \frac{1}{3^{a+1}} + \ldots\right].$$

Se fôr $a = 2m - 1$, esta fórmula dá, representando por B_1, B_3, etc. os numeros de Bernoulli e attendendo a uma relação demonstrada no n.º 176 do *Calculo differencial,*

$$\int_0^1 \frac{\log^{2m-1} x}{x-1}\,dx = \frac{2^{2(m-1)}\pi^{2m}}{m} B_{2m-1}.$$

Partindo do desenvolvimento de $(1-x^2)^{-1}$ segundo as potencias de x, obtem-se por uma analyse semelhante a fórmula

$$\int_0^1 \frac{\log^a x}{x^2-1}\,dx = (-1)^a a\,!\left[1 + \frac{1}{3^{a+1}} + \frac{1}{5^{a+1}} + \frac{1}{7^{a+1}} + \ldots\right],$$

da qual se deduz, pondo $a = 2m - 1$ e attendendo a uma expressão dos numeros de Bernoulli demonstrada no n.º 177 do *Calculo differencial,*

$$\int_0 \frac{\log^{2m-1} x}{x^2-1}\,dx = \frac{(1-2^{2m})\pi^{2m}}{4m} B_{2m-1}.$$

Do mesmo modo se acha a fórmula

$$\int_0^1 \frac{\log^a x}{x^2+1}\,dx = (-1)^a a\,!\left[1 - \frac{1}{3^{a+1}} + \frac{1}{5^{a+1}} - \frac{1}{7^{a+1}} + \ldots\right],$$

e, pondo $a = 2m$, representando por E_0, E_2, etc. os numeros de Euler e attendendo a uma

*

expressão d'estes numeros dada no mesmo paragrapho do *Calculo differencial* (1),

$$\int_0^1 \frac{\log^{2m} x}{x^2+1}\,dx = \frac{\pi^{2m+1}}{2^{2(m+1)}} E_{2m}.$$

II. Consideremos agora o desenvolvimento em série obtido no n.º 176 do *Calculo differencial:*

$$1 - \frac{z}{2}\cot\frac{z}{2} = \frac{B_1}{2!} z^2 + \frac{B_3}{4!} z^4 + \frac{B_5}{6!} z^6 + \ldots,$$

z representando um numero real comprehendido entre -2π e 2π, e notemos que a primeira das expressões dos numeros de Bernoulli, que vimos de obter, dá, pondo $x = e^{-\pi t}$,

$$B_{2m-1} = \frac{m}{2^{2(m-1)}} \int_0^\infty \frac{t^{2m-1}\,dt}{e^{\pi t}-1}.$$

Substituindo os valores de B_1, B_2, etc., dados por esta egualdade, no desenvolvimento precedente, vem

$$1 - \frac{z}{2}\cot\frac{z}{2} = \sum_{m=1}^{\infty} \int_0^\infty \frac{z\,(tz)^{2m-1}\,dt}{(2m-1)!\,2^{2m-1}(e^{\pi t}-1)}.$$

Notando agora que o integral $\int_0^\infty \frac{t dt}{e^{\pi t}-1}$ é finito e applicando o theorema enunciado no n.º 31, temos

$$\int_0^t \left(e^{\frac{zt}{2}} - e^{-\frac{zt}{2}}\right) \frac{dt}{e^{\pi t}-1} = \sum_{m=1}^{\infty} \int_0^t \frac{(tz)^{2m-1}\,dt}{(2m-1)!\,2^{2(m-1)}(e^{\pi t}-1)}.$$

Para ver que esta egualdade tem logar quando o limite superior do integral é infinito, basta observar que cada termo do segundo membro é menor do que o termo correspondente da série absolutamente convergente

$$\sum_{m=1}^{\infty} \int_0^\infty \frac{(tz)^{2m-1}\,dt}{(2m-1)!\,2^{2(m-1)}(e^{\pi t}-1)}.$$

(1) Indicaremos aqui uma correcção que se deve fazer nas tres ultimas fórmulas do n.º 177 do *Calculo differencial.* O primeiro membro da ultima e os segundos membros das duas outras devem ser multiplicados por π.

Logo temos a fórmula de Abel

$$\int_0^{\infty}\left(e^{\frac{zt}{2}}-e^{-\frac{zt}{2}}\right)\frac{dt}{e^{\pi t}-1}=2z^{-1}-\cot\frac{z}{2}.$$

Partindo do desenvolvimento de $\frac{z}{2}\cdot\frac{e^z+1}{e^z-1}$ e empregando o mesmo methodo (o que equivale a mudar na analyse que vem de ser exposta z em iz), obtem-se a fórmula de Legendre (*Exercices de Calcul intégral,* t. II, p. 189)

$$\int_0^{\infty}\frac{\operatorname{sen}\frac{1}{2}(zt)\,dt}{e^{\pi t}-1}=\frac{e^z+1}{2(e^z-1)}-\frac{1}{z}.$$

III. Tomemos agora o desenvolvimento de $\sec z$ (*C. dif.,* n.º 176):

$$\sec z=E_0+\frac{E_2}{2!}z^2+\frac{E_4}{4!}z^4+\ldots,$$

e notemos que a expressão de E_{2m} obtida anteriormente dá, pondo $x=e^{-\pi t}$,

$$E_{2m}=2^{2(m+1)}\int_0^{\infty}\frac{t^{2m}e^{\pi t}\,dt}{e^{2\pi t}+1}.$$

Temos pois, raciocinando como no ultimo exemplo,

$$\sec\frac{1}{2}z=4\int_0^{\infty}\frac{e^{\pi t}}{e^{2\pi t}+1}\sum_{m=0}^{\infty}\frac{(zt)^{2m}}{(2m)!}\,dt,$$

e portanto (Legendre, l. c., p. 186)

$$\int_0^{\infty}(e^{zt}+e^{-zt})\frac{e^{\pi t}}{e^{2\pi t}+1}\,dt=\frac{1}{2}\sec\frac{1}{2}z.$$

Partindo do desenvolvimento de $\frac{2e^z}{e^{2z}+1}$ e empregando o mesmo methodo (o que equivale a mudar na analyse precedente z em iz), obtem-se a fórmula (Legendre, l. c., p. 186)

$$\int_0^{\infty}\frac{e^{\pi t}\cos zt}{e^{2\pi t}+1}\,dt=\frac{e^{\frac{1}{2}z}}{2(e^z+1)}.$$

34. Vamos agora fazer uma pequena digressão, demonstrando um theorema relativo á convergencia das séries, que tem applicação na doutrina precedente.

Consideremos a série ordenada segundo as potencias inteiras e positivas de x:

$$\text{(A)} \qquad a_0 + a_1 x + a_2 x^2 + \ldots + a_n x^n + \ldots.$$

Viu-se já (*C. dif.*, n.º 27) que esta série é uniformemente convergente no intervallo de $-\rho$ a ρ, ρ representando um numero positivo inferior a α, e α um numero tal que a série seja convergente quando $|x| < \alpha$ e divergente quando $|x| > \alpha$. Vamos agora mostrar que, *se a série considerada é convergente quando $x = \alpha$, ella é uniformemente convergente no intervallo de $x = -\rho$ a $x = \alpha$.* Esta proposição differe só pela fórma de um theorema enunciado por Abel na sua memoria sobre o desenvolvimento do binomio.

Para a demonstrar, consideremos a série

$$\text{(B)} \qquad a_0 + a_1 \alpha + a_2 \alpha^2 + \ldots a_n \alpha^n + \ldots$$

e ponhamos

$$\sigma_0 = a_n \alpha^n,$$

$$\sigma_1 = a_n \alpha^n + a_{n+1} \alpha^{n+1},$$

$$\ldots\ldots\ldots\ldots\ldots\ldots$$

$$\sigma_p = a_n \alpha^n + a_{n+1} \alpha^{n+1} + \ldots + a_{n+p} \alpha^{n+p}.$$

Como, por hypothese, esta ultima série é convergente, póde-se dar a n um valor tal que as sommas $\sigma_0, \sigma_1, \ldots, \sigma_p$ estejam comprehendidas entre $-\delta$ e δ, δ sendo uma quantidade arbitrariamente dada, tão pequena quanto se queira.

Temos porém, representando por s_n a somma dos n primeiros termos da série (A),

$$s_{n+p+1} - s_n = a_n \alpha^n \left(\frac{x}{\alpha}\right)^n + a_{n+1} \alpha^{n+1} \left(\frac{x}{\alpha}\right)^{n+1} + \ldots + a_{n+p} \alpha^{n+p} \left(\frac{x}{\alpha}\right)^{n+p}$$

$$= \sigma_0 \left(\frac{x}{\alpha}\right)^n + (\sigma_1 - \sigma_0)\left(\frac{x}{\alpha}\right)^{n+1} + \ldots + (\sigma_p - \sigma_{p-1})\left(\frac{x}{\alpha}\right)^{n+p},$$

ou

$$s_{n+p+1} - s_n = \sigma_0 \left(\frac{x}{\alpha}\right)^n \left(1 - \frac{x}{\alpha}\right) + \sigma_1 \left(\frac{x}{\alpha}\right)^{n+1} \left(1 - \frac{x}{\alpha}\right)$$

$$+ \ldots + \sigma_{p-1} \left(\frac{x}{\alpha}\right)^{n+p-1} \left(1 - \frac{x}{\alpha}\right) + \sigma_p \left(\frac{x}{\alpha}\right)^{n+p}.$$

Suppondo $0 < x < \alpha$, vê se por meio d'esta relação que $s_{n+p+1} - s_n$ está comprehendido entre $-\delta\left(\frac{x}{\alpha}\right)^n$ e $\delta\left(\frac{x}{\alpha}\right)^n$, e portanto entre $-\delta$ e δ. Logo a série (A) é uniformemente convergente no intervallo de $x = 0$ a $x = \alpha$, e portanto tambem no intervallo de $x = -\rho$ a $x = \alpha$.

Como consequencia d'este theorema e do que precede, conclue-se que os desenvolvimentos de arc sen X e arc tang X obtidos anteriormente têem logar quando $X=1$. Vê-se, com effeito, por meio do theorema de Raabe (*C. dif.*, n.º 22-VI), que o desenvolvimento de arc sen X é convergente quando $X=1$; e vê-se por meio do theorema relativo ás séries compostas de termos alternadamente positivos e negativos (*C. dif.*, n.º 22-VII) que o desenvolvimento de arc tang X é tambem neste caso convergente.

Façamos ainda uma outra applicação da proposição que vimos de demonstrar.

Tomemos o desenvolvimento

$$\frac{x^{k-1}}{1+x}=x^{k-1}(1-x+x^2-x^3+\dots),$$

que tem logar quando $|x|<1$, e supponhamos que k representa um numero comprehendido entre 0 e 1.

Temos, suppondo $0<X<1$,

$$\int_0^X \frac{x^{k-1}}{1+x}dx=\frac{X^k}{k}-\frac{X^{k+1}}{k+1}+\frac{X^{k+2}}{k+2}-\dots.$$

O desenvolvimento que entra no segundo membro d'esta egualdade é convergente quando $X=1$, e portanto é uniformemente convergente no intervallo de $X=0$ a $X=1$. Temos pois

$$\int_0^1 \frac{x^{k-1}}{1+x}dx=\frac{1}{k}-\frac{1}{1+k}+\frac{1}{2+k}-\frac{1}{3+k}+\dots.$$

Partindo do desenvolvimento

$$\frac{x^{k-1}}{1+x}=\frac{x^{k-2}}{1+x^{-1}}=x^{k-2}(1-x^{-1}+x^{-2}-x^{-3}+\dots),$$

que tem logar quando $|x^{-1}|<1$, obtem-se o desenvolvimento

$$\int_1^\infty \frac{x^{k-1}}{1+x}dx=\frac{1}{1-k}-\frac{1}{2-k}+\frac{1}{3-k}-\frac{1}{4-k}+\dots.$$

Sommando agora termo a termo os desenvolvimentos dos dois ultimos integraes, vem

$$\int_0^\infty \frac{x^{k-1}}{1+x}dx=\frac{1}{k}+\frac{1}{1-k}-\frac{1}{1+k}-\left(\frac{1}{2-k}-\frac{1}{2+k}\right)+\dots,$$

$$=\frac{1}{k}+\frac{2k}{1-k^2}-\frac{2k}{2^2-k^2}+\frac{2k}{3^2-k^2}-\dots,$$

e portanto, applicando o desenvolvlmento de cosec z obtido no n.° 177 do *Calculo differencial*,

$$\int_0^\infty \frac{x^{k-1}}{1+x}\,dx = \frac{\pi}{\operatorname{sen} k\pi}.$$

D'esta fórmula notavel, devida a Euler, deduz-se, pondo $x = t^n$, n sendo uma quantidade positiva, e pondo $kn = m$, a seguinte:

$$\int_0^\infty \frac{t^{m-1}}{1+t^n}\,dt = \frac{\pi}{n \operatorname{sen} \frac{m}{n}\pi},$$

devida tambem a este eminente geometra, a qual tem logar quando $m < n$.

V

Differenciação e integração das funcções definidas por integraes

35. Seja $f(x, y)$ uma funcção continua de x nos intervallos de $x = a$ a $x = X$ e de $y = b$ a $y = Y$, e seja $\varphi(x)$ uma funcção continua, ou discontinua em um numero limitado de pontos do primeiro intervallo e tal que o integral $\int_a^X |\varphi(x)|\,dx$ seja finito. O integral (1)

$$u = \int_a^X \varphi(x) f(x, y)\,dx$$

é uma funcção de y no intervallo $y = b$ a $y = Y$, cuja derivada vamos procurar.

I. Supponhamos primeiramente que os limites do integral são independentes de y. Mudando neste integral y em $y + h$ e pondo

$$f(x, y+h) = f(x, y) + \varepsilon,$$

---

(1) Ordinariamente põe-se $\varphi(x) = 1$. Veja-se: *Extrait d'une lettre adressée à M. J. Tannery par M. Gomes Teixeira* (*Bulletin des sciences mathématiques*, 2.ª série, t. XII).

vem a relação

$$\int_a^X \varphi(x) f(x, y+h)\, dx = \int_a^X \varphi(x) f(x, y)\, dx + \int_a^X \varphi(x)\, \varepsilon\, dx,$$

a qual faz ver que

$$\lim_{h=0} \int_a^X \varphi(x) f(x, y+h)\, dx = \int_a^X \varphi(x) f(x, y)\, dx,$$

quando

$$\text{(A)} \qquad \lim_{h=0} \int_a^X \varphi(x)\, \varepsilon\, dx = 0.$$

Esta egualdade exprime pois *a condição que deve ter logar para que a funcção de y representada pelo integral u seja continua em um ponto qualquer y do intervallo de $y=b$ a $y=Y$.*

Um caso em que tem logar a condição precedente é quando $f(x, y)$ é uma funcção continua de x e y nos intervallos de $x=a$ a $x=X$ e de $y=b$ a $y=Y$. Neste caso, com effeito, ε tende para zero, quando h tende para zero, e podem os valores que aquella quantidade toma, quando x e y variam respectivamente desde a até X e desde b até Y, tornar-se inferiores a qualquer numero δ, tão pequeno quanto se queira, dando para isso a h valores taes que seja $|h| < h_1$, h_1 designando um numero positivo sufficientemente pequeno; temos portanto, suppondo $X > a$, a desegualdade

$$\left| \int_a^X \varphi(x)\, \varepsilon\, dx \right| \overline{\overline{<}} \int_a^X |\varphi(x)\, \varepsilon|\, dx < \delta \int_a^X |\varphi(x)|\, dx,$$

a qual mostra que o valor absoluto do integral $\int_a^X \varphi(x)\, \varepsilon\, dx$ póde tornar-se tão pequeno quanto se queira, dando a h valores sufficientemente proximos de zero. Neste caso o integral u é pois uma funcção continua de y no intervallo de $y=b$ a $y=Y$.

Um segundo caso em que a mesma condição se verifica é quando a funcção $f(x, y)$ admitte uma derivada finita $f'_y(x, y)$ nos intervallos considerados. Temos, com effeito, neste caso

$$\varepsilon = f(x, y+h) - f(x, y) = h f'_y(x, y+\theta h),$$

onde θ representa uma quantidade cujo valor está comprehendido entre 0 e 1; e portanto, representando por M um numero superior aos valores que toma $|f'_y(x, y)|$, quando x e y variam nos intervallos considerados, temos a desegualdade

$$\left| \int_a^X \varphi(x)\, \varepsilon\, dx \right| \overline{\overline{<}} \int_a^X |\varphi(x)\, \varepsilon|\, dx < |h|\, \mathrm{M} \int_a^X |\varphi(x)|\, dx,$$

a qual faz ver que $\int_a^X \varphi(x)\varepsilon\, dx$ tende para zero, quando h tende para zero, se y é um numero do intervallo de b a Y, e que portanto u é uma funcção continua de y neste intervallo.

Procuremos neste segundo caso a derivada da funcção u relativamente a y.

Integrando entre os limites a e X os dois membros da egualdade

$$\varphi(x) f(x, y+h) = \varphi(x)[f(x, y) + h f'_y(x, y+\theta h)],$$

vem

$$\int_a^X \varphi(x) f(x, y+h)\, dx = \int_a^X \varphi(x) f(x, y)\, dx + h \int_a^X \varphi(x) f'_y(x, y+\theta h)\, dx;$$

e portanto temos

$$\frac{du}{dy} = \lim_{h=0} \frac{\int_a^X \varphi(x)[f(x, y+h) - f(x, y)]\, dx}{h} = \lim_{h=0} \int_a^X \varphi(x) f'_y(x, y+\theta h)\, dx$$

$$= \int_a^X \varphi(x) f'_y(x, y)\, dx + \lim_{h=0} \int_a^X \varphi(x)\varepsilon_1\, dx,$$

representando por ε_1 a differença

$$\varepsilon_1 = f'_y(x, y+\theta h) - f'_y(x, y).$$

Esta egualdade faz ver que *a funcção u admitte uma derivada, em um ponto qualquer y do intervallo de $y = b$ a $y = $ Y, dada pela egualdade*

$$\frac{d \int_a^X \varphi(x) f(x, y)\, dx}{dy} = \int_a^X \varphi(x) f'_y(x, y)\, dx,$$

quando neste ponto

$$\text{(B)} \qquad \lim_{h=0} \int_a^X \varphi(x)\varepsilon_1\, dx = 0.$$

Por meio de considerações semelhantes ás que fôram expostas a respeito da egualdade (A), vê-se que a condição (B) se verifica quando $f'_y(x, y)$ é uma funcção contínua de x e y nos pontos cujas abscissas e ordenadas pertencem respectivamente aos intervallos de $x = a$ a $x = $ X e de $y = b$ a $y = $ Y, e quando $f'_y(x, y)$ admitte uma derivada $f''_{yy}(x, y)$ finita nestes intervallos.

II. Consideremos agora o caso de a e X serem funcções de y, e supponhamos que $f(x, y)$ e $f'_y(x, y)$ são funcções continuas de x e y nos pontos de um plano cujas ordenadas y pertencem ao intervallo de $y=b$ a $y=\mathrm{Y}$ e cujas abscissas x pertencem ao intervallo de $x=\alpha$ a $x=\beta$ (α e β representando dois numeros entre os quaes estejam comprehendidos todos os valores que tomam a e X, quando y varia desde b até Y) e que o integral $\int_\alpha^\beta |\varphi(x)|\, dx$ é finito.

As derivadas parciaes do integral u relativamente a X, a e y são

$$\varphi(\mathrm{X}) f(\mathrm{X}, y), \quad -\varphi(a) f(a, y), \quad \int_a^{\mathrm{X}} \varphi(x) f'_y(x, y)\, dx.$$

As duas primeiras derivadas são funcções continuas de X, a e y nos pontos do intervallo de $y=b$ a $y=\mathrm{Y}$ nos quaes as funcções $\varphi(\mathrm{X})$ e $\varphi(a)$ são continuas, e a terceira derivada é uma funcção contínua de y nos mesmos pontos.

Nestes pontos o theorema relativo á derivação das funcções compostas é pois applicavel (*C. dif.*, n.º 69), e temos portanto a fórmula

$$\frac{du}{dy} = \int_a^{\mathrm{X}} \varphi(x) f'_y(x, y)\, dx + \frac{du}{d\mathrm{X}} \frac{d\mathrm{X}}{dy} + \frac{du}{da} \frac{da}{dy}$$

$$= \int_a^{\mathrm{X}} \varphi(x) f'_y(x, y)\, dx + \varphi(\mathrm{X}) f(\mathrm{X}, y) \frac{d\mathrm{X}}{dy} - \varphi(a) f(a, y) \frac{da}{dy},$$

que resolve a questão.

É bom observar que este caso póde ser reduzido ao anterior. Pondo, com effeito,

$$x = a + (\mathrm{X} - a) t,$$

vem

$$u = \int_0^1 \varphi[a + (\mathrm{X} - a) t] f[a + (\mathrm{X} - a) t, y] (\mathrm{X} - a)\, dt,$$

onde os limites da integração são constantes.

36. Consideremos agora o integral relativamente a x de uma funcção de x definida por um integral, isto é, a expressão:

$$\int_a^{\mathrm{X}} dx \int_b^{\mathrm{Y}} f(x, y)\, dy.$$

Se X, *a*, Y, *b* *representarem quantidades finitas e se* Y *e* *b* *fôrem independentes de* x,

*

teremos

$$\int_a^X dx \int_b^Y f(x, y)\, dy = \int_b^Y dy \int_a^X f(x, y)\, dx,$$

quando a funcção $f(x, y)$ fôr contínua nos pontos de um plano cujas abscissas e ordenadas pertençam respectivamente aos intervallos de $x = a$ a $x = X$ e de $y = b$ a $y = Y$.

Com effeito, derivando relativamente a X os dois integraes

$$\int_a^X dx \int_b^Y f(x, y)\, dy, \qquad \int_b^Y dy \int_a^X f(x, y)\, dx,$$

vem o mesmo resultado $\int_b^Y f(X, y)\, dy$; o que mostra (*C. dif.*, n.º 64) que a differença entre estes integraes não varia com X. Basta attender agora a que os dois integraes são nullos quando $X = a$, para concluir que esta differença é nulla (1).

37. Os theoremas precedentes dão methodos para calcular muitos integraes definidos, como vamos ver.

I. Derivando n vezes relativamente a a os dois membros da egualdade

$$\int_0^X e^{-ax}\, dx = \frac{1}{a} - \frac{e^{-aX}}{a},$$

vem (*C. dif.*, n.os 104 e 105-II)

$$\int_0^X x^n e^{-ax}\, dx = \frac{n!}{a^{n+1}} - \frac{e^{-aX}}{a}\left(X^n + n X^{n-1} a^{-1} + \ldots\right),$$

onde n é inteiro e positivo; e, fazendo tender X para o infinito, suppondo $a > 0$ e applicando a regra dada no n.º 129-III do *Calculo differencial*,

$$\int_0^\infty x^n e^{-ax}\, dx = \frac{n!}{a^{n+1}}.$$

(1) Para um estudo completo das regras de derivação e integração das funcções definidas por integraes com limites infinitos, veja-se:

Ch. de la Vallée Poussin: *Étude des intégrales à limites infinies etc.* (*Annales de la Société scientifique de Bruxelles*, t. XVI, 1892).

D'esta egualdade deduz-se, pondo $y = e^{-x}$, a egualdade seguinte, anteriormente obtida por outro methodo:

$$\int_0^1 y^{a-1} \log^n y \, dy = (-1)^n \frac{n!}{a^{n+1}} \cdot$$

II. Por ser, quando $\beta > \alpha > 0$,

$$\int_\alpha^\beta da \int_0^X e^{-ax} \, dx = \int_\alpha^\beta \frac{da}{a} - \int_\alpha^\beta \frac{e^{-Xa}}{a} \, da,$$

$$\int_0^X dx \int_\alpha^\beta e^{-ax} \, da = \int_0^X \frac{e^{-\alpha x} - e^{-\beta x}}{x} \, dx,$$

temos

$$\int_0^X \frac{e^{-\alpha x} - e^{-\beta x}}{x} \, dx = \int_\alpha^\beta \frac{da}{a} - \int_\alpha^\beta \frac{e^{-Xa}}{a} \, da,$$

ou, fazendo tender X para o infinito e attendendo á egualdade (n.º 30–II)

$$\lim_{X=\infty} \int_\alpha^\beta \frac{e^{-aX}}{a} \, da = \lim_{X=\infty} e^{-a_1 X} \int_\alpha^\beta \frac{da}{a} = 0,$$

onde a_1 representa um numero comprehendido entre α e β,

$$\int_0^\infty \frac{e^{-\alpha x} - e^{-\beta x}}{x} \, dx = \log \frac{\beta}{\alpha} \cdot$$

D'esta fórmula tira-se, pondo $y = e^{-x}$, a seguinte:

$$\int_0^1 \frac{y^{\beta-1} - y^{\alpha-1}}{\log y} \, dy = \log \frac{\beta}{\alpha} \cdot$$

III. Procuremos agora o valor do integral

$$\int_0^\infty e^{-Ax} \frac{\operatorname{sen} \alpha x}{x} \, dx, \quad A \geqq 0,$$

onde A e α representam quantidades constantes.

Da egualdade (n.º 18)

$$\int e^{-ax} \operatorname{sen} \alpha x \, dx = -\frac{e^{-ax}(a \operatorname{sen} \alpha x + \alpha \cos \alpha x)}{a^2 + \alpha^2}$$

resulta

$$\int_0^X e^{-ax} \operatorname{sen} \alpha x \, dx = \frac{\alpha}{a^2 + \alpha^2} - \frac{e^{-aX}(a \operatorname{sen} \alpha X + \alpha \cos \alpha X)}{a^2 + \alpha^2},$$

e depois, integrando relativamente a a,

$$\int_0^A da \int_0^X e^{-ax} \operatorname{sen} \alpha x \, dx = \int_0^A \frac{\alpha da}{a^2 + \alpha^2} - \int_0^A \frac{e^{-aX}(a \operatorname{sen} \alpha X + \alpha \cos \alpha X)\, da}{a^2 + \alpha^2}.$$

Por outra parte temos

$$\int_0^X dx \int_0^A e^{-ax} \operatorname{sen} \alpha x \, da = \int_0^X \frac{\operatorname{sen} \alpha x}{x} dx - \int_0^X \frac{e^{-Ax} \operatorname{sen} \alpha x}{x} dx.$$

Egualando os segundos membros d'estas identidades (n.º 36), vem

$$(A) \quad \left\{ \begin{aligned} &\operatorname{arc\,tang} \frac{A}{\alpha} - \int_0^A \frac{(a \operatorname{sen} \alpha X + \alpha \cos \alpha X)\, e^{-aX}}{a^2 + \alpha^2} da \\ &= \int_0^X \frac{\operatorname{sen} \alpha x}{x} dx - \int_0^X e^{-Ax} \frac{\operatorname{sen} \alpha x}{x} dx. \end{aligned} \right.$$

Por ser (n.º 30–II)

$$\begin{aligned} \int_0^A \frac{(a \operatorname{sen} \alpha X + \alpha \cos \alpha X)e^{-aX}}{a^2 + \alpha^2} da &= \frac{a_1 \operatorname{sen} \alpha X + \alpha \cos \alpha X}{a_1^2 + \alpha^2} \int_0^A e^{-aX} da \\ &= \frac{a_1 \operatorname{sen} \alpha X + \alpha \cos \alpha X}{a_1^2 + \alpha^2} \cdot \frac{1 - e^{-AX}}{X}, \end{aligned}$$

a_1 representando um numero comprehendido entre 0 e A, vê-se que o primeiro dos integraes, que entram na egualdade (A), tende para zero, quando A e X tendem para o infinito.

Da egualdade (n.º 30–II)

$$\int_0^X \frac{e^{-Ax} \operatorname{sen} \alpha x}{x} dx = \frac{\operatorname{sen} \alpha x_1}{x_1} \int_0^X e^{-Ax} dx = \frac{\operatorname{sen} \alpha x_1}{x_1} \cdot \frac{1 - e^{-AX}}{A},$$

onde x_1 representa um numero comprehendido entre 0 e X, conclue-se tambem que o ultimo integral da relação (A) tende para zero quando A e X tendem para o infinito.

Logo a egualdade (A) dá, fazendo tender X e A para o infinito, a fórmula de Euler:

$$(1) \qquad \int_0^\infty \frac{\operatorname{sen} ax}{x} dx = \pm \frac{\pi}{2},$$

devendo empregar-se o signal + quando a é positivo, e o signal — quando a é negativo.

Se na egualdade (A) fizermos tender sómente X para o infinito, teremos

$$\operatorname{arc\,tang} \frac{A}{a} = \int_0^\infty \frac{\operatorname{sen} ax}{x} dx - \int_0^\infty e^{-Ax} \frac{\operatorname{sen} ax}{x} dx,$$

o que dá (Euler)

$$\int_0^\infty e^{-Ax} \frac{\operatorname{sen} ax}{x} dx = \pm \frac{\pi}{2} - \operatorname{arc\,tang} \frac{A}{a} = \operatorname{arc\,tang} \frac{a}{A}.$$

Da egualdade (1) e da seguinte:

$$\operatorname{sen} bx \cos ax = \frac{1}{2} \operatorname{sen} (b+a) x + \frac{1}{2} \operatorname{sen} (b-a) x,$$

tira-se como corollario, quando $b > 0$ e $a > 0$,

$$\int_0^\infty \frac{\operatorname{sen} bx \cos ax}{x} dx = \frac{\pi}{2}, \qquad \text{ou} = 0$$

segundo é $b > a$ ou $b < a$.

IV. Consideremos agora o integral

$$\int_0^\infty e^{-x^2} dx,$$

que tem grande importancia na theoria das probabilidades.

Notemos em primeiro logar que este integral é finito. É o que resulta da desegualdade (n.º 30)

$$\int_0^X e^{-x^2} dx < \operatorname{arc\,tang} X < \frac{\pi}{2}:$$

visto que o seu primeiro membro augmenta, quando X cresce, sem poder jámais exceder o valor do ultimo membro.

Temos (n.º 36)([1])

$$\int_0^b dy \int_0^a e^{-x^2(1+y^2)}\, x dx = \int_0^a dx \int_0^b e^{-x^2(1+y^2)}\, x dy,$$

e portanto

$$\lim_{a,\, b=\infty} \int_0^b dy \int_0^a e^{-x^2(1+y^2)}\, x dx = \lim_{a,\, b=\infty} \int_0^a dx \int_0^b e^{-x^2(1+y^2)}\, x dy.$$

Calculemos o primeiro membro d'esta egualdade. Temos

$$\int_0^b dy \int_0^a e^{-x^2(1+y^2)}\, x dx = \frac{1}{2} \int_0^b \left[1 - e^{-a^2(1+y^2)}\right] \frac{dy}{1+y^2}$$

$$= \frac{1}{2} \operatorname{arc\,tang} b - \frac{1}{2} \int_0^b e^{-a^2(1+y^2)} \frac{dy}{1+y^2},$$

ou (n.º 30-II)

$$\int_0^b dy \int_0^a e^{-x^2(1+y^2)}\, x dx = \frac{1}{2} \left[1 - e^{-a^2(1+y_1^2)}\right] \operatorname{arc\,tang} b,$$

onde y_1 representa um numero comprehendido entre 0 e b; e portanto

$$\text{(B)} \qquad \lim_{a,\, b=\infty} \int_0^b dy \int_0^a e^{-x^2(1+y^2)}\, x dx = \frac{\pi}{4}.$$

Calculemos agora o valor do segundo membro da mesma egualdade. Temos primeiramente, pondo $xy = z$,

$$\int_0^a dx \int_0^b e^{-x^2(1+y^2)}\, x dy = \int_0^a e^{-x^2} dx \int_0^{bx} e^{-z^2} dz$$

$$= \int_0^\alpha e^{-x^2} dx \int_0^{bx} e^{-z^2} dz + \int_\alpha^a e^{-x^2} dx \int_0^{bx} e^{-z^2} dz,$$

onde α representa um numero comprehendido entre 0 e a; e portanto (n.º 30-II)

$$\int_0^a dx \int_0^b e^{-x^2(1+y^2)}\, x dy = \int_0^{bx_1} e^{-z^2} dz \,.\, \int_0^\alpha e^{-x^2} dx + \int_0^{bx_2} e^{-z^2} dz \,.\, \int_\alpha^a e^{-x^2} dx,$$

([1]) A analyse que segue é tirada de um artigo que a respeito d'este integral publicámos no *Bulletim da Sociedade Real das Sciencias de Praga* (1889).

onde x_1 e x_2 representam dois numeros respectivamente comprehendidos entre 0 e α e entre α e a.

Temos pois

$$\lim_{a,\, b=\infty} \int_0^a dx \int_0^b e^{-x^2(1+y^2)} x dy = \int_0^\alpha e^{-x^2} dx \,.\, \lim_{b=\infty} \int_0^{bx_1} e^{-z^2} dz + \int_\alpha^\infty e^{-x^2} dx \,.\, \int_0^\infty e^{-z^2} dz,$$

ou, fazendo tender α para 0,

$$\lim_{a,\, b=\infty} \int_0^a dx \int_0^b e^{-x^2(1+y^2)} x dy = \left[\int_0^\infty e^{-x^2} dx \right]^2.$$

D'esta egualdade e de (B) deduz-se a fórmula seguinte, devida a Laplace:

$$\int_0^\infty e^{-x^2} dx = \frac{1}{2}\sqrt{\pi}.$$

D'esta relação resulta, pondo $x = y\sqrt{a}$, onde $a > 0$,

$$\int_0^\infty e^{-ay^2} dy = \frac{1}{2}\sqrt{\frac{\pi}{a}}.$$

O integral mais geral

$$\int_0^\infty x^m e^{-ax^2} dx,$$

onde m representa um numero inteiro positivo, póde ser calculado do modo seguinte:

A integração por partes dá

$$\int x^m e^{-ax^2} dx = -\frac{x^{m-1} e^{-ax^2}}{2a} + \frac{m-1}{2a} \int a^{m-2} e^{-ax^2} dx,$$

d'onde se tira, quando m é par,

$$\int_0^\infty x^{2n} e^{-ax^2} dx = \frac{2n-1}{2a} \int_0^\infty x^{2n-2} e^{-ax^2} dx,$$

$$\int_0^\infty x^{2n-2} e^{-ax^2} dx = \frac{2n-3}{2a} \int_0^\infty x^{2n-4} e^{-ax^2} dx,$$

. . . .

$$\int_0^\infty x^2 e^{-ax^2} dx = \frac{1}{2a} \int_0^\infty e^{-ax^2} dx = \frac{1}{2a} \cdot \frac{1}{2} \sqrt{\frac{\pi}{a}},$$

e portanto

$$\int_0^\infty x^{2n} e^{-ax^2} dx = \frac{1.3\ldots(2n-1)}{2^{n+1} a^n} \sqrt{\frac{\pi}{a}}.$$

Do mesmo modo se acha, quando m é impar,

$$\int_0^\infty x^{2n+1} e^{-ax^2} dx = \frac{n}{a} \int_0^\infty x^{2n-1} e^{-ax^2} dx,$$

....

$$\int_0^\infty x^3 e^{-ax^2} dx = \frac{1}{a} \int_0^\infty x e^{-ax^2} dx = \frac{1}{a} \cdot \frac{1}{2a},$$

e portanto

$$\int_0^\infty x^{2n+1} e^{-ax^2} dx = \frac{1.2.3\ldots n}{2a^{n+1}}.$$

V. Consideremos finalmente a identidade

$$(1) \qquad \int_a^A \operatorname{sen} \alpha \, d\alpha \int_0^X e^{-\alpha x^2} dx = \int_0^X dx \int_a^A e^{-\alpha x^2} \operatorname{sen} \alpha \, d\alpha.$$

Temos (n.º 18)

$$\int_0^X dx \int_a^A e^{-\alpha x^2} \operatorname{sen} \alpha \, d\alpha = \int_0^X \left[\frac{e^{-ax^2}(x^2 \operatorname{sen} a + \cos a)}{1+x^4} - \frac{e^{-Ax^2}(x^2 \operatorname{sen} A + \cos A)}{1+x^4} \right] dx$$

$$= \cos a \int_0^X \frac{e^{-ax^2} dx}{1+x^4} - \cos A \int_0^X \frac{e^{-Ax^2} dx}{1+x^4}$$

$$+ \operatorname{sen} a \int_0^X \frac{x^2 e^{-ax^2} dx}{1+x^4} - \operatorname{sen} A \int_0^X \frac{x^2 e^{-Ax^2} dx}{1+x^4}.$$

Temos tambem

$$\int_0^X \frac{x^2 e^{-Ax^2} dx}{1+x^4} = \frac{1}{1+x_1^4} \int_0^X x^2 e^{-Ax^2} dx,$$

x_1 designando um numero comprehendido entre 0 e X, e (n.º 37-IV)

$$\int_0^\infty x^2 e^{-Ax^2} dx = \frac{1}{4} \sqrt{\pi} \, A^{-\frac{3}{2}};$$

portanto, fazendo tender X para ∞, e notando que o primeiro membro da primeira egualdade augmenta constantemente com X, sem poder exceder o maior valor $\frac{1}{4}\sqrt{\pi}\,A^{-\frac{3}{2}}$ do segundo membro, e que portanto tende para um limite finito, e que porisso $\frac{1}{1+x_1^4}$ tende para um limite determinado L, inferior á unidade

$$\int_0^\infty \frac{x^2 e^{-Ax^2} dx}{1+x^4} = \frac{1}{4} L \sqrt{\pi}\, A^{-\frac{3}{2}}.$$

Fazendo agora tender A para ∞, vem

$$\lim_{A=\infty} \int_0^\infty \frac{x^2 e^{-Ax^2}}{1+x^4} dx = 0.$$

Do mesmo modo se demonstra que

$$\lim_{A=\infty} \int_0^\infty \frac{e^{-Ax^2}}{1+x^4} dx = 0.$$

Portanto

$$(2) \quad \lim_{A,\,X=\infty} \int_0^X dx \int_a^A e^{-\alpha x^2} \operatorname{sen} \alpha \, d\alpha = \cos a \int_0^\infty \frac{e^{-ax^2} dx}{1+x^4} + \operatorname{sen} a \int_0^\infty \frac{x^2 e^{-ax^2} dx}{1+x^4}.$$

Por outra parte, temos, pondo $\alpha x^2 = y^2$,

$$\int_a^A \operatorname{sen} \alpha \, d\alpha \int_0^X e^{-\alpha x^2} dx = \int_a^A \frac{\operatorname{sen} \alpha}{\sqrt{\alpha}} d\alpha \int_0^{\sqrt{\alpha}\,X} e^{-y^2} dy,$$

e, integrando por partes o segundo membro d'esta egualdade,

$$\int_a^A \operatorname{sen} \alpha \, d\alpha \int_0^X e^{-\alpha x^2} dx = \left[\int_a^\alpha \frac{\operatorname{sen} \alpha \, d\alpha}{\sqrt{\alpha}} \cdot \int_0^{\sqrt{\alpha}\,X} e^{-y^2} dy \right]_a^A$$

$$- \frac{1}{2} \int_a^A X \alpha^{-\frac{1}{2}} e^{-\alpha X^2} d\alpha \int_a^\alpha \frac{\operatorname{sen} \alpha}{\sqrt{\alpha}} d\alpha.$$

Porém

$$\int_a^A X \alpha^{-\frac{1}{2}} e^{-\alpha X^2} d\alpha \int_a^\alpha \frac{\operatorname{sen} \alpha}{\sqrt{\alpha}} d\alpha = \alpha_1^{-\frac{1}{2}} \int_a^{\alpha_1} \frac{\operatorname{sen} \alpha}{\sqrt{\alpha}} d\alpha . \int_a^A X e^{-\alpha X^2} d\alpha$$

$$= \alpha_1^{-\frac{1}{2}} \frac{e^{-aX^2} - e^{-AX^2}}{X} \int_a^{\alpha_1} \frac{\operatorname{sen} \alpha}{\sqrt{\alpha}} d\alpha,$$

*

onde α_1 designa um numero comprehendido entre a e A, e portanto

$$\lim_{X=\infty}\int_a^A X\alpha^{-\frac{1}{2}} e^{-\alpha X^2} d\alpha \int_a^{\alpha} \frac{\operatorname{sen} \alpha}{\sqrt{\alpha}} d\alpha = 0.$$

Temos pois, fazendo tender primeiramente X e depois A para ∞,

$$\lim_{A,X=\infty}\int_a^A \operatorname{sen}\alpha\, d\alpha \int_0^X e^{-\alpha x^2} dx = \int_a^{\infty} \frac{\operatorname{sen}\alpha}{\sqrt{\alpha}} d\alpha . \int_0^{\infty} e^{-y^2} dy = \frac{\sqrt{\pi}}{2}\int_a^{\infty} \frac{\operatorname{sen}\alpha}{\sqrt{\alpha}} d\alpha.$$

Esta egualdade e as egualdades (1) e (2) dão

$$(3) \qquad \cos a \int_0^{\infty} \frac{e^{-ax^2} dx}{1+x^4} + \operatorname{sen} a \int_0^{\infty} \frac{x^2 e^{-ax^2} dx}{1+x^4} = \frac{\sqrt{\pi}}{2}\int_a^{\infty} \frac{\operatorname{sen}\alpha}{\sqrt{\alpha}}.$$

Temos porém

$$\lim_{a=0}\int_0^{\infty} \frac{x^2 e^{-ax^2} dx}{1+x^4} = \lim_{a=0}\int_0^{u} \frac{x^2 e^{-ax^2} dx}{1+x^4} + \lim_{a=0}\int_u^{\infty} \frac{x^2 e^{-ax^2} dx}{1+x^4},$$

e portanto (n.º 35)

$$\lim_{a=0}\int_0^{\infty} \frac{x^2 e^{-ax^2}}{1+x^4} dx = \int_0^{u} \lim_{a=0} \frac{x^2 e^{-ax^2}}{1+x^4} dx + \lim_{a=0}\int_u^{\infty} \frac{x^2 e^{-ax^2}}{1+x^4} dx,$$

ou (n.º 34), observando que o ultimo integral que entra nesta relação é finito, e que portanto tende para 0, quando u tende para ∞,

$$\lim_{a=0}\int_0^{\infty} \frac{x^2 e^{-ax^2}}{1+x^4} dx = \int_0^{\infty} \frac{x^2}{1+x^4} dx = \frac{\pi}{4 \operatorname{sen} \frac{3}{4}\pi}.$$

Do mesmo modo se obtem a egualdade

$$\lim_{a=0}\int_0^{\infty} \frac{e^{-ax^2}}{1+x^4} dx = \frac{\pi}{4 \operatorname{sen} \frac{\pi}{4}}.$$

Logo, fazendo tender em (3) a para 0, vem

$$\int_0^{\infty} \frac{\operatorname{sen}\alpha}{\sqrt{\alpha}} d\alpha = \sqrt{\frac{\pi}{2}}.$$

Do mesmo modo se obtem a fórmula

$$\int_0^\infty \frac{\cos\alpha}{\sqrt{\alpha}}\,d\alpha = \sqrt{\frac{\pi}{2}}.$$

Os dois integraes cujos valores vimos de obter são conhecidos pelo nome de *integraes de Fresnel,* por terem sido encontrados por este physico eminente em uma questão de Optica. Mas os seus tinham já sido obtidos anteriormente por Euler e Laplace ([1]).

Pondo nestas fórmulas $\alpha = nx$, vêem as fórmulas mais geraes

$$\int_0^\infty \frac{\operatorname{sen} nx}{\sqrt{x}}\,dx = \sqrt{\frac{\pi}{2n}}, \qquad \int_0^\infty \frac{\cos nx}{\sqrt{x}} = \sqrt{\frac{\pi}{2n}}.$$

VI

Integração das differenciaes totaes

38. Chama-se integral da differencial total

$$(1) \qquad \varphi_1(x_1, x_2)\,dx_1 + \varphi_2(x_1, x_2)\,dx_2$$

a funcção $u = f(x_1, x_2)$ cuja differencial total

$$du = \frac{\partial u}{\partial x_1}\,dx_1 + \frac{\partial u}{\partial x_2}\,dx_2$$

é identica áquella expressão, isto é, a funcção u que satisfaz ás condições

$$(2) \qquad \frac{\partial u}{\partial x_1} = \varphi_1(x_1, x_2), \qquad \frac{\partial u}{\partial x_2} = \varphi_2(x_1, x_2).$$

([1]) A analyse que vimos de empregar para obter os integraes de Fresnel é extrahida de um artigo que publicámos no tomo v dos *Annaes scientificos da Academia Polytechnica do Porto.*

Nem sempre existe uma funcção u que satisfaça ás condições precedentes; quando esta funcção existe, diz-se que a expressão (1) é *differencial exacta.*

Vamos mostrar que *é condição necessaria e sufficiente para que a expressão* (1) *seja differencial exacta, que tenha logar a condição*

$$\frac{\partial \varphi_1(x_1, x_2)}{\partial x_2} = \frac{\partial \varphi_2(x_1, x_2)}{\partial x_1}, \tag{3}$$

e determinar neste caso a funcção u.

Se existe uma funcção u que satisfaz ás condições (2), temos as egualdades

$$\frac{\partial^2 u}{\partial x_1 \partial x_2} = \frac{\partial \varphi_1(x_1, x_2)}{\partial x_2}, \quad \frac{\partial^2 u}{\partial x_2 \partial x_1} = \frac{\partial \varphi_2(x_1, x_2)}{\partial x_1},$$

das quaes resulta a condição (3), que portanto é necessaria para a existencia da funcção u.

Para mostrar que esta condição é sufficiente para a existencia de u, integremos a primeira das equações (2), considerando x_2 como constante, o que dá

$$u = \int_a^{x_1} \varphi_1(x_1, x_2)\, dx_1 + \psi(x_2),$$

onde $\psi(x_2)$ representa uma funcção arbitraria de x_2. Substituamos em seguida esta expressão de u na segunda das equações (2), o que dá, quando a doutrina do n.º 35 é applicavel,

$$\int_a^{x_1} \frac{\partial \varphi_1(x_1, x_2)}{\partial x_2} dx_1 + \frac{\partial \psi(x_2)}{\partial x_2} = \varphi_2(x_1, x_2),$$

ou, attendendo á condição (3),

$$\int_a^{x_1} \frac{\partial \varphi_2(x_1, x_2)}{\partial x_1} dx_1 + \frac{\partial \psi(x_2)}{\partial x_2} = \varphi_2(x_1, x_2),$$

ou

$$\varphi_2(x_1, x_2) - \varphi_2(a, x_2) + \frac{\partial \psi(x_2)}{\partial x_2} = \varphi_2(x_1, x_2),$$

d'onde se tira

$$\psi(x_2) = \int_b^{x_2} \varphi_2(a, x_2)\, dx_2 + C,$$

C representando uma constante arbitraria.

Temos pois a fórmula

$$(4)\qquad u=\int_a^{x_1}\varphi_1(x_1,\, x_2)\,dx_1+\int_b^{x_2}\varphi_2(a,\, x_2)\,dx_2+\mathrm{C},$$

que resolve a questão proposta.

A condição (3), que deve verificar-se para esta egualdade ter logar, chama-se *condição de integrabilidade* da expressão (1).

Podiamos tambem principiar por integrar a segunda das equações (2), e chegariamos á fórmula

$$u=\int_b^{x_1}\varphi_2(x_1,\, x_2)\,dx_2+\int_a^{x_1}\varphi_1(x_1,\, b)\,dx_1+\mathrm{C},$$

que se deve preferir á fórmula (4), quando levar a calculos mais simples.

Integremos em segundo logar a differencial

$$(1')\qquad \varphi_1\,dx_1+\varphi_2\,dx_2+\varphi_3\,dx_3,$$

onde se põe, para abreviar, φ_1, φ_2 e φ_3 em logar das funcções $\varphi_1(x_1,\, x_2,\, x_3)$, $\varphi_2(x_1,\, x_2,\, x_3)$ e $\varphi_3(x_1,\, x_2,\, x_3)$; isto é, procuremos uma funcção $u=f(x_1,\, x_2,\, x_3)$ que satisfaça ás condições

$$(2')\qquad \frac{\partial u}{\partial x_1}=\varphi_1,\quad \frac{\partial u}{\partial x_2}=\varphi_2,\quad \frac{\partial u}{\partial x_3}=\varphi_3.$$

Das identidades

$$\frac{\partial^2 u}{\partial x_1\,\partial x_2}=\frac{\partial^2 u}{\partial x_2\,\partial x_1},\quad \frac{\partial^2 u}{\partial x_1\,\partial x_3}=\frac{\partial^2 u}{\partial x_3\,\partial x_1},\quad \frac{\partial^2 u}{\partial x_2\,\partial x_3}=\frac{\partial^2 u}{\partial x_3\,\partial x_2}$$

e das equações (2') resultam as identidades

$$(3')\qquad \frac{\partial\varphi_1}{\partial x_2}=\frac{\partial\varphi_2}{\partial x_1},\quad \frac{\partial\varphi_1}{\partial x_3}=\frac{\partial\varphi_3}{\partial x_1},\quad \frac{\partial\varphi_2}{\partial x_3}=\frac{\partial\varphi_3}{\partial x_2},$$

que são condições necessarias para que a expressão (1') seja *differencial exacta,* isto é, para que exista uma funcção u que satisfaça ás equações (2').

Mostremos agora que estas condições são sufficientes para que a expressão (1') seja differencial exacta, e determinemos u.

Integrando a primeira das equações (2'), vem

$$u=\int_a^{x_1}\varphi_1\,dx_1+\psi_1(x_2,\, x_3),$$

onde $\psi_1(x_2, x_3)$ representa uma funcção arbitraria de x_2 e x_3. Substituindo este valor de u na segunda, temos

$$\int_a^{x_1} \frac{\partial\varphi_1}{\partial x_2} dx_1 + \frac{\partial\psi_1(x_2, x_3)}{\partial x_2} = \varphi_2,$$

ou, attendendo á primeira das condições (3'),

$$\int_a^{x_1} \frac{\partial\varphi_2}{\partial x_1} dx_1 + \frac{\partial\psi_1(x_2, x_3)}{\partial x_2} = \varphi_2,$$

ou

$$\varphi_2 - \varphi_2(a, x_2, x_3) + \frac{\partial\psi_1(x_2, x_3)}{\partial x_2} = \varphi_2;$$

d'onde se tira

$$\psi_1(x_2, x_3) = \int_b^{x_2} \varphi_2(a, x_2, x_3)\, dx_2 + \psi_2(x_2),$$

onde $\psi_2(x_2)$ representa uma funcção arbitraria de x_3.

Temos pois

$$u = \int_a^{x_1} \varphi_1(x_1, x_2, x_3)\, dx_1 + \int_b^{x_2} \varphi_2(a, x_2, x_3)\, dx_2 + \psi_2(x_3).$$

Substituindo agora este valor de u na terceira das equações (2'), vem

$$\int_a^{x_1} \frac{\partial\varphi_1}{\partial x_3} dx_1 + \int_b^{x_2} \frac{\partial\varphi_2(a, x_2, x_3)}{\partial x_3} dx_2 + \frac{\partial\psi_2}{\partial x_3} = \varphi_3,$$

ou, attendendo á segunda e á terceira das condições (3'),

$$\int_a^{x_1} \frac{\partial\varphi_3}{\partial x_1} dx_1 + \int_b^{x_2} \frac{\partial\varphi_3(a, x_2, x_3)}{\partial x_2} dx_2 + \frac{\partial\psi_2}{\partial x_3} = \varphi_3,$$

ou

$$\varphi_3 - \varphi_3(a, x_2, x_3) + \varphi_3(a, x_2, x_3) - \varphi_3(a, b, x_3) + \frac{\partial\psi_2}{\partial x_3} = \varphi_3;$$

d'onde resulta

$$\psi_2(x_3) = \int_c^{x_3} \varphi_3(a, b, x_3) + C,$$

onde C representa uma constante arbitraria.

Temos pois a fórmula

$$(4') \quad \left\{ \begin{aligned} u = & \int_a^{x_1} \varphi_1 (x_1, x_2, x_3)\, dx_1 + \int_b^{x_2} \varphi_2 (a, x_2, x_3)\, dx_2 \\ & + \int_c^{x_3} \varphi_3 (a, b, x_3)\, dx_3 + \mathrm{C}, \end{aligned} \right.$$

por meio da qual se determina u.

Pelo modo como vem de proceder-se nos casos das expressões differenciaes de duas e de tres variaveis independentes, vê-se bem como se devem considerar os casos de maior numero de variaveis.

Exemplo 1.º — Para integrar a expressão

$$(x_1^3 + x_2)\, dx_1 + (x_1 + 1)\, dx_2,$$

que satisfaz á condição de integrabilidade (3), emprega-se a fórmula (4), que dá, pondo $a = 0$, $b = 0$,

$$u = \int_0^{x_1} (x_1^3 + x_2)\, dx_1 + \int_0^{x_2} dx_2 + \mathrm{C}$$

ou

$$u = \frac{1}{4} x_1^4 + x_1 x_2 + x_2 + \mathrm{C}.$$

Exemplo 2.º — A expressão

$$(2x_1 - 3x_2 + 4x_3)\, dx_1 + (2x_2 - 3x_1 - 5x_3)\, dx_2 + (2x_3 + 4x_1 - 5x_2)\, dx_3$$

satisfaz ás condições de integrabilidade (3′). Para a integrar, emprega-se a fórmula (4′), que dá, pondo $a = 0$, $b = 0$, $c = 0$,

$$u = \int_0^{x_1} (2x_1 - 3x_2 + 4x_3)\, dx_1 + \int_0^{x_2} (2x_2 - 5x_3)\, dx_2 + 2 \int_0^{x_3} x_3\, dx_3 + \mathrm{C}$$

ou

$$u = x_1^2 + x_2^2 + x_3^2 - 3x_1 x_2 + 4x_1 x_3 - 5x_2 x_3 + \mathrm{C}.$$

CAPITULO III

Applicações geometricas. Integraes multiplos.

I

Areas das figuras planas (¹)

39. Calculemos primeiramente o valor S da área limitada por um arco da curva cuja equação é $y=f(x)$, pelo eixo das abscissas, e pelas duas ordenadas correspondentes ás abscissas x_0 e X, suppondo que a cada valor de x, comprehendido entre x_0 e X, corresponde um só ponto do arco e que $X > x_0$.

1.° Se a funcção $f(x)$ é positiva no intervallo de $x=x_0$ a $x=X$, resulta immediatamente da definição de área plana e da noção de integral definido, dadas nos n.os 58 e 80 do *Calculo differencial,* que S é determinado pela egualdade

$$S=\int_{x_0}^{X} f(x)\,dx.$$

2.° Se a funcção $f(x)$ é negativa no intervallo de x_0 a X, temos

$$S=-\int_{x_0}^{X} f(x)\,dx.$$

3.° Se a curva $y=f(x)$ cortar o eixo das abscissas nos pontos c_1, c_2, c_3, etc., de modo que $f(x)$ seja, por exemplo, positiva nos intervallos de x_0 a c_1, de c_2 a c_3, etc., e negativa

---

(¹) Podem ver-se no nosso *Tratado de las curvas speciales notables*, ou na edição franceza d'esta obra, quasi todas as curvas cuja área foi obtida pelo methodo dos indivisiveis, antes da invenção do Calculo integral.

*

nos intervallos de c_1 a c_2, etc., temos

$$S = \int_{x_0}^{c_1} f(x)\,dx - \int_{c_1}^{c_2} f(x)\,dx + \dots$$

Appliquemos estas fórmulas a algumas curvas mais importantes.

I. Parabola [1]. — O valor da área limitada pela parabola $y^2 = 2px$, pelo eixo das abscissas e por duas ordenadas positivas y_0 e Y, correspondentes ás abscissas x_0 e X, obtem-se por meio da fórmula

$$S = \int_{x_0}^{X} \sqrt{2p}\, x^{\frac{1}{2}}\, dx,$$

que, por ser

$$\int \sqrt{2p}\, x^{\frac{1}{2}}\, dx = \frac{2}{3}\sqrt{2p}\, x^{\frac{3}{2}} + c = \frac{2}{3} xy + c,$$

dá

$$S = \frac{2}{3}(XY - x_0 y_0).$$

II. Ellipse. — O valor da área limitada pela ellipse cuja equação é

$$y = \frac{b}{a}\sqrt{a^2 - x^2},$$

pelo eixo das abscissas e por duas ordenadas positivas y_0 e Y, correspondentes ás abscissas x_0 e X, obtem-se por meio da fórmula

$$S = \frac{b}{a}\int_{x_0}^{X} \sqrt{a^2 - x^2}\, dx,$$

que, por ser (n.º 10-II)

$$\int \sqrt{a^2 - x^2}\, dx = \frac{1}{2} x\sqrt{a^2 - x^2} + \frac{1}{2} a^2 \int \frac{dx}{\sqrt{a^2 - x^2}}$$
$$= \frac{1}{2} x\sqrt{a^2 - x^2} + \frac{1}{2} a^2 \operatorname{arc\,sen} \frac{x}{a} + c,$$

---

[1] A quadratura da parabola foi obtida pela primeira vez por Archimedes. É o exemplo mais antigo da quadratura de um espaço limitado por uma curva.

dá

$$S=\frac{1}{2}(XY-x_0 y_0)+\frac{1}{2}ab\left(\text{arc sen}\frac{X}{a}-\text{arc sen}\frac{x_0}{a}\right).$$

Pondo nesta fórmula $x_0=0$ e $X=a$, acha-se para a área de um quadrante de ellipse o valor $\frac{1}{4}\pi ab$. Logo a área da ellipse é egual a πab.

Entre a área S e a área S_1 limitada pela circumferencia de raio a inscripta ou circumscripta á ellipse, pelo eixo das abscissas e por duas ordenadas correspondentes ás abscissas x_0 e X, existe uma relação muito simples. Com effeito, pondo $a=b$, vem

$$S_1=\int_{x_0}^{X}\sqrt{a^2-x^2}\,dx,$$

e portanto temos a proporção

$$\frac{S}{S_1}=\frac{b}{a}.$$

III. Hyperbole. — No caso da hyperbole

$$y=\frac{b}{a}\sqrt{x^2-a^2}\,dx,$$

temos, para determinar a área comprehendida entre a curva e duas ordenadas positivas correspondentes ás abscissas x_0 e X, a fórmula

$$S=\frac{b}{a}\int_{x_0}^{X}\sqrt{x^2-a^2}\,dx,$$

que, por ser (n.º 10-II e 11-I)

$$\int\sqrt{x^2-a^2}\,dx=\frac{1}{2}x\sqrt{x^2-a^2}-\frac{1}{2}a^2\int\frac{dx}{\sqrt{x^2-a^2}}$$

$$=\frac{1}{2}x\sqrt{x^2-a^2}-\frac{1}{2}a^2\log\left(x+\sqrt{x^2-a^2}\right)+c,$$

dá

$$S=\frac{1}{2}(XY-x_0 y_0)-\frac{1}{2}ab\log\frac{X+\sqrt{X^2-a^2}}{x_0+\sqrt{x_0^2-a^2}},$$

ou

$$S=\frac{1}{2}(XY-x_0 y_0)-\frac{1}{2}ab\log\frac{bX+aY}{bx_0+ay_0}.$$

IV. Cycloide. — Acha-se o valor da área limitada pelo arco da cycloide, cujas equações são

$$x = r(t - \operatorname{sen} t), \quad y = r(1 - \cos t),$$

comprehendido entre os pontos cujas abscissas são $x = 0$ e $x = 2\pi r$, e pela sua corda, por meio da fórmula

$$S = \int_0^{2\pi r} y dx = r^2 \int_0^{2\pi} (1 - \cos t)^2 dt,$$

que, por ser

$$\int (1 - \cos t)^2 dt = \int \left(\frac{3}{2} - 2 \cos t + \frac{1}{2} \cos 2t \right) dt = \frac{3}{2} t - 2 \operatorname{sen} t + \frac{1}{4} \operatorname{sen} 2t + c,$$

dá $S = 3\pi r^2$. Temos pois o theorema seguinte, devido a Roberval (1):

A área de uma arcada de cycloide é egual a tres vezes a área do circulo gerador.

40. No numero precedente viu-se o modo de avaliar qualquer área plana limitada por um arco de curva, pelo eixo das abscissas e por duas parallelas ao eixo das ordenadas, quando as parallellas a este eixo, tiradas pelos pontos do eixo das abscissas comprehendidos entre $x = x_0$ e $x = X$, cortam o arco sómente em um ponto. Se a área cujo valor se pretende calcular é limitada por linhas differentes d'estas, decompõe-se em áreas parciaes de que a proposta seja a somma algebrica, e cujo valor saibamos calcular.

Exemplo 1.° — Calculemos o valor S da área limitada por uma curva fechada, representada pela equação $F(x, y) = 0$, suppondo que as rectas parallelas ao eixo das ordenadas cortam esta curva sómente em dois pontos reaes e que a curva não corta o eixo das abscissas.

Os pontos onde a tangente é parallela ao eixo das ordenadas dividem a curva em dois arcos correspondentes a duas funcções reaes $y = f_1(x)$, $y = f_2(x)$, que a equação da curva deve determinar, quando se resolve relativamente a y. Temos pois, representando por x_0 e X as abscissas dos pontos da curva dada onde a tangente é parallela ao eixo das ordenadas e suppondo $f_2(x) > f_1(x)$,

$$S = \int_{x_0}^{X} f_2(x)\, dx - \int_{x_0}^{X} f_1(x)\, dx = \int_{x_0}^{X} [f_2(x) - f_1(x)]\, dx.$$

Os numeros x_0 e X podem ser obtidos pelo methodo dos maximos e minimos ou pela condição de ser nestes pontos $f_1(x) = f_2(x)$.

---

(1) Veja-se, a respeito da historia e theoria d'esta curva, o nosso *Tratado de las curvas speciales notables* (p. 419) ou o t. II, p. 133-149, da edição franceza d'esta obra.

Exemplo 2.º — Avaliemos a área S *(fig. 1)* comprehendida entre o arco de curva AOB e a corda AB.

Sejam $y=f(x)$ a equação do arco OB, $y=f_1(x)$ a equação do arco OA e $(x_1, -y_1)$, (x_2, y_2) as coordenadas dos pontos A e B. Será

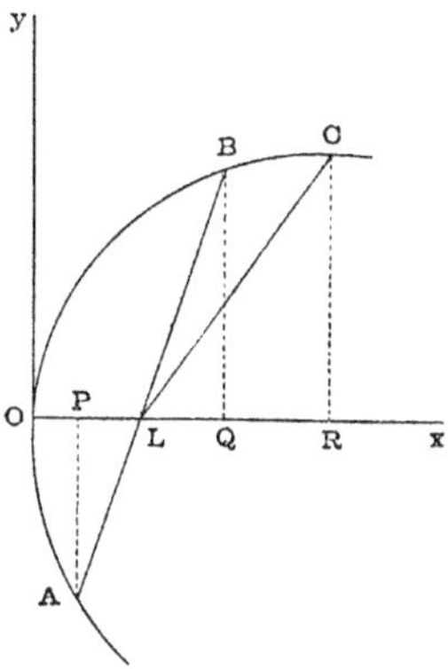

Fig. 1

$$S = OBQ + OAP + PLA - BLQ.$$

Mas

$$OBQ = \int_0^{x_2} f(x)\,dx, \quad OAP = -\int_0^{x_1} f_1(x)\,dx,$$

$$LO = x_1 + y_1 \frac{x_2 - x_1}{y_2 + y_1},$$

$$PLA = \frac{1}{2} y_1^2 \frac{x_2 - x_1}{y_2 + y_1}, \quad BLQ = \frac{1}{2} y_2^2 \frac{x_2 - x_1}{y_2 + y_1}.$$

Logo

$$S = \int_0^{x_2} f(x)\,dx - \int_0^{x_1} f_1(x)\,dx + \frac{1}{2}(x_2 - x_1)(y_1 - y_2).$$

Exemplo 3.º — Para calcular o valor da área t limitada pelas rectas OA e OB e pela curva AB *(fig. 2)*, cuja equação é $y=f(x)$, temos a fórmula

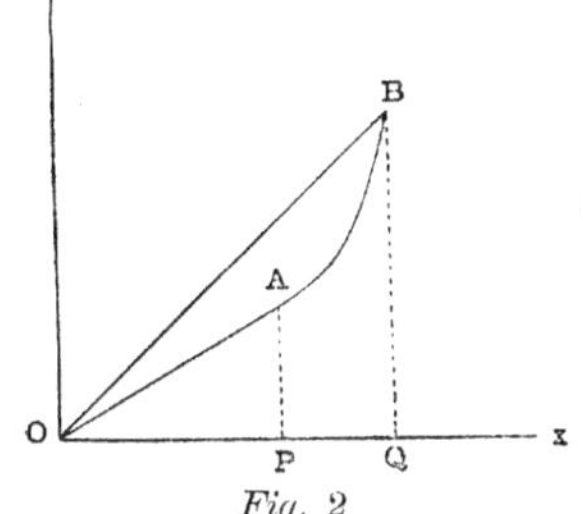

Fig. 2

$$t = OBQ - OAP - PABQ,$$

e portanto, representando por (x_1, y_1) e (x_2, y_2) as coordenadas dos pontos A e B,

$$t = \frac{1}{2}(x_2 y_2 - x_1 y_1) - \int_{x_1}^{x_2} y\,dx.$$

Por ser, como se vê integrando por partes,

$$\int_{x_1}^{x_2} y' x\,dx = (x_2 y_2 - x_1 y_1) - \int_{x_1}^{x_2} y\,dx,$$

pode-se tambem calcular a área t por meio da fórmula

$$t = \frac{1}{2} \int_{x_1}^{x_2} (y' x - y)\,dx.$$

Suppondo que a curva AB é definida pelas equações $x=\varphi(\theta)$, $y=\psi(\theta)$, esta fórmula dá, representando por θ_1 e θ_2 os valores que toma θ nos pontos A e B,

$$\text{(A)} \qquad t=\frac{1}{2}\int_{\theta_1}^{\theta_2}\left(x\frac{dy}{d\theta}-y\frac{dx}{d\theta}\right)d\theta.$$

Appliquemos esta fórmula ao calculo da área limitada por um arco da ellipse cujos semi-eixos são a e b e por duas rectas tiradas pelo seu centro.

Como a ellipse considerada póde ser representada pelas equações

$$x=a\cos\theta, \qquad y=b\operatorname{sen}\theta,$$

temos

$$t=\frac{1}{2}ab\int_{\theta_1}^{\theta_2}d\theta=\frac{1}{2}ab(\theta_2-\theta_1)=\frac{1}{2}ab\left(\operatorname{arc}\cos\frac{x_2}{a}-\operatorname{arc}\cos\frac{x_1}{a}\right),$$

x_2 e x_1 representando os valores que x toma nas extremidades do arco considerado.

Pondo $\theta_1=0$, $\theta_2=\frac{1}{2}\pi$, vê-se de novo que a área da ellipse considerada é egual a πab.

Do mesmo modo, representando a hyperbole pelas equações

$$x=a\frac{e^{\theta}+e^{-\theta}}{2}, \quad y=b\frac{e^{\theta}-e^{-\theta}}{2},$$

vê-se que a área limitada por um arco d'esta hyperbole e por duas rectas tiradas pelo seu centro é determinada pela fórmula

$$t=\frac{1}{2}ab(\theta_2-\theta_1),$$

ou, attendendo a que as equações da curva dão $\frac{x}{a}+\frac{y}{b}=e^{\theta}$,

$$t=\frac{1}{2}ab\log\frac{bx_2+ay_2}{bx_1+ay_1}.$$

41. Procuremos agora o valor t da área limitada por um arco da curva AB *(fig. 2)*, cuja equação $\rho=f(\theta)$ está referida a coordenadas polares ρ e θ, e por dois raios vectores OA e OB, correspondentes aos angulos θ_1 e θ_2. Para resolver esta questão, ponha-se $x=\rho\cos\theta$, $y=\rho\operatorname{sen}\theta$ na fórmula (A), o que dá

$$\text{(B)} \qquad t=\frac{1}{2}\int^{\theta_2}\rho^2\,d\theta.$$

Exemplos. — 1.º No caso da *espiral de Archimedes*, cuja equação é $\rho = a\theta$, a área descripta pelo raio vector durante a primeira volta é determinada pela fórmula (1)

$$t = \frac{1}{2} a^2 \int_0^{2\pi} \theta^2 \, d\theta = \frac{4}{3} \pi^3 a^2.$$

2.º Sabe-se que a parabola póde ser representada pela equação polar

$$\rho = \frac{p}{(1 + \cos\theta)^2},$$

referida ao fóco, como origem. Procuremos o valor da área limitada pelo vector do vertice, pelo vector do ponto (θ_1, ρ_1) e pelo arco comprehendido entre estes pontos.

Temos

$$t = \frac{1}{2} p^2 \int_0^{\theta_1} \frac{d\theta}{(1 + \cos\theta)^4} = \frac{1}{8} p^2 \int_0^{\theta_1} \frac{d\theta}{\cos^4 \frac{1}{2}\theta}.$$

Mas, pondo $\operatorname{tang} \frac{1}{2}\theta = u$, temos

$$\cos^2 \frac{1}{2}\theta = \frac{1}{1 + u^2}, \quad d\theta = 2 \cos^2 \frac{1}{2}\theta \, du,$$

e portanto

$$\int \frac{d\theta}{\cos^4 \frac{1}{2}\theta} = 2 \int (1 + u^2) \, du = 2 \operatorname{tang} \frac{\theta}{2} + \frac{2}{3} \operatorname{tang}^3 \frac{\theta}{2}.$$

Logo

$$t = \frac{1}{4} p^2 \left[\operatorname{tang} \frac{\theta_1}{2} + \frac{1}{3} \operatorname{tang}^3 \frac{\theta_1}{2} \right].$$

Notas. — As fórmulas (A) e (B) mostram que a differencial da área BOA, quando B varia, é dada pelas fórmulas (representando agora por x e y as coordenadas cartesianas e por θ e ρ as coordenadas polares do ponto B)

$$dt = \frac{1}{2}(x dy - y dx), \quad dt = \frac{1}{2} \rho^2 \, d\theta.$$

(1) Archimedes consagrou a esta curva um tratado uotavel, onde se occupou da sua quadratura e da determinação das suas tangentes. Veja-se a sua historia e theoria no nosso *Tratado de las curvas especiales*, p. 363, ou no t. II, p. 59, da edição franceza.

A segunda d'estas fórmulas mostra que esta differencial é egual á área de um sector circular de raio OB e angulo infinitamente pequeno $d\theta$.

Dividindo o angulo BOA em n partes eguaes a $d\theta$, por meio de rectas que passem por O, e representando por ρ_1, ρ_2, ... os comprimentos dos segmentos d'estas rectas comprehendidos entre este ponto e a curva AB, o segundo membro de (B) é egual ao limite para que tende a somma

$$\frac{1}{2}\rho_1^2 d\theta + \frac{1}{2}\rho_2^2 d\theta + \ldots + \frac{1}{2}\rho_n^2 d\theta,$$

quando $d\theta$ tende para zero. Como as parcellas d'esta somma representam as áreas de sectores circulares de angulo $d\theta$ e de raios respectivamente eguaes a ρ_1, ρ_2, ..., o emprego da fórmula (B), para o calculo da área BOA, equivale a considerar esta área como o limite da somma das áreas d'estes sectores.

42. Temos supposto até aqui que a equação $y = f(x)$ da curva dada está referida a eixos orthogonaes.

Se esta equação está referida a eixos formando um anglo ω, vê-se, por meio de uma generalisação immediata das considerações expostas no n.º 58-II do *Calculo differencial,* que a área limitada por um arco da curva, pelo eixo das abscissas e por duas parallelas ao eixo das ordenadas, tiradas pelos pontos onde x toma os valores x_0 e X, póde ser considerada como o limite de uma somma de parallelogrammos infinitamente pequenos, e que o valor d'esta área é determinado pela fórmula

$$S = \operatorname{sen}\omega \int_{x_0}^{X} f(x)\,dx,$$

suppondo que a funcção $f(x)$ é positiva no intervallo de $x = x_0$ a $x = X$, que as parallelas ao eixo das ordenadas, tiradas pelos pontos do eixo das abscissas pertencentes a este intervallo, cortam a curva sómente em um ponto e que $X > x_0$.

1.º Applicando esta fórmula á hyperbole representada pela equação $xy = a^2$, vê-se que a área limitada por esta curva, por uma asymptota e por duas parallelas á outra, tiradas pelos pontos onde $x = x_0$ e $x = X$, é determinada pela fórmula

$$S = a^2 \operatorname{sen}\omega \int_{x_0}^{X} \frac{dx}{x} = a^2 \operatorname{sen}\omega \log \frac{X}{x_0}.$$

Este resultado foi descoberto antes da invenção do Calculo integral, como já se disse no n.º 58 do *Calculo differencial.*

2.º Para fazer uma segunda applicação da mesma fórmula, determinemos o valor da área limitada por um arco de parabola e pela sua corda.

Tomando para eixo das ordenadas a tangente á parabola, parallela á corda dada, e para eixo das abscissas a parallela ao eixo da curva tirada pelo ponto de contacto, a parabola póde ser representada pela equação $y^2 = 2p_1 x$, e temos portanto

$$S = 2 \operatorname{sen} \omega \int_{x_0}^{X} \sqrt{2p_1 x}\, dx = \frac{4}{3}(XY - x_0 y_0) \operatorname{sen} \omega,$$

(x_0, y_0), (X, Y) sendo as coordenadas das extremidades da corda.

Deduz-se facilmente d'esta egualdade que *a área limitada por um arco da parabola e pela sua corda é egual a* $\frac{2}{3}$ *da área do parallelogrammo formado por esta corda, pela tangente que lhe é parallela e por duas rectas parallelas ao eixo da curva, tiradas pelas extremidades do arco.*

II

Calculo approximado dos integraes definidos

43. Desenvolvendo em série $f(x)$ e em seguida integrando cada termo da série entre os limites a e b, póde-se obter o valor do integral definido $\int_a^b f(x)\,dx$ com o gráo de approximação que se quizer, como se viu no n.º 31.

Este methodo porém leva a calculos extensos, quando a série que se emprega converge lentamente, e por isso têem sido dados outros processos para achar o valor approximado dos integraes definidos. Vamos expôr alguns.

Seja $A_1 A_2 \ldots A_{2i} \ldots A_{2n+1}$ um arco da curva $y = f(x)$ *(fig. 3)*, comprehendido entre os pontos cujas abscissas são a e b, e supponhamos que este arco não corta o eixo das abscissas nem tem pontos de inflexão. O integral considerado sendo representado pela área $P_1 A_1 A_{2n+1} P_{2n+1}$, estamos reduzidos a calcular o valor S d'esta área. Divida-se para isso o intervallo $P_1 P_{2n+1}$ em um numero par de partes eguaes a h e sejam $y_1, y_2, \ldots, y_{2i}, \ldots, y_{2n+1}$ as ordenadas dos pontos da curva que se projectam nos pontos de divisão, isto é, as ordenadas dos pontos $A_1, A_2, \ldots, A_{2i}, \ldots, A_{2n+1}$. Pelos pontos de ordem par $A_2, A_4, \ldots, A_{2i}, \ldots$ tirem-se as tangentes á curva nestes pontos, e sobre cada uma d'ellas tome-se um segmento que termine nas perpendiculares ao eixo das abscissas tiradas pelos pontos de ordem impar visinhos.

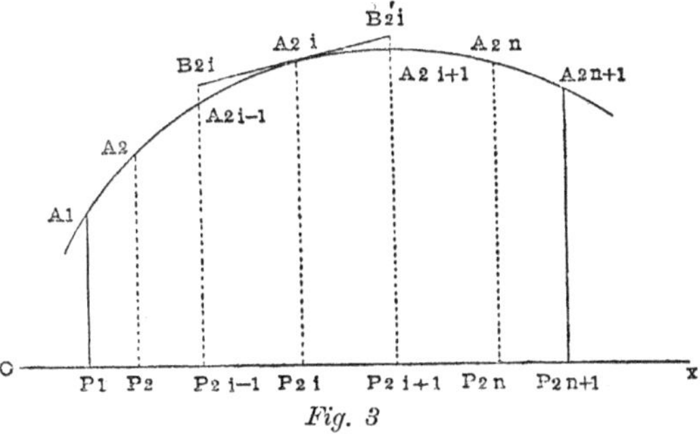

Fig. 3

Posto isto, a área S é menor do que a área M definida pela egualdade

$$M = \sum_{i=1}^{n} P_{2i-1} B_{2i} B'_{2i} P_{2i+1},$$

cujo valor é

$$M = 2h \sum_{i=1}^{n} y_{2i}.$$

A mesma área é maior do que a área limitada pelo polygono, inscripto na curva, que passa por todos os pontos A_1, A_2, etc., pelo eixo das abcissas e pelas rectas $A_1 P_1$ e $A_{2n+1} P_{2n+1}$:

$$m_1 = \sum_{i=1}^{n} \left[P_{2i-1} A_{2i-1} A_{2i} P_{2i} + P_{2i} A_{2i} A_{2i+1} P_{2i+1} \right],$$

cujo valor é

$$m_1 = \frac{1}{2} h \sum_{i=1}^{n} (y_{2i-1} + y_{2i} + y_{2i} + y_{2i+1});$$

assim como é maior do que a área limitada pelo polygono inscripto que passa pelos pontos A_1, A_{2n-1} e pelos pontos A_2, A_4, etc. de ordem par, pelo eixo das abscissas e pelas rectas $A_1 P_1$ e $A_{2n+1} P_{2n+1}$:

$$m_2 = P_1 A_1 A_2 P_2 + \sum_{i=1}^{n-1} P_{2i} A_{2i} A_{2i+2} P_{2i+2} + P_{2n} A_{2n} A_{2n+1} P_{2n+1},$$

cujo valor é

$$m_2 = \frac{h}{2} (y_1 + y_2) + h \sum_{i=1}^{n-1} (y_{2i} + y_{2i+2}) + \frac{h}{2} (y_{2n} + y_{2n+1});$$

e finalmente é tambem maior do que a área limitada pelo polygono inscripto que passa pelos pontos A_1, A_3, etc. de ordem impar, pelo eixo das abscissas e pelas rectas $A_1 P_1$ e $A_{2n+1} P_{2n+1}$:

$$m_3 = \sum_{i=1}^{n} P_{2i-1} A_{2i-1} A_{2i+1} P_{2i+1},$$

cujo valor é

$$m_3 = h \sum_{i=1}^{n} (y_{2i-1} + y_{2i+1}).$$

Das expressões das áreas M, m_1, m_2 e m_3 tiram-se as fórmulas de Poncelet e Simpson para o calculo approximado das áreas planas, como vamos vêr.

I. *Fórmula de Poncelet.* — Por estar a área S comprehendida entre M e m_2, podemos tomar para valor approximado S_1 de S a média de M e m_2. Temos assim a fórmula empregada por Poncelet:

$$S_1 = \frac{1}{2}(M + m_2) = 2h \sum_{i=1}^{n} y_{2i} + \frac{h}{4}(y_1 + y_{2n+1} - y_2 - y_{2n}).$$

O valor absoluto do erro que se commette, calculando S por meio d'esta fórmula, é menor do que a quantidade

$$\frac{1}{2}(M - m_2) = \frac{h}{4}(y_2 + y_{2n} - y_1 - y_{2n+1}).$$

II. *Fórmula de Simpson.* — Comparando as expressões de M, m_1 e m_3, é facil de verificar que

$$m_1 = \frac{1}{2}(M + m_3).$$

Como por outra parte $\frac{1}{2}(2M + m_3)$ está comprehendido entre M e $\frac{1}{2}(M + m_3) = m_1$ e como S está comprehendido entre estes mesmos valores, podemos tomar $\frac{1}{3}(2M + m_3)$ para valor approximado S_1 de S. Temos assim a fórmula empregada por Simpson

$$S_1 = \frac{1}{3}(2M + m_3) = \frac{2}{3} h \left[2 \sum_{i=1}^{n} y_{2i} + \sum_{i=0}^{n} y_{2i+1} - \frac{y_1 + y_{2n+1}}{2} \right].$$

Para avaliar o erro que se commette, quando se calcula S por meio d'esta fórmula, note-se que, se S está comprehendido entre S_1 e M, da identidade

$$M - S_1 = \frac{1}{3}(M - m_3)$$

conclue-se que o valor absoluto d'este erro é menor do que $\frac{1}{3}(M - m_3)$; e que, se S está comprehendido entre S_1 e $\frac{1}{2}(M + m_3)$, da identidade

$$S_1 - \frac{1}{2}(M + m_3) = \frac{1}{6}(M - m_3)$$

conclue-se que o valor absoluto d'este erro é menor do que $\frac{1}{6}(M - m_3)$. Em ambos os casos o valor absoluto do erro é pois menor do que

$$\frac{1}{3}(\mathrm{M}-m_3)=\frac{2h}{3}\left[\sum_{i=1}^{n} y_{2i}-\sum_{i=0}^{n} y_{2i+1}+\frac{y_1+y_{2n+1}}{2}\right].$$

A demonstração tão simples da fórmula de Simpson, que vimos de dar, é devida a P. Mansion (¹).

11. Nos methodos para o calculo do valor approximado do integral $\int_a^b f(x)\,dx$ que vimos de expôr, substituem-se á curva $y=f(x)$ linhas polygonaes. Estes methodos são os mais simples, e dão o valor do integral com uma approximação sufficiente em muitas questões. Quando se quer calcular o valor do integral com maior approximação, substitue-se á curva $y=f(x)$ uma linha *parabolica*, isto é uma linha correspondente a uma funcção inteira, como vamos vêr.

Demonstremos primeiramente os lemmas seguintes:

1.º A equação do gráo n

$$\text{(1)}\qquad \mathrm{P}_n(x)=\frac{d^n\varphi(x)}{dx^n}=\frac{d^n\{(x-a)^n(x-b)^n\}}{dx^n}=0$$

tem n raizes reaes, comprehendidas entre a e b.

Com effeito, a equação $\varphi'(x)=0$ tem $n-1$ raizes eguaes e a, $n-1$ raizes eguaes a b, e, em virtude do theorema de Rolle, uma raiz real a' entre a e b. A equação $\varphi''(x)=0$ tem $n-2$ raizes eguaes a a, $n-2$ raizes eguaes de b, uma raiz real entre a e a' e outra entre a' e b. Continuando do mesmo modo, demonstra-se a proposição enunciada.

2.º Se $\mathrm{K}(x)$ representar uma funcção inteira do gráo i, e se fôr $i \lesseqgtr n$, temos

$$\int_a^b \varphi^{(n)}(x)\,\mathrm{K}(x)\,dx=0.$$

Com effeito, integrando por partes, temos

$$\int\varphi^{(n)}(x)\,\mathrm{K}(x)\,dx=\varphi^{(n-1)}(x)\,\mathrm{K}(x)-\int\varphi^{(n-1)}(x)\,\mathrm{K}'(x)\,dx,$$

e portanto, notando que as funcções $\varphi^{(n-1)}(x)$, $\varphi^{(n-2)}(x)$, ..., $\varphi(x)$ são nullas, quando $x=a$ e quando $x=b$, e que $\mathrm{K}^{(i)}(x)$ é constante,

$$\int_a^b\varphi^{(n)}(x)\,\mathrm{K}(x)\,dx=-\int_a^b\varphi^{(n-1)}(x)\,\mathrm{K}'(x)\,dx,$$

(¹) *Annales de la Société scientifique de Bruxelles*, t. v, 1881.

$$\int_a^b \varphi^{(n-1)}(x)\,K'(x)\,dx = (-1)^2\int_a^b \varphi^{(n-2)}(x)\,K''(x)\,dx,$$

. . . .

$$\int_a^b \varphi^{(n-i+1)}(x)\,K^{(i-1)}(x)\,dx = (-1)^i K^{(i)}\int_a^b \varphi^{(n-i)}(x)\,dx = 0,$$

d'onde se deduz o lemma enunciado.

Posto isto, recordemos que a funcção $f(x)$ póde ser, em geral, representada approximadamente pelo polynomio do gráo $n-1$ (*C. dif.*, n.º 122-II)

$$F_n(x) = A + B(x-x_1) + C(x-x_1)(x-x_2) + \ldots + M(x-x_1)(x-x_2)\ldots(x-x_{n-1}),$$

quando são conhecidos os valores $y_1, y_2, \ldots, y_n$ que toma a funcção $f(x)$ nos pontos $x_1, x_2, \ldots, x_n$, suppondo x comprehendido entre estes numeros.

Podemos portanto calcular approximadamente o valor do integral considerado pela fórmula

$$(2) \qquad \int_a^b f(x)\,dx = \int_a^b F_n(x)\,dx,$$

quando os numeros $x_1, x_2, \ldots$, estão comprehendidos entre a e b.

Este methodo para o calculo do valor approximado dos integraes definidos é devido a Newton, que o deu em 1711 no seu *Methodus differentialis*, porém Gauss (1) ajuntou-lhe um aperfeiçoamento importante, na memoria intitulada *Methodus nova integralium valores per approximationem inveniendi* (1815), tomando para valores de $x_1, x_2, \ldots, x_n$, quando estes numeros podem ser escolhidos arbitrariamente, as raizes da equação (1). Vejamos o motivo d'esta escolha.

Supponhamos que a funcção $f(x)$ póde ser desenvolvida em série convergente, no intervallo de $x=a$ a $x=b$, ordenada segundo as potencias de x:

$$a_0 + a_1x + a_2x^2 + a_3x^3 + \ldots;$$

teremos, approximadamente,

$$\int_a^b F_n(x)\,dx = \int_a^b (a_0 + a_1x + \ldots + a_{n-1}x^{n-1})\,dx,$$

quando os numeros $x_1, x_2, \ldots, x_n$ são differentes das raizes da equação (1).

Supponhamos agora que se toma para valor de $x_1, x_2, \ldots, x_n$ as raizes da equação (1), e representemos por $x_{n+1}, x_{n+2}, \ldots, x_{2n}$ outros n valores de x arbitrariamente escolhidos entre a e b. Podemos formar um polynomio

$$(3)\quad \begin{cases} F_{2n}(x) = A + B(x-x_1) + \ldots + M(x-x_1)\ldots(x-x_n) \\ \qquad + N(x-x_1)\ldots(x-x_{n+1}) + \ldots + P(x-x_1)\ldots(x-x_{2n-1}) \end{cases}$$

que nos pontos $x_1, x_2, \ldots, x_{2n}$ coincida com os valores que nestes pontos toma a funcção $f(x)$, e temos approximadamente

$$\int_a^b f(x)\,dx = \int_a^b F_{2n}(x)\,dx,$$

e

$$(4)\quad \int_a^b F_{2n}(x)\,dx = \int_a^b (\alpha_0 + \alpha_1 x + \ldots + \alpha_{2n-1} x^{2n-1})\,dx.$$

Mas, em virtude do lemma 2.º,

$$\int_a^b F_{2n}(x)\,dx = \int_a^b F_n(x)\,dx.$$

Logo, quando $x_1, x_2, \ldots, x_n$ são raizes da equação (1), o gráo de approximação do valor do integral considerado, dado pela fórmula (2), é approximadamente o mesmo que o do valor dado pelo segundo membro de (4).

Para applicar com segurança o methodo precedente, é necessario conhecer um limite do erro que se commette, quando se toma o segundo membro de (2) para valor do integral considerado. Vamos estudar esta questão.

Resulta do que se disse no n.º 122 do *Calculo differencial* que o erro R_{2n} que se commette, quando se toma para valor de $f(x)$ o do polynomio $F_{2n}(x)$, tem para expressão

$$R_{2n} = \frac{1}{(2n)!}(x-x_1)(x-x_2)\ldots(x-x_{2n})f^{(2n)}(x'),$$

x' designando um numero comprehendido entre os numeros $x_1, x_2, \ldots, x_{2n}$, e portanto entre a e b. Como porém temos

$$\varphi^{(n)}(x) = (n+1)(n+2)\ldots 2n\,(x-x_1)(x-x_2)\ldots(x-x_n),$$

podemos, quando $x_1, x_2, \ldots, x_n$ são raizes da equação (1), dar á expressão de R_{2n} a fórma

$$R_{2n} = \frac{(x-x_{n+1})(x-x_{n+2})\ldots(x-x_{2n})}{(2n)!\,(n+1)(n+2)\ldots 2n}\varphi^{(n)}(x).$$

Logo o erro R'_{2n} que se commette quando se calcula o valor do integral considerado por meio da fórmula (2) é

$$R'_{2n}=\frac{1}{(2n)!\,(n+1)(n+2)\ldots 2n}\int_a^b \varphi^{(n)}(x)(x-x_{n+1})\ldots(x-x_{2n})f^{(2n)}(x')\,dx.$$

Como porém os numeros x_{n+1}, x_{u+2}, ..., x_{2n} podem ser escolhidos tão proximos quanto se queira de x_1, x_2, ..., x_n, respectivamente, podemos ainda escrever

$$R'_{2n}=\frac{1}{(2n)!\,[(n+1)(n+2)\ldots 2n]^2}\int_a^b [\varphi^{(n)}(x)]^2 f^{(2n)}(x')\,dx,$$

ou, applicando o segundo theorema da media,

$$R'_{2n}=\frac{1}{(2n)!\,[(n+1)(n+2)\ldots 2n]^2}f^{(2n)}(x'')\int_a^b [\varphi^{(n)}(x)]^2\,dx,$$

x'' designando ainda um numero comprehendido entre a e b.

Mas, integrando por partes, temos

$$\int [\varphi^{(n)}(x)]^2\,dx=\varphi^{(n-1)}(x)\,\varphi^{(n)}(x)-\int \varphi^{(n-1)}(x)\,\varphi^{(n+1)}(x)\,dx,$$

e portanto,

$$\int_a^b [\varphi^{(n)}(x)]^2\,dx=-\int_a^b \varphi^{(n-1)}(x)\,\varphi^{(n+1)}(x)\,dx.$$

Do mesmo modo

$$\int_a^b \varphi^{(n-1)}(x)\,\varphi^{(n+1)}(x)\,dx=-\int_a^b \varphi^{(n-2)}(x)\,\varphi^{(n+2)}(x)\,dx,$$

. . . .

$$\int_a^b \varphi'(x)\,\varphi^{(2n-1)}(x)\,dx=-\int_a^b \varphi(x)\,\varphi^{(2n)}(x)\,dx,$$

$$\int_a^b \varphi(x)\,\varphi^{(2n)}(x)\,dx=(2n)!\int_a^b \varphi(x)\,dx.$$

Temos tambem, integrando por partes

$$\int (x-a)^n(x-b)^n\,dx=\frac{(x-a)^{n+1}}{n+1}(x-b)^n-\frac{n}{n+1}\int (x-a)^{n+1}(x-b)^{n-1}\,dx,$$

e portanto

$$\int_a^b (x-a)^n(x-b)^n\,dx=-\frac{n}{n+1}\int (x-a)^{n+1}(x-b)^{n-1}\,dx.$$

Do mesmo modo

$$\int_a^b (x-a)^{n+1}(x-b)^{n-1}\,dx = -\frac{n-1}{n+2}\int_a^b (x-a)^{n+2}(x-b)^{n-2}\,dx,$$

. . . .

$$\int_a^b (x-a)^{2n-1}(x-b)\,dx = -\frac{1}{2n}\int_a^b (x-a)^{2n}\,dx = -\frac{(b-a)^{2n+1}}{2n(2n+1)}.$$

Das egualdades que vimos de escrever resulta a expressão seguinte de R'_{2n}:

$$R'_{2n} = \frac{1.2\ldots n\,(b-a)^{2n+1}}{[(n+1)(n+2)\ldots 2n]^2\,(2n+1)}\, f^{(2n)}(x'').$$

Temos pois finalmente

$$\int_a^b f(x)\,dx = \int_a^b F_n(x) + \frac{1.2\ldots n\,(b-a)^{2n+1}}{[(n+1)(n+2)\ldots 2n]^3\,(2n+1)}\, f^{(2n)}(x'').$$

A expressão que vimos de obter de R'_{2n} é devida a Mansion, que a publicou no seu *Résumé du Cours d'Analyse infinitésimale* (1887, p. 132). O methodo que vimos porém de seguir para a deduzir é differente do que foi empregado por este sabio geometra [1].

Para evitar o calculo das raizes da equação (1) em cada caso particular, convem transformar o integral $\int_a^b f(x)\,dx$ em outro que tenha os limites 0 e 1, pondo $x = a + (b-a)\,t$, o que dá

$$\int_a^b f(x)\,dx = (b-a)\int_0^1 f[a+(b-a)\,t]\,dt,$$

e neste caso a equação (1) reduz-se á seguinte:

$$\frac{d^n\,[x^n\,(x-1)^n]}{dx^n} = 0,$$

que foi resolvida por Gauss em alguns casos. Póde-se tambem reduzir o integral a outro que tenha para limites -1 e 1, pondo

(5) $$x = \frac{a+b}{2} + \frac{b-a}{2}\,t,$$

---

[1] A analyse que precede foi por nós publicada no tomo v dos *Annaes scientificos da Academia Polytechnica do Porto.*

o que dá

$$\int_a^b f(x)\,dx = \frac{b-a}{2}\int_{-1}^{+1} f\left[\frac{a+b}{2}+\frac{b-a}{2}\,t\right]dt;$$

e neste caso a equação (1) reduz-se á seguinte:

$$\frac{d^n (x^2-1)^n}{dx^n} = 0,$$

cujo primeiro membro é egual a $2^n n!\,X_n$, X_n designando (*C. dif.*, n.º 118) um polynomio de Legendre.

Ajuntaremos ainda ao que precede algumas observações a respeito do polynomio $P_n(x)$.

Por ser, em virtude da relação (5),

$$(x-a)^n (x-b)^n = \frac{(b-a)^{2n}}{2^{2n}} (t^2-1)^n,$$

temos

$$P(x) = \frac{d^n[(x-a)^n (x-b)^n]}{dx^n} = \frac{(b-a)^n}{2^n} \cdot \frac{d^n (t^2-1)^n}{dt^n} \cdot$$

e portanto as funcções $P_n(x)$ e X_n estão ligadas (*C. dif.*, n.º 118) pela relação

$$P_n(x) = n!\,(b-a)^n X_n(t),$$

quando as variaveis x e t estão ligadas pela relação (5). Conhecendo pois as raizes da equação $X_n(t)=0$, obtêem-se immediatamente, por meio da relação (5), as da equação $P_n(x)=0$.

Resulta ainda do que precede que ás relações entre os polynomios de Legendre, demonstrados no n.º 118 do *Calculo differencial*, correspondem as relações mais geraes entre os polynomios $P_n(x)$ seguintes:

$$P_{n+1}(x) - (2n+1)[2x-(a+b)]P_n(x) + n^2(b-a)^2 P_{n-1}(x) = 0,$$

$$(x-a)(x-b)P''_n(x) + [2x-(a+b)]P'_n(x) - n(n+1)P_n(x) = 0.$$

Temos ainda, como consequencia do lemma 2.º,

$$\int_a^b P_n(x)\,P_m(x)\,dx = 0,$$

quando os integraes n e m são deseguaes.

*

III

Rectificação das curvas [1]

45. Procuremos o comprimento s do arco da curva plana cuja equação é $y = f(x)$, comprehendido entre os pontos (x_0, y_0) e (X, Y). Vimos no *Calculo differencial* (n.º 82) que a expressão da differencial de s é

$$ds = \sqrt{dx^2 + dy^2};$$

e portanto temos, notando que s deve ser nullo quando X coincide com x_0,

$$s = \int_{x_0}^{X} \sqrt{1 + \left(\frac{dy}{dx}\right)^2}\, dx,$$

se, no intervallo de $x = x_0$ a $x = X$, a cada valor de x corresponde um só ponto do arco e a funcção $f'(x)$ é continua.

Se a curva fôr definida pelas equações $x = \varphi(\theta)$, $y = \psi(\theta)$, se θ_0 e θ_1 fôrem os valores que toma θ nas extremidades do arco, e, se, no intervallo de $\theta = \theta_0$ a $\theta = \theta_1$, a cada valor de θ corresponder um só ponto do arco, e as funcções $\varphi'(\theta)$ e $\psi'(\theta)$ fôrem continuas e não fôrem simultaneamente nullas, temos

$$s = \int_{\theta_0}^{\theta_1} \sqrt{[\varphi'(\theta)]^2 + [\psi'(\theta)]^2}\, dt.$$

No caso de a equação da curva proposta estar referida a coordenadas polares θ e ρ, calcula-se o comprimento do arco comprehendido entre os pontos (θ_0, ρ_0) e (θ, ρ) por meio da

---

[1] Antes da invenção do Calculo integral poucas curvas foram rectificadas. A *espiral logarithmica*, rectificada por Torricelli, e a *parabola semi-cubica*, rectificada por Neil e Heuraet, foram as primeiras curvas de que se poude obter o comprimento dos arcos. Newton rectificou a *cissoïde de Diocles* por meio do Calculo integral, e communicou o resultado obtido a Oldenbourg, antes de tornar publica a invenção d'este Calculo. Veja-se o nosso *Traité des courbes spéciales* (t. I, p. 7, e t. II, p. 76 e 124).

fórmula

$$s=\int_{\theta_0}^{\theta_1}\sqrt{\rho^2+\left(\frac{d\rho}{d\theta}\right)^2}\,d\theta,$$

que se obtem pondo na anterior $x=\rho\cos\theta$ e $y=\rho\,\mathrm{sen}\,\theta$.

Vamos fazer algumas applicações d'estas fórmulas.

I. Parabola. — Acha-se o comprimento do arco da parabola $y^2=2px$ comprehendido entre dois pontos (x_0, y_0) e (X, Y), collocados do mesmo lado do eixo, por meio da fórmula

$$s=\int_{x_0}^{X}\sqrt{\frac{2x+p}{2x}}\,dx.$$

Para calcular este integral, empregue-se o processo indicado no n.º 9, isto é, ponha-se

$$\frac{2x+p}{2x}=t^2,$$

o que dá

$$dx=-\frac{pt\,dt}{(t^2-1)^2},$$

e portanto

$$\int\sqrt{\frac{2x+p}{2x}}\,dx=-p\int\frac{t^2\,dt}{(t^2-1)^2}=-\frac{p}{4}\left[\int\frac{dt}{(t+1)^2}-\int\frac{dt}{t+1}+\int\frac{dt}{(t-1)^2}+\int\frac{dt}{t-1}\right]$$

$$=-\frac{pt}{2(t^2-1)}+\frac{p}{4}\log\frac{t+1}{t-1}+\mathrm{C}.$$

Logo

$$s=\left[\sqrt{\frac{2x^2+px}{2}}+\frac{p}{4}\log\frac{\sqrt{2x+p}+\sqrt{2x}}{\sqrt{2x+p}-\sqrt{2x}}\right]_{x_0}^{X}.$$

Podemos tambem exprimir s em funcção de y, para o que basta eliminar x na expressão precedente de s por meio da equação da curva, o que dá

$$s=\left[\frac{y}{2p}\sqrt{y^2+p^2}+\frac{p}{2}\log\frac{y+\sqrt{y^2+p^2}}{p}\right]_{y_0}^{Y}.$$

II. Lemniscata. — A equação d'esta curva, referida a coordenadas polares, é

$$\rho=a\sqrt{\cos 2\theta},$$

e temos portanto, para achar o comprimento do arco comprehendido entre o ponto (0, a) e o ponto (θ, ρ), a fórmula

$$s = a \int_0^\theta \frac{d\theta}{\sqrt{\cos 2\theta}},$$

que, pondo

$$\operatorname{sen} \theta = \frac{1}{\sqrt{2}} \operatorname{sen} \varphi,$$

e portanto

$$\cos 2\theta = 1 - \operatorname{sen}^2 \varphi = \cos^2 \varphi, \quad d\theta = \frac{\cos \varphi \, d\varphi}{\sqrt{2}\sqrt{1 - \frac{1}{2} \operatorname{sen}^2 \varphi}},$$

dá

$$s = \frac{a}{\sqrt{2}} \int_0^\varphi \frac{d\varphi}{\sqrt{1 - \frac{1}{2} \operatorname{sen}^2 \varphi}}.$$

Vê-se pois que o comprimento do arco da lemniscata considerado depende de um integral elliptico de primeira especie (n.º 14).

Aos arcos da lemniscata é applicavel o theorema enunciado no n.º 14–III, e vê-se portanto que a somma dos comprimentos de dois arcos d'esta curva, contados a partir do ponto (0, a), é egual ao comprimento de um arco da mesma curva que se determina algebricamente ([1]).

III. Ellipse. — No caso da ellipse representada pela equação

$$a^2 y^2 + b^2 x^2 = a^2 b^2,$$

acha-se, considerando o arco comprehendido entre a extremidade do eixo menor e o ponto (x, y),

$$s = \frac{1}{a} \int_0^x \sqrt{\frac{a^4 - (a^2 - b^2) x^2}{a^2 - x^2}} \, dx = \int_0^x \sqrt{\frac{a^2 - k^2 x^2}{a^2 - x^2}} \, dx,$$

onde $k = \frac{\sqrt{a^2 - b^2}}{a}$.

Pondo n'este integral $x = a \operatorname{sen} \varphi$, e portanto $y = b \cos \varphi$, vem (n.º 14)

$$s = a \int_0^\varphi \sqrt{1 - k^2 \operatorname{sen}^2 \varphi} \, d\varphi = a\mathrm{E}(k, \varphi);$$

e vê-se portanto que o comprimento do arco considerado depende do integral elliptico de

([1]) Veja-se sobre esta curva o nosso *Traité des courbes spéciales* (t. I, p. 189).

segunda especie de Legendre, que no n.º 32-IV se ensinou a calcular com a approximação que se quizer.

Os arcos da ellipse gozam da propriedade expressa pelo theorema enunciado no n.º 14-IV. No caso particular de ser $\varphi = \frac{\pi}{2}$, decorre d'este theorema uma consequencia notavel. Com effeito, temos neste caso

$$\mathrm{E}(k, \varphi) + \mathrm{E}(k, \psi) - \mathrm{E}\left(k, \frac{\pi}{2}\right) = k^2 \operatorname{sen} \varphi \operatorname{sen} \psi,$$

quando

$$\text{(A)} \qquad \cos \varphi \cos \varphi = \operatorname{sen} \varphi \operatorname{sen} \psi \sqrt{1 - k^2},$$

e portanto, eliminando ψ,

$$\mathrm{E}(k, \varphi) + \mathrm{E}(k, \psi) - \mathrm{E}\left(k, \frac{\pi}{2}\right) = \frac{k^2 \operatorname{sen} \varphi \cos \varphi}{\sqrt{1 - k^2 \operatorname{sen}^2 \varphi}}.$$

Posto isto, sejam M e M' *(fig. 4)* dois pontos da ellipse, cujas amplitudes φ e ψ satisfaçam á egualdade (A), e OA e OB os seus eixos maior e menor. Teremos

$$\mathrm{AM} = a\mathrm{E}(k, \varphi), \quad \mathrm{AM'} = \mathrm{AE}(k, \psi), \quad \mathrm{AB} = a\mathrm{E}\left(k, \frac{\pi}{2}\right),$$

e

$$\mathrm{AM} + \mathrm{AM'} - \mathrm{AB} = \mathrm{AM} - \mathrm{BM'} = \frac{ak^2 \operatorname{sen} \varphi \cos \varphi}{\sqrt{1 - k^2 \operatorname{sen}^2 \varphi}}.$$

Para construir geometricamente o segundo membro d'esta egualdade, abaixemos de O uma perpendicular sobre a tangente MP á ellipse no ponto M. O triangulo rectangulo OMP dá a relação

$$\mathrm{MP} = \mathrm{OM} \cos \mathrm{OMP},$$

ou, por serem $\frac{dx}{ds}$, $\frac{dy}{ds}$ os cosenos dos angulos formados pela tangente MP com os eixos coordenados e $\frac{a \operatorname{sen} \varphi}{\mathrm{OM}}$, $\frac{b \cos \varphi}{\mathrm{OM}}$ os cosenos dos angulos formados por OM com os mesmos eixos,

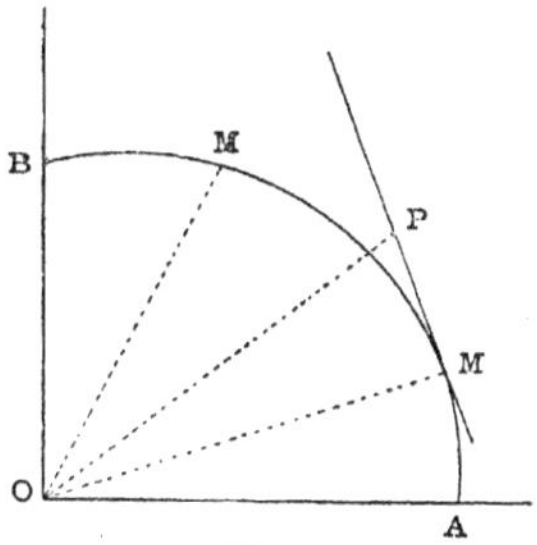

Fig. 4

$$\mathrm{MP} = \mathrm{OM}\left(\frac{a \operatorname{sen} \varphi}{\mathrm{OM}} \frac{dx}{ds} + \frac{b \cos \varphi}{\mathrm{OM}} \frac{dy}{ds}\right)$$

$$= \frac{(a^2 - b^2) \operatorname{sen} \varphi \cos \varphi}{a\sqrt{1 - k^2 \operatorname{sen}^2 \varphi}} = \frac{ak^2 \operatorname{sen} \varphi \cos \varphi}{\sqrt{1 - k^2 \operatorname{sen}^2 \varphi}}.$$

Logo temos a egualdade importante

$$AM - BM' = MP,$$

conhecida pelo nome de *theorema de Fagnano* [1].

IV. Hyperbole. — Para obter o comprimento do arco da hyperbole, cuja equação é

$$a^2 y^2 - b^2 x^2 = -a^2 b^2,$$

comprehendido entre o ponto $(a, 0)$ e o ponto (x, y), podemos empregar a fórmula

$$s = \int_0^y \sqrt{1 + \left(\frac{dx}{dy}\right)^2} dy = \int_0^y \sqrt{\frac{b^4 + (a^2 + b^2) y^2}{b^2 (y^2 + b^2)}} dy,$$

que, pondo

$$y = \frac{b^2 \operatorname{tang} \varphi}{\sqrt{a^2 + b^2}}, \quad k = \frac{a}{\sqrt{a^2 + b^2}},$$

$$s = \frac{a}{k} \int_0^\varphi \frac{(1 - k^2) d\varphi}{\cos^2 \varphi \sqrt{1 - k^2 \operatorname{sen}^2 \varphi}}.$$

Temos porém, fazedo $\Delta\varphi = \sqrt{1 - k^2 \operatorname{sen}^2 \varphi}$,

$$\frac{d \left\{ \operatorname{tang} \varphi \sqrt{1 - k^2 \operatorname{sen}^2 \varphi} \right\}}{d\varphi} = \frac{\Delta\varphi}{\cos^2 \varphi} - \frac{k^2 \operatorname{sen}^2 \varphi}{\Delta\varphi} = \frac{1}{\cos^2 \varphi \Delta\varphi} - \frac{k^2 \operatorname{sen}^2 \varphi}{\cos^2 \varphi \Delta\varphi} - \frac{k^2 \operatorname{sen}^2 \varphi}{\Delta\varphi}$$

$$= \frac{1 - k^2}{\cos^2 \varphi \Delta\varphi} - \frac{1 - k^2}{\Delta\varphi} + \Delta\varphi,$$

o que dá

$$\int_0^\varphi \frac{d\varphi}{\cos^2 \varphi \Delta\varphi} = \int_0^\varphi \frac{d\varphi}{\Delta\varphi} - \frac{1}{1 - k^2} \int_0^\varphi \Delta\varphi \, d\varphi + \frac{\operatorname{tang} \varphi \Delta\varphi}{1 - k^2}.$$

Logo

$$s = \frac{a}{k} [(1 - k^2) F(k, \varphi) - E(k, \varphi) + \Delta\varphi \operatorname{tang} \varphi].$$

Por meio d'esta fórmula, devida a Legendre, faz-se depender o comprimento do arco da hyperbole dos integraes ellipticos de primeira e segunda especie.

---

(1) Fagnano e Euler fôram os primeiros geometras que se occuparam das propriedades dos arcos da ellipse.

Eliminando $F(k, \varphi)$ e $F(k_1, \varphi_1)$ entre esta equação e as equações (1) e (2) do n.º 14, vem ainda

$$s = \frac{a}{k}\left[E(k, \varphi) - 2(1+k)\,E(k_1, \varphi_1) + 2k\,\text{sen}\,\varphi + \Delta\varphi\,\text{tang}\,\varphi\right].$$

Por meio d'esta fórmula, devida a Landen, faz-se depender o comprimento do arco da hyperbole de dois integraes ellipticos de segunda especie, ou, por outras palavras, dos comprimentos de dois arcos de ellipse.

V. Cycloide. — Para achar o comprimento do arco da cycloide, cujas equações são

$$x = r(t - \text{sen}\,t), \qquad y = r(1 - \cos t),$$

comprehendido entre os pontos correspondentes a $t = t_0$ e $t = t_1$, temos a fórmula

$$s = \int_{t_0}^{t_1} \sqrt{dx^2 + dy^2} = \int_{t_0}^{t_1} r\sqrt{2 - 2\cos t}\,dt = 2r\int_{t_0}^{t_1} \text{sen}\,\frac{1}{2}\,t dt$$
$$= 4r\left(\cos\frac{1}{2}\,t_0 - \cos\frac{1}{2}\,t_1\right).$$

Para achar o comprimento do arco da cycloide correspondente a uma revolução do circulo gerador, ponha-se $t_0 = 0$, $t_1 = 2\pi$, o que dá $s = 8r$; logo o *comprimento do arco considerado é egual a oito vezes o raio do circulo gerador* (¹).

46. Consideremos agora uma curva enviesada, cujas equações sejam $y = f(x)$ e $z = F(x)$. O comprimento s do arco d'esta curva comprehendido entre os pontos correspondentes a $x = x_0$ e $x = X$ é dado pela fórmula

$$s = \int_{x_0}^{X} \sqrt{1 + \left(\frac{dy}{dx}\right)^2 + \left(\frac{dz}{dx}\right)^2}\,dx,$$

onde se devem substituir $\frac{dy}{dx}$ e $\frac{dz}{dx}$ pelos seus valores tirados das equações da curva.

Se a curva fôr definida pelas equações $x = \varphi(t)$, $y = \psi(t)$, $z = \pi(t)$, temos

$$s = \int_{t_0}^{t_1} \sqrt{x'^2 + y'^2 + z'^2}\,dt,$$

(¹) A cycloide foi rectificada por Wren.

x', y', z' representando as derivadas de x, y, z relativamente a t, e t_0 e t_1 os valores que tem t nas extremidades do arco considerado.

Exemplo. — Applicando esta fórmula á helice, traçada sobre o cylindro de revolução, cujas equações são

$$x = b\cos t, \qquad y = b\,\mathrm{sen}\,t, \qquad z = at,$$

onde a e b são constantes, vem a egualdade

$$s = \int_{t_0}^{t_1} \sqrt{b^2 + a^2}\,dt = \sqrt{b^2 + a^2}\,(t_1 - t_0),$$

que dá o comprimento do arco comprehendido entre os pontos correspondentes a $t = t_0$ e $t = t_1$.

IV

Integraes duplos. Volumes dos solidos.

47. Consideremos um cylindro cuja base seja limitada por uma curva fechada qualquer e cuja altura seja egual a H, e inscrevamos neste cylindro um prisma de qualquer base. O volume do cylindro é, por definição, o limite para que tende o volume do prisma, quando o polygono que limita a sua base tende para a curva que limita a base do cylindro. Temos pois, representando por B a área da base do prisma, por A a área da base do cylindro e por V o volume do cylindro,

$$\mathrm{V} = \lim \mathrm{BH} = \mathrm{H} \lim \mathrm{B} = \mathrm{AH}.$$

Posto isto, sejam $z = f(x, y)$ a equação de uma superficie e $\mathrm{F}(x, y) = 0$ a equação de um cylindro que corte esta superficie segundo uma curva fechada, ao longo e no interior da qual a superficie seja continua e tal que a cada systema de valores de x e y corresponda um unico valor de z. Decomponha-se a área A da base d'este cylindro em áreas parciaes s_1, s_2, ..., s_n, e representem-se por z_1, z_2, ..., z_n os valores que toma z em um qualquer dos pontos da superficie que se projectam respectivamente sobre s_1, s_2, ..., s_n. Vamos demonstrar o seguinte theorema:

1.° *A somma*

$$\mathrm{S} = s_1 z_1 + s_2 z_2 + \ldots + s_i z_i + \ldots + s_n z_n$$

tende para um limite finito e determinado, quando se augmenta o numero de partes em que se *divide a área A, de modo que ambas as dimensões das áreas s_1, s_2, ..., s_n tendam simultaneamente para zero.*

2.º *Este limite tem um valor unico, qualquer que seja o modo como se decomponha A em áreas parciaes, e qualquer que seja o modo como estas áreas tendam para zero.*

Supponhamos primeiramente que $z_1, z_2, \ldots, z_n$ representam os maiores valores que toma z nos pontos da superficie dada que se projectam respectivamente sobre $s_1, s_2, \ldots, s_n$. Decompondo a área s_i em m áreas parciaes s'_i, s''_i, ..., de modo que

$$s_i = s'_i + s''_i + \ldots,$$

e representando por z'_i, z''_i, etc. os maiores valores que toma z nos pontos da superficie que se projectam respectivamente sobre s'_i, s''_i, etc., temos

$$z'_i \overline{\gtrless} z_i, \qquad z''_i \overline{\gtrless} z_i, \quad \ldots;$$

e portanto

$$s_i z_i = s'_i z_i + s''_i z_i + \ldots \geqq s'_i z'_i + s''_i z''_i + \ldots.$$

O primeiro membro d'esta desegualdade representa uma qualquer das parcellas de S e o segundo membro a somma das que a substituem, quando se divide s_i em m partes, e podemos porisso concluir que a somma S diminue, quando augmenta o numero de partes em que se divide A. Mas o seu valor conserva-se sempre maior do que

$$z_0 (s_1 + s_2 + \ldots + s_n) = A z_0,$$

representando por z_0 o menor valor que toma z nos pontos da superficie que se projectam em A. Logo a somma S tende para um limite finito e determinado, quando s_1, s_2, etc. tendem para zero.

Supponhamos agora que z_1, z_2, etc. não representam os maiores valores que toma z nos pontos da superficie que se projectam respectivamente em s_1, s_2, etc., e sejam M_1, M_2, etc. estes valores. Pondo

$$z_1 = M_1 + \varepsilon_1, \qquad z_2 = M_2 + \varepsilon_2, \quad \ldots,$$

temos

$$\Sigma z_i s_i = \Sigma M_i s_i + \Sigma \varepsilon_i s_i,$$

e portanto, designando por ε a maior das quantidades $|\varepsilon_1|$, $|\varepsilon_2|$, etc ,

$$|\Sigma s_i z_i - \Sigma M_i s_i| = |\Sigma \varepsilon_i s_i| \overline{\gtrless} \Sigma |\varepsilon_i| s_i < \varepsilon \Sigma s_i.$$

Quando s_1, s_2, etc. tendem para zero, ε tende para zero, por ser continua a funcção $f(x, y)$ nos pontos da superficie projectados em A, e a somma Σs_i, que é egual á área A, conserva-se finita; logo as duas sommas $\Sigma s_i z_i$ e $\Sigma M_i z_i$ tendem para o mesmo limite.

*

Está portanto demonstrada a primeira parte do theorema enunciado. Para demonstrar a segunda, consideremos duas sommas S e S_1 correspondentes a dois modos differentes de divisão da superficie A, e seja S_2 a somma que corresponde a um terceiro modo de divisão, em que figurem todas as áreas das duas divisões anteriores. A área s_i da primeira divisão conterá uma ou mais áreas s_i', s_i'', etc. da terceira divisão, e á parcella $s_i z_i$ da somma S corresponderão as parcellas

$$s_i' z_i', \quad s_i'' z_i'', \quad \dots$$

da somma S_2. Pondo pois

$$z_i = z_i' + \varepsilon_i, \quad z_i = z_i'' + \varepsilon_i', \quad \dots, \quad u_i = s_i' z_i' + s_i'' z_i'' + \dots,$$

temos

$$\begin{aligned} S_2 = \Sigma u_i &= \Sigma z_i (s_i' + s_i'' + \dots) - \Sigma (\varepsilon_i s_i' + \varepsilon_i' s_i'' + \dots) \\ &= \Sigma z_i s_i - \Sigma (\varepsilon_i s_i' + \varepsilon_i' s_i'' + \dots), \end{aligned}$$

d'onde se tira

$$|S_2 - S| = |\Sigma (\varepsilon_i s_i' + \varepsilon_i' s_i'' + \dots)| < \varepsilon \Sigma s_i,$$

designando por ε a maior das quantidades $|\varepsilon_1|$, $|\varepsilon_2|$, ..., $|\varepsilon_1'|$, $|\varepsilon_2'|$, ..., etc.

Mas, por ser continua a funcção $f(x, y)$, ε tende para zero, quando s_1, s_2, etc. tendem simultaneamente para zero; logo S e S_2 tendem para um mesmo limite.

Vê-se do mesmo modo que S_1 e S_2 tendem para um mesmo limite.

Logo S e S_1 tendem para um mesmo limite, que é o que se pretendia demonstrar.

O limite da somma S, cuja existencia vimos de demonstrar, chama-se *integral duplo de* $f(x, y)$, e representa-se pela notação $\iint_A f(x, y)\, dx\, dy$. Se a funcção $f(x, y)$ é positiva na área A considerada, as parcellas $s_1 z_1$, $s_2 z_2$, ... da somma S representam em Geometria os volumes dos cylindros cujas bases são s_1, s_2, ... e cujas alturas são z_1, z_2, ..., e o limite de S representa um volume, que é o limite para que tende a somma dos volumes d'estes cylindros, quando s_1, s_2, ... tendem para zero. Este limite é, por definição, o volume V do solido limitado pela superficie cylindrica $F(x, y) = 0$, pelo plano xy e pela superficie $z = f(x, y)$. Cada parcella da somma S chama-se um *elemento do integral duplo,* e o volume correspondente um *elemento do volume* V.

48. Os integraes duplos têem sido objecto de trabalhos importantes, que aqui não podemos expôr desenvolvidamente. Limitar-nos-hemos a demonstrar, a este respeito, as propriedades seguintes:

I. Da definição de integral duplo resulta immediatamente que, se decompozermos a área A nas áreas a, b, etc., de modo que

$$A = a + b + \dots,$$

teremos

$$\iint\limits_{A} f(x, y)\,dx\,dy = \iint\limits_{a} f(x, y)\,dx\,dy + \iint\limits_{b} f(x, y)\,dx\,dy + \ldots.$$

II. É sempre possivel fazer depender a determinação do integral duplo de duas integrações simples, como vamos ver.

Supponhamos que a curva fechada AaBgA (*fig. 5*), representada pela equação $F(x, y) = 0$, não póde ser cortada por parallelas ao eixo das abscissas em mais de dois pontos, e que $\varphi(y)$ e $\psi(y)$ são os dois valores de x que correspondem a cada valor de y. Pelos pontos A e B, onde as ordenadas d'esta curva, que representaremos por b e a, têem o valor maximo e minimo, tiremos parallelas AC e BD ao eixo das abscissas e dividamos depois o intervallo CD em m partes eguaes a k. Pelos pontos de divisão tiremos parallelas ao eixo das abscissas, que decompõem a área A em m partes.

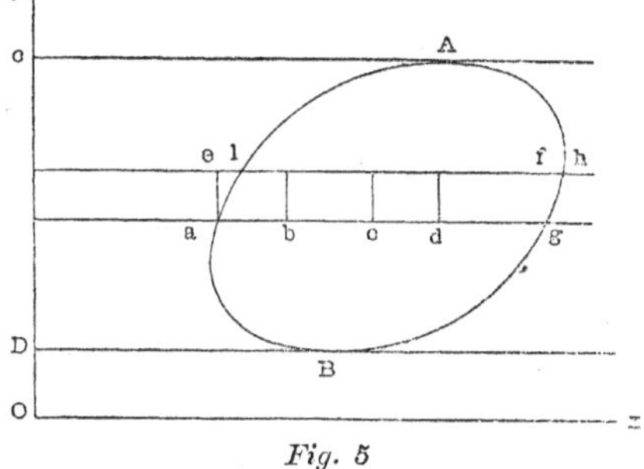

Fig. 5

Consideremos em seguida uma d'estas partes $alhg$ e decomponhamo-la noutras por meio de parallelas ao eixo das ordenadas tiradas pelos pontos b, c, d, ..., g, que resultam de dividir a recta ag em n partes eguaes a h_i. Representando por x_0, x_1, x_2, etc. as abscissas d'estes pontos, por y_i a sua ordenada commum, por s'_i e s''_i as áreas de ael e gfh, e por z'_i e z''_i as ordenadas dos dois pontos da superficie $z = f(x, y)$ que se projectam em a e g, a somma u_i dos elementos do integral $\iint\limits_{A} f(x, y)\,dx\,dy$ correspondentes á área $alhg$ é

$$u_i = k\,[h_i f(x_1, y_i) + h_i f(x_2, y_i) + \ldots + h_i f(x_n, y_i)] + (s''_i z''_i - s'_i z'_i),$$

e a somma total dos elementos d'este integral duplo é

$$S = u_1 + u_2 + \ldots + u_i + \ldots + u_m.$$

Fazendo agora tender as quantidades h_i e k para zero, e notando que x_0 e x_n representam os dois valores de x, tirados da equação $F(x, y) = 0$, correspondentes ao valor y_i de y, e que temos

$$\lim_{h_i=0}\,[h_i f(x_1, y_i) + h_i f(x_2, y_i) + \ldots + h_i f(x_n, y_i)] = \int_{\varphi(y_i)}^{\psi(y_i)} f(x, y_i)\,dx,$$

vem

$$\iint\limits_{A} f(x, y)\,dx\,dy = \lim_{k=0}\left[k\int_{\varphi(y_1)}^{\psi(y_1)} f(x, y_1)\,dx + k\int_{\varphi(y_2)}^{\psi(y_2)} f(x, y_2)\,dx + \ldots + k\int_{\varphi(y_m)}^{\psi(y_m)} f(x, y_m)\,dx\right]$$

$$+ \lim \Sigma\,(s''_i z''_i - s'_i z'_i);$$

ou, por ser $y_1 = a + k,\ y_2 = y_1 + k,\ \ldots,\ y_m = b$,

$$\iint\limits_A f(x, y)\, dx\, dy = \int_a^b dy \int_{\varphi(y)}^{\psi(y)} f(x, y)\, dx + \lim \Sigma (s_i'' z_i'' - s_i z_i').$$

Designando porém por M o valor da maior das ordenadas dos pontos da superficie $z = f(x, y)$ que se projectam na área A, temos a deseguraldade

$$|\Sigma (s_i'' z_i'' - s_i' z_i')| < M \Sigma (s_i'' + s_i'),$$

da qual se deduz, attendendo a que a somma que entra no segundo membro representa a área de uma zona plana comprehendida entre a curva que limita A e uma linha polygonal, que tende para esta curva, quando k, h_1, h_2, etc. tendem para zero,

$$\lim \Sigma (s_i'' z_i'' - s_i' z_i') = 0.$$

Temos pois a egualdade

$$\iint\limits_A f(x, y)\, dx\, dy = \int_a^b dy \int_{\varphi(y)}^{\psi(y)} f(x, y)\, dx,$$

por meio da qual se faz depender a determinação do integral duplo de duas integrações successivas.

III. No que precede principiámos por decompôr a área A por meio de parallelas ao eixo das abscissas. Se principiarmos porém por decompô-la por meio de parallelas ao eixo das ordenadas, e se a equação $F(x, y) = 0$ der, para cada valor de x, dois valores $y = \pi(x)$ e $y = \theta(x)$ de y, acha-se do mesmo modo

$$\iint\limits_A f(x, y)\, dx\, dy = \int_\alpha^\beta dx \int_{\theta(x)}^{\pi(x)} f(x, y)\, dy,$$

onde α e β representam o maximo e o minimo valor das abscissas da curva $F(x, y) = 0$. Temos pois

$$\int_a^b dy \int_{\varphi(y)}^{\psi(y)} f(x, y)\, dx = \int_\alpha^\beta dx \int_{\theta(x)}^{\pi(x)} f(x, y)\, dy.$$

Se a área A é limitada por duas rectas $y = a$ e $y = b$, parallelas ao eixo das abscissas, e duas rectas $x=\alpha$ e $x=\beta$, parallelas ao eixo das ordenadas, a egualdade precedente dá

$$\int_a^b dy \int_\alpha^\beta f(x,\, y)\, dx = \int_\alpha^\beta dx \int_a^b f(x,\, y)\, dy.$$

Logo, se a, b, α e β são quatro constantes finitas e a funcção $f(x,\, y)$ é continua, quando x varia desde α até β e y varia desde a até b, póde-se inverter a ordem das integrações.

49. Resulta do que precede que, quando a funcção $f(x, y)$ é positiva para todos os valores de x e y pertencentes á área A, póde calcular-se o volume da porção do cylindro cuja equação é $\mathrm{F}(x,\, y)=0$, comprehendida entre o plano xy e a superficie $z=f(x,\, y)$, por meio de uma das fórmulas

$$\mathrm{V}=\int_a^b dy \int_{\varphi(y)}^{\psi(y)} f(x,\, y)\, dx, \quad \mathrm{V}=\int_\alpha^\beta dx \int_{\theta(x)}^{\pi(x)} f(x,\, y)\, dy.$$

Se a funcção $f(x,\, y)$ é negativa na região A, calcula-se este volume por meio das fórmulas que resultam de mudar o signal aos segundos membros das precedentes.

Quando se quer determinar o volume de um corpo que não está nas condições especiaes consideradas anteriormente, decompõe-se em outros que estejam nestas condições e de que aquelle resulte por meio de sommas e subtracções.

No caso particular importante em que se pretenda achar o volume de um solido terminado por uma superficie continua, que qualquer recta parallela ao eixo dos z não possa cortar em mais de dois pontos, e collocado acima do plano xy, deve-se circumscrever á superficie um cylindro perpendicular ao plano xy e achar a differença entre o volume da parte d'este cylindro terminada no plano xy e na face superior da superficie e o volume da parte do mesmo cylindro terminada no plano xy e na face inferior da superficie.

Neste caso a equação $\Phi(x,\, y,\, z)=0$ da superficie deve dar os valores $z=f_1(x,\, y)$ e $z=f_2(x,\, y)$ para cada systema de valores de x e y, os quaes correspondem um á face superior e outro á face inferior da superficie.

Para achar a equação $\mathrm{F}(x,\, y)=0$ do cylindro, basta notar que, devendo os planos tangentes á superficie nos pontos da curva de contacto da superficie com o cylindro ser perpendiculares ao plano xy, as equações d'esta curva são (*C. dif.*, n.º 94)

$$\Phi(x,\, y,\, z)=0, \quad \frac{\partial\Phi}{\partial z}=0\,;$$

e portanto que a equação do cylindro resulta de eliminar z entre estas duas equações.

Se o corpo que vimos de considerar corta o plano xy, acha-se o seu volume procurando separadamente os volumes das partes collocadas acima e abaixo d'este plano e sommando os resultados.

Suppondo que qualquer recta parallela ao eixo dos x não corta a superficie do solido que vimos de considerar em mais de dois pontos, o volume d'este solido póde ser calculado por meio da fórmula

$$V = \int_a^b dy \int_{\varphi(y)}^{\psi(y)} [f_2(x, y) - f_1(x, y)]\, dx,$$

que, por ser $\int_{f_1}^{f_2} dz = f_2(x, y) - f_1(x, y)$, póde ainda ser escripta do modo seguinte:

$$V = \int_a^b dy \int_{\varphi(y)}^{\psi(y)} dx \int_{f_1(x,y)}^{f_2(x,y)} dz.$$

Exemplo. — Procuremos o volume do ellipsoide cuja equação é

$$\frac{x^2}{a^2} + \frac{y^2}{b^2} + \frac{z^2}{c^2} = 1.$$

Consideremos a parte d'este solido collocada acima do plano xy. Neste caso a equação da base do cylindro circumscripto é

$$\frac{x^2}{a^2} + \frac{y^2}{b^2} = 1,$$

e, como o maior e o menor valor de y são $+b$ e $-b$, temos, pondo $\frac{a}{b}\sqrt{b^2 - y^2} = B$,

$$V = \frac{c}{a} \int_{-b}^{b} dy \int_{-B}^{B} \sqrt{B^2 - x^2}\, dx,$$

que, por ser (n.º 10-II)

$$\int \sqrt{B^2 - x^2}\, dx = \frac{1}{2} x \sqrt{B^2 - x^2} + \frac{1}{2} B^2 \operatorname{arc\,sen} \frac{x}{B},$$

dá

$$V = \frac{\pi a c}{2} \int_{-b}^{b} \left(1 - \frac{y^2}{b^2}\right) dy = \frac{2}{3} \pi a b c.$$

Logo o volume total do ellipsoide é egual a $\frac{4}{3}\pi abc$.

50. No caso das superficies de revolução, póde sempre realisar-se uma das integrações de que depende V.

Seja

$$x^2 - \varphi^2(y) = 0$$

equação da curva geradora e seja o eixo dos y o eixo de revolução; a equação da super-
cie é

$$x^2 + z^2 = \varphi^2(y).$$

A curva cuja equação é $x^2 - \varphi^2(y) = 0$ divide o solido considerado em duas partes eguaes, collocadas uma acima e outra abaixo do plano xy. Para achar o volume $\frac{1}{2}$V da primeira, que é terminada por este plano e pela superficie cuja equação é

$$z = +\sqrt{\varphi^2(y) - x^2},$$

temos de empregar a fórmula

$$\frac{1}{2}\mathrm{V} = \int_a^b dy \int_{-\varphi(y)}^{\varphi(y)} \sqrt{\varphi^2(y) - x^2}\, dx,$$

que, por ser

$$\int_{-\varphi(y)}^{\varphi(y)} \sqrt{\varphi^2(y) - x^2}\, dx = \frac{\pi}{2}\varphi^2(y)$$

dá [1]

$$\mathrm{V} = \pi \int_a^b \varphi^2(y)\, dy.$$

Exemplo 1.º — O volume gerado pelo segmento da parabola $x^2 = 2py$ comprehendido entre o vertice da curva e o ponto cuja ordenada é Y, movendo-se á roda do eixo dos y, é dado pela fórmula

$$\mathrm{V} = 2\pi p \int_0^{\mathrm{Y}} y\, dy = \pi p \mathrm{Y}^2.$$

Exemplo 2.º — Para achar o volume da parte do hyperboloide de revolução de uma só folha gerado pelo movimento da hyperbole

$$a^2 y^2 - b^2 x^2 = -a^2 b^2$$

á roda do eixo do y, comprehendida entre os planos perpendiculares a este eixo tirados pelos pontos cujas ordenadas são $-$Y e Y, emprega-se a fórmula

$$\mathrm{V} = \frac{\pi a^2}{b^2} \int_{-\mathrm{Y}}^{\mathrm{Y}} (y^2 + b^2)\, dy = \frac{2\pi a^2 \mathrm{Y}}{b^2}\left(\frac{1}{3}\mathrm{Y}^2 + b^2\right).$$

---

(1) Antes da invenção do Calculo integral tinham se já achado os volumes de alguns solidos de revolução, como se póde ver no nosso trabalho sobre as curvas notaveis, já muitas vezes citado.

V

Áreas das superficies curvas

51. Lemma. — Se S representar a área de uma superficie plana, s a área da sua projecção sobre outro plano e ω o angulo dos dois planos, entre as duas áreas existe a relação

$$s = \mathrm{S}\cos\omega.$$

Esta proposição é demonstrada na Trigonometria, no caso de S e s representarem áreas de figuras terminadas por linhas rectas. No caso das figuras terminadas por linhas curvas, S é o limite de uma somma de rectangulos infinitamente pequenos R e s o limite da somma das projecções r d'estes rectangulos sobre o outro plano; e, como $r = \mathrm{R}\cos\omega$, temos

$$s = \lim \Sigma r = \cos\omega \lim \Sigma \mathrm{R} = \mathrm{S}\cos\omega.$$

Seja, como no n.º 47, $z = f(x, y)$ a equação de uma superficie e $\mathrm{F}(x, y) = 0$ a equação de um cylindro que corte esta superficie segundo uma curva fechada, ao longo e no interior da qual a superficie seja continua e tal que a cada systema de valores de x e y corresponda um unico valor de z. Decomponha-se a base d'este cylindro em áreas parciaes $s_1, s_2, \ldots, s_n$. Se por um qualquer dos pontos da superficie que se projectam sobre s_i, tirarmos um plano tangente á superficie, o cylindro recto de base s_i corta este plano segundo uma linha que limita uma área que representaremos por S_i. Posto isto, chama-se área U da parte da superficie $z = f(x, y)$ limitada pelo cylindro $\mathrm{F}(x, y) = 0$ o limite para que tende a somma

$$\mathrm{S}_1 + \mathrm{S}_2 + \ldots + \mathrm{S}_i + \ldots + \mathrm{S}_n,$$

quando $s_1, s_2, \ldots, s_n$ tendem simultaneamente para zero.

Para justificar esta definição, temos de provar que este limite existe e que é unico. Para isso, notemos que o angulo ω, que faz o plano tangente á superficie no ponto (x, y, z) com o plano xy, é dado pela fórmula (*C. dif.*, n.º 94-III)

$$\cos\omega = \frac{1}{\sqrt{1 + p^2 + q^2}},$$

onde $p = \frac{\partial z}{\partial x}$, $q = \frac{\partial z}{\partial y}$; e portanto temos

$$s_i = \frac{\mathrm{S}_i}{\sqrt{1 + p_i^2 + q_i^2}},$$

o que dá

$$U = \lim \sum_{i=1}^{n} s_i \sqrt{1+p_i^2+q_i^2},$$

e portanto (n.º 47)

$$U = \iint\limits_A \sqrt{1+p^2+q^2}\, dx\, dy$$

ou (n.º 48)

$$U = \int_a^b dy \int_{\varphi(y)}^{\psi(y)} \sqrt{1+p^2+q^2}\, dx = \int_\alpha^\beta dx \int_{\theta(x)}^{\pi(x)} \sqrt{1+p^2+q^2}\, dy.$$

Por meio d'esta fórmula obtem-se o valor da área da superficie considerada, cujo calculo fica assim dependente do calculo de um integral duplo.

Cada elemento d'este integral duplo chama-se um *elemento da superficie*. Representando por dU o elemento que contem o ponto (x, y), temos pois

$$dU = \sqrt{1+p^2+q^2}\, dx\, dy = \frac{dx\, dy}{\cos \omega}.$$

Exemplo. — Calculemos o valor da área de um dos espaços esphericos limitados por uma superficie cylindrica tangente á esphera e que passe pelo centro d'esta superficie.

Tomando o raio da esphera para unidade, esta superficie e a do cylindro podem ser representadas pelas equações

$$x^2+y^2+z^2=1, \qquad x^2+y^2-x=0.$$

A área considerada é pois determinada pela equação

$$S = \int_0^1 dx \int_{\theta(x)}^{\pi(x)} \frac{dy}{\sqrt{1-x^2-y^2}},$$

onde

$$\pi(x) = \sqrt{x(1-x)}, \qquad \theta(x) = -\sqrt{x(1-x)}.$$

Mas

$$\int_{\theta(x)}^{\pi(x)} \frac{dy}{\sqrt{1-x^2-y^2}} = 2 \operatorname{arc\,sen} \frac{\sqrt{x(1-x)}}{\sqrt{1-x^2}} = 2 \operatorname{arc\,sen} \sqrt{\frac{x}{1+x}},$$

e integrando por partes, temos

$$\int \operatorname{arc\,sen} \sqrt{\frac{x}{1+x}}\, dx = x \operatorname{arc\,sen} \sqrt{\frac{x}{1+x}} - \frac{1}{2} \int \frac{\sqrt{x}}{1+x}\, dx$$

$$= x \operatorname{arc\,sen} \sqrt{\frac{x}{1+x}} - [\sqrt{x} - \operatorname{arctang} \sqrt{x}],$$

Logo

$$S = 2\left[\frac{\pi}{4} - 1 + \frac{\pi}{4}\right] = \pi - 2.$$

O valor S_1 da área do espaço espherico comprehendido entre o plano xy, o plano zy e a curva que resulta da intersecção da esphera com o cylindro é egual a differença entre a quarta parte da área da esphera e S. Logo $S_1 = 2$. Temos assim um exemplo da quadratura absoluta de um espaço superficial.

O resultado que vimos de obter é devido a Viviani; e porisso a curva que resulta da intersecção da esphera com a superycie cylindrica considerada é chamada *curva de Viviani* (¹).

52. Consideremos, para segunda applicação da fórmula anterior, a superficie de revolução á roda do eixo dos y, cuja equação é

$$x^2 + z^2 = \varphi^2(y),$$

e procuremos a área U da parte d'esta superficie comprehendida entre os planos $y = a$ e $y = b$.

A curva cuja equação é $x^2 - \varphi^2(y) = 0$ divide a superficie considerada em duas partes eguaes, uma collocada acima e outra abaixo do plano xy. A equação da primeira é

$$z = +\sqrt{\varphi^2(y) - x^2},$$

e, para achar a área U, temos de empregar a fórmula

$$\frac{1}{2}U = \int_a^b dy \int_{-\varphi(y)}^{\varphi(y)} \sqrt{1 + p^2 + q^2}\, dx = \int_a^b dy \int_{-\varphi(y)}^{\varphi(y)} \frac{\varphi(y)\sqrt{1 + \varphi'^2(y)}}{\sqrt{\varphi^2(y) - x^2}}\, dx,$$

que, por ser

$$\int_{-\varphi(y)}^{\varphi(y)} \frac{dx}{\sqrt{\varphi^2(y) - x^2}} = \pi,$$

dá

$$U = 2\pi \int_a^b \varphi(y)\sqrt{1 + \varphi'^2(y)}\, dy.$$

(¹) Veja-se *Tratado de las curvas speciales* (p. 524), ou *Traité des courbes spéciales* (t. II, p. 311). Devemos accrescentar que, na antiguidade, Pappo tinha determinado pela primeira vez um espaço espherico absolutamente quadravel (l. c).

É por meio d'esta fórmula, dependente de uma unica integração, que se calcula a área das superficies de revolução.

Exemplo. — Para achar a área da superficie de revolução gerada pelo arco da parabola $x^2 = 2py$, comprehendido entre os pontos correspondentes a $y = a$ e $y = b$, no seu movimento á roda do eixo dos y, basta pôr na fórmula anterior $\varphi(y) = \sqrt{2py}$, o que dá

$$U = 2\pi (2p)^{\frac{1}{2}} \int_a^b \sqrt{y + \frac{1}{2} p}\, dy = \frac{4}{3} \pi (2p)^{\frac{1}{2}} \left[\left(b + \frac{1}{2} p\right)^{\frac{3}{2}} - \left(a + \frac{1}{2} p\right)^{\frac{3}{2}} \right].$$

VI

Integraes triplos

53. Seja $u = f(x, y, z)$ uma funcção continua das variaveis x, y e z em todos os pontos (x, y, z) de um solido V, que, para simplificar a exposição, supporemos limitado por uma superficie curva que não possa ser cortada pelas rectas parallelas ao eixo dos z em mais de dois pontos. Se decompozermos este solido em outros cujos volumes sejam v_1, v_2, ..., e se representarmos por u_1, u_2, ... os valores que toma u quando a x, y e z se dão valores respectivamente representados por pontos de v_1, v_2, ..., demonstra-se, procedendo como no n.º 47 a respeito da questão analoga ahi considerada, que *a somma*

$$S = v_1 u_1 + v_2 u_2 + \ldots + v_n u_n$$

tende para um limite finito e determinada, quando as tres dimensões de v_1, v_2, ... *tendem para zero; e que este limite tem um valor unico, qualquer que seja o modo como se decomponha* V *em volumes parciaes, e qualquer que seja o modo como estes volumes tendam para zero.* Este limite chama-se *integral triplo da funcção* $f(x, y, z)$, e representa-se pela notação $\iiint_V f(x, y, z)\, dx\, dy\, dz$.

Para fazer a decomposição, a que vimos de nos referir, de V em solidos de volume v_1, v_2, ..., podem-se empregar planos parallelos aos planos coordenados, o que dá uma série de parallelipipidos, e uma série de solidos ε_1, ε_2, ... limitados em parte pela superficie de V. Temos pois, representando por dx, dy e dz as distancias entre dois planos consecutivos, respectivamente parallelos aos planos yz, xz e xy, e por u'_i o valor que toma u em um qualquer dos pontos de ε_i,

$$S = \sum_{t=1}^{p} dx \sum_{j=1}^{m} dy \sum_{i=1}^{n} f(x_t, y_j, z_i)\, dz + \Sigma \varepsilon_i u'_i.$$

Quando as quantidades dx, dy e dz tendem para zero, a somma $\Sigma\varepsilon_i u'_i$ tende para zero, visto que, representando por M o maior valor que tem $|u|$ nos pontos do volume V, temos

$$|\Sigma\varepsilon_i u'_i| \leqq \Sigma|\varepsilon_i u'_i| < \mathrm{M}\Sigma\varepsilon_i,$$

e $\Sigma\varepsilon_i$ tende para zero.

O limite para que tende S será pois dado por um integral

$$\int dx \int dy \int f(x, y, z)\, dz,$$

cujos limites não dependem evidentemente da funcção $f(x, y, z)$, mas sim do solido V. Para os achar, ponha-se pois $f(x, y, z) = 1$, e então S tende para o volume de V, cujo valor é dado (n.º 49) pela expressão (suppondo que as rectas parallelas ao eixo dos x não cortam a superficie de V em mais de dois pontos)

$$\int_a^b dy \int_{\varphi(y)}^{\psi(y)} dx \int_{z_1}^{z_2} dz,$$

onde z_1 e z_2 representam as duas funcções que resultam de resolver relativamente a z a equação da superficie que limita V, $\psi(y)$ e $\varphi(y)$ as duas funcções que resultam de resolver relativamente a x a equação $\mathrm{F}(x, y) = 0$ da curva que limita a projecção d'esta superficie sobre o plano xy, e a e b o menor e o maior dos valores que tem y nesta curva.

Temos pois

$$\iiint_{\mathrm{V}} f(x, y, z)\, dx\, dy\, dz = \int_a^b dy \int_{\varphi(y)}^{\psi(y)} dx \int_{z_1}^{z_2} f(x, y, z)\, dz.$$

VII

Transformação dos integraes duplos e triplos

54. Consideremos o integral duplo $\iint_{\mathrm{A}} f(x, y)\, dx\, dy$ e supponhamos que a funcção $f(x, y)$ tem o mesmo signal em todos os pontos (x, y) de A. Vamos substituir as variaveis x e y por outras u e v ligadas com as primeiras pelas relações

$$(1) \qquad x = \varphi(u, v), \qquad y = \psi(u, v),$$

φ e ψ representando duas funcções taes que a cada ponto (u, v) de uma área, onde se representem os valores de u e v, corresponda um unico ponto (x, y) de A, e reciprocamente.

Para isso, consideremos primeiramente o integral simples $\int f(x, y) dy$, onde x é considerado como constante, e substituamos a variavel y pela variavel v, dada pela segunda das equações (1), depois de nella eliminar u por meio da primeira. Determinando dy por meio da resultante da eliminação de du entre as equações seguintes, que se obtêem differenciando as equações (1), considerando dx como constante:

$$0 = \frac{\partial \varphi}{\partial u} du + \frac{\partial \varphi}{\partial v} dv, \quad dy = \frac{\partial \psi}{\partial u} du + \frac{\partial \psi}{\partial v} dv,$$

teremos a egualdade

$$\int f(x, y) dy = \int \frac{f(x, y)}{\frac{\partial \varphi}{\partial u}} \mathrm{D} dv,$$

onde

$$\mathrm{D} = \frac{\partial \varphi}{\partial u} \frac{\partial \psi}{\partial v} - \frac{\partial \varphi}{\partial v} \frac{\partial \psi}{\partial u}.$$

Temos pois

$$\int dx \int f(x, y) dy = \int dx \int \frac{f(x, y)}{\frac{\partial \varphi}{\partial u}} \mathrm{D} dv = \int dv \int \frac{f(x, y)}{\frac{\partial \varphi}{\partial u}} \mathrm{D} dx.$$

Considerando agora o integral simples relativo a x, que entra no ultimo membro d'esta egualdade, podemos substituir esta variavel pela variavel u, para o que se deve calcular dx por meio da relação

$$dx = \frac{\partial \varphi}{\partial u} du,$$

que resulta de differenciar a primeira das equações (1), considerando v como constante. Vem d'este modo a egualdade

$$\iint_{\mathrm{A}} f(x, y) \, dx \, dy = \iint_{\mathrm{A}} f(\varphi, \psi) \, \mathrm{D} \, du \, dv.$$

Os integraes precedentes calculam-se por meio de integraes simples, cujos limites devem ser determinados de modo que as sommas por elles representadas se refiram a todos os pontos da área A. Se quizermos que os limites superiores d'estes integraes sejam sempre maiores do que os seus limites inferiores, deve-se substituir na egualdade precedente D por $|\mathrm{D}|$; com effeito, d'este modo ficam os elementos de ambos os integraes com o signal de $f(x, y)$.

I. Para fazer uma primeira applicação d'esta fórmula, procuremos o integral em que se transforma $\iint\limits_A f(x, y)\, dx\, dy$ quando se substituem as variaveis x e y por outras ρ e θ ligadas com as primeiras pelas relações $x = \rho \cos \theta$, $y = \rho \operatorname{sen} \theta$.

Por ser neste caso $D = \rho$, temos

$$\iint\limits_A f(x, y)\, dx\, dy = \iint\limits_A f(\rho \cos \theta,\ \rho \operatorname{sen} \theta)\, \rho d\rho\, d\theta.$$

Póde empregar-se esta fórmula para calcular o volume do solido considerado no n.º 47, quando a equação da curva que limita A está referida a coordenadas polares.

Se a área A *(fig. 6)* fôr limitada pela curva ABCD, e se representarmos por ρ_1 e ρ_2 os os valores que toma ρ nos arcos ADC e ABC e por θ_1 e θ_2 os angulos que as tangentes OA e OC fazem com o eixo dos x, teremos

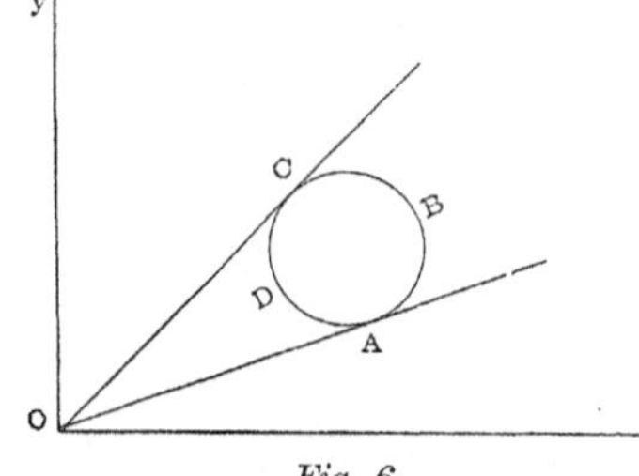

Fig. 6

$$\iint\limits_A f(x, y)\, dx\, dy = \int_{\theta_1}^{\theta_2} d\theta \int_{\rho_1}^{\rho_2} f(\rho \cos \theta,\ \rho \operatorname{sen} \theta)\, \rho d\rho.$$

II. Como segunda applicação da fórmula anterior, procuremos o integral em que se transforma o seguinte:

$$\iint\limits_A \sqrt{1 + p^2 + q^2}\, dx\, dy, \quad p = \frac{\partial z}{\partial x}, \quad q = \frac{\partial z}{\partial y},$$

que dá a área das superficies curvas, quando se substitue x e y pelas variaveis u e v dadas pelas equações (1).

Tirando das egualdades

$$\frac{\partial z}{\partial u} = \frac{\partial z}{\partial x} \frac{\partial x}{\partial u} + \frac{\partial z}{\partial y} \frac{\partial y}{\partial u},$$

$$\frac{\partial z}{\partial v} = \frac{\partial z}{\partial x} \frac{\partial x}{\partial v} + \frac{\partial z}{\partial y} \frac{\partial y}{\partial v}$$

os valores de $\frac{\partial z}{dx}$ e $\frac{\partial z}{dy}$ e substituindo-os em $\sqrt{1 + p^2 + q^2}$, vem

$$\sqrt{1 + p^2 + q^2} = \frac{1}{M} \sqrt{M^2 + N^2 + P^2},$$

onde

$$M = \frac{\partial x}{\partial u} \frac{\partial y}{\partial v} - \frac{\partial x}{\partial v} \frac{\partial y}{\partial u}, \quad N = \frac{\partial x}{\partial u} \frac{\partial z}{\partial v} - \frac{\partial x}{\partial v} \frac{\partial z}{\partial u}, \quad P = \frac{\partial y}{\partial u} \frac{\partial z}{\partial v} - \frac{\partial y}{\partial v} \frac{\partial z}{\partial u}.$$

Portanto temos

$$\iint\limits_A \sqrt{1 + p^2 + q^2}\, dx\, dy = \iint\limits_A \sqrt{M^2 + N^2 + P^2}\, du\, dv.$$

Esta fórmula serve para calcular a área das superficies curvas, quando estas são dadas por equações da fórma $x=\varphi(u, v)$, $y=\psi(u, v)$, $z=\theta(u, v)$.

Se estas equações são

$$x=\rho \operatorname{sen} \theta \cos \psi, \quad y=\rho \operatorname{sen} \theta \operatorname{sen} \psi, \quad z=\rho \cos \theta,$$

ρ representando uma funcção dada de θ e ψ, a fórmula anterior dá, depois de alguns calculos simples, que nos abstemos de escrever aqui, a fórmula seguinte:

$$\mathrm{U}=\iint_{\mathrm{A}} \sqrt{\left[\rho^2+\left(\frac{\partial \rho}{\partial \theta}\right)^2\right] \operatorname{sen}^2 \theta+\left(\frac{\partial \rho}{\partial \psi}\right)^2} \rho d\theta\, d\psi,$$

que serve para calcular a área das superficies curvas, quando estão referidas a coordenadas polares.

55. Consideremos agora o integral triplo

$$\mathrm{I}=\iiint_{\mathrm{V}} f(x, y, z)\, dx\, dy\, dz,$$

e substituamos as variaveis x, y e z por outras u, v e w ligadas com aquellas por meio das relações

$$(1') \qquad x=\varphi(u, v, w), \quad y=\psi(u, v, w), \quad z=\theta(u, v, w).$$

Procedendo como no caso anterior, consideremos primeiramente o integral simples $\int f(x, y, z)\, dz$ e substituamos z por w, considerando x e y como constantes. Para isso, deve-se substituir dz pelo valor que se tira da resultante da eliminação de du e dv entre as equações seguintes, que se obtêem differenciando as equações (1'), considerando x e y como constantes:

$$0=\frac{\partial \varphi}{\partial u} du+\frac{\partial \varphi}{dv} dv+\frac{\partial \varphi}{dw} dw,$$

$$0=\frac{\partial \psi}{\partial u} du+\frac{\partial \psi}{dv} dv+\frac{\partial \psi}{dw} dw,$$

$$dz=\frac{\partial \theta}{\partial u} du+\frac{\partial \theta}{dv} dv+\frac{\partial \theta}{dw} dw;$$

o que dá

$$\int f(x, y, z)\, dz=\int f(x, y, z) \frac{\mathrm{D}}{\mathrm{D}_1} dw,$$

representando por D e D_1 os determinantes funccionaes

Portanto temos

$$D = \frac{\partial(\varphi, \psi, \theta)}{\partial(u, v, w)}, \quad D_1 = \frac{\partial(\varphi, \psi)}{\partial(u, v)}.$$

$$I = \iiint f(x, y, z) \frac{D}{D_1} dx\,dy\,dw = \int dw \iint f(x, y, z) \frac{D}{D_1} dx\,dy.$$

Substituindo agora no integral duplo $\iint f(x, y, z) \frac{D}{D_1} dx\,dy$ as variaveis x e y pelas variaveis u e v, empregando para isso o methodo dado no n.º anterior, vem

$$I = \iiint f(\varphi, \psi, \theta) \,|\, D \,|\, du\,dv\,dw,$$

suppondo, como no caso anterior, os limites superiores dos integraes simples, de que dependem estes integraes multiplos, maiores do que os limites inferiores.

I. Para fazer uma applicação d'esta fórmula, consideremos o integral

$$\iiint dx\,dy\,dz,$$

e sejam ρ, θ, ψ as novas variaveis e

$$x = \rho \operatorname{sen} \theta \cos \psi, \quad y = \rho \operatorname{sen} \theta \operatorname{sen} \psi, \quad z = \rho \cos \theta$$

as relações que as ligam com x, y e z. Teremos

$$D = \rho^2 \operatorname{sen} \theta;$$

e portanto

$$\iiint dx\,dy\,dz = \iiint \rho^2 \operatorname{sen} \theta \, d\rho\, d\theta\, d\psi.$$

Por meio d'esta fórmula calculam-se os volumes dos solidos limitados por superficies cujas equações estão referidas a coordenadas polares, e vê-se que o elemento dV do volume é neste caso dado pela fórmula

$$dV = \rho^2 \operatorname{sen} \theta \, d\rho\, d\theta\, d\psi.$$

VIII

Theorema de Green. Theorema de Cauchy. Theorema de Stokes

56. Terminaremos o que temos a dizer sobre os integraes duplos e triplos apresentando um theorema importante, devido a Green, que é para estes integraes o que o theorema do n.º 20 é para os integraes simples, e algumas consequencias d'este theorema.

Consideremos uma curva *(fig. 7)* composta de muitos arcos AB, BC, CD, ..., taes que, em cada um, a cada valor de x corresponda um unico valor de y, e sejam a, b, c, ... as abscissas dos pontos A, B, C, ... e y_1, y_2, y_3, ... as funcções de x que representam os valores que toma y respectivamente nos arcos AB, BC, CD, ... Chama-se *integral curvilineo de $f(x, y)\,dx$ tomado ao longo da curva* ABCD..., que designaremos por S, e representa-se pela notação $\int_S f(x, y)\,dx$ a somma

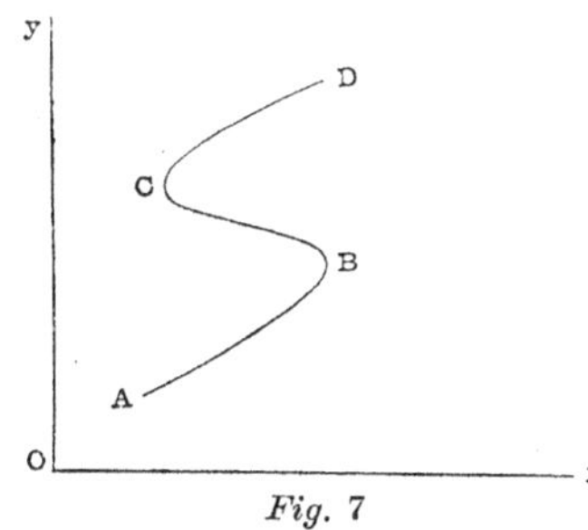

Fig. 7

$$\int_a^b f(x, y_1)\,dx + \int_b^c f(x, y_2)\,dx + \ldots.$$

D'esta definição resulta immediatamente que, se a curva S fôr descripta no sentido DCBA, contrario ao precedente, o integral ao longo d'esta curva conserva o mesmo valor absoluto e muda de signal.

Resulta tambem d'esta definição que, se a curva S fôr dada pelas equações $x = \varphi(t)$, $y = \psi(t)$, φ e ψ representando duas funcções que têem um unico valor para cada valor de t, e se t_0 e T representarem os valores que toma t nas extremidades inicial e final da curva, temos

$$\int_S f(x, y)\,dx = \int_{t_0}^{T} f[\varphi(t), \psi(t)]\,\varphi'(t)\,dt.$$

Posto isto, consideremos o integral duplo seguinte, referido a uma área A limitada por uma curva que não possa ser cortada em mais de dois pontos pelas rectas parallelas aos eixos das coordenadas:

$$\iint_A f(x, y)\,dx\,dy = \int_a^b dy \int_{x_1}^{x_2} f(x, y)\,dx,$$

onde $x_1 = \varphi(y)$, $x_2 = \psi(y)$, e seja

$$\int f(x, y)\, dx = F(x, y) + C,$$

C representando uma constante arbitraria. Teremos

$$\iint_A f(x, y)\, dx\, dy = \int_a^b F(x_2, y)\, dy - \int_a^b F(x_1, y)\, dy.$$

Por outra parte, representando por S a curva que limita A, temos tambem

$$\int_S F(x, y)\, dy = \int_a^b F(x_2, y)\, dy + \int_b^a F(x_1, y)\, dy,$$

o integral sendo tomado ao longo d'esta curva em um sentido tal que a área A fique á esquerda de um observador que percorra o seu contôrno (sentido a que se dá o nome de *directo* ou *positivo*).

D'estas egualdades resulta a fórmula

$$\text{(1)} \qquad \iint_A f(x, y)\, dx\, dy = \iint_A \frac{dF(x, y)}{dx}\, dx\, dy = \int_S F(x, y)\, dy.$$

Do mesmo modo se demonstra a fórmula

$$\text{(2)} \qquad \iint_A f(x, y)\, dx\, dy = \iint_A \frac{dF_1(x, y)}{dy}\, dx = -\int_S F_1(x, y)\, dx,$$

suppondo que o contôrno S é ainda descripto no sentido directo.

As fórmnlas precedentes podem ser estendidas ao caso de a área A ter uma fórma differente da que vimos de considerar. Decompondo A em outras áreas A_1, A_2, ... cujos contôrnos não sejam cortados pelas rectas parallelas aos eixos das coordenadas em mais de dois pontos, estes contôrnos são formados por partes S_1, S_2, ... do arco S e pelas linhas auxiliares empregadas para fazer a decomposição de A nas figuras A_1, A_2, ..., as quaes representaremos por s_1, s_2, ... Logo temos, suppondo os contôrnos de A_1, A_2, ... descriptos todos no sentido directo,

$$\iint_A f(x, y)\, dx\, dy = \Sigma \iint_{A_i} f(x, y)\, dx\, dy = \Sigma \int_{S_i} F(x, y)\, dy + \Sigma \int_{s_i} F(x, y)\, dy.$$

É facil porém de vêr que cada linha s_1, s_2, ... é descripta duas vezes, uma em cada sentido, quando são descriptos os contôrnos de duas áreas separadas por estas linhas; portanto a cada parcella da somma $\Sigma \int_{S_i} f(x, y)\, dy$ corresponde outra egual e de signal contrario.

Logo esta somma é nulla e temos

$$\iint\limits_{A} f(x,\ y)\,dx\,dy = \Sigma \int\limits_{S_i} F(x,\ y)\,dy = \int\limits_{S} F(x,\ y)\,dy.$$

I. A primeira consequencia que tiraremos das fórmulas (1) e (2) é a representação de qualquer área plana por um integral curvilineo tomado ao longo da curva que a limita. Para isso, basta pôr nestas fórmulas $f(x,\ y) = 1$, o que dá $F(x,\ y) = x$, $F_1(x,\ y) = y$, e notar que o integral duplo $\iint\limits_{A} dx\,dy$ representa neste caso o volume de um cylindro de base A e de altura egual á unidade, e que o seu valor é porisso egual ao valor da área A. Temos pois as quatro expressões da área A

$$A = \iint\limits_{A} dx\,dy = \int\limits_{S} x dy = -\int\limits_{S} y dx = \frac{1}{2}\int\limits_{S} (x dy - y dx).$$

II — Para dar uma segunda applicação das fórmulas (1) e (2), vamos deduzir por meio d'ellas, como fez Riemann, um theorema importante, devido a Cauchy. Consideremos a expressão

$$(3) \qquad \varphi(x,\ y)\,dx + \psi(x,\ y)\,dy,$$

e supponhamos que, na área A, $\varphi(x,\ y)$, $\psi(x,\ y)$, $\frac{\partial\varphi}{\partial y}$, $\frac{\partial\psi}{\partial x}$ são funcções continuas de x e y e que tem logar a condição de integrabilidade $\frac{\partial\varphi}{\partial y} = \frac{\partial\psi}{\partial x}$ (n.º 38). Teremos, em virtude das fórmulas (1) e (2),

$$\iint\limits_{A} \frac{\partial\psi}{\partial x}\,dx\,dy = \int\limits_{S} \psi(x,\ y)\,dy, \qquad \iint\limits_{A} \frac{\partial\varphi}{\partial y}\,dx\,dy = -\int\limits_{S} \varphi(x,\ y)\,dx,$$

e portanto

$$(4) \qquad \iint\limits_{A} \left(\frac{\partial\psi}{\partial x} - \frac{\partial\varphi}{\partial y}\right) dx\,dy = \int\limits_{S} [\varphi(x,\ y)\,dx + \psi(x,\ y)\,dy],$$

ou

$$\int\limits_{S} [\varphi(x,\ y)\,dx + \psi(x,\ y)\,dy] = 0.$$

Temos pois o theorema de Cauchy:

Se, na área limitada por uma curva fechada, as funcções $\varphi(x,\ y)$, $\psi(x,\ y)$ $\frac{\partial\varphi}{\partial y}$, $\frac{\partial\psi}{\partial x}$ *forem continuas e tiver logar a condição* $\frac{\partial \varphi}{\partial y} = \frac{\partial \psi}{\partial x}$, *o integral de* $\varphi(x, y)\,dx + \psi(x, y)\,dy$, *tomado ao longo da curva considerada, é nullo.*

Entre os corollarios d'este theorema notaremos o seguinte. Os integraes da expressão (1) tomados ao longo de duas curvas ACB e ADB, que se encontrem sómente em dois pontos A e B, têem no ponto B o mesmo valor, se as funcções $\varphi(x, y)$, $\psi(x, y)$, $\frac{\partial \varphi}{\partial y}$, $\frac{\partial \psi}{\partial x}$ fôrem continuas e aquella expressão fôr differencial exacta em todos os pontos da área limitada por ADBC. Temos, com effeito, representando por (ADB), (ACB), (BCA), etc. os integraes tomados ao longo das curvas ADB, ACB, BCA, etc.,

$$(\mathrm{ADB}) - (\mathrm{ACB}) = (\mathrm{ADB}) + (\mathrm{BCA}) = (\mathrm{ADBCA}) = 0.$$

57. Consideremos uma superficie curva S, e supponhamos que, por meio de condições dadas, se determina uma das duas direcções que a normal á superficie no ponto (x, y, z) segue a partir d'este ponto, e que o coseno do angulo que esta direcção da normal faz com a parte positiva do eixo dos z é uma funcção continua de x, y e z. Se representarmos por S_1, S_2, ... os elementos da superficie (n.º 51), por s_1, s_2, ... as suas projecções sobre o plano xy, por (x_1, y_1, z_1), (x_2, y_2, z_2), ... as coordenadas de quaesquer pontos da superficie que se projectem respectivamente em s_1, s_2, ... e por γ_1, γ_2, ... os angulos que a direcção considerada da normal á superficie nestes pontos faz com a parte positiva do eixo dos z, o limite para que tende a somma

$$\text{(A)} \qquad \Sigma f(x_i, y_i, z_i)\, S_i \cos \gamma_i,$$

quando S_1, S_2, ... tendem simultaneamente para zero, chama-se *integral de* $f(x, y, z)$ *tomado ao longo da superficie* S, e representa-se pela notação $\iint_S f(x, y, z) \cos \gamma\, dS$.

O calculo d'este integral póde reduzir-se ao calculo de integraes duplos ordinarios. Com effeito, suppondo que o angulo γ é agudo na parte S′ da superficie S e que é obtuso na parte S″ da mesma superficie, a somma (A) póde ser decomposta em duas, uma relativa a S′, que, por ser nesta parte $s_i = S_i \cos \gamma_i$, é egual a $\Sigma f(x_i, y_i, z_i)\, s_i$, e a outra relativa a S″, que, por ser nesta parte $s_i = -S_i \cos \gamma_i$, é egual a $\Sigma - f(x_i, y_i, z_i)\, s_i$.

No limite temos pois

$$\iint_S f(x, y, z) \cos \gamma\, dS = \iint_{S'} f(x, y, z)\, dx\, dy - \iint_{S''} f(x, y, z)\, dx\, dy.$$

Considerando $dx\,dy$ como uma quantidade positiva ou negativa segundo no ponto (x, y, z) o angulo γ é agudo ou obtuso, representa-se tambem muitas vezes o integral precedente pela notação $\iint_S f(x, y, z)\, dx\, dy$.

Posto isto, consideremos o integral triplo, referido ao solido V limitado por S,

$$\iiint_V f(x, y, z)\, dx\, dy\, dz,$$

e supponhamos que a superficie S não é cortada em mais de dois pontos pelas rectas parallelas ao eixo dos z, e que

$$\int f(x, y, z)\, dz = \mathrm{F}(x, y, z) + \mathrm{C},$$

C representando uma constante arbitraria. Teremos

$$\iiint_V f(x, y, z)\, dx\, dy\, dz = \iint_A [\mathrm{F}(x, y, z_2) - \mathrm{F}(x, y, z_1)]\, dx\, dy,$$

onde z_2 e z_1 representam duas funcções de x e y tiradas da equação da superficie S, as quaes dão os dois valores de z que correspondem a cada systema de valores de x e y, e onde suppomos $z_2 > z_1$.

Por outra parte, determinando a direcção das normaes pela condição de serem exteriores á superficie, o segundo membro d'esta egualdade representa o integral $\iint_S \mathrm{F}(x, y, z)\, dx\, dy$.

Logo temos a egualdade

$$(5) \qquad \iiint_V f(x, y, z)\, dx\, dy\, dz = \iiint \frac{\partial \mathrm{F}}{\partial z}\, dx\, dy\, dz = \iint_S \mathrm{F}(x, y, z) \cos\gamma\, d\mathrm{S},$$

que exprime o integral triplo, referido ao volume V, por meio de um integral referido á superficie S que limita V.

Procedendo como se fez no n.° 56 para o caso dos integraes duplos, vê-se que esta egualdade tem ainda logar quando o solido V tem uma fórma differente da que vimos de considerar.

58. Uma consequencia importante da fórmula (5) é a que se obtem, applicando-a e as duas fórmulas analogas que d'ella se deduzem, trocando as variaveis z e x e z e y, ao primeiro dos integraes que entram na identidade, facil de verificar,

$$\iiint \left[\frac{\partial}{dx}\left(\mathrm{U} \frac{\partial \mathrm{V}}{\partial x}\right) + \frac{\partial}{\partial y}\left(\mathrm{U} \frac{\partial \mathrm{V}}{\partial y}\right) + \frac{\partial}{\partial z}\left(\mathrm{U} \frac{\partial \mathrm{V}}{\partial z}\right) \right] dx\, dy\, dz$$

$$= \mathrm{I} - \iiint \mathrm{U} \Delta \mathrm{V}\, dx\, dy\, dz,$$

onde

$$\mathrm{I} = \iiint \left[\frac{\partial \mathrm{U}}{\partial x} \frac{\partial \mathrm{V}}{\partial x} + \frac{\partial \mathrm{U}}{\partial y} \frac{\partial \mathrm{V}}{\partial y} + \frac{\partial \mathrm{U}}{\partial z} \frac{\partial \mathrm{V}}{\partial z} \right] dx\, dy\, dz, \qquad \Delta \mathrm{V} = \frac{\partial^2 \mathrm{V}}{\partial x^2} + \frac{\partial^2 \mathrm{V}}{\partial y^2} + \frac{\partial^2 \mathrm{V}}{\partial z^2}.$$

Vem, com effeito,

$$\iint_S U\left[\frac{\partial V}{\partial x}\cos\alpha+\frac{\partial V}{\partial y}\cos\beta+\frac{\partial V}{\partial z}\cos\gamma\right]dS=I-\iiint U\Delta V\,dx\,dy\,dz,$$

onde α, β e γ representam os angulos formados pela direcção considerada da normal com os eixos dos x, y e z; e, mudando nesta fórmula U em V e V em U e subtrahindo d'ella membro a membro a egualdade resultante,

$$\iint_S\left[\left(U\frac{\partial V}{\partial x}-V\frac{\partial U}{\partial x}\right)\cos\alpha+\left(U\frac{\partial V}{\partial y}-V\frac{\partial U}{\partial y}\right)\cos\beta\right.$$
$$\left.+\left(U\frac{\partial V}{\partial z}-V\frac{\partial U}{\partial z}\right)\cos\gamma\right]dS=\iiint(V\Delta U-U\Delta V)\,dx\,dy\,dz.$$

Esta fórmula importante é conhecida pelo nome de *fórmula de Green.*

59. Os integraes tomados ao longo de superficies, a que vimos de nos referir, apparecem em questões importantes de Analyse e de Physica mathematica [1]. A respeito d'elles vamos ainda demonstrar um theorema notavel conhecido pelo nome de *theorema de Stokes.*

Sejam P, Q e R funcções de x, y e z, S uma superficie limitada por uma curva C, e supponhamos, para simplificar a exposição, que esta superficie não póde ser cortada pelas rectas parallelas ao eixo dos z em mais do que um ponto. Teremos, representando por S_1 a área limitada pela projecção de C sobre o plano xy, pondo $dz=pdx+qdy$, applicando a fórmula (4) do n.º 56 e suppondo o angulo γ agudo em toda a superficie S,

$$\int_C(Pdx+Qdy+Rdz)=\int_C[(P+pR)\,dx+(Q+qR)\,dy]$$
$$=\iint_{S_1}\left[\frac{\partial(Q+qR)}{\partial x}-\frac{\partial(P+pR)}{\partial y}\right]dx\,dy$$
$$=\iint_S\left[\frac{\partial(Q+qR)}{\partial x}-\frac{\partial(P+pR)}{\partial y}\right]\cos\gamma dS.$$

Effectuando as derivações, attendendo á egualdade $\frac{\partial p}{\partial y}=\frac{\partial q}{\partial x}$ e attendendo a que os cosenos dos angulos α e β formados pela direcção considerada da normal com a parte positiva

---

[1] Consulte-se a este respeito o tomo I do excellente *Traité d'Analyse* de E. Picard (Paris, 1891).

dos eixos dos x e dos y são eguaes a $-p\cos\gamma$ e $-q\cos\gamma$, vem finalmente a *fórmula de Stokes*

$$\int_{C}(\mathrm{P}dx+\mathrm{Q}dg+\mathrm{Q}dz)=\iint_{S}\left[\left(\frac{\partial\mathrm{R}}{\partial y}-\frac{\partial\mathrm{Q}}{\partial z}\right)\cos\alpha+\left(\frac{\partial\mathrm{P}}{\partial z}-\frac{\partial\mathrm{R}}{\partial x}\right)\cos\beta+\left(\frac{\partial\mathrm{Q}}{\partial x}-\frac{\partial\mathrm{P}}{\partial y}\right)\cos\gamma\right]d\mathrm{S}.$$

A demonstração que vimos de dar d'esta fórmula é devida a Gilbert.

Deve observar-se que o contôrno C deve ser descripto em um sentido tal que a área S_1 esteja á esquerda de um observador que percorra o seu contôrno. É o que se dá quando a superficie S fica á esquerda de um observador que percorra C, conservando-se na direcção cousiderada da normal. É facil de ver que esta egualdade tem ainda logar quando γ é obtuso, conservando a convenção anterior relativa ao sentido em que é descripto o contôrno.

CAPITULO IV

Applicações analyticas da theoria dos integraes definidos

I

Applicações á Algebra

60. *Theorema fundamental da theoria das equações.* — Deve-se a Gauss uma demonstração fundada na theoria dos integraes definidos da propriedade de que gosa a equação

$$f(z) = A_0 + A_1 z + \ldots + A_n z^n = 0,$$

de ter sempre uma raiz da fórma $a + bi$.

Pondo

$$z = \rho(\cos\theta + i \operatorname{sen}\theta), \quad A_m = r_m(\cos\omega_m + i \operatorname{sen}\omega_m),$$

temos

$$f(z) = P + iQ,$$

onde

$$P = r_0 \cos\omega_0 + r_1 \rho\cos(\theta + \omega_1) + \ldots + r_n \rho^n \cos(n\theta + \omega_n),$$

$$Q = r_0 \operatorname{sen}\omega_0 + r_1 \rho \operatorname{sen}(\theta + \omega_1) + \ldots + r_n \rho^n \operatorname{sen}(n\theta + \omega_n).$$

Consideremos agora os dois integraes duplos

$$\text{(A)} \qquad \int_0^R d\rho \int_0^{2\pi} \frac{\partial^2 V}{\partial\rho\,\partial\theta} d\theta, \quad \int_0^{2\pi} d\theta \int_0^R \frac{\partial^2 V}{\partial\rho\,\partial\theta} \partial\rho,$$

onde

$$V = \operatorname{arc\,tang} \frac{P}{Q} \cdot$$

*

O valor do primeiro é dado pela fórmula

$$\int_0^R d\rho \int_0^{2\pi} \frac{\partial^2 V}{\partial\rho\,\partial\theta}\,d\theta = \int_0^R \left[\frac{\partial V}{\partial\rho}\right]_0^{2\pi} \partial\rho = \int_0^R \left[\frac{Q\dfrac{\partial P}{\partial\rho} - P\dfrac{\partial Q}{\partial\rho}}{P^2+Q^2}\right]_0^{2\pi} d\rho,$$

da qual resulta, por terem P, Q, $\frac{\partial P}{\partial\rho}$ e $\frac{\partial Q}{\partial\rho}$ os mesmos valores quando é $\theta=0$ e $\theta=2\pi$,

$$\int_0^R d\rho \int_0^{2\pi} \frac{\partial^2 V}{\partial\rho\,\partial\theta} = 0.$$

Do mesmo modo se acha a relação

$$\int_0^{2\pi} d\theta \int_0^R \frac{\partial^2 V}{\partial\rho\,\partial\theta}\,d\rho = \int_0^{2\pi} \left[\frac{\partial V}{\partial\theta}\right]_0^R d\theta = \int_0^{2\pi} \left[\frac{Q\dfrac{\partial P}{\partial\theta} - P\dfrac{\partial Q}{\partial\theta}}{P^2+Q^2}\right]_0^R d\theta,$$

que, por ser, quando $\rho=0$,

$$Q\frac{\partial P}{\partial\theta} - P\frac{\partial Q}{\partial\theta} = 0,$$

e, quando $\rho=R$,

$$\frac{Q\dfrac{\partial P}{\partial\theta} - P\dfrac{\partial Q}{\partial\theta}}{P^2+Q^2} = \frac{-nr_n^2 R^{2n} + aR^{2n-1} + bR^{2n-2} + \ldots}{r_n^2 R^{2n} + a' R^{2n-1} + b' R^{2n-2} + \ldots} = -n+\alpha$$

(onde α representa uma quantidade que tende para zero, qnando R tende para o infinito, e onde a, b, a', b', etc. representam quantidades independentes de R), dá

$$\int_0^{2\pi} d\theta \int_0^R \frac{\partial^2 V}{\partial\rho\,\partial\theta}\,d\rho = -2n\pi + \int_0^{2\pi} \alpha d\theta,$$

resultado differente de zero para valores de R sufficientemente grandes, visto que, designando por M o maior valor de $|\alpha|$ no intervallo de $\theta=0$ a $\theta=2\pi$, temos

$$\left|\int_0^{2\pi} \alpha d\theta\right| < 2M\pi,$$

e M tende para zero, quando R tende para o infinito.

Logo os integraes

$$\int_0^R d\rho \int_0^{2\pi} \frac{\partial^2 V}{\partial\rho\,\partial\theta}\,d\theta, \quad \int_0^{2\pi} d\theta \int_0^R \frac{\partial^2 V}{\partial\rho\,\partial\theta}\,d\theta$$

têem valores differentes; e portanto a funcção $\frac{\partial^2 V}{\partial \rho \, \partial \theta}$ é discontinua (n.º 48-III) entre os limites da integração. Temos porém

$$\frac{\partial^2 V}{\partial \rho \, \partial \theta} = \frac{\varphi(\rho, \theta)}{(P^2 + Q^2)^2},$$

onde $\varphi(\rho, \theta)$, P e Q representam funcções continuas de θ e ρ. Logo existe pelo menos um valor de θ, comprehendido entre 0 e 2π, e um valor de ρ, comprehendido entre 0 e R, que satisfazem ás equações $P = 0$ e $Q = 0$, e portanto existe pelo menos um valor de z que satisfaz á equação $f(z) = 0$.

61. *Theorema de Sturm.* — Do integral, considerado no n.º 22:

$$\int_a^X \frac{\varphi'(x)\,dx}{1 + [\varphi(x)]^2} = \text{arc tang}\, \varphi(X) - \text{arc tang}\, \varphi(a) + \pi \,\text{ind}\, \varphi(x),$$

onde se representa por $\text{ind}\,\varphi(x)$ (*indice*) o numero de vezes que a funcção $\varphi(x)$ se torna infinita, passando de positiva a negativa, menos o numero de vezes que a mesma funcção se torna infinita, passando de negativa a positiva, no intervallo de a a X, deduziu Cauchy o *theorema de Sturm* para a separação das raizes da equação algebrica $f(x) = 0$, como vamos vêr.

Notemos primeiro que, por ser

$$\int_a^X \frac{d\frac{1}{\varphi(x)}}{1 + \left[\frac{1}{\varphi(x)}\right]^2} = -\int_a^X \frac{\varphi'(x)\,dx}{1 + [\varphi(x)]^2}$$
$$= \text{arc tang}\, \frac{1}{\varphi(X)} - \text{arc tang}\, \frac{1}{\varphi(a)} + \pi \,\text{ind}\, \frac{1}{\varphi(x)}$$

e

$$\text{arc tang}\, \varphi(x) + \text{arc tang}\, \frac{1}{\varphi(x)} = \frac{\pi}{2} \,\text{sig}\, \varphi(x),$$

representando por $\text{sig}\,\varphi(x)$ uma quantidade egual á unidade com o signal de $\varphi(x)$, temos

$$\pi \,\text{ind}\, \varphi(x) + \pi \,\text{ind}\, \frac{1}{\varphi(x)} = \text{arc tang}\, \varphi(a) + \text{arc tang}\, \frac{1}{\varphi(a)}$$
$$- \left[\text{arc tang}\, \varphi(X) + \text{arc tang}\, \frac{1}{\varphi(X)}\right] = \frac{\pi}{2} [\text{sig}\, \varphi(a) - \text{sig}\, \varphi(X)].$$

Notemos tambem que, se fôr $\varphi(x) = \frac{f'(x)}{f(x)}$ e se α representar uma raiz da equação

$f(x)=0$ (que suppomos desembaraçada das raizes eguaes), das egualdades

$$\frac{f'(a-h)}{f(a-h)}=\frac{f'(a)-\ldots}{-hf'(a)+\ldots}, \quad \frac{f'(a+h)}{f(a+h)}=\frac{f'(a)+\ldots}{hf'(a)+\ldots}$$

conclue-se que a funcção $\varphi(x)$, na passagem pelo infinito, muda de signal e passa de negativa para positiva, e portanto que $-\operatorname{ind}\frac{f'(x)}{f(x)}$ representa o numero de raizes de $f(x)=0$ comprehendidas entre a e X.

Posto isto, seja $f_2(x)$ o resto com signal trocado da divisão de $f(x)$ por $f'(x)$, $f_3(x)$ o resto com signal trocado da divisão de $f'(x)$ por $f_2(x)$, etc. Teremos, sendo n o gráo da equação $f(x)=0$,

$$\operatorname{ind}\frac{f}{f'}=-\operatorname{ind}\frac{f_2}{f'}, \quad \operatorname{ind}\frac{f'}{f_2}=-\operatorname{ind}\frac{f_3}{f_2}, \quad \ldots, \quad \operatorname{ind}\frac{f_{n-1}}{f_n}=0,$$

e portanto

$$-\operatorname{ind}\frac{f}{f'}=\operatorname{ind}\frac{f'}{f_2}+\operatorname{ind}\frac{f_2}{f'}+\operatorname{ind}\frac{f_2}{f_3}+\operatorname{ind}\frac{f_3}{f_2}+\ldots$$

$$+\operatorname{ind}\frac{f_{n-1}}{f_n}+\operatorname{ind}\frac{f_n}{f_{n-1}},$$

o que dá, juntando e tirando $ind\frac{f'}{f}$ e attendendo a uma fórmula anterior,

$$\operatorname{ind}\frac{f'}{f}=\frac{1}{2}\left[\operatorname{sig}\frac{f'(a)}{f(a)}+\operatorname{sig}\frac{f_2(a)}{f'(a)}+\ldots+\operatorname{sig}\frac{f_n(a)}{f_{n-1}(a)}\right.$$

$$\left.-\operatorname{sig}\frac{f'(X)}{f(X)}-\operatorname{sig}\frac{f_2(X)}{f'(X)}-\ldots-\operatorname{sig}\frac{f_n(X)}{f_{n-1}(X)}\right].$$

Consideremos agora os signaes das quantidades

$$f(X), f'(X), f_1(X), \ldots, f_k(X), \ldots, f_n(X).$$

Se $f_k(X)$ e $f_{k+1}(X)$ tiverem o mesmo signal, $\operatorname{sig}\frac{f_{k+1}(X)}{f_k(X)}$ será egual a $+1$; se tiverem signal contrario, esta quantidade será egual a -1. Logo, representando por P o numero de *permanencias* de signal e por V o numero de *variações* de signal nesta série de quantidades, e por p o numero de *permanencias* e por v o numero de *variações* de signal na série

$$f(a), f'(a), f_2(a), \ldots, f_k(a), \ldots, f_n(a),$$

teremos

$$\text{ind}\,\frac{f'}{f}=\frac{1}{2}(p-v)-\frac{1}{2}(\mathrm{P}-\mathrm{V}),$$

e portanto

$$\text{ind}\,\frac{f'(x)}{f(x)}=\mathrm{V}-v,$$

visto ser $\mathrm{V}+\mathrm{P}=v+p$.

Da relação que vimos de obter deduz-se o theorema de Sturm, isto é, que o numero das raizes reaes de $f(x)=0$ comprehendidas entre a e X é egual a $v-\mathrm{V}$.

II

Applicação ao estudo de algumas propriedades do numero π

62. *Irracionalidade do numero* π. — Da consideração do integral

$$u=\int_0^1(1-x^2)^n\cos\frac{\pi}{2}x\,dx$$

tirou Hermite uma demonstração muito elegante da irracionalidade do numero π (1).

Sendo n um numero par e $(1-x^2)^n=f(x)$, temos (n.º 3-II)

$$\int_0^1 f(x)\cos\frac{\pi}{2}x\,dx=\left[\frac{2}{\pi}f(x)\,\text{sen}\,\frac{\pi}{2}x\right]_0^1-\frac{2}{\pi}\int_0^1 f'(x)\,\text{sen}\,\frac{\pi}{2}x\,dx$$

$$=\left[\frac{2}{\pi}f(x)\,\text{sen}\,\frac{\pi}{2}x\right]_0^1+\left(\frac{2}{\pi}\right)^2\left[f'(x)\cos\frac{\pi}{2}x\right]_0^1-\left(\frac{2}{\pi}\right)^2\int_0^1 f''(x)\cos\frac{\pi}{2}x\,dx$$

$$=\frac{2}{\pi}f(1)-\left(\frac{2}{\pi}\right)f'(0)-\left(\frac{2}{\pi}\right)^2\int_0^1 f''(x)\cos\frac{\pi}{2}x\,dx,$$

---

(1) *Jornal de Crelle*, t. LXXVI.

e do mesmo modo

$$\int_0^1 f''(x)\cos\frac{\pi}{2}x\,dx$$

$$=\frac{2}{\pi}f''(1)-\left(\frac{2}{\pi}\right)^2 f'''(0)-\left(\frac{2}{\pi}\right)^2\int_0^1 f^{\mathrm{IV}}(x)\cos\frac{\pi}{2}x\,dx$$

....

$$\int_0^1 f^{(2n)}(x)\cos\frac{\pi}{2}x\,dx$$

$$=\frac{2}{\pi}f^{(2n)}(1)-\left(\frac{2}{\pi}\right)^2 f^{(2n+1)}(0)-\left(\frac{2}{\pi}\right)^2\int_0^1 f^{(2n+2)}(x)\cos\frac{\pi}{2}x\,dx;$$

portanto, notando que as derivadas de $f(x)$ de ordem superior a $2n$ são nullas,

$$\int_0^1 (1-x^2)^n\cos\frac{\pi}{2}x\,dx=\frac{2}{\pi}f(1)-\left(\frac{2}{\pi}\right)^2 f'(0)-\left(\frac{2}{\pi}\right)^3 f''(1)$$
$$+\left(\frac{2}{\pi}\right)^4 f'''(0)+\ldots\pm\left(\frac{2}{\pi}\right)^{(2n+1)} f^{(2n)}(1).$$

Para obter as quantidades $f(1)$, $f''(1)$, ..., $f^{(2n)}(1)$, podemos empregar o desenvolvimento

$$f(1+h)=[1-(1+h^2]^n=(2h)^n\left(1+\frac{h}{2}\right)^n$$
$$=(2h)^n\left[1+n\frac{h}{2}+\binom{n}{2}\left(\frac{h}{2}\right)^2+\ldots+\left(\frac{h}{2}\right)^n\right],$$

que dá

$$f(1)=0,\ f''(1)=0,\ \ldots,\ f^{(n-2)}(1)=0,$$

$$f^{(n)}(1)=n!\,2^n,\ f^{(n+2)}(1)=(n+2)!\binom{n}{2}2^{n-2},\ \ldots,\ f^{(2n)}(1)=(2n)!\,.$$

Para obter $f'(0)$, $f'''(0)$ etc., podemos recorrer ao desenvolvimento

$$f(h)=(1-h^2)^n=1-nh^2+\binom{n}{2}h^4-\ldots,$$

que dá

$$f'(0)=0,\quad f'''(0)=0,\quad \ldots.$$

Logo a expressão do integral considerado é da fórma

$$\int_0^1 (1-x^2)^n \cos\frac{\pi}{2}x dx = n!\left[A\left(\frac{2}{\pi}\right)^{n+} + \ldots + L\left(\frac{2}{\pi}\right)^{2n+1}\right],$$

onde A, ..., L representam numeros inteiros.

Posto isto, se $\frac{\pi}{2}$ fôsse um numero racional egual a $\frac{b}{a}$, teriamos

$$\frac{b^{2n+1}}{n!}\int_0^1 (1-x^2)^n \cos\frac{\pi}{2}x dx = A\, a^{n+1} b^n + \ldots + L a^{2n+1},$$

o que é absurdo. Com effeito, o segundo membro d'esta egualdade representa sempre um numero inteiro, emquanto que o primeiro membro é menor do que a unidade para valores sufficientemente grandes de n. Para o reconhecer, basta notar que podemos dar a n valores tão grandes que seja

$$\frac{b^{2n+1}}{n!} = b\,\frac{b^2}{1}\cdot\frac{b^2}{2}\ldots\frac{b^2}{n} < 1,$$

e que, por ser

$$(1-x^2)^n \cos\frac{\pi}{2}x \lesseqgtr 1,$$

quando x varia desde zero até á unidade, temos

$$\int_0^1 (1-x^2)^n \cos\frac{\pi}{2}x dx < \int_0^1 dx.$$

Logo π *é um numero irracional.*

Ajuntemos ao que precede que Lindmann demonstrou que o numero π não póde ser raiz de uma equação algebrica com coefficientes racionaes, ou, em outros termos, que este numero é *transcendente*. Sobre este assumpto, veja-se a obra de G. Maillet intitulada *Introduction à la théorie des nombres transcendantes* (1906, pag. 147–160), onde tambem se demonstra que, como consequencia d'esta proposição, se póde concluir a impossibilidade da quadratura do circulo por meio da régoa e do compasso.

63. *Fórmula de Wallis.* — Da expressão do integral

$$u_m = \int_0^1 \frac{x^m\,dx}{\sqrt{1-x^2}},$$

considerado na pagina 56, deduz-se uma bella expressão do numero π devida a Wallis.

Vimos que é

$$u_{2n+1}=\frac{2n(2n-2)\ldots 4.2}{(2n+1)(2n-1)\ldots 3.1},$$

$$u_{2n+2}=\frac{(2n+1)\ldots 3.1}{(2n+2)\ldots 4.2}\cdot\frac{\pi}{\pi}.$$

Mas, por ser

$$\frac{x^{2n}}{\sqrt{1-x^2}}>\frac{x^{2n+1}}{\sqrt{1-x^2}}>\frac{x^{2n+2}}{\sqrt{1-x^2}},$$

quando $x<1$, temos

$$u_{2n}>u_{2n+1}>u_{2n+2},$$

o que dá

$$\frac{u_{2n}}{u_{2n+2}}>\frac{u_{2n+1}}{u_{2n+2}}>1,$$

ou

$$\frac{2n+2}{2n+1}>\frac{u_{2n+1}}{u_{2n+2}}>1,$$

e portanto

$$\lim_{n=\infty}\frac{u_{2n+1}}{u_{2n+2}}=1.$$

Substituindo nesta egualdade u_{2n+1} e u_{2n+2} pelos seus valores, acha-se a fórmula seguinte, dada por Wallis na sua *Arithmetica infinitorum:*

$$\frac{\pi}{2}=\lim_{n=\infty}\frac{2^2.4^2\ldots(2n)^2}{1^2.3^2\ldots(2n+1)^2}(2n+2).$$

III

Applicação ao desenvolvimento das funcções em série

64. *Resto da fórmula de Taylor.* — Applicando a fórmula

$$F(X) - F(x_0) = \int_{x_0}^{X} F'(x)\, dx$$

á funcção

$$F(x) = f(X) - f(x) - (X-x) f'(x) - \ldots - \frac{(X-x)^{n-1}}{(n-1)!} f^{(n-1)}(x)$$

e attendendo á egualdade

$$F'(x) = -\frac{(X-x)^{n-1}}{(n-1)!} f^{(n)}(x),$$

acha-se a fórmula de Taylor

$$f(X) = f(x_0) + (X-x_0) f'(x_0) + \ldots + \frac{(X-x_0)^{n-1}}{(n-1)!} f^{(n-1)}(x_0) + R,$$

com a expressão seguinte do resto

$$R = \frac{1}{(n-1)!} \int_{x_0}^{X} (X-x)^{n-1} f^{(n)}(x)\, dx.$$

D'esta expressão de R deduz-se, por meio do primeiro theorema da média (n.º 30),

$$R = \frac{(X-x_0)^n}{n!} f^{(n)}[x_0 + \theta (X-x_0)],$$

isto é, uma das expressões do resto da série de Taylor obtidas no *Calculo differencial.*

65. *Fórmula de Darboux.* — Applicando a fórmula

$$F(1) - F(0) = \int_0^1 F'(t)\, dt$$

á funcção

$$F(t) = \varphi^{(n)}(t) f(x+ht) - h\varphi^{(n-1)}(t) f'(x+ht)$$
$$+ h^2 \varphi^{(n-2)}(t) f''(x+ht) + \ldots + (-1)^n h^n \varphi(t) f^{(n)}(x+ht),$$

onde $\varphi(t)$ representa um polynomio inteiro do gráo n, e attendendo ás egualdades

$$\varphi^{(n)}(1) = \varphi^{(n)}(0), \quad \varphi^{(n+1)}(t) = 0,$$
$$F'(t) = (-1)^n h^{n+1} \varphi(t) f^{(n+1)}(x+ht),$$

obtem-se a fórmula seguinte, devida a Darboux(1):

$$\varphi^{(n)}(0)\left[f(x+h) - f(x)\right] = \sum_{m=1}^{n} (-1)^{m+1} h^m \left[\varphi^{(n-m)}(1) f^{(m)}(x+h) - \varphi^{(n-m)}(0) f^{(m)}(x)\right] + R_n,$$

onde

$$R_n = (-1)^n h^{n+1} \int_0^1 \varphi(t) f^{(n+1)}(x+ht)\, dt.$$

I. Uma consequencia importante d'esta fórmula é a que se obtem mudando nella n em $2n$ e pondo em seguida

$$\varphi(t) = t^n (t-1)^n.$$

Por ser

$$\varphi(t) = t^{2n} - nt^{2n-1} + \ldots + (-1)^m \binom{n}{m} t^{2n-m} + \ldots + (-1)^n t^n,$$

temos, em virtude da fórmula de Taylor,

$$\varphi(0) = \varphi'(0) = \ldots = \varphi^{(n-1)}(0) = 0, \quad \varphi^{(n)}(0) = (-1)^n n!,$$
$$\varphi^{(2n-m)}(0) = (-1)^m \binom{n}{m} (2n-m)!, \quad \varphi^{(2n)}(0) = (2n)!.$$

Por ser tambem

$$\varphi(t) = (t-1)^{2n} + n(t-1)^{2n-1} + \ldots + \binom{n}{m} t^{2n-m} + \ldots + (t-1)^n,$$

temos

$$\varphi(1) = \varphi'(1) = \ldots = \varphi^{(n-1)}(1) = 0,$$
$$\varphi^{(n)}(1) = n!, \quad \varphi^{(2n-m)}(1) = \binom{n}{m}(2n-m)!, \quad \varphi^{(2n)}(1) = (2n)!.$$

(1) *Jornal de Liouville*, 3.ª série, t. II.

Substituindo estes valores na fórmula de Darboux, depois de mudar nella n em $2n$, vem

$$f(x+h)-f(x)=\sum_{m=1}^{2n}\frac{(-1)^{m+1}\binom{2n}{m}h^m}{(2n-m+1)\ldots 2n}\left[f^{(m)}(x+h)-(-1)^m f^{(m)}(x)\right]+\mathrm{R},$$

onde

$$\mathrm{R}=\frac{(-1)^n h^{2n+1}}{(2n)!}\int_0^1 t^n(1-t)^n f^{(2n+1)}(x+ht)\,dt,$$

ou (n.º 30)

$$\mathrm{R}=(-1)^n\frac{h^{2n+1}\mathrm{K}}{(2n)!}\int_0^1 t^n(1-t)^n\,dt,$$

ou (n.º 21-III)

$$\mathrm{R}=(-1)^n\frac{h^{2n+1}\mathrm{K}}{(2n+1)\left[(n+1)(n+2)\ldots 2n\right]^2},$$

onde K representa um numero não superior ao limite superior nem inferior ao limite inferior dos valores que toma $f^{(2n+1)}(x+ht)$, quando t varia desde 0 até 1.

II. A fórmula que vimos de deduzir póde ser applicada ao calculo do valor approximado dos integraes definidos. Com effeito, pondo nella

$$f(x+h)-f(x)=\int_x^{x+h}f'(x)\,dx,$$

vem

$$\int_x^{x+h}f'(x)\,dx=\sum_{m=1}^{2n}\frac{(-1)^{m+1}\binom{2n}{m}h^m}{(2n-m+1)\ldots 2n}\left[f^{(m)}(x+h)-(-1)^m f^{(m)}(x)\right]+\mathrm{R}.$$

66. *Polynomios de Bernoulli. Fórmula de Euler.* — Vamos deduzir ainda da fórmula de Darboux uma fórmula notavel que se deve a Euler; mas, antes d'isso, vamos estudar algumas propriedades de uma classe de polynomios inteiros, encontrados por Jacob Bernoulli na questão considerada no n.º 107 do *Calculo differencial,* os quaes são os coefficientes $\varphi_1(t)$, $\varphi_2(t)$, etc. das diversas potencias de x no desenvolvimento

$$\text{(A)}\qquad \frac{e^{tx}-1}{e^x-1}=t+\varphi_1(t)\,x+\varphi_2(t)\,x^2+\ldots.$$

Estes polynomios, conhecidos pelo nome de *polynomios de Bernoulli,* são (*l. c.*)

$$\text{(B)}\quad\begin{cases}\varphi_{2i}(t)=\dfrac{1}{(2i)!}\Big[\dfrac{t^{2i+1}}{2i+1}-\dfrac{t^{2i}}{2}+2i\dfrac{t^{2i-1}}{2!}\mathrm{B}_1\\[2mm] -2i(2i-1)(2i-2)\dfrac{t^{2i-3}}{4!}\mathrm{B}_3+\ldots+(-1)^{i-1}2i(2i-1)\ldots 3.2\dfrac{t}{(2i)!}\mathrm{B}_{2i-1}\Big],\end{cases}$$

$$\text{(C)}\quad\begin{cases}\varphi_{2i+1}(t)=\dfrac{1}{(2i+1)!}\Big[\dfrac{t^{2i+2}}{2i+2}-\dfrac{t^{2i+1}}{2}+(2i+1)\dfrac{t^{2i}}{2!}\mathrm{B}_1\\[2mm] -(2i+1)2i(2i-1)\dfrac{t^{2i-2}}{4!}\mathrm{B}_3+\ldots+(-1)^{i-1}(2i+1)2i\ldots 3\dfrac{t^2}{(2i)!}\mathrm{B}_{2i-1}\Big].\end{cases}$$

Entre as propriedades dos polynomios considerados, mencionaremos as seguintes, algumas das quaes serão applicadas ao estudo da fórmula de Euler.

1.º *Os polynomios de Bernoulli são nullos quando* $t=0$ *e quando* $t=1$.

Esta propriedade é uma consequencia immediata da definição d'estes polynomios por meio do desenvolvimento (A).

2.º Os mesmos polynomios e as suas derivadas relativamente a t estão ligados pelas relações

$$\text{(D)} \qquad \varphi'_{2i+1}(t)=\varphi_{2i}(t),$$

$$\text{(E)} \qquad \varphi'_{2i}(t)=\varphi_{2i-1}(t)+(-1)^{i-1}\frac{B_{2i-1}}{(2i)!},$$

que se verificam por meio das fórmulas (B) e (C).

3.º Como consequencia d'estas egualdades, vê-se primeiramente *que a equação* $\varphi_{2i}(t)=0$ *não póde ter quatro raizes entre* 0 *e* 1. Com effeito, se ella tivesse para raizes 0, a, a', 1, a equação $\varphi'_{2i}(t)=0$ teria pelo menos, em virtude do theorema de Rolle, tres raizes reaes b, b', b'' entre 0 e 1; a equação $\varphi''_{2i}(t)=0$ teria duas raizes reaes, c e c', pelo menos, entre os mesmos limites; e, por ser $\varphi''_{2i}(t)=\varphi'_{2i-1}(t)=\varphi_{2i-2}(t)$, a equação $\varphi_{2i-2}(t)=0$ teria as quatro raizes reaes 0, c, c', 1, no intervallo considerado. Continuando do mesmo modo, ver-se-hia que a equação $\varphi_2(t)=0$ teria quatro raizes, o que é absurdo, pois que esta equação é do segundo gráo.

4.º *A equação* $\varphi_{2i+1}(t)=0$ *não póde ter raizes reaes entre* 0 *e* 1, porque, se tivesse uma raiz real a entre estes numeros, a equação $\varphi'_{2i+1}(t)=0$ teria uma raiz entre 0 e a e outra entre a e 1; e, portanto a equação $\varphi_{2i}(t)=0$, teria para raizes 0 e 1, e, além d'isso, teria uma raiz entre 0 e a e outra entre a e 1, o que é absurdo.

5.º Por meio das fórmulas (D) e (E) podemos obter facilmente os valores que tomam as derivadas de $\varphi_{2i+1}(t)$ quando $t=0$ e $t=1$.

Estas fórmulas dão, com effeito,

$$\varphi'_{2i+1}(0)=\varphi_{2i}(0)=0, \qquad \varphi'_{2i+1}(1)=\varphi_{2i}(1)=0;$$

$$\varphi''_{2i+1}(0)=\varphi'_{2i}(0)=\varphi_{2i-1}(0)+(-1)^{i-1}\frac{B_{2i-1}}{(2i)!}=(-1)^{i-1}\frac{B_{2i-1}}{(2i)!};$$

$$\varphi''_{2i+1}(1)=\varphi'_{2i}(1)=\varphi_{2i-1}(1)+(-1)^{i-1}\frac{B_{2i-1}}{(2i)!}=(-1)^{i-1}\frac{B_{2i-1}}{(2i)!};$$

$$\varphi'''_{2i+1}(0)=\varphi''_{2i}(0)=\varphi'_{2i-1}(0)=\varphi_{2(i-1)}(0)=0, \qquad \varphi'''_{2i+1}(1)=0;$$

. . . .

Em geral,

$$\varphi^{(2a+1)}_{2i+1}(0)=\varphi^{(2a+1)}_{2i+1}(1)=0, \qquad \varphi^{(2a)}_{2i+1}(0)=\varphi^{(2a)}_{2i+1}(1)=(-1)^{i-a}\frac{B_{2i-(2a-1)}}{(2i-2a+2)!},$$

onde, respectivamente, $a=1, 2, 3, \ldots, i-1$ ou $a=1, 2, 3, \ldots, i$.

Derivando directamente u fórmula (C), obtêem-se ainda as seguintes:

$$\varphi_{2i+1}^{2(i+1)}(0)=1, \quad \varphi_{2i+1}^{(2i+1)}(0)=-\frac{1}{2}, \quad \varphi_{2i+1}^{(2i+1)}(1)=\frac{1}{2}.$$

6.º Applicando a fórmula de Taylor ao polynomio $\varphi_{2i+1}(t+1)$, temos

$$\varphi_{2i+1}(t+1)=\varphi_{2i+1}(1)+t\varphi'_{2i+1}(1)+\frac{t^2}{2!}\varphi''_{2i+1}(1)+\ldots+\frac{t^{2i+2}}{(2i+2)!}\varphi_{2i+1}^{(2i+2)}(1),$$

e, substituindo $\varphi_{2i+1}(1)$, $\varphi'_{2i+1}(1)$, etc. pelos seus valores, obtidos anteriormente,

$$\varphi_{2i+1}(t+1)=(-1)^{i-1}\frac{t^2}{2!}\frac{B_{2i-1}}{(2i)!}+(-1)^{i-3}\frac{t^4}{4!}\frac{B_{2i-3}}{(2i-2)!}+\ldots+\frac{t^{2i+2}}{(2i+2)!}.$$

Logo

$$\varphi_{2i+1}(t+1)=\varphi_{2i+1}(-t).$$

Do mesmo modo se obtem a relação

$$\varphi_{2i}(t+1)=-\varphi_{2i}(-t).$$

Por meio d'esta ultima egualdade, pondo nella $t=-\frac{1}{2}$, vê-se que $\varphi_{2i}\left(\frac{1}{2}\right)=-\varphi_{2i}\left(\frac{1}{2}\right)$, e portanto que *uma das raizes de* $\varphi_{2i}(t)=0$ *é egual a* $\frac{1}{2}$.

I. Posto isto, appliquemos a fórmula de Darboux ao caso em que $\varphi(t)=\varphi_{2i+1}(t)$. Pondo para isso $n=2i+2$ e attendendo ás expressões das derivadas de $\varphi_{2i+1}(t)$ obtidas anteriormente, vem

$$(1)\quad \begin{cases} f(x+h)-f(x)=h\dfrac{f'(x+h)+f'(x)}{2} \\ +\sum\limits_{a=1}^{a=i}(-1)^a h^{2a}\dfrac{B_{2a-1}}{(2a)!}[f^{(2a)}(x+h)-f^{(2a)}(x)]+R, \end{cases}$$

onde

$$R=h^{2i+3}\int_0^1 \varphi_{2i+1}(t)f^{(2i+3)}(x+ht)\,dt.$$

Como a funcção $\varphi_{2i+1}(t)$ tem signal constante no intervallo de $t=0$ a $t=1$, podemos, applicando o primeiro theorema da média (n.º 30), pôr a expressão de R debaixo da fórma

$$R=h^{2i+3}f^{(2i+3)}(x+ht_0)\int_0^1\varphi_{2i+1}(t)\,dt,$$

t_0 representando um numero comprehendido entre 0 e 1; e por ser, em virtude da fórmula (E) do numero anterior,

$$\int_0^1 \varphi_{2i+1}(t)\,dt = (-1)^{i+1}\frac{B_{2i+1}}{(2i+2)!},$$

temos finalmente

$$(2)\qquad R = (-1)^{i+1}\frac{h^{2i+3}}{(2i+2)!}B_{2i+1}f^{(2i+3)}(x_1).$$

x_1 designando um numero comprehendido entre x e $x+h$.

Por ser

$$\int_x^{x+h} f'(x)\,dx = f(x+h) - f(x),$$

as fórmulas (1) e (2) podem ainda ser escriptas do modo seguinte:

$$(3)\qquad \left\{\begin{aligned} &\int_x^{x+h} f(x)\,dx = h\frac{f(x+h)+f(x)}{2} \\ &+\sum_{a=1}^{a=i}(-1)^a h^{2a}\frac{B_{2a-1}}{(2a)!}\left[f^{(2a-1)}(x+h) - f^{(2a-1)}(x)\right] + R, \end{aligned}\right.$$

onde

$$(4)\qquad R = (-1)^{i+1}\frac{h^{2i+3}}{(2i+2)!}B_{2i+1}f^{(2i+2)}(x_1).$$

Applicando esta fórmula a cada um dos integraes que entram na expressão

$$\int_\alpha^\beta f(x)\,dx = \int_\alpha^{\alpha+h} f(x)\,dx + \int_{\alpha+h}^{\alpha+2h} f(x)\,dx + \ldots + \int_{\alpha+(m-1)h}^{\alpha+mh} f(x)\,dx,$$

onde $mh = \beta$, vem a seguinte:

$$(5)\qquad \left\{\begin{aligned} &\int_\alpha^\beta f(x)\,dx = h\frac{f(\alpha)+f(\beta)}{2} + h\Sigma f(\alpha) \\ &+\sum_{a=1}^{a=i}(-1)^a h^{2a}\frac{B_{2a-1}}{(2a)!}\left[f^{(2a-1)}(\beta) - f^{(2a-1)}(\alpha)\right] + R, \end{aligned}\right.$$

onde

$$(6)\qquad R = (-1)^{i+1} m\frac{h^{2i+3}}{(2i+2)!}B_{2i+1}f^{(2i+2)}(x'),$$

x' representando um numero comprehendido entre α e β, e onde

$$\Sigma f(\alpha) = f(\alpha+h) + f(\alpha+2h) + \ldots + f[\alpha+(m-1)h].$$

As fórmulas (1), (3) e (5) são devidas a Euler, que não deu todavia as expressões da quantidade R, que nellas entram. Esta quantidade foi estudada por Poisson, Jacobi e Malmesten, como se póde ver em uma memoria d'este ultimo geometra, publicada no t. V das *Acta mathematica*. As fórmulas (3) e (5) podem servir para o calculo approximado dos integraes definidos, devendo applicar-se a fórmula (3) quando o intervallo dos limites da integração é pequeno, e a fórmula (5) quando este intervallo é grande. A fórmula (5) serve tambem para calcular o valor da somma $\Sigma f(\alpha)$, quando se sabe calcular o valor do integral definido que entra no seu primeiro membro.

Deve observar-se que os numeros de Bernoulli crescem rapidamente (como resulta da expressão d'estes numeros dada no n.º 176 do *Calculo differencial*), e que porisso as series que resultam das fórmulas que vimos de obter são, em geral, divergentes ou pouco convergentes. Todavia os valores dos restos d'estas series são pequenos, quando i é pequeno, e porisso podem ser aproveitadas para a solução dos problemas mencionados.

67. *Séries trigonometricas.* — Depois das séries ordenadas segundo as potencias de uma variavel, nenhumas ha que mais importancia tenham do que as séries da fórma

$$\begin{gathered} a_0 + a_1 \operatorname{sen} x + a_2 \operatorname{sen} 2x + \ldots + a_n \operatorname{sen} nx + \ldots \\ + b_1 \cos x + b_2 \cos 2x + \ldots + b_n \cos nx + \ldots \end{gathered}$$

Estas séries, a que se dá o nome de *séries trigonometricas*, têem sido objecto de trabalhos importantes, que têem concorrido poderosamente para o aperfeiçoamento dos principios fundamentaes da Analyse [1]. Vamos aqui occupar-nos do estudo d'estas séries, limitando-nos á sua parte mais elementar.

I. Um dos methodos que se segue no estudo do desenvolvimento das funcções em série trigonometrica levou, como veremos, a considerar o integral definido

$$u = \int_a^X f(x) \frac{\operatorname{sen} nx}{\operatorname{sen} x} dx, \quad (X > a)$$

e a procurar o limite para que tende, quando n tende para o infinito. Principiaremos pois pela demonstração do theorema seguinte, devido a Derichlet:

Se a funcção $f(x)$ é finita e tem um numero limitado de maximos, de minimos e de pontos de discontinuidade no intervallo de $x = a$ a $x = X$, se esta funcção é continua no ponto $x = 0$

(1) Para conhecer a historia d'esta questão, consulte-se o trabalho seguinte:

A. Sachse: — *Essai historique sur la représentation d'une fonction arbitraire par une série trigonométrique* (*Bulletin des Sciences Mathématiques*, 2.ª série, t. IV).

(no caso de este ponto pertencer ao intervallo considerado) e se a e X estão comprehendidos entre $-\pi$ e $+\pi$, o limite para que tende o integral u, quando n tende para o infinito, é egual a zero, quando a e X têem o mesmo signal, é egual a $\pi f(0)$ quando a e X têem signaes contrarios, e é egual a $\frac{\pi}{2} f(0)$, quando $a=0$ ou $X=0$.

A demonstração que vamos dar d'este theorema é devida, na sua parte essencial, a O. Bonnet.

Ponha-se $f(x)\frac{x}{\operatorname{sen} x}=\varphi(x)$, e considere-se portanto o integral

$$u=\int_a^X \varphi(x)\frac{\operatorname{sen} nx}{x}dx.$$

1.º Supponhamos primeiramente que a e X são differentes de zero e têem o mesmo signal.

Se a funcção $\frac{\varphi(x)}{x}$ varia sempre no mesmo sentido, quando x varia desde a até X, o theorema IV do n.º 30 dá

$$u=\frac{\varphi(a)}{a}\int_a^\alpha \operatorname{sen} nx\,dx+\frac{\varphi(X)}{X}\int_\alpha^X \operatorname{sen} nx\,dx$$

$$=\frac{\varphi(a)}{na}(\cos na-\cos n\alpha)+\frac{\varphi(X)}{nX}(\cos n\alpha-\cos nX).$$

Logo temos

$$\lim_{n=\infty}\int_a^X \varphi(x)\frac{\operatorname{sen} nx}{x}dx=0.$$

Se a funcção $\frac{\varphi(x)}{x}$ não varia sempre no mesmo sentido no intervallo de a X, decomponha-se o integral u em outros para os quaes esta condição tenha logar; como cada um d'elles tende para zero, quando n tende para o infinito, a sua somma tende para zero.

2.º Seja agora $a=0$ e $X>0$. Decomponha-se o integral considerado do modo seguinte:

$$u=\int_0^{\frac{1}{\sqrt{n}}}\varphi(x)\frac{\operatorname{sen} nx}{x}dx+\int_{\frac{1}{\sqrt{n}}}^X \varphi(x)\frac{\operatorname{sen} nx}{x}dx,$$

e dêem-se a n valores sufficientemente grandes para que a funcção $\varphi(x)$ varie sempre no mesmo sentido no intervallo de $x=0$ a $x=\frac{1}{\sqrt{n}}$.

É facil de ver, raciocinando como no caso anterior, que o segundo dos integraes, que entram na somma precedente, tende para zero, quando n tende para o infinito.

Para achar o limite para que tende o primeiro integral, note-se que é (n.° 30–IV)

$$\int_0^{\frac{1}{\sqrt{n}}} \varphi(x)\frac{\operatorname{sen} nx}{x}dx = \varphi(0)\int_0^{\alpha}\frac{\operatorname{sen} nx}{x}dx + \varphi\left(\frac{1}{\sqrt{n}}\right)\int_\alpha^{\frac{1}{\sqrt{n}}}\frac{\operatorname{sen} nx}{x}dx$$

ou, pondo nos integraes que entram no segundo membro d'esta egualdade $nx = y$, $\varphi\left(\frac{1}{\sqrt{n}}\right) = \varphi(0) + \beta$,

$$\int_0^{\frac{1}{\sqrt{n}}} \varphi(x)\frac{\operatorname{sen} nx}{x}dx = \varphi(0)\int_0^{n\alpha}\frac{\operatorname{sen} y}{y}dy + \varphi\left(\frac{1}{\sqrt{n}}\right)\int_{n\alpha}^{\sqrt{n}}\frac{\operatorname{sen} y}{y}dy$$

$$= \varphi\left(\frac{1}{\sqrt{n}}\right)\int_0^{\sqrt{n}}\frac{\operatorname{sen} y}{y}dy - \beta\int_0^{n\alpha}\frac{\operatorname{sen} y}{y}dy.$$

Fazendo tender n para o infinito e notando que, por ser continua a funcção $\varphi(x)$ no ponto $x = 0$, β tende para zero, que o primeiro integral que entra no segundo membro d'esta egualdade tende (n.° 37–III) para $\frac{\pi}{2}$ e que o segundo não póde tender para o infinito, temos

$$\lim_{n=\infty}\int_0^{\frac{1}{\sqrt{n}}} \varphi(x)\frac{\operatorname{sen} nx}{x}dx = \frac{\pi}{2}\varphi(0) = \frac{\pi}{2}f(0).$$

Logo

$$\lim_{n=\infty} u = \frac{\pi}{2}\varphi(0) = \frac{\pi}{2}f(0)$$

3.° Se $X = 0$ e a negativo, temos, pondo $-x = y$,

$$u = \int_a^0 \varphi(x)\frac{\operatorname{sen} nx}{x}dx = -\int_0^a \varphi(x)\frac{\operatorname{sen} nx}{x}dx = \int_0^{-a}\varphi(-y)\frac{\operatorname{sen} y}{y}dy,$$

d'onde se deduz ainda

$$\lim_{n=\infty} u = \frac{\pi}{2}\varphi(0) = \frac{\pi}{2}f(0).$$

4.° Finalmente, se a e X têem signaes contrarios, decomponha-se u do modo seguinte:

$$u = \int_a^0 \varphi(x)\frac{\operatorname{sen} nx}{x}dx + \int_0^X \varphi(x)\frac{\operatorname{sen} nx}{x}dx,$$

d'onde se deduz

$$\lim_{n=\infty} u = \pi\varphi(0) = \pi f(0).$$

II. Do theorema precedente deduziu Derichlet (1) o desenvolvimento de $f(x)$ em série trigonometrica, como vamos ver.

Da identidade conhecida

$$\frac{1}{2} + \cos(\beta - x) + \cos 2(\beta - x) + \ldots + \cos n(\beta - x) = \frac{\operatorname{sen}(2n+1)\frac{\beta - x}{2}}{2\operatorname{sen}\frac{\beta - x}{2}}$$

deduz-se

$$\frac{1}{2}\int_a^b f(\beta)\,d\beta + \sum_{m=1}^{n}\int_a^b f(\beta)\cos 2n(\beta - x)\,d\beta = \int_a^b f(\beta)\frac{\operatorname{sen}(2n+1)\frac{\beta - x}{2}}{2\operatorname{sen}\frac{\beta - x}{2}}\,d\beta,$$

ou, pondo $\frac{\beta - x}{2} = z$,

$$\frac{1}{2}\int_a^b f(\beta)\,d\beta + \sum_{m=1}^{n}\int_a^b f(\beta)\cos 2n(\beta - x)\,d\beta = \int_{\frac{a-x}{2}}^{\frac{b-x}{2}} f(x+2z)\frac{\operatorname{sen}(2n+1)z}{\operatorname{sen} z}\,dz.$$

Supponhamos agora que a differença entre os numeros a e b não excede 2π, que x representa um numero comprehendido entre a e b, que a funcção $f(\beta)$ tem um numero limitado de maximos, de minimos e de pontos de discontinuidade no intervallo de $\beta = a$ a $\beta = b$ e que é continua no ponto $\beta = x$. Fazendo tender n para o infinito, o segundo membro d'esta egualdade tende para $\pi f(x)$, e temos portanto

$$(1)\quad \begin{cases} f(x) = \frac{1}{2\pi}\int_a^b f(\beta)\,d\beta + \frac{1}{\pi}\sum_{m=1}^{\infty}\int_a^b f(\beta)\cos m(\beta - x)\,d\beta \\ \quad = \frac{1}{2\pi}\int_a^b f(\beta)\,d\beta \\ \quad + \frac{1}{\pi}\sum_{m=1}^{\infty}\left[\cos mx\int_a^b f(\beta)\cos m\beta\,d\beta + \operatorname{sen} mx\int_a^b f(\beta)\operatorname{sen} m\beta\,d\beta\right]. \end{cases}$$

Esta fórmula, devida a Fourier, resolve a questão proposta, isto é, dá o desenvolvimento de $f(x)$ em série trigonometrica, quando x está comprehendido entre a e b e é $a - b \gtreqless 2\pi$, se

(1) *Jornal de Crelle*, t. IV.

no ponto x considerado a funcção $f(x)$ é continua [1]. Ordinariamente dão-se a a e b os valores $-\pi$ e π, ou os valores 0 e 2π.

III. No caso de ser $x=a$ ou $x=b$, a fórmula precedente não tem logar. Neste caso o integral que entra no segundo membro da penultima fórmula tende para $\frac{1}{2}\pi f(a)$ ou $\frac{1}{2}\pi f(b)$, quando n tende para o infinito, e portanto o primeiro membro de (1) deve ser substituido por $\frac{1}{2}f(a)$ ou $\frac{1}{2}f(b)$.

Consideremos os pontos em que a funcção $f(x)$ é discontinua. Seja α um d'estes pontos e supponhamos que $f_1(x)$ e $f_2(x)$ representam duas funcções continuas, que têem uma á direita e a outra á esquerda do ponto α, na visinhança d'este ponto, os mesmos valores que $f(x)$. A fórmula (1) dá, attendendo á observação anterior,

$$\frac{1}{2}f_1(\alpha)=\frac{1}{2\pi}\int_\alpha^b f(\beta)\,d\beta+\frac{1}{\pi}\sum_{m=1}^{\infty}\int_\alpha^b f(\beta)\cos m(\beta-x)\,d\beta,$$

$$\frac{1}{2}f_2(\alpha)=\frac{1}{2\pi}\int_a^\alpha f(\beta)\,d\beta+\frac{1}{\pi}\sum_{m=1}^{\infty}\int_a^\alpha f(\beta)\cos m(\beta-x)\,d\beta\,;$$

e estas egualdades, sendo sommadas membro a membro, dão

$$\frac{1}{2}f_1(\alpha)+\frac{1}{2}f_2(\alpha)=\frac{1}{2\pi}\int_a^b f(\beta)\,d\beta+\frac{1}{\pi}\sum_{m=1}^{\infty}\int_a^b f(\beta)\cos m(\beta-x)\,d\beta.$$

Em virtude da continuidade de $f_1(x)$ e $f_2(x)$, as quantidades $f_1(\alpha)$ e $f_2(\alpha)$ são respectivamente eguaes aos limites para que tendem $f(\alpha+h)$ e $f(\alpha-h)$, quando h tende para zero. Representando, como Derichlet, estes limites por $f(\alpha+0)$ e $f(\alpha-0)$, póde-se substituir o primeiro membro da egualdade anterior por $\frac{1}{2}[f(\alpha+0)+f(\alpha-0)]$.

Exemplo 1.º — Appliquemos a fórmula de Fourier á funcção $f(x)=x$.

Dando a a o valor 0 e a b o valor 2π e attendendo ás egualdades

$$\int_0^{2\pi}\beta d\beta=2\pi^2,\quad \int_0^{2\pi}\beta\operatorname{sen} m\beta\,d\beta=-\frac{2\pi}{m},\quad \int_0^{2\pi}\beta\cos m\beta\,d\beta=0,$$

(1) Devemos observar que Fourier deu d'esta fórmula uma demonstração insufficiente. Deve-se principalmente a Derichlet e a Riemann o terem fixado as condições para que a fórmula tenha logar. Devemos tambem observar que o caso que vimos de considerar, collocando-nos em um ponto de vista elementar, não é o unico em que a fórmula de Fourier tem logar.

aquella fórmula dá o desenvolvimento

$$x = \pi - 2\left[\operatorname{sen} x + \frac{1}{2}\operatorname{sen} 2x + \frac{1}{3}\operatorname{sen} 3x + \dots\right],$$

que tem logar para todos os valores de x comprehendidos entre 0 e 2π.

A egualdade anterior conduz a um exemplo simples de uma série trigonometrica que representa, para valores de x pertencentes a diversos intervallos, funcções completamente differentes. Com effeito, suppondo a variavel x negativa e mudando nella x em $-x$, vem

$$-x = \pi + 2\left(\operatorname{sen} x + \frac{1}{2}\operatorname{sen} 2x + \frac{1}{3}\operatorname{sen} 3x + \dots\right).$$

Logo a série

$$\operatorname{sen} x + \frac{1}{2}\operatorname{sen} 2x + \frac{1}{3}\operatorname{sen} 3x + \dots$$

é egual a $\frac{1}{2}(\pi - x)$, quando a variavel x está comprehendida entre 0 e 2π; e é egual a $-\frac{1}{2}(x + \pi)$, quando a variavel está comprehendida entre 0 e -2π. No ponto $x = 0$ a série toma o valor zero.

Exemplo 2.º — Seja agora $f(x) = 1$, $a = -\frac{\pi}{2}$, $b = \frac{\pi}{2}$. Por ser

$$\int_{-\frac{\pi}{2}}^{+\frac{\pi}{2}} d\beta = \pi, \quad \int_{-\frac{\pi}{2}}^{\frac{\pi}{2}} \operatorname{sen} m\beta \, d\beta = 0, \quad \int_{-\frac{\pi}{2}}^{\frac{\pi}{2}} \cos m\beta \, d\beta = \frac{2 \operatorname{sen} m \frac{\pi}{2}}{m},$$

a fórmula de Fourier dá o seguinte desenvolvimento de π em série trigonomettrica:

$$\frac{\pi}{4} = \cos x - \frac{1}{3}\cos 3x + \frac{1}{5}\cos 5x - \dots$$

III. Seja $F(x)$ uma funcção egual a $f(x)$ no intervallo de 0 a l e egual a $-f(x)$ no intervallo de 0 a $-l$, e seja $l \overline{\gtrless} \pi$.

Por ser, em virtude da noção de integral definido,

$$\int_{-l}^{l} F(\beta)\, d\beta = 0, \quad \int_{-l}^{l} F(\beta) \cos m\beta \, d\beta = 0,$$

$$\int_{-l}^{l} F(\beta) \operatorname{sen} m\beta \, d\beta = 2\int_{0}^{l} F(\beta) \operatorname{sen} m\beta \, d\beta,$$

e fórmula de Fourier dá, quando x pertence ao intervallo de $-l$ a l e a funcção $F(x)$ é continua no ponto x,

$$F(x) = \frac{2}{\pi} \sum_{m=1}^{\infty} \operatorname{sen} mx \int_0^l F(\beta) \operatorname{sen} m\beta \, d\beta,$$

e portanto, quando x pertence ao intervallo de 0 a l e a funcção $f(x)$ é continua neste ponto,

$$f(x) = \frac{2}{\pi} \sum_{m=1}^{\infty} \operatorname{sen} mx \int_0^l f(\beta) \operatorname{sen} m\beta \, d\beta.$$

CAPITULO V

Integração das equações differenciaes de primeira ordem

I

Principios geraes

68. Seja $f\left(x,\ y, \frac{dy}{dx}\right)=0$ uma equação differencial dada, que determine $\frac{dy}{dx}$ em funcção de x e y, de modo que

$$(1) \qquad \frac{dy}{dx}=f_1(x,\ y);$$

e seja

$$(2) \qquad \mathrm{F}(x,\ y,\ c)=0$$

uma equação que defina y como funcção de x e da constante arbitraria c, e que seja susceptivel de determinar c, quando x e y são dados.

Supponhamos primeiramente que a funcção $f_1(x,\ y)$ admitte um unico valor para cada systema de valores de x e y. Se a funcção y admittir uma derivada, dada pela equação

$$(3) \qquad \frac{\partial \mathrm{F}}{\partial x}+\frac{\partial \mathrm{F}}{\partial y}\,\frac{dy}{dx}=0,$$

e se os valores de y e $\frac{dy}{dx}$ dados pelas equações (2) e (3) satisfizerem á equação (1), á equação (2) dá-se o nome de *integral geral* ou de *solução geral* de (1). A cada uma das equações que se obtêem dando em (2) a c valores particulares chama-se um *integral particular* ou uma *solução particular* de (1). A qualquer outra equação que determine uma funcção y de x, que satisfaça a (1), chama-se *integral singular* ou *solução singular* de (1). Deve notar-se que se dão muitas vezes estes mesmos nomes ás funcções que estas equações determinam.

A existencia de equações differenciaes da fórma (1) admittindo um integral geral reconhece-se facilmente, visto que qualquer equação $F_1(x, y) = c$ dá, sendo derivada relativamente a x, uma equação da fórma (1), de que ella é integral geral.

O estudo das condições a que deve satisfazer a equação (1) para admittir integral geral, será feito em outro logar. Aqui faremos ver que esta equação não póde ter mais do que um integral geral.

Com effeito, substituindo em (1) a variavel y por outra variavel c ligada com y pela relação $F(x, y, c) = 0$, temos, por ser y funcção de x e c, a equação

$$\frac{\partial y}{\partial x} + \frac{\partial y}{\partial c}\frac{dc}{dx} = f_1(x, y),$$

que, por ser por hypothese

$$\frac{\partial y}{\partial x} = f_1(x, y),$$

dá

$$\frac{\partial y}{\partial c} \cdot \frac{dc}{dx} = 0,$$

a que se satisfaz determinando c por qualquer das equações seguintes:

$$\frac{dc}{dx} = 0, \quad \frac{\partial y}{\partial c} = -\frac{\frac{\partial F}{\partial c}}{\frac{\partial F}{\partial y}} = 0.$$

A primeira d'estas equações dá para c um valor constante e reproduz portanto o integral geral (2).

A segunda equação satisfaz-se pondo $\frac{\partial F}{\partial c} = 0$ ou $\frac{\partial F}{\partial y} = \infty$. Estas equações dão para c valores que, sendo substituidos em $F(x, y, c) = 0$, levam a soluções singulares ou a soluções particulares de (1).

A respeito do que precede faremos as observações seguintes:

1.ª A solução proveniente da eliminação de c entre as equações

$$F(x, y, c) = 0, \quad \frac{\partial F(x, y, c)}{\partial c} = 0$$

representa a envolvente das curvas representadas pelo integral geral (*C. dif.*, n.º 96).

2.ª A equação $\frac{\partial F}{\partial c}$ póde não levar a soluções da equação proposta, no caso de ser ao mesmo tempo $\frac{\partial F}{\partial y} = 0$. Do mesmo modo a equação $\frac{\partial F}{\partial y} = \infty$ póde não levar a soluções da proposta, se fôr ao mesmo tempo $\frac{\partial F}{\partial c} = \infty$.

3.ª O integral (2) não póde ter constantes arbitrarias distinctas de c; com effeito, se as tivesse, dando valores particulares a estas constantes obtinham-se muitos integraes geraes.

4.ª No que precede considerou-se x como variavel independente e y como funcção de x. Podemos inversamente tomar y para variavel independente e considerar x como funcção de y; neste caso deve mudar-se nas considerações anteriores x em y e y em x.

Os primeiros passos na doutrina da integração das equações differenciaes fôram principalmente dados por Leibniz. Encontram-se em cartas dirigidas por elle a Huygens, publicadas no tomo X das *Oeuvres complètes* d'este geometra, a integração de algumas equações differenciaes. Outros exemplos fôram depois considerados por João Bernoulli, Jacob Bernoulli e L'Hospital. Com Euler e Lagrange começou esta doutrina a tomar uma fórma systematica geral.

A existencia de soluções singulares foi notada pela primeira vez por Taylor no seu *Methodus incrementorum*.

69. A definição de integral geral deve ser modificada quando a funcção $f_1(x, y)$ admitte mais do que um valor para cada systema de valores de x e y. Neste caso a equação (1) equivale a muitas equações:

$$(4) \qquad \frac{dy}{dx} = \varphi_1(x, y), \qquad \frac{dy}{dx} = \varphi_2(x, y), \qquad \ldots,$$

representando por $\varphi_1(x, y)$, $\varphi_2(x, y)$, etc. funcções que admittem um unico valor, para cada systema de valores de x e y, e que representam os ramos da funcção $f_1(x, y)$. Se a equação (2) der para y os mesmos valores que os integraes geraes

$$(5) \qquad F_1(x, y, c) = 0, \qquad F_2(x, y, c) = 0, \qquad \ldots,$$

d'aquellas equações, á equação (2) dá-se o nome de integral geral da proposta.

As soluções singulares da equação (1), em logar de serem neste caso tiradas dos integraes geraes das equações (4) pelo methodo exposto no n.º anterior, isto é, por meio da eliminação de c entre cada uma das equações (5) e a correspondente das equações

$$\frac{\partial y}{\partial c} = -\frac{\frac{\partial F_1}{\partial c}}{\frac{\partial F_1}{\partial y}} = 0, \qquad \frac{\partial y}{\partial c} = -\frac{\frac{\partial F_2}{\partial c}}{\frac{\partial F_2}{\partial y}} = 0, \qquad \ldots,$$

podem ser obtidas pela eliminação de c entre a equação (2) e a equação

$$\frac{\partial y}{\partial x} = -\frac{\frac{\partial F}{\partial c}}{\frac{\partial F}{\partial y}} = 0,$$

visto que a equação (2) dá para y os mesmos valores que as equações (5).

Exemplo. — Derivando relativamente a x cada uma das equações

$$(a) \qquad \pm\sqrt{y^2 - a^2} - x + c = 0,$$

vem

$$(A) \qquad yy' \mp \sqrt{y^2 - a^2} = 0.$$

Logo as duas equações (a) são os integraes geraes das duas equações (A).

As equações (a) e (A) estão respectivamente comprehendidas nas equações seguintes:

$$(a') \qquad y^2 = a^2 + (x - c)^2,$$

$$(A') \qquad y^2(1 - y'^2) = a^2;$$

a primeira é pois o integral geral da segunda.

A equação (A′) tem ainda as soluções singulares $y = \pm a$, que se obtêem eliminando c entre as equações

$$y^2 = a^2 + (x - c)^2, \quad \frac{\partial F}{\partial c} = 2(x - c) = 0,$$

ou ainda derivando o primeiro membro de (a) relativamente a y e egualando o resultado a ∞.

70. Vamos agora expôr os principaes methodos de que se usa para achar o integral geral da equação (1).

I. *Integração immediata.* — Seja

$$\varphi(x)\,dx + \psi(y)\,dy = 0$$

a equação proposta. Vê-se immediatamente que o integral geral d'esta equação é

$$\int \varphi(x)\,dx + \int \psi(y)\,dy = c,$$

onde c reprsenta a constante arbitraria.

II. Consideremos agora a equação mais geral

$$\varphi(x, y)\,dx + \psi(x, y)\,dy = 0,$$

cujo primeiro membro suppomos ser uma expressão *differencial exacta.* Viu-se no n.º 38 que, pondo

$$u = \int_a^x \varphi(x, y)\,dx + \int_b^y \psi(a, y)\,dy + c,$$

temos

$$\frac{\partial u}{\partial x} = \varphi(x, y), \qquad \frac{\partial u}{\partial y} = \psi(x, y).$$

O integral geral da equação proposta é pois

$$\int_a^x \varphi(x, y)\,dx + \int_b^y \psi(a, y)\,dy + c = 0,$$

visto que, derivando esta equação relativamente a x e attendendo ás duas anteriores, vem

$$\varphi(x, y) + \psi(x, y)\,y' = 0.$$

Póde tambem escrever-se o integral geral da equação proposta debaixo da fórma (n.º 38)

$$\int_b^y \psi(x, y)\,dy + \int_a^x \varphi(x, b)\,dx + c = 0,$$

que se deve preferir á anterior quando os integraes que nella entram fôrem mais faceis de calcular do que os integraes que entram naquella.

Exemplo 1.º — O integral geral da equação

$$\frac{dx}{\sqrt{1-x^2}} + \frac{dy}{\sqrt{1-y^2}} = 0$$

é

$$\text{(A)} \qquad \text{arc sen}\, x + \text{arc sen}\, y = \text{arc sen}\, c,$$

c designando a constante arbitraria.

Convem notar que, apesar de serem transcendentes os termos do primeiro membro d'esta equação, este integral é uma funcção algebrica de x e y. Com effeito, tomando os senos dos dois membros, vem

$$(B) \qquad x\sqrt{1-y^2}+y\sqrt{1-x^2}=c.$$

Notemos ainda que este integral póde ser obtido directamente, sem a intervenção do theorema de addição das funcções circulares. Com effeito, integrando por partes os termos da equação

$$\sqrt{1-y^2}\,dx+\sqrt{1-x^2}\,dy=0,$$

vem

$$x\sqrt{1-y^2}+y\sqrt{1-x^2}+\int xy\left[\frac{dx}{\sqrt{1-x^2}}+\frac{dy}{\sqrt{1-y^2}}\right]=c,$$

d'onde resulta a equação (B). Porisso, se o theorema considerado não tivesse sido já dado na Trigonometria, obter-se-hia aqui, como consequencia das relações (A) e (B), que, pondo $x=\text{sen}\,\alpha$, $y=\text{sen}\,\beta$, dão

$$\text{sen}\,\alpha\cos\beta+\text{sen}\,\beta\cos\alpha=c=\text{sen}\,(\alpha+\beta).$$

Notemos finalmente que á equação (B) póde dar-se a fórma racional

$$x^2+y^2-c^2=2xy\sqrt{1-c^2},$$

ou, pondo $1-c^2=c'^2$,

$$x^2+y^2-2c'xy+c'^2-1=0.$$

Exemplo 2.º O integral geral da equação

$$(x^3+y)\,dx+(x+1)\,dy=0$$

é (n.º 38)

$$\frac{1}{4}x^4+xy+y+c=0.$$

III. *Separação de variaveis.* — Supponhamos que a equação proposta é

$$\varphi_1(x)\,\varphi_2(y)\,dx+\psi_1(x)\,\psi_2(y)\,dy=0.$$

Dividindo ambos os termos do primeiro membro por $\varphi_2(y)\ \psi_1(x)$, vem a equação

$$\frac{\varphi_1(x)}{\psi_1(x)}\,dx+\frac{\psi_2(y)}{\varphi_2(y)}\,dy=0,$$

que tem o mesmo integral geral que a proposta. Este integral é

$$\int \frac{\varphi_1(x)}{\psi_1(x)}\, dx + \int \frac{\psi_2(y)}{\varphi_2(y)}\, dy = c.$$

Exemplo. — A equação

$$x\sqrt{1-y^2}\, dx + y^2\sqrt{1-x^2}\, dy = 0$$

tem o mesmo integral geral que a equação

$$\frac{x dx}{\sqrt{1-x^2}} + \frac{y^2\, dy}{\sqrt{1-y^2}} = 0.$$

Este integral é (n.ºs 10-II)

$$\sqrt{1-x^2} + \frac{y\sqrt{1-y^2}}{2} - \frac{1}{2} \text{ arc sen } y = c.$$

IV. *Multiplicação por um factor.* — O methodo que agora vamos expor, devido a Euler, contem como caso particular o anterior. Seja

$$(6) \qquad \varphi(x,\, y)\, dx + \psi(x,\, y)\, dy = 0$$

a equação proposta, que suppomos admittir um integral geral $F(x,\, y) = c$, e seja z uma funcção de x e y. A equação

$$(7) \qquad z\,[\varphi(x,\, y)\, dx + \psi(x,\, y)\, dy] = 0$$

admitte o mesmo integral geral que a anterior.

Posto isto, vamos mostrar que se póde sempre determinar z de modo que o primeiro membro da equação precedente seja uma expressão *differencial exacta*. Com effeito, por ser

$$\frac{dy}{dx} = -\frac{\dfrac{\partial F}{\partial x}}{\dfrac{\partial F}{\partial y}},$$

temos

$$\frac{\varphi(x,\, y)}{\psi(x,\, y)} = \frac{\dfrac{\partial F}{\partial x}}{\dfrac{\partial F}{\partial y}}$$

ou

$$\frac{\frac{\partial F}{\partial x}}{\varphi(x, y)} = \frac{\frac{\partial F}{\partial y}}{\psi(x, y)}.$$

Logo, representando por z o valor commum das duas fracções anteriores, temos as egualdades

$$\frac{\partial F}{\partial x} = z\varphi(x, y), \quad \frac{\partial F}{\partial y} = z\psi(x, y),$$

das quaes se deduz

$$z[\varphi(x, y)\,dx + \psi(x, y)\,dy] = dF(x, y),$$

isto é, o theorema enunciado.

Notemos ainda que, por ser

$$\frac{\partial \theta(u)}{\partial x} = \theta'(u)\frac{\partial F}{\partial x}, \quad \frac{\partial \theta(u)}{\partial y} = \theta'(u)\frac{\partial F}{\partial y},$$

onde $u = F(x, y)$ e $\theta(u)$ é uma funcção arbitraria de u, temos

$$d\theta(u) = \frac{\partial \theta(u)}{\partial x}dx + \frac{\partial \theta(u)}{\partial y}dy = z\,\theta'(u)[\varphi(x, y)\,dx + \psi(x, y)\,dy].$$

Logo qualquer factor da fórma $z\theta'(u)$ torna o primeiro membro de (6) uma differencial exacta.

Por ser o primeiro membro de (7) uma expressão differencial exacta, o factor z deve satisfazer á condição (n.º 38)

$$\frac{\partial[z\varphi(x, y)]}{\partial y} = \frac{\partial[z\psi(x, y)]}{\partial x},$$

ou

$$(8) \qquad \varphi(x, y)\frac{\partial z}{\partial y} - \psi(x, y)\frac{\partial z}{\partial x} = z\left[\frac{\partial \psi}{\partial x} - \frac{\partial \varphi}{\partial y}\right].$$

Quando se conhece o factor z, determina-se o integral de (7) pelo methodo anteriormente dado. A determinação porém do factor z é uma questão que não é mais simples do que a integração de (6) e que só póde ser resolvida em casos particulares. Vamos aqui considerar apenas um d'estes casos.

Pondo em (8) $z = e^u$, esta equação transforma-se na seguinte

$$\varphi(x, y)\frac{\partial u}{\partial y} - \psi(x, y)\frac{\partial u}{\partial x} = \frac{\partial \psi}{\partial x} - \frac{\partial \varphi}{\partial y}.$$

Suppondo agora que o segundo membro d'esta equação é a somma de duas parcellas taes que a primeira dividida por $\varphi(x, y)$ dê zero ou uma funcção $f_1(y)$ de y, e a segunda dividida por $\psi(x, y)$ dê zero ou uma funcção $f_2(x)$ de x, temos a equação

$$\varphi(x, y)\frac{\partial u}{\partial y} - \psi(x, y)\frac{\partial u}{\partial x} = \varphi(x, y) f_1(y) + \psi(x, y) f_2(x),$$

a que se satisfaz evidentemente pondo

$$\frac{\partial u}{\partial y} = f_1(y), \quad \frac{\partial u}{\partial x} = -f_2(x),$$

o que dá

$$u = \int f_1(y)\, dy - \int f_2(x)\, dx.$$

Temos pois neste caso

$$z = e^{\int f_1(y)\, dy - \int f_2(x)\, dx}.$$

V. *Methodo de substituição.* — Consiste este methodo em substituir uma ou ambas as variaveis x e y, que entram na equação differencial proposta, por outras t e z ligadas com x e y por uma ou duas relações dadas, de modo a transformar aquella equação em outra que se saiba integrar. Em seguida elimina-se nas soluções d'esta ultima equação as quantidades t e z por meio das relações dadas.

Exemplo. — Para integrar a equação

$$[1 + a\sqrt{1+x^2} + 2bx\sqrt{1+x^2}(y+x^2)]\, dx + b\sqrt{1+x^2}(y+x^2)\, dy = 0,$$

ponha-se $y = z - x^2$, o que transforma esta equação na seguinte

$$(1 + a\sqrt{1+x^2})\, dx + bz\sqrt{1+x^2}\, dz = 0,$$

cujo integral geral é

$$\log(x + \sqrt{1+x^2}) + ax + \frac{1}{2} bz^2 = c.$$

O integral geral da proposta é pois

$$\log(x + \sqrt{1+x^2}) + ax + \frac{1}{2} b(y+x^2)^2 = c.$$

VI. *Methodo da variação das constantes arbitrarias.* — Seja

$$\frac{dy}{dx} = f_1(x, y) + f_2(x, y)$$

a equação proposta.

Supponhamos que se sabe integrar a equação

$$\frac{dy}{dx} = f_1(x, y)$$

e que

$$F_1(x, y, c) = 0$$

é o seu integral geral. Temos

$$\frac{\partial F_1}{\partial x} + \frac{\partial F_1}{\partial y}\frac{dy}{dx} = 0,$$

e portanto

$$-\frac{\frac{\partial F_1}{dx}}{\frac{\partial F_1}{\partial y}} = f_1(x, y).$$

Consideremos agora c como funcção de x e procuremos qual o valor que deve ter para que $F_1(x, y, c) = 0$ satisfaça á equação proposta. Temos

$$\frac{\partial F_1}{\partial x} + \frac{\partial F_1}{\partial y}\frac{dy}{dx} + \frac{\partial F_1}{\partial c}\frac{dc}{dx} = 0,$$

e portanto, para que a proposta seja satisfeita, deve ser

$$-\frac{\frac{\partial F_1}{\partial x} + \frac{\partial F_1}{\partial c}\frac{dc}{dx}}{\frac{\partial F_1}{\partial y}} = f_1(x, y) + f_2(x, y),$$

ou

$$\frac{\frac{\partial F_1}{dc}}{\frac{\partial F_1}{\partial y}}\frac{dc}{dx} = -f_2(x, y).$$

Determinando por meio d'esta equação o valor de c em funcção de x, quando isso fôr possivel, e substituindo-o em $F_1(x, y, c) = 0$, obtem-se o integral geral da equação proposta.

O methodo precedente, que é no fundo um methodo de substituição em que c é a nova variavel dependente, é devido a Lagrange.

II

Applicação dos methodos precedentes á integração de algumas equações mais importantes

71. Vamos agora applicar os methodos expostos no numero anterior á integração de algumas equações differenciaes mais importantes.

I. *Equações homogeneas.* — A equação

$$\varphi(x, y)\, dx + \psi(x, y)\, dy = 0$$

diz-se *homogenea* do gráo n, quando, pondo $y = zx$, vem

$$\varphi(x, y) = x^n \varphi(1, z), \qquad \psi(x, y) = x^n \psi(1, z).$$

Neste caso a substituição mencionada transforma esta equação na seguinte:

$$x^n \varphi(1, z)\, dx + x^n \psi(1, z)(x dz + z dx) = 0,$$

ou

$$[\varphi(1, z) + z\psi(1, z)]\, dx + x\psi(1, z)\, dz = 0,$$

ou

$$\frac{dx}{x} + \frac{\psi(1, z)\, dz}{\varphi(1, z) + z\psi(1, z)} = 0.$$

Temos pois, pondo

$$\int \frac{\psi(1, z)\, dz}{\varphi(1, z) + z\psi(1, z)} = f(z)$$

e integrando

$$\log x + f(z) = \log c,$$

ou

$$x = ce^{-f(z)};$$

anto

$$x = ce^{-f\left(\frac{y}{x}\right)}$$

*

Exemplo. — Integremos a equação homogenea

$$(abx^2 - axy - bxy)\,dx + xy\,dy = 0.$$

Pondo $y = zx$ vem

$$(ab - az - bz + z^2)\,dx + zx\,dz = 0,$$

e portanto

$$\frac{dx}{x} + \frac{zdz}{(z-a)(z-b)} = 0.$$

Se a e b são dois numeros deseguaes, temos

$$\int \frac{zdz}{(z-a)(z-b)} = \frac{b}{b-a}\log(z-b) - \frac{a}{b-a}\log(z-a);$$

e portanto o integral da equação precedente é

$$\log x + \log \frac{(z-b)^{\frac{b}{b-a}}}{(z-a)^{\frac{a}{b-a}}} = \log c,$$

ou

$$x^{b-a}\frac{(z-b)^b}{(z-a)^a} = c.$$

Pondo agora $z = \frac{y}{x}$, vem o integral da equação proposta:

$$\frac{(y-bx)^b}{(y-ax)^a} = c.$$

Se é $a = b$, temos

$$\int \frac{zdz}{(z-a)^2} = -\frac{a}{z-a} + \log(z-a);$$

e portanto o integral da transformada é

$$\log x + \log(z-a) - \frac{a}{z-a} = -\log c,$$

ou

$$\log[cx(z-a)] = \frac{a}{z-a},$$

d'onde se deduz

$$\log[c(y-ax)] = \frac{ax}{y-ax}.$$

II. Para integrar a equação

$$(ax+by+c)\,dy+(mx+ny+p)\,dx=0,$$

ponha-se

$$ax+by+c=z, \qquad mx+ny+p=u,$$

e portanto

$$dy=\frac{mdz-adu}{mb-na}, \qquad dx=\frac{bdu-ndz}{mb-na},$$

o gue leva á equação homogenea

$$(mz-nu)\,dz+(bu-az)\,du=0,$$

que se integra pelo methodo dado anteriormente.

Se é $mb-na=0$, o processo anterior não é applicavel. Neste caso, substituindo na proposta m pelo seu valor tirado desta equação, vem

$$bcdy+(ax+by)(bdy+ndx)+bpdx=0,$$

e, pondo $ax+by=u$,

$$(u+c)\,du+(nu-au+bp-ac)\,dx=0,$$

que se integra pelo methodo de separação de variaveis.

III. A equação

$$\frac{dy}{dx}+\varphi(x)\,y=\psi(x),$$

que é do primeiro gráo relativamente a y' e a y, é conhecida pelo nome de *equação linear de primeira ordem*. Vamos integrá-la pelo methodo da variação das constantes arbitrarias.

Para isso integra-se primeiramente a equação

$$\frac{dy}{dx}+\varphi(x)\,y=0,$$

ou

$$\frac{dy}{y}+\varphi(x)\,dx=0,$$

o que dá

$$\log y+\int\varphi(x)\,dx=\log c,$$

e portanto

$$y = ce^{-\int \varphi(x)\, dx}.$$

Em seguida, considerando c como variavel e determinando-a de modo que seja satisfeita a equação proposta, acha-se

$$\frac{dc}{dx} e^{-\int \varphi(x)\, dx} = \psi(x),$$

e portanto

$$c = \int \psi(x)\, e^{\int \varphi(x)\, dx}\, dx + C.$$

Temos pois o integral geral da proposta

$$y = e^{-\int \varphi(x)\, dx} \left[\int \psi(x)\, e^{\int \varphi(x)\, dx}\, dx + C \right].$$

Exemplo. — Integremos a equação

$$\frac{dy}{dx} - \frac{1}{x} y = (1 - x^2)^{-\frac{1}{2}}.$$

Temos neste caso

$$\varphi(x) = -\frac{1}{x}, \qquad \psi(x) = (1 - x^2)^{-\frac{1}{2}}$$

e portanto

$$\int \varphi(x)\, dx = -\log x, \qquad e^{-\int \varphi(x)\, dx} = e^{\log x} = x.$$

Logo

$$y = x \left[\int x^{-1} (1 - x^2)^{-\frac{1}{2}} dx + C \right],$$

ou (n.º 10)

$$x = x \left[\frac{1}{2} \log \frac{\sqrt{1 - x^2} - 1}{\sqrt{1 - x^2} + 1} + C \right].$$

IV. *Equação de Bernoulli.* — A equação de Jacob Bernoulli:

$$\frac{dy}{dx} + \varphi(x)\, y = \psi(x)\, y^n$$

transforma-se, pondo $\frac{y^{1-n}}{1-n}=z$, na equação linear seguinte:

$$\frac{dz}{dx}+(1-n)\varphi(x)z=\psi(x).$$

V. A equação

$$\varphi(x, y)dx+\psi(x, y)dy+\theta(x, y)(ydx-xdy)=0,$$

onde $\varphi(x, y)$ e $\psi(x, y)$ representam duas funcções homogeneas do gráo m e $\theta(x, y)$ uma funcção homogenea do gráo n, transforma-se, pondo $y=zx$, em uma equação de Bernoulli. Com effeito, temos, por hypothese,

$$\varphi(x, y)=x^m\varphi(1, z), \qquad \psi(x, y)=x^m\psi(1, z), \qquad \theta(x, y)=x^n\theta(1, z),$$

e portanto a equação proposta transforma-se na seguinte:

$$\varphi(1, z)dx+\psi(1, z)(zdx+xdz)-x^{n-m+2}\theta(1, z)dz=0,$$

d'onde se tira

$$\frac{dx}{dz}+\frac{\psi(1, z)}{\varphi(1, z)+z\psi(1, z)}x=\frac{\theta(1, z)}{\varphi(1, z)+z\psi(1, z)}x^{n-m+2},$$

que é uma equação de Bernoulli.

VI. *Equação de Jacobi.* — A equação de Jacobi

$$(a+a'x+a''y)(xdy-ydx)-(b+b'x+b''y)dy+(c+c'x+c''y)dx=0$$

transforma-se, pondo

$$x=z+\alpha, \qquad y=u+\beta,$$

α e β representando duas constantes, em uma equação da fórma

$$\begin{aligned}(a'z+a''u)(zdu-udz)-(\mathrm{A}z+\mathrm{A}'u)du+(\mathrm{B}z+\mathrm{B}'u)dz\\ +(a+a'\alpha+a''\beta)(\alpha du-\beta dz)-(b+b'\alpha+b''\beta)du\\ +(c+c'\alpha+c''\beta)dz=0,\end{aligned}$$

que se reduz á equação considerada anteriormente (V), determinando as constantes α e β por meio das equações

$$\alpha(a + a'\alpha + a''\beta) - (b + b'\alpha + b''\beta) = 0,$$

$$\beta(a + a'\alpha + a''\beta) - (c + c'\alpha + c''\beta) = 0,$$

ou

$$\frac{b + b'\alpha + b''\beta}{\alpha} = \frac{c + c'\alpha + c''\beta}{\beta} = a + a'\alpha + a''\beta.$$

Para resolver estas equações, represente-se por λ o valor commum d'estas tres quantidades, o que dá

$$a - \lambda \quad + a'\alpha + a''\beta = 0,$$

$$b + (b' - \lambda)\alpha + b''\beta = 0,$$

$$c + c'\alpha + (c'' - \lambda)\beta = 0,$$

e portanto

$$\begin{vmatrix} a - \lambda & a' & a'' \\ b & b' - \lambda & b'' \\ c & c' & c'' - \lambda \end{vmatrix} = 0.$$

Por meio d'esta equação do terceiro gráo determina-se λ, e em seguida, por meio de duas das anteriores, determinam-se α e β.

VII. *Equação de Riccati.* — Dá-se o nome de equação de Riccati á equação

$$\frac{dy}{dx} = \varphi(x) + \psi(x)y + \theta(x)y^2,$$

que contem como caso particular aquella de que se occupou este geometra. Esta equação representa um papel importante em muitas questões de Geometria([1]); vamos, por isso, aqui estudar as suas propriedades e integrá-la em um caso particular importante.

A) As propriedades principaes d'esta equação são:

1.° A substituição linear

$$z = \frac{Py + Q}{Ry + S},$$

onde P, Q, R, S são funcções de x taes que $PS - RQ$ seja differente de zero, transforma a equação de Riccati em outra da mesma fórma.

([1]) G. Darboux: *Leçons sur la théorie générale des surfaces*, Paris, 1887–1888.

É o que se vê facilmente substituindo na equação proposta y pelo seu valor:

$$y=\frac{Q-Sz}{Rz-P},$$

e ordenando o resultado segundo as potencias de z, o que leva a uma equação da fórma

$$(PS-RQ)\frac{dz}{dx}=\varphi_1(x)+\psi_1(x)z+\theta_1(x)z^2.$$

2.º Quando se conhece um integral particular da equação de Riccati, a determinação do integral geral depende da integração de uma equação linear de primeira ordem. Seja $y=y_0$ o integral particular conhecido. Pondo

$$y=y_0+\frac{1}{z}$$

e attendendo á egualdade

$$\frac{dy_0}{dx}=\varphi(x)+\psi(x)y_0+\theta(x)y_0^2,$$

obtem-se a equação linear

$$\frac{dz}{dx}+[2y_0\theta(x)+\psi(x)]z+\theta(x)=0.$$

3.º Supponhamos que se conhece outro integral particular $y=y_1$ da proposta. O valor correspondente de z, que representaremos por z_1, é um integral particular da equação precedente, e temos

$$\frac{dz_1}{dx}+[2y_0\theta(x)+\psi(x)]z_1+\theta(x)=0;$$

portanto

$$\frac{d(z-z_1)}{dx}+[2y_0\theta(x)+\psi(x)](z-z_1)=0,$$

d'onde se tira, integrando, a equação

$$z-z_1=ce^{-u},\qquad u=\int[2y_0\theta(x)+\psi(x)]\,dx,$$

que, por ser

$$z=\frac{1}{y-y_0},\qquad z_1=\frac{1}{y_1-y_0},$$

dà

$$\frac{y-y_1}{y-y_0}=c(y_0-y_1)e^{-u}.$$

Neste caso a integração da equação de Riccati fica dependente de uma quadratura.

4.º Supponhamos finalmente que se conhece um terceiro integral particular $y = y_2$ da proposta. Temos, como no caso anterior,

$$\frac{y - y_2}{y - y_0} = c' (y_0 - y_2) e^{-u},$$

e, dividindo esta equação pela anterior membro a membro,

$$\frac{y - y_2}{y - y_1} = C \frac{y_2 - y_0}{y_1 - y_0}.$$

B) Vamos agora considerar, seguindo Boole [1], um caso particular da equação de Riccati em que a sua integração se póde realisar completamente.

Seja proposta a equação

$$\frac{dy}{dx} = cx^{n-1} + \frac{a}{x} y + \frac{b}{x} y^2,$$

onde a, b, c representam quantidades constantes.

Se $n = 2a$, substituindo a variavel y por outra z ligada com a primeira pela relação $y = x^a z$, transforma-se a equação precedente na seguinte:

$$\frac{dz}{dx} = (bz^2 + c) x^{a-1},$$

que é integravel por separação de variaveis.

Se n não é egual a $2a$, pondo $y = \frac{x^n}{y_1} - \frac{a}{b}$, transforma-se a proposta na seguinte:

$$\frac{dy_1}{dx} = -bx^{n-1} + \frac{n+a}{x} y_1 - \frac{c}{x} y_1^2,$$

cujos coefficientes differem dos da proposta pela troca e mudança de signal de b e c, e pela mudança de a em $n + a$.

---

[1] Boole: *An Treatise on differential equations*, London, 1887, p. 91.

Pondo nesta equação $y_1 = \frac{x^n}{y_2} + \frac{n+a}{c}$, obtem-se a equação

$$\frac{dy_2}{dx} = cx^{n-1} + \frac{2n+a}{x} y_2 + \frac{b}{x} y_2^2,$$

cujos coefficientes differem dos da proposta pela mudança de a em $a+2n$.

Continuando do mesmo modo, chega-se a uma equação da fórma

$$\frac{dy_i}{dx} = cx^{n-1} + \frac{in+a}{x} y_i + \frac{b}{x} y_i^2,$$

quando i é par; ou a uma equação da fórma

$$\frac{dy_i}{dx} = -bx^{n-1} + \frac{in+a}{x} y_i - \frac{c}{x} y_i^2,$$

quando i é impar. Quando $n = 2(in+a)$, isto é quando $\frac{n-2a}{2n}$ é egual a um inteiro positivo, a equação de Riccati, a que se chega pela série de transformações precedentes, está nas condições primeiramente indicadas, e portanto, para a integrar, basta substituir a variavel y_i por outra z ligada com a primeira pela relação $y_i = x^{in+a} z$.

Ha ainda outro caso em que se sabe integrar a equação de Riccati. Pondo na proposta $y = \frac{x^n}{z}$, vem a equação

$$\frac{dz}{dx} = -bx^{n-1} + \frac{n-a}{x} z - \frac{c}{x} z^2,$$

a que se póde applicar o methodo anterior, e reduzí-la por substituições successivas a uma equação integravel, quando $\frac{2a-n}{2n}$ é egual a um numero inteiro positivo.

VIII. Consideremos finalmente a equação

$$\frac{dx}{\sqrt{(1-x^2)(1-k^2x^2)}} + \frac{dy}{\sqrt{(1-y^2)(1-k^2y^2)}} = 0,$$

ou, dando-lhe a fórma trigonometrica (n.° 14) por meio das relações $x = \operatorname{sen} \varphi$, $y = \operatorname{sen} \psi$,

$$\frac{d\varphi}{\Delta\varphi} + \frac{d\psi}{\Delta\psi} = 0,$$

onde

$$\Delta\varphi = \sqrt{1 - k^2 \operatorname{sen}^2 \varphi}, \qquad \Delta\psi = \sqrt{1 - k^2 \operatorname{sen}^2 \psi}.$$

*

A integração d'esta equação conduz aos theoremas III e IV do n.º 14, como vamos vêr. Temos primeiramente

$$\int_0^{\varphi} \frac{d\varphi}{\Delta\varphi} + \int_0^{\psi} \frac{d\psi}{\Delta\psi} = c,$$

ou, determinando a constante c pela condição de a $\varphi = 0$ corresponder $\psi = \beta$,

$$\int_0^{\varphi} \frac{d\varphi}{\Delta\varphi} + \int_0^{\psi} \frac{d\psi}{\Delta\psi} = \int_0^{\beta} \frac{d\beta}{\Delta\beta},$$

ou, empregando a notação do n.º 14,

(1) $$\mathrm{F}(k, \varphi) + \mathrm{F}(k, \psi) = \mathrm{F}(k, \beta).$$

Temos assim o integral da equação proposta expresso por meio de transcendentes ellipticas.

Mostrou porém Euler que o mesmo integral póde ser expresso por meio de funcções algebricas. É o que vamos demonstrar por um methodo devido a Lagrange [1].

Pondo

$$\frac{d\varphi}{\Delta\varphi} = -\frac{d\psi}{\Delta\psi} = du,$$

temos

$$\left(\frac{d\varphi}{du}\right)^2 = (\Delta\varphi)^2, \quad \left(\frac{d\psi}{du}\right)^2 = (\Delta\psi)^2$$

e, derivando relativamente a u,

$$2\frac{d^2\varphi}{du^2} = -k^2 \operatorname{sen} 2\varphi, \quad 2\frac{d^2\psi}{du^2} = -k^2 \operatorname{sen} 2\psi.$$

D'estas equações tira-se, sommando-as e pondo $\varphi + \psi = p$, $\varphi - \psi = q$,

$$\frac{d^2p}{du^2} = -\frac{1}{2}k^2[\operatorname{sen}(p+q) + \operatorname{sen}(p-q)] = -k^2 \operatorname{sen} p \cos q,$$

e, subtrahindo-as,

$$\frac{d^2q}{du^2} = -k^2 \cos p \operatorname{sen} q.$$

---

[1] Lagrange: *Oeuvres*, tom. II, p. 5.

Mas de

$$\frac{dp}{du} = \Delta\varphi - \Delta\psi, \qquad \frac{dq}{du} = \Delta\varphi + \Delta\psi$$

resulta

$$\frac{dp}{du} \cdot \frac{dq}{du} = (\Delta\varphi)^2 - (\Delta\psi)^2 = -k^2 (\operatorname{sen}^2 \varphi - \operatorname{sen}^2 \psi)$$

$$= -k^2 \operatorname{sen}(\varphi + \psi) \operatorname{sen}(\varphi - \psi) = -k^2 \operatorname{sen} p \operatorname{sen} q;$$

logo

$$\frac{\dfrac{d^2p}{du^2}}{\dfrac{dp}{du}} = \frac{\cos q \dfrac{dq}{du}}{\operatorname{sen} q},$$

ou, integrando,

$$\log \frac{dp}{du} = \log A + \log \operatorname{sen} q,$$

ou

$$\frac{dp}{du} = A \operatorname{sen} q,$$

onde A representa uma constante arbitraria.

Do mesmo modo se acha

$$\frac{dq}{du} = B \operatorname{sen} p,$$

onde B representa uma constante arbitraria.

Destas equações tira-se, eliminando du,

$$A \operatorname{sen} q \, dq = B \operatorname{sen} p \, dp,$$

e, integrando,

$$A \cos q - B \cos p + C = 0,$$

C representando uma constante arbitraria.

Para determinar as constantes A, B, C, notemos que deve ser $\psi = \beta$ quando $\varphi = 0$; e portanto a ultima equação e as equações

$$A \operatorname{sen}(\varphi - \psi) = \Delta\varphi - \Delta\psi, \qquad B \operatorname{sen}(\varphi + \psi) = \Delta\varphi + \Delta\psi$$

dão, pondo $\varphi = 0$,

$$A = \frac{\Delta\beta - 1}{\operatorname{sen}\beta}, \qquad B = \frac{\Delta\beta + 1}{\operatorname{sen}\beta}, \qquad C = (B - A)\cos\beta = \frac{2\cos\beta}{\operatorname{sen}\beta}.$$

Temos pois, substituindo estes valores na equação anterior,

$$(\cos q + \cos p) - 2\cos\beta - \Delta\beta(\cos q - \cos p) = 0,$$

d'onde resulta

$$(2) \qquad \cos\beta = \cos\varphi\cos\psi - \operatorname{sen}\varphi\operatorname{sen}\psi\,\Delta\beta.$$

Esta equação é o integral geral da proposta, onde β representa a constante arbitraria. Reduz-se á fórma algebrica pondo $x = \operatorname{sen}\varphi$, $y = \operatorname{sen}\psi$.

Quando tiver logar a relação (1) tem tambem logar esta relação, o que demonstra o theorema III do n.º 14.

O theorema IV do n.º 14 tira-se facilmente do theorema anterior, como fez Legendre. Com effeito, pondo

$$S = E(k, \varphi) + E(k, \psi),$$

emos a egualdade (n.º 14)

$$dS = \Delta\varphi\, d\varphi + \Delta\psi\, d\psi$$

que, por ser

$$\Delta\psi\, d\varphi + \Delta\varphi\, d\psi = 0,$$

dá

$$dS = (\Delta\varphi + \Delta\psi)(d\varphi + d\psi) = B\operatorname{sen} p\, dp,$$

onde B tem o valor achado anteriormente.

Temos pois

$$S = -B\cos p + C,$$

ou

$$E(k, \varphi) + E(k, \psi) = -B\cos(\varphi + \psi) + C.$$

Para determinar C ponha-se $\varphi = 0$, $\psi = \beta$, o que dá

$$E(k, \beta) = -B\cos\beta + C.$$

Logo será, attendendo a (2),

$$E(k, \varphi) + E(k, \psi) - E(k, \beta) = -B[\cos(\varphi + \psi) - \cos\beta]$$
$$= \frac{\Delta\beta + 1}{\operatorname{sen}\beta}\operatorname{sen}\varphi\operatorname{sen}\psi(1 - \Delta\beta) = k^2\operatorname{sen}\varphi\operatorname{sen}\psi\operatorname{sen}\beta,$$

que é o que se queria demonstrar.

72. Temos considerado até aqui equações em que a derivada $\frac{dy}{dx}$ entra no primeiro grau. As equações em que esta derivada entra em um grau superior ao primeiro reduzem-se ao caso anterior, resolvendo-as relativamente a $\frac{dy}{dx}$, quando isso é possivel. Ha casos porém em que a integração se póde fazer sem esta operação. Um processo que muitas vezes se emprega para este fim consiste em derivar a equação proposta $f(x, y, y') = 0$ relativamente a x, o que dá

$$\frac{\partial f}{\partial x} + \frac{\partial f}{\partial y} y' + \frac{\partial f}{\partial y'} \frac{dy'}{dx} = 0;$$

eliminar em seguida nesta equação x e dx ou y e dy por meio da proposta e de $dy = y' dx$, o que leva a uma equação em que entram só as variaveis x e y' ou y e y'; e procurar depois o integral geral d'esta equação. Eliminando y' entre esta solução e a equação proposta, obtem-se o integral pedido. Vamos fazer applicação d'este processo a alguns casos importantes.

I. Seja

$$y = \varphi(y') x + \psi(y')$$

a equação que se quer integrar. Derivando-a relativamente a x, vem

$$[\varphi'(y') x + \psi'(y')] \frac{dy'}{dx} = y' - \varphi(y'),$$

ou, quando $y' - \varphi(y')$ é differente de zero,

$$\frac{dx}{dy'} - \frac{\varphi'(y')}{y' - \varphi(y')} x - \frac{\psi'(y')}{y' - \varphi(y')} = 0,$$

isto é, uma equação linear, onde x é a variavel dependente e y' a variavel independente, que se integra pelo methodo exposto no n.º 71-III, e dá um resultado da fórma

$$x = F(y', c).$$

Eliminando depois y' entre esta equação e a proposta, obtem-se o integral pedido.

Reduz-se ao caso anterior a integração das equações da fórma

$$f(y, y') = 0,$$

que se poderem resolver relativamente a y. Temos neste caso, pondo $\varphi(y') = 0$,

$$\frac{dx}{dy'} = \frac{\psi'(y')}{y'},$$

e portanto

$$x = \int \frac{\psi'(y')}{y'} dy' + c.$$

Para achar o integral da proposta, basta eliminar y' entre esta equação e aquella.

II. Consideremos em segundo logar o caso em que a proposta é da fórma

$$f(x, y') = 0,$$

e se póde resolver relativamente a x. Temos então

$$x = \psi(y').$$

Derivando esta equação relativamente a x e eliminando em seguida dx por meio da relação $dy = y'\,dx$, vem

$$\frac{dy}{dy'} = y'\,\psi'(y'),$$

d'onde se tira

$$y = \int y'\,\psi'(y')\,dy' + c.$$

Eliminando depois y' entre esta equação e $f(x, y') = 0$, obtem-se o integral pedido.

III. *Equação de Clairaut.* — Consideremos ainda a equação

$$y = y'x + \psi(y'),$$

integrada pela primeira vez por Clairaut (1), a qual corresponde ao caso de excepção mencionado anteriormente.

Derivando-a relativamente a x, vem a equação

$$\frac{dy'}{dx}\,[x + \psi'(y')] = 0,$$

que se parte nas duas

$$\frac{dy'}{dx} = 0, \qquad x + \psi'(y') = 0.$$

---

(1) *Mémoires de l'Académie de Paris*, 1734.

A primeira dá $y' = c$, e portanto o integral geral da equação proposta é

$$y = cx + \psi(c).$$

A segunda leva, pela eliminação de y' entre ella e a equação dada, ao mesmo resultado que a eliminação de c entre este integral e a equação $x + \psi'(c) = 0$, que resulta de o derivar relativamente a c, isto é, a uma solução, em geral, singular (n.º 68) da proposta.

IV. A equação

$$(1 + x^2) y'^2 - 2xyy' + y^2 - 1 = 0$$

integra-se do mesmo modo. Derivando-a relativamente a x, vem

$$[2(1 + x^2) y' - 2xy] \frac{dy'}{dx} = 0,$$

e portanto

$$(1 + x^2) y' - xy = 0, \quad \frac{dy'}{dx} = 0.$$

A segunda solução dá

$$y = ax + b,$$

e este valor satisfaz á proposta, quando $b = \sqrt{1 - a^2}$. Logo

$$y = ax + \sqrt{1 - a^2}$$

é o integral geral da equação dada.

A primeira solução determina, pela eliminação de y' entre ella e a proposta, a solução singular

$$y^2 = x^2 + 1.$$

Este exemplo é historicamente notavel, porque foi o que levou Taylor a notar pela primeira vez, no seu *Methodus incrementorum* (1715), que uma equação póde ter, alem do integral geral, soluções singulares. Deve notar-se que a analyse que vimos de expôr, para integrar a equação dada, é a mesma que este illustre geometra empregou para o mesmo fim (¹).

(¹) A theoria geral das soluções singulares das equações differenciaes de primeira ordem foi estudada por Laplace nas *Mémoires de l'Académie de Paris*, 1772, por Euler nas *Memorais da Academia de Berlin*, 1756, por Lagrange nas *Mémoires de l'Académie de Paris*, 1774 e 1779, etc.

III

Integração das equações differenciaes totaes com tres variaveis

73. Integrar a equação differencial

$$(1) \qquad P dx + Q dy + R dz = 0,$$

onde P, Q e R são funcções de x, y, z, e onde suppomos z a variavel dependente e x e y as variaveis independentes, é procurar as equações $f(x, y, z) = 0$ que determinam os valores de z que satisfazem ás equações

$$(2) \qquad \frac{\partial z}{\partial x} = -\frac{P}{R}, \quad \frac{\partial z}{\partial y} = -\frac{Q}{R}.$$

Da identidade

$$\frac{\partial \frac{P}{R}}{\partial y} = \frac{\partial \frac{Q}{R}}{\partial x},$$

que dá

$$R\left(\frac{\partial P}{\partial y} + \frac{\partial P}{\partial z}\frac{\partial z}{\partial y}\right) - P\left(\frac{\partial R}{\partial y} + \frac{\partial R}{\partial z}\frac{\partial z}{\partial y}\right) = R\left(\frac{\partial Q}{\partial x} + \frac{\partial Q}{\partial z}\frac{\partial z}{\partial x}\right) - Q\left(\frac{\partial R}{\partial x} + \frac{\partial R}{\partial z}\frac{\partial z}{\partial x}\right),$$

conclue-se, eliminando $\frac{\partial z}{\partial x}$ e $\frac{\partial z}{\partial y}$ por meio das equações (2), que é condição necessaria, para que o problema proposto tenha solução, que P, Q e R satisfaçam á condição

$$(3) \qquad P\left(\frac{\partial Q}{\partial z} - \frac{\partial R}{\partial y}\right) + Q\left(\frac{\partial R}{\partial x} - \frac{\partial P}{\partial z}\right) + R\left(\frac{\partial P}{\partial y} - \frac{\partial Q}{\partial x}\right) = 0.$$

Vejamos agora como se integra a equação proposta quando esta condição se verifica.

Integremos a primeira das equações (2), isto é, a equação

$$P dx + R dz = 0,$$

o que dá

$$(4) \qquad F(x, y, z) = \varphi(y),$$

$\varphi(y)$ designando uma funcção arbitraria de y, que representa o papel da constante arbitraria, visto que se considerou nesta integração y como constante.

Derivando em seguida esta equação relativamente a y, vem

$$\frac{\partial F}{\partial y} + \frac{\partial F}{\partial z} \frac{\partial z}{\partial y} = \frac{d\varphi(y)}{dy};$$

e portanto a segunda das equações (2) transforma-se na equação

$$\frac{\partial F}{\partial y} - \frac{\partial F}{\partial z} \frac{Q}{R} = \frac{d\varphi(y)}{dy}, \tag{5}$$

onde se deve eliminar z por meio de (4). Supponhamos que a resultante d'esta eliminação não contem x. Neste caso esta resultante é uma equação de primeira ordem com duas variaveis y e $\varphi(y)$, por meio da qual se determina o valor de $\varphi(y)$ que se deve substituir em (4). O resultado d'esta substituição satisfaz ás duas equações (2) e representa porisso o integral pedido.

Mostremos agora que a resultante da eliminação de z em (5) por meio de (4) não contem x, quando a condição (3) é satisfeita.

Para isso, notemos primeiramente que, representando u o factor que torna $Pdx + Rdz$ differencial exacta, temos

$$\frac{\partial F}{\partial x} = uP, \qquad \frac{\partial F}{\partial z} = uR, \tag{6}$$

o que transforma o primeiro membro de (5), que representaremos por K, em

$$K = \frac{\partial F}{\partial y} - uQ;$$

e, em seguida, que é condição sufficiente para que esta quantidade não contenha x, que a sua derivada relativamente a x seja nulla, quando se elimina z por meio da equação $F(x, y, z) = \varphi(y)$, isto é, que seja

$$\frac{\partial K}{\partial x} + \frac{\partial K}{\partial z} \frac{\partial z}{\partial x} = 0,$$

ou, attendendo á primeira das equações (2),

$$R\frac{\partial K}{\partial x} - P\frac{\partial K}{\partial z} = 0. \tag{7}$$

*

Temos porém, em virtude das fórmulas (6),

$$\frac{\partial^2 F}{\partial x \partial y} = \frac{\partial (uP)}{\partial y}, \quad \frac{\partial^2 F}{\partial z \partial y} = \frac{\partial (uR)}{\partial y};$$

logo

$$\frac{\partial K}{\partial x} = \frac{\partial (uP)}{\partial y} - \frac{\partial (uQ)}{\partial x}, \quad \frac{\partial K}{\partial z} = \frac{\partial (uR)}{\partial y} - \frac{\partial (uQ)}{\partial z}.$$

Substituindo estes dois valores na equação (7) e attendendo a que das equações (6) resulta a identidade

$$\frac{\partial (uP)}{\partial z} - \frac{\partial (uR)}{\partial x} = 0,$$

obtem-se a equação

$$P\left[\frac{\partial (uQ)}{\partial z} - \frac{\partial (uR)}{\partial y}\right] - Q\left[\frac{\partial (uP)}{\partial z} - \frac{\partial (uR)}{\partial x}\right] + R\left[\frac{\partial (uP)}{\partial y} - \frac{\partial (uQ)}{\partial x}\right] = 0,$$

que, feitas as derivações, dá a equação de condição (3). Logo o primeiro membro de (5) é independente de x quando tem logar a condição (3).

Exemplo. — A equação

$$dz = (y + c_1)\, dx + \frac{z}{y + c_1}\, dy$$

equivale ás seguintes

$$\frac{\partial z}{\partial x} = y + c_1, \quad \frac{\partial z}{\partial y} = \frac{z}{y + c_1}.$$

A primeira dá

$$z = (y + c_1)x + \varphi(y).$$

Substituindo o valor de z e o valor de $\frac{\partial z}{\partial y}$, tirados d'esta equação, na segunda das equações anteriores, vem a equação differencial

$$\frac{d\varphi(y)}{dy} = \frac{\varphi(y)}{y + c_1},$$

cujo integral é

$$\varphi(y) = c_2(y + c_1).$$

O integral da equação proposta é pois

$$z = (y + c_1)(x + c_2).$$

IV

Integração das equações simultaneas

74. Sejam

$$f_1\left(x, y, z, \frac{dy}{dx}, \frac{dz}{dx}\right)=0, \quad f_2\left(x, y, z, \frac{dy}{dx}, \frac{dz}{dx}\right)=0$$

duas equações differenciaes dadas, que determinem $\frac{dy}{dx}$ e $\frac{dz}{dx}$ em funcção de x, de modo que

(1) $$\frac{dy}{dx}=\psi_1(x, y, z), \quad \frac{dz}{dx}=\psi_2(x, y, z);$$

sejam

(2) $$F_1(x, y, z, c_1, c_2)=0, \quad F_2(x, y, z, c_1, c_2)=0$$

duas equações com duas constantes arbitrarias c_1 e c_2, que definam y e z como funcções de x; e supponhamos que estas funcções admittem derivadas, dadas pelas equações

(3) $$\left\{\begin{aligned} &\frac{\partial F_1}{\partial x}+\frac{\partial F_1}{\partial y}\frac{dy}{dx}+\frac{\partial F_1}{\partial z}\frac{dz}{dx}=0,\\ &\frac{\partial F_2}{\partial x}+\frac{\partial F_2}{\partial y}\frac{dy}{dx}+\frac{\partial F_2}{\partial z}\frac{dz}{dx}=0. \end{aligned}\right.$$

Supponhamos que as funcções ψ_1 e ψ_2 admittem um unico valor para cada systema de valores de x, y e z. Se as equações (2) forem susceptiveis de determinar c_1 e c_2, quando x, y e z são dados, e se os valores de y, z, $\frac{dy}{dx}$ e $\frac{dz}{dx}$ dados pelas equações (2) e (3) satisfizerem ás equações propostas, as equações (2) constituem um *systema de integraes geraes* ou de *soluções geraes* d'aquellas. Cada um dos systemas de equações que se obtêem dando em (2) a c_1 e c_2 valores particulares, é um *systema de integraes particulares* ou *soluções particulares* das propostas. A qualquer outro systema de equações que determine y e z em funcção de x, de modo a satisfazerem a (1), chama-se um *systema de integraes singulares* ou *soluções singulares* das propostas.

Se as funcções ψ_1 e ψ_2 tiverem muitos valores para cada systema de valores de x, y e z, as equações (1) equivalem a muitos systemas de equações, em cada um dos quaes ψ_1 e ψ_2 admittem um unico valor para cada systema de valores d'aquellas variaveis.

É facil estender as definições precedentes ao caso de n equações com $n+1$ variaveis.

75. Por meio de uma analyse analoga á que foi empregada no caso de ser dada uma só equação (n.º 68), mostra-se que o systema (1) não póde ter mais do que um systema de soluções geraes e acham-se as suas soluções singulares.

Substituindo em (1) as variaveis y e z por duas novas variaveis c_1 e c_2 ligadas com as duas primeiras pelas relações $F_1(x, y, z, c_1, c_2)=0$, $F_2(x, y, z, c_1, c_2)=0$, temos

$$\frac{\partial y}{\partial x}+\frac{\partial y}{\partial c_1}\frac{dc_1}{dx}+\frac{\partial y}{\partial c_2}\frac{dc_2}{dx}=\psi_1(x, y, z),$$

$$\frac{\partial z}{\partial x}+\frac{\partial z}{\partial c_1}\frac{dc_1}{dx}+\frac{\partial z}{\partial c_2}\frac{dc_2}{dx}=\psi_2(x, y, z),$$

e portanto

$$(4)\qquad \left\{\begin{aligned} &\frac{\partial y}{\partial c_1}\frac{dc_1}{dx}+\frac{\partial y}{\partial c_2}\frac{dc_2}{dx}=0,\\ &\frac{\partial z}{\partial c_1}\frac{dc_1}{dx}+\frac{\partial z}{\partial c_2}\frac{dc_2}{dx}=0.\end{aligned}\right.$$

A estas equações satisfaz-se pondo $\frac{dc_1}{dx}=0$ e $\frac{dc_2}{dx}=0$, d'onde resultam para c_1 e c_2 valores constantes, o que leva ao systema de integraes geraes de que se partiu.

Satisfaz-se tambem ás mesmas equações pondo

$$(5)\qquad \begin{vmatrix} \frac{\partial y}{\partial c_1} & \frac{\partial y}{\partial c_2}\\ \frac{\partial z}{\partial c_1} & \frac{\partial z}{\partial c_2}\end{vmatrix}=0,$$

onde $\frac{\partial y}{\partial c_1}$, $\frac{\partial y}{\partial c_2}$, $\frac{\partial z}{\partial c_1}$, $\frac{\partial z}{\partial c_2}$ devem ser substituidos pelos seus valores tirados das equações

$$(6)\qquad \left\{\begin{aligned} &\frac{\partial F_1}{\partial y}\frac{\partial y}{\partial c_1}+\frac{\partial F_1}{\partial z}\frac{\partial z}{\partial c_1}+\frac{\partial F_1}{\partial c_1}=0,\\ &\frac{\partial F_1}{\partial y}\frac{\partial y}{\partial c_2}+\frac{\partial F_1}{\partial z}\frac{\partial z}{\partial c_2}+\frac{\partial F_1}{\partial c_2}=0,\\ &\frac{\partial F_2}{\partial y}\frac{\partial y}{\partial c_1}+\frac{\partial F_2}{\partial z}\frac{\partial z}{\partial c_1}+\frac{\partial F_2}{\partial c_1}=0,\\ &\frac{\partial F_2}{\partial y}\frac{\partial y}{\partial c_2}+\frac{\partial F_2}{\partial z}\frac{\partial z}{\partial c_2}+\frac{\partial F_2}{\partial c_2}=0,\end{aligned}\right.$$

o que leva a uma equação da fórma $\psi(x, y, z, c_1, c_2)=0$.

Neste caso as equações (4) não são distinctas. Eliminando em uma d'ellas c_2, y e z por meio da equação anterior e das equações (2), vem, para determinar c_1, uma equação differencial de primeira ordem, cujo integral geral é da fórma $\theta(x, c_1, c) = 0$, representando por c a nova constante arbitraria, e cujas soluções singulares são da fórma $\omega(x, c_1) = 0$.

Da eliminação de c_1 e c_2 entre as equações (2) e as equações

$$\psi(x, y, z, c_1, c_2) = 0, \qquad \theta(x, c_1, c) = 0$$

resulta um systema de soluções da proposta com uma unica constante arbitraria, que podem ser singulares.

Da eliminação de c_1 e c_2 entre as equações (2) e as equações

$$\psi(x, y, z, c_1, c_2) = 0, \qquad \omega(x, c_1) = 0$$

resulta tambem um systema de soluções sem constante arbitraria, que podem ser singulares.

Finalmente satisfaz-se ás equações (4) pondo

$$\frac{\partial y}{\partial c_1} = 0, \qquad \frac{\partial y}{\partial c_2} = 0, \qquad \frac{\partial z}{\partial c_1} = 0, \qquad \frac{\partial z}{\partial c_2} = 0.$$

Substituindo nestas equações $\frac{\partial y}{\partial c_1}$, $\frac{\partial y}{\partial c_2}$, etc. pelos seus valores, tirados das equações (6), obtêem-se quatro equações que, no caso de só duas serem distinctas, dão, pela eliminação de c_1 e c_2 entre ellas e (2), uma solução da proposta, que póde ser singular.

76. Seja dado o systema de n equações differenciaes

$$(1) \qquad \frac{dy_1}{dx} = X_1, \qquad \frac{dy_2}{dx} = X_2, \qquad \ldots, \qquad \frac{dy_n}{dx} = X_n,$$

onde X_1, X_2, ..., X_n representam funcções da variavel independente x e das n variaveis dependentes y_1, y_2, ..., y_n; e sejam

$$F_1 = 0, \qquad F_2 = 0, \qquad \ldots, \qquad F_n = 0$$

n equações que constituem o systema de soluções geraes de (1). Resolvendo estas equações relativamente ás n constantes arbitrarias que nellas entram, obtem-se o systema de equações

$$(2) \qquad \varphi_1(x, y_1, y_2, \ldots, y_n) = c_1, \qquad \ldots, \qquad \varphi_n(x, y_1, y_2, \ldots, y_n) = c_n,$$

a respeito do qual vamos demonstrar o theorema seguinte, devido a Jacobi [1]:

Cada uma das funcções $\varphi_1, \varphi_2, \ldots, \varphi_n$ *satisfaz identicamente á equação ás derivadas parciaes*

$$\frac{\partial\varphi}{\partial x}+X_1\frac{\partial\varphi}{\partial y_1}+X_2\frac{\partial\varphi}{\partial y_2}+\ldots+X_n\frac{\partial\varphi}{\partial y_n}=0, \tag{3}$$

quando se substituem no logar de φ.

Reciprocamente, se $\varphi_1, \varphi_2, \ldots, \varphi_n$ *satisfizerem á equação precedente e o seu determinante*

$$\begin{vmatrix} \frac{\partial\varphi_1}{\partial y_1} & \frac{\partial\varphi_1}{\partial y_2} & \cdots & \frac{\partial\varphi_1}{\partial y_n} \\ \cdots & \cdots & \cdots & \cdots \\ \frac{\partial\varphi_n}{\partial y_1} & \frac{\partial\varphi_n}{\partial y_2} & \cdots & \frac{\partial\varphi_n}{\partial y_n} \end{vmatrix} \tag{4}$$

não fôr identicamente nullo, as equações (2) *representam as soluções geraes do systema* (1).

Com effeito, considerando uma qualquer φ das funcções $\varphi_1, \ldots, \varphi_n$, a equação $\varphi = c$ dá, derivando-a relativamente a x,

$$\frac{\partial\varphi}{\partial x}+\frac{\partial\varphi}{\partial y_1}\frac{\partial y_1}{\partial x}+\ldots+\frac{\partial\varphi}{\partial y_n}\frac{\partial y_n}{\partial x}=0,$$

d'onde se tira, substituindo $\frac{\partial y_1}{\partial x}, \frac{\partial y_2}{\partial x}, \ldots, \frac{\partial y_n}{\partial x}$ pelos seus valores, tirados das equações propostas,

$$\frac{d\varphi}{dx}+X_1\frac{\partial\varphi}{\partial y_1}+X_2\frac{\partial\varphi}{\partial y_2}+\ldots+X_n\frac{\partial\varphi}{\partial y_n}=0;$$

o que demonstra a primeira parte do theorema enunciado.

Para demonstrar a segunda parte, note-se que a equação $\varphi = c$ dá

$$d\varphi=\frac{d\varphi}{dx}dx+\frac{\partial\varphi}{\partial y_1}dy_1+\ldots+\frac{\partial\varphi}{\partial y_n}dy_n=0;$$

d'onde se tira, eliminando $\frac{d\varphi}{dx}$ por meio da equação precedente, á qual por hypothese φ deve satisfazer,

$$\frac{\partial\varphi}{\partial y_1}(dy_1-X_1\,dx)+\ldots+\frac{\partial\varphi}{\partial y_n}(dy_n-X_n\,dx)=0.$$

---

(1) Jacobi: — *Nova methodus etc.* (*Jornal de Crelle*, t. LX).

Pondo nesta equação $\varphi = \varphi_1, \varphi_2, \ldots, \varphi_n$, obtem-se o systema de equações:

$$\frac{\partial \varphi_1}{\partial y_1}(dy_1 - X_1\,dx) + \ldots + \frac{\partial y_1}{\partial y_n}(dy_n - X_n\,dx) = 0,$$

. . . .

$$\frac{\partial \varphi_n}{\partial y_1}(dy_1 - X_1\,dx) + \ldots + \frac{\partial \varphi_n}{\partial y_n}(dy_n - X_n\,dx) = 0,$$

do qual se tiram as equações propostas:

$$dy_1 - X_1\,dx = 0, \quad \ldots, \quad dy_n - X_n\,dx = 0,$$

visto que o determinante (4) é differente de zero.

77. *Applicação.* — Para applicar o theorema anterior, consideremos o systema de equações seguinte:

$$\frac{dx_1}{dx} = \frac{\partial H}{\partial y_1}, \quad \frac{dx_2}{dx} = \frac{\partial H}{\partial y_2}, \quad \ldots, \quad \frac{dx_n}{dx} = \frac{\partial H}{\partial y_n}$$

$$\frac{dy_1}{dx} = -\frac{\partial H}{\partial x_1}, \quad \frac{dy_2}{dx} = -\frac{\partial H}{\partial x_2}, \quad \ldots, \quad \frac{dy_n}{dx} = -\frac{\partial H}{\partial x_n},$$

que tem uma importancia consideravel em Mecanica, onde é conhecido pelo nome de systema *canonico*. H representa uma funcção dada das variaveis.

Sendo $\varphi_1 = c_1$, $\varphi_2 = c_2$, etc. os integraes d'estas equações, as funcções φ_1, φ_2 etc. devem satisfazer (n.º 76) á equação

$$\frac{\partial \varphi}{\partial x} + \sum_{i=1}^{n}\left[\frac{\partial \varphi}{\partial x_i}\frac{\partial H}{\partial y_i} - \frac{\partial \varphi}{\partial y_i}\frac{\partial H}{\partial x_i}\right] = 0. \tag{5}$$

Vejamos como esta equação póde levar á descoberta de algumas das equações que constituem as soluções geraes do systema proposto, demonstrando o theorema seguinte, devido a Poisson:

Se $\varphi_a = c_a$ e $\varphi_b = c_b$ fôrem dois integraes do systema proposto, tambem

$$\sum_{i=1}^{n}\left[\frac{\partial \varphi_a}{\partial x_i}\frac{\partial \varphi_b}{\partial y_i} - \frac{\partial \varphi_b}{\partial x_i}\frac{\partial \varphi_a}{\partial y_i}\right] = c,$$

onde c é constante, é um integral do mesmo systema.

A demonstração que vamos dar d'este theorema, é devida a Donkin ([1]).

Note-se primeiramente que se representa ordinariamente pelo symbolo (p, q) a expressão

$$\sum_{i=1}^{n}\left(\frac{\partial p}{\partial x_i}\frac{\partial q}{\partial y_i}-\frac{\partial q}{\partial x_i}\frac{\partial p}{\partial y_i}\right),$$

e que este symbolo goza das propriedades seguintes, nas quaes se funda esta demonstração:

1.º Temos

$$(p, q)=-(q, p), \qquad (p, -q)=-(p, q);$$

2.º Quaesquer que sejam os valores de p, q e r, tem logar a identidade:

$$[(p, q), r]+[(q, r), p]+[q, (p, r)]=0,$$

da qual se têem dado diversas demonstrações directas, e cuja exactidão se verifica facilmente, substituindo os symbolos, que nella entram, pelos seus valores e effectuando as derivações. Obtem-se assim um resultado em que os termos são eguaes dois a dois.

Posto isto, por serem $\varphi_a=c_a$ e $\varphi_b=c_b$ integraes do systema canonico, a fórmula (5) dá

$$\frac{\partial\varphi_a}{\partial x}+(\varphi_a, \mathrm{H})=0, \qquad \frac{\partial\varphi_b}{\partial x}+(\varphi_b, \mathrm{H})=0.$$

Mas por ser

$$(\varphi_a, \varphi_b)=\sum_{i=1}^{n}\begin{vmatrix}\dfrac{\partial\varphi_a}{\partial x_i} & \dfrac{\partial\varphi_b}{\partial x_i}\\[2ex] \dfrac{\partial\varphi_a}{\partial y_i} & \dfrac{\partial\varphi_b}{\partial y_i}\end{vmatrix},$$

temos

$$\frac{\partial(\varphi_a, \varphi_b)}{\partial x}=\sum_{i=1}^{n}\left\{\begin{vmatrix}\dfrac{\partial^2\varphi_a}{\partial x_i\,\partial x} & \dfrac{\partial\varphi_b}{\partial x_i}\\[2ex] \dfrac{\partial^2\varphi_a}{\partial y_i\,\partial x} & \dfrac{\partial\varphi_b}{\partial y_i}\end{vmatrix}+\begin{vmatrix}\dfrac{\partial\varphi_a}{\partial x_i} & \dfrac{\partial^2\varphi_b}{\partial x_i\,\partial x}\\[2ex] \dfrac{\partial\varphi_a}{\partial y_i} & \dfrac{\partial^2\varphi_b}{\partial y_i\,\partial x}\end{vmatrix}\right\},$$

ou

$$\frac{\partial(\varphi_a, \varphi_b)}{\partial x}=\left(\frac{\partial\varphi_a}{\partial x}, \varphi_b\right)+\left(\varphi_a, \frac{\partial\varphi_b}{\partial x}\right),$$

([1]) Donkin: — *On a Class of Differential Equations* (*Philosophical Transactions*, 1854).

e, substituindo $\frac{\partial \varphi_a}{\partial x}$ e $\frac{\partial \varphi_b}{\partial x}$ pelos seus valores e attendendo a que

$$(\varphi_a, \mathrm{H}) = -(\mathrm{H}, \varphi_a), \qquad (\varphi_b, \mathrm{H}) = -(\mathrm{H}, \varphi_b),$$

dá

$$\frac{\partial (\varphi_a, \varphi_b)}{\partial x} = [(\mathrm{H}, \varphi_a), \varphi_b] + [\varphi_a, (\mathrm{H}, \varphi_b)].$$

Logo em virtude da identidade anteriormente verificada, temos

$$\frac{\partial (\varphi_a, \varphi_b)}{\partial x} + [(\varphi_a, \varphi_b), \mathrm{H}] = 0.$$

A funcção (φ_a, φ_b) satisfaz pois á equação (6), e portanto $(\varphi_a, \varphi_b) = c$ é um integral do systema proposto.

Deve notar-se que o theorema de Poisson não leva muitas vezes a integraes distinctos d'aquelles de que se parte. Em todo o caso tem uma importancia consideravel em Analyse.

78. *Theoria do ultimo multiplicador.* — Os methodos para a integração de uma equação differencial estudados no n.º 70 empregam-se tambem, conjunctamente com combinações algebricas, para a integração dos systemas de equações differenciaes. A respeito de um d'elles, (o da *multiplicação por um factor*) vamos expôr um theorema importante, devido a Jacobi.

Sejam dadas as equações

$$(1) \qquad \frac{dy_1}{dx} = \mathrm{X}_1, \quad \frac{dy_2}{dx} = \mathrm{X}_2, \quad \ldots, \quad \frac{dy_n}{dx} = \mathrm{X}_n.$$

Supponhamos que se conhecem $n-1$ das n equações que constituem o systema de integraes geraes de (1):

$$\varphi_1 = c_1, \quad \varphi_2 = c_2, \quad \ldots, \quad \varphi_{n-1} = c_{n-1},$$

onde φ_1, φ_2, etc. representam funcções de x, y_1, y_2, ..., y_n e de $n-1$ constantes arbitrarias, e que se transforma este systema no systema equivalente seguinte:

$$\mathrm{F}_1 = c_1, \quad \mathrm{F}_2 = c_2, \quad \ldots, \quad \mathrm{F}_{n-1} = c_{n-1},$$

onde a primeira equação só contem as tres variaveis x, y_1, y_2, y_3, a terceira só contem as cinco variaveis x, y_1, y_2, y_3, y_4, etc., o que se consegue eliminando em $\varphi_{n-2} = c_{n-2}$ a variavel y_n por meio da equação $\varphi_{n-1} = c_{n-1}$, depois eliminando em $\varphi_{n-3} = c_{n-3}$ as duas variaveis y_n e y_{n-1} por meio de $\varphi_{n-1} = c_{n-1}$ e $\varphi_{n-2} = c_{n-2}$, etc.

*

Se d'estas equações tirarmos os valores de y_2, y_3, ..., y_n e os substituirmos na primeira equação do systema (1), obtem-se uma equação com duas variaveis x e y_1. A qualquer factor que torne esta ultima equação differencial exacta chamou Jacobi *ultimo multiplicador* do systema proposto, e deu, para o achar, um processo muitas vezes applicavel, que não exige a formação d'ella. É este processo que vamos expôr, por meio de uma analyse differente da que foi empregada pelo eminente geometra allemão, a qual é devida a Boole [1].

Viu-se no n.º 70-IV que, no caso de ser dada uma só equação

$$(1') \qquad \frac{dy_1}{dx} = X_1,$$

o factor que a torna differencial exacta é dado pela equação

$$(3) \qquad \frac{\partial z}{\partial x} + \frac{\partial (zX_1)}{\partial y_1} = 0.$$

No caso de serem dadas duas equações

$$(1'') \qquad \frac{dy_1}{dx} = X_1, \qquad \frac{dy_2}{dx} = X_2$$

e de ser conhecido um integral $F_1 = c_1$ d'este systema, tirando o valor de y_1 d'esta equação e substituindo-o na primeira das equações (1''), temos uma equação differencial, cujo multiplicador deve satisfazer á equação (3), o que dá

$$\frac{\partial z}{\partial x} + \frac{\partial z}{\partial y_2}\frac{\partial y_2}{\partial x} + \frac{\partial (zX_1)}{\partial y_1} + \frac{\partial (zX_1)}{\partial y_2}\frac{\partial y_2}{\partial y_1} = 0,$$

visto que neste caso z e X_1 são funcções de x, y_1, y_2, e y_2 é funcção de x e y_1.

Substituindo nesta equação $\frac{\partial y_2}{\partial x}$ e $\frac{\partial y_2}{\partial y_1}$ pelos seus valores tirados de

$$\frac{\partial F_1}{\partial x} + \frac{\partial F_1}{\partial y_2}\frac{\partial y_2}{\partial x} = 0, \qquad \frac{\partial F_1}{\partial y_1} + \frac{\partial F_1}{\partial y_2}\frac{\partial y_2}{\partial y_1} = 0,$$

vem a equação

$$\frac{\partial z}{\partial x}\frac{\partial F_1}{\partial y_2} - \frac{\partial z}{\partial y_2}\frac{\partial F_1}{\partial x} + \frac{\partial (zX_1)}{\partial y_1}\frac{\partial F_1}{\partial y_2} - \frac{\partial (zX_1)}{\partial y_2}\frac{\partial F_1}{\partial y_1} = 0,$$

---

[1] Boole: — *Differential Equations (Supplementary Volume)*, London, 1855, p. 200.

que, por ser

$$\frac{\partial z}{\partial x}\frac{\partial F_1}{\partial y_2}-\frac{\partial z}{\partial y_2}\frac{\partial F_1}{\partial x}=\frac{\partial\left(z\frac{\partial F_1}{\partial y_2}\right)}{\partial x}-\frac{\partial\left(z\frac{\partial F_1}{\partial x}\right)}{\partial y_2},$$

$$\frac{\partial(zX_1)}{\partial y_1}\frac{\partial F_1}{\partial y_2}-\frac{\partial(zX_1)}{\partial y_2}\frac{\partial F_1}{\partial y_1}=\frac{\partial\left(zX_1\frac{\partial F_1}{\partial y_2}\right)}{\partial y_1}-\frac{\partial\left(zX_1\frac{\partial F_1}{\partial y_1}\right)}{\partial y_2},$$

se reduz á seguinte:

$$\frac{\partial\left(z\frac{\partial F_1}{\partial y_2}\right)}{\partial x}+\frac{\partial\left(zX_1\frac{\partial F_1}{dy_2}\right)}{\partial y_1}+\frac{\partial\left(zX_2\frac{\partial F_1}{\partial y_2}\right)}{\partial y_2}=\frac{\partial}{\partial y_2}\left[z\left(\frac{\partial F_1}{\partial x}+X_1\frac{\partial F_1}{\partial y_1}+X_2\frac{\partial F_1}{\partial y_2}\right)\right].$$

Temos porém (n.º 76)

$$\frac{\partial F_1}{\partial x}+X_1\frac{\partial F_1}{dy_1}+X_2\frac{\partial F_1}{\partial y_2}=0.$$

Logo

$$(3')\quad\begin{cases}\dfrac{\partial M}{\partial x}+\dfrac{\partial(MX_1)}{\partial y_1}+\dfrac{\partial(MX_2)}{\partial y_2}=0,\\[2mm] M=z\dfrac{\partial F_1}{\partial y_2}.\end{cases}$$

Estas duas equações resolvem a questão. Se conhecermos uma solução $M=\psi(x, y_1, y_2)$ da primeira e se eliminarmos depois em M e em $\frac{\partial F_1}{\partial y_2}$ a variavel y_2 por meio de $F_1=c_1$, a segunda dá o ultimo multiplicador z procurado.

Consideremos agora o systema de tres equações

$$\frac{dy_1}{dx}=X_1,\quad \frac{dy_2}{dx}=X_2,\quad \frac{dy_3}{dx}=X_3,$$

e sejam $F_1=c_1$, $F_2=c_2$ dois integraes conhecidos.

O ultimo multiplicador d'este systema é dado pelas equações (3'), onde se devem considerar M, X_1, X_2 como funcções de y_3, e y_3 como funcção de x, y_1 e y_2 determinada por $F_2=c_2$, o que dá

$$\frac{\partial M}{\partial x}+\frac{\partial M}{\partial y_3}\frac{\partial y_3}{\partial x}+\frac{\partial(MX_1)}{\partial y_1}+\frac{\partial(MX_1)}{\partial y_3}\frac{\partial y_1}{\partial y_1}+\frac{\partial(MX_2)}{\partial y_2}+\frac{\partial(MX_2)}{\partial y_3}\frac{\partial y_3}{\partial y_2}=0.$$

Substituindo agora as derivadas de y_3 pelos seus valores tirados das equações

$$\frac{\partial F_2}{\partial x}+\frac{\partial F_2}{\partial y_3}\frac{\partial y_3}{\partial x}=0, \quad \frac{\partial F_2}{\partial y_1}+\frac{\partial F_2}{\partial y_3}\frac{\partial y_3}{\partial y_1}=0, \quad \frac{\partial F_2}{\partial y_2}+\frac{\partial F_2}{\partial y_3}\frac{\partial y_3}{\partial y_2}=0,$$

vem a equação

$$\frac{\partial M}{\partial x}\frac{\partial F_2}{\partial y_3}-\frac{\partial M}{\partial y_3}\frac{\partial F_2}{\partial x}+\frac{\partial (MX_1)}{\partial y_1}\frac{\partial F_2}{\partial y_3}-\frac{\partial (MX_1)}{\partial y_3}\frac{\partial F_2}{\partial y_1}$$
$$+\frac{\partial (MX_2)}{\partial y_2}\frac{\partial F_2}{\partial y_3}-\frac{\partial (MX_2)}{\partial y_3}\frac{\partial F_2}{\partial y_2}=0,$$

que, por meio de uma analyse semelhante á empregada no caso anterior, leva ás equações

$$\frac{\partial N}{\partial x}+\frac{\partial (NX_1)}{\partial y_1}+\frac{\partial (NX_2)}{\partial y_2}+\frac{\partial (NX_3)}{\partial y_3}=0, \quad M\frac{\partial F_2}{\partial y_3}=N.$$

Se por meio da primeira equação podermos achar N, a segunda dá M, e em seguida a equação

$$z\frac{\partial F_1}{\partial y_2}=M$$

dá o ultimo multiplicador z do systema proposto.

Em geral, se é dado o systema (1) e se conhecem os integraes (2), póde-se achar o ultimo multiplicador z do systema, procurando uma solução $P=\psi(x, y_1, y_2 \ldots)$ da equação

$$\frac{\partial P}{\partial x}+\frac{\partial (PX_1)}{\partial y_1}+\ldots+\frac{\partial (PX_n)}{\partial y_n}=0.$$

e em seguida substituindo este valor de P na expressão

$$z=\frac{P}{\frac{\partial F_1}{\partial y_2}\frac{\partial F_2}{\partial y_3}\cdots\frac{\partial F_{n-1}}{\partial y_n}}.$$

79. *Applicações.* — Para se vêr a utilidade da theoria do ultimo multiplicador, vamos fazer d'ella duas applicações importantes.

I. Consideremos primeiramente o *systema canonico*

$$\frac{dx_1}{dx}=\frac{\partial H}{\partial y_1}, \quad \frac{dx_2}{dx}=\frac{\partial H}{\partial y_2}, \quad \ldots, \quad \frac{dx_n}{dx}=\frac{\partial H}{\partial y_n},$$
$$\frac{dy_1}{dx}=-\frac{\partial H}{\partial x_1}, \quad \frac{dy_2}{dx_2}=-\frac{\partial H}{\partial x_2}, \quad \ldots, \quad \frac{dy_n}{dx}=-\frac{\partial H}{\partial x_n}.$$

Neste caso a equação ás derivadas parciaes que determina P é

$$\frac{\partial P}{\partial x} + \sum_{i=1}^{n} \left[\frac{\partial \left(P \frac{\partial H}{\partial y_i} \right)}{\partial x_i} - \frac{\partial \left(P \frac{\partial H}{\partial x_i} \right)}{\partial y_i} \right] = 0,$$

a que se satisfaz evidentemente pondo $P = 1$. Logo se conhecermos $2n - 1$ das equações que constituem a solução geral do systema canonico, póde obter-se pelo methodo do ultimo multiplicador a equação que falta conhecer. Esta proposição é devida a Jacobi.

II. Consideremos em segundo logar o systema importante em Geometria e Mecanica ([1]):

$$\frac{dy_1}{dx} = y_2 r - y_3 q, \quad \frac{dy_2}{dx} = y_3 p - y_1 r, \quad \frac{dy_3}{dx} = y_1 q - y_2 p,$$

onde p, q, r representam funcções de x.

Multiplicando a primeira d'estas equações por y_1, a segunda por y_2 e a terceira por y_3, e sommando os resultados, vem

$$y_1 \frac{dy_1}{dx} + y_2 \frac{dy_2}{dx} + y_3 \frac{dy_3}{dx} = 0,$$

que, integrando, dá evidentemente

$$y_1^2 + y_2^2 + y_3^2 = c_1.$$

Temos assim uma equação do systema de integraes pedidos.

Sejam agora ψ_1, ψ_2 e ψ_3 tres funcções de x que satisfaçam ás equações dadas.

As funcções $y_1 + k\psi_1$, $y_2 + k\psi_2$, $y_3 + k\psi_3$ satisfazem tambem ao mesmo systema, qualquer que seja o valor da constante k, como é facil de verificar. Logo temos

$$(y_1 + k\psi_1)^2 + (y_2 + k\psi_2)^2 + (y_3 + k\psi_3)^2 = c_2,$$

e portanto

$$y_1 \psi_1 + y_2 \psi_2 + y_3 \psi_3 = -\frac{k^2 (\psi_1^2 + \psi_2^2 + \psi_3^2)}{2k} = c.$$

Temos assim a segunda equação do systema de integraes que se quer obter.

Se ω_1, ω_2, ω_3 representarem um segundo systema de funcções de x que satisfaçam ás equa-

---

([1]) G. Darboux: — *Leçons sur la théorie des surfaces*, etc. t. I, p. 19.

ções propostas, temos do mesmo modo a terceira equação d'este systema de integraes:

$$y_1 \omega_1 + y_2 \omega_2 + y_3 \omega_3 = c_3.$$

Supponhamos porém que não é conhecido este ultimo systema de funcções. Applicando ás equações differenciaes propostas a theoria do ultimo multiplicador, acha-se

$$\frac{\partial P}{\partial x} + \frac{\partial [P(y_2 r - y_3 q)]}{\partial y_1} + \frac{\partial [P(y_3 p - y_1 r)]}{\partial y_2} + \frac{\partial [P(y_1 q - y_2 p)]}{\partial y_3} = 0,$$

ou

$$\frac{\partial P}{\partial x} + (y_2 r - y_3 q)\frac{\partial P}{\partial y_1} + (y_3 p - y_1 r)\frac{\partial P}{\partial y_2} + (y_1 q - y_2 p)\frac{\partial P}{\partial y_3} = 0.$$

A esta equação satisfaz-se pondo $P = 1$; logo o terceiro integral, que falta conhecer para ter o systema de soluções geraes das equações propostas, póde ser obtido pelo processo do ultimo multiplicador.

V

Sobre a existencia de integral

80. Consideremos o systema de n equações differenciaes de primoira ordem

$$(1) \qquad \frac{dy}{dx} = \psi_1(x, y, z, \ldots), \qquad \frac{dz}{dx} = \psi_2(x, y, z, \ldots), \qquad \ldots,$$

onde x representa a variavel independente e $y, z, \ldots$ as n variaveis dependentes, e supponhamos que $\psi_1, \psi_2, \ldots$ representam funcções continuas de $x, y, z, \ldots$ nos intervallos de $x = x_0 - h$ a $x = x_0 + h$, de $y = y_0 - k$ a $y = y_0 + k$, de $z = z_0 - k$ a $z = z_0 + k$, etc. e que existem numeros positivos constantes A, B, ... taes que, para os valores de $x, y, z, \ldots$ e $y', z', \ldots$ pertencentes a estes intervallos, seja

$$|\psi(x, y', z', \ldots) - \psi(x, y, z, \ldots)| < A|y' - y| + B|z' - z| + \ldots,$$

quando em logar de ψ se substituem as funcções $\psi_1, \psi_2, \ldots$ dadas. A condição expressa por esta desegualdade dá-se, em particular, quando as funcções $\psi_1, \psi_2, \ldots$ admittem derivadas parciaes relativas a $y, z, \ldots$, finitas nos intervallos considerados; é o que resulta immediatamente da fórmula (1) do n.º 67 do *Calculo differencial*, representando neste caso por A, B, ... quaesquer numeros respectivamente superiores aos valores que tomam as derivadas parciaes de ϕ relativamente a y, z, ... nos intervallos considerados.

Posto isto, vamos mostrar que, dadas estas condições, *existe um systema de funcções y, z, ... de x, continuas na visinhança de x_0, que satisfazem ás equações* (1) *e que tomam os valores y_0, z_0, ..., quando x toma o valor x_0, e que este systema é unico.*

Este theorema importante é devido a Cauchy. Para o demonstrar, em logar do methodo usado por este eminente geometra, empregaremos um methodo mais simples, devido a Picard (1).

Consideremos uma série de quantidades $y_0, y_1, y_2, \ldots; z_0, z_1, z_2, \ldots; \ldots$, ligadas pelas relações recorrentes

$$(2)\quad \left\{\begin{aligned} y_m - y_0 &= \int_{x_0}^{x} \phi_1(x, y_{m-1}, z_{m-1}, \ldots)\,dx,\\ z_m - z_0 &= \int_{x_0}^{x} \phi_2(x, y_{m-1}, z_{m-1}, \ldots)\,dx,\\ &\ldots\ldots\ldots\ldots\ldots\ldots \end{aligned}\right.$$

e mostremos que, quando m tende para o infinito, y_m, z_m, ... tendem para limites determinados, que satisfazem ás equações (1).

Representando por M o maior valor que tomam as funcções $|\phi_1|$, $|\phi_2|$, ..., quando x, y, z, ... estão respectivamente comprehendidos nos intervallos de $x_0 - h$ a $x_0 + h$, de $y_0 - k$ a $y_0 + k$, etc., as egualdades precedentes mostram que é (n.º 33-II)

$$|y_1 - y_0| \overline{\gtrless} M|x - x_0|, \qquad |z_1 - z_0| \overline{\gtrless} M|x - x_0|, \qquad \ldots,$$

e portanto que, dando a k um valor inferior a Mh, y_1, z_1, ... pertencem ao intervallo de $y_0 - k$ a $y_0 + k$, de $z_0 - k$ a $z_0 + k$, etc. Por ser tambem

$$|y_2 - y_0| \overline{\gtrless} M|x - x_0|, \qquad |z_2 - z_0| \overline{\gtrless} M|x - x_0|, \qquad \ldots,$$

vê-se que y_2, z_2, ... pertencem aos mesmos intervallos. Continuando do mesmo modo, vê-se que todas as quantidades y_m, z_m, ... pertencem aos intervallos considerados.

Temos porém (n.º 33-II), x' representando um numero comprehendido entre x_0 e x,

$$\begin{aligned} |y_m - y_{m-1}| &= \left|\int_{x_0}^{x} [\phi_1(x, y_{m-1}, \ldots), \quad -\phi_1(x, y_{m-2}, \ldots)]\,dx\right|\\ &= |\phi_1(x', y_{m-1}, \ldots) - \phi_1(x', y_{m-2}, \ldots)|\,|x - x_0|\\ &< [A|y_{m-1} - y_{m-2}| + B|z_{m-1} - z_{m-2}| + \ldots]\,|x - x_0|,\\ |z_m - z_{m-1}| &< [A|y_{m-1} - y_{m-2}| + B|z_{m-1} - z_{m-2}| + \ldots]\,|x - x_0|,\\ &\ldots\ldots\ldots\ldots\ldots\ldots; \end{aligned}$$

(1) *Bulletin de la Société mathématique de France*, t. XIX, 1891.

e, pondo $m=2, 3, \ldots,$

$$|y_2-y_1|<|[A|y_1-y_0|+B|z_1-z_0|+\ldots]|x-x_0|,$$
$$<(A+B+\ldots)M|x-x_0|^2,$$
$$|z_2-z_1|<(A+B+\ldots)M|x-x_0|^2,$$
$$\ldots\ldots\ldots\ldots\ldots\ldots,$$
$$|y_3-y_2|<[A|y_2-y_1|+B|z_2-z_1|+\ldots]|x-x_0|$$
$$<M(A+B+\ldots)^2|x-x_0|^3,$$
$$\ldots\ldots\ldots\ldots\ldots\ldots\ldots\ldots$$
$$|y_m-y_{m-1}|<M(A+B+\ldots)^{m-1}|x-x_0|^m;$$

portanto

$$|y_2-y_1|+|y_3-y_2|+\ldots<M[(A+B+\ldots)|x-x_0|^2+(A+B+\ldots)^2|x-x_0|^3+\ldots].$$

Esta desegualdade faz ver que a série que se obtem pondo $m=\infty$ na egualdade

$$y_m=y_0+(y_1-y_0)+(y_2-y_1)+\ldots+(y_m-y_{m-1})$$

é convergente, quando a série que entra no seu segundo membro é convergente, isto é, quando tem logar a desegualdade

$$(3) \qquad (A+B+\ldots)|x-x_0|<1.$$

Logo as quantidades y_1, y_2, ... tendem para um limite, quando se dão a x valores sufficientemente proximos de x_0 para que tenha logar esta desegualdade, isto é, quando se dá a k um valor inferior a $\frac{1}{A+B+\ldots}$.

Do mesmo modo se consideram as outras variaveis z, ...

Fazendo agora tender m para o infinito nas fórmulas (2), vem

$$y=\int_{x_0}^{x}\psi_1(x, y, z, \ldots)dz+y_0, \quad z=\int_{x_0}^{x}\psi_2(x, y, z, \ldots)dx+z_0, \quad \ldots$$

(representando por y, z, ... os limites para que tendem y_m, z_m, ...) e portanto

$$\frac{dy}{dx}=\psi_1, (x, y, z, \ldots), \quad \frac{dz}{dx}=\psi_2(x, y, z, \ldots), \quad \ldots.$$

Logo os limites que vimos de achar para y_m, z_m, etc., satisfazem ás equações (1).

Por meio da analyse que precede não só se demonstra a primeira parte do theorema enunciado, mas tambem se determina o integral do systema (1), com a approximação que se quizer, por uma série de quadraturas, calculando successivamente y_1, y_2, ..., z_1, z_2, ... por meio das fórmulas (2).

Para demonstrar a segunda parte do theorema, isto é, para mostrar que existe um unico systema de integraes que satisfazem ás equações (1) e que tomam os valores y_0, z_0, ..., quando $x=x_0$, empreguemos o processo seguinte, dado por Peano ([1]).

Notemos primeiramente que a derivada do valor absoluto de qualquer funcção $f(x)$ não póde exceder o valor absoluto da derivada da mesma funcção. Com effeito, da desegualdade

$$|f(x+h)-f(x)+f(x)| \overline{\overline{<}} |f(x+h)-f(x)|+|f(x)|$$

tira-se a seguinte, suppondo $h>0$,

$$\left|\frac{f(x+h)-f(x)}{h}\right| \overline{\overline{>}} \frac{|f(x+h)|-|f(x)|}{h},$$

que, sendo combinada com a desegualdade

$$\left|\frac{f(x+h)-f(x)}{h}\right| = |f'(x)+\varepsilon| \overline{\overline{<}} |f'(x)|+|\varepsilon|,$$

onde ε represeuta uma quantidade que tende para zero com h, dá

$$\frac{|f(x+h|-|f(x)|}{h} \overline{\overline{<}} |f'(x)|+|\varepsilon|,$$

e, fazendo tender h para zero,

$$\frac{d|f(x)|}{dx} \overline{\overline{<}} \left|\frac{df(x)}{dx}\right|.$$

Posto isto, sejam y, z, ..., y', z', ... dois systemas de integraes das equações (1), continuos no ponto x_0, e que tomem os valores y_0, z_0, ..., quando $x=x_0$. Temos

$$\frac{d(y'-y)}{dx} = \psi_1(x, y', z', \dots) - \psi_1(x, y, z, \dots),$$

([1]) *Nouvelles Annales de Mathématiques*, 1892.

*

e portanto

$$\frac{d\,|y'-y|}{dx} < |\psi_1(x, y', z', \ldots) - \psi_1(x, y, z, \ldots)|,$$

ou, attendendo á desegualdade anteriormente admittida como hypothese,

$$\frac{d\,|y'-y|}{dx} < \mathrm{A}\,|y'-y| + \mathrm{B}\,|z'-z| + \ldots,$$

ou, representando por $\frac{\mathrm{M}}{n}$ a maior das quantidades A, B, ...,

$$\frac{d\,|y'-y|}{dx} < \frac{\mathrm{M}}{n}\,\mathrm{X},$$

onde

$$\mathrm{X} = |y'-y| + |z'-z| + \ldots.$$

Do mesmo modo se acham as desegualdades

$$\frac{d\,|z'-z|}{dx} < \frac{\mathrm{M}}{n}\,\mathrm{X}, \quad \ldots.$$

Sommando estas desegualdades e a anterior, vem

$$\frac{d\mathrm{X}}{dx} < \mathrm{MX},$$

ou

$$e^{-\mathrm{M}(x-x_0)}\left(\frac{d\mathrm{X}}{dx} - \mathrm{MX}\right) < 0,$$

ou

$$\frac{d}{dx}\left(e^{-\mathrm{M}(x-x_0)}\,\mathrm{X}\right) < 0.$$

Como a funcção $e^{-\mathrm{M}(x-x_0)}\,\mathrm{X}$ é nulla, quando $x = x_0$, e como esta desegualdade faz ver que ella cresce com x (*C. dif.*, n.º 63), esta funsção é positiva ou nulla quando $x > x_0$. Porisso e por ser positivo o factor $e^{-\mathrm{M}(x-x_0)}$, conclue-se que $\mathrm{X} = 0$, o que não póde ter logar sem que seja $y = y'$, $z = z'$, ...

Ás funcções y, z, ... que satisfazem ás equações (1) e tomam valores arbitrarios (dentro de certos limites) y_0, z_0, ..., quando á variavel independente se dá o valor x_0, chamou

Cauchy *integraes geraes* das equações (1). As n quantidades y_0, z_0, ... são neste caso a constantes arbitrarias dos integraes.

Se fôrem conhecidas n equações com n constantes arbitrarias

$$F_1(x, y, z, \ldots) = c_1, \quad \ldots, \quad F_n(x, y, z, \ldots) = c_n,$$

que dêem as funcções y, z, ... de x que satisfazem ás equações (1), e se determinarmos c_1, c_2, ... por meio das equações

$$F_1(x_0, y_0, z_0, \ldots) = c_1, \quad \ldots, \quad F_n(x_0, y_0, z_0, \ldots) = c_n,$$

as equações

$$F_1(x, y, \ldots) = F_1(x_0, y_0, \ldots), \quad \ldots, \quad F_n(x, y, \ldots) = F_n(x_0, y_0, \ldots),$$

determinam as funcções y, z, ... que satisfazem a (1) e que tomam os valores y_0, z_0, ..., quando $x = x_0$.

CAPITULO VI

Integração das equações differenciaes de ordem superior á primeira

I

Principios geraes

81. Consideremos agora a equação de ordem n

$$(1) \qquad f(x, y, y', y'', \quad \ldots, \quad y^{(n)}) = 0.$$

Sejà

$$(2) \qquad F(x, y, c_1, c_2, \quad \ldots, \quad c_n) = 0$$

uma equação com n constantes arbitrarias $c_1, c_2, \ldots, c_n$, e supponhamos que a equação (1) dá para $y^{(n)}$ um unico valor para cada systema de valores de $x, y, y', \ldots, y^{(n-1)}$, e que a equação (2) e as suas $n-1$ primeiras derivadas relativamente a x são susceptiveis de determinar $c_1, c_2, \ldots, c_n$, quando $x, y, y', \ldots y^{(n)}$ são dados. Se os valores de $y, y', \ldots, y^{(n)}$ dados pela equação (2) e suas n primeiras derivadas relativamente a x satisfizerem á equação (1), a equação (2) chama-se *integral geral* de (1).

Se a cada systema de valores de $x, y, y', \ldots, y^{(n-1)}$ corresponderem muitos valores para $y^{(n)}$, a equação (1) equivale a muitas equações, em cada uma das quaes $y^{(n)}$ tem um unico valor para cada systema de valores de $x, y, y', \ldots, y^{(n-1)}$. Neste caso a equação (2) é um integral geral de (1), quando fôr satisfeita pelos mesmos valores de y que os integraes geraes das equações em que (1) se decompõe.

A integração da equação (1) póde tornar-se dependente da integração de um systema de n equações differenciaes de primeira ordem. Com effeito, pondo nella

$$y^{(n)} = \frac{dy^{(n-1)}}{dx},$$

vem

$$f\left(x, y, y', y'', \ldots, \frac{dy^{(n-1)}}{dx}\right) = 0.$$

Esta equação e as equações

$$y' = \frac{dy}{dx}, \quad y'' = \frac{dy'}{dx}, \quad \ldots \quad y^{(n-1)} = \frac{dy^{(n-2)}}{dx}$$

constituem um systema de n equações differenciaes de primeira ordem, em que as variaveis dependentes são

$$y, y', y'', \quad \ldots, \quad y^{(n-1)}$$

e a variavel independente é x.

É pois applicavel ás equações de ordem superior á primeira a doutrina relativa á integração das equações simultaneas, e vê-se porisso que a equação (1) não póde ter mais do que um integral geral (n.os 74 e 75), que póde ter soluções singulares, que se determinam pelo processo exposto no n.º 75, etc.

82. Reciprocamente, podemos, em geral, fazer depender a integração de todo o systema de n equações, em cada uma das quaes entrem mais do que uma variavel dependente, da integração de uma equação em que entre uma só variavel dependente e a variavel independente.

Seja primeiramente dado um systema de n equações de primeira ordem:

$$f_1(x, y_1, y_2, \ldots, y_n, y_1', y_2', \ldots, y_n') = 0,$$

$$\ldots\ldots\ldots\ldots\ldots\ldots\ldots\ldots\ldots\ldots$$

$$f_n(x, y_1, y_2, \ldots, y_n, y_1', y_2', \ldots, y_n') = 0,$$

onde x representa a variavel independente e $y_1, y_2, \ldots, y_n$ as n variaveis dependentes.

Se derivarmos cada uma d'estas equações $n-1$ vezes relativamente a x, obtêem-se $n(n-1)$ equações, que, conjunctamente com as anteriores, constituem um systema de n^2 equações, onde entram as quantidades

$$y_1, y_2, \ldots, y_n,$$

$$y_1', y_2', \ldots, y_n',$$

$$\ldots\ldots\ldots\ldots$$

$$y_1^{(n)}, y_2^{(n)}, \ldots, y_n^{(n)}.$$

Se entre estas equações eliminarmos as $n-1$ variaveis $y_2, y_3, \ldots, y_n$ e as suas derivadas até á ordem n, obtem-se, em geral, uma equação da fórma

$$F(x, y_1, y_1', y_1'', \ldots, y_1^{(n)}) = 0,$$

onde só entram as variaveis x e y_1.

Integrando esta equação, obtem-se o valor de y_1, e as outras equações, entre as quaes se fez a eliminação, determinam depois, sem nova integração, as outras variaveis dependentes y_2, y_3, etc.

Seja agora dado o systema de n equações de ordem superior á primeira, onde $y_1^{(\alpha)}$, $y_2^{(\beta)}$, etc. são as derivadas de maior ordem de y_1, y_2, etc.:

$$f_1(x, y_1, y_1', y_1'', \ldots, y_2, y_2', y_2'', \ldots) = 0, \quad f_2 = 0, \quad \ldots, \quad f_n = 0.$$

Pondo nellas

$$y_1^{(\alpha)} = \frac{dy_1^{(\alpha-1)}}{dx}, \quad y_2^{(\beta)} = \frac{dy_2^{(\beta-1)}}{dx}, \quad \ldots,$$

e tomando conjunctamente as equações

$$y_1' = \frac{dy_1}{dx}, \quad y_1'' = \frac{dy_1'}{dx}, \quad \ldots, \quad y_1^{(\alpha-1)} = \frac{dy_1^{(\alpha-2)}}{dx},$$

$$y_2' = \frac{dy_2}{dx}, \quad y_2'' = \frac{dy_2'}{dx}, \quad \ldots, \quad y_2^{(\beta-1)} = \frac{dy_2^{(\beta-2)}}{dx},$$

$$\ldots\ldots\ldots\ldots\ldots\ldots\ldots\ldots,$$

fórma-se um systema de equações differenciaes lineares de primeira ordem, em que as variaveis dependentes são

$$y_1, \quad y_1', \quad \ldots, \quad y_1^{(\alpha-1)},$$

$$y_2, \quad y_2', \quad \ldots, \quad y_2^{(\beta-1)},$$

$$\ldots\ldots\ldots\ldots\ldots,$$

e recahimos no caso anterior.

Postos estes principios geraes relativos á relação entre as equações simultaneas e as equações de ordem superior á primeira, passemos a integrar algumas d'estas equações.

II

Integração de algumas equações de ordem superior á primeira

83. *Equações incompletas.* — I. Consideremos primeiramente a equação de segunda ordem

$$f(x, y', y'') = 0,$$

que não contem a variavel y.

Escrevendo-a debaixo da fórma

$$f\left(x, y', \frac{dy'}{dx}\right) = 0,$$

vê-se que se póde considerar como uma equação de primeira ordem, em que x é a variavel independente e y' a variavel dependente. Se a podermos integrar pelos processos anteriormente expostos, obtem-se uma equação da fórma $F(x, y') = 0$, que se integra pelo processo exposto no n.º 70-I, quando se poder resolver relativamente a y', ou pelo processo exposto no n.º 72-II, quando se poder resolver relativamente a x.

Se a equação fôr da ordem n e da fórma

$$f(x, y', y'', \ldots, y^{(n)}) = 0,$$

póde ser escripta do modo seguinte:

$$f\left(x, y', \frac{dy'}{dx}, \ldots, \frac{d^{n-1} y'}{dx^{n-1}}\right) = 0.$$

Póde portanto ser considerada como uma equação de ordem $n - 1$, em que a variavel dependente é y'. Se soubermos integrar esta equação de ordem $n - 1$, do seu integral deduz-se, como no caso anterior, o integral da proposta.

Exemplo. — Consideremos a equação

$$\frac{(1 + y'^2)^{\frac{3}{2}}}{y''} = a,$$

onde a representa uma constante.

Applicando o methodo anterior, temos de integrar primeiramente a equação

$$(1+y'^2)^{\frac{3}{2}} = a\,\frac{dy'}{dx}$$

o que dá, representando por c_1 a constante arbitraria,

$$a\int\frac{dy'}{(1+y'^2)^{\frac{3}{2}}} = x - c_1.$$

O integral que entra no primeiro membro obtem-se pelo processo do n.º 10–I (3.º caso), que dá

$$\int\frac{dy'}{(1+y'^2)^{\frac{3}{2}}} = \frac{y'}{\sqrt{1+y'^2}}.$$

Temos portanto o integral de primeira ordem

$$\frac{ay'}{\sqrt{1+y'^2}} = x - c_1.$$

Desta equação tira-se

$$y' = \frac{x-c_1}{\sqrt{a^2-(x-c_1)^2}},$$

d'onde resulta

$$y = \int\frac{(x-c_1)\,dx}{\sqrt{a^2-(x-c_1)^2}} = -\sqrt{a^2-(x-c_1)^2} + c_2.$$

Temos pois o integral da proposta

$$(y-c_2)^2 + (x-c_1)^2 = a^2,$$

com duas constantes arbitrarias c_1 e c_2.

II. Consideremos agora a equação

$$f(y,\, y',\, y'') = 0,$$

onde não entra x.

*

Como das relações

$$y'' = \frac{dy'}{dx}, \quad y' = \frac{dy}{dx}$$

resulta

$$y'' = \frac{y'\,dy'}{dy},$$

póde-se escrever a equação dada debaixo da fórma

$$f\left(y,\ y',\ \frac{y'\,dy'}{dy}\right) = 0.$$

Integrando esta equação de primeira ordem, onde y e y' são as variaveis, obtem-se a equação de primeira ordem $F(y,\ y') = 0$, da qual se deduz o integral geral da proposta por meio de uma segunda integração.

Consideremos agora a equação da ordem n

$$f(y,\ y',\ y'',\ \ldots) = 0.$$

Neste caso, por meio das relações

$$y'' = \frac{y'\,dy'}{dy}, \quad y''' = \frac{y'\,dy''}{dy} = y'\left(\frac{dy'}{dy}\right) + y'^2\frac{d^2y'}{dy^2}, \quad \ldots,$$

póde transformar-se a equação proposta em outra de ordem $n-1$, em que y' e y são as variaveis.

No caso de se saber integrar esta equação, obtem-se um resultado da fórma

$$F(y,\ y') = 0,$$

e, por meio de uma nova integração, obtem-se o integral geral da proposta.

Exemplo. — A equação

$$ay^3y'' = 1$$

reduz-se pelo methodo anterior á fórma

$$ay'\,dy' = \frac{dy}{y^3}.$$

O seu integral de primeira ordem é

$$ay'^2 = -\frac{1}{y^2} + c_1,$$

e dá

$$\sqrt{a}\, y' = \sqrt{c_1 - y^{-2}}.$$

Logo temos

$$x = \sqrt{a} \int (c_1 - y^{-2})^{-\frac{1}{2}} dy, \qquad = \sqrt{a} \int \frac{y dy}{\sqrt{c_1^2 y^2 - 1}},$$

ou

$$c_1 x = -\sqrt{a} \sqrt{c_1 y^2 - 1} + c_2,$$

ou

$$(c_1 x - c_2)^2 = a(c_1 y^2 - 1).$$

Esta equação com duas constantes arbitrarias c_1 e c_2 é o integral geral da proposta.

84. *Equações homogeneas.* — I. Seja

$$f(x, y, y', y'') = 0$$

a equação dada, e seja o seu primeiro membro uma funcção homogenea do gráo m de y, y' e y''.

Pondo

$$y = e^z, \qquad y' = e^z z', \qquad y' = e^z (z'' + z'^2),$$

temos

$$f(x, y, y', y'') = e^{mz} f(x, 1, z', z'' + z'^2);$$

logo a equação proposta transforma-se na seguinte

$$f(x, 1, z', z'' + z'^2) = 0,$$

que está no caso considerado no n.° 83-I.

Depois de determinar z por meio d'esta equação, obtem-se y por meio da relação $y = e^z$.

Do mesmo modo se procede no caso de a equação proposta ser de ordem superior á segunda.

Exemplo. — A equação de segunda ordem

$$y'' + \varphi(x) y' + \psi(x) y = 0$$

é homogenea do primeiro gráo relativamente a y, y' e y''. Pondo $y = e^z$ transforma-se na seguinte:

$$z'' + z'^2 + \varphi(x) z' + \psi(x) = 0,$$

ou

$$\frac{dz'}{dx} + z'^2 + \varphi(x) z' + \psi(x) = 0,$$

que é uma *equação de Riccati*.

II. Consideremos ainda a equação de segunda ordem

$$f(x, y, y', y'') = 0,$$

que escreveremos debaixo da fórma

$$f_1(x, y, dx, dy, d^2y) = 0.$$

Se o primeiro membro d'esta equação fôr uma funcção homogenea do grau m das variaveis x, y, dx, dy, d^2y, e se pozermos $x = e^\theta$, $y = e^\theta z$, o que dá

$$dx = e^\theta d\theta, \quad dy = e^\theta (zd\theta + dz), \quad d^2y = e^\theta (zd\theta^2 + 2dz\, d\theta + d^2z),$$

temos

$$f_1(x, y, dx, dy, d^2y) = e^{m\theta} f_1(1, z, d\theta, zd\theta + dz, zd\theta^2 + 2dz\, d\theta + d^2z);$$

e portanto a equação proposta transforma-se na seguinte:

$$f_1(1, z, d\theta, zd\theta + dz, zd\theta^2 + 2dz\, d\theta + d^2z) = 0,$$

que está no caso considerado no n.º 83-II.

Exemplo. — A equação

$$xy'' - 2y' + 1 = 0$$

ou

$$xd^2y - 2dy\, dx + dx^2 = 0$$

transforma-se pelo methodo exposto na seguinte:

$$d^2z - zd\theta^2 + d\theta^2 = 0.$$

Pondo em seguida $\frac{dz}{d\theta}=p$, $\frac{d^2z}{d\theta^2}=\frac{pdp}{dz}$, vem

$$pdp=(z-1)\,dz,$$

e portanto

$$p^2=z^2-2z+c_1,$$

ou

$$\left(\frac{dz}{d\theta}\right)^2=z^2-2z+c_1,$$

ou

$$\frac{dz}{\sqrt{z^2-2z+c_1}}=d\theta.$$

Integrando esta equação, temos (n.º 11)

$$\log(z-1+\sqrt{z^2-2z+c_1})=\theta+\log c_2,$$

e portanto

$$\log\left(\frac{y}{x}-1+\sqrt{\frac{y^2}{x^2}-2\frac{y}{x}+c_1}\right)=\log c_2\,x,$$

ou

$$\sqrt{y^2-2xy+c_1x^2}=c_2x^2+x-y,$$

ou

$$y^2-2xy+c_1x^2=(c_2x^2+x-y)^2.$$

Esta equação com duas constantes arbitrarias c_1 e c_2 representa o integral geral da proposta.

85. *Equações differenciaes exactas.* — Consideremos ainda a equação de segunda ordem

$$f(x, y, y', y'')=0.$$

O primeiro membro d'esta equação é uma differencial exacta da funcção $F(x, y, y')$ quando tem logar a identidade

$$(a)\qquad f(x, y, y', y'')=\frac{\partial F}{\partial x}+\frac{\partial F}{\partial y}y'+\frac{\partial F}{\partial y'}y''.$$

Como o segundo membro d'esta egualdade contem y'' no primeiro grão, vê-se que, para $f(x, y, y', y'')$ ser differencial exacta, é necessario que y'' entre nesta funcção no primeiro gráo. Se esta condição se verificar, temos

$$f(x, y, y', y'') = \varphi(x, y, y') + \psi(x, y, y')y'';$$

e, para que a identidade (a) tenha logar, deve ser

$$\frac{\partial F}{\partial y'} = \psi(x, y, y'), \qquad \frac{\partial F}{\partial x} + \frac{\partial F}{\partial y} y' = \varphi(x, y, y').$$

A primeira d'estas egualdades dá

$$F = \int \psi(x, y, y')\, dy' = \lambda(x, y, y') + \omega(x, y),$$

onde $\omega(x, y)$ representa uma funcção arbitraria de x e y; e, em virtude d'esta relação, a segunda reduz-se á seguinte:

$$\frac{\partial \omega}{\partial x} + \frac{\partial \omega}{\partial y} y' = \varphi(x, y, y') - \frac{\partial \lambda}{\partial x} - \frac{\partial \lambda}{\partial y} y'.$$

Estamos pois reduzidos a procurar uma funcção $\omega(x, y)$ que, sendo derivada relativamente a x, considerando y como funcção de x, dê o segundo membro da egualdade precedente. Logo este segundo membro deve ter a fórma

$$\varphi_1(x, y) + \psi_1(x, y) y',$$

e deve ser

$$\frac{\partial \omega}{\partial x} = \varphi_1(x, y), \qquad \frac{\partial \omega}{\partial y} = \psi_1(x, y).$$

Somos assim levados á questão de que nos occupámos no n.º 38. Determinando a funcção $\omega(x, y)$ pelo methodo ahi exposto e substituindo-a na expressão de F, obtem-se o integral $F(x, y, y')$ da funcção $f(x, y, y', y'')$. O integral de primeira ordem da equação dada será pois

$$F(x, y, y') = c_1.$$

O methodo, devido a Sarrus [1], que vimos de expôr, é applicavel ás equações de ordem superior á segunda.

---

(1) *Journal de Liouville*, 1.ª série, t. XIV, p. 131.

Exemplo. — Para applicar a doutrina precedente, consideremos a equação

$$\frac{y''}{y'} + f(x) + f_1(y)\, y' = 0,$$

integrada pela primeira vez por Liouville (¹).

Temos neste caso

$$\varphi(x, y, y') = f(x) + f_1(y)\, y', \qquad \psi(x, y, y') = \frac{1}{y'},$$

e portanto

$$\mathrm{F} = \int \frac{dy'}{y'} = \log y' + \omega(x, y), \qquad \frac{\partial \omega}{\partial x} + \frac{\partial \omega}{\partial y}\, y' = f(x) + f_1(y)\, y'.$$

Logo $\varphi_1(x, y) = f(x)$, $\psi_1(x, y) = f_1(y)$; e deve portanto determinar-se $\omega(x, y)$ por meio das equações

$$\frac{\partial \omega}{\partial x} = f(x), \qquad \frac{\partial \omega}{\partial y} = f_1(y),$$

que dão

$$\omega = \int f(x)\, dx + \int f_1(y)\, dy.$$

Temos pois

$$\mathrm{F} = \log y' + \int f(x)\, dx + \int f_1(y)\, dy,$$

e o integral de primeira ordem da equação proposta é portanto

$$\log y' + \int f(x)\, dx + \int f_1(y)\, dy = \log c_1,$$

ou

$$y' = c_1\, e^{-\int f(x)\, dx} \cdot e^{-\int f_1(y)\, dy}.$$

Para obter o integral primitivo da proposta, separem-se as variaveis na equação de primeira ordem que vimos de obter, o que dá

$$e^{\int f_1(y)\, dy}\, dy = c_1\, e^{-\int f(x)\, dx}\, dx,$$

e portanto

$$\int e^{\int f_1(y)\, dy}\, dy = c_1 \int e^{-\int f(x)\, dx}\, dx + c_2.$$

(¹) *Journal de Liouville*, 1.ª série, t. VII, p. 134.

III

Equações differenciaes lineares

86. *Equações lineares de segunda ordem.* — Dá-se o nome de equação differencial *linear* de segunda ordem á equação

$$(1) \qquad y'' + X_1 y' + X_2 y = X,$$

onde X_1, X_2, X representam funcções de x. Vamos estudar esta equação, principiando pelo caso de ser $X = 0$, e portanto

$$(2) \qquad y'' + X_1 y' + X_2 y = 0.$$

I. *Se y_1 e y_2 representarem duas funcções de x que satisfaçam a* (2), *a equação*

$$(3) \qquad y = c_1 y_1 + c_2 y_2,$$

onde c_1 e c_2 são constantes arbitrarias, é um integral da mesma equação.

É o que se verifica facilmente, substituindo o valor precedente de y na equação (2) e attendendo ás identidades

$$y_1'' + X_1 y_1' + X_2 y_1 = 0,$$
$$y_2'' + X_1 y_2' + X_2 y_2 = 0.$$

II. *Se não fôr identicamente nullo o determinante*

$$(4) \qquad \begin{vmatrix} y_1 & y_2 \\ y_1' & y_2' \end{vmatrix},$$

a equação (3) *é o integral geral de* (2).

Com effeito, derivando a equação (3), vem

$$y' = c_1 y_1' + c_2 y_2'$$

e, quando o determinante (4) não é identicamente nullo, esta equação conjunctamente com (3) determinam c_1 e c_2, quando y e y' são dados.

III. *Póde sempre fazer-se depender a integração de (2) da integração de uma equação de Riccati e de uma quadratura.*

É o que se viu no n.º 84.

IV. *Quando se conhece uma solução particular* $y = y_1$ *da equação* (2), *póde fazer se depender a integração de* (1) *da integração de uma equação de primeira ordem e de uma quadratura.*

Com effeito, pondo na equação (1) $y = c_1 y_1$, onde c_1 representa uma funcção de x, e attendendo á identidade

$$y_1'' + X_1 y_1' + X_2 y_1 = 0,$$

vem

$$y_1 c_1'' + (2y_1' + X_1 y_1) c_1' = X,$$

ou, pondo $c_1' = z$,

$$y_1 z' + (2y_1' + X_1 y_1) z = X.$$

Esta equação determina z em funcção de x, em seguida a equação $c_1 = \int z dx$ determina c_1, e finalmente a equação $y = c_1 y_1$ determina y.

V. *Se conhecermos duas soluções particulares* $y = y_1$ *e* $y = y_2$ *de* (2), *taes que o determinante* (4) *não seja identicamente nullo, póde obter-se o integral geral de* (1) *por meio de duas quadraturas*

Por serem y_1 e y_2 soluções da equação (2),

$$y = c_1 y_1 + c_2 y_2 \tag{3}$$

é um integral da mesma equação, com duas constantes arbitrarias c_1 e c_2.

Consideremos agora c_1 e c_2 como funcções de x e determinemos estas funcções de modo que a equação (3) satisfaça ainda á equação (1), e de modo que y' tenha o mesmo valor, quer c_1 e c_2 sejam constantes quer sejam variaveis Teremos primeiramente

$$y' = c_1 y_1' + c_2 y_2',$$

onde c_1 e c_2 representam duas funcções de x que satisfazem á equação

$$c_1' y_1 + c_2' y_2 = 0; \tag{5}$$

*

e depois

$$y'' = c_1 y_1'' + c_2 y_2'' + c_1' y_1' + c_2' y_2'.$$

Substituindo estes valores de y, y', y'' na equação (1) e attendendo ás identidades que resultam de y_1 e y_2 satisfazerem a (2), vem a equação

$$y_1' c_1' + y_2' c_2' = X.$$

Esta equação e a equação (5), sendo resolvidas relativamente a c_1' e c_2', dão resultados da fórma

$$c_1' = \psi_1(x), \qquad c_2' = \psi_2(x),$$

d'onde se tira

$$c_1 = \int \psi_1(x)\, dx, \qquad c_2 = \int \psi_2(x)\, dx,$$

e portanto

$$y = y_1 \int \psi_1(x)\, dx + y_2 \int \psi_2(x)\, dx.$$

VI. Sejam agora os coefficientes X_1 e X_2 das equações (1) e (2) constantes e eguaes a a_1 e a_2. Se na equação (2) pozermos $y = e^{kx}$, vem

$$k^2 + a_1 k + a_2 = 0.$$

Logo, designando por a e b as raizes d'esta equação, as equações $y = e^{ax}$ e $y = e^{bx}$ são integraes particulares de (2); e, se a é differente de b, o integral geral de (2) é

$$y = c_1 e^{ax} + c_2 e^{bx}.$$

Se $a = b$, este processo só dá um integral particular $y = c_1 e^{ax}$ de (2); podemos porém, por um processo anteriormente dado (IV), fazer depender a integração d'esta equação da integração da equação de primeira ordem

$$z' + (2a + a_1) z = 0,$$

que, por ser neste caso $a = -\frac{1}{2} a_1$, dá $z' = 0$, e portanto $z = c$. Depois a egualdade $c_1' = z = c$ dá $c_1 = cx + d$, d'onde resulta o integral de (2)

$$y = (cx + d) e^{ax}.$$

Se as raizes a e b são imaginarias e respectivamente eguaes a $p+iq$ e $p-iq$, temos

$$y=c_1 e^{px}(\cos qx+i \operatorname{sen} qx)+c_2 e^{px}(\cos qx-i \operatorname{sen} qx);$$

e portanto póde dar-se ao integral a fórma

$$y=e^{px}(\mathrm{C}\cos qx+\mathrm{D}\operatorname{sen} qx),$$

onde C e D representam as constantes arbitrarias.

87. Dá-se o nome de *equação differencial linear* de ordem n á equação

$$(1)\qquad y^{(n)}+\mathrm{X}_1 y^{(n-1)}+\ldots+\mathrm{X}_{n-1} y'+\mathrm{X}_n y=\mathrm{X},$$

onde X_1, X_2, ..., X_n, X representam funcções de x. Vamos estudar esta equação, principiando pelo caso de ser $\mathrm{X}=0$, e portanto

$$(2)\qquad y^{(n)}+\mathrm{X}_1 y^{(n-1)}+\ldots+\mathrm{X}_n y=0.$$

I. *Se* y_1, y_2, *etc. representarem funcções de* x *que satisfaçam a* (2), *a equação*

$$y=c_1 y_1+c_2 y_2+\ldots,$$

onde c_1, c_2, *etc. são constantes arbitrarias, é um integral da mesma equação.*

Verifica-se facilmente esta proposição substituindo o valor precedente de y na equação (2) e attendendo ás identidades

$$y_1^{(n)}+\mathrm{X}_1 y_1^{(n-1)}+\ldots+\mathrm{X}_n y_1=0,$$
$$y_2^{(n)}+\mathrm{X}_1 y_2^{(n-1)}+\ldots+\mathrm{X}_n y_2=0,$$
$$\ldots\ldots\ldots\ldots\ldots\ldots$$

II. Sejam y_1, y_2, ..., y_n funcções que satisfaçam a (2). A equação

$$(3)\qquad y=c_1 y_1+c_2 y_2+\ldots+c_n y_n,$$

é, como vimos de ver, um integral d'aquella equação, e, sendo derivada n vezes, dá

$$y'=c_1 y_1'+c_2 y_2'+\ldots+c_n y_n$$
$$\ldots\ldots\ldots\ldots\ldots\ldots$$
$$y^{(n)}=c_1 y_1^{(n)}+c_2 y_2^{(n)}+\ldots+c_n y_n^{(n)}.$$

As $n-1$ primeiras equações precedentes e a equação (3) determinam $c_1, c_2, \ldots, c_n$, no caso de não ser identicamente nullo o determinante:

$$(4)\qquad \begin{vmatrix} y_1 & y_2 & \ldots & y_n \\ y_1' & y_2' & \ldots & y_n' \\ \ldots & \ldots & \ldots & \ldots \\ y_1^{(n-1)} & y_2^{(n-1)} & \ldots & y_n^{(n-1)} \end{vmatrix}.$$

Neste caso a equação (3) é o *integral geral* de (2), e as soluções $y_1, y_2, \ldots, y_n$ dizem-se *independentes*.

III. Supponhamos agora que se conhecem só k soluções $y_1, y_2, \ldots, y_k$ de (2). Se o determinante

$$D_k = \begin{vmatrix} y_1 & y_2 & \ldots & y_k \\ y_1' & y_2' & \ldots & y_k' \\ \ldots & \ldots & \ldots & \ldots \\ y_1^{(k-1)} & y_2^{(k-1)} & \ldots & y_k^{(k-1)} \end{vmatrix}$$

não fôr identicamente nullo, estas soluções dizem-se *independentes*, e vamos mostrar que *a integração de* (1) *póde tornar-se dependente da integração de uma equação differencial linear de ordem $n-k$ e de k quadraturas.*

Por serem $y_1, y_2, \ldots, y_k$ soluções da equação (2), é

$$(5)\qquad y = c_1 y_1 + \ldots + c_k y_k$$

um integral da mesma equação, com k constantes arbitrarias $c_1, \ldots, c_k$.

Consideremos agora $c_1, \ldots, c_k$ como funcções de x, e determinemos estas funcções de modo que y satisfaça á equação (1), e de modo que $y, y', \ldots, y^{(k-1)}$ tenham o mesmo valor, quer $c_1, \ldots, c_k$ sejam constantes, quer sejam variaveis. Temos primeiramente

$$(6)\qquad \left\{\begin{array}{l} y' = c_1 y_1' + \ldots + c_k y_k', \\ \ldots\ldots\ldots\ldots\ldots\ldots \\ y^{(k-1)} = c_1 y_1^{(k-1)} + \ldots + c_k y_k^{(k-1)}, \end{array}\right.$$

onde $c_1, \ldots, c_k$ representam funcções de x, que satisfazem ás equações

$$(7)\qquad \left\{\begin{array}{l} c_1' y_1 + \ldots + c_k' y_k = 0, \\ \ldots\ldots\ldots\ldots\ldots\ldots \\ c_1' y_1^{(k-2)} + \ldots + c_k' y_k^{(k-2)} = 0. \end{array}\right.$$

As derivadas de y de ordem superior a $k-1$ são dadas pelas equações

$$y^{(k)} = c_1 y_1^{(k)} + \ldots + c_k y_k^{(k)} + c_1' y_k^{(k-1)} + \ldots + c_k' y_k^{(k-1)},$$
$$\ldots\ldots\ldots\ldots\ldots\ldots\ldots\ldots\ldots\ldots,$$
$$y^{(n)} = c_1 y_1^{(n)} + \ldots + c_k y_k^{(n)} + \ldots + c_1^{(n-k+1)} y_1^{(k-1)} + \ldots + c_k^{(n-k+1)} y_k^{(k-1)}.$$

Substituindo os valores precedentes de y, y', ..., $y^{(n)}$ na equação (1), obtem-se uma equação linear da fórma

$$A_1 c_1 + \ldots + A_k c_k + B_1 c_1' + \ldots + B_k c_k' + \ldots$$
$$+ y_1^{(k-1)} c_1^{(n-k+1)} + \ldots + y_k^{(k-1)} c_k^{(n-k+1)} = X.$$

Mas, por ser a equação (5) um integral de (2), quando c_1, c_2, ... c_k são constantes, temos

$$A_1 c_2 + \ldots + A_k c_k = 0.$$

Logo

$$(8) \quad \begin{cases} B_1 c_1' + \ldots + B_k c_k' + \ldots \\ + y_1^{(k-1)} c_1^{(n-k+1)} + \ldots + y_k^{(k-1)} c_k^{(n-k+1)} c^{(n-k+1)} = X. \end{cases}$$

Substituindo nesta equação c_2', ..., c_k', c_2'', ..., c_k'' ..., $c_2^{(n-k+1)}$, ..., $c_k^{(n-k+1)}$ pelos seus valores, tirados das equações (7) e suas derivadas, obtem-se uma equação linear de ordem $n-k$ relativamente a c_1'. Integrando esta equação, vem $c_1' = \psi_1(x)$; e em seguida as equações (7) dão

$$c_2' = \psi_2(x), \qquad \ldots, \qquad c_k' = \psi_k(x).$$

Temos pois os valores de c_1, c_2, etc.:

$$c_1 = \int \psi_1(x)\,dx, \quad c_2 = \int \psi_2(x)\,dx, \quad \ldots, \quad c_k = \int \psi_k(x)\,dx,$$

que se devem substituir em (5), para ter o integral geral de (1).

A respeito da demonstração que precede, faremos ainda as observações seguintes:

1.º Suppozemos que o coefficiente de $c_1^{(n-k+1)}$ na equação linear de que se tornou dependente a integração de (1), não é identicamente nullo. É o que se vê facilmente, notando que este coefficiente póde ser obtido por meio da eliminação de $c_1^{(n-k+1)}$, ..., $c_k^{(n-k+1)}$ entre a equação (8) e as equações de maior ordem que resultam de derivar $n-k$ vezes as equações (7), as quaes são da fórma

$$Z_0 + y_1 c_1^{(n-k+1)} + \ldots + y_k c_k^{(n-k+1)} = 0,$$
$$\ldots\ldots\ldots\ldots\ldots\ldots\ldots\ldots\ldots\ldots$$
$$Z_{k-2} + y_1^{(k-2)} c_1^{(n-k+1)} + \ldots + y_k^{(k-2)} c_k^{(n-k+1)} = 0,$$

onde $Z_0, \ldots, Z_{k-2}$ representam os termos em que entram derivadas de $c_1, \ldots, c_k$ de ordem inferior a $n-k+1$. Este coefficiente coincide portanto com o determinante D_k, que, por hypothese, é differente de zero.

2.° Suppozemos tambem que as equações (7) podem ser resolvidas relativamente a $c'_1, \ldots, c'_k$, e portanto que o determinante

$$\begin{vmatrix} y_2 & \ldots & y_k \\ \ldots & \ldots & \ldots \\ y_2^{(k-2)} & \ldots & y_k^{(k-2)} \end{vmatrix}$$

não é identicamente nullo. É o que se póde sempre conseguir, escolhendo convenientemente aquella das k soluções particulares que se representa por y_1, visto que os determinantes menores

$$\begin{Vmatrix} y_1 & y_2 & \ldots & y_k \\ \ldots & \ldots & \ldots & \ldots \\ y_1^{(k-2)} & y_2^{(k-2)} & \ldots & y_k^{(k-2)} \end{Vmatrix}$$

não podem ser todos identicamente nullos, quando D_k o não é.

Da analyse precedente tira-se como corollario, pondo $k=n$, que, *se conhecermos n integraes particulares independentes da equação sem segundo membro* (2), *a integração da equação* (1) *fica dependente de n quadraturas.*

IV. Seja ν uma funcção de x. Multiplicando ambos os membros da equação (1) por νdx e integrando, vem a equação

$$\int (X_n y + X_{n-1} y' + X_{n-2} y'' + \ldots + y^{(n)}) \nu dx = \int X\nu\, dx,$$

que, attendendo ás relações (n.° 3-II)

$$\int X_{n-1} \nu y'\, dx = X_{n-1} \nu y - \int y \frac{d(X_{n-1} \nu)}{dx} dx,$$

$$\int X_{n-2} \nu y''\, dx = X_{n-2} \nu y' - \int y' \frac{d(X_{n-2} \nu)}{dx} dy,$$

$$= X_{n-2} \nu y' - y \frac{d(X_{n-2} \nu)}{dx} + \int y \frac{d^2(X_{n-2} \nu)}{dx^2} dx,$$

$$\ldots\ldots\ldots\ldots\ldots\ldots\ldots\ldots\ldots,$$

$$\int y^{(n)} \nu dx = y^{(n-1)} \nu - y^{(n-2)} \frac{d\nu}{dx} + \ldots \pm y \frac{d^{n-1} \nu}{dx^{n-1}} \mp \int \frac{d^n \nu}{dx^n} dx,$$

dá

$$\int\left[\nu X_n - \frac{d(X_{n-1}\nu)}{dx} + \frac{d^2(X_{n-2}\nu)}{dx^2} + \ldots \mp \frac{d^n\nu}{dx^n}\right] y dx + \Theta = \int X\nu\, dx,$$

pondo

$$\begin{aligned}\Theta = y & \left[X_{n-1}\nu - \frac{d(X_{n-2}\nu)}{dx} + \ldots \pm \frac{d^{n-1}\nu}{dx^{n-1}}\right] \\ + y' & \left[X_{n-2}\nu - \frac{d(X_{n-3}\nu)}{dx} + \ldots \mp \frac{d^{n-2}\nu}{dx^{n-2}}\right] \\ + & \ldots\ldots\ldots\ldots\ldots\ldots\ldots\ldots\ldots\ldots \\ + y^{(n-2)} & \left[X_1\nu - \frac{d\nu}{dx}\right] + y^{(n-1)}\nu.\end{aligned}$$

Se determinarmos ν por meio da equação

$$\nu X_n - \frac{d(X_{n-1}\nu)}{dx} + \ldots \mp \frac{d^n\nu}{dx^n} = 0, \tag{9}$$

que é linear da ordem n e não contem segundo membro, podemos depois determinar y por meio da equação

$$\Theta = \int X\nu\, dx, \tag{10}$$

que é tambem linear e da ordem $n-1$.

Á equação (9), considerada pela primeira vez por Lagrange (1), chama-se *equação adjuncta* de (1).

Se conhecermos uma solução ν_1 da equação adjuncta, obtem-se o integral de (1), substituindo este valor em (10) e integrando depois esta equação de ordem $n-1$.

Se conhecermos dois integraes independentes ν_1 e ν_2 da equação adjuncta e os substituirmos em (10), obtêem-se duas equações, de ordem $n-1$, cujos termos de ordem mais elevada são

$$y^{(n-2)}\left[X_1\nu_1 - \frac{d\nu_1}{dx}\right] + y^{(n-1)}\nu_1,$$

$$y^{(n-2)}\left[X_1\nu_2 - \frac{d\nu_2}{dx}\right] + y^{(n-1)}\nu_2.$$

Eliminando $y^{(n-1)}$ entre estas duas equações, obtem-se, para determinar y, uma equação

(1) Lagrange: *Oeuvres*, tom. I, p. 471.

de ordem $n-2$, visto que o determinante

$$\begin{vmatrix} X_1 \nu_1 - \frac{d\nu_1}{dx} & \nu_1 \\ X_1 \nu_2 - \frac{d\nu_2}{dx} & \nu_2 \end{vmatrix} = \begin{vmatrix} \nu_1 & \nu_2 \\ \frac{d\nu_1}{dx} & \frac{d\nu_2}{dx} \end{vmatrix}$$

é, por hypothese, differente de zero.

Em geral, quando se conhecem i soluções independentes da equação adjuncta e se substituem em (10), obtêem-se i equações lineares de ordem $n-1$ relativamente a y, que, pela eliminação de $y^{(n-1)}, \ldots, y^{(n-i+1)}$, levam a uma equação de ordem $n-i$, que determina y.

Terminaremos o que temos a dizer sobre a equação adjuncta, fazendo notar que, determinando a equação adjuncta de (9) pelo mesmo processo que se empregou para achar a equação adjuncta de (1), isto é, integrando por partes cada termo de (9) multiplicado por y, vem a equação (2).

88. Vamos agora applicar os principios precedentes ao caso de os coefficientes de (1) e (2) serem constantes, isto é, ao caso, considerado pela primeira vez por Euler, de estas equações serem da fórma

$$y^{(n)} + a_1 y^{(n-1)} + \ldots + a_n y = X, \tag{11}$$

$$y^{(n)} + a_1 y^{(n-1)} + \ldots + a_n y = 0. \tag{12}$$

Pondo na equação (12) $y = e^{kx}$ e attendendo ás egualdades

$$y' = k e^{kx}, \quad y'' = k^2 e^{kx}, \quad \text{etc.},$$

vem a equação

$$f(k) = k^n + a_1 k^{n-1} + \ldots + a_n = 0, \tag{13}$$

da qual resulta que á equação (12) satisfazem as funcções

$$e^{k_1 x}, \quad e^{k_2 x}, \quad \ldots, \quad e^{k_m x},$$

representando $k_1, k_2, \ldots, k_m$ as raizes da equação precedente. Logo a equação

$$y = c_1 e^{k_1 x} + c_2 e^{k_2 x} + \ldots + c_m e^{k_m x} \tag{14}$$

é um integral de (12), e este integral é geral, se as raizes de (13) são todas deseguaes. Neste caso, com effeito, o determinante (4) reduz-se a

$$e^{(k_1+\dots k_n)x}\begin{vmatrix} 1 & 1 & \dots & 1 \\ k_1 & k_2 & \dots & k_n \\ k_1^2 & k_2^2 & \dots & k_n^2 \\ \dots & \dots & \dots & \dots \\ k_1^{n-1} & k_2^{n-1} & \dots & k_n^{n-1} \end{vmatrix},$$

e este determinante é, como se sabe, differente de zero.

Se alguma das raizes da equação (13) são eguaes, a equação (14) não é o integral geral de (12). No caso de a equação dada ser de segunda ordem, vimos já (n.º 86-VI) que as soluções particulares, cuja somma dá a solução geral, são da fórma cxe^{k_1x} e ge^{k_1x}. Somos pois levados naturalmente a procurar, no caso geral, se $y=cx^a e^{k_1x}$ satisfaz a (12); e para isso deve substituir-se este valor no primeiro membro d'esta equação, o que dá

$$\begin{aligned} & k_1^n x^a + nak_1^{n-1} x^{a-1} + \binom{n}{2} a(a-1) k_1^{n-2} x^{a-2} + \dots \\ & + a_1 (k_1^{n-1} x^a + (n-1) ak_1^{n-2} x^{a-1} + \dots) \\ & + a_2 (k_1^{n-2} x^a + (n-2) ak_1^{n-3} x^{a-1} + \dots) \\ & + \dots\dots\dots\dots, \end{aligned}$$

ou, suppondo a inteiro,

$$f(k_1)x^a + af'(k_1)x^{a-1} + \frac{a(a-1)}{2}f''(k_1)x^{a-2} + \dots + f^{(a)}(k_1).$$

Posto isto, se α representa o gráo de multiplicidade da raiz k_1, temos

$$f(k_1)=0, \quad f'(k_1)=0, \quad \dots, \quad f^{(\alpha-1)}(k_1)=0.$$

Logo $y=cx^a e^{k_1x}$ satisfaz a (12), quando $a=0, 1, 2, \dots, \alpha-1$; e portanto

$$y=c_1 e^{k_1x}, \quad y=c_2 xe^{k_1x}, \quad \dots, \quad y=c_\alpha x^{\alpha-1} e^{k_1x}$$

são integraes particulares de (12).

O integral geral é pois

$$\begin{aligned} y = & (c_1 + c_2 x + \dots + c_\alpha x^{\alpha-1}) e^{k_1x} \\ & + (d_1 + d_2 x + \dots + d_\beta x^{\beta-1}) e^{k_2x} \\ & + \dots\dots\dots\dots, \end{aligned}$$

onde β, γ, etc. representam os gráos de multiplicidade das raizes k_2, k_3, etc., e d_1, d_2, etc. constantes arbitrarias.

*

IV

Integração por séries

89. Consideremos a equação

$$f(x, y, y', y'', \dots, y^{(i)}) = 0, \tag{1}$$

cujo primeiro membro representa uma funcção inteira de x, y, y', ..., $y^{(i)}$; e seja

$$y_0 + y'_0 x + \frac{y''_0}{2!} x^2 + \dots + \frac{y_0^{(n)}}{n!} x^n + \dots \tag{2}$$

uma série convergente no intervallo de $x = -\rho$ a $x = \rho$, assim como as i séries seguintes:

$$y'_0 + y''_0 x + \dots + \frac{y_0^{(n)}}{(n-1)!} x^{n-1} + \dots,$$

$$y''_0 + y'''_0 x + \dots + \frac{y_0^{(n)}}{(n-2)!} x^{n-2} + \dots,$$

$$\dots\dots\dots\dots\dots\dots\dots\dots,$$

cujos termos são as derivadas dos termos da anterior. Se substituirmos estas séries em logar de y, y', ..., $y^{(i)}$ na funcção $f(x, y, y', \dots, y^{(i)})$ e ordenarmos o resultado segundo as potencias de x, obtem-se uma série:

$$A_0 + A_1 x + A_2 x^2 + \dots + A_n x^n + \dots, \tag{3}$$

que é convergente no mesmo intervallo, visto resultar de sommas e productos de séries absolutamente convergentes, e onde é

$$A_0 = f(0, y_0, y'_0, \dots y_0^{(i)}),$$

$$A_1 = \left(\frac{\partial f}{\partial x}\right)_0 + \left(\frac{\partial f}{\partial y}\right)_0 y'_0 + \dots + \left(\frac{\partial f}{\partial y^{(i)}}\right)_0 y_0^{(i+1)},$$

$$\dots\dots\dots\dots\dots\dots\dots\dots\dots\dots$$

Logo, se determinarmos $y_0^{(i)}$, $y_0^{(i+1)}$, etc. por meio das equações

$$f(0, y_0, y_0', \ldots, y_0^{(i)}) = 0,$$
$$\left(\frac{\partial f}{\partial x}\right)_0 + \left(\frac{\partial f}{\partial y}\right)_0 y_0' + \ldots = 0,$$
$$\ldots\ldots\ldots\ldots\ldots\ldots\ldots\ldots,$$

e os substituirmos em (2), temos $A_0 = 0$, $A_1 = 0$, etc.; e a funcção y definida pela série resultante satisfaz portanto á equação proposta.

Vê-se pois que, para achar o desenvolvimento em série do integral geral de (1), devem-se determinar por meio de (1) e suas derivadas as quantidades $y_0^{(i)}$, $y_0^{(i+1)}$, e em seguida substituir estes valores em (2). Se a série que d'este modo se obtem é convergente, assim como as suas i primeiras derivadas, no intervallo de $x = -\rho$ a $x = \rho$, esta série representa, neste intervallo, o integral geral de (1) com i constantes arbitrarias y_0, y_0', ..., $y_0^{(i-1)}$.

Por este processo obtem-se o desenvolvimento em série do integral geral, quando este integral é susceptivel de ser desenvolvido em série ordenada segundo as potencias inteiras positivas de x. Quando o integral geral não é susceptivel de um tal desenvolvimento, mas algum integral particular o é, o processo anterior dá o desenvolvimento do integral particular.

Deve observar-se que o processo que vem de expôr-se é ainda applicavel no caso de o primeiro membro da equação (1) ser uma funcção transcendente de algumas das quantidades x, y, y', y'', etc., com tanto que a série (3) seja convergente.

90. Se o integral geral de (1), ou algum integral particular, fôr susceptivel de ser desenvolvido em série da fórma:

$$(4) \qquad Ax^\alpha + Bx^\beta + Cx^\gamma + \ldots,$$

onde α, β, γ, etc. são expoentes inteiros ou fraccionarios, positivos ou negativos, póde-se achar este desenvolvimento pelo *methodo dos coefficientes indeterminados*. Para isso substituam-se esta série e as seguintes:

$$(5) \qquad \begin{cases} A\alpha x^{\alpha-1} + B\beta x^{\beta-1} + \ldots, \\ A\alpha(\alpha-1)x^{\alpha-2} + B\beta(\beta-1)x^{\beta-2} + \ldots, \\ \ldots\ldots\ldots\ldots\ldots\ldots\ldots\ldots \end{cases}$$

em logar de y, y', y'', etc. em (1), e ordene-se o resultado segundo as potencias de x, o que dá:

$$Mx^a + Nx^b + \ldots = 0.$$

Ponha-se em seguida

$$M = 0, \quad N = 0, \quad \ldots$$

e determinem-se as constantes A, α, B, β, etc. por meio d'estas equações. Se d'este modo obtivermos uma série que seja convergente, assim como as suas derivadas até á ordem i, em um certo intervallo, esta série é o desenvolvimento de uma solução de (1).

91. Exemplo. — Para applicar a doutrina precedente, consideremos a equação linear [1]

$$xy'' + (2kx + m)\, y' + mky = 0.$$

Derivando $n - 1$ vezes por meio da fórmula de Leibniz, vem

$$xy^{(n+1)} + (n-1)\, y^{(n)} + (2kx + m)\, y^{(n)} + 2\,(n-1)\, ky^{(n-1)} + mky^{(n-1)} = 0,$$

e, pondo $x = 0$,

$$(m + n - 1)\, y_0^{(n)} + (m + 2n - 2)\, ky_0^{(n-1)} = 0,$$

d'onde se tira

$$y_0^{(n)} = -\frac{m + 2\,(n-1)}{m + n - 1}\, ky_0^{(n-1)}.$$

Notando agora que a equação proposta e esta egualdade dão

$$y_0' = -ky_0, \quad y_0'' = -\frac{m+2}{m+1}\, ky_0', \quad y_0''' = -\frac{m+4}{m+2}\, ky_0'', \text{ etc.,}$$

temos, por eliminações successivas,

$$y_0^{(n)} = (-1)^n \frac{(m+2)\,(m+4)\ldots(m+2n-2)}{(m+1)\,(m+2,\ldots(m+n-1)}\, k^n y_0.$$

Substituindo estes valores na série (2), obtem-se a série seguinte:

$$y_0\left[1 - kx + \frac{m+2}{2\,(m+1)}\, k^2 x^2 - \ldots + (-1)^n \frac{(m+2)\,\ldots(m+2n-2)}{n\,!\,(m+1)\ldots(m+n-1)}\, k^n x^n + \ldots\right].$$

Esta série é convergente, porque a razão dos seus dois termos de ordem n e $n+1$ é egual á quantidade $-\dfrac{m+2n-2}{n\,(m+n-1)}\, kx$, e portanto tende para zero, quando n tende para o infinito. Vê-se do mesmo modo que as séries que resultam de a derivar duas vezes são

---

(1) Lagrange: — *Oeuvres*, t. I, p. 479.

convergentes. Logo a série considerada representa o desenvolvimento de um integral particular y_1 da equação proposta, com uma constante arbitraria y_0.

Appliquemos agora á mesma equação o methodo dos coefficientes indeterminados.

Substituamos para isso nessa equação em logar de y, y' e y'' os desenvolvimentos

$$Ax^{\alpha} + Bx^{\alpha+1} + Cx^{\alpha+2} + \ldots + Kx^{\alpha+n-1} + Lx^{\alpha+n} + \ldots,$$

$$A\alpha x^{\alpha-1} + B(\alpha+1)x^{\alpha} + C(\alpha+2)x^{\alpha+1} + \ldots$$
$$+ (\alpha+n-1)Kx^{\alpha+n-2} + (\alpha+n)Lx^{\alpha+n-1} + \ldots,$$

$$A\alpha(\alpha-1)x^{\alpha-2} + B(\alpha+1)\alpha x^{\alpha-1}$$
$$+ C(\alpha+2)(\alpha+1)x^{\alpha} + \ldots + (\alpha+n)(\alpha+n-1)Lx^{\alpha+n-2} + \ldots,$$

e ordenemos o resultado segundo as potencias de x. Teremos

$$\begin{aligned}
&[A\alpha(\alpha-1) + Am\alpha]x^{\alpha-1}\\
&+ [B(\alpha+1)\alpha + 2kA\alpha + mB(\alpha+1) + mkA]x^{\alpha}\\
&+ [C(\alpha+2)(\alpha+1) + 2kB(\alpha+1) + mC(\alpha+2) + mkB]x^{\alpha+1}\\
&+ \ldots\ldots\ldots\ldots\ldots\ldots\ldots\ldots\ldots\ldots\ldots\ldots\\
&+ [L(\alpha+n)(\alpha+n-1) + 2kK(\alpha+n-1) + mL(\alpha+n) + mkK]x^{\alpha+n-1}\\
&+ \ldots\ldots\ldots\ldots\ldots\ldots\ldots\ldots\ldots\ldots\ldots\ldots = 0,
\end{aligned}$$

d'onde se tiram as equações

$$\begin{aligned}
&A\alpha(\alpha-1+m) = 0,\\
&B(\alpha+1)\alpha + 2kA\alpha + mB(\alpha+1) + mkA = 0,\\
&C(\alpha+2)(\alpha+1) + 2kB(\alpha+1) + mC(\alpha+2) + mkB = 0,\\
&\ldots\ldots\ldots\ldots\ldots\ldots\ldots\ldots\ldots\ldots\ldots\ldots\\
&L(\alpha+n)(\alpha+n-1) + 2kK(\alpha+n-1) + mL(\alpha+n) + mkK = 0,\\
&\ldots\ldots\ldots\ldots\ldots\ldots\ldots\ldots\ldots\ldots\ldots\ldots
\end{aligned}$$

A primeira equação dá $\alpha = 0$, ou $\alpha = 1 - m$.

A primeira solução leva ao desenvolvimento achado pelo primeiro methodo.

A solução $\alpha = 1 - m$, sendo substituida nas equações seguintes, dá

$$\begin{aligned}
&B(2-m) + (2-m)kA = 0,\\
&2C(3-m) + (4-m)kB = 0,\\
&\ldots\ldots\ldots\ldots\ldots\ldots\\
&nL(n+1-m) + (2n-m)kK = 0,\\
&\ldots\ldots\ldots\ldots\ldots\ldots\ldots,
\end{aligned}$$

d'onde se tira

$$B = -kA,$$

$$C = \frac{4-m}{2!(3-m)} k^2 A,$$

$$\dots\dots\dots\dots\dots$$

$$L = (-1)^n \frac{(4-m)(6-m)\dots(2n-m)}{n!(3-m)(4-m)\dots(n+1-m)} k^n A,$$

$$\dots\dots\dots\dots\dots\dots\dots\dots\dots\dots\dots\dots$$

Temos pois a série

$$A\left[x^\alpha - kx^{\alpha+1} + \frac{4-m}{2!(3-m)} k^2 x^{\alpha+2} + \dots\right.$$

$$\left. + (-1)^n \frac{(4-m)\dots(2n-m)}{n!(3-m)\dots(n+1-m)} k^n x^{\alpha+n} + \dots\right],$$

que, por ser convergente, representa o desenvolvimento de um integral particular y_2 da proposta, com uma constante arbitraria A.

Sommando esta série com o desenvolvimento de y_1, obtido pelo primeiro methodo, tem-se o desenvolvimento do integral geral da equação proposta.

CAPITULO VII

Integração das equações ás derivadas parciaes

I

Equações lineares de primeira ordem

92. Já vimos que se chama *equação ás derivadas parciaes* a toda a equação em que entram funcções de duas ou mais variaveis independentes e algumas das suas derivadas parciaes. Vimos tambem que a *ordem* d'esta equação se avalia pela ordem da derivada parcial de ordem mais elevada, que nella entra.

93. Chama-se *equação ás derivadas parciaes linear de primeira ordem* á equação

$$(1) \qquad P_1 \frac{\partial z}{\partial x_1} + P_2 \frac{\partial z}{\partial x_2} + \ldots + P_n \frac{\partial z}{\partial x_n} = R,$$

onde $P_1, P_2, \ldots, P_n$, R são funcções de $x_1, x_2, \ldots, x_n, z$.

Seja

$$(2) \qquad \varphi(x_1, x_2, \ldots, x_n, z) = 0$$

uma equação que determine z como funcção de $x_1, x_2, \ldots, x_n$ que satisfaça á equação (1). Neste caso a equação (2) é um *integral* de (1). A questão que vamos resolver é determinar todos os integraes de (1), empregando o methodo para esse fim dado por Lagrange.

Como os valores de z e suas derivadas, tirados da equação (2) e das equações

$$\frac{\partial \varphi}{\partial x_1} + \frac{\partial \varphi}{\partial z} \frac{\partial z}{\partial x_1} = 0, \quad \ldots, \quad \frac{\partial \varphi}{\partial x_n} + \frac{\partial \varphi}{\partial z} \frac{\partial z}{\partial x_n} = 0,$$

que resultam de a derivar relativamente a x_1, x_2, etc., devem satisfazer a (1), temos a equação

$$(3) \qquad P_1 \frac{\partial \varphi}{\partial x_1} + P_2 \frac{\partial \varphi}{\partial x_2} + \ldots + P_n \frac{\partial \varphi}{\partial x_n} + R \frac{\partial \varphi}{\partial z} = 0,$$

a que deve satisfazer a funcção φ, para que a equação (2) seja integral da equação (1).

Viu-se no n.º 76 que, sendo

$$\varphi_1 = c_1, \quad \varphi_2 = c_2, \quad \ldots, \quad \varphi_n = c_n$$

as equações que constituem a solução geral do systema

$$\frac{dz}{dx_m} = \frac{R}{P_m}, \quad \frac{dx_1}{dx_m} = \frac{P_1}{P_m}, \quad \frac{dx_2}{dx_m} = \frac{P_2}{P_m}, \quad \ldots, \quad \frac{dx_n}{dx_m} = \frac{P_n}{P_m},$$

ou, escrevendo-o debaixo de fórma symetrica,

$$(4) \qquad \frac{dx_1}{P_1} = \frac{dx_2}{P_2} = \ldots = \frac{dx_n}{P_n} = \frac{dz}{R},$$

as funcções φ_1, φ_2, ..., φ_n satisfazem á equação (3). Vejamos agora se ha outras funcções que satisfaçam á mesma equação.

Para isso, vamos transformar a equação anterior (3) em outra em que as variaveis independentes z, x_1, x_2, ..., x_{i-1}, x_{i+1}, ..., x_n sejam substituidas pelas novas variaveis φ_1, φ_2, ..., φ_n, o que dá a fórma seguinte a qualquer funcção φ que satisfaça á equação (3):

$$\varphi = f(x_i, \varphi_1, \varphi_2, \ldots, \varphi_n).$$

Para realisar esta transformação, substituam se em (3) as derivadas parciaes de φ pelos seus valores tirados d'esta egualdade, o que dá a equação

$$\begin{aligned} & P_1 \frac{\partial f}{\partial \varphi_1} \frac{\partial \varphi_1}{\partial x_1} + \ldots + P_1 \frac{\partial f}{\partial \varphi_n} \frac{\partial \varphi_n}{\partial x_1} \\ & + \ldots\ldots\ldots\ldots\ldots\ldots \\ & + P_n \frac{\partial f}{\partial \varphi_1} \frac{\partial \varphi_1}{\partial x_n} + \ldots + P_n \frac{\partial f}{\partial \varphi_n} \frac{\partial \varphi_n}{\partial x_n} \\ & + R \frac{\partial f}{\partial \varphi_1} \frac{\partial \varphi_1}{\partial z} + \ldots + R \frac{\partial f}{\partial \varphi_n} \frac{\partial \varphi_n}{\partial z} + P_i \frac{\partial f}{\partial x_i} = 0, \end{aligned}$$

que, por ser

$$\begin{aligned} & P_1 \frac{\partial \varphi_1}{\partial x_1} + P_2 \frac{\partial \varphi_1}{\partial x_2} + \ldots + P_n \frac{\partial \varphi_1}{\partial x_n} + R \frac{\partial \varphi_1}{\partial z} = 0, \\ & \ldots\ldots\ldots\ldots\ldots\ldots\ldots\ldots \\ & P_1 \frac{\partial \varphi_n}{\partial x_1} + P_2 \frac{\partial \varphi_n}{\partial x_2} + \ldots + P_n \frac{\partial \varphi_n}{\partial x_n} + R \frac{\partial \varphi_n}{\partial z} = 0, \end{aligned}$$

se reduz a

$$P_i \frac{\partial f}{\partial x_i} = 0,$$

d'onde se tira $P_i = 0$ ou $\frac{\partial f}{\partial x_i} = 0$.

A solução $\frac{\partial f}{\partial x_i} = 0$ dá

$$\varphi = f(\varphi_1, \varphi_2, \ldots, \varphi_n),$$

que satisfaz á equação (3), qualquer que seja a fórma da funcção f.

Logo a equação

$$(5) \qquad f(\varphi_1, \varphi_2, \ldots, \varphi_n) = 0,$$

onde f representa uma funcção arbitraria de $\varphi_1, \varphi_2, \ldots, \varphi_n$, é integral da equação (1). A este integral dá-se o nome de *integral geral*. As equações que se obtêem dando fórmas particulares á funcção f chamam-se *integraes particulares*.

A solução $P_i = 0$, onde P_i é uma funcção de $x_i, \varphi_1, \ldots, \varphi_n$, leva, pela eliminação de x entre ella e $\varphi = f(x_i, \varphi_1, \ldots, \varphi_n)$, a uma equação que toma ainda a fórma (5).

No que precede suppozemos que existe um coefficiente P_m differente de zero, e portanto a analyse anterior não dá as soluções da equação proposta que tornam $P_1 = 0, \ldots, P_n = 0$, $R = 0$. Se existirem soluções que tenham esta origem e não satisfaçam a (5), dá-se-lhes o nome de *soluções singulares*.

Nota. — No caso de alguns dos coefficientes $P_1, P_2, \ldots, P_n$, R serem identicamente nullos, o systema de equações (4) deve ser modificado. Se fôr, por exemplo, $P_i = 0$, o systema de equações do qual se tirou o systema (4) dá, para a determinação de φ_1, φ_2, etc., o systema seguinte:

$$\frac{dx_1}{P_1} = \ldots = \frac{dx_{i-1}}{P_{i-1}} = \frac{dx_{i+1}}{P_{i+1}} = \ldots = \frac{dx_n}{P_n} = \frac{\partial z}{R}, \qquad dx_i = 0.$$

94. Exemplos. — I. Integremos primeiramente a equação

$$a \frac{\partial z}{\partial x} + b \frac{\partial z}{\partial y} = 1,$$

onde a e b representam quantidades constantes.

Para isso, forme-se o systema de equações simultaneas correspondente

$$\frac{dx}{a} = \frac{dy}{b} = \frac{dz}{1},$$

*

que, integrando, dá

$$x - az = c_1, \qquad y - bz = c_2.$$

Logo o integral pedido é

$$x - az = \varphi(y - bz).$$

II. Consideremos em segundo logar a equação

$$y\frac{\partial z}{\partial x} - x\frac{\partial z}{\partial y} = 0.$$

O systema de equações simultaneas correspondente é

$$\frac{dx}{y} = -\frac{dy}{x}, \qquad dz = 0,$$

cujos integraes são

$$x^2 + y^2 = c_1, \qquad z = c_2.$$

Logo o integral geral da proposta é

$$z = \varphi(x^2 + y^2).$$

III. Finalmente, para integrar a equação

$$(x - a)\frac{\partial z}{\partial x} + (y - b)\frac{\partial z}{\partial y} = z - c,$$

temos de integrar o systema de equações simultaneas

$$\frac{dx}{x - a} = \frac{dy}{y - b} = \frac{dz}{z - c},$$

o que dá

$$\frac{x - a}{z - c} = c_1, \qquad \frac{y - b}{z - c} = c_2;$$

e portanto a equação

$$\frac{x - a}{z - c} = \varphi\left(\frac{y - b}{z - c}\right)$$

é o integral geral da proposta.

II

Integração das equações ás derivadas parciaes de primeira ordem não lineares

95. Integremos agora a equação ás derivadas parciaes não linear

$$f(x, y, z, p, q) = 0, \tag{1}$$

onde se representam por p e q as derivadas parciaes $\frac{\partial z}{\partial x}$ e $\frac{\partial z}{\partial y}$; isto é, procuremos as funcções z de x e y que satisfazem a esta equação.

I. Supponhamos primeiramente que a equação proposta não contem q, isto é, que esta equação é da fórma

$$f\left(x, y, z, \frac{\partial z}{\partial x}\right) = 0.$$

Como o problema se reduz a procurar uma funcção z de x e y que satisfaça a esta equação, quando se considera y como constante, basta, para o resolver, integral-a pelos methodos expostos no capitulo V, considerando z e x como unicas variaveis, e substituir a constante arbitraria, introduzida pela integração, por uma funcção arbitraria de y. Ao integral assim obtido chama-se *integral geral* da proposta.

Exemplo. — A equação ás derivadas parciaes

$$z = \frac{\partial z}{\partial x} x + F\left(y, \frac{\partial z}{\partial x}\right)$$

integra-se pelo methodo exposto no n.º 72-III, que dá

$$z = \varphi(y) x + F[y, \varphi(y)],$$

onde $\varphi(y)$ representa uma funcção arbitraria de y. Esta equação é a *solução geral* da proposta.

A eliminação de $p = \frac{\partial z}{\partial x}$ entre a equação

$$x + \frac{\partial F(y, p)}{\partial p} = 0$$

e a equação proposta dá, em geral, uma *solução singular* d'esta equação.

II. Se a equação proposta não contem p, integra-se ainda pelos methodos expostos no capitulo V, considerando z e y como unicas variaveis e substituindo a constante arbitraria por uma funcção arbitraria de x.

96. Consideremos agora o caso de a equação proposta conter p e q. Neste caso é condição necessaria para a existencia de uma funcção z, cujas derivadas relativamente a x e y sejam p e q, que seja (n.º 38)

$$\frac{\partial p}{\partial y} + \frac{\partial p}{\partial z} q = \frac{\partial q}{\partial x} + \frac{\partial q}{\partial z} p.$$

Para obter pois um integral da equação dada, basta procurar uma equação $f_1(x, y, z, p, q) = 0$ que, conjunctamente com a proposta, dêem para p e q valores que satisfaçam á equação de condição precedente, e em seguida integrar a equação differencial total

$$dz = pdx + qdy.$$

Para isso, derivemos as equações $f = 0$ e $f_1 = 0$ relativamente a x, y e z, o que dá

$$\frac{\partial f}{\partial x} + \frac{\partial f}{\partial p} \frac{\partial p}{\partial x} + \frac{\partial f}{\partial q} \frac{\partial q}{\partial x} = 0,$$

$$\frac{\partial f_1}{\partial x} + \frac{\partial f_1}{\partial p} \frac{\partial p}{\partial x} + \frac{\partial f_1}{\partial q} \frac{\partial q}{\partial x} = 0,$$

$$\frac{\partial f}{\partial y} + \frac{\partial f}{\partial p} \frac{\partial p}{\partial y} + \frac{\partial f}{\partial q} \frac{\partial q}{\partial y} = 0,$$

$$\frac{\partial f_1}{\partial y} + \frac{\partial f_1}{\partial p} \frac{\partial p}{\partial y} + \frac{\partial f_1}{\partial q} \frac{\partial q}{\partial y} = 0,$$

$$\frac{\partial f}{\partial z} + \frac{\partial f}{\partial p} \frac{\partial p}{\partial z} + \frac{\partial f}{\partial q} \frac{\partial q}{\partial z} = 0,$$

$$\frac{\partial f_1}{\partial z} + \frac{\partial f_1}{\partial p} \frac{\partial p}{\partial z} + \frac{\partial f_1}{\partial q} \frac{\partial q}{\partial z} = 0;$$

e substituamos depois os valores de $\frac{\partial p}{\partial y}$, $\frac{\partial p}{\partial z}$, $\frac{\partial q}{\partial x}$, $\frac{\partial q}{\partial z}$, tirados d'estas equações, na equação da condição anterior. Temos assim a equação ás derivadas parciaes linear de primeira ordem, onde f_1 é a variavel dependente e x, y, z, p, q são as variaveis independentes:

$$(2)\quad \begin{cases} \dfrac{\partial f}{\partial q}\dfrac{\partial f_1}{\partial y} - \dfrac{\partial f}{\partial y}\dfrac{\partial f_1}{\partial q} + \left(\dfrac{\partial f}{\partial q}\dfrac{\partial f_1}{\partial z} - \dfrac{\partial f}{\partial z}\dfrac{\partial f_1}{\partial q}\right)q \\ = \dfrac{\partial f}{\partial x}\dfrac{\partial f_1}{\partial p} - \dfrac{\partial f}{\partial p}\dfrac{\partial f_1}{\partial x} + \left(\dfrac{\partial f}{\partial z}\dfrac{\partial f_1}{\partial p} - \dfrac{\partial f}{\partial p}\dfrac{\partial f_1}{\partial z}\right)p. \end{cases}$$

Integrando esta equação pelo methodo exposto no n.º 93, obtem-se f_1 em funcção de x, y, z, p, q. Depois a equação $f_1 = 0$ e a proposta determinam os valores de p e q que devem ser substituidos em $dz = pdx + qdy$, para se obter pelo processo do n.º 73 o integral pedido.

Lagrange, a quem é devido este methodo, empregou primeiro, para calcular p, o integral geral de (2). Notou porém Charpit que bastava, para esse fim, empregar um integral particular com uma constante arbitraria. Neste caso, como a integração de $dz = pdx + qdy$ introduz outra constante arbitraria, o integral que se obtem é da fórma

$$(3)\qquad z = \mathrm{F}(x,\ y,\ c_1,\ c_2),$$

onde c_1 e c_2 representam as constantes arbitrarias. A este integral chamou Lagrange *integral completo*, e deduz-se d'elle todos os integraes de (1) do modo que vamos ver.

Considerando c_1 e c_2 como funcções de x e y, a equação (3) dá

$$\frac{\partial z}{\partial x} = \frac{\partial \mathrm{F}}{\partial x} + \frac{\partial \mathrm{F}}{\partial c_1}\frac{\partial c_1}{\partial x} + \frac{\partial \mathrm{F}}{\partial c_2}\frac{\partial c_2}{\partial x},$$

$$\frac{\partial z}{\partial y} = \frac{\partial \mathrm{F}}{\partial y} + \frac{\partial \mathrm{F}}{\partial c_1}\frac{\partial c_1}{\partial y} + \frac{\partial \mathrm{F}}{\partial c_2}\frac{\partial c_2}{dy},$$

d'onde se deduz que o valor de z, tirado de (3), ainda satisfaz á proposta, quando se consideram c_1 e c_2 como funcções de x e y, se determinarmos estas funcções de modo que sejam satisfeitas as equações

$$(4)\quad \begin{cases} \dfrac{\partial \mathrm{F}}{\partial c_1}\dfrac{\partial c_1}{\partial x} + \dfrac{\partial \mathrm{F}}{\partial c_2}\dfrac{\partial c_2}{\partial x} = 0, \\ \dfrac{\partial \mathrm{F}}{\partial c_1}\dfrac{\partial c_1}{\partial y} + \dfrac{\partial \mathrm{F}}{\partial c_2}\dfrac{\partial c_2}{\partial y} = 0. \end{cases}$$

Satisfaz-se a estas equações pelos tres modos seguintes:

1.º Pondo

$$\frac{\partial c_1}{\partial x} = 0,\qquad \frac{\partial c_1}{\partial y} = 0,\qquad \frac{\partial c_2}{\partial x} = 0,\qquad \frac{\partial c_2}{\partial y} = 0,$$

o que dá para c_1 e c_2 valores constantes, que levam ao integral completo (3), de que se partiu.

2.º Pondo

$$\frac{\partial c_1}{\partial x}\frac{\partial c_2}{\partial y}-\frac{\partial c_1}{\partial y}\frac{\partial c_2}{\partial x}=0,$$

$$\frac{\partial F}{\partial c_1}\frac{\partial c_1}{\partial x}+\frac{\partial F}{\partial c_2}\frac{\partial c_2}{\partial x}=0.$$

Á primeira d'estas equações póde applicar-se o methodo de integração das equações lineares (n.º 93), o que dá, considerando c_2 como variavel dependente,

$$dc_2=0,\qquad \frac{dy}{\frac{\partial c_1}{\partial x}}=-\frac{dx}{\frac{\partial c_1}{\partial y}},$$

ou

$$dc_2=0,\qquad \frac{dc_1}{\partial y}dy+\frac{\partial c_1}{\partial x}dx=0,$$

e, integrando,

$$c_2=a,\qquad c_1=b,$$

a e b representando constantes arbitrarias. Temos portanto $c_2=\varphi(c_1)$, representando por $\varphi(c_1)$ uma funcção arbitraria de c_1.

A segunda equação reduz-se pois a

$$(5)\qquad \frac{\partial F}{\partial c_1}+\frac{\partial F}{\partial c_2}\varphi'(c_1)=0.$$

Eliminando agora c_1 e c_2 entre esta equação, a equação $c_2=\varphi(c_1)$ e a equação (3), chega-se a um integral da equação (1), que contem uma funcção arbitraria φ. A este integral chamou Lagrange *integral geral.*

3.º Satisfaz-se ainda ás equações (4) pondo

$$\frac{\partial F}{\partial c_1}=0,\qquad \frac{\partial F}{\partial c_2}=0.$$

Neste caso a eliminação de c_1 e c_2 entre estas equações e a equação (3) leva a um integral da equação (1), a que Lagrange chamou *singular,* quando não está comprehendido no integral geral.

97. Para completar esta doutrina, resta demonstrar que não ha funcção alguma $z=\psi(x,y)$, que satisfaça a (1), que não esteja comprehendida nos integraes que vimos de achar. Para isso, vamas mostrar que se podem sempre dar a c_1 e c_2 valores taes que seja

$$(6) \qquad F(x, y, c_1, c_2) = \psi(x, y),$$

e que estes valores satisfazem ás equações (4).

Com effeito, podemos dar a c_1 e c_2 valores, constantes ou variaveis, taes que sejam satisfeitas as equações

$$(7) \qquad \frac{\partial F}{\partial x} = \frac{\partial \psi}{\partial x}, \qquad \frac{\partial F}{\partial y} = \frac{\partial \psi}{\partial y},$$

e neste caso é tambem satisfeita a equação (6). Para o demonstrar, basta notar que, devendo F reduzir a equação proposta a uma identidade, qualquer que seja o valor das constantes c_1 e c_2, tambem a reduz a uma identidade quando, depois das derivações, se substituem c_1 e c_2 pelas funcções de x e y determinadas por (7); o que dá

$$f\left(x, y, F, \frac{\partial \psi}{\partial x}, \frac{\partial \psi}{\partial y}\right) = 0;$$

e que, por ψ satisfazer á proposta, temos

$$f\left(x, y, \psi, \frac{\partial \psi}{\partial x}, \frac{\partial \psi}{\partial y}\right) = 0.$$

D'estas relações deduz-se a egualdade (6), que pretendiamos demonstrar.

Derivando (6) relativamente a x e a y, considerando c_1 e c_2 como funcções de x e y, vem

$$\frac{\partial F}{\partial x} + \frac{\partial F}{\partial c_1}\,\frac{\partial c_1}{\partial x} + \frac{\partial F}{\partial c_2}\,\frac{\partial c_2}{\partial x} = \frac{\partial \psi}{\partial x},$$

$$\frac{\partial F}{\partial y} + \frac{\partial F}{\partial c_1}\,\frac{\partial c_1}{\partial y} + \frac{\partial F}{\partial c_2}\,\frac{\partial c_2}{\partial y} = \frac{\partial \psi}{\partial y},$$

d'onde se tira, attendendo ás equações (7),

$$\frac{\partial F}{\partial c_1}\,\frac{\partial c_1}{\partial x} + \frac{\partial F}{\partial c_2}\,\frac{\partial c_2}{\partial x} = 0,$$

$$\frac{\partial F}{\partial c_1}\,\frac{\partial c_1}{\partial y} + \frac{\partial F}{\partial c_2}\,\frac{\partial c_2}{\partial y} = 0.$$

Existem pois valores de c_1 e c_2, constantes ou funcções de x e y, que dão $F = \psi$; e estes valores satisfazem ás equações (4), que dão os valores de c_1 e c_2 que transformam o integral completo no integral geral e no integral singular.

98. Exemplo. — Para applicar a theoria precedente, consideremos com Lagrange a equação

$$z = pq$$

Neste caso a equação (2) reduz se á seguinte:

$$q\frac{\partial f_1}{\partial x} + p\frac{\partial f_1}{\partial y} + 2pq\frac{\partial f_1}{\partial z} + p\frac{\partial f_1}{\partial p} + q\frac{\partial f_1}{\partial q} = 0.$$

Para achar um integral particular d'esta equação linear, temos de procurar um integral do systema (n.º 93)

$$\frac{dx}{q} = \frac{dy}{p} = \frac{dz}{2pq} = \frac{dp}{p} = \frac{dq}{q},$$

e, para isso, basta integrar $dp = dy$, o que dá $p = y + c_1$, e portanto $f_1 = p - y - c_1 = 0$.

Temos pois a equação

$$dz = (y + c_1)\,dx + \frac{z}{y + c_1}\,dy,$$

da qual se deduz (n.º 73) o integral completo da proposta

$$z = (y + c_1)(x + c_2).$$

Para d'este integral deduzir o integral geral, temos de empregar a fórmula (5), que dá a equação

$$x + \varphi(c_1) + (y + c_1)\varphi'(c_1) = 0,$$

da qual se deduz o integral geral, eliminando c_1 entre ella e

$$z = (y + c_1)[x + \varphi(c_1)].$$

Para deduzir a solução singular, formemos as equações

$$\frac{\partial F}{\partial c_1} = x + c_2 = 0, \qquad \frac{\partial F}{\partial c_2} = y + c_1 = 0,$$

que dão $z = 0$.

III

Equações ás derivadas parciaes de segunda ordem

99. A fórma geral das equações ás derivadas parciaes de segunda ordem é

$$f(x, y, z, p, q, r, s, t) = 0,$$

onde

$$p = \frac{\partial z}{\partial x}, \quad q = \frac{\partial z}{\partial y}, \quad r = \frac{\partial^2 z}{\partial x^2}, \quad s = \frac{\partial^2 z}{\partial x \partial y}, \quad t = \frac{\partial^2 z}{\partial y^2}.$$

Aqui limitar-nos-hemos a considerar as equações da fórma

$$\text{(1)} \qquad Hr + 2Ks + Lt + M + N(rt - s^2) = 0,$$

onde H, K, L, M, N representam funcções de x, y, z, p, q. Estas equações fôram consideradas primeiramente por Monge (¹), no caso particular de ser $N = 0$, em seguida por Ampère (²), Boole (³), etc.

Para as integrar, substituamos a variavel independente y por uma nova variavel α ligada com x e y por uma relação que mais tarde determinaremos. Teremos, representando, com Ampère, por $\frac{\partial p}{\partial x(\alpha}$, $\frac{\partial q}{\partial x(\alpha}$, $\frac{\partial y}{\partial x(\alpha}$ as derivadas de p, q, y relativamente a x, quando se consideram estas quantidades como funcções de x e α,

$$\text{(2)} \qquad \left\{ \begin{aligned} \frac{\partial p}{\partial x(\alpha} &= r + s\frac{\partial y}{\partial x(\alpha}, \\ \frac{\partial q}{\partial x(\alpha} &= s + t\frac{\partial y}{\partial x(\alpha}. \end{aligned} \right.$$

Substituindo os valores de r e s tirados d'estas relações na equação proposta, vem a equação

$$P + Qt = 0,$$

(¹) *Histoire de l'Académie des Sciences de Paris,* 1784.

(²) *Journal de l'École Polytechnique de Paris,* t. XI.

(³) *Jornal de Crelle,* t. LXI.

*

onde é

$$P = H\left(\frac{\partial p}{\partial x(\alpha} - \frac{\partial q}{\partial x(\alpha}\frac{\partial y}{\partial x(\alpha}\right) + 2K\frac{\partial q}{\partial x(\alpha} + M - N\left(\frac{\partial q}{\partial x(\alpha}\right)^2,$$

$$Q = H\left(\frac{\partial y}{\partial x(\alpha}\right)^2 - 2K\frac{\partial y}{\partial x(\alpha} + L + N\left(\frac{\partial p}{\partial x(\alpha} + \frac{\partial q}{\partial x(\alpha}\frac{\partial y}{\partial x(\alpha}\right).$$

Se determinarmos agora a nova variavel α de modo que seja $Q=0$, a equação proposta reduz-se a $P=0$; a sua integração fica pois dependente da integração das equações simultaneas

$$P=0, \qquad Q=0,$$

que vamos transformar em outras lineares relativamente ás derivadas parciaes.

1.º Seja primeiramente H differente de zero. Eliminando $\frac{\partial p}{\partial x(\alpha}$ e $\frac{\partial q}{\partial x(\alpha}$ em $Q=0$ por meio das relações (2), temos

$$(H+Nt)\left(\frac{\partial y}{\partial x(\alpha}\right)^2 - 2(K-Ns)\frac{\partial y}{\partial x(\alpha} + L + Nr = 0,$$

ou, resolvendo relativamente a $\frac{\partial y}{\partial x(\alpha}$ e attendendo á equação (1),

$$(H+Nt)\frac{\partial y}{\partial x(\alpha} - K + Ns \mp \sqrt{G} = 0,$$

pondo

$$G = K^2 - HL + MN.$$

Esta equação dá, eliminando s por meio da segunda das relações (2),

$$H\frac{\partial y}{\partial x(\alpha} + N\frac{\partial q}{\partial x(\alpha} - K \mp \sqrt{G} = 0.$$

Consideremos agora a equação $P=0$. Eliminando nella $\frac{\partial y}{\partial x(\alpha}$ por meio da equação que vimos de obter, temos

$$H\frac{\partial p}{\partial x(\alpha} + (K \mp \sqrt{G})\frac{\partial q}{\partial x(\alpha} + M = 0.$$

A integração da equação (2) fica pois dependente da integração do systema

$$H\frac{\partial y}{\partial x(\alpha} + N\frac{\partial q}{\partial x(\alpha} - K - \sqrt{G} = 0,$$

$$H\frac{\partial p}{\partial x(\alpha} + (K - \sqrt{G})\frac{\partial q}{\partial x(\alpha} + M = 0;$$

ou da integração do systema

$$H\frac{\partial y}{\partial x(\alpha}+N\frac{\partial q}{\partial x(\alpha}-K+\sqrt{G}=0,$$

$$H\frac{\partial p}{\partial x(\alpha}+(K+\sqrt{G})\frac{\partial q}{\partial x(\alpha}+M=0.$$

Cada um d'estes systemas consta de duas equações, uma das quaes determina α e outra substitue a equação proposta. Para os integrar, podemos considerar α como constante e integrar os systemas:

$$(3)\qquad \left\{\begin{array}{l} Hdy+Ndq-(K+\sqrt{G})\,dx=0,\\ Hdp+(K-\sqrt{G})\,dq+Mdx=0;\end{array}\right.$$

$$(4)\qquad \left\{\begin{array}{l} Hdy+Ndq-(K-\sqrt{G})\,dx=0,\\ Hdp+(K+\sqrt{G})\,dq+Mdx=0,\end{array}\right.$$

e substituir depois as constantes arbitrarias, introduzidas pela integração, por funcções arbitrarias de α.

Sejam $u=c_1$ e $v=c_2$ dois integraes de um dos systemas (3) ou (4), onde u e v representam funcções de x, y, z, p, q e onde c_1 e c_2 representam funcções arbitrarias de α. Eliminando entre estas equações α, obtem-se a equação ás derivadas parciaes de primeira ordem $u=\varphi(v)$ (onde φ representa uma funcção arbitraria), que equivale á proposta. A esta equação dá-se o nome de *integral intermedio geral* da proposta. Integrando esta equação pelos methodos anteriormente estudados, obtem-se o integral primitivo geral da equação (1).

Se o systema (3) levar ao integral intermedio $u=\varphi(v)$ e o systema (4) levar ao integral intermedio $u_1=\psi(v_1)$, póde obter-se o integral primitivo geral, ou procurando o integral geral de uma d'estas equações, ou tirando d'ellas os valores de p e q, substituindo-os em

$$dz=pdx+qdy$$

e integrando esta equação pelo methodo dado no n.º 73. Veremos com effeito adiante que estes valores de p e q tornam a equação $dz=pdx+qdy$ differencial exacta.

2.º A transformação precedente das equações $P=0$ e $Q=0$ não tem logar quando $H=0$. Neste caso, suppondo L differente de zero, póde substituir-se x, em logar de y, pela nova variavel α, e para isso basta mudar no calculo anterior x em y, p em q, r em t e H em L. Temos assim, em logar das equações anteriores, as seguintes:

$$(5)\qquad \left\{\begin{array}{l} Ldx+Ndp-(K\pm\sqrt{G}\,dy=0,\\ Ldq+(K\mp\sqrt{G})\,dp+Mdy=0.\end{array}\right.$$

Neste caso, se $M\lesseqgtr 0$ e $N\lesseqgtr 0$, a substituição na segunda equação do valor de dp tirado da primeira e a substituição na primeira do valor de dy tirado da segunda levam aos systemas (3) e (4). Estes systemas são pois ainda applicaveis. No caso de ser $M=0$ ou $N=0$, devem empregar-se os systemas (5).

3.º Se $H=0$, $L=0$, as equações $P=0$, $Q=0$ dão

$$-2K\frac{\partial q}{\partial x(\alpha}-M+N\left[\frac{\partial q}{\partial x(\alpha}\right]^2=0,$$

$$-2K\frac{\partial y}{\partial x(\alpha}+N\left[\frac{\partial p}{\partial x(\alpha}+\frac{\partial q}{\partial x(\alpha}\,\frac{\partial y}{\partial x(\alpha}\right]=0.$$

Resolvendo a primeira relativamente a $\frac{\partial q}{\partial x(\alpha}$ e substituindo o resultado na segunda, vem (se N é differente de zero) o systema

$$(6)\qquad \begin{cases} Ndq-(K\pm\sqrt{G})\,dx=0,\\ Ndp-(K\mp\sqrt{G})\,dx=0.\end{cases}$$

4.º Finalmente, se $H=0$, $L=0$, $N=0$, as equações $P=0$, $Q=0$ dão

$$2Kdq+Mdx=0,\qquad dy=0.$$

Exemplo 1.º — Para integrar a equação importante em Physica mathematica

$$r-a^2t=0,$$

onde a representa uma constante, empreguem-se as fórmulas (3), que dão

$$dy-adx=0,\qquad dp-adq=0,$$

e, integrando,

$$y-ax=c_1,\qquad p-aq=c_2.$$

Temos pois o integral intermedio

$$p-aq=\varphi(y-ax).$$

O systema (4) dá, do mesmo modo,

$$p+aq=\psi(y+ax).$$

Tirando d'estas equações os valores de p e q e substituindo-os em

$$dz=pdx+qdy,$$

vem

$$dz = \frac{1}{2}\psi(y+ax)\,dx + \frac{1}{2}\varphi(y-ax)\,dx$$

$$+ \frac{1}{2a}[\psi(y+ax)\,dy - \varphi(y-ax)\,dy]$$

$$= \frac{1}{2a}[\psi(y+ax)\,d(y+ax) - \varphi(y-ax)\,d(y-ax)],$$

o que dá, integrando,

$$z = \psi_1(y+ax) + \varphi_1(y-ax),$$

onde φ_1 e ψ_1 representam funcções arbitrarias.

EXEMPLO 2.º — A obra célebre de Monge intitulada *Application de l'Analyse à la Géométrie* contem muitos exemplos de integração de equações ás derivadas parciaes de segunda ordem, a que levam questões importantes de Geometria. D'esta obra tiramos o exemplo seguinte:

$$(Cq+B)^2 r - 2(Cq+B)(Cp+A)s + (Cp+A)^2 t = 0,$$

onde A, B, C representam quantidades constantes.

Neste caso, as equações (3) reduzem-se ás seguintes:

$$(Cq+B)\,dy + (Cp+A)\,dx = 0,$$

$$(Cq+B)\,dp - (Cp+A)\,dq = 0,$$

que vamos integrar.

A primeira dá, attendendo á equação $dz = pdx + qdy$,

$$Adx + Bdy + Cdz = 0,$$

e portanto

$$Ax + By + Cz = c_1,$$

onde c_1 representa uma constante arbitraria.

A segunda dá, separando as variaveis e integrando,

$$\frac{Cq+B}{Cp+A} = c_2,$$

c_2 representando uma constante arbitraria.

O integral intermedio da proposta é pois

$$Cq + B = (Cp + A)\,\varphi(Ax + By + Cz),$$

onde φ representa uma funcção arbitraria.

Para integrar esta equação, empregue-se o processo exposto no n.º 93, que leva a considerar as equações simultaneas

$$\frac{dy}{C} = -\frac{dx}{C\varphi(Ax + By + Cz)} = \frac{dz}{A\varphi(Ax + By + Cz) - B},$$

ou

$$\varphi(Ax + By + Cz)\,dy + dx = 0,$$

$$A\varphi(Ax + By + Cz)\,dy - Bdy - Cdz = 0,$$

que temos de integrar. Para isso, subtraia-se a segunda da primeira multiplicada por A, o que dá

$$Adx + Bdy + Cdz = 0,$$

e portanto

$$Ax + By + Cz = c_1.$$

Em virtude d'esta equação, a primeira das anteriores dá

$$\varphi(c_1)\,dy + dx = 0,$$

e portanto

$$\varphi(c_1)\,y + x = c_2.$$

Logo o integral pedido é

$$x + \varphi(Ax + By + Cz)\,y = \psi(Ax + By + Cz),$$

onde φ e ψ representam funcções arbitrarias.

Exemplo 3.º — Vimos no *Calculo differencial* que a equação ás derivadas parciaes das superficies planificaveis é

$$rt - s^2 = 0.$$

Vamos mostrar agora que esta equação caracterisa esta familia de superficies, isto é, que toda a superficie que satisfaz a esta equação é planificavel (1).

---

(1) Monge : — *Application de l'Analyse etc*, Paris, 1850, p. 94.

Neste caso as equações (6) dão

$$dq=0, \qquad dp=0;$$

e portanto

$$q=\varphi(p)$$

é o integral intermedio da proposta.

Para integrar esta equação, empregue-se o processo dado no n.º 96, para o que é necessario procurar um integral particular da equação

$$\varphi'(p)\frac{\partial f_1}{\partial x}-\frac{\partial f_1}{\partial y}+[p\varphi'(p)-\varphi(p)]\frac{\partial f_1}{\partial z}=0.$$

Como qualquer funcção independente de x, y e z satisfaz evidentemente a esta equação, podemos pôr $f_1=p-c_1=0$, o que reduz $dz=pdx+qdy$ a

$$dz=c_1\,dx+\varphi(c_1)\,dy.$$

Logo

$$z=c_1\,x+\varphi(c_1)\,y+c_2$$

é um integral completo da equação de primeira ordem considerada.

Para passar para o integral geral, basta eliminar (n.º 96) c_1 entre as equações

$$z=c_1\,x+\varphi(c_1)\,y+\psi(c_1),$$

$$x+\varphi'(c_1)\,y+\psi'(c_1)=0.$$

Estas equações coincidem com as equações das superficies planificaveis achadas no *Calculo differencial*. Logo a equação proposta caracterisa esta familia de superficies.

100. *Methodo de Boole.* — Seja $u=c_1$ um integral de um dos systemas (3) e (4), isto é, uma equação tal que a equação differencial

$$du=\frac{\partial u}{\partial x}dx+\frac{\partial u}{\partial y}dy+\frac{\partial u}{\partial z}dz+\frac{\partial u}{\partial p}dp+\frac{\partial u}{\partial q}dq=0$$

não seja distincta das equações do systema considerado, e seja H differente de zero. A eliminação de dp, dy e dz entre esta equação, as equações (3) ou (4) e a equação $dz=pdx+qdy$ deve levar a uma identidade. Logo os coefficientes de dx e dq da resultante devem ser nullos, o que dá

$$(7)\qquad\begin{cases}\mathrm{N}\left(\dfrac{\partial u}{\partial y}+\dfrac{\partial u}{\partial z}q\right)+(\mathrm{K}\mp\sqrt{\mathrm{G}})\dfrac{\partial u}{\partial p}-\mathrm{H}\dfrac{\partial u}{\partial q}=0,\\[2ex]\mathrm{H}\dfrac{\partial u}{\partial x}+(\mathrm{K}\pm\sqrt{\mathrm{G}})\dfrac{\partial u}{\partial y}+[\mathrm{H}p+(\mathrm{K}\pm\sqrt{\mathrm{G}})\,q]\dfrac{\partial u}{\partial z}-\mathrm{M}\dfrac{\partial u}{\partial p}=0.\end{cases}$$

A funcção u deve, pois, satisfazer neste systema de equações ás derivadas parciaes de primeira ordem, onde se devem empregar os signaes superiores ou os inferiores, segundo $u=c_1$ é integral de (3) ou de (4).

O problema da determinação do integral intermedio de (1) póde tornar-se directamente dependente da integração dos systemas (7). É nisso que consiste o methodo de Boole, que vamos expôr.

Seja $u=c$ um integral da equação (1), com uma constante arbitraria c. Derivando esta equação relativamente a x e a y, vem

$$(8)\qquad \left\{\begin{aligned} &\frac{\partial u}{\partial x}+\frac{\partial u}{\partial z}p+\frac{\partial u}{\partial p}r+\frac{\partial u}{\partial q}s=0,\\ &\frac{\partial u}{\partial y}+\frac{\partial u}{\partial z}q+\frac{\partial u}{\partial p}s+\frac{\partial u}{\partial q}t=0.\end{aligned}\right.$$

Como da equação $u=c$ não se tira, como consequencia, outras equações, além d'estas, que sejam independentes da constante arbitraria c e em que entrem só derivadas parciaes de primeira e segunda ordem de z, a equação (1) deve ser uma consequencia algebrica d'estas duas. Logo, se $\frac{\partial u}{\partial p}$ é differente de zero, a eliminação de r e s entre estas equação e (1) deve levar a uma identidade. A resultante d'esta eliminação é da fórma

$$P+Qt=0,$$

onde

$$\begin{aligned} P=\;&H\left(\frac{\partial u}{\partial y}+q\frac{\partial u}{\partial z}\right)\frac{\partial u}{\partial q}-H\frac{\partial u}{\partial p}\left(\frac{\partial u}{\partial x}+\frac{\partial u}{\partial z}p\right)\\ &-2K\left(\frac{\partial u}{\partial y}+\frac{\partial u}{\partial z}q\right)\frac{\partial u}{\partial p}+M\left(\frac{\partial u}{\partial p}\right)^2-N\left(\frac{\partial u}{\partial y}+\frac{\partial u}{\partial z}q\right)^2,\\ Q=\;&H\left(\frac{\partial u}{\partial q}\right)^2-2K\frac{\partial u}{\partial p}\,\frac{\partial u}{\partial q}+L\left(\frac{\partial u}{\partial p}\right)^2\\ &-N\left(\frac{\partial u}{\partial y}+\frac{\partial u}{\partial z}q\right)\frac{\partial u}{\partial q}-N\left(\frac{\partial u}{\partial x}+\frac{\partial u}{\partial z}p\right)\frac{\partial u}{\partial p},\end{aligned}$$

e dá as equações $P=0$, $Q=0$, que servem para determinar u.

Somos assim conduzidos a uma analyse analoga á empregada no methodo de Monge, em que as equações (8) representam o mesmo papel que naquelle methodo representavam as equações (2). Da comparação d'estes systemas conclue-se que, para obter as equações que resolvem a questão proposta, basta substituir nas equações obtidas no n.º 99 $\frac{\partial p}{\partial x(\alpha}$, $\frac{\partial q}{\partial x(\alpha}$, $\frac{\partial y}{\partial x(\alpha}$ pelas quantidades

$$-\frac{\frac{\partial u}{\partial x}+\frac{\partial u}{\partial z}p}{\frac{\partial u}{\partial p}},\qquad -\frac{\frac{\partial u}{\partial y}+\frac{\partial u}{\partial z}q}{\frac{\partial u}{\partial p}},\qquad \frac{\frac{\partial u}{\partial q}}{\frac{\partial u}{\partial p}}.$$

D'este modo obtêem-se as equações (7), quando H é differente de zero.

Seja agora $\frac{\partial u}{\partial p}=0$. Neste caso a eliminação de s e t entre as equações (8) e a proposta leva ás equações

$$\mathrm{H}\frac{\partial u}{\partial q}-\mathrm{N}\left(\frac{\partial u}{\partial y}+\frac{\partial u}{\partial z}q\right)=0,$$

$$2\mathrm{K}\left(\frac{\partial u}{\partial x}+\frac{\partial u}{\partial z}p\right)\frac{\partial u}{\partial q}+\mathrm{L}\left(\frac{\partial u}{\partial y}+\frac{\partial u}{\partial z}q\right)\frac{\partial u}{\partial q}-\mathrm{M}\left(\frac{\partial u}{\partial q}\right)^2+\mathrm{N}\left(\frac{\partial u}{\partial x}+\frac{\partial u}{\partial z}p\right)^2=0.$$

A primeira d'estas equações coincide com a primeira das equações (7). Eliminando $\frac{\partial u}{\partial q}$ entre a primeira e a segunda e resolvendo a resultante relativamente a $\frac{\partial u}{\partial x}+\frac{\partial u}{\partial z}p$, obtem-se a segunda equação (7). Logo u satisfaz ainda neste caso a um dos systemas (7).

De tudo o que precede conclue-se que, para achar os integraes intermedios de (1), basta achar os integraes das equações simultaneas (7).

Deve observar-se que se suppoz, no que precede, H differente de zero. Quando H é nullo, as fórmulas (7) não são sempre applicaveis, mas é facil deduzir as fórmulas que convêem a este caso, procedendo de um modo semelhante ao que se empregou, no mesmo caso, no methodo de Monge.

101. A integração das equações ás derivadas parciaes simultaneas de primeira ordem, de que fica assim dependente a integração da equação (1), é um assumpto que tem sido objecto de trabalhos importantes, de que aqui não nos occuparemos. Limitar-nos-hemos a tirar da theoria precedente duas consequencias importantes, relativas ao methodo de Monge.

1.º Como qualquer integral do systema (3) ou (4) satisfaz a um dos systemas (7), o mesmo integral satisfaz tambem á equação (1).

2.º Dissemos já que, se as equações $f=u-c_1=0$, $f_1=v-c_2=0$, onde u e v representam funcções de x, y, z, p, q, fôrem integraes, uma do systema (3) e outra do systema (4), os valores que ellas dão para p e q tornam a equação $dz=pdx+qdy$ integravel.

Para o demonstrar, notemos que f e f_1 devem satisfazer ás equações (7), o que dá

$$\mathrm{N}\left(\frac{\partial f}{\partial y}+\frac{\partial f}{\partial z}q\right)+(\mathrm{K}-\sqrt{\mathrm{G}})\frac{\partial f}{\partial p}-\mathrm{H}\frac{\partial f}{\partial q}=0,$$

$$\mathrm{H}\left(\frac{\partial f}{\partial x}+\frac{\partial f}{\partial z}p\right)+(\mathrm{K}+\sqrt{\mathrm{G}})\left(\frac{\partial f}{\partial y}+\frac{\partial f}{\partial z}q\right)-\mathrm{M}\frac{\partial f}{\partial p}=0,$$

$$\mathrm{N}\left(\frac{\partial f_1}{\partial y}+\frac{\partial f_1}{\partial z}q\right)+(\mathrm{K}+\sqrt{\mathrm{G}})\frac{\partial f_1}{\partial p}-\mathrm{H}\frac{\partial f_1}{\partial q}=0,$$

$$\mathrm{H}\left(\frac{\partial f_1}{\partial x}+\frac{\partial f_1}{\partial z}p\right)+(\mathrm{K}-\sqrt{\mathrm{G}})\left(\frac{\partial f_1}{\partial y}+\frac{\partial f_1}{\partial z}q\right)-\mathrm{M}\frac{\partial f_1}{\partial p}=0.$$

*

D'estas equações tira-se [multiplicando a primeira por $\frac{\partial f_1}{\partial y}+\frac{\partial f_1}{\partial z}q$, a segunda por $\frac{\partial f_1}{\partial p}$, a terceira por $-\left(\frac{\partial f}{\partial y}+\frac{\partial f}{\partial z}q\right)$ e a quarta por $-\frac{\partial f}{\partial p}$, e sommando os resultados] a equação (2) do n.º 96. Logo os valores de p e q considerados tornam $dz=pdx+qdy$ integravel.

102. A difficuldade de integrar algumas vezes as equações (3) e (4) ou as equações (5), a difficuldade em passar do integral intermedio para o integral primitivo da equação (1), e a falta de integral intermedio em muitos casos, em que existe integral primitivo, são razões que levam a dar importancia ás transformações, por mudança de variaveis, da equação proposta em outra que se saiba integrar ou que, pelo menos, seja mais simples do que ella. Varios methodos de transformação têem sido propostos; aqui porém limitar-nos-hemos a expôr dois, um dos quaes, devido a Euler, é applicavel quando H, K e L não contêem p nem q e é $N=0$, e o outro, devido a Imschenetsky [1], é applicavel nos outros casos.

Considerando primeiramente a transformação devida a Euler, supponhamos pois que H, K e L não contêem p nem q e que é $N=0$. Tomando para novas variaveis independentes duas quantidades u e v ligadas com x e y pelas relações

$$u=\varphi(x,\ y),\qquad v=\psi(x,\ y),$$

φ e ψ sendo duas funcções, que adiante determinaremos, as relações

$$p=\frac{\partial z}{\partial u}\frac{\partial u}{\partial x}+\frac{\partial z}{\partial v}\frac{\partial v}{\partial x},$$

$$q=\frac{\partial z}{\partial u}\frac{\partial u}{\partial y}+\frac{\partial z}{\partial v}\frac{\partial v}{\partial y},$$

$$r=\frac{\partial^2 z}{\partial u^2}\left(\frac{\partial u}{\partial x}\right)^2+2\frac{\partial^2 z}{\partial u\,\partial v}\frac{\partial u}{\partial x}\frac{\partial v}{\partial x}+\frac{\partial^2 z}{\partial v^2}\left(\frac{\partial v}{\partial x}\right)^2+\frac{\partial z}{\partial u}\frac{\partial^2 u}{\partial x^2}+\frac{\partial z}{\partial v}\frac{\partial^2 v}{\partial x^2},$$

$$s=\frac{\partial^2 z}{\partial u^2}\frac{\partial u}{\partial x}\frac{\partial u}{\partial y}+\frac{\partial^2 z}{\partial v^2}\frac{\partial v}{\partial x}\frac{\partial v}{\partial y}+\frac{\partial^2 z}{\partial u\,\partial v}\left(\frac{\partial u}{\partial x}\frac{\partial v}{\partial y}+\frac{\partial v}{\partial x}\frac{\partial u}{\partial y}\right)+\frac{\partial z}{\partial u}\frac{\partial^2 u}{\partial x\,\partial y}+\frac{\partial z}{\partial v}\frac{\partial^2 v}{\partial x\,\partial y},$$

$$t=\frac{\partial^2 z}{\partial u^2}\left(\frac{\partial u}{\partial y}\right)^2+2\frac{\partial^2 z}{\partial u\,\partial v}\frac{\partial u}{\partial y}\frac{\partial v}{\partial y}+\frac{\partial^2 z}{\partial v^2}\left(\frac{\partial v}{\partial y}\right)^2+\frac{\partial z}{\partial u}\frac{\partial^2 u}{\partial y^2}+\frac{\partial z}{\partial v}\frac{\partial^2 v}{\partial y^2},$$

transformam a equação (1) na seguinte:

$$\mathrm{H}'\frac{\partial^2 z}{\partial u^2}+2\mathrm{K}'\frac{\partial^2 z}{\partial u\,\partial v}+\mathrm{L}'\frac{\partial^2 z}{\partial v^2}+\mathrm{M}'=0,$$

---

[1] Imschenetsky: — *Étude sur les méthodes d'intégration des équations aux dérivées partielles du second ordre etc.*, pp. 130 e 131 da traducção do russo por J. Hoüel.

onde

$$H' = H\left(\frac{\partial u}{\partial x}\right)^2 + 2K\frac{\partial u}{\partial x}\frac{\partial u}{\partial y} + L\left(\frac{\partial u}{\partial y}\right)^2,$$

$$L' = H\left(\frac{\partial v}{\partial x}\right)^2 + 2K\frac{\partial v}{\partial x}\frac{\partial v}{\partial y} + L\left(\frac{\partial v}{\partial y}\right)^2,$$

. . . .

Determinando agora as funcções $u = \varphi(x, y)$ e $v = \psi(x, y)$ de modo que sejam soluções das equações ás derivadas parciaes lineares de primeira ordem

$$\text{(A)} \qquad \left\{ \begin{array}{l} H\dfrac{\partial u}{\partial x} + (K + \sqrt{G})\dfrac{\partial u}{\partial y} = 0, \\ H\dfrac{\partial v}{\partial x} + (K - \sqrt{G})\dfrac{\partial v}{\partial y} = 0, \end{array} \right.$$

temos $H' = 0$ e $L' = 0$, e a equação proposta transforma-se em outra da fórma

$$2K'\frac{\partial^2 z}{\partial u\, \partial v} + M' = 0,$$

que contem uma unica derivada de segunda ordem.

Integrando esta equação, obtem-se z expresso em funcção de u e v, e em seguida, por meio das duas relações $u = \varphi(x, y)$, $v = \psi(x, y)$, obtem-se z expresso em funcção de x e y.

É conveniente observar que as equações (A) coincidem com as segundas das equações (7) e que a sua integração depende (n.º 93) da integração de equações differenciaes que coincidem com as primeiras das equações (3) e (4).

Se fôr $G = 0$, as equações (A) não são distinctas e a transformação anterior não tem logar. É porém facil de ver, por meio de uma analyse semelhante á que foi empregada no caso anterior, que, substituindo a variavel y por outra v ligada com x e y pela relação $v = \psi(x, y)$, determinada pela segunda das equações (A), vem uma equação da fórma

$$T'\frac{\partial^2 z}{\partial v^2} + M' = 0,$$

que contem tambem uma unica derivada de primeira ordem.

103. A transformação devida a Imschenetsky, de que agora nos vamos occupar, baseia-se no methodo da variação das constantes arbitrarias de Lagrange e nos importantes trabalhos de Ampère sob a integração das equações ás derivadas parciaes.

Seja

$$z = \omega(x, y, \alpha, \beta, \eta) \tag{9}$$

um integral partigular da equação (1), onde α, β, η são tres constantes arbitrarias.

Considerando α, β, η como variaveis, transformemos a equação proposta em outra em que η seja a nova variavel dependente, que está ligado com z pela relação anterior, e em que α e β sejam as novas variaveis independentes, que supporemos ligadas com x e y pelas relações

$$\frac{\partial\omega}{\partial\alpha} + \frac{\partial\omega}{\partial\eta}\frac{\partial\eta}{\partial\alpha} = 0, \qquad \frac{\partial\omega}{\partial\beta} + \frac{\partial\omega}{\partial\eta}\frac{\partial\eta}{\partial\beta} = 0,$$

que escrevemos do modo seguinte:

$$\frac{\delta\omega}{\delta\alpha} = 0, \qquad \frac{\delta\omega}{\delta\beta} = 0, \tag{10}$$

convencionando representar, para brevidade, por $\frac{\delta\omega}{\delta\alpha}$ e $\frac{\delta\omega}{\delta\beta}$ as derivadas parciaes de ω relativamente a α e a β, considerando η como funcção de α e β.

Para fazer esta transformação, temos de exprimir p, q, r, s, t em funcção das novas variaveis, o que dá, representando por p_1, q_1, r_1, s_1, t_1 as derivadas $\frac{\partial\omega}{\partial x}$, $\frac{\partial\omega}{\partial y}$, $\frac{\partial^2\omega}{\partial x^2}$, $\frac{\partial^2\omega}{\partial x\,\partial y}$, $\frac{\partial^2\omega}{\partial y^2}$,

$$p = \frac{\partial\omega}{\partial x} = p_1, \qquad q = \frac{\partial\omega}{\partial y} = q_1,$$

$$r = r_1 + \frac{\delta p_1}{\delta\alpha}\frac{\partial\alpha}{\partial x} + \frac{\delta p_1}{\delta\beta}\frac{\partial\beta}{\partial x},$$

$$s = s_1 + \frac{\delta p_1}{\delta\alpha}\frac{\partial\alpha}{\partial y} + \frac{\delta p_1}{\delta\beta}\frac{\partial\beta}{\partial y},$$

$$t = t_1 + \frac{\delta q_1}{\delta\alpha}\frac{\partial\alpha}{\partial y} + \frac{\delta q_1}{\delta\beta}\frac{\partial\beta}{\partial y},$$

onde se deve substituir $\frac{\partial\alpha}{\partial x}$, $\frac{\partial\alpha}{\partial y}$, $\frac{\partial\beta}{\partial x}$, $\frac{\partial\beta}{\partial y}$ pelos valores que vamos tirar das equações (10). Para isso, derivemos estas equações relativamente a x e y, o que dá, attendendo ás relações faceis de verificar

$$\frac{\partial\frac{\delta\omega}{\delta\alpha}}{\partial x} = \frac{\delta\frac{\partial\omega}{\partial x}}{\delta\alpha} = \frac{\delta p_1}{\delta\alpha}, \qquad \frac{\partial\frac{\delta\omega}{\delta\alpha}}{\partial y} = \frac{\delta q_1}{\delta\alpha}, \qquad \text{etc.,}$$

as egualdades

$$\frac{\partial p_1}{\partial \alpha}+\frac{\partial \frac{\partial \omega}{\partial \alpha}}{\partial \alpha}\frac{\partial \alpha}{\partial x}+\frac{\partial \frac{\partial \omega}{\partial \alpha}}{\partial \beta}\frac{\partial \beta}{\partial x}=0,$$

$$\frac{\partial p_1}{\partial \beta}+\frac{\partial \frac{\partial \omega}{\partial \beta}}{\partial \alpha}\frac{\partial \alpha}{\partial x}+\frac{\partial \frac{\partial \omega}{\partial \beta}}{\partial \beta}\frac{\partial \beta}{\partial x}=0,$$

$$\frac{\partial q_1}{\partial \alpha}+\frac{\partial \frac{\partial \omega}{\partial \alpha}}{\partial \alpha}\frac{\partial \alpha}{\partial y}+\frac{\partial \frac{\partial \omega}{\partial \alpha}}{\partial \beta}\frac{\partial \beta}{\partial y}=0,$$

$$\frac{\partial q_1}{\partial \beta}+\frac{\partial \frac{\partial \omega}{\partial \beta}}{\partial \alpha}\frac{\partial \alpha}{\partial y}+\frac{\partial \frac{\partial \omega}{\partial \beta}}{\partial \beta}\frac{\partial \beta}{\partial y}=0,$$

das quaes resulta

$$\frac{\partial \alpha}{\partial x}=\frac{1}{D}\left(\frac{\partial^2\omega}{\partial\alpha\,\partial\beta}\frac{\partial p_1}{\partial\beta}-\frac{\partial^2\omega}{\partial\beta^2}\frac{\partial p_1}{\partial\alpha}\right),$$

$$\frac{\partial \beta}{\partial x}=\frac{1}{D}\left(\frac{\partial^2\omega}{\partial\alpha\,\partial\beta}\frac{\partial p_1}{\partial\alpha}-\frac{\partial^2\omega}{\partial\alpha^2}\frac{\partial q_1}{\partial\beta}\right),$$

$$\frac{\partial \alpha}{\partial y}=\frac{1}{D}\left(\frac{\partial^2\omega}{\partial\alpha\,\partial\beta}\frac{\partial q_1}{\partial\beta}-\frac{\partial^2\omega}{\partial\beta^2}\frac{\partial q_1}{\partial\alpha}\right),$$

$$\frac{\partial \beta}{\partial y}=\frac{1}{D}\left(\frac{\partial^2\omega}{\partial\alpha\,\partial\beta}\frac{\partial q_1}{\partial\alpha}-\frac{\partial^2\omega}{\partial\alpha^2}\frac{\partial q_1}{\partial\beta}\right),$$

onde

$$D=\frac{\partial^2\omega}{\partial\alpha^2}\frac{\partial^2\omega}{\partial\beta^2}-\left(\frac{\partial^2\omega}{\partial\alpha\,\partial\beta}\right)^2.$$

Substituindo estes valores de $\frac{\partial\alpha}{\partial x}$, $\frac{\partial\alpha}{\partial y}$, $\frac{\partial\beta}{\partial x}$, $\frac{\partial\beta}{\partial y}$ nas expressões de r, s, t e em seguida os valores resultantes de r, s, t na equação proposta (1), e attendendo á identidade

$$Hr_1+2Ks_1+Lt_1+M+N(r_1t_1-s_1^2)=0,$$

obtem-se a equação

$$R\frac{\partial^2\omega}{\partial\alpha^2}+2S\frac{\partial^2\omega}{\partial\alpha\,\partial\beta}+T\frac{\partial^2\omega}{\partial\beta^2}+U=0,$$

onde

$$-R=(H+Nt_1)\left(\frac{\partial p_1}{\partial\beta}\right)^2+2(K-Ns_1)\frac{\partial p_1}{\partial\beta}\frac{\partial q_1}{\partial\beta}+(L+Nr_1)\left(\frac{\partial q_1}{\partial\beta}\right)^2,$$

$$S=(H+Nt_1)\frac{\partial p_1}{\partial\alpha}\frac{\partial p_1}{\partial\beta}+(K-Ns_1)\left(\frac{\partial p_1}{\partial\alpha}\frac{\partial q_1}{\partial\beta}+\frac{\partial p_1}{\partial\beta}\frac{\partial q_1}{\partial\alpha}\right)+(L+Nr_1)\frac{\partial q_1}{\partial\alpha}\frac{\partial q_1}{\partial\beta},$$

$$-T=(H+Nt_1)\left(\frac{\partial p_1}{\partial\alpha}\right)^2+2(K-Ns_1)\frac{\partial p_1}{\partial\alpha}\frac{\partial q_1}{\partial\alpha}+(L+Nr_1)\left(\frac{\partial q_1}{\partial\alpha}\right)^2,$$

$$U=N\left(\frac{\partial p_1}{\partial\alpha}\frac{\partial q_1}{\partial\beta}-\frac{\partial p_1}{\partial\beta}\frac{\partial q_1}{\partial\alpha}\right).$$

Se attendermos agora a que é

$$\frac{\partial^2\omega}{\partial\alpha^2}=\frac{\partial^2\omega}{\partial\alpha^2}+2\frac{\partial^2\omega}{\partial\alpha\,\partial\eta}\frac{\partial\eta}{\partial\alpha}+\frac{\partial^2\omega}{\partial\eta^2}\left(\frac{\partial\eta}{\partial\alpha}\right)^2+\frac{\partial\omega}{\partial\eta}\frac{\partial^2\eta}{\partial\alpha^2},$$

$$\frac{\partial^2\omega}{\partial\alpha\,\partial\beta}=\frac{\partial^2\omega}{\partial\alpha\,\partial\beta}+\frac{\partial^2\omega}{\partial\alpha\,\partial\eta}\frac{\partial\eta}{\partial\beta}+\frac{\partial^2\omega}{\partial\eta\,\partial\beta}\frac{\partial\eta}{\partial\alpha}+\frac{\partial^2\omega}{\partial\eta^2}\frac{\partial\eta}{\partial\alpha}\frac{\partial\eta}{\partial\beta}+\frac{\partial\omega}{\partial\eta}\frac{\partial^2\eta}{\partial\alpha\,\partial\beta},$$

$$\frac{\partial^2\omega}{\partial\beta^2}=\frac{\partial^2\omega}{\partial\beta^2}+2\frac{\partial^2\omega}{\partial\beta\,\partial\eta}\frac{\partial\eta}{\partial\beta}+\frac{\partial^2\omega}{\partial\eta^2}\left(\frac{\partial\eta}{\partial\beta}\right)^2+\frac{\partial\omega}{\partial\eta}\frac{\partial^2\eta}{\partial\beta^2},$$

a equação precedente transforma-se ainda na seguinte:

$$R\frac{\partial^2\eta}{\partial\alpha^2}+2S\frac{\partial^2\eta}{\partial\alpha\,\partial\beta}+T\frac{\partial^2\eta}{\partial\beta^2}+U_1=0, \tag{11}$$

onde R, S e T têem os mesmos valores que na equação precedente, e onde é

$$\begin{aligned}U_1=\frac{1}{\frac{\partial\omega}{\partial\eta}}\Bigg\{&N\left(\frac{\partial p_1}{\partial\alpha}\frac{\partial q_1}{\partial\beta}-\frac{\partial p_1}{\partial\beta}\frac{\partial q_1}{\partial\alpha}\right)\\&+R\left[\frac{\partial^2\omega}{\partial\alpha^2}+2\frac{\partial^2\omega}{\partial\alpha\,\partial\eta}\frac{\partial\eta}{\partial\alpha}+\frac{\partial^2\omega}{\partial\eta^2}\left(\frac{\partial\eta}{\partial\alpha}\right)^2\right]\\&+2S\left(\frac{\partial^2\omega}{\partial\alpha\,\partial\beta}+\frac{\partial^2\omega}{\partial\alpha\,\partial\eta}\frac{\partial\eta}{\partial\beta}+\frac{\partial^2\omega}{\partial\beta\,\partial\eta}\frac{\partial\eta}{\partial\alpha}+\frac{\partial^2\omega}{\partial\eta^2}\frac{\partial\eta}{\partial\alpha}\frac{\partial\eta}{\partial\beta}\right)\\&+T\left[\frac{\partial^2\omega}{\partial\beta^2}+2\frac{\partial^2\omega}{\partial\beta\,\partial\eta}\frac{\partial\eta}{\partial\beta}+\frac{\partial^2\omega}{\partial\eta^2}\left(\frac{\partial\eta}{\partial\beta}\right)^2\right]\Bigg\}.\end{aligned}$$

Se attendermos agora á composição dos coefficientes da equação precedente, vê-se que (11) é uma equação ás derivadas parciaes de segunda ordem em que η é a variavel dependente e α e β são as variaveis independentes, e que tem a fórma da equação proposta, sendo porém independente dos termos de grão superior ao primeiro relativamente ás derivadas de segunda ordem.

Se a soubermos integrar, podemos substituir o valor que ella dá para η em (9), conjunctamente com os valores de α e β dados pelas equações (10), e temos o integral de (1), que se pretendia achar.

A importancia consideravel da transformação precedente resulta das simplificações de que a equação (11) é susceptivel, quando se determina convenientemente o integral (9). Para tractar esta importante questão, baseia-se Imschenetsky nos trabalhos notaveis de Ampère sobre os integraes das equações ás derivadas parciaes. Aqui vamos seguir para o mesmo fim uma analyse mais simples, que publicámos no *Bulletin de la Société Mathématique de France.*

I. Seja $u = \alpha$ um integral de um dos systemas (3) ou (4), onde u representa uma funcção de x, y, z, p, q e α uma constante arbitraria; e seja a equação (9) um integral completo d'aquella equação. A funcção u deve satisfazer á equação $Q = 0$ (n.º 100), a qual dá, eliminando nella

$$\frac{\partial u}{\partial x} + \frac{\partial u}{\partial z} p, \qquad \frac{\partial u}{\partial y} + \frac{\partial u}{\partial z} q$$

por meio das equações (8), a resultante seguinte:

$$(12) \qquad (\mathrm{H} + \mathrm{N}t)\left(\frac{\partial u}{\partial q}\right)^2 - 2(\mathrm{K} - \mathrm{N}s)\frac{\partial u}{\partial p}\frac{\partial u}{\partial q} + (\mathrm{L} + \mathrm{N}r)\left(\frac{\partial u}{\partial p}\right)^2 = 0,$$

a que deve satisfazer a funcção z determinada por (9).

Mas, derivando $u = \alpha$ relativamente a β, considerando z, p, q como funcções de β determinadas por (9), obtem-se a identidade

$$\frac{\partial u}{\partial z}\frac{\partial z}{\partial \beta} + \frac{\partial u}{\partial p_1}\frac{\partial p_1}{\partial \beta} + \frac{\partial u}{\partial q_1}\frac{\partial q_1}{\partial \beta} = 0,$$

que, em virtude das equações (10), dá

$$\frac{\partial u}{\partial p_1}\frac{\partial p_1}{\partial \beta} + \frac{\partial u}{\partial q_1}\frac{\partial q_1}{\partial \beta} = 0.$$

Substituindo na expressão de R a quantidade $\frac{\partial p_1}{\partial \beta}$ pelo seu valor dado por esta ultima relação e attendendo a (12), acha-se $\mathrm{R} = 0$.

Logo a equação (11) toma, neste caso, a fórma mais simples

$$2\mathrm{S}\frac{\partial^2 \eta}{\partial \alpha \partial \beta} + \mathrm{T}\frac{\partial^2 \eta}{\partial \beta^2} + \mathrm{U}_1 = 0.$$

II. Sejam agora $u = \alpha$ um integral do systema (3) e $v = \beta$ um integral do systema (4), u

e v representando funcções de x, y, z, p, q, e α, β representando constantes arbitrarias. Sabe-se que os valores de p e q dados por estas equações tornam

$$dz = pdx + qdy$$

integravel (n.º 101). Seja pois (9) o integral d'esta equação.

Neste caso, vê-se, como no anterior, que $R = 0$; e, pela mudança de β em α vê-se tambem que $T = 0$. A equação (11) toma pois a fórma seguinte:

$$2S \frac{\partial^2 \eta}{\partial \alpha \partial \beta} + U_1 = 0.$$

III. Seja agora

$$G = K^2 - HL + MN = 0,$$

o que tem logar quando os dois systemas (3) e (4) coincidem; e seja $u = \alpha$ um integral particular d'este systema unico.

Derivando $u = \alpha$ relativamente a α e β, considerando z, p, q como funcções de α e β determinadas por (9), temos

$$\frac{\partial u}{\partial p_1} \frac{\partial p_1}{\partial \beta} + \frac{\partial u}{\partial q_1} \frac{\partial q_1}{\partial \beta} = 0, \quad \frac{\partial u}{\partial p_1} \frac{\partial p_1}{\partial \alpha} + \frac{\partial u}{\partial q_1} \frac{\partial q_1}{\partial \alpha} = 1.$$

Por outra parte a equação (12), sendo resolvida relativamente a $\frac{\partial u}{\partial q}$, dá

$$\frac{\partial u}{\partial q} = \frac{K - Ns + \sqrt{K^2 - HL + MN}}{H + Nt} \frac{\partial u}{\partial p} = \frac{K - Ns}{H + Nt} \frac{\partial u}{\partial p}.$$

Substituindo depois na expressão de S (n.º 103) os valores que estas equações dão para $\frac{\partial p_1}{\partial \beta}$, $\frac{\partial p_1}{\partial \alpha}$, $\frac{\partial u}{\partial q}$, e attendendo á equação

$$Hr_1 + 2Ks_1 + Lt_1 + M + N(r_1 t_1 - s_1^2) = 0,$$

vem $S = 0$. A equação (11) toma pois a fórma

$$T \frac{\partial^2 \eta}{\partial \beta^2} + U_1 = 0.$$

104. Ha muitas equações ás derivadas parciaes de segunda ordem cuja integração se póde fazer depender da integração da equação (1), por mudanças convenientes das variaveis. Está neste caso a equação seguinte [1]:

$$As + Bq + \psi(r, p, z, y, x) = 0,$$

onde A e B representam funcções de x, y, z, p.

Para a transformar, ponha-se

$$u = f(x, y, z, p),$$

a funcção f sendo determinada por meio da equação ás derivadas parciaes linear de primeira ordem

$$A\frac{\partial f}{\partial z} - B\frac{\partial f}{\partial p} = 0.$$

Teremos

$$\frac{\partial u}{\partial x} = \frac{\partial f}{\partial x} + \frac{\partial f}{\partial z}p + \frac{\partial f}{\partial p}r,$$

$$\frac{\partial u}{\partial y} = \frac{\partial f}{\partial y} + \frac{\partial f}{\partial z}q + \frac{\partial f}{\partial p}s.$$

Eliminando na equação proposta r e s por meio d'estas equações e notando que q desapparece, em virtude da equação anterior, vem uma equação da fórma

$$F\left(x, y, z, p, \frac{\partial u}{\partial x}, \frac{\partial u}{\partial y}\right) = 0.$$

Esta equação e $u = f(x, y, z, p)$ dão, resolvendo-as relativamente a z e p,

$$z = \varphi\left(x, y, u, \frac{\partial u}{\partial x}, \frac{\partial u}{\partial y}\right),$$

$$p = \theta\left(x, y, u, \frac{\partial u}{\partial x}, \frac{\partial u}{\partial y}\right).$$

Derivando a primeira d'estas equações relativamente a x e comparando o resultado com

(1) A analyse que segue é tirada de uma *Nota* que publicámos no *Comptes rendus de l'Académie des Sciences de Paris*, t. XCIII, p. 702.

a segunda, vem

$$\frac{\partial\varphi}{\partial\frac{\partial u}{\partial x}}\frac{\partial^2 u}{\partial x^2}+\frac{\partial\varphi}{\partial\frac{\partial u}{\partial y}}\frac{\partial^2 u}{\partial x\partial y}+\frac{\partial\varphi}{\partial u}\frac{\partial u}{\partial x}+\frac{\partial\varphi}{\partial x}-\theta\left(x,\ y,\ u,\ \frac{\partial u}{\partial x},\ \frac{\partial u}{\partial y}\right)=0.$$

Esta equação, que é da fórma (1), determina u, e em seguida a primeira das equações anteriores determina z.

IV

Integração das equações ás derivadas parciaes por meio de séries e de integraes definidos

105. A integração das equações ás derivadas parciaes por meio de séries ou de integraes definidos, de que vamos agora occupar-nos, tem uma importancia consideravel em Physica mathematica. Aqui limitar-nos-hemos a expôr a este respeito alguns principios mais elementares.

Seja

$$(1) \qquad f(x,\ y,\ z,\ p,\ q,\ r,\ s,\ t)=0$$

uma equação ás derivadas parciaes de segunda ordem, e supponhamos que o seu primeiro membro é uma funcção inteira de x, y, z, p, q, r, s, t. Se quizermos achar os desenvolvimentos em série, ordenados segundo as potencias inteiras e positivas de x, dos integraes de (1), que fôrem susceptiveis de um tal desenvolvimento, poremos

$$(2) \qquad z=\varphi+\varphi_1 x+\varphi_2 x^2+\ldots+\varphi_n x^n+\ldots,$$

onde φ, φ_1, φ_2, etc. representam funcções de y.

Substituindo depois os valores de z e suas derivadas, tirados da equação (2), na funcção proposta e ordenando segundo as potencias de x, obtem-se um resultado da fórma

$$(3) \qquad \mathrm{A}+\mathrm{B}x+\mathrm{C}x^2+\ldots+\mathrm{N}x^n+\ldots,$$

que é convergente quando a série (2) e as suas derivadas de primeira e segunda ordem o são, e que deve ser identicamente nullo, quando (2) é o desenvolvimento de um integral de (1); e temos então

$$A=0, \quad B=0, \quad C=0, \quad \ldots.$$

Estas equações determinam os valores dos coefficientes φ, φ_1, φ_2, etc., e, substituindo estes valores em (2), obtem-se uma série que, se fôr convergente, assim como as suas derivadas de primeira e segunda ordem, representa o desenvolvimento pedido. Se esta série fôr divergente, a equação (1) não póde ter um integral susceptivel de ser desenvolvido em série ordenada segundo as potencias inteiras positivas de x.

Vamos fazer algumas applicações d'esta doutrina.

106. Consideremos em primeiro logar a equação importante na theoria do calôr:

$$ar - q = 0.$$

I. Ponha-se

$$z = \varphi + \varphi_1 x + \varphi_2 x^2 + \ldots + \varphi_n x^n + \ldots,$$

$$r = 2\varphi_2 + 2.3\varphi_3 x + \ldots + (n-1)n\varphi_n x^{n-2} + \ldots,$$

$$q = \varphi' + \varphi'_1 x + \ldots + \varphi'_{n-2} x^{n-2} + \ldots.$$

Substituindo estes desenvolvimentos na equação proposta, ordenando o resultado segundo as potencias de x, e egualando a zero os coefficientes das diversas potencias de x, vem

$$2a\varphi_2 - \varphi' = 0, \quad 2.3a\varphi_3 - \varphi'_1 = 0, \quad \ldots,$$

$$(n-1)na\varphi_n - \varphi'_{n-2} = 0, \quad \ldots,$$

e portanto

$$\varphi_2 = \frac{\varphi'}{2!\,a}, \quad \varphi_3 = \frac{\varphi'_1}{3!\,a}, \quad \varphi_4 = \frac{\varphi''}{4!\,a^2}, \quad \varphi_5 = \frac{\varphi''_1}{5!\,a^2}, \quad \ldots.$$

Logo

$$z = \varphi + \frac{x^2}{2!\,a}\varphi' + \frac{x^4}{4!\,a^2}\varphi'' + \ldots + x\varphi_1 + \frac{x^3}{3!\,a}\varphi'_1 + \frac{x^5}{5!\,a^3}\varphi''_1 + \ldots.$$

Neste desenvolvimento φ e φ_1 representam duas funcções arbitrarias de y, que devem satisfazer á condição de tornarem convergente este desenvolvimento e os desenvolvimentos de q e r.

II. Póde-se tambem desenvolver, pelo mesmo processo, z em série ordenada segundo as potencias de y, o que dá,

$$z = \varphi + ay\varphi'' + \frac{a^2y^2}{2!}\varphi^{(4)} + \frac{a^6y^3}{3!}\varphi^{(6)} + \ldots.$$

III. O integral de que a série precedente é o desenvolvimento póde ser expresso por meio de um integral definido [1].

Com effeito, em virtude da egualdade seguinte, que resulta immediatamente da noção de integral definido:

$$\int_{-\infty}^{\infty} \omega^{2n-1} e^{-\omega^2} d\omega = 0$$

e da egualdade (n.º 37-IV):

$$\int_{-\infty}^{\infty} \omega^{2n} e^{-\omega^2} d\omega = 2\int_{0}^{\infty} \omega^{2n} e^{-\omega^2} d\omega = \frac{1.3\ldots(2n-1)}{2^n}\sqrt{\pi},$$

a série anterior póde escrever-se debaixo da fórma (n.º 31):

$$z = \frac{1}{\sqrt{\pi}}\int_{-\infty}^{\infty}\left[\varphi + 2\omega(ay)^{\frac{1}{2}}\varphi' + \frac{(2\omega)^2 ay}{2!}\varphi'' + \frac{(2\omega)^3(ay)^{\frac{3}{2}}}{3!}\varphi''' + \ldots\right] e^{-\omega^2} d\omega,$$

d'onde se tira, em virtude da fórmula de Taylor, o resultado seguinte, devido a Laplace:

$$z = \frac{1}{\sqrt{\pi}}\int_{-\infty}^{\infty} \varphi(x + 2\omega\sqrt{ay})\, e^{-\omega^2} d\omega.$$

107. Como segunda applicação consideremos a equação seguinte, estudada primeiramente por Euler, Laplace e Poisson, e modernamente por Darboux e Appell:

$$(x-y)s - \alpha' p + \alpha q = 0,$$

onde α e α' representam quantidades constantes [2].

I. Pondo nesta equação

$$z = \varphi + \varphi_1(y-x) + \ldots + \varphi_n(y-x)^n + \ldots,$$

onde φ, φ_1, etc. representam funcções de x, vem

$$p = \varphi' - \varphi_1 + \ldots + \varphi_n'(y-x)^n - (n+1)\varphi_{n+1}(y-x)^n + \ldots,$$

$$q = \varphi_1 + \ldots + (n+1)\varphi_{n+1}(y-x)^n + \ldots,$$

$$s = \varphi_1' - 2\varphi_2 + \ldots + n\varphi_n'(y-x)^{n-1} - n(n+1)\varphi_{n+1}(y-x)^{n-1} + \ldots$$

---

[1] Poisson: — *Traité de Mécanique*, t. II.

[2] Veja-se o capitulo interessante que Darboux dedicou a esta equação nas suas *Léçons sur la théorie des surfaces* (t. II, p. 54).

Substituindo estes desenvolvimentos na equação proposta, ordenando o resultado segundo as potencias de $y-x$ e egualando separadamente a zero os coefficientes das potencias de $y-x$, obtêem-se as relações

$$(\alpha+\alpha')\varphi_1-\alpha'\varphi'=0,$$
$$\cdots\cdots\cdots\cdots$$
$$(n+1)(\alpha+\alpha'+n)\varphi_{n+1}-(\alpha'+n)\varphi'_n=0,$$
$$\cdots\cdots\cdots\cdots$$

que dão

$$\varphi_1=\frac{\alpha'}{\alpha+\alpha'}\varphi',$$
$$\cdots\cdots\cdots\cdots$$
$$\varphi_{n+1}=\frac{\alpha'+n}{(n+1)(\alpha+\alpha'+n)}\varphi_n,$$
$$\cdots\cdots\cdots\cdots$$

Destas egualdades resulta

$$\varphi_{n+1}=\frac{\alpha'(\alpha'+1)\ldots(\alpha'+n)\varphi^{(n+1)}}{(n+1)!\,(\alpha+\alpha')(\alpha+\alpha'+1)\ldots(\alpha+\alpha'+n)};$$

e portanto temos o desenvolvimento seguinte de um integral z_1 da equação proposta:

$$z_1=\varphi+\frac{\alpha'\varphi'}{\alpha+\alpha'}(y-x)+\ldots+\frac{\alpha'(\alpha'+1)\ldots(\alpha'+n)\varphi^{(n+1)}}{(n+1)!\,(\alpha+\alpha')(\alpha+\alpha'+1)\ldots(\alpha+\alpha'+n)}(y-x)^{n+1}+\ldots.$$

II. O integral da equação proposta póde ser expresso por meio de uma somma de integraes definidos, como fez ver Poisson no caso de ser $\alpha=\alpha'$ (1), e em seguida Appell (2) no caso de α e α' estarem comprehendidos entre 0 e 1. Aqui vamos resolver a mesma questão, collocando-nos em um ponto de vista mais geral do que este eminente geometra, pois supporemos α comprehendido entre 0 e $b+1$, e α' comprehendido entre $-a$ e 1, representando por a e b dois numeros inteiros quaesquer.

Partiremos, para esse fim, da fórmula de reducção (n.º 10–II)

$$\int t^{n+\alpha'}(1-t)^{\alpha-1}dt=-\frac{t^{n+\alpha'}(1-t)^{\alpha}}{n+\alpha+\alpha'}+\frac{n+\alpha'}{n+\alpha+\alpha'}\int t^{n+\alpha'-1}(1-t)^{\alpha-1}dt,$$

(1) *Journal de l'École Polytechnique*, t. XII, p. 215.

(2) Appell: — *Sur une équation linéaire aux dérivées partielles* (*Bulletin des Sciences mathématiques*, 2.ª série, t. VI, p. 314).

que dá, suppondo n e a dois inteiros positivos, e $n > a$, $\alpha > 0$, $\alpha' > -a$,

$$\int_0^1 t^{n+\alpha'} (1-t)^{\alpha-1} dt = \frac{n+\alpha'}{n+\alpha+\alpha'} \int_0^1 t^{n-1+\alpha'} (1-t)^{\alpha-1} dt,$$

$$\int_0^1 t^{n-1+\alpha'} (1-t)^{\alpha-1} dt = \frac{n-1+\alpha'}{n-1+\alpha+\alpha'} \int_0^1 t^{n-2+\alpha'} (1-t)^{\alpha-1} dt,$$

....

$$\int_0^1 t^{a+\alpha'} (1-t)^{\alpha-1} dt = \frac{a+\alpha'}{a+\alpha+\alpha'} \int_0^1 t^{a-1+\alpha'} (1-t)^{\alpha-1} dt;$$

e portanto

$$\int_0^1 t^{n+\alpha'} (1-t)^{\alpha-1} dt = \frac{(n+\alpha')\ldots(a+\alpha')}{(n+\alpha+\alpha')\ldots(a+\alpha+\alpha')} \int_0^1 t^{a-1+\alpha'} (1-t)^{\alpha-1} dt.$$

Posto isto, o desenvolvimento de z_1 anteriormente achado póde ser escripto debaixo da fórma

$$z_1 = \varphi + \frac{\alpha'\varphi'}{\alpha+\alpha'}(y-x) + \ldots + \frac{\alpha'(\alpha'+1)\ldots(\alpha'+a-1)\varphi^{(a)}}{a!(\alpha+\alpha')\ldots(\alpha+\alpha'+a-1)}(y-x)^a + \frac{\alpha'\ldots(\alpha'+a-1)}{(\alpha+\alpha')\ldots(\alpha+\alpha'+a-1)}$$

$$\times \left[\frac{\varphi^{(a+1)}}{(a+1)!}(y-x)^{a+1} \frac{\int_0^1 t^{a+\alpha'} (1-t)^{\alpha-1} dt}{\int_0^1 t^{a+\alpha'-1} (1-t)^{\alpha-1} dt} \right.$$

$$\left. + \frac{\varphi^{(a+2)}}{(a+2)!}(y-x)^{a+2} \frac{\int_0^1 t^{a+1+\alpha'} (1-t)^{\alpha-1} dt}{\int_0^1 t^{a+\alpha'-1} (1-t)^{\alpha-1} dt} + \ldots \right],$$

que, pondo

$$\varphi = \psi(x) \int_0^1 t^{a+\alpha'-1} (1-t)^{\alpha-1} dt,$$

dá

$$z_1 = \left[\psi(x) + \frac{\alpha'\psi'(x)}{\alpha+\alpha'}(y-x) + \ldots + \frac{\alpha'(\alpha'+1)\ldots(\alpha'+a-1)}{(\alpha+\alpha')\ldots(\alpha+\alpha'+a-1)} \frac{\psi^{(a)}(x)}{a!}(y-x)^a \right]$$

$$\times \int_0^1 t^{a+\alpha'-1} (1-t)^{\alpha-1} dt$$

$$+ \frac{\alpha'(\alpha'+1)\ldots(\alpha'+a-1)}{(\alpha+\alpha')\ldots(\alpha+\alpha'+a-1)} \int_0^1 \left[\frac{\psi^{(a+1)}(x)}{(a+1)!}(ty-tx)^{a+1} \right.$$

$$\left. + \frac{\psi^{(a+2)}(x)}{(a+2)!} ty - tx)^{a+2} + \ldots \right] t^{\alpha'-1} (1-t)^{\alpha-1} dt,$$

ou

$$z_1 = \left[\psi(x) + \frac{\alpha'}{\alpha+\alpha'}\psi'(x)(y-x) + \ldots + \frac{\alpha'(\alpha'+1)\ldots(\alpha'+a-1)}{(\alpha+\alpha')\ldots(\alpha+\alpha'+a-1)}\frac{\psi^{(a)}(x)}{a!}(y-x)^a\right]$$

$$\times \int_0^1 t^{a+\alpha'-1}(1-t)^{\alpha-1}\,dt$$

$$+\frac{\alpha'(\alpha'+1)\ldots(\alpha+a-1)}{(\alpha+\alpha')\ldots(\alpha+\alpha'+a-1)}\int_0^1\left[\psi[x+(y-x)t] - \psi(x)\right.$$

$$\left.-\ldots-\frac{\psi^{(a)}(x)}{a!}t^a(y-x)^a\right]t^{\alpha'-1}(1-t)^{\alpha-1}\,dt.$$

Temos assim um integral particular da equação proposta, expresso por meio de integraes definidos.

Se pozessemos

$$z = \varphi(y-x)^\beta + \varphi_1(y-x)^{\beta+1} + \ldots,$$

achava-se, por uma analyse semelhante á anterior, a solução precedente e ainda outra solução, que vamos obter por um modo mais simples.

Pondo na equação proposta

$$z = \theta(x-y)^{1-\alpha-\alpha'},$$

vem a equação

$$(x-y)\frac{\partial^2\theta}{\partial x\,\partial y} - (1-\alpha)\frac{\partial\theta}{\partial x} + (1-\alpha')\frac{\partial\theta}{\partial y} = 0,$$

que é da mesma fórma que aquella.

Logo temos, mudando na expressão de z_1 α em $1-\alpha'$, α' em $1-\alpha$, a em b,

$$\theta_1 = \left[\varphi(x) + \frac{1-\alpha}{2-\alpha-\alpha'}\varphi'(x)(y-x) + \ldots\right.$$

$$\left.+\frac{(1-\alpha)(2-\alpha)\ldots(b-\alpha)}{(2-\alpha-\alpha')\ldots(b+1-\alpha-\alpha')}\frac{\varphi^{(b)}(x)}{b!}(y-x)^b\right]$$

$$\times \int_0^1 t^{b-\alpha}(1-t)^{-\alpha'}\,dt$$

$$+\frac{(1-\alpha)(2-\alpha)\ldots(b-\alpha)}{(1-\alpha-\alpha')\ldots(b+1-\alpha-\alpha')}\int_0^1\left[\varphi[x+(y-x)t] - \varphi(x)\right.$$

$$\left.-\ldots-\frac{\varphi^{(b)}(x)}{b!}b^b(y-x)^b\right]t^{-\alpha}(1-t)^{-\alpha'}\,dt,$$

quando $1-\alpha' > 0$, $1-\alpha > -b$, isto é, quando temos $\alpha < b+1$, $\alpha' < 1$.

Chamando z_2 o integral particular da proposta correspondente ao integral θ_1 da transformada, temos

$$z_2 = \theta_1 (x - y)^{1-a-a'}.$$

Em virtude da fórma da equação proposta, a somma $z_1 + z_2$ satisfaz a esta equação, quando z_1 e z_2 lhe satisfazem, isto é, quando

$$0 < \alpha < b + 1, \qquad -a < \alpha' < 1.$$

A equação

$$z = z_1 + z_2$$

é pois, neste caso, um integral da proposta com duas funcções arbitrarias $\varphi(x)$ e $\psi(x)$.

108. No que precede temos considerado sómente séries ordenadas segundo as potencias de uma quantidade. Empregam-se tambem muitas vezes, para integrar as equações ás derivadas parciaes, outras especies de séries. Assim, por exemplo, para integrar a equação ás derivadas parciaes considerada no n.º 99

$$\frac{\partial^2 y}{\partial t^2} = a^2 \frac{\partial^2 y}{\partial x^2},$$

que pertence ao problema das *cordas vibrantes*, podem empregar-se as séries periodicas, como vamos ver.

É facil de verificar que á equação proposta satisfazem as soluções da fórma

$$y = A_m \operatorname{sen} \beta_m at \operatorname{sen} (\beta_m x + \alpha_m),$$

$$y = B_m \cos \beta_m at \operatorname{sen} (\beta_m x + \alpha_m),$$

onde A_m, B_m, α_m, β_m representam constantes arbitrarias.

Em virtude da fórma da equação, satisfaz á mesma equação a somma d'estas soluções, isto é, a somma

$$y = \sum_{m=1}^{n} (A_m \operatorname{sen} \beta_m at + B_m \cos \beta_m at) \operatorname{sen} (\beta_m x + \alpha_m),$$

onde n representa um numero inteiro positivo, tão grande quanto se queira.

Na questão de Physica mathematica que leva á equação que estamos considerando, para tornar completamente determinado o problema, são dados os valores $\varphi(x)$ e $\psi(x)$ que tomam y e $\frac{\partial y}{\partial t}$ quando $t = 0$, e suppõe-se que é $y = 0$ quando $x = 0$ e quando $x = l$, e que x está comprehendido entre 0 e l.

Vejamos como por meio d'estas condições se determinam as constantes, que entram no integral precedente.

Vê-se primeiramente que, pondo $\alpha_m = 0$ e $\beta_m = \frac{m\pi}{l}$, o que dá

$$y = \sum_{m=1}^{n} \left(A_m \operatorname{sen} \frac{ma\pi t}{l} + B_m \cos \frac{ma\pi t}{l} \right) \operatorname{sen} \frac{m\pi x}{l},$$

se satisfaz ás condições de ser $y = 0$ quando é $x = 0$ e quando é $x = l$.

As condições de ser $y = \varphi(x)$ e $\frac{\partial y}{\partial t} = \psi(x)$, quando é $t = 0$, dão as relações

$$\text{(A)} \qquad \left\{ \begin{aligned} \varphi(x) &= \sum_{m=1}^{n} B_m \operatorname{sen} \frac{m\pi x}{l}, \\ \psi(x) &= \sum_{m=1}^{n} \frac{ma\pi}{l} A_m \operatorname{sen} \frac{m\pi x}{l}, \end{aligned} \right.$$

a que devem satisfazer as constantes A_m e B_m.

Para determinar estas constantes, note-se que a ultima fórmula do n.º 67 dá, quando $l = \pi$,

$$f(x) = \frac{2}{\pi} \sum_{m=1}^{\infty} \operatorname{sen} mx \int_0^{\pi} f(\alpha) \operatorname{sen} m\alpha \, d\alpha,$$

e que esta egualdade é verdadeira para todos os valores de x comprehendidos entre 0 e π.

Pondo nesta fórmula

$$x = \frac{\pi z}{l}, \qquad \alpha = \frac{\pi \beta}{l},$$

vem

$$f\left(\frac{\pi z}{l}\right) = \frac{2}{l} \sum_{m=1}^{\infty} \operatorname{sen} \frac{m\pi z}{l} \int_0^{l} f\left(\frac{\pi\beta}{l}\right] \operatorname{sen} \frac{m\pi\beta}{l} \, d\beta$$

ou

$$f(z) = \frac{2}{l} \sum_{m=1}^{\infty} \operatorname{sen} \frac{m\pi z}{l} \int_0^{l} f(\beta) \operatorname{sen} \frac{m\pi\beta}{l} \, d\beta,$$

que tem logar para todos os valores de z comprehendidos entre 0 e l.

Em virtude d'esta fórmula temos pois

$$\varphi(x) = \frac{2}{l} \sum_{m=1}^{\infty} \operatorname{sen} \frac{m\pi x}{l} \int_0^{l} \varphi(\beta) \operatorname{sen} \frac{m\pi\beta}{l} \, d\beta,$$

$$\psi(x) = \frac{2}{l} \sum_{m=1}^{\infty} \operatorname{sen} \frac{m\pi x}{l} \int_0^{l} \psi(\beta) \operatorname{sen} \frac{m\pi\beta}{l} \, d\beta.$$

*

Vê-se portanto que, pondo nas equações (A)

$$A_m = \frac{2}{ma\pi}\int_0^l \psi(\beta)\,\text{sen}\,\frac{m\pi\beta}{l}\,d\beta, \quad B_m = \frac{2}{l}\int_0^l \varphi(\beta)\,\text{sen}\,\frac{m\pi\beta}{l}\,d\beta,$$

aquellas equações são satisfeitas com tanta mais approximação quanto maior fôr n.

Logo

$$y = \frac{2}{l}\sum_{m=1}^{n}\left[\int_0^l \varphi(\beta)\,\text{sen}\,\frac{m\pi\beta}{l}\,d\beta\right]\text{sen}\,\frac{m\pi x}{l}\cos\frac{ma\pi t}{l}$$

$$+\frac{2}{\pi a}\sum_{m=1}^{n}\left[\int_0^l \psi(\beta)\,\text{sen}\,\frac{m\pi\beta}{l}\,d\beta\right]\frac{1}{m}\,\text{sen}\,\frac{m\pi x}{l}\,\text{sen}\,\frac{m\pi a t}{l}$$

é uma solução do problema das cordas vibrantes, tanto mais approximada quanto maior fôr n.

CAPITULO VIII

Applicações geometricas

I

Curvas planas

109. *Problema inverso do das tangentes.* — Sendo dado, directa ou indirectamente, o coefficiente angular y' das tangentes a uma ou mais curvas em funcção das coordenadas x e y dos pontos de contacto, podemos achar estas curvas integrando uma equação da fórma

$$f(x,\ y,\ y') = 0.$$

Antes da invenção do *Calculo integral* fôram resolvidos por Descartes alguns problemas inversos dos das tangentes, de grande difficuldade para a sciencia d'aquelle tempo, que lhe fôram propostas por Debeaune. Mais tarde fôram resolvidos muitos outros por meio do referido *Calculo* por Leibniz, João e Jacob Bernoulli, L'Hospital, etc.

Vamos ver alguns problemas d'esta natureza. Podem ver-se outros no nosso *Traité des courbes spéciales remarquobles,* t. II, pp. 9, 19 e 235.

I. Procuremos quaes são as curvas para as quaes o coefficiente angular da tangente varia na razão inversa da ordenada do ponto de contacto. A equação que traduz o problema é

$$y' = \frac{p}{y},$$

onde p é constante. Integrando-a, vem

$$y^2 = 2px + c,$$

onde c representa a constante arbitraria. Logo todas as parabolas cujo eixo coincide com o eixo das abscissas, e só ellas, satisfazem ás condições do problema enunciado.

II. Procuremos, em segundo logar, quaes são as curvas para as quaes o coefficiente angular da tangente varia na razão directa da abscissa e na inversa da ordenada do ponto de contacto.

Temos neste caso, representando por a uma constante,

$$y' = a\frac{x}{y},$$

e portanto

$$y^2 = ax^2 + c.$$

Logo ás condições do problema satisfazem todas as ellipses e hyperboles cujos eixos coincidem com os eixos coordenados, e só estas curvas.

III. Construir uma curva tal que a razão da subtangente em cada ponto (x, y) para a ordenada y seja egual á razão de um segmento dado a para a parte da ordenada comprehendida entre a curva e uma recta que passe pela origem das coordenadas e faça um angulo de 45° com o eixo das abscissas.

A equação que traduz o problema é

$$\frac{S_n}{y} = \frac{a}{y - x},$$

ou

$$(y - x)\,dy = adx.$$

Para integrar esta equação, ponhamos $y - x = t$. Vem

$$dx + \frac{tdt}{t - a} = 0,$$

e portanto

$$y - x - a = ce^{-\frac{y}{a}}.$$

É esta a equação da curva que satisfaz ao problema. Podem ver-se as suas propriedades no t. II, p. 6, do nosso *Traité des courbes*, acima mencionado.

O problema que vimos de resolver é um dos que Debeaune propoz a Descartes antes da invenção do *Calculo integral*, e que, como já dissemos, este celebre geometra resolveu.

IV. Procurar as curvas em que o comprimento da normal é constante.

A equação que traduz o problema é

$$y\sqrt{1 + y'^2} = a,$$

e dá

$$x = \pm \int (a^2 y^{-2} - 1)^{-\frac{1}{2}} dy,$$

ou (n.º 10)

$$x = \pm \sqrt{a^2 - y^2} + c,$$

ou

$$(x - c)^2 + y^2 = a^2.$$

Logo ao problema satisfaz toda a circumferencia cujo centro está sobre o eixo das abscissas.

V. Determinar as curvas em que o cumprimento da normal é uma dada funcção da distancia do seu pé á origem.

A equação differencial da curva é

$$y(1 + y'^2)^{\frac{1}{2}} = f(x + yy'),$$

e vamos integrá-la pelo methodo empregado para a equação de Clairaut.

Derivêmo-la relativamente a x. Vem

$$\left[\frac{y'}{\sqrt{1+y'^2}} - \frac{\partial f(x + xy')}{\partial (x + yy')}\right][1 + y'^2 + yy''] = 0,$$

Logo

$$1 + y'^2 + yy'' = 0;$$

o que dá

$$y^2 + (x - a)^2 = b^2,$$

onde $b = f(a)$, f designando uma funcção arbitraria. Esta equação representa circulos.

A solução singular é dada pela eliminação de y' entre

$$\frac{y'}{\sqrt{1+y'^2}} = \frac{\partial f(x + yy')}{\partial (x + yy')}$$

e a equação proposta.

Em particular, se fôr $f(x + yy') = \sqrt{n(x + yy')}$, temos a solução singular

$$y^2 = nx + \frac{n^2}{4},$$

que representa uma parabola.

Este problema foi considerado pela primeira vez por Leibniz nas *Acta eruditorum*, 1692, onde o resolveu completamente por um methodo directo, sem a intervenção da equação differencial.

110. *Trajectorias.* — Seja dada uma familia de curvas cuja equação é

$$F(x, y, c) = 0,$$

onde c representa uma constante arbitraria. A qualquer curva que corte as precedentes fazendo com ellas um angulo constante chama-se *trajectoria* das primeiras. Se este angulo é recto, a trajectoria diz-se *orthogonal.*

Chamando θ o angulo da trajectoria com as curvas dadas, a o coefficiente angular da tangente a cada uma das curvas dadas e a_1 o coefficiente angular da tangente á trajectoria, temos

$$a_1 = \frac{a + \operatorname{tang}\theta}{1 - a\operatorname{tang}\theta} = -\frac{\frac{\partial F}{\partial x} - \frac{\partial F}{\partial y}\operatorname{tang}\theta}{\frac{\partial F}{\partial y} + \frac{\partial F}{\partial x}\operatorname{tang}\theta}.$$

Estamos pois reduzidos a procurar curvas cuja tangente é dada, e para isso basta integrar a equação que resulta de eliminar c entre a equação

$$\frac{dy}{dx} = -\frac{\frac{\partial F}{\partial x} - \frac{\partial F}{\partial y}\operatorname{tang}\theta}{\frac{\partial F}{\partial y} + \frac{\partial F}{\partial x}\operatorname{tang}\theta}$$

e a equação dada.

No caso das trajectorias orthogonaes é $\theta = 90^\circ$, e portanto a equação differencial d'estas trajectorias é a resultante da eliminação de c entre a equação

$$\frac{dy}{dx} = \frac{\frac{\partial F}{\partial y}}{\frac{\partial F}{\partial x}}$$

e a equação dada.

O problema das trajectorias foi considerado pela primeira vez por João e Jacob Bernoulli, Leibniz, etc.

Exemplo 1.º — Para achar as trajectorias orthogonaes das parabolas cuja equação é

$$y^2 = 2px,$$

temos de eliminar p entre esta equação e

$$\frac{dy}{dx} = -\frac{y}{p},$$

o que dá a equação differencial d'estas trajectorias

$$ydy + 2xdx = 0.$$

Integrando, vem

$$y^2 + 2x^2 = C.$$

Logo as curvas pedidas são ellipses.

Exemplo 2.º — Procuremos as trajectorias orthogonaes da familia de circumferencias

$$(x-a)^2 + (y-b)^2 = r^2,$$

onde a, b e r representam funcções de um parametro u.

A equação differencial das trajectorias resulta de eliminar u entre a equação anterior e a equação

$$\frac{dy}{dx} = \frac{y-b}{x-a}.$$

Esta eliminação só póde ser realisada depois de especificar as funcções de u designadas por a, b é c. Porisso Darboux [1] apresentou, para a determinação das trajectorias, o methodo seguinte.

Substituam-se as variaveis x e y por outras u e θ ligadas com as primeiras pelas relações

$$\text{(A)} \qquad x = a + r\cos\theta, \qquad y = b + r \operatorname{sen}\theta.$$

Para isso, derivemos estas egualdades relativamente a u, considerando a, r e θ como funcções de u, e substituamos as derivadas de x e y assim obtidas na equação

$$\frac{dy}{du} = \frac{y-b}{x-a}\frac{dx}{du},$$

o que dá

$$\frac{d\theta}{du} = \frac{1}{r}\frac{da}{du}\operatorname{sen}\theta - \frac{1}{r}\frac{db}{du}\cos\theta,$$

[1] Darboux: — *Leçons sur la théorie générale des surfaces etc.*, t. I, p. 113.

ou, pondo $\tang \frac{\theta}{2} = t$,

$$2\frac{dt}{du} = \frac{2}{r}\frac{da}{du}t - \frac{1}{r}\frac{db}{du}(1-t^2).$$

Para achar as trajectorias pedidas, estamos pois reduzidos a integrar esta equação de Riccati, que dá t em funcção de u. A relação $\tang \frac{\theta}{2} = t$ determina depois θ, e finalmente as equações (A) determinam x e y em funcção de u.

111. *Problema inverso do das curvaturas.* — Sendo dada a curvatura de uma ou mais curvas, directa ou indirectamente, em funcção das coordenadas x e y dos seus pontos, podemos achar estas curvas integrando uma equação da fórma

$$f(x, y, y', y'') = 0,$$

como vamos ver nas applicações seguintes.

I. Se quizermos achar as curvas cuja curvatura é constante em todos os pontos, temos de integrar a equação

$$\frac{(1+y'^2)^{\frac{3}{2}}}{y''} = a,$$

onde a é constante.

Vimos já (n.º 83) que o seu integral é

$$(y-c_2)^2 + (x-c_1)^2 = a^2;$$

logo a circumferencia é a unica curva que goza da propriedade de ter a curvatura constante.

II. Quaes são as curvas cujo raio de curvatura é, em cada ponto, egual ao comprimento da normal no mesmo ponto?

A equação que traduz o problema é

$$\frac{(1+y'^2)^{\frac{3}{2}}}{y''} = \pm y(1+y'^2)^{\frac{1}{2}}.$$

1.º No caso do signal inferior, esta equação reduz-se a

$$yy'' + y'^2 + 1 = 0,$$

e póde ser integrada pelo methodo dado no n.º 83-II, que dá primeiramente, pondo $y''=\frac{y'\,dy'}{dy}$ e separando as variaveis,

$$\frac{y'\,dy'}{1+y'^2}+\frac{dy}{y}=0;$$

e depois, integrando,

$$y\,(1+y'^2)^{\frac{1}{2}}=c_1.$$

Integrando de novo esta equação, vem

$$(x-c_2)^2+y^2=c_1^2.$$

Logo satisfaz ás condições do problema toda a circumferencia cujo centro está collocado sobre o eixo das abscissas.

2.º No caso do signal superior, a equação considerada reduz-se a

$$y\,y''-y'^2-1=0.$$

Integrando-a pelo mesmo processo, vem primeiramente a equação

$$\frac{y'\,dy'}{1+y'^2}=\frac{dy}{y},$$

que dá

$$c_1\,(x+y'^2)^{\frac{1}{2}}=y.$$

Integrando de novo, vem

$$x=\int\frac{c_1\,dy}{\sqrt{y^2-c_1^2}},$$

ou

$$x=c_2+c_1\log\frac{y+\sqrt{y^2-c_1^2}}{c_1},$$

d'onde se tira

$$\frac{y+\sqrt{y^2-c_1^2}}{c_1}=e^{\frac{x-c_2}{c_1}}.$$

Esta equação dá, invertendo os dois membros,

$$\frac{y-\sqrt{y^2-c_1^2}}{c_1}=e^{-\frac{x-c_2}{c_1}}.$$

Temos pois, sommando estas equações membro a membro,

$$y = \frac{c_1}{2}\left(e^{\frac{x-c_2}{c_1}} + e^{-\frac{x-c_2}{c_1}}\right).$$

A curva representada por esta equação, conhecida pelo nome de *catenaria* ([1]), satisfaz pois ás condições do problema.

Nota. — Devemos accrescentar ao que precede que, no caso da *circumferencia,* a normal e o raio de curvatura coincidem, emquanto que, no caso da *catenaria,* estas duas linhas têem direcções oppostas. Com effeito, temos

$$y'' = \frac{1}{2c_1}\left(e^{\frac{x-c_2}{c_1}} + e^{-\frac{x-c_2}{c_1}}\right),$$

d'onde se segue que, se c_1 é positivo, y e y'' são tambem positivos e a concavidade está voltada no sentido (*C. dif.*, n.º 88-II) das ordenadas positivas; logo o centro de curvatura está no prolongamento da linha que representa a normal. Se c_1 é negativo, y e y'' são negativos, e portanto a convexidade está voltada para o eixo das ordenadas positivas; logo o centro de curvatura está ainda no prolongamento da linha que representa a normal.

II

Curvas no espaço

112. *Problema inverso do das tangentes.* — Se fôrem dados, directa ou indirectamente, os coefficientes angulares $\frac{dy}{dx}$ e $\frac{dz}{dx}$ das tangentes a uma ou mais curvas em funcção de x, y e z, podem-se determinar estas curvas por meio da integração de duas equações simultaneas da fórma

$$f_1\left(x, y, z, \frac{dy}{dx}, \frac{dz}{dx}\right) = 0, \quad f_2\left(x, y, z, \frac{dy}{dx}, \frac{dz}{dx}\right) = 0.$$

([1]) Póde ver-se o estudo desenvolvido d'esta curva no nosso *Traité des courbes spéciales,* t. II, pp. 11-19

Exemplo. — Procuremos as curvas cujas tangentes fazem um angulo constante com um plano.

Tomando este plano para plano xy, a equação que traduz o problema é (*C. dif.*, n.º 92-II)

$$\frac{dz}{ds}=\frac{dz}{\sqrt{dx^2+dy^2+dz^2}}=a,$$

onde a é constante, ou

$$(1-a^2)\,dz^2=a^2\,(dx^2+dy^2).$$

Seja $f(x, y)=0$ a equação do cylindro projectante da curva sobre o plano xy e s_1 o comprimento do arco da base comprehendido entre uma origem fixa e o ponto (x, y). Teremos

$$dx^2+dy^2=ds_1^2,$$

e portanto

$$(1-a^2)\,dz^2=a^2\,ds_1^2\,;$$

d'onde resulta, integrando,

$$z=\frac{a}{\sqrt{1-a^2}}\,s_1+c,$$

c representando a constante arbitraria.

As equações da curva considerada são pois

$$f(x, y)=0, \qquad z=\frac{a}{\sqrt{1-a^2}}\,s_1+c,$$

ou ainda

$$x=\varphi(s_1), \qquad y=\psi(s_1), \qquad z=\frac{a}{\sqrt{1-a^2}}\,s_1+c.$$

Estas equações fazem ver que as curvas, que satisfazem ao problema, são geradas por um ponto movendo-se sobre um cylindro, de tal modo que o segmento da generatriz do cylindro, comprehendido entre o ponto e a base do cylindro, varía proporcionalmente ao comprimento do arco d'esta base, comprehendido entre o pé d'esta generatriz do cylindro e um ponto fixo. Ás curvas assim geradas dá-se o nome de *helices* (1).

113. *Problema inverso do das curvaturas.* — Viu-se no *Calculo differencial* que o *raio de*

(1) Vej. *Traité des courbes spéciales*, t. II, p. 373.

curvatura R e o *raio de torsão* r da curva cujas equações são

$$x = \varphi(t), \qquad y = \psi(t), \qquad z = \theta(t),$$

são dadas pelas fórmulas (*C. dif.*, n.º 93)

$$\text{(A)} \qquad R = \frac{s'^3}{D_1}, \qquad r = \frac{D_1^2}{D},$$

onde

$$\text{(B)} \qquad \begin{gathered} D_1^2 = A^2 + B^2 + C^2 \\ A = z'y'' - y'z'', \qquad B = x'z'' - z'x'', \qquad C = y'x'' - x'y'', \\ s'^2 = x'^2 + y'^2 + z'^2, \qquad D = Ax''' + By''' + Cz'''. \end{gathered}$$

Viu se tambem que os cosenos a, a', a'' dos angulos formados pela tangente á mesma curva no ponto (x, y, z) com os eixos coordenados são dados pelas fórmulas (*C. dif.*, n.º 93-I)

$$a = \frac{x'}{s'}, \qquad a' = \frac{y'}{s'}, \qquad a'' = \frac{z'}{s'};$$

e que os cosenos c, c', c'' dos angulos formados pela perpendicular ao plano osculador no ponto (x, y, z) (recta a que se dá o nome de *binormal*) com os mesmos eixos são dados pelas fórmulas (*C. dif.*, n.º 93-II)

$$c = \frac{A}{D_1}, \qquad c' = \frac{B}{D_1}, \qquad c'' = \frac{C}{D_1}.$$

Chamando b, b', b'' os cosenos dos angulos formados pela recta perpendicular á tangente e á binormal no ponto (x, y, z) com os eixos coordenados (recta a que se dá o nome de *normal principal*), temos, em virtude de fórmulas bem conhecidas de Geometria analytica,

$$b = a'c'' - c'a'', \qquad b' = ca'' - ac'', \qquad b'' = ac' - ca',$$

e portanto

$$b = \frac{Cy' - Bz'}{D_1 s'}, \qquad b' = \frac{Az' - Cx'}{D_1 s'}, \qquad b'' = \frac{Bx' - Ay'}{D_1 s'}.$$

Estas egualdades dão, substituindo A, B e C pelos seus valores e attendendo á relação

$$s's'' = x'x'' + y'y'' + z'z'',$$

que resulta de derivar $s'^2 = x'^2 + y'^2 + z'^2$,

$$b = \frac{x'' s' - x' s''}{D_1} = \frac{s'^2}{D_1} \frac{d}{dt}\left[\frac{x'}{s'}\right] = \frac{R}{s'} \frac{da}{dt},$$

e do mesmo modo

$$b' = \frac{R}{s'} \frac{da'}{dt}, \qquad b'' = \frac{R}{s'} \frac{da''}{dt}.$$

Procuremos agora as derivadas de c, c' e c'' relativamente a t.

Temos, derivando a equação que determina c e attendendo á relação (B) e á equação que resulta de a derivar relativamente a t,

$$\frac{dc}{dt} = \frac{A'D_1 - AD'_1}{D_1^2} = \frac{A'D_1^2 - AD_1 D'_1}{D_1^3}$$

$$= \frac{A'(A^2 + B^2 + C^2) - A(AA' + BB' + CC')}{D_1^3}$$

$$= \frac{B(BA' - AB') + C(CA' - AC')}{D_1^3},$$

ou, attendendo ás relações

$$BA' - AB' = Dz', \qquad CA' - AC' = -Dy'$$

demonstrados no *Calculo differencial* (n.º 93-II), e ás relações que determinam b e r,

$$\frac{dc}{dt} = \frac{D(Bz' - Cy')}{D_1^3} = -\frac{s'D}{D_1^2} b = -\frac{s'}{r} b.$$

Do mesmo modo se acha

$$\frac{dc'}{dt} = -\frac{s'}{r} b', \qquad \frac{dc''}{dt} = -\frac{s'}{r} b''.$$

Finalmente, derivando relativamente a t a egualdade

$$a^2 + b^2 + c^2 = 1,$$

vem a relação

$$a \frac{da}{dt} + b \frac{db}{dt} + c \frac{dc}{dt} = 0,$$

que, substituindo $\frac{da}{dt}$ e $\frac{dc}{dt}$ pelos valores que vimos de achar, dá

$$\frac{db}{dt} = -\frac{s'}{R} a + \frac{s'}{r} c.$$

Do mesmo modo se acha

$$\frac{db'}{dt} = -\frac{s'}{R} a' + \frac{s'}{r} c', \quad \frac{db''}{dt} = -\frac{s'}{R} a'' + \frac{s'}{r} c''.$$

Temos pois, tomando para variavel independente s, as fórmulas seguintes, descobertas por Frenet e Serret [1]:

$$(1) \qquad \frac{da}{ds} = \frac{b}{R}, \quad \frac{da'}{ds} = \frac{b'}{R}, \quad \frac{da''}{ds} = \frac{b''}{R},$$

$$(2) \qquad \frac{dc}{ds} = -\frac{b}{r}, \quad \frac{dc'}{ds} = -\frac{b'}{r}, \quad \frac{dc''}{ds} = -\frac{b''}{r},$$

$$(3) \qquad \left\{ \begin{aligned} \frac{db}{ds} &= -\frac{a}{R} + \frac{c}{r}, \\ \frac{db'}{ds} &= -\frac{a'}{R} + \frac{c'}{r}, \\ \frac{db''}{ds} &= -\frac{a''}{R} + \frac{c''}{r}. \end{aligned} \right.$$

114. Estas fórmulas têem uma applicação importante no problema da determinação das curvas, quando é dado o raio de torsão e o raio de curvatura, ou uma relação entre estes dois raios, etc., como vamos ver nas applicações seguintes:

I. *Se a razão* $\frac{R}{r}$ *do raio de curvatura e de torsão de uma curva é constante, a curva é uma helice.*

Este importante theorema, devido a Bertrand, foi demonstrado por Serret do modo que vamos expôr.

As equações (1) e (2) dão, pondo $-\frac{r}{R} = m$,

$$\frac{da}{dc} = \frac{da'}{dc'} = \frac{da''}{dc''} = m,$$

---

(1) A analyse que vimos de empregar para deduzir estas fórmulas é tirada de um artigo: *Sur les fórmules de M. Frenet,* publicado por Hermite no *Jornal de sciencias mathematicas e astronomicas* (t. I, p. 65).

e, integrando,

$$a = mc + \mathrm{A}, \qquad a' = mc' + \mathrm{B}, \qquad a'' = mc'' + \mathrm{C},$$

onde A, B, C representam constantes, duas das quaes são arbitrarias. A terceira é determinada pela equação

$$\mathrm{A}^2 + \mathrm{B}^2 + \mathrm{C}^2 = (a - mc)^2 + (a' - mc')^2 + (a'' - mc'')^2 = 1 + m^2,$$

que resulta das equações anteriores e das seguintes:

$$a^2 + a'^2 + a''^2 = 1, \qquad c^2 + c'^2 + c''^2 = 1, \qquad ac + a'c' + a''c'' = 0.$$

Mudemos agora de eixos coordenados, e tomemos para novo eixo dos z a recta cujos coefficientes angulares são A e B. Teremos

$$\mathrm{A} = 0, \qquad \mathrm{B} = 0, \qquad \mathrm{C} = \sqrt{1 + m^2},$$

e portanto

$$a = mc, \qquad a' = mc', \qquad a'' = mc'' + \sqrt{1 + m^2},$$

d'onde resulta, multiplicando a primeira equação por a, a segunda por a' e a terceira por a'', sommando os resultados obtidos e attendendo ás equações anteriores,

$$a'' = \frac{1}{\sqrt{1 + m^2}}.$$

Vemos pois que a tangente á curva considerada faz um angulo constante com o eixo dos z, e portanto esta curva é uma helice.

II. *Se o raio de curvatura e o raio de torsão de uma curva são ambos constantes, a curva é uma helice traçada sobre um cylindro de base circular.*

Este theorema, cuja primeira demonstração analytica é devida a Puiseux, foi tambem tirado por Serret das fórmulas (1), como vamos ver.

Pelo theorema anterior sabemos já que a curva cujo raio de curvatura e de torsão são constantes é uma helice; basta pois demonstrar que o cylindro sobre o qual está collocada é de base circular. Para isso, notemos que é

$$a = mc, \qquad a' = mc',$$

e que, por ser a'' constante, a terceira das fórmulas (1) dá $b'' = 0$. Estas egualdades e as egualdades conhecidas de Geometria analytica

$$c = a'b'' - b'a'', \qquad c' = ba'' - ab''$$

dão

$$a = - ma''b', \qquad a' = mba'',$$

e portanto, em virtude das fórmulas (1) e do valor de a'' anteriormente achado,

$$a = - \frac{Rm}{\sqrt{1+m^2}} \frac{da'}{ds}, \qquad a' = \frac{Rm}{\sqrt{1+m^2}} \frac{da}{ds};$$

ou, substituindo a e a' por $\frac{dx}{ds}$ e $\frac{dy}{ds}$,

$$dx = - \frac{Rm}{\sqrt{1+m^2}} d \frac{dy}{ds}, \qquad dy = \frac{Rm}{\sqrt{1+m^2}} d \frac{dx}{ds}.$$

Integrando estas equações, vem

$$x - x_0 = - \frac{Rm}{\sqrt{1+m^2}} \frac{dy}{ds}, \qquad y - y_0 = \frac{Rm}{\sqrt{1+m^2}} \frac{dx}{ds},$$

onde x_0 e y_0 representam as constantes arbitrarias; e portanto

$$(x - x_0)\, dx + (y - y_0)\, dy = 0.$$

Integrando de novo, vem

$$(x - x_0)^2 + (y - y_0)^2 = C,$$

onde C representa a constante arbitraria.

Vê-se pois que a helice considerada está collocada sobre um cylindro de base circular.

III

Superficies

115. *Problemas inversos do dos planos tangentes.* — Quando se não conhece as superficies que satisfazem a uma certa condição, mas se conhece uma propriedade do seu plano tangente, que se possa traduzir por uma equação differencial ou por uma equação ás derivadas parciaes, póde-se determinar as superficies por meio da integração d'esta equação differencial ou d'esta equação ás derivadas parciaes. É o que acontece nas questões seguintes, resolvidas pela primeira vez por Monge.

I. Se quizermos achar a equação geral das superficies cujos planos tangentes são parallelos a uma recta dada, temos de integrar a equação (*C. dif.*, n.° 94)

$$a\frac{\partial z}{\partial x}+b\frac{\partial z}{\partial y}=1,$$

suppondo que

$$x=az+\alpha, \qquad y=bz+\beta$$

são as equações da recta dada.

Obtem-se assim (n.° 94) a equação finita das superficies cylindricas

$$x-az=\varphi(y-bz).$$

Logo só as superficies cylindricas satisfazem ao problema.

II. Se quizermos achar a equação geral das superficies cujos planos tangentes passam por um ponto (a, b, c) dado, temos de integrar a equação (*C. dif.*, n.° 94)

$$z-c=\frac{\partial z}{\partial x}(x-a)+\frac{\partial z}{\partial y}(y-b),$$

o que dá (n.° 94)

$$\frac{x-a}{z-c}=\varphi\left(\frac{y-b}{z-c}\right).$$

Logo ao problema satisfazem só as superficies conicas.

*

III. Para achar a equação geral das superficies cujas normaes cortam uma recta fixa, que tomaremos para eixo dos z, temos de integrar a equação (*C. dif.*, n.º 94)

$$y\frac{\partial z}{\partial x} - x\frac{\partial z}{\partial y} = 0,$$

o que dá (n.º 94)

$$z = \varphi(x^2 + y^2).$$

Logo só as superficies de revolução gozam da propriedade indicada.

IV. Procuremos as superficies geradas por uma recta que se move parallelamente a um plano fixo segundo uma lei qualquer (1).

Sejam

$$AX + BY + CZ = D$$

a equação do plano dado e x, y, z as coordenadas de um ponto qualquer da superficie. A generatriz que passa por este ponto resulta da intersecção do plano tangente com um plano parallelo ao plano dado, e portanto as suas equações são

$$Z - z = p(X - x) + q(Y - y),$$
$$A(X - x) + B(Y - y) + C(Z - z) = 0.$$

Se o ponto (x, y, z) mudar de posição, conservando-se porém na mesma generatriz, o primeiro dos planos anteriores varia, porém as coordenadas X, Y, Z da intersecção dos dois planos conservam-se constantes. Logo as equações differenciaes das anteriores, considerando X, Y, Z como constantes, devem ter logar, o que dá

$$(X - x)\,dp + (Y - y)\,dq + dz - pdx - qdy = 0,$$
$$Adx + Bdy + Cdz = 0,$$

ou

$$(X - x)(rdx + sdy) + (Y - y)(sdx + tdy) = 0,$$
$$Adx + Bdy + C(pdx + qdy) = 0,$$

onde

$$r = \frac{\partial^2 z}{\partial x^2}, \quad s = \frac{\partial^2 z}{\partial x\,\partial y}, \quad t = \frac{\partial^2 z}{\partial y^2}.$$

---

(1) Monge: — *Application de l'Analyse etc*, 5.ª ed., p. 72.

Eliminando entre estas equações e as anteriores $\frac{X-x}{Z-z}$, $\frac{Y-y}{Z-z}$ e $\frac{dy}{dx}$, vem a equação ás derivadas parciaes de segunda ordem

$$(Cq+B)^2 r - 2(Cq+B)(Cp+A)s + (Cp+A)^2 t = 0,$$

a que devem satisfazer todos os pontos da superficie pedida.

Integrando esta equação, vem (n.º 99) a equação geral das superficies consideradas

$$x + y\varphi(Ax+By+Cz) = \psi(Ax+By+Cz).$$

É facil de ver que, reciprocamente, todas as superficies representadas por esta equação têem as suas generatrizes parallelas ao plano

$$Ax + BY + CZ = D.$$

Com effeito as equações das intersecções dos planos parallelos a este com a superficie são, representando por c uma constante,

$$Ax + By + Cz = c,$$
$$x + \varphi(c)\, y = \psi(c),$$

que representam rectas.

V. Procuremos a equação geral das superficies geradas por uma recta que se move segundo uma lei qualquer, cortando sempre uma recta fixa (1).

Tomando a recta fixa para eixo dos z, as equações da generatriz são

$$Z - z = p(X-x) + q(Y-y), \qquad xY - yX = 0.$$

Se o ponto (x, y, z) se move sobre a generatriz, as coordenadas X, Y, Z da intersecção dos planos anteriores não devem variar, e portanto devem ter logar as equações differenciaes das anteriores, considerando X, Y e Z como constantes:

$$(rdx + sdy)(X-x) + (sdx + tdy)(Y-y) = 0, \qquad \frac{dy}{dx} = \frac{Y}{X} = \frac{y}{x}.$$

Eliminando entre estas equações Y e dy, vem a equação ás derivadas parciaes de segunda ordem

$$x^2 r + 2xys + y^2 t = 0.$$

---

(1) Monge: — *L. c.*, p. 83.

Para integrar esta equação emprega-se o processo exposto no n.º 99. As equações (3) do referido paragrapho dão as seguintes:

$$x^2dy - xy\,dx = 0, \qquad x^2dp + xy\,dq = 0,$$

cujos integraes são

$$y = c_1 x, \qquad p + c_1 q = c_2.$$

Logo o integral intermedio é

$$px + qy = x\varphi\left(\frac{y}{x}\right).$$

Integrando de novo pelo methodo dado n.º 93, acha-se a equação

$$z = x\varphi\left(\frac{y}{x}\right) + \psi\left(\frac{y}{x}\right),$$

a que devem satisfazer as superficies que resolvem o problema considerado.

Reciprocamente, se cortarmos as superficies representadas por esta equação pelo plano cuja equação é $y = ax$, as equações da intersecção são

$$y = ax, \qquad z = x\varphi(a) + \psi(a),$$

por onde se vê que a intersecção é uma recta.

116. *Linhas de curvatura.* — Chama-se *linha de curvatura* de uma superficie a toda a linha, traçada sobre esta superficie, tal que as normaes á superficie tiradas pelos seus differentes pontos são as caracteristicas de uma superficie planificavel. Estas linhas, cuja equação geral vamos determinar, fôram pela primeira vez consideradas por Monge.

Seja (x, y, z) um ponto qualquer da curva considerada. As equações da normal á superficie neste ponto são

$$\mathrm{X} - x + p(\mathrm{Z} - z) = 0, \qquad \mathrm{Y} - y + q(\mathrm{Z} - z) = 0,$$

e as equações dos planos que passam por esta recta são da fórma

$$\mathrm{X} - x + p(\mathrm{Z} - z) + \theta[\mathrm{Y} - y + q(\mathrm{Z} - z)] = 0,$$

onde θ representa uma quantidade arbitraria, que podemos suppôr funcção de x. A superficie envolvente das posições que toma este plano, quando x varia e se dá á funcção θ uma fórma determinada, é (*C. dif.*, n.º 102) uma superficie planificavel, e as equações da caracteristica que passa pelo ponto (x, y, z) são a equação anterior e a seguinte:

$$1+p\frac{dz}{dx}-(Z-z)\frac{dp}{dx}+\theta\left[-\frac{dy}{dx}-q\frac{dz}{dx}+(Z-z)\frac{dq}{dx}\right]=0.$$

Como porém esta caracteristica deve coincidir com a normal no ponto (x, y, z), os valores de X e Y tirados das equações da normal devem satisfazer a estas equações, qualquer que seja Z, o que dá as equações seguintes:

$$dx+pdz=\theta(dy+qdz), \qquad dp=\theta dq,$$

das quaes resulta, pela eliminação de θ,

$$\frac{dx+pdz}{dp}=\frac{dy+qdz}{dq},$$

ou, pondo $dp=rdx+sdy$, $dq=sdx+tdy$, $dz=pdx+qdy$,

$$\left(\frac{dy}{dx}\right)^2[(1+q^2)s-pqt]+\frac{dy}{dx}[(1+q^2)r-(1+p^2)t]-[(1+p^2)s-pqr]=0.$$

Como esta equação dá para $\frac{dy}{dx}$ dois valores, vê-se que, por cada ponto da superficie, passam, em geral, duas linhas de curvatura.

Tomando para plano xy o plano parallelo ao plano tangente á superficie no ponto (x, y, z), temos $p=0$, $q=0$; e portanto

$$\left(\frac{dy}{dx}\right)^2+\frac{r-t}{s}\frac{dy}{dx}-1=0.$$

Esta equação dá para $\frac{dy}{dx}$ dois valores, que coincidem (*C. dif.*, n.º 95) com os valores que determinam as tangentes trigonometricas dos angulos formados pelos planos principaes com o plano zx; logo as tangentes ás linhas de curvatura estão collocadas nestes planos.

Ha muitas superficies cujas linhas de curvatura se determinam sem integração alguma. Assim, por exemplo, nos casos das superficies de revolução, os parallelos constituem um systema de linhas de curvatura, visto que as normaes á superficie nos pontos de um mesmo parallelo se cortam em um mesmo ponto do eixo; os meridianos constituem o outro systema, visto que as normaes á superficie nos pontos de um meridiano estão collocadas no plano d'este meridiano. No caso das superficies planificaveis, todas as normaes nos pontos de uma mesma caracteristica estão collocadas no mesmo plano, e portanto as caracteristicas constituem um systema de linhas de curvatura.

Outras vezes determinam-se as linhas de curvatura integrando a sua equação, como acontece no caso do ellipsoide, cujas linhas de curvatura fôram determinadas por Monge.

Seja

$$\frac{x^2}{a^2}+\frac{y^2}{b^2}+\frac{z^2}{c^2}=1, \qquad a>b>c,$$

a equação do ellipsoide. Temos

$$p=-\frac{c^2x}{a^2z}, \qquad q=-\frac{c^2y}{b^2z},$$

$$r=-\frac{c^4}{a^2b^2z^3}(b^2-y^2), \qquad s=-\frac{c^4xy}{a^2b^2z^3}, \qquad t=-\frac{c^4}{a^2b^2z^3}(a^2-x^2);$$

e portanto as equações das linhas de curvatura são a do ellipsoide e a seguinte, que se obtem substituindo estes valores de p, q, r, s, t na equação das linhas de curvatura, fazendo as reducções e eliminando depois z por meio da equação do ellipsoide:

$$Axyy'^2+(x^2-Ay^2-B)\,y'-xy=0,$$

onde

$$A=\frac{a^2(b^2-c^2)}{b^2(a^2-c^2)}, \qquad B=\frac{a^2(a^2-b^2)}{a^2-c^2}.$$

Para integrar esta equação, ponha-se $x^2=t$, $y^2=z$, e portanto

$$y'=\frac{\frac{dy}{dt}}{\frac{dx}{dt}}=\frac{x}{y}\,\frac{dz}{dt},$$

o que a transforma na seguinte:

$$At\left(\frac{dz}{dt}\right)^2+(t-Az-B)\frac{dz}{dt}-z=0,$$

ou

$$z=\frac{dz}{dt}\,t-\frac{B\frac{dz}{dt}}{A\frac{dz}{dt}+1}.$$

Esta equação pertence ao caso considerado no n.º 72-III, e o seu integral é

$$z=Ct-\frac{BC}{AC+1},$$

onde C representa a constante arbitraria. O integral pedido é pois

$$(A)\qquad y^2 = cx^2 - \frac{Bc}{Ac+1}.$$

A equação considerada tem ainda uma solução singular, que resulta da eliminação de c entre o integral anterior e

$$x^2 - \frac{B}{(Ac+1)^2} = 0,$$

que dá

$$x + y\sqrt{-A} = \sqrt{B},$$

isto é, uma recta imaginaria.

A equação (A) das projecções das linhas de curvatura sobre o plano xy representa ellipses, quando é $c < 0$, e hyperboles, quando é $c > 0$. Os centros tanto de umas como das outras coincidem com a origem das coordenadas e os eixos com os eixos coordenados. Em cada ponto do ellipsoide passa uma linha de curvatura cuja projecção sobre o plano xy é uma ellipse e outra cuja projecção sobre o mesmo plano é uma hyperbole; com effeito, a equação (A) dá

$$Ax^2 c^2 + (x^2 - Ay^2 - B)c - y^2 = 0,$$

e esta equação dá para c dois valores reaes e de signaes contrarios.

117. *Linhas asymptoticas.* — Chama-se *linha asymptotica* qualquer linha, traçada sobre uma superficie, que gosa da propriedade de ser o seu plano osculador tangente á superficie.

Uma das equações d'esta linha é a equação $z = f(x, y)$ da superficie sobre a qual está traçada. É facil achar a equação differencial da outra, como vamos ver.

Sabe-se pelo *Calculo differencial* (n.º 92) que a equação do plano osculador é

$$Z - z = \frac{z'y'' - y'z''}{y''}(X - x) + \frac{z''}{y''}(Y - y),$$

onde y', y'', z', z'' representam as derivadas de y e z relativamente a x, que se tiram das equações da linha considerada. Como uma d'estas equações é $z = f(x, y)$, temos

$$z' = p + qy', \qquad z'' = r + sy' + (s + ty')y' + qy''.$$

Por outra parte, a equação do plano tangente é

$$Z - z = p(X - x) + q(Y - y),$$

e portanto as condições para que o plano osculador coincida com o plano tangente são

$$z'y'' - y'z'' = py'', \qquad z'' = qy''.$$

Substituindo nestas equações z' e z'' pelos valores anteriormente achados, obtem-se uma só equação

$$ty'^2 + 2sy' + r = 0,$$

cujo integral é a equação das linhas asymptoticas, que faltava conhecer.

Assim, por exemplo, no caso da superficie

$$z = Ax^2 + By^2 + C,$$

a segunda equação das linhas asymptoticas é

$$By'^2 + A = 0$$

ou

$$y' = \pm\sqrt{-\frac{A}{B}}.$$

Integrando, vem

$$y = \pm\sqrt{-\frac{A}{B}}\,x + c$$

ou

$$B(y - c)^2 + Ax^2 = 0.$$

Se resolvermos esta equação relativamente a c, vem

$$c = \frac{By \pm x\sqrt{-AB}}{B},$$

por onde se vê que em cada ponto da superficie passam duas linhas asymptoticas quando A e B têem signaes contrarios, isto é, quando a equação proposta representa um paraboloide hyperbolico, e que a superficie não tem linhas asymptoticas quando A e B têem o mesmo signal, isto é, quando a equação proposta representa um paraboloide elliptico.

118. *Linhas de nivel.*—Chamam-se *linhas de nivel* de uma superficie as linhas que resultam de cortar esta superficie por planos horisontaes. Tomando um plano horisontal para plano xy e sendo $z=f(x, y)$ a equação da superficie, as equações das linhas de nivel são

$$z=f(x, y), \qquad z=c.$$

A equação das projecções das linhas de nivel sobre o plano xy é $f(x, y)=c$, e a equação differencial correspondente é

$$pdx+qdy=0.$$

Se fôr dada uma propriedade da projecção das linhas de nivel, que determine a tangente a esta projecção, a integração da equação ás derivadas parciaes precedente determina a superficie.

Assim, por exemplo, se quizermos achar as superficies cujas linhas de nivel são circumferencias com o centro collocado no eixo dos z, temos

$$y'=-\frac{x}{y},$$

e portanto a equação ás derivadas parciaes d'estas superficies é

$$yp-xq=0,$$

cujo integral é

$$z=\varphi(x^2+y^2).$$

Logo satisfazem ao problema as superficies de revolução, como se podia immediatamente ver.

Para segunda applicação procuremos as superficies cujas linhas de nivel são ao mesmo tempo linhae asymptoticas.

Pondo na equação differencial da projecção sobre o plano xy das linhas asymptoticas $y'=-\frac{p}{q}$, vem a equação ás derivadas parciaes das superficies pedidas

$$q^2r-2pqs+p^2t=0.$$

Integrando esta equação pelo methodo de Monge (n.º 99), vem a equação de primeira ordem

$$p-\varphi(z)q=0;$$

*

e integrando de novo esta equação pelo methodo de Lagrange (n.º 93), vem a equação finita das superficies pedidas

$$z = \psi\,[y + x\varphi(z)],$$

com duas funcções arbitrarias φ e ψ.

119. *Linhas de maior declive.* — Dá-se o nome de *linha de maior declive* á linha, traçada sobre uma superficie, cuja tangente em cada ponto faz com o plano horisontal um angulo maior do que as outras tangentes á superficie que passam pelo mesmo ponto.

Como todas as tangentes á superficie em um ponto estão collocadas sobre o plano tangente, e como de todas ellas a que faz um angulo maior com o plano horisontal é aquella que é perpendicular á intersecção d'estes dois planos, segue-se que as linhas de maior declive são caracterisadas pela propriedade de serem as suas tangentes perpendiculares ás intersecções dos planos tangentes á superficie, nos mesmos pontos, com o plano horisontal.

Tomemos o plano horisontal para plano xy e notemos que toda a recta perpendicular a uma recta existente no plano xy se projecta sobre este plano segundo uma perpendicular a esta recta. A equação do plano tangente é

$$\mathrm{Z} - z = p(\mathrm{X} - x) + q(\mathrm{Y} - y)$$

e corta o plano xy segundo uma recta, cujas equações são

$$\mathrm{Z} = 0, \quad z = p(\mathrm{X} - x) + q(\mathrm{Y} - y) = 0,$$

á qual a projecção sobre o plano xy da linha de maior declive deve ser perpendicular. Logo

$$\frac{dy}{dx} = \frac{q}{p}.$$

Temos assim a equação differencial da projecção da linha pedida. Integrando esta equação, obtem-se a equação finita da mesma linha.

Assim, por exemplo, se quizermos as linhas de maior declive do ellipsoide

$$\frac{x^2}{a^2} + \frac{y^2}{b^2} + \frac{z^2}{c^2} = 1,$$

temos de integrar a equação

$$\frac{dy}{dx} = \frac{a^2}{b^2}\,\frac{y}{x},$$

o que dá

$$y = cx^{\frac{a^2}{b^2}},$$

onde c representa uma constante arbitraria.

No caso de $\frac{a}{b}$ ser racional as linhas de maior declive do ellipsoide são algebricas.

No caso de ser $a = b$, o ellipsoide é de revolução e as linhas de maior declive são os meridianos da superficie.

CAPITULO IX

Integração das funcções de variaveis imaginarias

I

Funcções imaginarias de variaveis reaes

120. Seja

$$f(x) = \varphi(x) + i\psi(x)$$

uma funcção imaginaria de uma variavel real x. Chama-se *integral definido* d'esta funcção a funcção $\int_a^X f(x)\,dx$ definida pela egualdade

$$(1) \qquad \int_a^X f(x)\,dx = \int_a^X \varphi(x)\,dx + i\int_a^X \psi(x)\,dx.$$

Observaremos em primeiro logar que, como no caso das funcções reaes, o integral definido (1) é egual ao limite para que tende a somma (n.º 1)

$$h_1 f(x_1) + h_2 f(x_2) + \ldots + h_n f(x_n),$$

quando as quantidades h_1, h_2, etc. tendem para zero. É o que resulta das egualdades

$$\int_a^X \varphi(x)\,dx = \lim\,[h_1\varphi(x_1) + \ldots + h_n\varphi(x_n)]$$

$$i\int_a^X \psi(x)\,dx = i\lim\,[h_1\psi(x_1) + \ldots + h_n\psi(x_n)]$$

sommando-as membro a membro.

Observemos em segundo logar que *a derivada do integral definido* (1) *é egual a* $f(X)$, se a funcção $f(x)$ é continua no ponto X. Com effeito, temos

$$\frac{d\int_a^X f(x)\,dx}{dX} = \frac{d\int_a^X \varphi(x)\,dx}{dX} + i\frac{d\int_a^X \psi(x)\,dx}{dX} = \varphi(X) + i\psi(X) = f(X).$$

Observaremos finalmente que todas as funcções, cuja derivada é egual a $f(x)$, são dadas pela fórmula

$$\int f(x)\,dx = \int \varphi(x)\,dx + i\int \psi(x),$$

e que, sendo $F(x) = F_1(x) + iF_2(x)$ uma d'ellas, as outras estão comprehendidas na fórma $F(x) + C$, C representando uma constante arbitraria (n.º 1).

É facil de vêr, ou por meio da egualdade (1), ou procedendo como no caso das funcções reaes, que os principios demonstrados no capitulo II para as funcções reaes têem logar para as funcções imaginarias de variaveis reaes.

121. THEOREMA DE DARBOUX. — Seja $\pi(x)$ uma funcção real que se conserve positiva, quando x varia desde a até X, e seja $X > a$. Applicando o primeiro *theorema da média* (n.º 30), temos

$$\int_a^X f(x)\,\pi(x)\,dx = (K_1 + iK_2)\int_a^X \pi(x)\,dx,$$

K_1 e K_2 representando quantidades que não são inferiores aos menores valores nem superiores aos maiores valores, que tomam respectivamente $\varphi(x)$ e $\psi(x)$, quando x varia desde a até X; ou, suppondo que as funcções $\varphi(x)$ e $\psi(x)$ são continuas no intervallo de $x = a$ a $x = X$ e que x' e x'' são os valores, comprehendidos entre a e X, que dão respectivamente a $\varphi(x)$ e $\psi(x)$ os valores K_1 e K_2,

$$\int_a^X f(x)\,\pi(x)\,dx = [\varphi(x') + i\psi(x'')]\int_a^X \pi(x)\,dx.$$

Ponha-se agora

$$\varphi(x') + i\psi(x'') = Me^{i\omega},$$

o que dá

$$M^2 = [\varphi(x')]^2 + [\psi(x'')]^2.$$

Teremos, suppondo $|\varphi(x')| \geqq |\psi(x'')|$,

$$M^2 \overline{\overline{<}}\, 2[\varphi(x')]^2 \overline{\overline{<}}\, 2\,|f(x')|^2,$$

e portanto

$$M = \lambda\sqrt{2}\,|f(x')|,$$

representando por λ um factor positivo egual ou inferior á unidade.

Do mesmo modo se mostra que é, quando $|\varphi(x')| < |\psi(x'')|$,

$$M = \lambda\sqrt{2}\,|f(x'')|.$$

Temos pois, representando por x_1 uma das quantidades x', x'' e pondo $f(x_1) = |f(x_1)|\,e^{i\nu}$ e $\alpha = \omega - \nu$,

$$\int_a^X f(x)\,\pi(x)\,dx = \lambda\sqrt{2}f(x_1)\,e^{i\alpha}\int_a^X \pi(x)\,dx,$$

ou, pondo $\lambda\sqrt{2}\,e^{\alpha i} = \lambda_1$,

$$\int_a^X f(x)\,\pi(x)\,dx = \lambda_1 f(x_1)\int_a^X \pi(x)\,dx,$$

onde λ_1 representa uma quantidade cujo módulo está comprehendido entre 0 e $\sqrt{2}$, e x_1 um numero real comprehendido entre a e X.

Esta fórmula importante é devida a Darboux, que deu mesmo para λ_1 limites mais estreitos do que os que aqui empregamos. No caso de ser $\pi(x) = 1$, dá

$$\int_a^X f(x)\,dx = \lambda_1 f(x_1)(X - a).$$

Como x_1 representa uma quantidade comprehendida entre a e X, podemos escrever a fórmula precedente do modo seguinte:

$$\int_a^X f(x)\,\pi(x)\,dx = \lambda_1 f(a + \theta h)\int_a^X \pi(x)\,dx,$$

onde θ representa uma quantidade comprehendida entre 0 e 1, e onde $h = X - a$.

122. No caso das funcções imaginarias, temos, como no caso das funcções reaes,

$$\int_a^\infty f(x)\,dx = \lim_{X=\infty}\int_a^X f(x)\,dx.$$

É condição necessaria e sufficiente para que o integral $\int_a^X f(x)\,dx$ tenda para um limite finito e determinado, quando X tende para o infinito, que a cada valor de δ, por mais pequeno que seja, corresponda um numero p_1 tal que a deseguualdade

$$(2)\qquad \left|\int_a^{p+q} f(x)\,dx - \int_a^{p} f(x)\,dx\right| = \left|\int_q^{p+q} f(x)\,dx\right| < \delta,$$

seja satisfeita quando $p > p_1$, qualquer que seja q.

D'este principio conclue-se que, *se* $\int_a^{\mathrm{X}} |f(x)|\,dx$ *tender para um limite finito e determinado, quando* X *tende para* ∞, *tambem* $\int_a^{\mathrm{X}} f(x)\,dx$ *tende para um limite finito e determinado.*

Com effeito, temos

$$\left|\int_p^{p+q} f(x)\,dx\right| \overline{\gtrless} \int_p^{p+q} |f(x)|\,dx,$$

e portanto, se se verificar a condição

$$\int_p^{p+q} |f(x)|\,dx < \delta,$$

tambem se verifica a condição (2).

Do mesmo modo se considera o caso em que o limite inferior do integral tende para $-\infty$.

123. Se a funcçãu $f(x)$ é discontinua no ponto X, temos, como no caso das funcções reaes,

$$\int_a^{\alpha} f(x)\,dx = \lim_{\alpha=\mathrm{X}} \int_a^{\alpha} f(x)\,dx.$$

Raciocinando como no paragrapho antecedente, mostra-se que, *se* $\int_a^{\mathrm{X}} |f(x)|\,dx$ *tender para um limite finito e determinado, quando* α *tende para* X, *tambem* $\int_a^{\mathrm{X}} f(x)\,dx$ *tende para um limite finito e determinado.*

124. O integral definido $\int_a^{\mathrm{X}} f(x)\,dx$ póde ser calculado por meio da fórmula (1), quando se conhece o valor dos integraes definidos que entram no segundo membro d'esta fórmula. Póde-se tambem muitas vezes calcular aquelle integral definido pelos mesmos methodos que no caso das funcções reaes, e neste caso a fórmula (1) dá depois os valores dos integraes definidos $\int_a^{\mathrm{X}} \varphi(x)\,dx$ e $\int_a^{\mathrm{X}} \psi(x)\,dx$. Vejamos algumas applicações de cada um d'estes methodos.

I. Vê-se, como no n.º 37, que

$$\int_0^{\infty} x^n e^{-(\alpha+i\beta)x}\,dx = \frac{n!}{(\alpha+i\beta)^{n+1}},$$

e temos portanto

$$\int_0^\infty x^n e^{-\alpha x} \cos \beta x \, dx - i \int_0^\infty x^n e^{-\alpha x} \operatorname{sen} \beta x \, dx = \frac{n!}{(\alpha + i\beta)^{n+1}} = \frac{n! (\alpha - i\beta)^{n+1}}{(\alpha^2 + \beta^2)^{n+1}}.$$

Logo

$$\int_0^\infty x^n e^{-\alpha x} \cos \beta x \, dx = \frac{n!}{(\alpha^2 + \beta^2)^{n+1}} \left[\alpha^{n+1} - \binom{n+1}{2} \alpha^{n-1} \beta^2 + \binom{n+1}{4} \alpha^{n-3} \beta^4 - \ldots \right],$$

$$\int_0^\infty x^n e^{-\alpha x} \operatorname{sen} \beta x \, dx = \frac{n! \, \beta}{(\alpha^2 + \beta^2)^{n+1}} \left[\binom{n+1}{1} \alpha^n - \binom{n+1}{3} \alpha^{n-2} \beta^2 + \binom{n+1}{5} \alpha^{n-4} \beta^4 - \ldots \right].$$

II. Para segunda applicação consideremos o integral

$$\int_0^\infty e^{-ax^2} dx,$$

onde a representa uma quantidade imaginaria $\alpha - i\beta$, e $|\beta| < |\alpha|$, $\alpha > 0$.

Temos

$$e^{i\beta x^2} = 1 + i\beta x^2 + \frac{(i\beta)^2}{2!} x^4 + \ldots + \frac{(i\beta)^n}{n!} x^{2n} + \ldots;$$

e portanto

$$\int_0^\infty e^{-ax^2} dx = \int_0^\infty e^{-\alpha x^2} dx + i\beta \int_0^\infty x^2 e^{-\alpha x^2} dx + \ldots + \frac{(i\beta)^n}{n!} \int_0^\infty x^{2n} e^{-\alpha x^2} dx + \ldots.$$

Logo (n.º 37-IV)

$$\int_0^\infty e^{-ax^2} dx = \frac{\sqrt{\pi}}{2\sqrt{\alpha}} \left[1 + \frac{i\beta}{2\alpha} + \ldots + \frac{1.3\ldots(2n-1)(i\beta)^n}{n! \, 2^n \alpha^n} + \ldots \right] = \frac{\sqrt{\pi}}{2\sqrt{\alpha}} \left(1 - \frac{i\beta}{\alpha}\right)^{-\frac{1}{2}}.$$

Teremos pois a egualdade

$$\int_0^\infty e^{-\alpha x^2} \cos \beta x^2 \, dx + i \int_0^\infty e^{-\alpha x^2} \operatorname{sen} \beta x^2 \, dx = \frac{\sqrt{\pi}}{2\sqrt{\alpha}} \left(1 - \frac{i\beta}{\alpha}\right)^{-\frac{1}{2}}.$$

Sendo agora ρ e θ o módulo e o argumento de $\alpha - i\beta$, o segundo membro d'esta egual-

*

dade é egual a $\pm \frac{\sqrt{\pi}}{2\sqrt{\rho}}\left(\cos \frac{1}{2}\theta - i \operatorname{sen} \frac{1}{2}\theta\right)$; e portanto temos

$$\int_0^\infty e^{-\alpha x^2} \cos \beta x^2 \, dx = \pm \frac{\sqrt{\pi}}{2\sqrt{\rho}} \cos \frac{1}{2}\theta,$$

$$\int_0^\infty e^{-\alpha x^2} \operatorname{sen} \beta x^2 \, dx = \mp \frac{\sqrt{\pi}}{2\sqrt{\rho}} \operatorname{sen} \frac{1}{2}\theta.$$

Para se determinar o signal, basta attender a que a série empregada, para se chegar a estas egualdades, tem a parte real sempre positiva e a parte imaginaria positiva ou negativa segundo β é positivo ou negativo. Logo o primeiro d'estes integraes é sempre positivo e o segundo deve ter o signal de β.

III. Consideremos finalmente o integral importante [1]

$$\int_0^\pi \cot(x - a - ib)\, dx.$$

Temos primeiramente

$$\int \cot(x - a - bi)\, dx = \int \frac{\cos(x - a - bi)\, dx}{\operatorname{sen}(x - a - bi)}$$

$$= \int \frac{\cos(x-a)\cos ib + \operatorname{sen}(x-a)\operatorname{sen} ib}{\operatorname{sen}(x-a)\cos ib - \cos(x-a)\operatorname{sen} ib}\, dx$$

ou, por ser

$$\cos ib = \frac{e^{-b} + e^b}{2}, \qquad \operatorname{sen} ib = \frac{e^{-b} - e^b}{2i},$$

$$\int \cot(x - a - ib)\, dx = \int \frac{(e^{-b} + e^b)\cos(x-a) - i(e^{-b} - e^b)\operatorname{sen}(x-a)}{(e^{-b} + e^b)\operatorname{sen}(x-a) + i(e^{-b} - e^b)\cos(x-a)}\, dx.$$

Multipliquemos agora o numerador e o denominador da ultima fracção por

$$(e^{-b} + e^b)\operatorname{sen}(x-a) - i(e^{-b} - e^b)\cos(x-a),$$

o que dá

$$\int \cot(x - a - ib)\, dx = \int \frac{2 \operatorname{sen} 2(x-a)\, dx}{e^{-2b} + e^{2b} - 2\cos 2(x-a)}$$

$$- i \int \frac{(e^{-2b} - e^{2b})\, dx}{(e^{-b} + e^b)^2 \operatorname{sen}^2(x-a) + (e^{-b} - e^b)^2 \cos^2(x-a)}$$

---

[1] O methodo que aqui empregamos, para achar o valor d'este integral, foi por nós publicado nos *Nouvelles Annales de mathématiques* (2.ª série, t. VIII, pag. 120) e no *Jornal de sciencias mathematicas*, t. IX, p. 113.

$$= \frac{1}{2}\log\left[e^{-2b}+e^{2b}-2\cos 2(x-a)\right]-i\int\frac{(e^{-b}+e^{b})(e^{b}-e^{-b})\dfrac{dx}{\cos^2(x-a)}}{(e^{-b}-e^{b})^2+(e^{-b}+e^{b})^2\operatorname{tang}^2(x-a)}$$

$$= \frac{1}{2}\log\left[e^{-2b}+e^{2b}-2\cos 2(x-a)\right]-i\int\frac{d\left[\dfrac{e^{-b}+e^{b}}{e^{-b}-e^{b}}\operatorname{tang}(x-a)\right]}{1+\left[\dfrac{e^{-b}+e^{b}}{e^{-b}-e^{b}}\operatorname{tang}(x-a)\right]^2}.$$

Mas, por ser

$$e^{-2b}+e^{2b}>2,$$

a funcção

$$\log\left[e^{-2b}+e^{2b}-2\cos 2(x-a)\right]$$

tem um ramo real com valores eguaes no ponto $x=0$ e $x=\pi$. Logo teremos

$$\int_0^{\pi}\cot(x-a-ib)\,dx=-i\int_0^{\pi}\frac{d\left[\dfrac{e^{-b}+e^{b}}{e^{-b}-e^{b}}\operatorname{tang}(x-a)\right]}{1+\left[\dfrac{e^{-b}+e^{b}}{e^{-b}-e^{b}}\operatorname{tang}(x-a)\right]^2}.$$

O integral que entra no segundo membro d'esta egualdade tem a fórma

$$\int_0^{\pi}\frac{f'(x)\,dx}{1+[f(x)]^2},$$

e vamos por isso applicar-lhe o theorema (n.º 22)

$$\int_0^{\pi}\frac{f'(x)\,dx}{1+[f(x)]^2}=\operatorname{arc\,tang} f(\pi)-\operatorname{arc\,tang} f(0)+(n-m)\pi,$$

onde n representa o numero de vezes que a funcção $f(x)$ passa pelo infinito indo de positiva para negativa, e m o numero de vezes que $f(x)$ passa pelo infinito indo de negativa para positiva, quando x varia desde 0 até π. Pondo

$$f(x)=\frac{e^{-b}+e^{b}}{e^{-b}-e^{b}}\operatorname{tang}(x-a),$$

e notando: 1.º que, quando x varia desde 0 até π, $\operatorname{tang}(x-a)$ passa uma só vez pelo infinito, indo de positiva para negativa; 2.º que a fracção

$$\frac{e^{-b}+e^{b}}{e^{-b}-e^{b}}$$

é positiva ou negativa segundo b é menor ou maior do que zero, conclue-se que $f(x)$ passa uma só vez pelo infinito, indo de positiva para negativa, quando $b<0$, e de negativa para positiva, quando $b>0$.

Temos pois

$$\int_0^\pi \cot(x-a-ib)\,dx = i\pi,$$

quando $b>0$, e

$$\int_0^\pi \cot(x-a-ib)\,dx = -i\pi,$$

quando $b<0$.

O resultado importante, que vimos de achar, foi estabelecido por Hermite por processos differentes d'este (¹). Um dos processos pelos quaes o eminente geometra o deduziu, baseia-se na relação trigonometrica conhecida

$$\cot nx = \sum_{k=0}^{n-1} \frac{1}{n} \cot\left(x+\frac{k\pi}{n}\right).$$

Mudando x em $x-a-ib$, pondo $\frac{\pi}{n}=h$ e fazendo tender h para zero, o segundo membro tende para o integral definido (n.º 19)

$$\frac{1}{\pi}\int_0^\pi \cot(x-a-ib)\,dx;$$

e temos portanto

$$\int_0^\pi \cot(x-a-ib)\,dx = \pi \lim_{n=\infty} \cot n(x-a-ib).$$

Temos tambem

$$\lim_{n=\infty} \cot n(x-a-ib) = i \lim_{n=\infty} \frac{e^{2in(x-a-ib)}+1}{e^{2in(x-a-ib)}-1} = \pm i,$$

devendo empregar-se o signal + quando b é positivo, e o signal — quando b é negativo.

D'estas duas egualdades tira-se o theorema enunciado.

(¹) *Cours d'Analyse*, p. 342.
Jornal de sciencias mathematicas, t. II, p. 65.

II

Integraes das funcções de variaveis imaginarias

125. Seja

$$f(z) = \Phi(x, y) + i\Psi(x, y)$$

uma funcção analytica da variavel imaginaria $z = x + iy$, continua em todos os pontos de uma linha plana continua S, descripta pelo ponto z na passagem de um ponto $z_0 = x_0 + iy_0$ para um ponto $Z = X + iY$; sejam

$$x = \varphi(t), \qquad y = \psi(t)$$

as equações d'esta linha; e sejam t_0 e T os valores de t que correspondem aos valores z_0 e Z de z.

Teremos

$$z = \varphi(t) + i\psi(t), \qquad \frac{dz}{dt} = \varphi'(t) + i\psi'(t),$$

$$z_0 = \varphi(t_0) + i\psi(t_0), \qquad Z = \varphi(T) + i\psi(T),$$

e

$$f(z)\, dz = [\Phi_1(t) + i\Psi_1(t)\, [\varphi'(t) + i\psi'(t)]\, dt,$$

pondo

$$\Phi(x, y) = \Phi[\varphi(t), \psi(t)] = \Phi_1(t), \qquad \Psi(x, y) = \Psi[\varphi(t), \psi(t)] = \Psi_1(t).$$

Posto isto, chama-se *integral definido* de $f(z)\, dz$ ao longo da linha S, que une o ponto (x_0, y_0) a (X, Y), e representa-se por $\int_{z_0}^{Z} f(z)\, dz$ ou por $\int_S f(z)\, dz$, a funcção de z_0 e Z que se determina por meio da egualdade [1]

$$\int_{z_0}^{Z} f(z)\, dz = \int_{t_0}^{T} [\Phi_1(t) + i\Psi_1(t)]\, [\varphi'(t) + i\psi'(t)]\, dt, \tag{3}$$

fazendo a integração e substituindo depois t_0 e T pelos seus valores expressos em z_0 e Z.

---

[1] Cauchy: — *Mémoire sur les intégrales définies prises entre limites imaginaires*, 1825.

126. Os integraes definidos tomados entre limites imaginarios gozam das mesmas propriedades que os integraes definidos tomados entre limites reaes, considerados no capitulo II, como vamos ver.

I. Sejam z_0, z'_1, z_1, z'_2, z_2, ..., z_{m-1}, z'_m, Z uma série de valores successivos que toma z na passagem de z_0 para Z, e sejam t_0, t'_1, t_1, t'_2, t_2, ..., t_{m-1}, t'_m, T os valores correspondentes de t. Dadas certas circumstancias, indicadas na demonstração seguinte, o integral $\int_S f(z)\, dz$ *é o limite para que tende a somma*

$$f(z'_1)(z_1-z_0)+f(z'_2)(z_2-z_1)+\ldots+f(z'_m)(Z-z_{m-1}),$$

quando todas as differenças z_1-z_0, z_2-z_1, ... *tendem para zero.*

Com effeito temos

$$\Sigma f(z'_{n+1})(z_{n+1}-z_n)=\Sigma[\Phi_1(t'_{n+1})+i\Psi_1(t'_{n+1})]\,[\varphi(t_{n+1})-\varphi(t_n)+i\psi(t_{n+1})-i\psi(t_n)].$$

Mas (*C. dif.*, n.º 62) temos

$$\text{(A)}\quad\left\{\begin{aligned}&\Sigma\Phi_1(t'_{n+1})[\varphi(t_{n+1}-\varphi(t_n)]\\ &=\Sigma\Phi_1(t'_{n+1})\varphi'[t_n+\theta_n(t_{n+1}-t_n)](t_{n+1}-t_n)\\ &=\Sigma\,\{\,\Phi_1[t_n+\theta_n(t_{n+1}-t_n)]+\varepsilon_n\{\,\varphi'[t_n+\theta_n(t_{n+1}-t_n)](t_{n+1}-t_n),\end{aligned}\right.$$

representado por θ_n uma quantidade comprehendida entre 0 e 1 e por ε_n a differença

$$\varepsilon_n=\Phi_1(t'_{n+1})-\Phi_1[t_n+\theta_n(t_{n+1}-t_n)],$$

a respeito da qual observaremos que, por estarem as quantidades t'_{n+1} e $t_n+\theta_n(t_{n+1}-t_n)$, comprehendidas entre t_n e t_{n+1}, e por ser continua a funcção $\Phi_1(t)$ no intervallo de t_0 a T, a cada valor da quantidade positiva δ, por mais pequeno que seja, corresponde um numero η, independente de n, tal que é $|\varepsilon_n|<\delta$, quando $|t_{n+1}-t_n|<\eta$.

Se notarmos agora que temos, representando por M o maior valor que toma $\varphi'(t)$, quando t varia desde t_0 até T,

$$\text{(B)}\qquad |\Sigma\varepsilon_n\varphi'[t_n+\theta_n(t_{n+1}-t_n)]\,t_{n+1}-t_n)|<\delta M\Sigma\,|t_{n+1}-t_n|,$$

e, representando por T_1, T_2, etc. os pontos em que t muda de signal, quando z varia desde z_0 até Z,

$$\Sigma\,|t_{n+1}t_n|=|T_1-t_0|+|T_2-T_1|+\ldots$$

e que, se o numero d'estes pontos fôr finito, o segundo membro d'esta egualdade é finito, vê-se que o primeiro membro da desegualdade (B) tende para zero, quando as differenças $t_{n+1} - t_n$ tendem todas para zero.

A egualdade (A) dá portanto (n.º 19), quando as differenças $t_{n+1} - t_n$ tendem todas para zero,

$$\lim \Sigma \Phi_1 (t'_{n+1}) [\varphi (t_{n+1}) - \varphi (t_n)]$$
$$= \lim \Sigma \Phi_1 [t_n + \theta_n (t_{n+1} - t_n)] \varphi' [t_n + \theta_n (t_{n+1} - t_n)] (t_{n+1} - t_n) = \int_{t_0}^{T} \Phi_1 (t) \varphi' (t) dt.$$

Do mesmo modo se acha

$$\lim \Sigma \Phi_1 (t'_{n+1}) [\psi (t_{n+1}) - \psi (t_n)] = \int_{t_0}^{T} \Phi_1 (t) \psi' (t) dt.$$

D'estas egualdades, das egualdades que se obtêem mudando nestas Φ_1 em Ψ_1 e da egualdade de que se partiu resulta

$$\lim \Sigma f (z'_{n+1}) (z_{n+1} - z_n) = \int_{t_0}^{T} [\Phi_1 (t) + i\Psi_1 (t)] [\varphi' (t) + i\psi' (t)] dt = \int_S f (z) dz,$$

que é o que se queria demonstrar.

II. *A derivada de* $\int_{z_0}^{Z} f (z) dz$ *relativamente a* Z *é egual a* $f (Z)$.

Com effeito, derivando (3) relativamente a T, vem (n.º 120)

$$\frac{d \int_{z_0}^{Z} f (z) dz}{dT} = [\Phi_1 (T) + i\Psi_1 (T)] [\varphi' (T) + i \psi' (T)] = f (Z) \frac{dZ}{dT}.$$

Logo temos

$$\frac{d \int_{z_0}^{Z} f (z) dz}{dZ} = f (Z).$$

III. Se z_0 e Z representam dois pontos da linha S descripta pela variavel z, quando passa de z_0 para Z, e se F (z) é uma funcção continua cuja derivada é $f (z)$, temos

$$\int_S f (z) dz = F (Z) - F (z_0).$$

Se a funcção F (z) tem mais do que um valor, para cada valor de z, devemos escolher F (z_0) e F (Z) de modo que F (z) varie segundo a lei da continuidade na passagem de F (z_0) até F (Z).

Se a funcção $F(z)$ é uniforme e z descreve uma curva fechada, temos $F(z_0) = F(Z)$, e portanto

$$\int_S f(z)\,dz = 0.$$

Assim, por exemplo, se $f(z) = z^m$, m representando um numero inteiro differente de -1, temos

$$\int z^m\,dz = \frac{z^{m+1}}{m+1} + C,$$

e portanto, quando z descreve uma linha fechada,

$$\int_S z^m\,dz = 0.$$

Adiante faremos uso d'este resultado.

IV. Se a linha S, descripta por z, fôr decomposta nas partes A, B, etc., temos

$$\int_S f(z)\,dz = \int_A f(z)\,dz + \int_B f(z)\,dz + \ldots$$

V. Se $\int_S f(z)\,dz$ representar um integral tomado ao longo da linha S e $\int_{-S} f(z)\,dz$ representar um integral tomado ao longo da mesma linha, quando a variavel a descreve em sentido contrario, temos

$$\int_S f(z)\,dz = -\int_{-S} f(z)\,dz.$$

VI. O primeiro theorema da média (n.º 30) póde ser facilmente estendido aos integraes que estamos considerando. Com effeito, temos, representando por ω o argumento de $\varphi'(t) + i\psi'(t)$ e notando que o seu módulo é egual a $\sqrt{\varphi'^2(t) + \psi'^2(t)}$,

$$\int_S f(z)\,dz = \int_{t_0}^{T} [\Phi_1(t) + i\Psi_1(t)]\, e^{i\omega} \sqrt{\varphi'^2(t) + \psi'^2(t)}\,dt,$$

e portanto, em virtude do theorema demonstrado no n.º 121,

$$\int_S f(z)\,dz = \lambda_1 [\Phi_1(t_1) + i\Psi_1(t_1)] \int_{t_0}^{T} \sqrt{\varphi'^2(t) + \psi'^2(t)}\,dt.$$

Esta fórmula dá, chamando s o comprimento do arco da curva S, comprehendido entre os pontos z_0 e Z, e por z_1 o valor de z correspondente ao valor t_1 de t,

$$(4) \qquad \int_S f(z)\,dz = \lambda_1 s f(z_1).$$

Nesta fórmula λ_1 representa um numero cujo módulo está comprehendido entre 0 e $\sqrt{2}$, e z_1 um dos valores que toma z quando descreve a curva S.

De (4) deduz-se, representando por $F(z)$ uma funcção cuja derivada é $f(z)$,

$$(5) \qquad F(Z) - F(z_0) = \lambda_1 s F'(z_1).$$

Se z descreve uma recta entre z_0 e Z, temos

$$s = \sqrt{(X - x_0)^2 + (Y - y_0)^2} = |Z - z_0|,$$

e portanto, pondo $Z - z_0 = |Z - z_0| e^{ia}$,

$$F(Z) - F(z_0) = \lambda_1 e^{-ia} (Z - z_0) F'(z_1),$$

ou, representando ainda $\lambda_1 e^{-ia}$ por λ_1

$$F(Z) - F(z_0) = \lambda_1 (Z - z_0) F'(z_1),$$

resultado já demonstrado no *Calculo differencial.*

VII. Raciocinando como no n.º 31, vê-se que o theorema seguinte, demonstrado neste paragrapho para o caso das variaveis reaes, subsiste no caso das variaveis imaginarias:

Se $\varphi(z)$, u_1, u_2, u_3, etc. representam funcções continuas de z ao longo da linha S, *e se a série*

$$f(z) = u_1 + u_2 + \ldots + u_n + \ldots$$

é uniformemente convergente na mesma linha, temos

$$\int_S f(z)\,dz = \int_S u_1\,dz + \int_S u_2\,dz + \ldots$$

Deste theorema tira-se o corollario seguinte, já demonstrado por outro modo no *Calculo differencial:*

*

Se, em uma área A, *a série*

$$F(z) = v_1 + v_2 + \ldots + v_n + \ldots,$$

onde v_1, v_2, *etc. representam funcções de* z, *é convergente e a série das derivadas*

$$v_1' + v_2' + \ldots + v_n' + \ldots$$

é uniformemente convergente, temos

$$F'(z) = v_1' + v_2' + \ldots + v_n' + \ldots,$$

na mesma área.

Com effeito, temos, por hypothese,

$$f(z) = v_1' + v_2' + \ldots + v_n' + \ldots,$$

na área A, e portanto, integrando ao longo de uma linha qualquer S partindo de z_0 e contida na área considerada,

$$\int_S f(z)\,dz = C + v_1 + v_2 + \ldots + v_n + \ldots.$$

Logo

$$F(z) = \int_S f(z)\,dz + C;$$

o que dá a egualdade, que tem logar ao longo da linha S:

$$F'(z) = f(z) = v_1' + v_2' + \ldots,$$

da qual se tira o principio enunciado.

VIII. Os theoremas relativos á derivação dos integraes, demonstrados no n.º 35, subsistem no caso das variaveis imaginarias, como é facil de ver.

127. Uma questão importante se apresenta agora a respeito dos integraes definidos ao longo de linhas, que consiste em procurar qual é a influencia do caminho seguido pela variavel sobre o valor do integral. A este respeito deu Cauchy o seguinte theorema fundamental, que constitue uma das mais importantes descobertas d'este grande geometra:

Se a funcção $f(z)$ *fôr uniforme e admittir uma derivada* $f'(z)$ *continua e uniforme em toda a área* A *limitada por um contôrno fechado e sobre este contôrno, o integral de* $f(z)\,dz$ *ao longo do contôrno da área é nullo.*

O contôrno de A póde ser formado por uma ou mais curvas, e, para o effeito da integração, suppomos que é percorrido por um observador em um sentido tal que a área fica sempre á esquerda do observador que o percorre (*sentido directo*), ou sempre á direita (*sentido inverso*).

A proposição que vimos de enunciar é uma consequencia do theorema do mesmo geometra sobre a theoria da integração ao longo de curvas demonstrado no capitulo III, § VIII. Escrevendo a equação de definição de $\int_S f(x)\,dx$ do modo seguinte:

$$\int_S f(z)\,dz = \int_S [\phi(x, y) + i\Psi(x, y)](dx + idy)$$

$$= \int_S [\phi(x, y)\,dx - \Psi(x, y)\,dy] + \int_S [\phi(x, y)\,dy + \Psi(x, y)\,dx],$$

e recordando que se demonstrou no ultimo capitulo do *Calculo differencial* que

$$\frac{\partial\phi}{\partial y} = -\frac{\partial\Psi}{\partial x}, \quad \frac{\partial\phi}{\partial x} = \frac{\partial\Psi}{\partial y}$$

e que, por ser continua a funcção $f'(z)$, tambem as funcções

$$\frac{\partial\phi}{\partial x}, \quad \frac{\partial\phi}{\partial y}, \quad \frac{\partial\Psi}{\partial x}, \quad \frac{\partial\Psi}{\partial y}$$

o são, vê-se que a proposição acima mencionada dá

$$\int_S [\phi(x, y)\,dx - \Psi(x, y)\,dy] = 0, \qquad \int_S [\phi(x, y)\,dy + \Psi(x, y)\,dx] = 0.$$

Logo

$$\int_S f(z)\,dz = 0.$$

O theorema de Cauchy tem uma importancia consideravel em Analyse, e porisso vamos ainda dar d'elle uma outra demonstração notavel, que se deve a Coursat (*Acta mathematica*, t. IV), a qual é fundada no lemma seguinte:

Designando por z e z' dois valores de z, representados por pontos da área A, e por ε a quantidade

$$\varepsilon = \frac{f(z) - f(z')}{z - z'} - f'(z').$$

a cada valor da quantidade positiva δ, por mais pequeno que seja, corresponde um numero η, tal que a desegualdade

$$|\varepsilon| < \delta$$

é satisfeita por todos os valores de z e z' que satisfazem á condição

$$|z - z'| < \eta.$$

Com effeito, applicando a ultima fórmula dada no n.º 126-VI á funcção

$$f(z) - f(z') - (z - z')f'(z'),$$

vem

$$f(z) - f(z') - (z - z')f'(z') = \lambda_1 (z - z')[f'(z_1) - f'(z')],$$

designando por z_1 um valor representado por um ponto da recta que une z a z'.

Mas, por ser continua a funcção $f'(z)$ na área A, a cada valor de δ', por mais pequeno que seja, corresponde um numero η tal que

$$|f'(z) - f'(z')| < \delta',$$

quando $|z - z'| < \eta$. Logo temos a desegualdade

$$|\varepsilon| = \left| \frac{f(z) - f(z')}{z - z'} - f'(z') \right| = |\lambda_1| \, |f'(z_1) - f'(z')| < \delta' \sqrt{2},$$

da qual se tira o principio enunciado, pondo $\delta' \sqrt{2} = \delta$.

Coursat deu uma demonstração do lemma precedente independente da continuidade de $f(z)$, e generalisou assim o theorema de Cauchy. Veja-se a este o respeito o t. II, p. 82, do seu *Cours d'Analyse.*

Posto isto, para demonstrar o theorema de Cauchy, decomponha-se a área A por meio de rectas parallelas a duas direcções rectangulares e equidistantes, e dê-se á distancia l entre estas parallelas um valor sufficientemente pequeno para que a distancia entre dois pontos quaesquer das áreas parciaes, em que se decompõe a área A, seja inferior a η. Forma-se assim uma série de quadrados, cujos lados são eguaes a l, e, junto ao contôrno de A, uma série de áreas terminadas por linhas rectas e curvas.

Chamando c_1, c_2, etc. os contôrnos das áreas parciaes em que d'este modo se decompoz A, e fazendo a integração de $f(z)\,dz$ ao longo de todos estes contôrnos e no mesmo sentido, relativamente á área que cada um limita, que a integração ao longo do contôrno S da área A, relativamente a esta área, temos

$$(a) \qquad \int_S f(z)\,dz = \int_{c_1} f(z)\,dz + \int_{c_2} f(z)\,dz + \ldots.$$

Com effeito, no segundo membro d'esta egualdade entram os integraes relativos a todos os lados das figuras c_1, c_2, etc. Os integraes que correspondem ás rectas auxiliares são dois a dois eguaes e de signal contrario, por ser cada recta descripta duas vezes, cada uma em seu sentido, quando z descreve os contôrnos de duas figuras adjacentes reunidas pela recta considerada; e os integraes que correspondem ás linhas que fazem parte do contôrno S dão uma somma egual a $\int_S f(z)\,dz$.

Consideremos agora uma qualquer das figuras em que se decompoz A, e sejam c o seu contôrno, z' um ponto do seu interior e z um ponto do contôrno. Teremos

$$\frac{f(z) - f(z')}{z - z'} = f'(z') + \varepsilon,$$

ou

$$f(z) = f(z') + f'(z')(z - z') + \varepsilon(z - z');$$

e portanto

$$\int_c f(z)\,dz = [f(z') - z' f'(z')] \int_c dz + f'(z') \int_c z dz + \int_c \varepsilon(z - z')\,dz,$$

ou (n.º 126-III)

$$\int_c f(z)\,dz = \int_c \varepsilon(z - z')\,dz.$$

Temos pois, notando que $|dz|^2 = dx^2 + dy^2 = ds^2$ e $|\varepsilon| < \delta$,

$$\left|\int_c f(z)\,dz\right| = \left|\int \varepsilon(z - z')\,dz\right| \overline{\overline{<}} \int_c |\varepsilon|\,|z - z'|\,ds < \delta \int_c |z - z'|\,ds,$$

ou, attendendo a que z e z' representam dois pontos de um quadrado cujo lado é egual a l, e que a sua distancia $|z - z'|$ não póde exceder o comprimento $l\sqrt{2}$ da diagonal,

$$\left|\int_c f(z)\,dz\right| < \delta l \sqrt{2} \int_c ds.$$

Desta desegualdade tira-se, no caso de c limitar um dos quadrados, em que se decompoz A,

$$(b) \qquad \left| \int_c f(z)\, dz \right| < 4\delta l^2 \sqrt{2},$$

visto ser $\int_c ds = 4l$.

Se a figura limitada por c não é um quadrado, o contôrno c compõe-se de uma parte formada pelas rectas auxiliares, a qual é inferior a $4l$, e de uma parte s_1 pertencente ao contôrno de A, e temos porisso

$$\left| \int_c ds < 4l + s_1,\right.$$

e depois

$$(c) \qquad \left| \int_c f(z)\, dz \right| < \delta l \sqrt{2}\,(4l + s_1).$$

A egualdade (a) dá, attendendo ás desegualdades (b) e (c),

$$\left| \int_S f(z)\, dz \right| \overline{\gtreqless} \Sigma \left| \int_c f(z)\, dz \right| < \delta \sqrt{2}\,(4M + sl),$$

representando por M a somma das áreas dos quadrados contidos na área A ou que têem uma parte no interior da área, e por s o comprimento de S.

Desta desegualdade resulta immediatamente o theorema de Cauchy, visto que o segundo membro contendo um factor finito e um factor δ que se póde tornar tão pequeno quanto se queira, a desegualdade não póde ter logar sem que seja

$$\int_S f(z)\, dz = 0.$$

128. Do theorema de Cauchy deduzem-se immediatamente os seguintes corollarios:

1.º *O valor do integral* $\int_{z_0}^{Z} f(z)\, dz$ *é sempre o mesmo, quaesquer que sejam as curvas seguidas pela variavel* z *na passagem de* z_0 *para* Z, *se estas curvas estiverem todas na área* A, *na qual a funcção* $f(z)$ *é uniforme e admitte uma derivada continua, e a aréa* A *fôr limitada por um unico contôrno.*

Com effeito, sendo A e B os pontos do plano correspondentes aos valores z_0 e Z de z e K_1 e K_2 os valores do integral que correspondem respectivamente ás curvas ACB e ADB, será $-K_2$ o valor do integral correspondente ao caminho BDA. Mas, pelo theorema precedente, é $K_1 - K_2 = 0$. Logo será $K_1 = K_2$.

2.º *Se a funcção $f(z)$ fôr uniforme e admittir uma derivada contiuua em uma área limitada exteriormente por uma curva fechada* S *e interiormente pelas curvas fechadas* c_1, c_2, *etc., temos*

$$\int_S f(z)\,dz = \int_{c_1} f(z)\,dz + \int_{c_2} f(z)\,dz + \ldots,$$

os contôrnos S, c_1, c_2, *etc. sendo descriptos todos no mesmo sentido relativamente ás áreas interiores.*

Com effeito, se os contôrnos S, c_1, c_2, ... fôrem descriptos no mesmo sentido relativamente á área que o primeiro limita exteriormente e os outros limitam interiormente, o theorema de Cauchy dá

$$\int_S f(z)\,dz - \int_{c_1} f(z)\,dz - \int_{c_2} f(z)\,dz - \ldots = 0.$$

3.º *Se $f(z)$ fôr uniforme e admittir uma derivada continua na área limitada por um unico contôrno* S, *e se a representar um ponto do interior d'esta área, será*

$$f(a) = \frac{1}{2i\pi} \int_S \frac{f(z)\,dz}{z-a}.$$

Temos, com effeito, representando por c uma circumferencia de raio ρ, cujo centro seja o ponto representado por a e que esteja collocada no interior da curva S,

$$\int_S \frac{f(z)\,dz}{z-a} = \int_c \frac{f(z)\,dz}{z-a}.$$

Mas, pondo $z - a = \rho e^{i\omega}$, vem

$$\int_c \frac{f(z)\,dz}{z-a} = i \int_0^{2\pi} f(a + \rho e^{i\omega})\,d\omega.$$

Logo

$$\int_S \frac{f(z)\,dz}{z-a} = \int_c \frac{f(z)\,dz}{z-a} = i \left[\int_0^{2\pi} f(a)\,d\omega + \int_0^{2\pi} \varepsilon\,d\omega \right],$$

pondo $\varepsilon = f(a + \rho e^{i\omega}) - f(a)$.

Mas, por ser continua a funcção $f(z)$, a cada valor de δ, por mais pequeno que seja, corresponde um numero ρ_1 tal que

$$| f(a + \rho e^{i\omega}) - f(a) | < \delta,$$

quando $\rho < \rho_1$, e este valor de ρ_1 é independente de ω. Logo temos $|\varepsilon| < \delta$, e portanto

$$\left|\int_0^{2\pi} \varepsilon\, d\omega\right| < \int_0^{2\pi} |\varepsilon|\, d\omega < 2\pi\delta.$$

A segunda das parcellas que entra no segundo membro da egualdade precedente tende pois para zero, quando ρ tende para zero; e temos

$$\int_S \frac{f(z)\, dz}{z-a} = i\int_0^{2\pi} f(a)\, d\omega = 2i\pi f(a),$$

que é o theorema enunciado.

O theorema de Cauchy e os corollarios que este grande geometra tirou do seu theorema têem uma importancia consideravel em analyse, como se verá nas applicações que d'elles vamos fazer á theoria geral das funcções.

III

Applicação do theorema de Cauchy ao desenvolvimento das funcções em série ordenada segundo as potencias inteiras da variavel

129. Fórmula de Taylor. Theorema de Cauchy. — Seja $f(z)$ uma funcção uniforme, que admitta uma derivada continua na área fechada por um contôrno unico S, sejam a e z dois numeros representados por dois pontos collocados no interior da mesma área, e seja t um ponto do contôrno.

A identidade conhecida

$$\frac{1}{t-z} = \frac{1}{t} + \frac{z}{t^2} + \frac{z^2}{t^3} + \ldots + \frac{z^{n-1}}{t^n} + \frac{z^n}{t^n(t-z)}$$

dá, substituindo z por $z-a$ e t por $t-a$,

$$\frac{1}{t-z} = \frac{1}{t-a} + \frac{z-a}{(t-a)^2} + \ldots + \frac{(z-a)^{n-1}}{(t-a)^n} + \frac{(z-a)^n}{(t-a)^n(t-z)},$$

e depois, multiplicando ambos os membros por $f(t)\,dt$ e integrando ao longo do contôrno S,

$$\int_S \frac{f(t)\,dt}{t-z} = \int_S \frac{f(t)\,dt}{t-a} + (z-a)\int_S \frac{f(t)\,dt}{(t-a)^2} + \dots$$
$$+ (z-a)^{n-1}\int_S \frac{f(t)\,dt}{(t-a)^n} + (z-a)^n \int_S \frac{f(t)\,dt}{(t-a)^n(t-z)}.$$

Temos porém (n.ºs 128 e 126-VII)

$$2i\pi f(a) = \int_S \frac{f(t)\,dt}{t-a}, \qquad 2i\pi f(z) = \int_S \frac{f(t)\,dt}{t-z}$$

e, derivando relativamente a a ambos os membros da primeira egualdade,

$$2i\pi f'(a) = \int_S \frac{f(t)\,dt}{(t-a)^2}, \qquad 2i\pi f''(a) = 2!\int_S \frac{f(t)\,dt}{(t-a)^3},$$
$$\dots\dots\dots\dots\dots\dots\dots\dots\dots\dots\dots\dots$$
$$2i\pi f^{(n-1)}(a) = (n-1)!\int_S \frac{f(t)\,dt}{(t-a)^n}.$$

Logo será

$$f(z) = f(a) + (z-a)f'(a) + \frac{1}{2!}(z-a)^2 f''(a) + \dots + \frac{(z-a)^{n-1}}{(n-1)!} f^{(n-1)}(a) + R_n,$$

onde

$$R_n = \frac{(z-a)^n}{2i\pi}\int_S \frac{f(t)\,dt}{(t-a)^n(t-z)}.$$

Vê-se pois que a *fórmula de Taylor* tem logar no caso das variaveis imaginarias, o que tinha já sido demonstrado por um methodo differente no *Calculo differencial*. Da expressão do resto R_n, que vimos de achar, deduziu Cauchy um theorema notavel, que vamos ver.

Applicando o theorema demonstrado no n.º 126-VI ao integral que entra na expressão de R_n, vem

$$R_n = \frac{\lambda_1 s}{2i\pi}\left(\frac{z-a}{t_1-a}\right)^n \frac{f(t_1)}{t_1-z},$$

onde t_1 representa um numero representado por um ponto do contôrno S, e s o comprimento d'este contôrno. Notando agora que para todos os valores de z representados pelos pontos de um circulo de centro a, collocado no interior da curva S, é $|z-a| < |t-a|$, conclue-se d'esta expressão de R_n que esta quantidade tende para zero, quando n tende para o infinito. Temos pois o theorema seguinte:

Se a funcção $f(z)$ é uniforme e admitte uma derivada continua na área limitada por uma *circumferencia, e se z representa um ponto qualquer collocado no interior d'esta curva, temos o desenvolvimento em série*

$$f(z) = f(a) + (z-a) f'(a) + \ldots + \frac{(z-a)^n}{n!} f^{(n)}(a) + \ldots.$$

Sobre a questão mais geral que tem por objecto o desenvolvimento de uma funcção em série ordenada segundo as potencias de outra funcção e sobre o caso particular em que esta funcção é sen x ou cos x, vejam-se duas memorias que publicámos no *Jornal de Crelle,* e que fôram transcriptas no tomo I das nossas *Obras sobre Mathematica.*

130. Da analyse empregada para demonstrar o theorema de Cauchy deduz-se uma desegualdade de que teremos de fazer uso.

A egualdade

$$2i\pi f^{(n)}(a) = n! \int_S \frac{f(t)\,dt}{(t-a)^{n+1}}$$

dá

$$|f^n(a)| = \frac{n!}{2\pi} \left| \int_S \frac{f(t)\,dt}{(t-a)^{n+1}} \right|$$

ou, por ser $|dt| = |dx + idy| = \sqrt{dx^2 + dy^2} = ds$,

$$|f^n(a)| \overline{\overline{<}} \frac{n!}{2\pi} \int_S \left| \frac{f(t)}{(t-a)^{n+1}} \right| ds;$$

e portanto, representando por r a mais curta distancia do ponto a ao contôrno S, por M o maior valor que toma $|f(t)|$, quando t descreve o contôrno, e por s o comprimento do contôrno,

$$|f^{(n)}(a)| \overline{\overline{<}} \frac{n!\,\mathrm{M}s}{2\pi r^{n+1}}.$$

131. Desta desegualdade tira-se o theorema seguinte, devido a Liouville:

Se a funcção $f(z)$ é uniforme e admitte uma derivada continua para todo o valor finito de z, e se, quando z tende para o infinito, o módulo d'esta funcção fica constantemente inferior a um limite fixo L, *a funcção reduz-se a uma constante.*

Temos, com effeito, por maior que seja z,

$$f(z) = f(a) + (z-a) f'(a) + \ldots + \frac{(z-a)^n}{n!} f^{(n)}(a) + \ldots,$$

e, suppondo S uma circumferencia de raio r,

$$|f^{(n)}(a)| \overline{\overline{<}} \frac{n!\,M}{r^n} < \frac{n!\,L}{r^n}.$$

Como esta desegualdade deve ter logar, por maior que seja r, temos $f^{(n)}(a) = 0$, qualquer que seja n, e portanto

$$f(z) = f(a),$$

o que demonstra o theorema.

132. Do theorema que vimos de demonstrar deduz-se o seguinte:

É condição necessaria e sufficiente para que uma funcção $f(z)$, que é uniforme e admitte uma derivada continua para todo o valor finito de z, seja uma funcção racional inteira, que exista um numero n tal que $\frac{f(z)}{z^n}$ tenda para um limite finito, quando z tende para infinito.

Por ser uniforme a funcção $f(z)$ e admittir uma derivada continua em todo o plano, deve ser (n.º 129)

$$f(z) = A_0 + A_1 z + \ldots + A_n z^n + \ldots,$$

qualquer que seja o valor finito que se dê a z.

Posto isto, se a funcção $f(z)$ é racional inteira do grau n, temos

$$f(z) = A_0 + A_1 z + \ldots + A_n z^n,$$

e portanto

$$\lim_{z=\infty} \frac{f(z)}{z^n} = A_n.$$

Reciprocamente, se o quociente $\frac{f(z)}{z^n}$ tende para um limite finito, quando z tende para o infinito, a egualdade

$$\frac{f(z)}{z^n} - \frac{A_0}{z^n} - \frac{A_1}{z^{n-1}} - \ldots - \frac{A_{n-1}}{z} = A_n + A_{n+1} z + \ldots$$

mostra que o módulo de

$$A_n + A_{n+1} z + \ldots$$

não póde augmentar indefinidamente com z, e portanto, em virtude do theorema anterior, esta quantidade é constante. Temos pois $A_{n+1}=0$, $A_{n+2}=0$, etc., e

$$f(z)=A_0+A_1 z+\ldots+A_n z^n.$$

133. Theorema de Laurent. — Seja $f(z)$ uma funcção uniforme que admitta uma derivada continua na corôa circular comprehendida entre duas circumferencias C e C' concentricas, e sejam a o centro das circumferencias, z um ponto situado sobre a corôa e ρ o raio de um circulo infinitamente pequeno c, de centro z, collocado todo na corôa.

Os corollarios 2.º e 3.º do theorema de Cauchy, demonstrados no n.º 128, dão

$$\int_C \frac{f(t)\,dt}{t-z}=\int_{C'}\frac{f(t)\,dt}{t-z}+\int_c\frac{f(t)\,dt}{t-z},\qquad \frac{1}{2i\pi}\int_c\frac{f(t)\,dt}{t-z}=f(z),$$

d'onde se tira

$$\text{(A)}\qquad f(z)=\frac{1}{2i\pi}\left[\int_C\frac{f(t)\,dt}{t-z}-\int_{C'}\frac{f(t)\,dt}{t-z}\right].$$

O primeiro dos integraes, que entram nesta egualdade, foi já considerado no n.º 129. Por ser

$$|t-a|>|z-a|,$$

este integral é susceptivel de ser desenvolvido em série ordenada segundo as potencias inteiras positivas de $z-a$.

Consideremos o segundo integral. A identidade

$$\frac{1}{t-z}=-\left[\frac{1}{z-a}+\frac{t-a}{(z-a)^2}+\ldots+\frac{(t-a)^{k-1}}{(z-a)^k}+\frac{(t-a)^k}{(z-t)(z-a)^k}\right],$$

dá

$$\int_{C'}\frac{f(t)\,dt}{t-z}=-\left[\frac{1}{z-a}\int_{C'}f(t)\,dt+\frac{1}{(z-a)^2}\int_{C'}f(t)(t-a)\,dt+\ldots\right.$$
$$\left.+\frac{1}{(z-a)^k}\int_{C'}f(t)(t-a)^{k-1}\,dt+R\right],$$

onde

$$R=\frac{1}{(z-a)^k}\int_{C'}\frac{f(t)(t-a)^k\,dt}{z-t}.$$

Temos porém (n.º 126-VI)

$$R=\lambda_1 s'\left(\frac{t_1-a}{z-a}\right)^k\frac{f(t_1)}{z-t_1},$$

onde t_1 representa um numero representado por um ponto da circumferencia C′ e s' o comprimento d'esta curva; e esta expressão de R faz ver que R tende para zero, quando k tende para o infinito, visto que $|t_1 - a| < |z - a|$.

Logo o segundo dos integraes que entram na fórmula (A) é susceptivel de ser desenvolvido em série ordenada segundo as potencias inteiras negativas de $z - a$.

Temos pois para $f(z)$ um desenvolvimento da fórma

$$f(z) = \sum_{m=-\infty}^{\infty} A_m (z-a)^m,$$

ordenado segundo as potencias inteiras, positivas e negativas, de $z - a$.

Póde ver-se uma generalisação d'este theorema na nossa *Memoria* sobre *Desenvolvimento das funcções em série* publicada nas *Memorias da Academia das Sciencias de Madrid* (*Obras sobre Mathematica,* t. I.

134. Se a funcção $f(z)$ é uniforme e admitte uma derivada continua na visinhança do ponto $z = a$, temos (n.º 129), na visinhança do ponto a,

$$f(z) = A_0 + A_1(z-a) + \ldots + A_n(z-a)^n + \ldots,$$

onde $A_0 = f(a)$, $A_1 = f'(a)$, ..., e a funcção $f(z)$ é *regular* no ponto a.

Se a funcção $f(z)$ é uniforme e admtte uma derivada continua em todo o plano, esta funcção é susceptivel do desenvolvimento em série (n.º 129)

$$f(z) = A_0 + A_1(z-a) + \ldots + A_n(z-a)^n + \ldots,$$

qualquer que seja o valor da constante a, e esta série é convergente e tem por limite $f(z)$, qualquer que seja o valor da variavel z. Neste caso a funcção $f(z)$ diz-se *inteira* ou *holomorpha,* e é *racional* ou *transcendente* segundo o numero das parcellas do desenvolvimento é finito ou infinito. As principaes propriedades d'estas funcções fôram estudadas no ultimo capitulo do *Calculo differencial.*

Se a funcção $f(z)$ é uniforme e admitte uma derivada continua sómente em uma área dada A, o desenvolvimento considerado tem logar na visinhança de cada ponto a do interior da área considerada, e a funcção $f(z)$ diz-se *holomorpha* ou *regular* na área A. No capitulo mencionado do *Calculo differencial* fôram estudadas algumas propriedades d'estas funcções.

Se a funcção $f(z)$ é uniforme na área A e admitte uma derivada uniforme e continua em todos os pontos d'esta área, exceptuando certos pontos isolados b_1, b_2, etc., teremos, em virtude do theorema de Laurent, na visinhança dos pontos $b_1, b_2, \ldots, b_m, \ldots,$

$$f(z) = A_0 + A_1(z-b_m) + \ldots + A_n(z-b_m)^n + \ldots$$
$$+ \frac{B_1}{z-b_m} + \frac{B_2}{(z-b_m)^2} + \ldots + \frac{B_n}{(z-b_m)^n} + \ldots.$$

Neste caso, cada ponto b_m diz-se um *pólo* da funcção, se o numero das parcellas que entram na segunda linha do desenvolvimento precedente é finíto, e um ponto *singular essencial,* se este numero é infinito. Nos outros pontos a funcção é regular.

No caso de b_m ser um pólo, a maior potencia de $\frac{1}{z-b_m}$ no desenvolvimento precedente chama-se *grau de multiplicidade do pólo* b_m. Um pólo diz-se *simples, duplo, triplo,* etc., segundo este grau de multiplicidade é egual a um, dois, tres, etc.

No ultimo capitulo do *Calculo differencial* fôram estudadas as propriedades fundamentaes das funcções uniformes em todo o plano, que admittem pólos e pontos singulares essenciaes isolados e são regulares em todos os outros pontos.

Toda a funcção uniforme que admitte pólos e é regular em todos os outros pontos diz-se *meromorpha* ou *fraccionaria,* e póde ser *racional* ou *transcendente.*

Se na visinhança de um ponto a a funcção $f(z)$ não é uniforme, o ponto a diz-se um *ponto critico.*

Os pontos nos quaes uma funcção é regular e na visinhança dos quaes é uniforme dizem-se *pontos ordinarios* da funcção. Os outros pontos dizem-se *singulares.* Os pólos, os pontos essenciaes e os pontos criticos são pois pontos singulares.

135. Para saber se um ponto b_m no qual a funcção $f(z)$ se torna infinita é um pólo, podemos seguir dois caminhos. O primeiro consiste em procurar se existe uma potencia inteira e positiva de $z-b_m$ tal que o producto de $f(z)$ por essa potencia dê uma funcção que seja regular no ponto b_m. Com effeito, no caso de b_m ser um pólo de $f(z)$, temos

$$f(z)=\frac{B_1}{z-b_m}+\ldots+\frac{B_\alpha}{(z-b_m)^\alpha}+P(z-b_m),$$

$P(z-b_m)$ representando uma série ordenada segundo as potencias inteiras positivas de $z-b_m$, e portanto $(z-b_m)^\alpha f(z)$ é da fórma

$$(z-b_m)^\alpha f(z)=A_0+A_1(z-b_m)+\ldots+A_n(z-b_m)^n+\ldots;$$

e reciprocamente, se $(z-b_m)^\alpha f(z)$ é regular no ponto b_m, temos

$$(z-b_m)^\alpha f(z)=A_0+A_1(z-b_m)+\ldots A_n(z-b_m)^n+\ldots,$$

e portanto

$$f(z)=\frac{A_0}{(z-b_m)^\alpha}+\frac{A_1}{(z-b_m)^{\alpha-1}}+\ldots,$$

o que mostra que b_m é um pólo.

O segundo processo consiste em procurar se a funcção $\frac{1}{f(z)}$ é nulla e regular no ponto b_m.

Com effeito, se b_m fôr um pólo, temos a egualdade

$$\frac{1}{(z-b_m)^\alpha f(z)} = \frac{1}{A_0 + A_1(z-b_m)+\dots},$$

onde $A_0 = B_\alpha$, e portanto A_0 não é nullo, e o segundo membro é susceptivel de ser desenvolvido em série ordenada segundo as potencias inteiras positivas de $z-b_m$, o que mostra que a funcção $\frac{1}{f(z)}$ é nulla e regular no ponto b_m. Reciprocamente, se a funcção $\frac{1}{f(z)}$ é nulla e regular no ponto b_m, temos

$$\frac{1}{f(z)} = (z-b_m)^\alpha [A_0' + A_1'(z-b_m)+\dots],$$

e portanto

$$\begin{aligned} f(z) &= \frac{1}{(z-b_m)^\alpha} \cdot \frac{1}{A_0' + A_1'(z-b_m)+\dots} \\ &= \frac{1}{(z-b_m)^\alpha}[A_0'' + A_1''(z-b_m)+\dots] \\ &= \frac{A_0''}{(z-b_m)^\alpha} + \frac{A_1''}{(z-b_m)^{\alpha-1}} + \dots, \end{aligned}$$

o que mostra que o ponto b_m é um pólo.

136. Residuos das funcções. — Seja $f(z)$ uma funcção uniforme de z, e seja a um pólo ou ponto singular essencial d'esta funcção. Será, na visinhança d'este ponto,

$$f(z) = \frac{A_1}{z-a} + \frac{A_2}{(z-a)^2} + \frac{A_3}{(z-a)^3} + \dots + P(z-a),$$

$P(z-a)$ representando uma série ordenada segundo as potencias inteiras e positivas de $z-a$.

Integrando os dois membros desta egualdade ao longo de uma circumferencia c de raio ρ e centro a, temos

$$\int_c f(z)\,dz = A_1 \int_c \frac{dz}{z-a} + A_2 \int_c \frac{dz}{(z-a)^2} + \dots + \int_c P(z-a)\,dz.$$

Mas, pondo $z-a = \rho e^{i\omega}$, vem

$$\int_c \frac{dz}{z-a} = i\int_0^{2\pi} d\omega = 2i\pi, \qquad \int_c \frac{dz}{(z-a)^2} = \frac{i}{\rho}\int_0^{2\pi} e^{-i\omega}\,d\omega = 0,$$

$$\int_c \frac{dz}{(z-a)^3} = \frac{i}{\rho^2}\int_0^{2\pi} e^{-2i\omega}\,d\omega = 0, \qquad \dots,$$

e, em virtude do theorema de Cauchy,

$$\int_c P(z-a)\,dz = 0.$$

Logo

$$\int_c f(z)\,dz = 2i\pi A_1.$$

Ao coefficiente A_1 de $\frac{1}{z-a}$ no desenvolvimento de $f(z)$ segundo as potencias inteiras, positivas e negativas, de $z-a$ chama-se *residuo de* $f(z)$ *relativamente a* a. Pelo que precede vê-se que os residuos das funcções podem ser expressos por integraes curvilineos por meio da relação

$$A_1 = \frac{1}{2i\pi}\int_c f(z)\,dz.$$

A consideração dos residuos das funcções é devida a Cauchy. Do corollario 2.º do theorema de Cauchy (n.º 128) e da expressão que vimos de achar dos residuos por integraes curvilineos resulta immediatamente o seguinte theorema:

Se a funcção $f(z)$ *fôr uniforme e admittir uma derivada continua em toda a área* A *limitada por um unico contôrno* S, *excepto nos pontos isolados* a, b, *etc., collocados no interior da área, temos*

$$\int_S f(z)\,dz = 2i\pi(A_1 + B_1 + \ldots),$$

representando por A_1, B_1, *etc. os residuos de* $f(z)$ *relativamente a* a, b, *etc.*

137. No que segue teremos frequentes vezes de determinar residuos de funcções dadas. Para essa determinação, *ponha-se* $z = a + h$ *na funcção dada e desenvolva-se o resultado em série ordenada segundo as potencias de* h, *o que dá*

$$f(a+h) = \frac{A_1}{h} + \frac{A_2}{h^2} + \ldots + P(h).$$

O coefficiente A_1 *de* $\frac{1}{h}$ *é o residuo de* $f(z)$ *relativamente a* a.

Os principios seguintes facilitam muitas vezes a indagação dos residuos das funcções:

1.º — *Se a funcção* $f(z)$ *admitte um pólo no ponto* a *e o producto* $(z-a)f(z)$ *tende para um limite finito* F, *quando* z *tende para* a, *o limite* F *é o residuo de* $f(z)$ *relativamente a* a.

Temos, com effeito, por ser a um pólo de $f(z)$,

$$f(z)=\frac{A_1}{z-a}+\frac{A_2}{(z-a)^2}+\ldots+\frac{A_m}{(z-a)^m}+P(z-a),$$

e portanto

$$(z-a)f(z)=A_1+\frac{A_2}{z-a}+\ldots+\frac{A_m}{(z-a)^{m-1}}+(z-a)P(z-a).$$

Fazendo tender z para a, vem

$$F=A_1+\lim_{z=a}\left[\frac{A_2}{z-a}+\ldots+\frac{A_m}{(z-a)^{m-1}}\right]$$

o que não póde ter logar sem que seja $A_1=F$, $A_2=0$, ..., $A_m=0$. O limite F é pois o residuo de $f(z)$ relativamente a a.

2.º — Se fôr

$$f(z)=\frac{F(z)}{F_1(z)},$$

$F(z)$ e $F_1(z)$ representando funcções regulares no ponto a, e se a fôr uma raiz simples de $F_1(z)=0$, teremos

$$f(z)=\frac{F(a)+(z-a)F'(a)+\ldots}{(z-a)F'_1(a)+\frac{(z-a)^2}{2!}F''_1(a)+\ldots},$$

o que mostra (n.º 135) que a é um pólo de $f(z)$, cujo residuo é dado pela egualdade

$$\lim_{z=a}(z-a)f(z)=\frac{F(a)}{F'_1(a)}.$$

Regras análogas, mas menos simples, têem logar no caso de a ser raiz multipla de $F_1(z)=0$.

138. Se a funcção $f(z)$ é meromorpha na área limitada pelo contôrno S, entre o numero de zeros e o numero de pólos que a funcção tem no interior d'este contôrno existe uma relação notavel que vamos achar.

Seja a um dos zeros que $f(z)$ tem no interior de S e m o seu grau de multiplicidade. Teremos

$$f(z)=(z-a)^m P(z-a),$$

*

$P(z-a)$ representando uma série ordenada segundo as potencias inteiras positivas de $z-a$, que não se annulla quando $z=a$.

D'esta egualdade tira-se a seguinte:

$$\frac{f'(z)}{f(z)} = \frac{m}{z-a} + \frac{P'(z-a)}{P(z-a)},$$

a qual mostra que a é um pólo simples de $\frac{f'(z)}{f(z)}$ e que o residuo d'esta funcção relativamente a a é egual a m.

Seja b um dos pólos que a funcção $f(z)$ tem no interior da curva considerada, e n o seu grau de multiplicidade.

Teremos a egualdade

$$(z-b)^n f(z) = P(z-b),$$

da qual se tira, como no caso anterior,

$$\frac{f'(z)}{f(z)} = \frac{-n}{z-b} + \frac{P'(z-b)}{P(z-b)},$$

e vê-se que b é um pólo de $\frac{f'(z)}{f(z)}$ e que o residuo correspondente é egual a $-n$.

Applicando agora á funcção $\frac{f'(z)}{f(z)}$ o theorema demonstrado no n.º 136, temos

$$\frac{1}{2i\pi}\int_S \frac{f'(z)}{f(z)}dz = \Sigma_1 m - \Sigma_2 n,$$

em que o numero de parcellas de Σ_1 é egual ao numero de zeros e o numero de parcellas de Σ_2 é egual ao numero de pólos que $f(z)$ tem no interior de S.

Contando pois um pólo cujo grau de multiplicidade é n como n pólos eguaes, e um zero cujo grau de multiplicidade é m como m zeros eguaes, temos o theorema seguinte, devido a Cauchy:

A differença entre o numero de zeros e o numero de pólos que a funcção $f(z)$ tem no interior do contôrno S *é egual ao integral*

$$\frac{1}{2i\pi}\int_S \frac{f'(z)}{f(z)}dz,$$

cada zero e cada pólo duplo, triplo, etc. devendo ser contado por dois, tres, etc. zeros ou pólos simples.

139. Funcções de muitas variaveis. — Vamos agora estender alguns dos theoremas demonstrados nos numeros anteriores ao caso das funcções de muitas variaveis.

Seja $f(z_1, z_2)$ uma funcção de duas variaveis, sejam S e T os contôrnos que limitam duas áreas distinctas A e B nas quaes são respectivamente representados os valores de z_1, z_2, e supponhamos que, no interior da primeira área, $f(z_1, z_2)$ é funcção holomorpha de z_1, quando se considera z_2 como constante, e que, no interior da segunda área, $f(z_1, z_2)$ é funcção holomorpha de z_2, quando se considera z_1 como constante. Supponhamos ainda que cada área é limitada por um só contôrno.

Posto isto, se applicarmos á funcção considerada o theorema 3.° do n.° 128, tomando z_1 para variavel, vem, suppondo a_1 um ponto do interior da área A e t_2 um ponto do contôrno T,

$$f(a_1, t_2) = \frac{1}{2i\pi}\int_S \frac{f(t_1, t_2)}{t_1 - a_1}\,dt_1,$$

e applicando de novo o mesmo theorema á funcção $f(a_1, z_2)$ e representando por a_2 um ponto do interior da área B,

$$f(a_1, a_2) = \frac{1}{2i\pi}\int_T \frac{f(a_1, t_2)}{t_2 - a_2}\,dt_2.$$

D'esta egualdade e da anterior tira-se

$$(1') \qquad f(a_1, a_2) = \left(\frac{1}{2i\pi}\right)^2 \int_T\int_S \frac{f(t_1, t_2)}{(t_1 - a_1)(t_2 - a_2)}\,dt_2\,dt_1.$$

Temos assim a egualdade que representa, para o caso de duas variaveis, o mesmo papel que a egualdade demonstrada no n.° 128-3.° representa para o caso de uma só variavel.

D'esta egualdade tira-se, derivando-a relativamente a a_1 e a_2,

$$(2') \qquad \frac{\partial^n f(a_1, a_2)}{\partial a_1^a\,\partial a_2^b} = \frac{a!\,b!}{(2i\pi)^2}\int_T\int_S \frac{f(t_1, t_2)}{(t_1 - a_1)^{a+1}(t_2 - a_2)^{b+1}}\,dt_2\,dt_1.$$

Por esto egualdade vê-se que as derivadas parciaes de $f(z_1, z_2)$ são todas finitas no interior das áreas consideradas.

140. Baseados nas egualdades (1′) e (2′) póde-se estender o theorema das funcções compostas, demonstrado no *Calculo differencial* para o caso das variaveis reaes, ao caso das variaveis imaginarias. Temos, com effeito, representado por u_1 e u_2 duas funcções de z holomorphas na área C, e suppondo que aos valores de z representados por pontos d'esta área correspondem para u_1 e u_2 valores respectivamente representados pelos pontos das áreas

A e B consideradas no numero anterior,

$$f(u_1, u_2) = \left(\frac{1}{2i\pi}\right)^2 \int_T \int_S \frac{f(t_1, t_2)}{(t_1 - u_1)(t_2 - u_2)} dt_2 \, dt_1,$$

e portanto

$$\frac{df(u_1, u_2)}{dz} = \left(\frac{1}{2i\pi}\right)^2 \int_T \int_S \frac{d}{dz} \cdot \frac{f(t_1, t_2)}{(t_1 - u_1)(t_2 - u_2)} dt_2 \, dt_1$$

$$= \left(\frac{1}{2i\pi}\right)^2 \left[\frac{du_1}{dz} \int_T \int_S \frac{f(t_1, t_2)}{(t_1 - u_1)^2 (t_2 - u_2)} dt_2 \, dt_1 + \frac{du_2}{dz} \int_T \int_S \frac{f(t_1, t_2)}{(t_1 - u_1)(t_2 - u_2)^2} dt_2 \, dt_1\right],$$

ou, attendendo a (2′),

$$\frac{df(u_1, u_2)}{dz} = \frac{\partial f(u_1, u_2)}{\partial u_1} \frac{du_1}{dz} + \frac{\partial f(u_1, u_2)}{\partial u_2} \frac{du_2}{dz},$$

que é o que se queria demonstrar.

141. Para estender o theorema demonstrado no n.º 129 á funcção $f(z_1, z_2)$, tracemos de dois pontos a_1 e a_2 do interior das áreas A e B, como centros, duas circumferencias de raio R e R′ que estejam contidas no interior d'estas áreas, e sejam z_1 e z_2 dois numeros representados por pontos pertencentes um á área limitada pela primeira circumferencia e o outro á área limitada pela segunda.

Se representarmos por t uma quantidade cujo módulo não seja superior á unidade, as quantidades $a_1 + t(z_1 - a_1)$ e $a_2 + t(z_2 - a_2)$ são respectivamente representadas por pontos das áreas dos circulos R e R′; e portanto a funcção

$$f[a_1 + t(z_1 - a_1), \; a_2 + t(z_2 - a_2)]$$

admitte derivadas parciaes de todas as ordens relativamente a estas duas quantidades, qualquer que seja o valor que se dê a t, cujo módulo não exceda a unidade. Logo, em virtude do theorema das funcções compostas, esta funcção admitte tambem derivadas de todas as ordens relativamente a t, quando $t \overline{\gtrless} 1$; e é porisso susceptivel de ser desenvolvida em série (n.º 129) ordenada segundo as potencias inteiras e positivas de t. Depois de se achar este desenvolvimento, basta pôr $t = 1$, para se obter o desenvolvimento de $f(z_1, z_2)$ em série ordenada segundo as potencias de $z - a_1$ e $z - a_2$:

$$f(z_1, z_2) = f(a_1, a_2) + \frac{\partial f}{\partial a_1}(z - a_1) + \frac{\partial f}{\partial a_2}(z - a_2)$$

$$+ \frac{1}{2}\left[\frac{\partial^2 f}{\partial a_1^2}(z - a_1)^2 + 2\frac{\partial^2 f}{\partial a_1 \partial a_2}(z - a_1)(z - a_2) + \frac{\partial^2 f}{\partial a_2^2}(z - a_2)^2\right]$$

$$+ \cdots\cdots\cdots\cdots\cdots\cdots,$$

que é convergente quando z_1 e z_2 pertencem respectivamente ás áreas dos circulos de raio R e R'.

Do mesmo modo se procede no caso de mais de duas variaveis independentes.

142. O theorema demonstrado no n.º 130 estende-se ao caso de duas variaveis como vamos ver.

A egualdade (2') dá

$$\left|\frac{\partial^n f(a_1, a_2)}{\partial a_1^a \partial a_2^b}\right| = \frac{a!\,b!}{(2\pi)^2}\left|\int_T\int_S \frac{f(t_1, t_2)}{(t_1 - a_1)^{a+1}(t_2 - a_2)^{b+1}}\,dt_2\,dt_1\right|,$$

ou, representando por ds_1 e ds_2 as differenciaes dos comprimentos dos arcos de curva S e T, e notando que é $|dt_1| = |dx_1 + idy_1| = ds_1$, $|dt_2| = ds_2$,

$$\left|\frac{\partial^n f(a_1, a_2)}{\partial a_1^a \partial a_2^b}\right| \overline{\overline{<}} \frac{a!\,b!}{(2\pi)^2}\int_T\int_S \frac{|f(t_1, t_2)|}{|t_1 - a_1|^{a+1}\,|t_2 - a_2|^{b+1}}\,ds_2\,ds_1.$$

Representando pois por r_1 e r_2 as mais curtas distancias dos pontos a_1 e a_2 aos contôrnos S e T, por M o maior valor que toma $|f(t_1, t_2)|$, quando t_1 e t_2 descrevem S e T, e por s_1 e s_2 os comprimentos d'estes contôrnos, vem

$$\left|\frac{\partial^n f(a_1, a_2)}{\partial a_1^a \partial a_2^b}\right| \overline{\overline{<}} \frac{a!\,b!\,M\,s_1\,s_2}{(2\pi)^2\,r_1^{a+1}\,r_2^{b+1}}.$$

IV

Continuação das applicações do theorema de Cauchy ao desenvolvimento das funcções em série

143. Interpolação. Theorema de Hermite. — Seja $f(z)$ uma funcção holomorpha na área A limitada por um contôrno S, sejam a_1 e a_2 dois valores representados por dois pontos d'esta área, e seja t um ponto do contôrno.

Multiplicando por $\dfrac{(z - a_2)^\beta}{(t - a_2)^\beta}$ os dois membros da identidade

$$\frac{1}{t - z} = \frac{1}{t - a_1} + \frac{z - a_1}{(t - a_1)^2} + \ldots + \frac{(z - a_1)^{\alpha - 1}}{(t - a_1)^\alpha} + \frac{(z - a_1)^\alpha}{(t - z)(t - a_1)^\alpha},$$

vem

$$\frac{(z-a_2)^\beta}{(t-z)(t-a_2)^\beta}=\frac{(z-a_2)^\beta}{(t-a_1)(t-a_2)^\beta}+\frac{(z-a_1)(z-a_2)^\beta}{(t-a_1)^2(t-a_2)^\beta}$$

$$+\ldots+\frac{(z-a_1)^{\alpha-1}(z-a_2)^\beta}{(t-a_1)^\alpha(t-a_2)^\beta}+\frac{(z-a_1)^\alpha(z-a_2)^\beta}{(t-z)(t-a_1)^\alpha(t-a_2)^\beta}.$$

Se em seguida se decompozer em fracções simples os termos que entram nos dois membros d'esta identidade, exceptuando o ultimo, chega-se a um resultado da fórma

$$\frac{1}{t-z}=\Sigma \mathrm{M}\frac{(z-a_1)^m(z-a_2)^n}{(t-a_1)^p}+\Sigma \mathrm{N}\frac{(z-a_1)^{m'}(z-a_2)^{n'}}{(t-a_2)^{p'}}+\frac{(z-a_1)^\alpha(z-a_2)^\beta}{(t-z)(t-a_1)^\alpha(t-a_2)^\beta},$$

onde $p=1, 2, 3, \ldots, \alpha$ e $p'=1, 2, \ldots, \beta$; onde M e N são quantidades constantes; e onde o maior valor de m e m' é $\alpha-1$, e o maior valor de n e n' é β.

Multiplicando os dois membros d'esta egualdade por $f(t)\,dt$ e integrando ao longo do contôrno S, vem o resultado

$$\int_S \frac{f(t)}{t-z}dt=\Sigma \mathrm{M}(z-a_1)^m(z-a_2)^n\int_S\frac{f(t)}{(t-a_1)^p}dt$$

$$+\Sigma \mathrm{N}(z-a_1)^{m'}(z-a_2)^{n'}\int_S\frac{f(t)}{(t-a_2)^{p'}}dt+2i\pi \mathrm{R},$$

onde

$$\mathrm{R}=\frac{1}{2i\pi}\int_S\frac{f(t)(z-a_1)^\alpha(z-a_2)^\beta}{(t-z)(t-a_1)^\alpha(t-a_2)^\beta}dt;$$

isto é, um resultado da fórma (n.º 128-3.º)

$$f(z)=\Pi(z)+\mathrm{R},$$

representando por $\Pi(z)$ um polynomio inteiro do grau $\alpha+\beta-1$. Do mesmo modo se acha, multiplicando os dois membros da identidade de que se partiu por

$$\frac{(z-a_2)^\beta(z-a_3)^\gamma\ldots}{(t-a_2)^\beta(t-a_3)^\gamma\ldots}$$

e procedendo depois como no caso anterior, a fórmula seguinte:

$$(1)\qquad f(z)=\Pi(z)+\frac{1}{2i\pi}\int\frac{f(t)(z-a_1)^\alpha(z-a_2)^\beta(z-a_3)^\gamma\ldots}{(t-z)(t-a_1)^\alpha(t-a_2)^\beta(t-a_3)^\gamma\ldots}dt,$$

onde $\Pi(z)$ representa uma funcção inteira do grau $\alpha+\beta+\gamma+\ldots-1$, da qual Hermite tirou as seguintes consequencias importantes (¹):

A funcção $(z-a_1)^\alpha(z-a_2)^\beta\ldots$ annulla-se, assim como as suas derivadas até á ordem $\alpha-1$, para $z=a_1$. Do mesmo modo esta funcção annulla-se, assim como as suas derivadas até á ordem $\beta-1$ para $z=a_2$, etc. Temos pois, pondo $z=a_1$, a_2, etc. nesta equação e nas suas derivadas relativamente a z,

$$(2)\quad \begin{cases} f(a_1)=\Pi(a_1), & f'(a_1)=\Pi'(a_1), & \ldots, & f^{(\alpha-1)}(a_1)=\Pi^{(\alpha-1)}(a_1), \\ f(a_2)=\Pi(a_2), & f'(a_2)=\Pi'(a_2), & \ldots, & f^{(\beta-1)}(a_2)=\Pi^{(\beta-1)}(a_2), \\ \ldots\ldots & & & \end{cases}$$

Portanto a funcção inteira $\Pi(z)$ satisfaz a $\alpha+\beta+\gamma+\ldots$ condições, e, por ser o seu grau egual a $\alpha+\beta+\gamma+\ldots-1$, estas condições determinam-a completamente.

A funcção $\Pi(z)$, que vimos de determinar, resolve o problema considerado no capitulo v, § III, do *Calculo differencial*, isto é, representa a funcção inteira de menor grau tal que ella e as suas derivadas tomam valores dados $f(a_1)$, $f'(a_1)$, etc., $f(a_2)$, $f'(a_2)$, etc. para valores dados da variavel z. No logar referido vimos um meio bem simples de determinar esta funcção. A fórmula que vem de ser obtida permitte porém ir mais longe, pois leva á resolução da questão que tem por objecto determinar as condições para que $\Pi(z)$ tenda para a funcção dada $f(z)$, quando o numero das quantidades a_1, a_2, etc. e os expoentes α, β, γ, etc. augmentam indefinidamente. Por ser com effeito (n.º 126-VI)

$$\int_S \frac{f(t)(z-a_1)^\alpha(z-a_2)^\beta\ldots}{(t-z)(t-a_1)^\alpha(t-a_2)^\beta\ldots}\,dt=\lambda_1 S\,\frac{f(t_1)(z-a_1)^\alpha(z-a_2)^\beta\ldots}{(t_1-z)(t_1-a_1)^\alpha\ldots},$$

vê-se que esta circumstancia tem logar quando se verificam as condições

$$|z-a_1|<|t-a_1|,\quad |z-a_2|<|t-a_2|,\quad \ldots.$$

Póde ver-se um estudo desenvolvido d'esta fórmula de interpolação e de outra de Gauss em uma Memoria que publicámos em 1893 no *Jornal de Crelle* (*Obras sobre Mathematica*, t. I).

Para a determinação, em alguns casos, da área formada pelos pontos z que satisfazem a estas condições, póde consultar-se a nota — *Sulle funzioni interpolari*, publicada por Peano no t. XVIII das *Actas* da Academia de Turim.

(¹) Hermite: — *Sur la formule d'interpolation de Lagrange* (*Jornal de Crelle*, t. 84). A demonstração da fórmula (1) que aqui empregamos é differente da que foi dada por este eminente geometra.

144. DESENVOLVIMENTO DAS FUNCÇÕES EM SÉRIE DE FUNCÇÕES RACIONAES SIMPLES. — Vamos agora expôr o methodo, baseado no theorema demonstrado no n.º 136, que foi empregado por Cauchy para desenvolver algumas funcções em série de fracções racionaes simples.

Seja $f(t)$ uma funcção que não admitta outros pontos singulares além de pólos e pontos essenciaes isolados, e sejam a_1, a_2, etc. estes pontos singulares, que suppomos dispostos segundo a ordem crescente dos módulos. Se no interior de uma área limitada por um contôrno S existem os pontos singulares $a_1, a_2, \ldots, a_m$, e se z representa um ponto qualquer do interior d'esta área, differente dos pontos singulares, temos, notando que o residuo de $\frac{f(t)}{t-z}$ relativamente a z é egual (n.º 137) a $f(z)$ e representando por A_1, A_2, etc. os residuos de $\frac{f(t)}{t-z}$ relativamente a a_1, a_2, etc.,

$$\frac{1}{2i\pi}\int_S \frac{f(t)}{t-z}\,dt = f(z) + \sum_{n=1}^{m} A_n.$$

Temos porém, na visinhança do ponto a_n (n.º 133),

$$f(t) = c_0 + c_1(t-a_n) + c_2(t-a_n)^2 + \ldots + \frac{B_n}{t-a_n} + \frac{B'_n}{(t-a_n)^2} + \ldots,$$

$$\frac{1}{t-z} = \frac{1}{t-a_n-(z-a_n)} = -\left[\frac{1}{z-a_n} + \frac{t-a_n}{(z-a_n)^2} + \ldots\right].$$

Logo o residuo de $\frac{f(t)}{t-z}$ relativamente a a_n, isto é, o coefficiente de $\frac{1}{t-a_n}$ no producto $f(t)\frac{1}{t-z}$ é

$$-\left[\frac{B_n}{z-a_n} + \frac{B'_n}{(z-a_n)^2} + \frac{B''_n}{(z-a_n)^3} + \ldots\right].$$

Portanto

$$\frac{1}{2i\pi}\int \frac{f(t)}{t-z}\,dt = f(z) - \sum_{n=1}^{m}\left[\frac{B_n}{z-a_n} + \frac{B'_n}{(z-a_n)^2} + \ldots\right].$$

Se se poder escolher o contôrno S do modo que o integral que entra no primeiro membro d'esta egualdade tenda para um limite conhecido K, quando o contôrno se estender indefinidamente em todas as direcções, temos pois

$$f(z) = K + \sum_{n=1}^{m}\left[\frac{B_n}{z-a_n} + \frac{B_n}{(z-a_n)^2} + \ldots\right].$$

Um caso importante a considerar é quando $f(z)$ é uma funcção *impar,* isto é, quando esta funcção satisfaz á condição $f(z)=-f(-z)$. Tomemos neste caso para contôrno da integração um quadrado ABCD com o centro collocado na origem das coordenadas e com os lados parallelos aos eixos coordenados, e sejam respectivamente $x=l$, $x=-l$, $y=l$, $y=-l$ as equações dos lados AB, CD, CB e DA.

Pondo

$$\frac{1}{t-z}=\frac{1}{t}+\frac{z}{t^2}(1+\varepsilon),$$

ε representando uma quantidade que tende para zero, quando t tende para o infinito, temos

$$(a) \qquad \int_S \frac{f(t)}{t-z}\,dt=\int_S \frac{f(t)}{t}\,dt+\int_S \frac{f(t)(1+\varepsilon)z}{t^2}\,dt.$$

Por ser $f(t)=-f(-t)$, quando t descreve a recta BC, passando de B para C, a funcção $\frac{f(t)}{t}$ toma os mesmos valores e o mesmo signal que toma quando t passa de D para A, descrevendo a recta DA; e temos porisso

$$\int_{BC} \frac{f(t)}{t}\,dt=-\int_{DA} \frac{f(t)}{t}\,dt.$$

Do mesmo modo se acha

$$\int_{AB} \frac{f(t)}{t}\,dt=-\int_{CD} \frac{f(t)}{t}\,dt.$$

Logo temos para valor do primeiro dos integraes que entram no segundo membro da egualdade (a)

$$\int_S \frac{f(t)}{t}=0.$$

Applicando ao segundo dos integraes que entram na mesma egualdade o theorema demonstrado no n.º 126-VI, acha-se

$$(b) \qquad \int_S \frac{f(t)(1+\varepsilon)z}{t^2}\,dt=\lambda_1\,\frac{8lf(t_1)(1+\varepsilon_1)z}{t_1^2},$$

onde t_1 representa um numero que, por ser representado por um ponto do quadrado que serve de contôrno da integração, satisfaz á condição $|t_1|\geqq l$; e portanto se existir um numero que $|f(t_1)|$ não possa exceder, por maior que seja l, teremos

$$\lim_{l=\infty} \int_S \frac{f(t)(1+\varepsilon)z}{t^2}\,dt=0.$$

*

Será pois no caso considerado

$$\lim_{l=\infty} \int_S \frac{f(t)}{t-z} dt = 0;$$

e portanto

$$f(z) = \sum_{n=1}^{\infty} \left[\frac{B_n}{z-a_n} + \frac{B'_n}{(z-a_n)^2} + \ldots \right].$$

145. Para applicar este methodo, vamos considerar a funcção $\frac{1}{\operatorname{sen} z}$. Os numeros 0, $\pm\pi$, $\pm 2\pi$, ..., $\pm n\pi$, ... são os pólos d'esta funcção e os residuos B de $\frac{f(t)}{t-z}$ relativamente a estes pólos são (n.º 137) dados pela fórmula

$$B = \frac{1}{(\pm n\pi - z)\cos(\pm n\pi)} = \frac{(-1)^n}{\pm n\pi - z}.$$

Temos pois, pondo $l = \left(m + \frac{1}{2}\right)\pi$,

$$\frac{1}{2i\pi} \int_S \frac{dt}{(t-z)\operatorname{sen} t} = \frac{1}{\operatorname{sen} z} - \sum_{n=-m}^{m} \frac{(-1)^n}{z - n\pi},$$

visto que neste caso o quadrado ABCD tem no seu interior os pólos

$$-m\pi, \quad -(m-1)\pi, \quad \ldots, \quad -\pi, 0, \pi, \quad \ldots, \quad (m-1)\pi, \quad m\pi.$$

Por ser $\operatorname{sen} z = -\operatorname{sen}(-z)$, a doutrina do numero anterior é applicavel, e por isso, para ver se o integral que entra no primeiro membro d'esta egualdade tende para zero, quando l tende para o infinito, basta vêr se existe um numero que a funcção $f(t_1) = \frac{1}{\operatorname{sen} t_1}$ não possa exceder, por maior que seja l. Vamos para isso analysar os valores que a funcção $\frac{1}{\operatorname{sen} t}$ toma no contôrno do quadrado, considerando successivamente os lados AB, BC, CD, DA, onde t toma respectivamente os valores

$$t = l + iy, \quad t = x + il, \quad t = -l + iy, \quad t = x - il,$$

x e y variando entre $-l$ e $+l$.

Para o lado AB, temos, attendendo a que $l = \left(m + \frac{1}{2}\right)\pi$,

$$\frac{1}{|\operatorname{sen} t|} = \frac{1}{\sqrt{\operatorname{sen}^2 l \cos^2 iy - \cos^2 l \operatorname{sen}^2 iy}} = \frac{1}{\cos iy} = \frac{2}{e^y + e^{-y}} < 2.$$

Para o lado BC, temos

$$\frac{1}{|\operatorname{sen} t|}=\frac{1}{\sqrt{\operatorname{sen}^2 x \cos^2 il-\cos^2 x \operatorname{sen}^2 il}}=\frac{1}{\left[\operatorname{sen}^2 x\left(\frac{e^l+e^{-l}}{2}\right)^2+\cos^2 x\left(\frac{e^l-e^{-l}}{2}\right)^2\right]^{\frac{1}{2}}}$$

$$=\frac{2}{\left[e^{2l}+e^{-2l}-2\cos 2x\right]^{\frac{1}{2}}}=\frac{2}{\left[e^{(2m+1)\pi}+e^{-(2m+1)\pi}\right]^{\frac{1}{2}}},$$

o que dá, por ser $e^{\pi}>8$,

$$\left|\frac{1}{\operatorname{sen} t}\right|<2.$$

Do mesmo modo se acha que esta desegualdade tem logar para os lados CD e DA.

Vê-se pois que $\left|\frac{1}{\operatorname{sen} t}\right|$ não póde exceder o numero 2 em todo o contôrno S, e temos porisso, por maior que seja l,

$$\left|\frac{1}{\operatorname{sen} t_1}\right|<2.$$

O integral $\int_S \frac{dt}{(t-z)\operatorname{sen} t}$ tende pois para zero, quando l tende para o infinito, e temos

$$\text{(A)} \qquad \frac{1}{\operatorname{sen} z}=\lim_{m=\infty} \sum_{n=-m}^{m} \frac{(-1)^n}{z-n\pi},$$

ou, reunindo dois a dois os termos que correspondem a valores de n eguaes e de signaes contrarios,

$$\frac{1}{\operatorname{sen} z}=\frac{1}{z}+\sum_{n=1}^{\infty}(-1)^n\left[\frac{1}{z-n\pi}+\frac{1}{z+n\pi}\right],$$

ou

$$\text{(B)} \qquad \frac{1}{\operatorname{sen} z}=\frac{1}{z}+2z\sum_{n=1}^{\infty} \frac{(-1)^n}{z^2-n^2\pi^2},$$

que é a fórmula que pretendiamos achar.

Applicando o mesmo methodo á funcção $\cot z$ acha-se o desenvolvimento demonstrado no ultimo capitulo do *Calculo differencial.*

146. A egualdade (A) póde ser escripta pelo modo seguinte:

$$\frac{1}{\operatorname{sen} z}=\lim_{m=\infty} \sum_{n=-m+1}^{m} \frac{(-1)^n}{z-n\pi},$$

visto que o termo $\frac{(-1)^m}{z+m\pi}$, que se supprimiu, tende para zero, quando m tende para o infinito.

Mudando nesta egualdade z em $z+\frac{\pi}{2}$, vem

$$\frac{1}{\cos z} = \lim_{m=\infty} \sum_{n=-m+1}^{m} \frac{(-1)^n}{z-(2n-1)\frac{\pi}{2}}.$$

Reunindo dois a dois os termos correspondentes a $n=1$ e $n=0$, a $n=2$ e $n=-1$, ..., a $n=m$, e $n=-m+1$, vem

$$\frac{1}{\cos z} = \pi \sum_{n=1}^{\infty} \frac{(-1)^n(2n-1)}{z^2-(2n-1)^2\frac{\pi^2}{4}}.$$

A série que entra no segundo membro d'esta egualdade não é absolutamente convergente. Com effeito, a série

$$\sum_{n=1}^{\infty} \frac{2n-1}{\left|z^2-(2n-1)^2\frac{\pi^2}{4}\right|}$$

é divergente, porque, se multiplicarmos o seu termo geral por n, vem o resultado

$$\frac{(2n-1)n}{\left|z^2-(2n-1)^2\frac{\pi^2}{4}\right|} = \frac{1}{\left|\frac{z^2}{(2n-1)n}-\left(2-\frac{1}{n}\right)\frac{\pi^2}{4}\right|},$$

que tende para $\frac{2}{\pi^2}$ quando n tende para o infinito.

Póde-se porém, como observou Ed. Weyr (¹), deduzir d'ella um desenvolvimento de $\frac{1}{\cos z}$ absolutamente convergente do modo seguinte:

A fórmula

$$\frac{\pi}{4} = 1-\frac{1}{3}+\frac{1}{5}-\frac{1}{7}+\ldots,$$

que se tira do desenvolvimento de arctang x obtido no *Calculo differencial* pondo $x=1$, dá

$$1 = -\frac{4}{\pi}\sum_{n=1}^{\infty} \frac{(-1)^n}{2n-1}.$$

(¹) *Bulletin des Sciences mathématiques*, 2.ª série, t. XII.

O desenvolvimento que vimos de obter para $\frac{1}{\cos z}$ póde pois ser escripto debaixo da fórma

$$\frac{1}{\cos z} = 1 + \pi \sum_{n=1}^{\infty} \frac{(-1)^n (2n-1)}{z^2 - (2n-1)^2 \frac{\pi^2}{4}} + \frac{4}{\pi} \sum_{n=1}^{\infty} \frac{(-1)^n}{2n-1}.$$

D'estas duas egualdades resulta o desenvolvimento

$$\frac{1}{\cos z} = 1 + \frac{4z^2}{\pi} \sum_{n=1}^{\infty} \frac{(-1)^n}{(2n-1)\left[z^2 - (2n-1)^2 \frac{\pi^2}{4}\right]},$$

que é absolutamente convergente, visto ser convergente a série

$$\sum \frac{1}{(2n-1)\left|z^2 - (2n-1)^2 \frac{\pi^2}{4}\right|}.$$

O desenvolvimento em série de $\frac{1}{\cos z}$, que vimos de achar, póde ser tambem obtido, como notou ainda Weyr, pela applicação do methodo exposto no n.º 136 á funcção $\frac{1}{z \cos z}$.

147. Série de Fourier. — A série de Fourier, demonstrada no capitulo IV, § III, no caso das variaveis reaes, póde ser estendida ao caso das variaveis imaginarias, como vamos vêr.

Seja $f(z)$ uma funcção holomorpha na área comprehendida entre duas rectas parallelas L e L′, e supponhamos que esta funcção admitte um periodo ω e que as rectas consideradas fazem com o eixo das abscissas um angulo egual ao argumento d'este periodo.

Se fizermos descrever ao ponto correspondente a z uma recta L″ parallela ás rectas L e L′, partindo de um ponto z_0, para obter os valores que toma z, basta pôr $z = z_0 + \omega t$ e dar a t todos os valores desde $-\infty$ até $+\infty$. Vem com effeito, por terem neste caso ω e $z - z_0$ o mesmo argumento θ,

$$\omega = \rho' e^{i\theta}, \qquad z - z_0 = \rho\, e^{i\theta},$$

e portanto

$$z = z_0 + \frac{\rho}{\rho'}\,\omega = z_0 + \omega t.$$

Pondo agora

$$(1) \qquad e^{\frac{2i\pi z}{\omega}} = u,$$

os valores que toma a quantidade u, quando z descreve a recta L'', são dados pela egualdade

$$(2) \qquad u = e^{2i\pi t} \cdot e^{\frac{2i\pi z_0}{\omega}},$$

a qual mostra que o módulo de u é sempre egual ao módulo de $e^{\frac{2i\pi z_0}{\omega}}$, qualquer que seja t, e que o seu argumento toma o mesmo valor cada vez que t augmenta de uma unidade.

Representando pois os valores de u sobre um plano, vê-se que, quando z descreve a recta L'', u descreve uma circumferencia cujo centro está na origem das coordenadas e cujo raio é egual a $e^{\left|\frac{2i\pi z_0}{\omega}\right|}$.

Variando a recta L'' parallelamente a L, desde L até L', e de modo que z_0 descreva uma recta, a circumferencia C'' varia desde C até C', descrevendo uma área annular, e a cada valor de u, pertencente a esta área, corresponde uma infinidade de valores de z, dados por (1), que differem entre si por multiplos de ω, e um só valor de $f(z)$, em virtude da periodicidade d'esta funcção. Por outra parte, $f(z)$ admitte derivadas relativamente a u, por ser $z = \frac{\omega}{2\pi i} \log u$, e z admittir derivadas relativamente a u. Logo $f(z)$ é uma funcção analytica uniforme da variavel u na área comprehendida entre as circumferencias C e C'. Á funcção $f(z)$, considerada como funcção de u, é pois applicavel o theorema de Laurent, que dá (n.º 133)

$$f(z) = \sum_{n=-\infty}^{\infty} A_n u^n = \sum_{n=-\infty}^{\infty} A_n e^{\frac{2ni\pi z}{\omega}}.$$

Para determinar os coefficientes A_1, A_2, etc., multipliquem-se ambos os membros d'esta egualdade por $e^{-\frac{2mi\pi z}{\omega}}$ e integrem-se entre os limites z_0 e $z_0 + \omega$ ao longo da linha recta que une estes pontos. Teremos

$$\int_{z_0}^{z_0+\omega} e^{-\frac{2mi\pi z}{\omega}} f(z)\, dz = \Sigma A_n \int_{z_0}^{z_0+\omega} e^{\frac{2(n-m)i\pi z}{\omega}} dz + A_n^{\omega},$$

o que dá

$$A_m = \frac{1}{\omega} \int_{e_0}^{z_0+\omega} e^{-\frac{2mi\pi z}{\omega}} f(z)\, dz = \frac{1}{\omega} \int_{z_0}^{z_0+\omega} e^{-\frac{2mi\pi \alpha}{\omega}} f(\alpha)\, d\alpha,$$

visto ser

$$\int_{z_0}^{z_0+\omega} e^{\frac{2(n-m)i\pi z}{\omega}} dz = \frac{\omega}{2(n-m)i\pi} \left[e^{\frac{2(n-m)i\pi z}{\omega}} \right]_{z_0}^{z_0+\omega} = 0.$$

Logo

$$(3)\qquad f(z)=\frac{1}{\omega}\sum_{n=-\infty}^{\infty}\int_{z_0}^{z_0+\omega} e^{\frac{2ni\pi(z-\alpha)}{\omega}} f(\alpha)\,d\alpha,$$

ou, substituindo as exponenciaes pelos seus valores expressos em funcções circulares,

$$(4)\qquad f(z)=\frac{1}{\omega}\left[\int_{z_0}^{z_0+\omega} f(\alpha)\,d\alpha+2\sum_{n=1}^{\infty}\int_{z_0}^{z_0+\omega} f(\alpha)\cos\frac{2n\pi}{\omega}(z-\alpha)\,d\alpha\right].$$

Esta egualdade tem logar para todos os valores de z representados por pontos collocados na zona comprehendida entre as rectas L e L'.

V

Applicação do theorema de Cauchy á determinação de integraes definidos tomados entre limites reaes

148. O theorema de Cauchy que se exprime pela egualdade

$$(1)\qquad \int_S f(z)\,dz=2i\pi(A_1+B_1+\ldots),$$

S designando uma curva fechada e A_1, B_1, etc. os residuos de $f(z)$ relativamente aos pólos e aos pontos singulares essenciaes representados por pontos do interior da área limitada por S, póde ser applicado com vantagem á determinação de integraes definidos tomados entre limites reaes.

I. Sejam $x=\varphi_1(t)$ e $y=\psi_1(t)$ as equações da curva S, e supponhamos que, quando $z=x+iy$ descreve esta curva, a variavel t varia desde t_0 até t_1. Pondo em $f(z)\,dz$

$$z=x+iy=\varphi_1(t)+i\psi_1(t),$$

vem um resultado da fórma

$$f(z)\,dz=[\Phi(t)+i\,\Psi(t)]\,dt,$$

e portanto a egualdade (1) dá

$$\int_{t_0}^{t_1} [\Phi(t) + i\Psi(t)]\, dt = 2i\pi (A_1 + B_1 + \ldots).$$

Esta egualdade, separando a parte real da parte imaginaria, póde ser decomposta em duas equações que determinam os dois integraes definidos

$$\int_{t_0}^{t_1} \Phi(t)\, dt, \qquad \int_{t_0}^{t_1} \Psi(t)\, dt.$$

II. Mais geralmente, se o contôrno S é composto de m arcos de curva cujas equações são

$$\left.\begin{matrix} x = \varphi_1(t) \\ y = \psi_1(t) \end{matrix}\right\}, \quad \left.\begin{matrix} x = \varphi_2(t) \\ y = \psi_2(t) \end{matrix}\right\}, \quad \ldots$$

e estes arcos estão respectivamente comprehendidos entre os pontos correspondentes a t_0 e t_1, t_1 e t_2 ..., a fórmula (1) dá a egualdade

$$\sum_{k=0}^{m} \int_{t_k}^{t_{k+1}} [\Phi_k(t) + i\Psi_k(t)]\, dt = 2i\pi (A_1 + B_1 + \ldots),$$

que se parte em duas equações, que determinam dois integraes definidos, quando fôrem conhecidos os outros integraes que entram nellas.

III. Se a representar uma quantidade imaginaria correspondente a um ponto collocado no interior da área limitada por S, e se $\rho = F(\omega)$ representar a equação, em coordenadas polares ρ e ω, da curva S, quando se toma para origem d'estas coordenadas o ponto representado por a, teremos

$$z = a + \rho e^{i\omega},$$

e portanto

$$\int_S f(z)\, dz = \int_{-\pi}^{+\pi} f(a + \rho e^{i\omega})\, F'(\omega)\, e^{i\omega}\, d\omega + i \int_{-\pi}^{+\pi} f(a + \rho e^{i\omega})\, F(\omega)\, e^{i\omega}\, d\omega.$$

Logo a fórmula (1) dá

$$\int_{-\pi}^{+\pi} f(a + \rho e^{i\omega})\, F'(\omega)\, e^{i\omega} + i \int_{-\pi}^{+\pi} f(a + \rho e^{i\omega})\, F(\omega)\, e^{i\omega}\, d\omega = 2i\pi (A_1 + B_1 + C_1 + \ldots).$$

Esta egualdade, pondo

$$f(a+\rho e^{i\omega})=\varphi(\omega)+i\Psi(\omega),$$

decompõe-se em duas egualdades, que determinam dois integraes definidos, quando fôrem conhecidos os outros integraes definidos que entram nellas.

Postos estes principios geraes, vamos fazer d'elles algumas applicações.

149. O integral

$$\int_S e^{-z^2}dz,$$

onde S representa um contôrno rectangular ADCBA tal que o lado AD coincide com o eixo das abscissas, o lado BC é parallelo a este eixo e os lados AB e DC são parallelos ao eixo das ordenadas, é nullo, por ser a funcção e^{-z^2} uniforme e continua na área limitada por S. Temos pois

$$\int_{AD} e^{-z^2}dz+\int_{DC} e^{-z^2}dz+\int_{CB} e^{-z^2}dz+\int_{BA} e^{-z^2}dz=0.$$

O principio integral é tomado ao longo da recta AD cujas equações são $x=t$, $y=0$, e portanto temos, pondo $\mathrm{OA}=a$ e $\mathrm{OD}=b$,

$$\int_{AD} e^{-z^2}dz=\int_a^b e^{-t^2}dt.$$

O segundo integral é tomado ao longo da recta DC cujas equações são $x=b$, $y=t$, e portanto temos, representando por α a distancia das parallelas AD e BC, $z=b+it$ e

$$\int_{DC} e^{-z^2}dz=i\int_0^\alpha e^{-(b+it)^2}dt=ie^{-b^2}\int_0^\alpha (e^{t^2}\cos 2bt-i\operatorname{sen} 2bt)\,dt.$$

Para o terceiro integral temos, pondo $x=t$, $y=\alpha$,

$$\int_{CB} e^{-z^2}dz=-\int_a^b e^{-(t+i\alpha)^2}dt=-e^{\alpha^2}\int_a^b e^{-t^2}(\cos 2\alpha t-i\operatorname{sen} 2\alpha t)\,dt.$$

Para o quarto integral temos, pondo $x=a$, $y=t$,

$$\int_{BA} e^{-z^2}dz=-i\int_0^\alpha e^{-(a+it)^2}dt=-ie^{-a^2}\int_0^\alpha e^{t^2}(\cos 2at-i\operatorname{sen} 2at)\,dt.$$

*

Temos pois a egualdade

$$\int_a^b e^{-t^2}dt + e^{-b^2}\int_0^{\alpha} e^{t^2}\operatorname{sen} 2bt\,dt - e^{\alpha^2}\int_a^b e^{-t^2}\cos 2\alpha t\,dt - e^{-a^2}\int_0^{\alpha} e^{t^2}\operatorname{sen} 2at\,dt$$

$$+i\left[e^{-b^2}\int_0^{\alpha} e^{t^2}\cos 2bt\,dt + e^{\alpha^2}\int_a^b e^{t^2}\operatorname{sen} 2\alpha t\,dt - e^{-a^2}\int_0^{\alpha} e^{t^2}\cos 2at\,dt\right] = 0,$$

que, pondo $a = -\infty$ e $b = \infty$, dá

$$\int_{-\infty}^{+\infty} e^{-t^2}dt - e^{\alpha^2}\int_{-\infty}^{+\infty} e^{-t^2}\cos 2\alpha t\,dt + ie^{\alpha^2}\int_{-\infty}^{+\infty} e^{-t^2}\operatorname{sen} 2\alpha t\,dt = 0.$$

Por ser (n.º 37-IV)

$$\int_{-\infty}^{+\infty} e^{-t^2}dt = \sqrt{\pi},$$

esta egualdade dá

$$\int_{-\infty}^{+\infty} e^{-t^2}\cos 2\alpha t\,dt = e^{-\alpha^2}\sqrt{\pi}, \qquad \int_{-\infty}^{+\infty} e^{-t^2}\operatorname{sen} 2\alpha t\,dt = 0.$$

150. Consideremos o integral

$$u = \int_S \frac{e^{i\omega z}dz}{(z-\alpha)^2+\beta^2} = \int_S \frac{e^{i\omega z}dz}{(z-\alpha-i\beta)(z-\alpha+i\beta)},$$

onde $\omega > 0$ e $\beta > 0$, e tomemos para contôrno da integração o rectangulo cujos lados são $x = a$, $x = b$, $y = 0$, $y = l$, que suppomos assaz grande para conter no seu interior o ponto correspondente á quantidade $\alpha + i\beta$. O theorema de Cauchy dá, procedendo como no exemplo anterior e attendendo ao que se disse no n.º 137,

$$\int_a^b \frac{e^{i\omega t}dt}{(t-\alpha)+\beta^2} + i\int_0^l \frac{e^{i\omega(b+it)}dt}{(b+it-\alpha)^2+\beta^2} + \int_b^a \frac{e^{i\omega(il+it)}dt}{(il+t-\alpha)^2+\beta^2}$$

$$+ i\int_l^0 \frac{e^{i\omega(a+it)}dt}{(a+it-\alpha)^2+\beta^2} = \frac{\pi e^{i\omega(\alpha+i\beta)}}{\beta}.$$

Temos porém (n.º 126-VI)

$$\int_0^l \frac{e^{i\omega(b+it)}dt}{(b+it-\alpha)^2+\beta^2} = \lambda_1 \frac{le^{i\omega(b+it_1)}}{(b+it_1-\alpha)^2+\beta^2},$$

e esta egualdade mostra que é

$$\lim_{b=\infty}\int_0^l \frac{e^{i\omega(a+it)}\,dt}{(b+it-\alpha)^2+\beta^2}=0.$$

Do mesmo modo se mostra que é

$$\lim_{a=-\infty}\int_0^l \frac{e^{i\omega(b+it)}\,dt}{(a+it-\alpha)^2+\beta^2}=0.$$

Temos pois

$$\int_{-\infty}^{+\infty}\frac{e^{i\omega t}\,dt}{(t-\alpha)^2+\beta^2}-e^{-l\omega}\int_{-\infty}^{+\infty}\frac{e^{i\omega t}\,dt}{(il+t-\alpha)^2+\beta^2}=\frac{\pi e^{i\omega(\alpha+i\beta)}}{\beta}.$$

Como o segundo d'estes integraes tem um valor finito e determinado, esta egualdade dá, fazendo tender l para ∞,

$$\int_{-\infty}^{+\infty}\frac{e^{i\omega t}\,dt}{(t-\alpha)^2+\beta^2}=\frac{\pi e^{i\omega(\alpha+i\beta)}}{\beta}. \tag{1}$$

Mudando nesta relação α em $-\alpha$ e t em $-t$, vem

$$\int_{-\infty}^{+\infty}\frac{e^{-i\omega t}\,dt}{(t-\alpha)^2+\beta^2}=\frac{\pi e^{i\omega(-\alpha+i\beta)}}{\beta}. \tag{1'}$$

Da egualdade (1) tira-se

$$\int_{-\infty}^{+\infty}\frac{\cos\omega t+i\operatorname{sen}\omega t}{(t-\alpha)^2+\beta^2}\,dt=\frac{\pi e^{-\omega\beta}}{\beta}(\cos\omega\alpha+i\operatorname{sen}\omega\alpha),$$

e portanto

$$\int_{-\infty}^{+\infty}\frac{\cos\omega t\,dt}{(t-\alpha)^2+\beta^2}=\frac{\pi e^{-\omega\beta}\cos\omega\alpha}{\beta}, \tag{2}$$

$$\int_{-\infty}^{+\infty}\frac{\operatorname{sen}\omega t\,dt}{(t-\alpha)^2+\beta^2}=\frac{\pi e^{-\omega\beta}\operatorname{sen}\omega\alpha}{\beta}. \tag{3}$$

Derivando (2) e (3) relativamente a ω, vem

$$\int_{-\infty}^{+\infty}\frac{t\operatorname{sen}\omega t\,dt}{(t-\alpha)^2+\beta^2}=\frac{\pi}{\beta}e^{-\omega\beta}(\alpha\operatorname{sen}\omega\alpha+\beta\cos\omega\alpha), \tag{4}$$

$$\int_{-\infty}^{+\infty}\frac{t\cos\omega t\,dt}{(t-\alpha)^2+\beta^2}=\frac{\pi}{\beta}e^{-\omega\beta}(\alpha\cos\omega\alpha-\beta\operatorname{sen}\omega\alpha). \tag{5}$$

Das quatro egualdades precedentes tira-se

$$(6)\qquad \int_{-\infty}^{+\infty}\frac{(t-\alpha)\,\text{sen}\,\omega t\,dt}{(t-\alpha)^2+\beta^2}=\pi e^{-\omega\beta}\cos\omega\alpha,$$

$$(7)\qquad \int_{-\infty}^{+\infty}\frac{(t-\alpha)\cos\omega t\,dt}{(t-\alpha)^2+\beta^2}=-\pi e^{-\omega\beta}\,\text{sen}\,\omega\alpha.$$

Por ser

$$\int_{-\infty}^{+\infty}\frac{e^{i\omega t}\,dt}{t-\alpha-i\beta}=\int_{-\infty}^{+\infty}\frac{(t-\alpha)\cos\omega t-\beta\,\text{sen}\,\omega t}{(t-\alpha)^2+\beta^2}\,dt$$
$$+i\int_{-\infty}^{+\infty}\frac{(t-\alpha)\,\text{sen}\,\omega t+\beta\cos\omega t}{(t-\alpha)^2+\beta^2}\,dt,$$

temos, em virtude das egualdades (2), (3), (6) e (7),

$$\int_{-\infty}^{+\infty}\frac{e^{i\omega t}\,dt}{t-\alpha-i\beta}=2\pi e^{-\omega\beta}\,\text{sen}\,\omega\alpha+2i\pi\,e^{-\omega\beta}\cos\omega\alpha,$$

ou

$$(8)\qquad \int_{-\infty}^{+\infty}\frac{e^{i\omega t}\,dt}{t-\alpha-i\beta}=2i\pi\,e^{i\omega(\alpha+i\beta)},$$

onde $\beta>0$.

Do mesmo modo se acha

$$(9)\qquad \int_{-\infty}^{+\infty}\frac{e^{i\omega t}}{t-\alpha+i\beta}=0,$$

onde $\beta>0$.

Das egualdades (8) e (9) tira-se, mudando α em $-\alpha$ e t em $-t$,

$$(8')\qquad \int_{-\infty}^{+\infty}\frac{e^{-i\omega t}\,dt}{t-\alpha+i\beta}=-2i\pi\,e^{i\omega(-\alpha+i\beta)},$$

$$(9')\qquad \int_{-\infty}^{+\infty}\frac{e^{-i\omega t}dt}{t-\alpha-i\beta}=0.$$

Baseados nas egualdades (8), (9), (8') e (9') podemos achar todos os integraes definidos da fórma

$$\int_{-\infty}^{+\infty}f(t)\,\mathrm{F}\,(e^{iat},\ e^{ibt},\ \ldots,\ \text{sen}\,a_1t,\ \text{sen}\,a_2t,\ \ldots,\ \cos\beta_1t,\ \cos\beta_2t,\ \ldots)\,dt,$$

onde $f(t)$ representa uma funcção racional de t e F uma funcção inteira de e^{iat}, e^{ibt}, etc. Com effeito, póde-se, por meio do processo exposto nos n.os 17 e 18, fazer depender este integral de integraes da fórma (8), (8'), (9) e (9'). Deve-se observar que, para o integral considerado ser finito e determinado, não deve ter raizes reaes o denominador de $f(t)$, e que o grau do denominador d'esta funcção deve ser superior de duas unidades, pelo menos, ao grau do seu numerador.

No caso de a funcção $f(t)$ ser real, o calculo do integral precedente póde ser feito sem a introducção de imaginarios, decompondo $f(t)$ pelo methodo dado no n.º 7, e decompondo F em parcellas da fórma A sen ωt e B cos ωt.

Ficamos, com effeito, d'este modo reduzidos a achar integraes da fórma

$$\int_{-\infty}^{+\infty} \frac{(t-\alpha)\operatorname{sen}\omega t\,dt}{[(t-\alpha)^2+\beta^2]^n}, \quad \int_{-\infty}^{+\infty} \frac{(t-\alpha)\cos\omega t\,dt}{[(t-\alpha)^2+\beta^2]^n},$$

$$\int_{-\infty}^{+\infty} \frac{\operatorname{sen}\omega t\,dt}{[(t-\alpha)^2+\beta^2]^n}, \quad \int_{-\infty}^{+\infty} \frac{\cos\omega t\,dt}{[(t-\alpha)^2+\beta^2]^n}.$$

As fórmulas (2), (3), (6) e (7) dão os valores d'estes integraes correspondentes a $n=1$. Derivando relativamente a β as egualdades (7), (6), (3) e (2), obtêem-se as relações

$$\int_{-\infty}^{+\infty} \frac{(t-\alpha)\cos\omega t\,dt}{[(t-\alpha)^2+\beta^2]^2} = -\frac{\pi\omega}{2\beta}\,e^{-\beta\omega}\operatorname{sen}\omega\alpha,$$

$$\int_{-\infty}^{+\infty} \frac{(t-\alpha)\operatorname{sen}\omega t\,dt}{[(t-\alpha)^2+\beta^2]^2} = \frac{\pi\omega}{2\beta}\,e^{-\beta\omega}\cos\omega\alpha,$$

$$\int_{-\infty}^{+\infty} \frac{\operatorname{sen}\omega t\,dt}{[(t-\alpha)^2+\beta^2]^2} = \frac{\pi}{2}\,\frac{(1+\beta\omega)\,e^{-\beta\omega}}{\beta^3}\operatorname{sen}\omega\alpha,$$

$$\int_{-\infty}^{+\infty} \frac{\cos\omega t\,dt}{[(t-\alpha)^2+\beta^2]^2} = \frac{\pi}{2}\,\frac{(1+\beta\omega)\,e^{-\beta\omega}}{\beta^3}\cos\omega\alpha,$$

que dão os integraes correspondentes a $n=2$.

Continuando a derivar estes integraes relativamente a β, obtêem-se os integraes correspondentes a $n=3$, 4, etc.

151. Consideremos o integral

$$\int_S \frac{e^{\alpha z}\,dz}{1+e^z}, \qquad 0<\alpha<1,$$

e seja S um contôrno rectangular cujos lados são $x=-a$, $x=b$, $y=0$, $y=2\pi$.

No interior d'este contôrno a funcção $\frac{e^{\alpha z}}{1+e^z}$ admitte um pólo simples $i\pi$, e o seu residuo relativamente a este pólo é $\frac{e^{\alpha i\pi}}{e^{i\pi}}=e^{(\alpha-1)i\pi}$. Temos pois, procedendo como nos exemplos anteriores,

$$\int_{-a}^{b}\frac{e^{\alpha t}dt}{1+e^t}+ie^{\alpha b}\int_0^{2\pi}\frac{e^{\alpha it}dt}{1+e^b e^{it}}+e^{2\alpha i\pi}\int_b^{-a}\frac{e^{\alpha t}dt}{1+e^t}+ie^{-a\alpha}\int_{2\pi}^{0}\frac{e^{\alpha it}dt}{1+e^{-a}e^{it}}=2i\pi e^{(\alpha-1)i\pi}.$$

Mas, por ser (n.º 126-VI)

$$\int_0^{2\pi}\frac{e^{\alpha b}e^{\alpha it}dt}{1+e^b e^{it}}=\lambda_1\frac{2\pi e^{\alpha b}e^{\alpha it_1}}{1+e^b e^{it_1}},$$

e

$$\lim_{b=\infty}\frac{e^{\alpha b}}{1+e^b e^{it_1}}=\lim_{b=\infty}\frac{1}{e^{-b}+e^{(1-\alpha)b}e^{it_1}}=0,$$

temos

$$\lim_{b=\infty}\int_0^{2\pi}\frac{e^{\alpha b}e^{\alpha it}dt}{1+e^b e^{it}}=0.$$

Do mesmo modo se acha

$$\lim_{a=\infty}\int_0^{2\pi}\frac{e^{-\alpha a}e^{\alpha it}dt}{1+e^{-a}e^{it}}=0.$$

Logo a egualdade anterior dá

$$(1-e^{2\alpha i\pi})\int_{-\infty}^{+\infty}\frac{e^{\alpha t}dt}{1+e^t}=2i\pi e^{(\alpha-1)i\pi},$$

d'onde resulta

$$\int_{-\infty}^{+\infty}\frac{e^{\alpha t}dt}{1+e^t}=\frac{2i\pi e^{-i\pi}}{e^{-i\alpha\pi}-e^{+i\alpha\pi}}=\frac{\pi}{\operatorname{sen}\alpha\pi}.$$

D'esta egualdade tira-se, pondo $e^t=x$, a egualdade seguinte, devida a Euler:

$$\int_0^{\infty}\frac{x^{\alpha-1}dx}{1+x}=\frac{\pi}{\operatorname{sen}\alpha\pi}.$$

152. Consideremos ainda o integral

$$\int_C\frac{e^z dz}{z-a},$$

C representando uma circumferencia de raio ρ, descripta á roda do ponto a como centro.

Teremos, applicando o theorema de Cauchy,

$$\int_C \frac{e^z\,dz}{z-a} = 2i\pi e^a.$$

Pondo agora

$$z - a = \rho e^{i\omega},$$

vem

$$\int_C \frac{e^z\,dz}{z-a} = ie^a \int_0^{2\pi} e^{\rho e^{i\omega}}\,d\omega = ie^a \int_0^{2\pi} e^{\rho(\cos\omega + i \operatorname{sen}\omega)}\,d\omega$$

$$= ie^a \int_0^{2\pi} e^{\rho\cos\omega} \cos(\rho \operatorname{sen}\omega)\,d\omega - e^a \int_0^{2\pi} e^{\rho\cos\omega} \operatorname{sen}(\rho\operatorname{sen}\omega)\,d\omega.$$

Temos pois a egualdade

$$ie^a \int_0^{2\pi} e^{\rho\cos\omega} \cos(\rho\operatorname{sen}\omega)\,d\omega - e^a \int_0^{2\pi} e^{\rho\cos\omega} \operatorname{sen}(\rho\operatorname{sen}\omega)\,d\omega = 2i\pi e^a,$$

que dá

$$\int_0^{2\pi} e^{\rho\cos\omega}\cos(\rho\operatorname{sen}\omega)\,d\omega = 2\pi, \qquad \int_0^{2\pi} e^{\rho\cos\omega}\operatorname{sen}(\rho\operatorname{sen}\omega)\,d\omega = 0.$$

A segunda destas egualdades é evidente. A primeira é devida a Poisson [1].

153. Como ultima applicação consideremos o integral

$$u = \int_{-\pi}^{+\pi} \frac{d\varphi}{x - a + \sqrt{x^2-1}\cos\varphi}.$$

Este integral, pondo $z = e^{i\varphi}$, transforma-se no integral curvilineo

$$\int_S \frac{2dz}{i[2(x-a)z + \sqrt{x^2-1}\,(z^2+1)]},$$

S representando uma circumferencia de raio egual á unidade e com o centro collocado na origem das coordenadas.

(1) *Journal de l'École Polytechnique de Paris*, cad. XIX.

Por ser

$$\frac{2}{i[2(x-\alpha)z+\sqrt{x^2-1}(z^2+1)]}=\frac{2}{i\sqrt{x^2-1}(z-z')(z-z'')},$$

onde

$$z'=\frac{-(x-\alpha)+\sqrt{\alpha^2-2\alpha x+1}}{\sqrt{x^2-1}},$$

$$z''=\frac{-(x-\alpha)-\sqrt{\alpha^2-2\alpha x+1}}{\sqrt{x^2-1}},$$

vê-se que os residuos A_1 e B_1 d'esta funcção de z relativamente a z' e z'' são respectivamente

$$A_1=\frac{1}{i\sqrt{\alpha^2-2\alpha x+1}},\quad B_1=-\frac{1}{i\sqrt{\alpha^2-2\alpha x+1}}=-A_1.$$

Mas da egualdade $z'z''=1$ resulta que o módulo de uma das raizes z' e z'' é inferior á unidade e o módulo da outra é superior á unidade, e portanto que uma d'estas raizes está dentro e a outra fóra da circumferencia S. Temos pois, em virtude do theorema de Cauchy,

$$\text{(A)}\quad \int_{-\pi}^{+\pi}\frac{d\varphi}{x-\alpha+\sqrt{x^2-1}\cos\varphi}=\int_S\frac{2dz}{i[2(x-\alpha)z+\sqrt{x^2-1}(z^2+1)]}=\pm\frac{2\pi}{\sqrt{\alpha^2-2\alpha x+1}},$$

devendo empregar-se o signal $+$ quando $|z'|<1$, e o signal $-$ no caso contrario.

Esta egualdade leva a algumas consequencias importantes.

1.º Seja α uma quantidade infinitamente pequena. Temos

$$\lim_{\alpha=0} z'=-\frac{x-1}{\sqrt{x^2-1}}=-\sqrt{\frac{x-1}{x+1}},$$

e portanto, pondo $x=x_1+iy_1$,

$$\left|\lim_{\alpha=0} z'\right|^2=\left|\frac{x_1+iy_1-1}{x_1+iy_1+1}\right|=\frac{(x_1-1)^2+y_1^2}{(x_1+1)^2+y_1^2}=1-\frac{4x_1}{(x_1+1)^2+y_1^2}.$$

Esta egualdade faz ver que o módulo de z', para valores sufficientemente pequenos de α, é maior ou menor do que a unidade, segundo x_1 é negativo ou positivo.

Desenvolvendo neste caso os dois membros de (A) em série ordenada segundo as potencias de α, e egualando os coefficientes das mesmas potencias de α nos dois membros, temos

(*C. dif.*, n.º 118) a egualdade, devida a Laplace,

$$X_n = \pm \frac{1}{2\pi} \int_{-\pi}^{+\pi} \frac{d\varphi}{(x + \sqrt{x^2 - 1} \cos \varphi)^{n+1}},$$

onde X_n representa o polynomio de Legendre de grau n, e onde se deve empregar o signal $+$ quando a parte real de x é positiva, e o signal $-$ no caso contrario.

2.º Seja agora α infinitamente grande. Neste caso temos $|z'| = \infty$ e portanto $|z''| < 1$, e a fórmula (A) dá

$$\int_{-\pi}^{+\pi} \frac{d\varphi}{x - \alpha + \sqrt{x^2 - 1} \cos \varphi} = - \frac{2\pi}{\sqrt{\alpha^2 - 2\alpha x + 1}},$$

ou, pondo $\alpha' = \frac{1}{\alpha}$,

$$\int_{-\pi}^{+\pi} \frac{d\varphi}{1 - (x + \sqrt{x^2 - 1} \cos \varphi)\, \alpha'} = \frac{2\pi}{\sqrt{\alpha'^2 - 2\alpha' x + 1}}.$$

Devolvendo os dois membros d'esta egualdade em série ordenada segundo as potencias de α', e egualando os coefficientes das mesmas potencias de α' nos dois membros, vem a egualdade, devida a Jacobi,

$$X_n = \frac{1}{2\pi} \int_{-\pi}^{+\pi} (x + \sqrt{x^2 - 1} \cos \varphi)^n \, d\varphi.$$

154. Aproveitaremos esta occasião, em que vimos de nos referir aos polynomios de Legendre, para completar o quadro das propriedades principaes d'estes polynomios, demonstrando as duas propriedades expressas pelas egualdades

$$\text{(A)} \qquad \int_{-1}^{+1} X_m X_n \, dx = 0, \qquad \int_{-1}^{+1} X_n^2 \, dx = \frac{2}{2n + 1}.$$

Vimos no *Calculo differencial* (n.º 118–II) que é

$$\text{(B)} \qquad X_n = \frac{1}{2^n . n!} \frac{d^n (1 - x^2)^n}{dx^n};$$

e portanto temos, integrando por partes,

$$\int X_m X_n \, dx = \frac{1}{2^n n!} \int X_m \frac{d^n (1 - x^2)^n}{dx^n} \, dx$$

$$= \frac{1}{2^n n!} \left[X_m \frac{d^{n-1} (1 - x^2)^n}{dx^{n-1}} - \int X'_m \frac{d^{n-1} (1 - x^2)^n}{dx^{n-1}} \, dx \right],$$

o que dá

$$\int_{-1}^{+1} X_m X_n \, dx = -\frac{1}{2^n n!} \int_{-1}^{+1} X'_m \frac{d^{n-1}(1-x^2)^n}{dx^{n-1}} \, dx.$$

Do mesmo modo se acha

$$\int_{-1}^{+1} X'_m \frac{d^{n-1}(1-x^2)^n}{dx^{n-1}} \, dx = -\int_{-1}^{+1} X''_m \frac{d^{n-2}(1-x^2)^n}{dx^{n-2}} \, dx,$$

....

$$\int_{-1}^{+1} X_m^{(n-1)} \frac{d(1-x^2)^n}{dx} \, dx = -\int_{-1}^{+1} X_m^{(n)} (1-x^2)^n \, dx.$$

Temos pois

$$\int_{-1}^{+1} X_m X_n \, dx = (-1)^n \frac{1}{2^n n!} \int_{-1}^{+1} X_m^{(n)} (1-x^2)^n \, dx.$$

Posto isto, seja $n > m$. Por ser X_m um polynomio inteiro do grau m, temos $X_m^{(n)} = 0$, e poratnto

$$\int_{-1}^{+1} X_m X_n \, dx = 0.$$

Seja agora $m = n$. Teremos

$$\int_{-1}^{+1} X_n^2 \, dx = (-1)^n \frac{1}{2^n n!} \int_{-1}^{+1} X_n^{(n)} (1-x^2)^n \, dx.$$

Mas a fórmula (B) mostra que

$$X_n^{(n)} = \frac{(-1)^n (2n)!}{2^n n!}.$$

Logo temos

$$\int_{-1}^{+1} X_n^2 \, dx = \frac{(2n)!}{2^{2n} (n!)^2} \int_{-1}^{+1} (1-x^2)^n \, dx = \frac{(2n)!}{2^{2n} (n!)^2} \int_{-1}^{+1} (1+x)^n (1-x)^n \, dx.$$

Mas, pondo $1 + x = 2t$, vem

$$\int_{-1}^{+1} (1+x)^n (1-x)^n \, dx = 2^{2n+1} \int_0^1 t^n (1-t)^n \, dt,$$

ou (n.º 20-III)

$$\int_0^1 (1-x^2)^n\,dx = \frac{n!\,2^{2n+1}}{(n+1)(n+2)\ldots(2n+1)}.$$

Portanto será

$$\int_{-1}^{+1} X_n^2\,dx = \frac{(2n)!\,n!\,2^{2n-1}}{2^{2n}(n!)^2(n+1)\ldots(2n+1)} = \frac{2}{2n+1}.$$

As egualdades (A) fôram descobertas por Legendre.

VI

Applicação do theorema de Cauchy á resolução das equações

155. Sejam $f(z)$ uma funcção holomorpha de z; A uma área, limitada por um contôrno unico S, contida toda na região em que a funcção $f(z)$ é holomorpha; $F(z)$ uma funcção de z holomorpha na área A; $a_1, a_2, \ldots, a_n$ as raizes de $f(z)=0$ representadas por pontos do interior da área A e $\alpha, \beta, \ldots, \lambda$ os seus graus de multiplicidade.

A egualdade

$$f(z) = (z-a_1)^\alpha f_1(z)$$

dá, derivando os logarithmos dos dois membros e multiplicando os resultados por $F(z)$, a egualdade seguinte:

$$\frac{F(z)f'(z)}{f(z)} = \frac{\alpha F(z)}{z-a_1} + \frac{F(z)f_1'(z)}{f_1(z)},$$

a qual mostra que o residuo de $\dfrac{F(z)f'(z)}{f(z)}$ relativamente a a_1 é egual a $\alpha F(a_1)$.

Do mesmo modo se acha que os residuos da mesma funcção relativamente a $a_2, a_3, \ldots, a_n$ são eguaes a $\beta F(a_2), \ldots, \lambda F(a_n)$.

O theorema demonstrado no n.º 136 dá pois a fórmula seguinte:

$$(1) \qquad \int_S \frac{F(z)f'(z)\,dz}{f(z)} = 2i\pi\,[\alpha F(a_1) + \beta F(a_2) + \ldots + \lambda F(a_n)],$$

devida a Cauchy, da qual este eminente geometra tirou muitas consequencias importantes. Limitando-nos áquellas que têem relação com a resolução da equação $f(z)=0$, notaremos em primeiro logar que esta egualdade dá, pondo $F(z)=1$,

$$(2) \qquad \frac{1}{2i\pi}\int_S \frac{f'(z)\,dz}{f(z)} = \alpha+\beta+\ldots+\lambda = m,$$

isto é, a expressão por meio de um integral definido do numero de raizes contidas na área A, como já se viu no n.º 138.

Se a equação $f(z)=0$ não contiver raizes eguaes, temos

$$\frac{1}{2i\pi}\int_S \frac{f'(z)\,dz}{f(z)} = n.$$

Neste caso podemos, considerando áreas cada vez menores, separar as raizes da equação proposta, isto é, determinar áreas que contenham, cada uma, uma só raiz. Basta para isso calcular, levando a approximação até ás unidades, o integral que entra no primeiro membro d'esta egualdade, diminuindo A até obter para n o valor 1.

Notaremos em segundo logar que, se no interior da área A existe uma unica raiz a e esta raiz é simples, a fórmula (1) dá

$$(3) \qquad \frac{1}{2i\pi}\int_S \frac{F(z)f'(z)\,dz}{f(z)} = F(a).$$

e, em particular,

$$(4) \qquad \frac{1}{2i\pi}\int_S \frac{zf'(z)\,dz}{f(z)} = a.$$

Por meio d'esta fórmula póde-se, feita primeiramente a separação das raizes, determinar as raizes da equação proposta, com a approximação que se quizer, calculando os integraes definidos por meio dos quaes são expressas.

156. Para calcular o integral que entra na fórmula (2), procede Cauchy do modo seguinte.

Sejam $x=\varphi(t)$ e $y=\psi(t)$ as equações do contôrno S, e supponhamos que, quando z descreve uma vez este contôrno, t varia desde b até c. Teremos

$$\int_S \frac{f'(z)\,dz}{f(z)} = \int_b^c \frac{f'[\varphi(t)+i\psi(t)][\varphi'(t)+i\psi'(t)]\,dt}{f[\varphi(t)+i\psi(t)]}$$

ou, pondo $f[\varphi(t) + i\psi(t)] = \Phi(t) + i\Psi(t)$,

$$\int_S \frac{f'(z)\,dz}{f(z)} = \int_b^c \frac{\Phi'(t) + i\Psi'(t)}{\Phi(t) + i\Psi(t)}\,dt$$

$$= \int^c \frac{\Phi'(t)\,\Phi(t) + \Psi'(t)\,\Psi(t)}{\Phi^2(t) + \Psi^2(t)}\,dt + i\int_b^c \frac{\Phi(t)\,\Psi'(t) - \Psi(t)\,\Phi'(t)}{\Phi^2(t) + \Psi^2(t)}\,dt.$$

Logo a fórmula (2) dá

$$m = \frac{1}{2\pi}\int_b^c \frac{\Phi(t)\,\Psi'(t) - \Psi(t)\,\Phi'(t)}{\Phi^2(t) + \Psi^2(t)}\,dt,$$

ou

$$m = \frac{1}{2\pi}\int_b^c \frac{d\,\dfrac{\Psi(t)}{\Phi(t)}}{1 + \dfrac{\Psi^2(t)}{\Phi^2(t)}},$$

ou (n.ºs 22 e 61)

$$m = \frac{1}{2\pi}\left[\operatorname{arc\,tang}\frac{\Psi(c)}{\Phi(c)} - \operatorname{arc\,tang}\frac{\Psi(b)}{\Phi(b)} + \pi\,\operatorname{ind}\frac{\Psi(t)}{\Phi(t)}\right],$$

onde $\operatorname{ind}\dfrac{\Psi(t)}{\Phi(t)}$ representa o numero de vezes que a funcção $\dfrac{\Psi(t)}{\Phi(t)}$ se torna infinita passando de positiva a negativa menos o numero de vezes que a mesma funcção se torna infinita passando de negativa a positiva.

Se notarmos agora que, quando t varia desde b até c, a variavel z descreve um contôrno fechado, vê-se que a quantidade

$$f(z) = \Phi(t) + i\Psi(t)$$

toma valores eguaes nos pontos b e c assim como o seu argumento $\operatorname{arc\,tang}\dfrac{\Psi(t)}{\Phi(t)}$. Temos pois a egualdade

$$(5) \qquad m = \frac{1}{2}\,\operatorname{ind}\frac{\Psi(t)}{\Phi(t)},$$

dada por Cauchy, para o calculo do numero de raizes contidas na área A.

157. Seja agora $f(z) = 0$ uma equação algebrica sem raizes eguaes. Da egualdade (5) tirou Cauchy uma regra analoga á de Sturm para o calculo de m.

Escolha-se o contôrno descripto por z de modo que $\varphi(t)$ e $\psi(t)$ sejam funcções racionaes de t. As funcções $\phi(t)$ e $\Psi(t)$ são neste caso tambem funcções racionaes e temos (n.º 61)

$$\text{(6)} \qquad \operatorname{ind} \frac{\Psi(t)}{\phi(t)} + \operatorname{ind} \frac{\phi(t)}{\Psi(t)} = \frac{1}{2} \left[\operatorname{sig} \frac{\Psi(b)}{\phi(b)} - \operatorname{sig} \frac{\Psi(c)}{\phi(c)} \right]$$

onde $\operatorname{sig} \frac{\Psi(t)}{\phi(t)}$ representa uma quantidade egual á unidade e com o signal que tem $\frac{\Psi(t)}{\phi(t)}$ no ponto t.

Posto isto, represente-se por V e V_1 as funcções $\phi(t)$ e $\Psi(t)$, por V_2 o resto tomado com signal contrario da divisão de V por V_1, por V_3 o resto tomado como signal contrario da divisão de V_1 por V_2, etc. O ultimo d'estes restos, que representaremos por V_n, deve ser constante.

Se representarmos por

$$\operatorname*{sig}_{t=b} \frac{V}{V_1}, \quad \operatorname*{sig}_{t=c} \frac{V}{V_1}, \quad \ldots$$

os signaes das funcções $\frac{V}{V_1}$, etc. quando $t=b$ ou $t=c$, a egualdade (6) dá

$$\text{(7)} \qquad \left\{ \begin{array}{l} \operatorname{ind} \dfrac{V}{V_1} + \operatorname{ind} \dfrac{V_1}{V} = \dfrac{1}{2} \left[\operatorname*{sig}_{t=b} \dfrac{V}{V_1} - \operatorname*{sig}_{t=c} \dfrac{V}{V_1} \right], \\ \operatorname{ind} \dfrac{V_1}{V_2} + \operatorname{ind} \dfrac{V_2}{V_1} = \dfrac{1}{2} \left[\operatorname*{sig}_{t=b} \dfrac{V_1}{V_2} - \operatorname*{sig}_{t=c} \dfrac{V_1}{V_2} \right], \\ \ldots\ldots\ldots\ldots\ldots\ldots\ldots\ldots\ldots\ldots \\ \operatorname{ind} \dfrac{V_{n-1}}{V_n} + \operatorname{ind} \dfrac{V_n}{V_{n-1}} = \dfrac{1}{2} \left[\operatorname*{sig}_{t=b} \dfrac{V_{n-1}}{V_n} - \operatorname*{sig}_{t=c} \dfrac{V_{n-1}}{V_n} \right]. \end{array} \right.$$

Mas, por ser

$$\frac{V}{V_1} = Q_1 - \frac{V_2}{V_1},$$

(Q_1 representando o quociente de divisão de V por V_1), e por ser nullo o indice de Q_1, temos

$$\operatorname{ind} \frac{V}{V_1} = -\operatorname{ind} \frac{V_2}{V_1},$$

e do mesmo modo

$$\operatorname{ind} \frac{V_1}{V_2} = -\operatorname{ind} \frac{V_3}{V_2}, \quad \ldots, \quad \operatorname{ind} \frac{V_{n-2}}{V_{n-1}} = -\operatorname{ind} \frac{V_n}{V_{n-1}}.$$

Sommando membro a membro as egualdades (7) e attendendo ás egualdades que vimos de achar e a que é (por ser V_n constante) $\operatorname{ind}\frac{V_{n-1}}{V_n}=0$, temos

$$\operatorname{ind}\frac{V_1}{V}=\frac{1}{2}\left[\underset{t=b}{\operatorname{sig}}\frac{V}{V_1}+\underset{t=b}{\operatorname{sig}}\frac{V_1}{V_2}+\ldots+\underset{t=b}{\operatorname{sig}}\frac{V_{n-1}}{V_n}-\underset{t=c}{\operatorname{sig}}\frac{V}{V_1}-\underset{t=c}{\operatorname{sig}}\frac{V_1}{V_2}-\ldots-\underset{t=c}{\operatorname{sig}}\frac{V_{n-1}}{V_n}\right].$$

Por meio d'esta egualdade e da egualdade

$$m=\frac{1}{2}\operatorname{ind}\frac{V_1}{V}$$

obtem-se o numero de raizes que $f(z)=0$ tem no interior da área A, procurando os signaes das funcções V, V_1, V_2, ..., V_n. Temos d'este modo, para a separação das raizes imaginarias, um methodo analogo ao de Sturm, para a separação das raizes reaes, demonstrado nos livros de Algebra e no n.º 61.

CAPITULO X

Integraes Eulerianos. Funcção $\Gamma(a)$

I

Definições e propriedades fundamentaes

158. Consideremos o integral importante

$$\int_0^\infty e^{-x} x^{a-1}\, dx, \tag{1}$$

estudado pela primeira vez por Euler, e ao qual deu porisso Legendre o nome de *integral euleriano de segunda especie.*

Seja a um numero real. Neste caso, este integral tem um valor finito e determinado, quando $a > 0$, e é infinito, quando $a \overline{\lesseqgtr} 0$. Para se vêr isto, decomponha-se o integral do modo seguinte:

$$\int_0^\infty e^{-x} x^{a-1}\, dx = \int_0^1 e^{-x} x^{a-1}\, dx + \int_1^\infty e^{-x} x^{a-1}\, dx. \tag{2}$$

O primeiro dos integraes que entram no segundo membro d'esta egualdade é finito e determinado, quando $a > 0$, visto que, sendo $0 < x_0 < 1$, temos

$$\int_{x_0}^1 e^{-x} x^{a-1}\, dx < e^{-x_0} \int_{x_0}^1 x^{a-1}\, dx$$

ou

$$\int_{x_0}^1 e^{-x} x^{a-1}\, dx < e^{-x_0} \frac{1 - x_0^a}{a} < \frac{1}{a},$$

*

e o primeiro membro d'esta desegualdade augmenta, quando x_0 tende para zero, sem todavia poder exceder $\frac{1}{a}$.

Se porém $a \gtreqless 0$, temos

$$\int_{x_0}^{1} e^{-x} x^{a-1} dx > e^{-1} \int_{x_0}^{1} x^{a-1} dx,$$

ou

$$\int_{x_0}^{1} e^{-x} x^{a-1} dx > e^{-1} \frac{1-x_0^a}{a},$$

quando $a<0$, e

$$\int_{x_0}^{1} e^{-x} x^{a-1} dx > -e^{-1} \log x_0,$$

quando $a=0$; portanto

$$\lim_{x_0=0} \int_{x_0}^{1} e^{-x} x^{a-1} dx = \infty.$$

Consideremos agora o segundo dos integraes que entram no segundo membro na egualdade (2). Por ser $x^{a-1} < x^{n-1}$, quando $x>1$ e $n>a$, temos

$$\int_{1}^{X} e^{-x} x^{a-1} dx < \int_{1}^{X} e^{-x} x^{n-1} dx < \int_{0}^{\infty} e^{-x} x^{n-1} dx.$$

Dando porém a n um velor inteiro positivo, o ultimo membro d'esta desegualdade é egual (n.º 37-I) a $(n-1)!$. Logo temos

$$\int_{1}^{X} e^{-x} x^{a-1} dx < (n-1)!\,;$$

e o primeiro membro d'esta egualdade, que augmenta com X, sem todavia poder exceder $(n-1)!$, tende pois para um limite finito e determinado, quando X tende para o infinito. Esta circumstancia dá-se qualquer que seja o valor de a.

De tudo o que precede conclue-se que o integral (1) tem um valor finito e determinado, quando a é positivo, e é infinito, quando a é negativo. Este integral define pois uma funcção de a, quando a é positivo, e é esta funcção, considerada pela primeira vez por Euler, e que se representa por $\Gamma(a)$, que vamos estudar.

Os integraes

$$\int_{0}^{1} e^{-x} x^{a-1} dx, \qquad \int_{1}^{\infty} e^{-x} x^{a-1} dx$$

definem tambem funcções de a, o primeiro quando a é positivo, e o segundo quer a seja positivo quer negativo. Estas funcções serão adiante consideradas.

159. Seja n um numero inteiro positivo. Temos, pondo $x = ny$,

$$\int_0^n x^{a-1}\left(1 - \frac{x}{n}\right)^n dx = n^a \int_0^1 y^{a-1}(1-y)^n\, dy,$$

e portanto (n.º 21-III)

$$\int_0^n x^{a-1}\left(1 - \frac{x}{n}\right)^n dx = \frac{n!\, n^a}{a(a+1)\ldots(a+n)},$$

ou (n.º 30-II)

$$\mathrm{K}\int_0^n e^{-x} x^{a-1}\, dx = \frac{n!\, n^a}{a(a+1)\ldots(a+n)},$$

K representando um numero que não é inferior ao menor nem superior ao maior dos valores que toma a funcção

$$\frac{e^x}{\left(1 - \frac{x}{n}\right)^{-n}}$$

no intervallo de $x = 0$ a $x = n$.

Quando n tende para o infinito, temos

$$\lim_{n=\infty}\left(1 - \frac{x}{n}\right)^{-n} = e^x,$$

e portanto $\lim\limits_{n=\infty} \mathrm{K} = 1$; logo

$$\int_0^\infty e^{-x} x^{a-1}\, dx = \Gamma(a) = \lim_{n=\infty} \frac{n!\, n^a}{a(a+1)\ldots(a+n)}. \tag{3}$$

Esta egualdade, descoberta por Euler, serviu a Gauss para passar da definição da funcção $\Gamma(a)$, que se deu no n.º 158, restricta ao caso de a ser positivo, para uma definição applicavel a todos os valores reaes e imaginarios de a, como vamos vêr.

160. Consideremos a quantidade

$$f(a) = \frac{n!\, n^a}{a(a+1)\ldots(a+n)}.$$

que entra no segundo membro de (3), e seja agora a um numero qualquer real ou imaginario, com excepção de 0 e dos numeros inteiros negativos.

Tomando o logarithmo de $f(a)$, temos

$$\log f(a) = a \log n - \left[\log a + \log\left(1+\frac{a}{1}\right)+\ldots+\log\left(1+\frac{a}{n}\right)\right].$$

Por ser

$$n = \frac{2}{1}\cdot\frac{3}{2}\cdots\frac{n}{n-1},$$

temos tambem

$$\log n = \log\frac{2}{1} + \log\frac{3}{2} + \ldots + \log\frac{n}{n-1}\cdot$$

Substituindo este valor de $\log n$ na egualdade precedente e passando $\log a$ para o primeiro membro, vem

$$\begin{aligned}\log af(a) &= \log\frac{2}{1} - \log\left(1+\frac{a}{1}\right) + a\log\frac{3}{2} - \log\left(1+\frac{a}{2}\right)\\ &+\ldots\ldots\ldots\ldots\ldots\ldots\ldots\ldots\\ &+ a\log\frac{n}{n-1} - \log\left(1+\frac{a}{n-1}\right) - \log\left(1+\frac{a}{n}\right),\end{aligned}$$

ou

$$(4)\qquad \log af(a) = \sum_{m=1}^{n-1}\left[a\log\left(1+\frac{1}{m}\right) - \log\left(1+\frac{a}{m}\right)\right] - \log\left(1+\frac{a}{n}\right).$$

Consideremos agora a série

$$(\text{A})\qquad \sum_{m=1}^{\infty}\left[a\log\left(1+\frac{1}{m}\right) - \log\left(1+\frac{a}{m}\right)\right].$$

Por ser, quando $m > |a|$,

$$\log\left(1+\frac{1}{m}\right) = \frac{1}{m} - \frac{1}{2m^2} + \frac{1}{3m^3} - \ldots,$$

$$\log\left(1+\frac{a}{m}\right) = \frac{a}{m} - \frac{a}{2m^2} + \frac{a^3}{3m^3} - \ldots,$$

temos, suppondo $k > |a|$,

$$\sum_{m=k}^{n-1}\left|a\log\left(1+\frac{1}{m}\right) - \log\left(1+\frac{a}{m}\right)\right| = \sum_{m=k}^{n-1}\left|\frac{a(a-1)}{m^2}\left(\frac{1}{2}+\varepsilon\right)\right| < |a(a-1)|\,\text{M}\sum_{m=1}^{n-1}\frac{1}{m^2},$$

representando por ε a quantidade

$$\varepsilon = -\frac{1}{m}\left[\frac{1}{3}(1+a)+\dots\right]$$

e por M o maior valor que toma $\frac{1}{2}+\varepsilon$, quando m varia desde k até $n-1$.

Se fizermos agora tender n para o infinito, e se notarmos que M não póde ser infinito e que a série $\sum\limits_1^\infty \frac{1}{m^2}$ é convergente (*C. dif.*, n.º 20), podemos concluir d'esta desegualdade que a série

$$\sum_{n=k}^{\infty}\left| a\log\left(1+\frac{1}{m}\right)-\log\left(1+\frac{a}{m}\right)\right|$$

é convergente; portanto tambem é convergente a série considerada (A).

Vê-se pois que o segundo membro da egualdade (4) tende para um limite finito e determinado, quando n tende para o infinito, e que temos

$$(5) \qquad \lim_{n=\infty} \log af(a) = \sum_{m=1}^{\infty}\left[a\log\left(1+\frac{1}{m}\right)-\log\left(1+\frac{a}{m}\right)\right].$$

D'aqui se conclue que a funcção $f(a)$ tende tambem para um limite finito e determinado, quando n tende para o infinito. Este limite, que existe qualquer que seja o valor real ou imaginario de a (excluindo 0 e os numeros inteiros negativos), é uma funcção de a, e temos, em virtude do que se disse no numero anterior, quando a é um numero real positivo, e por definição, nos outros casos,

$$(6) \qquad \Gamma(a) = \lim_{n=\infty} \frac{n!\,n^a}{a(a+1)\dots(a+n)}.$$

161. Definida assim a funcção $\Gamma(a)$ para todos os valores reaes e imaginarios de a, vamos procurar as principaes propriedades d'esta funcção.

I. Mudando em (6) a em $a+1$, vem

$$\Gamma(a+1) = \lim_{n=\infty}\frac{n!\,n^{a+1}}{(a+1)(a+2)\dots(a+n+1)} = a\lim_{n=\infty}\frac{n!\,n^a}{a(a+1)\dots(a+n)}\lim_{n=\infty}\frac{n}{a+n+1},$$

d'onde se tira

$$(7) \qquad \Gamma(a+1) = a\,\Gamma(a).$$

D'esta egualdade e das egualdades semelhantes, que se obtêem mudando a em $a+1$,

$a+2$, etc., deduz-se a egualdade

$$\Gamma(a+k)=(a+k-1)(a+k-2)\ldots(a+1)a\Gamma(a), \tag{8}$$

onde k representa um numero inteiro positivo, por meio da qual se determinam os valores da funcção Γ para qualquer valor da variavel, quando se conhecem os valores que esta funcção toma para os valores da variavel cujas partes reaes estão comprehendidas no intervallo de 0 a 1.

No caso de a representar em numero inteiro positivo, temos, pondo em (8) $a=1$ e depois mudando k em a,

$$\Gamma(a+1)=a(a-1)\ldots 2.1, \tag{9}$$

visto ser

$$\Gamma(1)=\int_0^\infty e^{-x}dx=1.$$

Da egualdade (8) tira-se tambem

$$\Gamma(a)=\frac{\Gamma(a+k)}{(a+k-1)(a+k-2)\ldots(a+1)a},$$

por onde se vê que $\Gamma(a)$ é egual ao infinito, quando a é nullo ou egual a um numero inteiro negativo qualquer $-(k-1)$.

II. Para obter a segunda propriedade da funcção $\Gamma(a)$, notemos que a egualdade (6) dá

$$\Gamma(a)\Gamma(1-a)=\lim_{n=\infty}\frac{(n!)^2 n}{a(a+1)\ldots(a+n)(1-a)(2-a)\ldots(n+1-a)}$$

$$=\lim_{n=\infty}\frac{n}{n+1-a}\cdot\frac{1}{a\left(1-\frac{a^2}{1}\right)\left(1-\frac{a^2}{4}\right)\ldots\left(1-\frac{a^2}{n^2}\right)}.$$

Temos porém (*C. dif.*, n.º 170)

$$\operatorname{sen} a\pi=\lim_{n=\infty}a\pi\left(1-\frac{a^2}{1}\right)\left(1-\frac{a^2}{4}\right)\ldots\left(1-\frac{a^2}{n^2}\right).$$

Logo

$$\Gamma(a)\Gamma(1-a)=\frac{\pi}{\operatorname{sen} a\pi}. \tag{10}$$

Por meio d'esta egualdade pódem-se calcular os valores da funcção $\Gamma(a)$ correspondentes aos valores de a, cuja parte real está comprehendida entre $\frac{1}{2}$ e 1, quando se conhecem os valores correspondentes aos valores de a cuja parte real está comprehendida entre 0 e $\frac{1}{2}$.

Da egualdade (10) tira-se como corollario, pondo $a=\frac{1}{2}$, a egualdade

$$\Gamma\left(\frac{1}{2}\right)=\sqrt{\pi}. \tag{11}$$

III. Por ser

$$\Gamma\left(\frac{1}{n}\right)\Gamma\left(\frac{2}{n}\right)\dots\Gamma\left(\frac{n-1}{n}\right)=\Gamma\left(1-\frac{1}{n}\right)\Gamma\left(1-\frac{2}{n}\right)\dots\Gamma\left(1-\frac{n-1}{n}\right),$$

temos

$$\left[\Gamma\left(\frac{1}{n}\right)\Gamma\left(\frac{2}{n}\right)\dots\Gamma\left(\frac{n-1}{n}\right)\right]^2$$

$$=\Gamma\left(\frac{1}{n}\right)\Gamma\left(1-\frac{1}{n}\right)\Gamma\left(\frac{2}{n}\right)\Gamma\left(1-\frac{2}{n}\right)\dots\Gamma\left(\frac{n-1}{n}\right)\Gamma\left(1-\frac{n-1}{n}\right).$$

Applicando agora ao segundo membro d'esta egualdade a fórmula (10), vem

$$\left[\Gamma\left(\frac{1}{n}\right)\Gamma\left(\frac{2}{n}\right)\dots\Gamma\left(\frac{n-1}{n}\right)\right]^2=\frac{\pi^{n-1}}{\operatorname{sen}\frac{\pi}{n}\operatorname{sen}\frac{2\pi}{n}\dots\operatorname{sen}\frac{(n-1)\pi}{n}}.$$

Sabe-se porém pela Trigonometria que

$$2^{n-1}\operatorname{sen}\frac{\pi}{n}\operatorname{sen}\frac{2\pi}{n}\dots\operatorname{sen}\frac{(n-1)\pi}{n}=n.$$

Logo temos

$$\Gamma\left(\frac{1}{n}\right)\Gamma\left(\frac{2}{n}\right)\dots\Gamma\left(\frac{n-1}{n}\right)=(2\pi)^{\frac{n-1}{2}}n^{-\frac{1}{2}}. \tag{12}$$

Tanto esta egualdade, como as que precedentemente achámos, fôram obtidas pela primeira vez por Euler para o caso das variaveis reaes positivas, e estendidas por Gauss ao caso das variaveis negativas e imaginarias.

IV. A egualdade (12) é caso particular da seguinte:

$$\Gamma(a)\Gamma\left(a+\frac{1}{m}\right)\dots\Gamma\left(a+\frac{m-1}{m}\right)=(2\pi)^{\frac{m-1}{2}}\frac{m^{\frac{1}{2}}}{m^{ma}}\Gamma(ma),$$

dada primeiramente por Legendre no caso de ser $m=2$, e depois por Gauss no caso geral.

Para demonstrar este theorema, escreva-se a fórmula (6) do modo seguinte:

$$\Gamma(a)=\lim_{n=\infty}\frac{n!\,n^{a-1}}{a(a+1)\ldots(a+n-1)}, \tag{6'}$$

o que é uma consequencia de ser

$$\lim_{n=\infty}\frac{n}{a+n}=1;$$

mude-se nesta egualdade a em $a+\frac{u}{m}$, o que dá

$$\Gamma\left(a+\frac{u}{m}\right)=\lim_{n=\infty}\frac{n!\,n^{a+\frac{u}{m}-1}}{\left(a+\frac{u}{m}\right)\left(a+\frac{u}{m}+1\right)\ldots\left(a+\frac{u}{m}+n-1\right)};$$

e multipliquem-se as egualdades que resultam de dar a u os valores $0, 1, 2, 3, \ldots, m-1$. Teremos

$$\Gamma(a)\Gamma\left(a+\frac{1}{m}\right)\ldots\Gamma\left(a+\frac{m-1}{m}\right)=\lim_{n=\infty}\frac{(n!)^m\,n^{ma-\frac{m+1}{2}}}{a\left(a+\frac{1}{m}\right)\left(a+\frac{2}{m}\right)\ldots\left(a+\frac{mn-1}{m}\right)}.$$

Porém a fórmula (6′) dá, mudando a em ma e n em mn,

$$\Gamma(ma)=\lim_{n=\infty}\frac{(mn)!\,(mn)^{ma-1}}{ma(ma+1)\ldots(ma+mn-1)}=\lim_{n=\infty}\frac{(mn)!\,(mn)^{ma-1}\,m^{-mn}}{a\left(a+\frac{1}{m}\right)\ldots\left(a+\frac{mn-1}{m}\right)}.$$

Logo temos, dividindo estas egualdades membro a membro,

$$\frac{\Gamma(a)\Gamma\left(a+\frac{1}{m}\right)\ldots\Gamma\left(a+\frac{m-1}{m}\right)}{m^{-ma}\,\Gamma(ma)}=\lim_{n=\infty}\frac{(n!)^m\,m^{mn+1}}{(mn)!\,n^{\frac{m-1}{2}}}. \tag{B}$$

Como o segundo membro d'esta egualdade é independente de a, podemos, para determinar o seu valor C pôr $a=1$, o que dá

$$C=\frac{\Gamma(1)\Gamma\left(1+\frac{1}{u}\right)\cdots\Gamma\left(1+\frac{m-1}{m}\right)}{(m-1)!\,m^{-m}},$$

ou (fórm. 7)

$$C=m\Gamma\left(\frac{1}{m}\right)\Gamma\left(\frac{2}{m}\right)\cdots\Gamma\left(\frac{m-1}{m}\right),$$

ou (fórm. 12)

$$C=(2\pi)^{\frac{m-1}{2}}m^{\frac{1}{2}}.$$

A egualdade (B) combinada com esta egualdade dá o theorema que se queria demonstrar.

V. *A funcção $\Gamma(a)$ é holomorpha, e os seus pólos são* $0, -1, -2, -3, \ldots$.

Da fórmula (5) tira-se

$$\log\Gamma(a)=-\log a+\sum_{m=1}^{\infty}\left[a\log\left(1+\frac{1}{m}\right)-\log\left(1+\frac{a}{m}\right)\right].$$

Derivando esta série relativamente a a, vem

$$\frac{d\log\Gamma(a)}{da}=-\frac{1}{a}+\sum_{m=1}^{\infty}\left[\log\left(1+\frac{1}{m}\right)-\frac{1}{m+a}\right], \tag{13}$$

e derivando segunda vez

$$\frac{d^2\log\Gamma(a)}{da^2}=\sum_{m=0}^{\infty}\frac{1}{(m+a)^2}. \tag{14}$$

Para justificar completamente estas egualdades, basta notar que esta ultima série é uniformemente convergente na visinhança de qualquer ponto, differente dos pontos $a=0, -1, -2, -3, \ldots$.

Do que precede conclue-se que cada ramo da funcção $\log\Gamma(a)$ admitte derivadas de primeira e segunda ordem, finitas em cada ponto differente dos pontos $0, -1, -2, -3, \ldots$. Logo tambem a funcção $\Gamma(a)$ admitte derivadas das mesmas ordens, finitas nos mesmos pontos, e é porisso nelles regular (n.º 134).

Consideremos agora os pontos $0, -1, -2, \ldots$. Seja $-k$ um d'estes pontos. Decompondo a série que entra na expressão de $\log\Gamma(a)$ de modo a separar o termo correspondente a $m=k$, temos

$$\log\Gamma(a)=-\log a+a\log\left(1+\frac{1}{k}\right)-\log\left(1+\frac{a}{k}\right)+\Sigma\left[a\log\left(1+\frac{1}{m}\right)-\log\left(1+\frac{a}{m}\right)\right],$$

*

ou

$$\log [\Gamma(a)(a+k)] = -\log a + a \log\left(1+\frac{1}{k}\right)$$
$$+ \log k + \Sigma\left[a\log\left(1+\frac{1}{m}\right) - \log\left(1+\frac{a}{m}\right)\right].$$

O segundo membro d'esta egualdade é finito, quando temos $a=-k$; logo, tambem é finita neste mesmo ponto a funcção

$$\Gamma(a)(a+k),$$

e $-k$ é porisso um pólo simples de $\Gamma(a)$.

Para achar o residuo da funcção $\Gamma(a)$ relativamente ao pólo $-k$, póde-se recorrer á fórmula (8), que, mudando k em $k+1$, dá

$$\Gamma(a) = \frac{\Gamma(a+k+1)}{(a+k)(a+k-1)\dots(a+1)a},$$

e portanto

$$\lim_{a=-k} (a+k)\Gamma(a) = \frac{(-1)^k\Gamma(1)}{k!} = \frac{(-1)^k}{k!}.$$

Temos tambem

$$\lim_{a=0} a\Gamma(a) = 1.$$

Logo *o residuo de* $\Gamma(a)$ *relativamente a* $-k$ *é egual a* $(-1)^k\frac{1}{k!}$, *e o residuo de* $\Gamma(a)$ *relativamente a* 0 *é egual a* 1.

VI. *A funcção* $\frac{1}{\Gamma(a)}$ *é holomorpha em todo o plano.*

Para demonstrar esta proposição, notemos em primeiro logar que a funcção $\frac{1}{\Gamma(a)}$ é finita qualquer que seja a. É o que resulta de a funcção $\Gamma(a)$ não poder ser nulla; porque, se esta funcção fôsse nulla para $a=\alpha$, seria $\log\Gamma(\alpha)=\infty$, o que é absurdo, por ser esta funcção infinita sómente nos pontos $a=0, -1, -2, -3, \dots$, e nestes pontos a funcção $\Gamma(a)$ ser infinita.

Notemos em segundo logar que a funcção $\frac{1}{\Gamma(a)}$ admitte derivadas de todas as ordens finitas, nos pontos em que a funcção $\Gamma(a)$ as admitte, isto é, em todos os pontos differentes dos pólos de $\Gamma(a)$.

Notemos finalmente que, na visinhança de um pólo qualquer $-k$, temos

$$\Gamma(a) = \frac{A}{a+k} + a_0 + a_1(a+k) + \dots,$$

onde $A=(-1)^k \frac{1}{k!}$, e portanto

$$\frac{1}{\Gamma(a)}=\frac{a+k}{A+a_0(a+k)+\ldots},$$

e que esta egualdade mostra que a funcção $\frac{1}{\Gamma(a)}$ admitte derivadas de todas as ordens finitas no ponto $a=-k$.

A funcção $\frac{1}{\Gamma(a)}$ admittindo pois derivadas de todas as ordens, finitas qualquer que seja a, é holomorpha.

A proposição que vimos de demonstrar é devida a Weierstrass.

VII. De ser holomorpha a funcção $\frac{1}{\Gamma(a)}$ decorre como consequencia o poder ser decomposta em factores primarios (*C. dif.*, n.º 171).

Por serem $0, -1, -2, -3, \ldots$ as raizes de $\frac{1}{\Gamma(a)}=0$, por serem simples estas raizes, e por ser convergente a série

$$\frac{1}{1^2}+\frac{1}{2^2}+\frac{1}{3^2}+\ldots,$$

temos (*C. dif.*, n.º 172)

$$\frac{1}{\Gamma(a)}=e^{P(a)}a\prod_{1}^{\infty}\left[\left(1+\frac{a}{m}\right)e^{-\frac{a}{m}}\right]. \tag{15}$$

Para determinar $P(a)$, egualem-se os logarithmos dos dois membros de (15), o que dá

$$\log\frac{1}{\Gamma(a)}=P(a)+\log a+\sum_{m=1}^{\infty}\left[\log\left(1+\frac{a}{m}\right)-\frac{a}{m}\right],$$

e derive-se esta egualdade, o que dá

$$-\frac{d\log\Gamma(a)}{da}=P'(a)+\frac{1}{a}+\sum_{m=1}^{\infty}\left[\frac{1}{a+m}-\frac{1}{m}\right],$$

$$-\frac{d^2\log\Gamma(a)}{da^2}=P''(a)+\sum_{m=0}^{\infty}\frac{1}{(a+m)^2},$$

Comparando esta egualdade com a egualdade (14), vem $P''(a)=0$, e portanto

$$P(a)=Ca+C_1,$$

C e C_1 representando constantes que vamos determinar.

Substituindo este valor de $P(a)$ na egualdade (15), pondo depois $a=0$ e attendendo a que $\lim a\Gamma(a)=1$, vem $C_1=0$.

Pondo na mesma egualdade $a=1$, vem

$$1=e^{C}\prod_{1}^{\infty}\left[\left(1+\frac{1}{m}\right)e^{-\frac{1}{m}}\right],$$

e, tomando os logarithmos,

$$C=\sum_{m=1}^{\infty}\left[\frac{1}{m}-\log\left(1+\frac{1}{m}\right)\right]. \tag{16}$$

A constante C que esta egualdade determina é conhecida pelo nome de *constante de Euler*, e o seu valor é 0,577218....

Temos pois

$$\frac{1}{\Gamma(a)}=e^{Ca}a\prod_{1}^{\infty}\left[\left(1+\frac{a}{m}\right)e^{-\frac{a}{m}}\right]. \tag{17}$$

162. A funcção $\Gamma(a)$ é susceptivel de uma decomposição em fracções simples que torna explicitos os pólos d'esta funcção, como resulta do theorema de Mittag-Leffler. Esta decomposição foi pela primeira vez obtida por Prym [1], como vamos ver.

Mostrou-se no n.º 158 que os integraes

$$\int_0^1 e^{-x}x^{a-1}\,dx, \qquad \int_1^{\infty} e^{-x}x^{a-1}\,dx$$

definem duas funcções de a, o primeiro quando a é positivo, e o segundo para todos os valores reaes de a. Considerando só os valores positivos de a e representando estas funcções por $P(a)$ e $Q(a)$, temos pois

$$P(a)=\int_0^1 e^{-x}x^{a-1}\,dx, \qquad Q(a)=\int_1^{\infty} e^{-x}x^{a-1}\,dx.$$

Por ser

$$e^{-x}x^{a-1}=x^{a-1}-x^{a}+\frac{x^{a+1}}{2\,!}-\frac{x^{a+2}}{3\,!}+\dots,$$

temos

$$\int_0^1 e^{-x}x^{a-1}\,dx=\frac{1}{a}-\frac{1}{a+1}+\frac{1}{2\,!\,(a+2)}-\frac{1}{3\,!\,(a+3)}+\dots,$$

---

[1] *Jornal de Crelle*, t. LXXXII.

e portanto

$$P(a)=\frac{1}{a}-\frac{1}{a+1}+\frac{1}{2!(a+2)}-\frac{1}{3!(a+3)}+\ldots.$$

Esta egualdade, que vem de ser demonstrada para o caso de a ser positivo, serve para definir a funcção $P(a)$, quando a é negativo ou imaginario. Com effeito, a série é convergente, excepto quando a é nullo ou egual a um numero inteiro ou negativo (*C. dif.*, n.ºs 22-III e 23-2.º).

Consideremos agora a funcção $Q(a)$. Temos, visto que suppomos a positivo,

$$\int_0^\infty x^{a-1}e^{-x}dx=\int_0^1 x^{a-1}e^{-x}dx+\int_1^\infty x^{a-1}e^{-x}dx,$$

e portanto

$$Q(a)=\Gamma(a)-P(a);$$

e esta egualdade serve para definir $Q(a)$, quando a é negativo ou imaginario.

Para conhecer a natureza da funcção $Q(a)$, notemos em primeiro logar que as funcções $\Gamma(a)$ e $P(a)$ admittem derivadas de todas as ordens finitas, quando a é differente dos numeros $0, -1, -2, -3, \ldots$; portanto a funcção $Q(a)$ é holomorpha na visinhança dos pontos $0, -1, -2, -3, \ldots$. Para ver o que acontece nestes pontos, consideremos um d'elles, $-k$ por exemplo. Por ser este ponto um pólo de $P(a)$, temos, na sua visinhança,

$$P(a)=\frac{(-1)^k}{k!(a+k)}+a_0'+a_1'(a+k+\ldots.$$

Por ser o mesmo ponto um pólo simples de $\Gamma(a)$ e ser o seu residuo egual $\frac{(-1)^k}{k!}$ (n.º 161-V), temos

$$\Gamma(a)=\frac{(-1)^k}{k!(a+k)}+a_0+a_1(a+k)+\ldots.$$

Logo

$$\Gamma(a)-P(a)=a_0'-a_0+(a_1'-a_1)(a+k)+\ldots,$$

o que mostra que a funcção $Q(a)$ é holomorpha na visinhança do ponto $-k$.

Vê-se pois que a funcção $Q(a)$ é *holomorpha em todo o plano*.

Para obter o desenvolvimento de $Q(a)$ em série ordenada segundo as potencias de $a-1$, emprega-se a fórmula de Taylor, que, por ser

$$\frac{d^n Q(a)}{da^n}=\int_1^\infty e^{-x}x^{a-1}\log^n x dx,$$

dá

$$(18)\qquad Q(a)=e^{-1}+(a-1)\int_1^\infty e^{-x}\log x dx+\frac{(a-1)^2}{2!}\int_1^\infty e^{-x}\log^2 x dx+\ldots.$$

II

Calculo das funcções $\Gamma(a)$ e $\log\Gamma(a)$

163. As séries e os productos infinitos considerados nos numeros anteriores dão as propriedades das funcções $\Gamma(a)$ e $\log\Gamma(a)$; mas, por convergirem muito lentamente, não são convenientes para o calculo numerico d'estas funcções. Vamos pois agora considerar algumas séries proprias para este fim. Supporemos que a variavel a é real e positiva.

Desenvolvendo $\log\Gamma(a)$ pela fórmula de Taylor e attendendo ás egualdades (n.º 161-V)

$$\frac{d\log\Gamma(a)}{da}=-\frac{1}{a}+\sum_{m=1}^{\infty}\left[\log\left(1+\frac{1}{m}\right)-\frac{1}{m+a}\right],$$

$$\frac{d^2\log\Gamma(a)}{da^2}=\sum_{m=0}^{\infty}\frac{1}{(m+a)^2},\qquad \frac{d^3\log\Gamma(a)}{da^3}=-\sum_{m=0}^{\infty}\frac{2!}{(m+a)^3},\qquad \dots,$$

vem a fórmula, devida a Euler:

$$\log\Gamma(a)=-C(a-1)+\frac{1}{2}S_2(a-1)^2-\frac{1}{3}S_3(a-1)^3+\dots, \tag{19}$$

onde é

$$C=1-\sum_{m=1}^{\infty}\left[\log\left(1+\frac{1}{m}\right)-\frac{1}{m+1}\right],\qquad S_2=\sum_{m=1}^{\infty}\frac{1}{(m+1)^2}=\sum_{m=1}^{\infty}\frac{1}{m^2},$$

$$S_3=\sum_{m=1}^{\infty}\frac{1}{m^3},\qquad S_4=\sum_{m=1}^{\infty}\frac{1}{m^4},\qquad \dots.$$

A constante C, que aqui apparece, coincide com a constante de Euler, já considerada no n.º 161-VII, visto ser

$$1-\sum_{m=1}^{\infty}\left[\log\left(1+\frac{1}{m}\right)-\frac{1}{m+1}\right]=\sum_{m=1}^{\infty}\left[\frac{1}{m}-\log\left(1+\frac{1}{m}\right)\right].$$

A série que vimos de obter é convergente, quando $|a-1|\overline{\gtrless}1$, e converge tanto mais rapidamente quanto menos a differe da unidade. Póde servir por isso para determinar os valores da funcção $\log \Gamma(a)$, quando a está comprehendido entre $\frac{1}{2}$ e $\frac{3}{2}$; e depois determinam-se os valores que toma esta funcção nos outros pontos por meio das egualdades

$$\log \Gamma(a+1) = \log a + \log \Gamma(a), \qquad \log \Gamma(a) = -\log \Gamma(1-a) + \log \pi - \log \operatorname{sen} a\pi,$$

que resultam das egualdades (7) e (10).

164. A série dada no numero anterior, para determinar a constante de Euler, sendo pouco convergente, póde-se empregar para a calcular a série seguinte, que resulta de (19) pondo $a=2$:

$$C = \frac{1}{2} S_2 - \frac{1}{3} S_3 + \frac{1}{4} S_4 - \dots . \tag{20}$$

A respeito da constante de Euler, observaremos ainda que ella é o limite para que tende a differença

$$1 + \frac{1}{2} + \dots + \frac{1}{n} - \log n,$$

quando n tende para o infinito. Temos, com effeito,

$$\log\left(1+\frac{1}{m}\right) = \frac{1}{m} - \frac{1}{2}\frac{1}{m^2} + \frac{1}{3}\frac{1}{m^3} - \frac{1}{4}\frac{1}{m^4} + \dots,$$

e portanto, pondo $m = 1, 2, \dots, n$ e sommando membro a membro os resultados,

$$\log\frac{2}{1} + \log\frac{3}{2} + \log\frac{4}{3} + \dots + \log\frac{n+1}{n} = 1 + \frac{1}{n} - \frac{1}{2}\sum_1^n \frac{1}{m^2} + \frac{1}{3}\sum_1^n \frac{1}{m^3} - \dots,$$

o que dá

$$\log(n+1) = 1 + \frac{1}{2} + \dots + \frac{1}{n} - \frac{1}{2}\sum_1^n \frac{1}{m^2} + \frac{1}{3}\sum_1^n \frac{1}{m^3} - \dots .$$

Fazendo tender n para o infinito, temos pois

$$\lim_{n=\infty}\left[1 + \frac{1}{2} + \dots + \frac{1}{n} - \log n\right] = \lim_{n=\infty}\left[\log\frac{n+1}{n} + \frac{1}{2}\sum_1^n \frac{1}{m^2} - \frac{1}{3}\sum_1^n \frac{1}{m^3} + \dots\right],$$

$$= \frac{1}{2} S_2 - \frac{1}{3} S_3 + \dots = C.$$

Notaremos finalmente, a respeito ainda da constante de Euler, que ella é egual e de signal contrario ao valor que toma $\frac{d\log\Gamma(a)}{da}$, quando se faz $a=1$, como resulta da egualdade (19).

165. Da série (19), a que se póde dar a fórma

$$\log\Gamma(a+1) = -Ca + \frac{1}{2}S_2a^2 - \frac{1}{3}S_3a^3 + \ldots, \tag{21}$$

onde $|a| \lesseqgtr 1$, deduziu Legendre outra mais convergente do modo seguinte.

Mudando nesta série a em $-a$, temos

$$\log\Gamma(1-a) = Ca + \frac{1}{2}S_2a^2 + \frac{1}{3}S_3a^3 + \ldots,$$

e addicionando esta série á precedente e attendendo ás egualdades (7) e (10),

$$\frac{1}{2}\log[\Gamma(1+a)\Gamma(1-a)] = \frac{1}{2}\log[a\Gamma(a)\Gamma(1-a)]$$

$$= \frac{1}{2}\log\frac{a\pi}{\operatorname{sen} a\pi} = \frac{1}{2}S_2a^2 + \frac{1}{4}S_4a^4 + \frac{1}{6}S_6a^6 + \ldots.$$

Esta egualdade, combinada com a egualdade (21), dá o desenvolvimento

$$\log\Gamma(a+1) = \frac{1}{2}\log\frac{a\pi}{\operatorname{sen} a\pi} - \left[Ca + \frac{1}{3}S_3a^3 + \frac{1}{5}S_5a^5 + \ldots\right], \tag{22}$$

que converge mais rapidamente do que o desenvolvimento (21).

166. A funcção $\log\Gamma(a)$ póde tambem ser expressa por um integral definido, como vamos ver.

A egualdade (6) dá

$$\log\Gamma(a) = \lim_{n=\infty}[a\log n + \log(n!) - \log a - \log(a+1) - \ldots - \log(a+n)], \tag{23}$$

ou, por ser

$$\log n = \log\frac{2}{1} + \log\frac{3}{2} + \ldots + \log\frac{n}{n-1},$$

$$\log\Gamma(a) = \lim_{n=\infty}\left[a\log\frac{2}{1} + a\log\frac{3}{2} + \ldots + a\log\frac{n}{n-1}\right.$$

$$\left. + \log\frac{1}{a} + \log\frac{1}{a+1} + \ldots + \log\frac{n}{a+n}\right].$$

Temos porém (n.º 37-II)

$$\log \frac{\beta}{\alpha} = \int_0^1 \frac{x^{\beta-1} - x^{\alpha-1}}{\log x}\, dx.$$

Logo

$$\log \Gamma(a) = \lim_{n=\infty} \left[a \int_0^1 \frac{x-1}{\log x}\, dx + a \int_0^1 x \frac{x-1}{\log x}\, dx \right.$$

$$+ \ldots + a \int_0^1 x^{n-2} \frac{x-1}{\log x}\, dx + \int_0^1 \frac{1-x^{a-1}}{\log x}\, dx$$

$$\left. + \int_0^1 \frac{1-x^a}{\log x}\, dx + \int_0^1 x \frac{1-x^a}{\log x}\, dx + \ldots + \int_0^1 x^{n-1} \frac{1-x^a}{\log x}\, dx \right]$$

$$= \lim_{n=\infty} \left[a \int_0^1 \frac{x-1}{\log x} (1 + x + \ldots + x^{n-2})\, dx \right.$$

$$\left. + \int_0^1 \frac{1-x^{a-1}}{\log x}\, dx + \int_0^1 \frac{1-x^a}{\log x} (1 + x + \ldots + x^{n-1})\, dx \right].$$

Mas

$$1 + x + x^2 + \ldots + x^{n-2} = \frac{1}{1-x} - \frac{x^{n-1}}{1-x},$$

$$1 + x + x^2 + \ldots + x^{n-1} = \frac{1}{1-x} - \frac{x^n}{1-x}.$$

Será pois

$$\log \Gamma(a) = \lim_{n=\infty} \int_0^1 \left[-a \frac{1}{\log x} + \frac{1-x^{a-1}}{\log x} \right.$$

$$\left. + \frac{1-x^a}{(1-x)\log x} - a \frac{(x-1)\, x^{n-1}}{(1-x)\log x} - \frac{(1-x^a)\, x^n}{(1-x)\log x} \right] dx$$

ou

$$\log \Gamma(a) = \int_0^1 \left[\frac{1-x^{a-1}}{1-x} - a + 1 \right] \frac{dx}{\log x} + \lim_{n=\infty} \int_0^1 x^{n-1} \frac{x^{a+1} - (a+1)x + a}{(x-1)\log x}\, dx.$$

O ultimo integral que entra nesta fórmula satisfaz á relação (n.º 30-2.º)

$$\int_0^1 x^{n-1} \frac{x^{a+1} - (a+1)x + a}{(x-1)\log x}\, dx = \mathrm{K} \int_0^1 x^{n-1}\, dx = \mathrm{K} \frac{1}{n},$$

K representando um numero que não é superior ao maior nem inferior ao menor dos valores que toma a funcção

$$\frac{x^{a+1} - (a+1)x + a}{(x-1)\log x},$$

quando x varia desde 0 até 1.

*

Como esta funcção é finita neste intervallo e $\frac{1}{n}$ tende para zero, quando n tende para o infinito, temos

$$\lim_{n=\infty} \int_0^1 x^{n-1} \frac{x^{a+1} - (a+1)x + a}{(x-1)\log x} dx = 0,$$

e portanto

$$\text{(24)} \qquad \log \Gamma(a) = \int_0^1 \left[\frac{1 - x^{a-1}}{1-x} - a + 1 \right] \frac{dx}{\log x} \cdot$$

A fórmula, que vimos de achar, é devida a Cauchy [1]. Derivando-a relativamente a a, vem a egualdade

$$\text{(25)} \qquad \frac{d \log \Gamma(a)}{da} = - \int_0^1 \left[\frac{x^{a-1}}{1-x} + \frac{1}{\log x} \right] dx,$$

devida a Gauss.

167. Por ser a constante de Euler egual e de signal contrario ao valor que toma $\frac{d \log \Gamma(a)}{da}$, quando $a = 1$, temos a egualdade

$$\text{(26)} \qquad C = \int_0^1 \left[\frac{1}{1-x} + \frac{1}{\log x} \right] dx,$$

que dá esta constante expressa por um integral definido.

Das duas egualdades que vimos de achar deduz-se a seguinte:

$$\text{(27)} \qquad \frac{d \log \Gamma(a)}{da} = -C + \int_0^1 \frac{x^{a-1} - 1}{x-1} dx,$$

devida a Legendre.

Desta fórmula tira-se immediatamente a consequencia importante de que a funcção $\frac{d \log \Gamma(a)}{da}$ póde ser expressa por funcções elementares, debaixo de fórma finita, quando a é racional.

Uma segunda consequencia importante da mesma fórmula é a egualdade seguinte, devida a Euler:

$$\text{(28)} \qquad \int_0^1 \frac{x^{a-1} - x^{-a}}{1-x} dx = \pi \cot a\pi,$$

que se obtem do modo seguinte.

---

[1] Sobre a demonstração aqui empregada veja-se um artigo que publicámos em *El Progreso matematico* de Galdeano (Saragoça, 1891).

Da egualdade (10) resulta, derivando relativamente a a o logarithmo de cada membro,

$$\frac{d\log\Gamma(a)}{da}-\frac{d\log(1-a)}{d(1-a)}=-\pi\cot a\pi,$$

e da fórmula (27), mudando em a em $1-a$,

$$\frac{d\log\Gamma(1-a)}{d(1-a)}=-C+\int_0^1\frac{x^{-a}-1}{x-1}dx.$$

Destas duas egualdades e da egualdade (27) deduz-se a relação (28) por meio da eliminação de $\frac{d\log\Gamma(a)}{da}$ e $\frac{d\log\Gamma(1-a)}{d(1-a)}$.

168. Antes de continuar com o estudo dos methodos para o calculo numerico das funcções $\Gamma(a)$ e $\log\Gamma(a)$ vamos determinar o seguinte integral:

$$F(a)=\int_a^{a+1}\log\Gamma(x)\,dx,\qquad a>0,$$

conhecido pelo nome de *integral de Raabe,* empregando para esta determinação um processo muito simples devido a Lerch (1).

Derivando o integral precedente relativamente a a e attendendo á fórmula (7), vem

$$\frac{dF(a)}{da}=\log\frac{\Gamma(a+1)}{\Gamma(a)}=\log a,$$

d'onde se conclue, por integração,

$$F(a)=c+a\log a-a,$$

c designando uma constante, que vamos determinar. Pondo para isso $a=0$, vem

$$c=\int_0^1\log\Gamma(x)\,dx:$$

mas a egualdade

$$\Gamma(x)\Gamma(1-x)=\frac{\pi}{\operatorname{sen}\pi x}$$

---

(1) *Jornal de Bataglini,* t. XXVI, pag. 39.

dá a seguinte

$$\int_0^1 \log \Gamma(x)\,dx = \log \pi - \int_0^1 \log \operatorname{sen} \pi x\,dx - \int_0^1 \log \Gamma(1-x)\,dx,$$

que, por ser

$$\int_0^1 \log \Gamma(1-x)\,dx = \int_0^1 \log \Gamma(x)\,dx,$$

dá ainda

$$2\int_0^1 \log \Gamma(x)\,dx = \log \pi - \int_0^1 \log \operatorname{sen} \pi x dx\,;$$

logo temos

$$c = \frac{1}{2} \log \pi - \frac{1}{2} \int_0^1 \log \operatorname{sen} \pi x dx.$$

Para determinar este ultimo integral, notemos que, por definição, temos

$$\int_0^1 \log \operatorname{sen} \pi x dx = \lim_{n=\infty} \frac{1}{n} \left[\log \operatorname{sen} \frac{\pi}{n} + \log \operatorname{sen} \frac{2\pi}{n} + \ldots + \log \operatorname{sen} \frac{(n-1)\pi}{n} \right],$$

e, em virtude de uma fórmula de Trigonometria já applicada no n.º 161–III,

$$\log n - (n-1) \log 2 = \log \operatorname{sen} \frac{\pi}{n} + \log \operatorname{sen} \frac{2\pi}{n} + \ldots + \log \operatorname{sen} \frac{(n-1)\pi}{n},$$

e que d'estas egualdades resulta

$$\int_0^1 \log \operatorname{sen} \pi x dx = \lim_{n=\infty} \frac{\log n - (n-1) \log 2}{n} = -\log 2.$$

Temos pois

$$c = \frac{1}{2} \log \pi + \frac{1}{2} \log 2 = \frac{1}{2} \log (2\pi),$$

e portanto a fórmula de Raabe

$$\text{(29)} \qquad \int_a^{a+1} \log \Gamma(x)\,dx = a \log a - a + \frac{1}{2} \log (2\pi).$$

169. O processo indicado no n.º 163 para determinar $\Gamma(a)$ e $\log \Gamma(a)$ é muito longo, quando o numero a é muito grande. Vamos porisso procurar fórmulas mais proprias para neste caso se fazer esta determinação.

Partiremos, para este fim, do integral (24), que, pondo $x=e^{-t}$, dá

$$\text{(30)} \qquad \log \Gamma(a)=\int_0^\infty \left[(a-1)e^{-t}-\frac{e^{-t}-e^{-at}}{1-e^{-t}}\right]\frac{dt}{t}.$$

Esta egualdade decompõe-se nas duas seguintes

$$\log \Gamma(a)=\mathrm{F}(a)+\omega(a),$$

onde

$$\mathrm{F}(a)=\int_0^\infty \left[\left(a-1-\frac{1}{1-e^{-t}}\right)e^{-t}+\left(\frac{1}{t}+\frac{1}{2}\right)e^{-at}\right]\frac{dt}{t},$$

$$\omega(a)=\int_0^\infty \left[\frac{1}{1-e^{-t}}-\frac{1}{t}-\frac{1}{2}\right]e^{-at}\frac{dt}{t}.$$

Por outra parte, a egualdade (30) dá, integrando relativamente a a entre os limites a e $a+1$,

$$\int_a^{a+1}\log \Gamma(a)\,da=\int_0^\infty \left[\left(a-\frac{1}{2}\right)e^{-t}-\frac{e^{-t}}{1-e^{-t}}+\frac{e^{-at}}{t}\right]\frac{dt}{t};$$

e a egualdade (n.º 74-II)

$$\log a=\int_0^1 \frac{x^{a-1}-1}{\log x}\,dx$$

dá, pondo $x=e^{-t}$,

$$\log a=\int_0^\infty \frac{e^{-t}-e^{-at}}{t}\,dt.$$

Logo

$$\mathrm{F}(a)=\int_a^{a+1}\log \Gamma(a)\,da-\frac{1}{2}\log a,$$

e, em virtude da fórmula de Raabe,

$$\mathrm{F}(a)=\left[a-\frac{1}{2}\right]\log a-a+\frac{1}{2}\log(2\pi).$$

Temos pois a fórmula importante

$$(31)\qquad \log\Gamma(a)=\left[a-\frac{1}{2}\right]\log a-a+\frac{1}{2}\log(2\pi)+\omega(a),$$

que vimos de obter por meio de uma analyse muito simples, devida a Hermite ([1]).

Para determinar a quantidade $\omega(a)$, vamos desenvolver o integral correspondente em série. Parta-se para isso da fórmula (*C. dif.*, n.° 176)

$$\cot t=\frac{1}{t}+\sum_{c=1}^{\infty}\frac{2t}{t^2-c^2\pi^2},$$

que dá

$$\frac{1}{t^2}(t\cot t-1)=\sum_{c=1}^{\infty}\frac{2}{t^2-c^2\pi^2},$$

e, substituindo $\cot t$ pela sua expressão por meio de exponenciaes e depois t por $\frac{it}{2}$,

$$\frac{1}{t}\left[\frac{1}{1-e^{-t}}-\frac{1}{t}-\frac{1}{2}\right]=\sum_{c=1}^{\infty}\frac{2}{t^2+4c^2\pi^2}.$$

Se se attender agora á identidade, que se obtem por meio da divisão,

$$\frac{1}{t^2+4c^2\pi^2}=\frac{1}{(2c\pi)^2}-\frac{t^2}{(2c\pi)^4}+\ldots+(-1)^{n-1}\frac{t^{2n-2}}{(2c\pi)^{2n}}+(-1)^n\frac{\theta_n t^{2n}}{(2c\pi)^{2n+2}},$$

onde

$$\theta_n=\frac{4c^2\pi^2}{t^2+4c^2\pi^2},$$

temos

$$\frac{1}{t}\left(\frac{1}{1-e^{-t}}-\frac{1}{t}-\frac{1}{2}\right)=2\sum_{c=1}^{\infty}\frac{1}{(2c\pi)^2}-2t^2\sum_{c=1}^{\infty}\frac{1}{(2c\pi)^4}+\ldots$$

$$+(-1)^{n-1}2t^{2n-2}\sum_{c=1}^{\infty}\frac{1}{(2c\pi)^{2n}}+(-1)^n 2t^{2n}\sum_{c=1}^{\infty}\frac{\theta_n}{(2c\pi)^{2n+2}}.$$

Por ser θ_n uma quantidade positiva inferior á unidade, temos

$$\sum_{c=1}^{\infty}\frac{\theta_n}{(2c\pi)^{2n+2}}<\sum_{c=1}^{\infty}\frac{1}{(2c\pi)^{2n+2}},$$

([1]) *Boletim da Sociedade real das Sciencias de Praga,* 1888.

e portanto

$$\sum_{c=1}^{\infty} \frac{\theta_n}{(2c\pi)^{2n+2}} = \theta \sum_{c=1}^{\infty} \frac{1}{(2c\pi)^{2n+2}},$$

representando por θ uma quantidade comprehendida entre 0 e 1. Por outra parte temos (*C. dif.*, n.º 176), representando B_1, B_2, ... os numeros de Bernoulli,

$$\text{(A)} \qquad \frac{2^{2n-1}\pi^{2n} B_{2n-1}}{(2n)!} = \sum_{c=1}^{\infty} \frac{1}{c^{2n}} = S_{2n}.$$

Em virtude d'estas duas egualdades, a relação anterior transforma-se na seguinte:

$$\frac{1}{t}\left(\frac{1}{1-e^{-t}} - \frac{1}{t} - \frac{1}{2}\right) = \frac{B_1}{1.2} - \frac{B_3}{4!} t^2 + \dots$$

$$+ (-1)^{n-1} \frac{B_{2n-1}}{(2n)!} t^{2n-2} + (-1)^n \theta \frac{B_{2n+1}}{(2n+2)!} t^{2n}.$$

Multiplicando ambos os membros d'esta egualdade por e^{-at} e integrando depois entre os limites 0 e ∞, temos

$$\omega(a) = \frac{B_1}{2!}\int_0^\infty e^{-at}\, dt - \frac{B_3}{4!}\int_0^\infty t^2 e^{-at}\, dt + \dots + (-1)^{n-1} \frac{B_{2n-1}}{(2n)!}\int_0^\infty t^{2n-2} e^{-at}\, dt$$

$$+ (-1)^n \frac{B_{2n+1}}{(2n+2)!}\int_0^\infty \theta\, t^{2n} e^{-at}\, dt,$$

que, por ser (n.º 37-I)

$$\int_0^\infty \theta\, t^m e^{-at}\, dt = \frac{m!}{a^{m+1}},$$

e (n.º 30)

$$\int_0^\infty t^{2n} e^{-at}\, dt = \theta' \frac{(2n)!}{a^{2n+1}},$$

onde θ' representa uma quantidade comprehendida entre 0 e 1, dá

$$\omega(a) = \frac{B_1}{1.2}\frac{1}{a} - \frac{B_3}{3.4}\frac{1}{a^3} + \dots + (-1)^{n-1} \frac{B_{2n-1}}{(2n-1)\,2n} \frac{1}{a^{2n-1}}$$

$$+ (-1)^n \theta' \frac{B_{2n+1}}{(2n+1)(2n+2)} \frac{1}{a^{2n+1}}.$$

Temos pois a *fórmula de Stirling*

$$(32)\quad \left\{\begin{aligned} &\log \Gamma(a) = \left(a - \frac{1}{2}\right)\log a - a + \frac{1}{2}\log(2\pi) \\ &+ \frac{B_1}{1.2}\,\frac{1}{a} - \frac{B_3}{3.4}\,\frac{1}{a^3} + \ldots + (-1)^{n-1}\frac{B^{2n-1}}{(2n-1)\,2n}\,\frac{1}{a^{2n-1}} \\ &+ (-1)^n\,\theta'\,\frac{B_{2n+1}}{(2n+1)(2n+2)}\,\frac{1}{a^{2n+1}}, \end{aligned}\right.$$

completada por um resto

$$(-1)^n\,\theta'\,\frac{B_{2n+1}}{(2n+1)(2n+2)}\,\frac{1}{a^{2n+1}},$$

cuja expressão é devida a Cauchy.

A série que resulta de pôr no segundo membro d'esta egualdade $n = \infty$ é divergente. Com effeito, a razão de dois termos consecutivos é egual a

$$\frac{(2n-3)(2n-2)}{(2n-1)\,2n}\,\frac{B_{2n-1}}{B_{2n-3}}\cdot\frac{1}{a^2}$$

ou, attendendo a (A),

$$\frac{(2n-3)(2n-2)}{4\pi^2}\,\frac{S_{2n}}{S_{2n-2}}\,\frac{1}{a^2},$$

e este quociente tende para o infinito, quando n tende para o infinito.

Apezar d'esta circumstancia, a série que resulta da fórmula (32) serve para calcular $\log\Gamma(a)$, quando a é um numero grande, e é mesmo a melhor fórmula que se conhece para este fim. A razão d'isto está em que, quando se faz successivamente $n = 0, 1, 2, 3, \ldots$, a quantidade

$$\frac{B_{2n+1}}{(2n+1)(2n+2)}\,\frac{1}{a^{2n+1}},$$

e portanto o resto da série, principia por decrescer rapidamente para depois crescer. Póde-se porisso uzar da fórmula (32) para o calculo de $\Gamma(a)$, com a condição de não empregar neste calculo termos de ordem superior ao penultimo termo decrescente. Para se avaliar o grau de approximação com que se determina por este processo $\log\Gamma(a)$, basta attender a que fórmula (32) dá para este erro os limites

$$0,\ \frac{B_{2n+1}}{(2n+1)(2n+2)}\,\frac{1}{a^{2n+1}}.$$

o caso de na fórmula (32) se fazer $n=0$, vem, por ser $B_1 = \frac{1}{6}$,

$$\text{(33)}\qquad \log \Gamma(a) = \left(a - \frac{1}{2}\right) \log a - a + \frac{1}{2} \log (2\pi) + \frac{\theta'}{12\,a}.$$

expressão

$$\left(a - \frac{1}{2}\right) \log a - a + \frac{1}{2} \log 2\pi$$

dá pois o valor de $\log \Gamma(a)$ com um erro menor do que $\frac{1}{12\,a}$.

A egualdade que vimos de achar póde ser escripta do modo seguinte:

$$\text{(34)}\qquad \Gamma(a) = \sqrt{\frac{2\pi}{a}}\, a^a\, e^{-a + \frac{\theta'}{12\,a}}$$

a fórmula mostra que o valor de $\Gamma(a)$ está comprehendido entre os dois numeros

$$\sqrt{\frac{2\pi}{a}}\, a^a\, e^{-a}, \qquad \sqrt{\frac{2\pi}{a}}\, a^a e^{-a + \frac{1}{12\,a}}.$$

70. A importancia que tem no Calculo das probabilidades a fórmula (34) leva-nos a r aqui a demonstração directa e muito simples que d'ella deu Rouché, no caso de ser a o positivo, modificando-a um pouco para considerar qualquer valor positivo de a [1].

A egualdade (*C. dif.*, n.° 120)

$$\log p_1 - \log q_1 = 2 \left[\frac{p_1 - q_1}{p_1 + q_1} + \ldots + \frac{1}{n-2} \left(\frac{p_1 - q_1}{p_1 + q_1}\right)^{n-2} \right] + \theta\, \frac{(p_1 - q_1)^n}{2n\, p_1\, q_1\, (p_1 + q_1)^{n-2}}$$

pondo $p_1 = m + 1$, $q_1 = m$, $n = 3$,

$$\log (m + 1) - \log m = \frac{2}{2m + 1} \left[1 + \frac{\theta}{12\, m\, (m + 1)} \right],$$

θ representa uma quantidade comprehendida entre 0 e 1 ; e portanto

$$\frac{\theta}{12\, m\, (m + 1)} = -1 + \left(m + \frac{1}{2}\right) [\log (m + 1) - \log m] = \log \varphi(m) - \log \varphi(m + 1),$$

---

[1] Rouché: *Sur la formule de Stirling* (*Comptes rendus de l'Académie des Sciences de Paris*, 1890). *Extrait d'une lettre de M. Gomes Teixeira à M. Rouché* (*Nouvelles Annales de Mathématiques*, 3me *série*, p. 312).

*

pondo

$$\text{(A)} \qquad \varphi(m) = \frac{\Gamma(m+1)}{e^{-m} m^{m+\frac{1}{2}}}.$$

A egualdade que vimos de obter mostra que

$$\log \varphi(m) > \log \varphi(m+1)$$

e

$$\log \varphi(m) - \frac{1}{12m} < \log \varphi(m+1) - \frac{1}{12(m+1)};$$

e portanto que as duas funcções $\varphi(m)$ e $\varphi(m) e^{-\frac{1}{12m}}$ são a primeira decrescente e a segunda crescente com m. Sendo pois p um numero inteiro positivo, temos

$$\varphi(m) > \varphi(m+p), \qquad \varphi(m) e^{-\frac{1}{12m}} < \varphi(m+p) e^{-\frac{1}{12(m+p)}};$$

e portanto

$$\text{(B)} \qquad \frac{\varphi(m)}{\varphi(m+p)} = e^{\frac{\theta_1 p}{12(m+p)m}}, \qquad 0 < \theta_1 < 1.$$

Esta relação dá, pondo $m = p$,

$$\lim_{p=\infty} \frac{\varphi(p)}{\varphi(2p)} = 1;$$

e portanto, attendendo á egualdade (A), á fórmula de Wallis (n.º 63) e a que p é um inteiro positivo,

$$\lim_{p=\infty} \varphi(p) = \lim_{p=\infty} \sqrt{\frac{[\varphi(p)]^4}{[\varphi(2p)]^2}} = 2 \lim_{p=\infty} \sqrt{\frac{2.2.4.4\ldots(2p-2)\,2p}{1.3.3.5\ldots(2p-1)(2p-1)}} = \sqrt{2\pi}.$$

Por outra parte temos

$$\lim_{p=\infty} \frac{\varphi(m+p)}{\varphi(p)} = \lim_{p=\infty} \frac{\Gamma(m+p+1)\, e^{-p} p^{p+\frac{1}{2}}}{\Gamma(p+1)\, e^{-(m+p)} (m+p)^{m+p+\frac{1}{2}}}$$

$$= \lim_{p=\infty} \frac{m(m+1)\ldots(m+p)\,\Gamma(m)\, e^{-p} p^{p+\frac{1}{2}}}{p!\, e^{-(m+p)} (m+p)^{m+p+\frac{1}{2}}},$$

ou, em virtude da fórmula (6),

$$\lim_{p=\infty} \frac{\varphi(m+p)}{\varphi(p)} = \lim_{p=\infty} \frac{p^{m+p+\frac{1}{2}}}{e^{-m}(m+p)^{m+p+\frac{1}{2}}} = \lim_{p=\infty} \frac{1}{e^{-m}\left(\frac{m}{p}+1\right)^{m+p+\frac{1}{2}}}.$$

Temos porém (*C. dif.*, n.º 129-V)

$$\lim_{p=\infty} \left(\frac{m}{p}+1\right)^{m+p+\frac{1}{2}} = e^m.$$

Logo será

$$\lim_{p=\infty} \frac{\varphi(m+p)}{\varphi(p)} = 1,$$

e portanto

$$\lim_{p=\infty} \varphi(m+p) = \lim_{p=\infty} \varphi(p) = \sqrt{2\pi}.$$

Mas a fórmula (B) dá

$$\lim_{p=\infty} \frac{\varphi(m)}{\varphi(m+p)} = e^{\frac{\theta}{12m}}, \quad 0<\theta<1,$$

e portanto

$$\varphi(m) = e^{\frac{\theta}{12m}} \lim_{p=\infty} \varphi(m+p).$$

Temos pois

$$\varphi(m) = e^{\frac{\theta}{12m}} \sqrt{2\pi}$$

e, em virtude da egualdade (A),

$$\Gamma(m+1) = \sqrt{2\pi m}\, m^m e^{-m} e^{\frac{\theta}{12m}},$$

fórmula analoga á relação (34).

III

Applicações dos principios precedentes

171. Por meio das funcções que vimos de considerar póde-se obter um grande numero de integraes definidos importantes e sommar algumas séries, como vamos ver.

Consideremos em primeiro logar o integral de Euler

$$\int_0^1 x^{a-1}(1-x)^{b-1}\,dx,$$

onde a e b representam dois numeros positivos, ao qual Legendre deu o nome de *integral euleriano de primeira especie,* e que Binet representou pela notação $B(a, b)$.

Vimos no n.º 21-III que, quando $a-1$ e $b-1$ são numeros inteiros positivos, temos

$$\int_0^1 x^{a-1}(1-x)^{b-1}\,dx = \frac{(a-1)!\,(b-1)!}{(a+b-1)!} = \frac{\Gamma(a)\,\Gamma(b)}{\Gamma(a+b)}.$$

Mostremos agora que esta egualdade ainda tem logar quando a e b são dois numeros positivos quaesquer.

Multipliquem-se, para isso, os dois integraes

$$\Gamma(a) = \int_0^\infty e^{-x} x^{a-1}\,dx, \quad \Gamma(b) = \int_0^\infty e^{-y} y^{b-1}\,dy,$$

e teremos

$$\Gamma(a)\,\Gamma(b) = \int_0^\infty e^{-y} y^{b-1}\,dy \int_0^\infty e^{-x} x^{a-1}\,dx.$$

Substituindo no segundo integral a variavel x por outra variavel v ligada com x pela relação

$$x = \frac{v}{1-v}\,y,$$

vem

$$\Gamma(a)\,\Gamma(b) = \int_0^\infty e^{-y} y^{b-1}\,dy \int_0^1 e^{-\frac{vy}{1-v}} \left(\frac{vy}{1-v}\right)^{a-1} \frac{y\,dy}{(1-v)^2}.$$

Substituindo agora a variavel y por uma nova variavel u ligada com y pela relação $y = u\,(1-v)$, vem

$$\Gamma(a)\,\Gamma(b) = \int_0^{\infty}\int_0^{1} e^{-u}\,u^{a+b-1}\,v^{a-1}\,(1-v)^{b-1}\,du\,dv = \Gamma(a+b)\int_0^{1} v^{a-1}\,(1-v)^{b-1}\,dv\,,$$

d'onde se tira

$$\text{(1)}\qquad \mathrm{B}(a,\ b) = \frac{\Gamma(a)\,\Gamma(b)}{\Gamma(a+b)}\,,$$

que é o que queriamos demonstrar.

Do resultado que vimos de achar, e que é devido a Euler, tira-se immediatamente a egualdade

$$\text{(2)}\qquad \mathrm{B}(a,\ b) = \mathrm{B}(b,\ a).$$

Logo o integral proposto não se altera pela troca dos expoentes a e b.

172. Existem muitos integraes definidos importantes que se podem fazer depender do integral que vimos de achar.

I. O integral

$$\int_0^{\infty} \frac{z^{a-1}\,dz}{(1+z)^{a+b}}$$

dá, pondo

$$z = \frac{x}{1-x}\,,$$

a egualdade

$$\text{(3)}\qquad \int_0^{\infty} \frac{z^{a-1}\,dz}{(1+z)^{a+b}} = \mathrm{B}(a,\ b) = \frac{\Gamma(a)\,\Gamma(b)}{\Gamma(a+b)}\,.$$

Pondo nesta egualdade $a+b=1$, vem

$$\text{(4)}\qquad \int_0^{\infty} \frac{z^{a-1}\,dz}{1+z} = \mathrm{B}(a,\ 1-a) = \frac{\Gamma(a)\,\Gamma(1-a)}{\Gamma(1)} = \frac{\pi}{\operatorname{sen} a\pi}\,,$$

resultado já obtido por outro processo no n.º 151.

II. O integral

$$\int_0^{1} x^{a-1}\,(1-x^m)^{b-1}\,dx, \qquad m>0,$$

póde tambem ser reduzido aos integraes eulerianos de primeira especie. Temos com effeito, pondo $x^m = y$,

$$\int_0^1 x^{a-1}(1-x^m)^{b-1}\,dx = \frac{1}{m}\int_0^1 y^{\frac{a}{m}-1}(1-y)^{b-1}\,dy,$$

e portanto

$$(5) \qquad \int_0^1 x^{a-1}(1-x^m)^{b-1}\,dx = \frac{\Gamma\left(\frac{a}{m}\right)\Gamma(b)}{m\Gamma\left(\frac{a}{m}+b\right)}.$$

173. A egualdade (1) dá

$$\log \mathrm{B}(a,\ b) = \log \Gamma(a) + \log \Gamma(b) - \log \Gamma(a+b),$$

e portanto, temos (n.º 166)

$$(6) \qquad \log \mathrm{B}(a,\ b) = \int_0^1 \left(\frac{1-x^{a-1}-x^{b-1}+x^{a+b-1}}{1-x}+1\right)\frac{dx}{\log x}.$$

Por ser

$$\frac{d\log \mathrm{B}(a,\ b)}{da} = \frac{d\log \Gamma(a)}{da} - \frac{d\log \Gamma(a+b)}{d(a+b)},$$

temos tambem

$$(7) \qquad \frac{d\log \mathrm{B}(a,\ b)}{da} = \int_0^1 x^{a-1}\,\frac{1-x^b}{x-1}\,dx.$$

174. Consideremos o integral de Abel

$$\int_0^1 \frac{x^{a-1}(1-x)^{b-1}\,dx}{(x+a)^{a+b}}.$$

Pondo

$$\frac{x}{1-x} = y,$$

este integral transforma-se no seguinte

$$\int_0^\infty \frac{y^{a-1}\,dy}{[(1+a)\,y+a]^{a+b}}$$

e, pondo depois

$$(1+a)\,y = at,$$

no seguinte

$$\frac{1}{(a+1)^a a^b} \int_0^\infty \frac{t^{a-1}\, dt}{(t+1)^{a+b}} \cdot$$

Temos pois (n.º 172)

$$(8) \qquad \int_0^1 \frac{x^{a-1}(1-x)^{b-1}\, dx}{(x+1)^{a+b}} = \frac{1}{(a+1)^a a^b} \cdot \frac{\Gamma(a)\Gamma(b)}{\Gamma(a+b)} \cdot$$

175. Para calcular os integraes

$$\int_0^\infty \frac{\cos bx}{x^n}\, dx, \qquad \int_0^\infty \frac{\operatorname{sen} bx}{x^n}\, dx,$$

n representando um numero comprehendido entre 0 e 1, para o primeiro integral, e entre 0 e 2, para o segundo, substitua-se $\frac{1}{x^n}$ pelo valor

$$\frac{1}{x^n} = \frac{1}{\Gamma(n)} \int_0^\infty t^{n-1} e^{-xt}\, dt,$$

que resulta da egualdade

$$\Gamma(n) = \int_0^\infty z^{n-1} e^{-z}\, dz$$

pondo $z = tx$.

Teremos assim

$$\int_0^\infty \frac{\cos bx\, dx}{x^n} = \frac{1}{\Gamma(n)} \int_0^\infty \cos bx\, dx \int_0^\infty e^{-tx} t^{n-1}\, dt = \frac{1}{\Gamma(n)} \int_0^\infty t^{n-1}\, dt \int_0^\infty e^{-tx} \cos bx\, dx.$$

Temos porém (n.º 18)

$$\int_0^\infty e^{-tx} \cos bx\, dx = \frac{t}{t^2+b^2} \cdot$$

Logo

$$\int_0^\infty \frac{\cos bx}{x^n}\, dx = \frac{1}{\Gamma(n)} \int_0^\infty \frac{t^n}{t^2+b^2}\, dt,$$

ou, pondo $t^2 = b^2 t_1$ e attendendo a uma fórmula dada no n.º 151,

$$(9) \qquad \int_0^\infty \frac{\cos bx}{x^n}\, dx = \frac{b^{n-1}}{\Gamma(n)} \cdot \frac{\pi}{2\cos\frac{n\pi}{2}} \cdot$$

Do mesmo modo se acha

$$\text{(10)} \qquad \int_0^\infty \frac{\operatorname{sen} bx}{x^n}\, dx = \frac{b^{n-1}}{\Gamma(n)} \cdot \frac{\pi}{2 \operatorname{sen} \frac{n\pi}{2}} .$$

Destas egualdades, demonstradas por Schlömilch, tira-se, pondo na segunda $n = 1$, o valor do integral de Euler

$$\int_0^\infty \frac{\operatorname{sen} bx dx}{x} = \frac{\pi}{2},$$

já obtido no n.º 37, e, pondo $n = \frac{1}{2}$, o valor dos integraes de Fresnel

$$\int_0^\infty \frac{\cos bx\, dx}{\sqrt{x}} = \sqrt{\frac{\pi}{2b}}, \quad \int_0^\infty \frac{\operatorname{sen} bx\, dx}{\sqrt{x}} = \sqrt{\frac{\pi}{2b}},$$

já achado tambem no n.º 37.

176. Passemos agora a fazer applicação da theoria da funcção $\Gamma(a)$ á determinação da somma de algumas séries.

Consideremos primeiramente a série

$$\sum_{a=2}^{a=\infty} \sum_{n=2}^{\infty} \frac{1}{n^a}.$$

Por ser

$$\frac{1}{n^a} = \frac{1}{\Gamma(a)} \int_0^\infty e^{-nx} x^{a-1}\, dx,$$

temos

$$\sum_{n=2}^{\infty} \frac{1}{n^a} = \frac{1}{\Gamma(a)} \int_0^\infty x^{a-1} \sum_{n=2}^{\infty} e^{-nx}\, dx = \frac{1}{\Gamma(a)} \int_0^\infty \frac{e^{-2x} x^{a-1}\, dx}{1 - e^{-x}},$$

e portanto

$$\sum_{a=2}^{\infty} \sum_{n=0}^{\infty} \frac{1}{n^a} = \int_0^\infty \frac{e^{-2x}}{1 - e^{-x}} \sum_{a=2}^{\infty} \frac{x^{a-1}}{(a-1)!}\, dx = \int_0^\infty \frac{(e^x - 1)\, e^{-2x}\, dx}{1 - e^{-x}} = \int_0^\infty e^{-x}\, dx = 1.$$

Logo a somma das potencias inteiras negativas de todos os numeros inteiros positivos, excluindo a unidade, é egual á unidade (¹).

(¹) Veja-se na excellente *Monographie de la fonction gamma*, publicada por Brunel nas *Mémoires de la Société des sciences physiques de Bordeaux* (3.ª série, t. III), alguns theoremas analogos a este.

177. Seja

$$F(tx) = \sum_{n=0}^{\infty} A_n x^n t^n$$

uma série convergente no intervallo de $t=0$ a $t=1$.

Multiplicando ambos os membros d'esta egualdade por

$$t^{b-1}(1-t)^{c-b-1}$$

e integrando entre os limites 0 e 1, vem

$$\int_0^1 F(tx)\, t^{b-1}(1-t)^{c-b-1}\, dt = \sum_{n=0}^{\infty} A_n x^n \int_0^1 t^{n+b-1}(1-t)^{c-b-1}\, dt,$$

e portanto

$$\int_0^1 F(tx)\, t^{b-1}(1-t)^{c-b-1}\, dt = \Sigma A_n x^n \frac{\Gamma(n+b)\,\Gamma(c-b)}{\Gamma(n+c)}$$

$$= \frac{\Gamma(b)\,\Gamma(c-b)}{\Gamma(c)} + \sum_{n=1}^{\infty} A_n x^n \frac{b(b+1)\ldots(b+n-1)\,\Gamma(b)\,\Gamma(c-b)}{c(c+1)\ldots(c+n-1)\,\Gamma(c)}.$$

Logo

$$\frac{\Gamma(c)}{\Gamma(b)\,\Gamma(c-b)} \int_0^1 F(tx)\, t^{b-1}(1-t)^{c-b-1}\, dt = 1 + \sum_{n=1}^{\infty} A_n \frac{b(b+1)\ldots(b+n-1)}{c(c+1)\ldots(c+n-1)} x^n.$$

Pondo $F(x) = (1-x)^{-a}$, vem

$$(1-tx)^{-a} = 1 + \sum_{n=1}^{\infty} \frac{a(a+1)\ldots(a+n-1)}{1.2\ldots n} t^n x^n,$$

e portanto

$$\frac{\Gamma(c)}{\Gamma(b)\,\Gamma(c-b)} \int_0^1 t^{b-1}(1-t)^{c-b-1}(1-tx)^{-a}\, dt$$

$$= 1 + \sum_{n=1}^{\infty} \frac{a(a+1)\ldots(a+n-1)}{1.2\ldots n} \, \frac{b(b+1)\ldots(b+n-1)}{c(c+1)\ldots(c+n-1)} x^n.$$

O segundo membro d'esta egualdade é a *série hypergeometrica* de Gauss (*C. dif.*, n.º 27), e esta fórmula dá a sua somma expressa por um integral definido.

No caso particular de ser $x=1$ temos

$$\frac{\Gamma(c)\,\Gamma(c-b-a)}{\Gamma(c-a)\,\Gamma(c-b)} = 1 + \sum_{n=1}^{\infty} \frac{a(a+1)\ldots(a+n-1)}{1.2\ldots n} \, \frac{b(b+1)\ldots(b+n-1)}{c(c+1)\ldots(c+n-1)}.$$

*

Terminaremos este capitulo indicando para um estudo mais desenvolvido das funcções nelle estudadas as obras seguintes:

Godefroy: *Les fonctions gamma,* Paris, 1901.

Nielsen: *Handbuch der Theorie der gamma fonction,* Leipzig, 1907.

CAPITULO XI

Funcções ellipticas

I

Sobre o integral $\int_0^\infty \frac{dx}{\sqrt{4x^3 - g_2x - g_3}}$

178. O integral de $f(x, \sqrt{X})\,dx$, quando f representa uma funcção racional de x e $\sqrt{X}$, e X é uma funcção de x inteira do terceiro ou do quarto grau, depende, como vimos no n.º 13, de tres integraes, um dos quaes é da fórma

$$\int \frac{dx}{\sqrt{A + Bx + Cx^2 + x^3}},$$

ou, desembaraçando o polynomio, que entra no denominador, do termo do segundo grau por meio da transformação $x = y - \frac{1}{3}C$,

$$\int \frac{dx}{\sqrt{a + by + y^3}},$$

ou ainda, pondo $y = x\sqrt[3]{4}$,

$$\int \frac{dx}{\sqrt{4x^3 - g_2x - g_3}}.$$

Somos pois levados a estudar a funcção de z

$$(1) \qquad u = \int_z^\infty \frac{dx}{\sqrt{4x^3 - g_2x - g_3}} = \int_z^\infty \frac{dx}{2\sqrt{(x - e_1)(x - e_2)(x - e_3)}},$$

onde e_1, e_2 e e_3 representam as raizes da equação

$$4x^3 - g_2 x - g_3 = 0.$$

Supporemos que as constantes g_2 e g_3 são reaes; e então as raizes e_1, e_2 e e_3 ou são todas reaes, e neste caso supporemos $e_1 > e_2 > e_3$; ou é uma real e duas imaginarias, e neste caso supporemos que e_1 representa a raiz real e e_2 e e_3 as raizes imaginarias. Em ambos os casos estas raizes satisfazem á condição

$$e_1 + e_2 + e_3 = 0.$$

Demonstremos primeiramente que o integral u representa uma funcção de z real, finita e determinada, quando z varia desde e_1 até ∞; isto é, que, sendo $a > z > e_1$, o integral $\int_z^a \frac{dx}{\Delta x}$ (1) tende para um limite determinado, quando a tende para ∞, e que o integral $\int_z^\infty \frac{dx}{\Delta x}$ tende tambem para um limite determinado, quando z tende para e_1.

1.º Se as tres raizes e_1, e_2 e e_3 são reaes, temos evidentemente, por ser $e_2 > e_3$,

$$\int_z^a \frac{dx}{\Delta x} < \int_z^a \frac{dx}{2(x-e_2)\sqrt{x-e_1}}.$$

Mas pondo

$$t = \sqrt{x - e_1},$$

vem

$$\int \frac{dx}{(x-e_2)\sqrt{x-e_1}} = 2\int \frac{dt}{t^2 + e_1 - e_2} = \frac{2}{\sqrt{e_1 - e_2}} \operatorname{arc\,tang} \sqrt{\frac{x-e_1}{e_1-e_2}}.$$

Portanto

$$\int_z^a \frac{dx}{\Delta x} < \frac{1}{\sqrt{e_1-e_2}} \left[\operatorname{arc\,tang} \sqrt{\frac{a-e_1}{e_1-e_2}} - \operatorname{arc\,tang} \sqrt{\frac{z-e_1}{e_1-e_2}} \right]$$

$$< \frac{1}{\sqrt{e_1-e_2}} \left[\frac{\pi}{2} - \operatorname{arc\,tang} \sqrt{\frac{z-e_1}{e_1-e_2}} \right],$$

e *à fortiori*

$$\int_z^a \frac{dx}{\Delta x} < \frac{\pi}{2\sqrt{e_1-e_2}}.$$

Logo o integral $\int_z^a \frac{dx}{\Delta x}$, que cresce constantemente com a e não póde jámais exceder o

---

(1) Representa-se por Δx o radical $\sqrt{4x^3 - g_2 x - g_3}$.

segundo membro d'esta desegualdade, tende para um limite determinado $\int_z^\infty \frac{dx}{\Delta x}$; e o integral $\int_z^\infty \frac{dx}{\Delta x}$, que cresce quando z tende para e_1, sem poder tambem exceder o segundo membro da mesma desegualdade, tende para um limite determinado $\int_{e_1}^\infty \frac{dx}{\Delta x}$.

Fazendo $a = \infty$ na penultima desegualdade, vem

$$u = \int_z^\infty \frac{dx}{\Delta x} \overline{\overline{<}} \frac{1}{\sqrt{e_1 - e_2}} \left[\frac{\pi}{2} - \text{arc tang} \sqrt{\frac{z - e_1}{e_1 - e_2}} \right],$$

e portanto u tende para zero, quando z tende para ∞.

2.º No caso de serem imaginarias as raizes $e_2 = \alpha + i\beta$, $e_3 = \alpha - i\beta$, as conclusões precedentes são ainda verdadeiras. É o que se tira da desegualdade

$$\int_z^a \frac{dx}{\Delta x} = \int_z^a \frac{dx}{2\sqrt{(x - e_1)[(x-\alpha)^2 + \beta^2]}} < \int_z^a \frac{dx}{2(x-\alpha)\sqrt{x - e_1}} < \frac{\pi}{2\sqrt{e_1 - \alpha}},$$

quando $e_1 > \alpha$, procedendo como no caso anterior.

Se porém é $\alpha \geqq e_1$, partiremos da decomposição

$$\int_z^a \frac{dx}{\Delta x} = \int_z^\eta \frac{dx}{\Delta x} + \int_\eta^a \frac{dx}{\Delta x},$$

onde η representa uma quantidade qualquer comprehendida entre a e z e maior do que α, e das desegualdades

$$\int_z^\eta \frac{dx}{\Delta x} < \int_z^\eta \frac{dx}{2\beta\sqrt{x - e_1}}, \qquad \int_\eta^a \frac{dx}{\Delta x} < \int_\eta^a \frac{dx}{2(x-\alpha)\sqrt{x-e_1}} < \int_\eta^a \frac{dx}{2(x-\alpha)\sqrt{x-\alpha}},$$

e temos a relação

$$\int_z^a \frac{dx}{\Delta x} < \frac{1}{\beta}\left[\sqrt{\eta - e_1} - \sqrt{z - e_1}\right] + \frac{1}{\sqrt{\eta - \alpha}} - \frac{1}{\sqrt{a - \alpha}} < \frac{1}{\beta}\sqrt{\eta - e_1} + \frac{1}{\sqrt{\eta - \alpha}},$$

da qual se tiram as conclusões enunciadas.

Do que precede e do que se disse no n.º 19 conclue-se, pondo para simplificar

$$\int_{e_1}^\infty \frac{dx}{\sqrt{4x^3 - g_2 x - g_3}} = \omega,$$

que o integral (1) *define uma funcção de z, que diminue desde ω até* 0, *quando z cresce desde e_1 até ∞, e que a derivada d'esta funcção relativamente a z é egual a* $-\frac{1}{\Delta z}$.

Reciprocamente, porque u, que é funcção continua de z, passa por todos os valores desde ω até 0 (*C. dif.*, n.º 37-2.º), quando z cresce desde e_1 até ∞, e porque passa uma só vez por cada valor, *z é uma funcção de u, que tem um unico valor, no intervallo de e_1 a ∞, para cada valor que toma u no intervallo de ω a 0, e que, quando u cresce desde 0 até ω, decresce desde ∞ até e_1.*

Esta funcção, cuja consideração é devida a Weierstrass, e que representa um papel importante na theoria das funcções ellipticas, foi representada por $p(u)$ por este eminente geometra.

179. O integral ω tem uma importancia consideravel na theoria das funcções ellipticas, e a doutrina precedente dá um limite superior do seu valor. Temos com effeito

$$\omega < \frac{\pi}{2\sqrt{e_1 - e_2}},$$

se as raizes e_1, e_2, e_3 são reaes; e

$$\omega < \frac{\pi}{2\sqrt{e_1 - \alpha}},$$

se as raizes e_2 e e_3 são imaginarias e é $\alpha < e_1$; e finalmente

$$\omega < \frac{1}{\beta}\sqrt{\eta - e_1} + \frac{1}{\sqrt{\eta - \alpha}},$$

se e_1 e e_2 são imaginarias e é $\alpha \geqq e_1$.

Por ser $e_1 + e_2 + e_3 = 0$, temos $e_1 = -2\alpha$, e portanto as duas ultimas egualdades podem ser escriptas do modo seguinte

$$\omega < \frac{\pi}{2\sqrt{-3\alpha}}, \qquad \alpha < 0; \qquad \omega < \frac{1}{\beta}\sqrt{\eta + 2\alpha} + \frac{1}{\sqrt{\eta - \alpha}}, \qquad \alpha \gtreqless 0.$$

Póde-se tambem achar facilmente um limite inferior do valor de ω. Se as raizes e_2 e e_3 são reaes, temos com effeito, por ser $e_2 > e_3$,

$$\omega > \int_{e_1}^{\infty} \frac{dx}{2(x - e_3)\sqrt{x - e_1}},$$

o que dá

$$\omega > \frac{\pi}{2\sqrt{e_1 - e_3}}.$$

Se as raizes e_2 e e_3 são imaginarias, e é $\alpha \gtreqless e_1$, temos $x > \alpha$, e portanto

$$\omega = \int_{e_1}^{\infty} \frac{dx}{2\sqrt{(x-e_1)}\,[(x-\alpha)^2+\beta^2]} > \int_{e_1}^{\infty} \frac{dx}{2\sqrt{(x-e_1)}\,[(x-\alpha)^2+\beta^2+2\beta(x-\alpha)]},$$

o que dá

$$\omega > \int_{e_1}^{\infty} \frac{dx}{2(x-\alpha+\beta)\sqrt{x-e_1}},$$

ou, integrando e pondo $e_1 = -2\alpha$,

$$\omega > \frac{\pi}{2\sqrt{-3\alpha+\beta}}.$$

Se as raizes e_2 e e_3 são imaginarias e é $\alpha > e_1$, partindo da decomposição

$$\int_{e_1}^{\infty} \frac{dx}{\Delta x} = \int_{e_1}^{\alpha} \frac{dx}{\Delta x} + \int_{\alpha}^{\infty} \frac{dx}{\Delta x},$$

e das desegualdades

$$\int_{e_1}^{\alpha} \frac{dx}{\Delta x} = \int_{e_1}^{\alpha} \frac{dx}{2\sqrt{(x-e_1)}\,[(x-\alpha)^2+\beta^2]} > \int_{e_1}^{\alpha} \frac{dx}{2(x-\alpha-\beta)\sqrt{x-e_1}},$$

$$\int_{\alpha}^{\infty} \frac{dx}{\Delta x} = \int_{\alpha}^{\infty} \frac{dx}{2\sqrt{(x-e_1)}\,[(x-\alpha)^2+\beta^2]} > \int_{\alpha}^{\infty} \frac{dx}{2(x-\alpha+\beta)\sqrt{x-e_1}},$$

cujos ultimos membros são integraveis por meio de funcções elementares, resolve-se a questão proposta, mas o resultado que se obtem neste caso não é simples.

II

Estudo da funcção $p(u)$

180. Vimos no n.º 178 como por meio da egualdade

$$(1) \qquad u = \int_z^\infty \frac{dx}{\Delta x}$$

se define uma funcção $z = p(u)$, no intervallo de $u = 0$ a $u = \omega$, e que esta funcção tem um unico valor para cada valor de u, cresce quando u decresce, e nas extremidades do intervallo tem os valores

$$(2) \qquad p(0) = \infty, \quad p(\omega) = e_1.$$

A funcção mencionada goza das duas propriedades fundamentaes seguintes:

I. *A funcção $p(u)$ admitte uma derivada finita em todos os pontos do intervallo de $u = 0$ a $u = \omega$, e esta derivada é dada pela fórmula*

$$p'(u) = -\sqrt{4p^3(u) - g_2 p(u) - g_3},$$

e satisfaz portanto á equação

$$p'^2(u) = 4p^3(u) - g_2 p(u) - g_3.$$

Temos, com effeito, applicando á equação (1) o theorema relativo á derivação das funcções implicitas

$$\frac{dz}{du} = -\Delta z = -\Delta p(u) = -\sqrt{4p^3(u) - g_2 p(u) - g_3}.$$

Entre os valores de $p'(u)$ notaremos o seguinte

$$(3) \qquad p'(\omega) = 0,$$

que resulta da egualdade

$$p'(\omega) = -\sqrt{4p^3(\omega) - g_2 p(\omega) - g_3} = -\sqrt{4e_1^3 - g_2 e_1 - g_3},$$

e de e_1 ser raiz da equação $4x^3 - g_2 x - g_3 = 0$.

II. Theorema de addição da funcção $p(u)$. — Consideremos a equação differencial

$$\frac{dy}{\Delta y} + \frac{dx}{\Delta x} = 0.$$

Integrando esta equação, temos

$$\int_y^\infty \frac{dy}{\Delta y} + \int_x^\infty \frac{dx}{\Delta x} = C,$$

ou, determinando a constante arbitraria C de modo que, z representando um numero comprehendido entre e_1 e ∞, seja $y = z$, quando $x = \infty$,

$$\int_y^\infty \frac{dy}{\Delta y} + \int_x^\infty \frac{dx}{\Delta x} = \int_z^\infty \frac{dz}{\Delta z}.$$

Por outra parte, pondo

$$\frac{dx}{\Delta x} = -\frac{dy}{\Delta y} = dt,$$

o que dá

$$\left(\frac{dx}{dt}\right)^2 = 4x^3 - g_2 x - g_3, \qquad \left(\frac{dy}{dt}\right)^2 = 4y^3 - g_2 y - g_3,$$

e

$$2\frac{d^2x}{dt^2} = 12x^2 - g_2, \qquad 2\frac{d^2y}{dt^2} = 12y^2 - g_2,$$

temos

$$\frac{dx^2 - dy^2}{dt^2} = 4(x^3 - y^3) - g_2(x - y), \qquad \left(\frac{d^2x}{dt^2} + \frac{d^2y}{dt^2}\right) = 6(x^2 + y^2) - g^2.$$

Pondo agora

$$x + y = p, \qquad x - y = q,$$

vem

$$\frac{dp\,dq}{dt^2} = q(3p^2 + q^2) - g_2 q, \qquad \frac{d^2p}{dt^2} = 3(p^2 + q^2) - g_2;$$

*

e, eliminando g_2 entre estas duas equações,

$$q\frac{d^2p}{dt^2}-\frac{dp\,dq}{dt^2}=2q^3,$$

ou

$$2\frac{q\dfrac{d^2p}{dt^2}\dfrac{dp}{dt}-\left(\dfrac{dp}{dt}\right)^2\dfrac{dq}{dt}}{q^3}=4\frac{dp}{dt},$$

ou ainda

$$\frac{d\left[\dfrac{1}{q^2}\left(\dfrac{dp}{dt}\right)^2\right]}{dt}=4\frac{dp}{dt}.$$

Integrando esta equação, obtem-se o resultado

$$\frac{1}{q^2}\left(\frac{dp}{dt}\right)^2=4p+C',$$

ou, substituindo p e q pelos seus valores em funcção de x e y,

$$\left(\frac{\Delta x-\Delta y}{x-y}\right)^2=4(x+y)+C'.$$

Resta determinar a constante arbitraria C' pela condição de ser $y=z$, quando $x=\infty$. Para isso escreva-se a equação precedente debaixo da fórma

$$\frac{4x\left[\left(1-\dfrac{g_2x+g_3}{4x}\right)^{\frac{1}{2}}-\dfrac{1}{2}x^{-\frac{3}{2}}\Delta y\right]^2}{\left(1-\dfrac{y}{x}\right)^2}=4(x+y)+C'$$

ou, desenvolvendo os binomios em série,

$$4x\left[1-\frac{1}{2}\,\frac{g_2x+g_3}{4x^3}+\ldots-\frac{1}{2}x^{-\frac{3}{2}}\Delta y\right]\left(1+2\frac{y}{x}+\ldots\right)=4(x+y)+C'.$$

Effectuando as operações e pondo depois $x=\infty$ e $y=z$, vem $C'=4z$.

Logo temos

$$\int_y^\infty\frac{dy}{\Delta y}+\int_x^\infty\frac{dx}{\Delta x}=\int_z^\infty\frac{dz}{\Delta z},$$

quando é

$$z = \frac{1}{4}\left(\frac{\Delta x - \Delta y}{x - y}\right)^2 - x - y.$$

O methodo que vimos de empregar para obter este resultado é o que se empregou tambem no n.º 71-VIII para obter o theorema de addição dos integraes ellipticos de primeira especie de Legendre, e é devido, como já dissemos, a Lagrange.

Pondo

$$u = \int_x^\infty \frac{dx}{\Delta x}, \qquad v = \int_y^\infty \frac{dy}{\Delta y}, \qquad u + v = \int_z^\infty \frac{dz}{\Delta z},$$

vem

$$x = p(u), \qquad y = p(v), \qquad z = p(u+v),$$

e portanto a egualdade que vimos de obter dá (n.º 180-I)

$$(4) \qquad p(u+v) = \frac{1}{2}\left(\frac{p'(u) - p'(v)}{p(u) - p(v)}\right)^2 - p(u) - p(v).$$

Do mesmo modo se acha

$$(5) \qquad p(u-v) = \frac{1}{4}\left(\frac{p'(u) + p'(v)}{p(u) - p(v)}\right)^2 - p(u) - p(v).$$

É nas fórmulas (4) e (5) que consiste o *theorema de addição* da funcção $p(u)$. É claro que os numeros u, v e $u+v$ devem estar comprehendidos no intervallo de 0 a ω.

181. Definição de $p(u)$, quando u é real. — Definiu-se anteriormente a funcção $p(u)$ para todos os valores de u desde 0 até ω. Para a definir agora para todos os valores positivos e negativos de u, differentes dos precedentes, podemos reduzir u á fórma $2n\omega \pm u'$, representando por n um numero inteiro, positivo, negativo ou nullo, e por u' um numero positivo, que não exceda ω, e empregar a egualdade

$$(6) \qquad p(u) = p(2n\omega \pm u') = p(u').$$

Vamos ver com effeito que, definindo $p(u)$ por meio d'esta egualdade, subsistem as propriedades demonstradas no numero precedente.

I. Por ser

$$p'(u) = \frac{dp(u')}{du'}\,\frac{du'}{du} = \mp p'(u'),$$

ou (n.º 180-I)

$$p'(u) = \mp \sqrt{4p^3(u') - g_2 p'(u') - g_3},$$

ou, em virtude de (6),

$$p'(u) = \pm \sqrt{4p^3(u) - g_2 p(u) - g_3},$$

onde se deve empregar o signel $+$ quondo u é da fórma $2n\omega + u'$, e o signal $-$ quando u é da fórma $2n\omega - u'$, vê-se que $p'(u)$ satisfaz sempre á equação

$$p'^2(u) = 4p^3(u) - g_2 p(u) - g_3.$$

II. Mostremos agora que o theorema de addição da funcção $p(u)$ tem logar para todos os valores reaes de u.

Consideremos para isso dois numeros u e v, e seja

$$u = 2n\omega + u', \qquad v = 2m\omega + v';$$

teremos (n.º 180-II)

$$p(u+v) = p[2(n+m)\omega + u' + v'] = p(u'+v') = \frac{1}{4}\left(\frac{p'(u') - p'(v')}{p(u') - p(v')}\right)^2 - p(u') - p(v'),$$

e depois, por ser $p'(u') = -p'(u)$, $p'(v') = -p'(v)$,

$$p(u+v) = \frac{1}{4}\left(\frac{p'(u) - p'(v)}{p(u) - p(v)}\right)^2 - p(u) - p(v),$$

que é o que se queria demonstrar. Do mesmo modo se procede quando u e v são da fórma

$$u = 2n\omega - u', \qquad v = 2m\omega - v',$$

e quando são da fórma

$$u = 2n\omega + u', \qquad v = 2m\omega - v'.$$

182. Das propriedades da funcção $p(u)$ convem ainda notar as seguintes:

I. *A funcção $p(u)$ é finita para todos os valores reaes de u, exceptuando os valores da fórma $2n\omega$ (n representando os inteiros 0, ± 1, ± 2, etc.).*

Tira-se este theorema da egualdade (6), pondo $u' = 0$, o que dá

$$(7) \qquad p(2n\omega) = p(0) = \infty,$$

e notando que $p(u')$ é finito em todos os outros pontos do intervallo de $u' = 0$ a $u' = \omega$.

II. *A funcção $p(u)$ é par, isto é, não muda de valor nem de signal pela mudança de u em $-u$. A derivada $p'(u)$ é impar.*

É o que resulta das egualdades

$$p(u) = p(2n\omega + u') = p(u'), \qquad p(-u) = p(-2n\omega - u') = p(u'),$$

que dão

$$p(-u) = p(u), \qquad p'(-u) = -p'(u).$$

III. *As funcções $p(u)$ e $p'(u)$ são periodicas e o periodo é egual a 2ω.*

Esta propriedade é consequencia das egualdades

$$p(u + 2n\omega) = p(u), \qquad p'(u + 2n\omega) = p'(u).$$

IV. *Qualquer que seja o modo como u tende para zero, temos*

$$\lim_{u=0} u^3 p(u) = 1. \tag{8}$$

1.º Supponhamos primeiramente que u tende para zero passando só por valores positivos. O integral

$$u = \int_z^\infty \frac{dx}{\Delta x} = \int_z^\infty \frac{dx}{2\sqrt{(x-e_1)(x-e_2)(x-e_3)}}$$

dá

$$u = \frac{1}{2}\int_z^\infty x^{-\frac{3}{2}}\left(1 - \frac{e_1}{x}\right)^{-\frac{1}{2}}\left(1 - \frac{e_2}{x}\right)^{-\frac{1}{2}}\left(1 - \frac{e_3}{x}\right)^{-\frac{1}{2}} dx,$$

e, desenvolvendo em série,

$$u = \frac{1}{2}\int_z^\infty \left(x^{-\frac{3}{2}} + \mathrm{A}x^{-\frac{5}{2}} + \mathrm{B}x^{-\frac{7}{2}} + \ldots\right) dx = \frac{1}{\sqrt{z}}\left(1 + \frac{\mathrm{A}}{3} z^{-1} + \frac{\mathrm{B}}{5} z^{-2} + \ldots\right).$$

Logo temos, pondo $z = p(u)$ e elevando os dois membros d'esta egualdade ao quadrado,

$$u^2 p(u) = 1 + \frac{2\mathrm{A}}{3} p^{-1}(u) + \ldots,$$

o que dá, por ser $p(0) = \infty$,

$$\lim_{u=0} u^2 p(u) = 1.$$

2.º Se u tende para zero passando por valores negativos, temos, pondo $u=-v$,

$$u^2 p(u) = v^2 p(-v) = v^2 p(v),$$

e portanto

$$\lim_{u=0} u^2 p(u) = \lim_{v=0} v^2 p(v) = 1.$$

V. *Qualquer que seja o modo como u tende para $2n\omega$, temos*

(9) $$\lim_{u=2n\omega} (u-2n\omega)^2 p(u-2n\omega) = 1.$$

Esta egualdade resulta da relação

$$\lim_{u'=0} u'^2 p(u') = 1,$$

pondo $u' = \pm(u-2n\omega)$ e notando que, quando u' tende para 0, u tende para $2n\omega$.

VI. Em resumo, *pela inversão do integral* (1) *e pela egualdade* (6) *vem de se definir uma funcção $p(u)$ da variavel real u, par, finita em todos os pontos, excepto nos pontos $2n\omega$, com um periodo egual a 2ω, com um theorema de addição* (4), *e com uma derivada $p'(u)$ que satisfaz á equação*

$$p'^2(u) = 4p^3(u) - g_2 p(u) - g_3.$$

183. Definição de $p(u)$, quando u é imaginario da fórma iu_1. — Consideremos agora o integral

(10) $$u_1 = \int_z^\infty \frac{dx}{\sqrt{4x^3 - g_2 x + g_3}} = \int_z^\infty \frac{dx}{2\sqrt{(x+e_1)(x+e_2)(x+e_3)}}$$

onde figura o trinomio $x^3 - g_2 x + g_3$, cujas raizes differem só no signal das raizes do trinomio Δx considerado anteriormente.

Se as raizes $-e_1$, $-e_2$, $-e_3$ são reaes, por ser $-e_3$ a maior, a equação (10) define (n.º 178) uma funcção $p_1(u_1)$ que cresce desde $p_1(\omega') = -e_3$ até $p_1(0) = \infty$, quando u_1 decresce desde ω' até 0, representando por ω' o integral

(11) $$\omega' = \int_{-e_3}^\infty \frac{dx}{\sqrt{4x^3 - g_2 x + g_3}}.$$

Se as raizes e_2 e e_3 são imaginarias, a equação (10) define uma funcção $p_1(u_1)$ que cresce desde $p_1(\omega') = -e_1$ até $p_1(0) = \infty$, quando u_1 decresce desde ω' até 0, representando neste caso por ω' o integral

$$(11') \qquad \omega' = \int_{-e_1}^{\infty} \frac{dx}{\sqrt{4x^3 - g_2 x + g_3}}.$$

Em ambos os casos é (n.º 180-I)

$$p_1'^2(u_1) = 4p_1^3(u_1) - g_2 p_1(u_1) + g_3.$$

Posto isto, define-se $p(u)$, quando é $u = iu_1$, por meio da egualdade

$$(12) \qquad p(u) = p(iu_1) = -p_1(u_1).$$

Para justificar esta definição, vamos provar que a funcção $p(u)$ assim definida goza das propriedades fundamentaes que têem logar no caso de u ser real.

I. A funcção $p(u)$ admitte uma derivada que satisfaz á equação

$$p'^2(u) = 4p^3(u) - g_2 p(u) - g_3.$$

É o que resulta da egualdade $p_1'(u_1) = -ip'(u)$, que dá

$$p'^2(u) = -p_1'^2(u_1) = -[4p_1^3(u_1) - g_2 p_1(u_1) + g_3],$$

ou, por ser $p_1(u_1) = -pu)$,

$$p'^2(u) = 4p^3(u) - g_2 p(u) - g_3.$$

II. Mostremos agora que o theorema de addição subsiste.

Pondo $u = iu_1$, $v = iv_1$, temos

$$p(u+v) = p[i(u_1+v_1)] = -p_1(u_1+v_1);$$

mas (n.º 180)

$$p_1(u_1+v_1) = \frac{1}{4}\left(\frac{p_1'(u_1) - p_1'(v_1)}{p_1(u_1) - p_1(v_1)}\right)^2 - p_1(u_1) - p_1(v_1),$$

e

$$p_1(u_1) = -p(u), \quad p_1(v_1) = -p(v), \quad p_1'(u_1) = -ip'(u), \quad p_1'(v_1) = -ip'(v);$$

logo

$$p_1(u_1+v_1) = -\frac{1}{4}\left(\frac{p'(u) - p'(v)}{p(u) - p(v)}\right)^2 + p(u) + p(v),$$

e portanto

$$p(u+v) = \frac{1}{4}\left(\frac{p'(u) - p'(v)}{p(u) - p(v)}\right)^2 - p(u) - p(v),$$

que é o que se queria demonstrar.

184. Notemos ainda entre as propriedades que tem $p(u)$, quando é $u = iu_1$, as seguintes:

1.° Da definição de $p(iu_1)$ e do que se disse no numero anterior tira-se

$$(13) \qquad p(i\omega') = e_3, \quad p'(i\omega') = 0,$$

quando as raizes e_1, e_2 e e_3 são reaes; e

$$(13') \qquad p(i\omega') = e_1, \quad p'(i\omega') = 0,$$

quando e_2 e e_3 são imaginarias.

2.° *A funcção $p(u)$ é periodica, quando u passa por valores da fórma iu_1, e o periodo é egual a $2i\omega'$.*

É o que resulta da egualdade

$$p(iu_1 + 2mi\omega') = -p_1(u_1 + 2m\omega'),$$

ou n.° 181-III)

$$p(iu_1 + 2mi\omega') = -p_1(u_1) = p(iu_1).$$

3.° *A funcção $p(u)$ é infinita nos pontos 0, $\pm 2i\omega'$, $\pm 4i\omega'$, ..., e é finita em todos os outros pontos.*

Temos com effeito (n.° 181-I), m sendo egual a zero ou a um numero inteiro positivo ou negativo,

$$p(2mi\omega') = -p_1(2m\omega') = -\infty.$$

Nos outros pontos a funcção $p_1(u_1)$ é finita e portanto $p(u)$ tambem o é.

4.° *A funcção $p'(u)$ é periodica e o periodo é egual a $2i\omega'$.*

Derivando a egualdade

$$p(iu_1 + 2mi\omega') = p(iu_1)$$

relativamente a u, vem com effeito

$$p'(iu_1 + 2mi\omega') = p'(iu_1).$$

5.° *A funcção $p(u)$ é par, quando u tem a fórma $u = iu_1$.*

Temos com effeito,

$$p(-u) = p(-iu_1) = -p_1(-u_1) = -p_1(u_1) = p(u).$$

Desta egualdade tira-se

$$p'(-u) = -p'(u),$$

e portanto a derivada $p'(u)$ é impar.

185. Definição de $p(u)$, quando u tem a fórma $u_1 + iu_2$. — Para definir $p(u)$ no caso de u ter a fórma $u_1 + iu_2$, recorre-se ao theorema de addição, que dá

$$p(u) = p(u_1 + iu_2) = \frac{1}{4}\left(\frac{p'(u_1) - p'(iu_2)}{p(u_1) - p(iu_2)}\right)^2 - p(u_1) - p(iu_2).$$

Vamos mostrar, como nos casos anteriores, que a funcção $p(u)$ assim definida, goza das propriedades anteriormente achadas para o caso de u ser real ou de ser imaginario da fórma iu_2. Empregaremos para isso um methodo usado por Halphen (¹), que permitte fazer a demonstração sem longos calculos,

I. Principiaremos por demonstrar que $p(u)$ tem uma derivada que satisfaz á equação

$$p'^2(u) = 4p^3(u) - g_2 p(u) - g_3.$$

Com effeito, se u_1 e u_2 fôrem duas quantidades reaes e $u = u_1 + u_2$, temos

$$\frac{dp(u)}{du_1} = \frac{dp(u)}{du_2} = \frac{dp(u)}{d(u_1 + u_2)},$$

e

$$(a) \qquad p(u) = p(u_1 + u_2) = \frac{1}{4}\left(\frac{p'(u_1) - p'(u_2)}{p(u_1) - p(u_2)}\right)^2 - p(u_1) - p(u_2).$$

Logo, derivando o segundo membro d'esta egualdade relativamente a u_1 e a u_2 e eliminando $p'^2(u_1)$, $p'^2(u_2)$, $p''(u_1)$, $p''(u_2)$ por meio das egualdades

$$(b) \qquad \left\{\begin{aligned} p'^2(u_1) &= 4p^3(u_1) - g_2 p(u_1) - g_3,\\ p'^2(u_2) &= 4p^3(u_2) - g_2 p(u_2) - g_3,\\ p''(u_1) &= 6p^2(u_1) - \frac{1}{2} g_2,\\ p''(u_2) &= 6p^2(u_2) - \frac{1}{2} g_2, \end{aligned}\right.$$

(¹) Halphen: — *Traité des fonctions elliptiques*, t. I, pag. 34-36.

devem vir as duas derivadas expressas por meio de uma mesma funcção racional de $p(u_1)$, $p(u_2)$, $p'(u_1)$, $p'(u_2)$, do primeiro grau relativamente a $p'(u_1)$ e a $p'(u_2)$. Mudando agora u_2 em $u_2 i$, como as relações precedentes continuam a subsistir, continua tambem a subsistir a consequencia tirada, e temos

$$\frac{dp(u)}{du_1} = \frac{dp(u)}{d(iu_2)} = \frac{dp(u)}{d(u_1 + iu_2)} = \frac{dp(u)}{du}.$$

Logo a funcção $p(u)$ tem derivada.

Se notarmos agora que a egualdade

$$p'^2(u_1 + u_2) = 4p^3(u_1 + u_2) - g_2 p(u_1 + u_2) - g_3$$

não é distincta das egualdades (a) e (b), e que estas têem logar quando se muda u_2 em iu_2, deve concluir-se que aquella tem tambem logar nas mesmas circumstancias, e que portanto é

$$p'^2(u_1 + iu_2) = 4p^3(u_1 + iu_2) - g_2 p(u_1 + iu_2) - g_3.$$

II. O theorema de addição tem tambem logar no caso de ser $u = u_1 + iu_2$ e $v = v_1 + iv_2$. Com effeito, temos primeiramente

$$(c)\quad \begin{cases} p(u_1 + v_1 + u_2 + v_2) = \left(\dfrac{p'(u_1 + v_1) - p'(u_2 + v_2)}{p(u_1 + v_1) - p(u_2 + v_2)}\right)^2 - p(u_1 + v_1) - p(u_2 + v_2), \\[2ex] p(u_1 + u_2 + v_1 + v_2) = \left(\dfrac{p'(u_1 + u_2) - p'(v_1 + v_2)}{p(u_1 + u_2) - p(v_1 + v_2)}\right)^2 - p(u_1 + u_2) - p(v_1 + v_2). \end{cases}$$

Os segundos membros d'estas egualdades são pois identicos; e porisso, eliminando nelles $p'^2(u_1)$, $p'^2(u_2)$, $p'^2(v_1)$, $p'^2(v_2)$, $p''(u_1)$, $p''(u_2)$, $p''(v_1)$, $p''(v_2)$ por meio das equações empregadas no caso anterior e por meio das equações analogas relativas a v_1 e v_2, deve vir uma mesma funcção racional de $p(u_1)$, $p(u_2)$, $p(v_1)$, $p(v_2)$, $p'(u_1)$, $p'(u_2)$, $p'(v_1)$, $p'(v_2)$, que deve ser do primeiro grau relativamente a estas quatro ultimas funcções. Esta identidade subsiste ainda quando se muda u_2 em iu_2 e v_2 em iu_2, visto que subsistem tambem as equações de que ella deriva; e, como a primeira das egualdades subsiste, em virtude da definição que se deu de $p(u)$ no caso de u ser imaginario, a segunda subsistirá tambem. Mudando nella u_2 em iu_2 e v_2 em iv_2 e pondo $u_1 + iu_1 = u$, $v_1 + iv_2 = v$, vem o theorema de addição.

186. A funcção $p(u)$, quando u é um numero qualquer real ou imaginario, goza ainda das propriedades seguintes:

I. *A funcção $p(u)$ é par e a sua derivada $p'(u)$ é impar; isto é, $p(u)$ e $p'(u)$ satisfazem* *respectivamente ás condições*

$$p(-u) = p(u), \qquad p'(-u) = -p'(u).$$

Temos, com effeito,

$$p(-u_1 - iu_2) = \frac{1}{4}\left(\frac{p'(-u_1) - p'(-iu_2)}{p(-u_1) - p(-iu)}\right)^2 - p(-u_1) - p(-iu_2);$$

mas (n.ºs 182 e 183)

$$p(-u_1) = p(u_1), \qquad p(-iu_2) = -p_1(-u_2) = -p_1(u_2) = p(iu_2),$$

logo

$$p(-u_1 - iu_2) = \frac{1}{4}\left(\frac{p'(u_1) - p'(iu_2)}{p(u_1) - p(iu_2)}\right)^2 - p(u_1) - p(iu_2) = p(u_1 + iu_2).$$

II. *A funcção $p(u)$ é infinita, quando u tem a fórma*

$$u = 2n\omega + 2mi\omega',$$

se as raizes e_1, e_2 e e_3 são reaes; e é infinita quando tem qualquer das fórmas

$$u = 2n\omega + 2mi\omega', \qquad u = (2n+1)\omega + (2n+1)i\Delta',$$

se as raizes e_2, e_3 são imaginarias. Nos outros pontos a funcção $p(u)$ é finita.

Neste enunciado n e m representam quaesquer dos numeros 0, ± 1, ± 2, ± 3, ...

Vimos já (n.ºs 182 e 184) que a funcção $p(u)$ é infinita quando $u = 2n\omega$ e quando $u = 2m\omega'$. Para mostrar que é infinita quando $u = 2n\omega + 2mi\omega'$, basta attender á egualdade

$$\begin{aligned} & p(u_1 + 2n\omega + iu_2 + 2mi\omega') \\ &= \frac{1}{4}\left(\frac{p'(u_1 + 2n\omega) - p'(iu_2 + 2mi\omega')}{p(u_1 + 2n\omega) - p(iu_2 + 2mi\omega')}\right)^2 - p(u_1 + 2n\omega) - p(iu_2 + 2mi\omega') \\ &= \frac{1}{4}\left(\frac{p'(u_1) - p'(iu_2)}{p(u_1) - p(iu_2)}\right)^2 - p(u_1) - p(iu_2), \end{aligned}$$

que dá

$$\text{(c)} \qquad p(u_1 + 2n\omega + iu_2 + 2mi\omega') = p(u_1 + iu_2),$$

e, pondo $u_1 = 0$, $u_2 = 0$,

$$p(2n\omega + 2mi\omega') = p(0) = \infty.$$

Resta ver se existem mais alguns pontos em que a funcção $p(u)$ seja infinita, e para isso vamos examinar a expressão

$$p(u) = p(u_1 + iu_2) = \frac{1}{4}\left(\frac{p'(u_1) - p'(iu_2)}{p(u_1) - p(iu_2)}\right)^2 - p(u_1) - p(iu_2),$$

para ver quaes são os valores de u que tornam nullo o seu denominador e quaes são os que tornam infinito o seu numerador. Consideremos separadamente o caso de as raizes e_1, e_2, e_3 serem reaes e o caso de e_2 e e_3 serem imaginarias.

1.º Se as tres raizes e_1, e_2 e e_3 são reaes, a egualdade $e_1 + e_2 + e_3 = 0$ mostra que a maior raiz e_1 não póde ser negativa nem a menor raiz e_3 póde ser positiva, e temos (n.os 183 e 178) portanto

$$p(u_1) \geqq e_1 \geqq 0, \qquad -p(iu_2) \geqq -e_3 \geqq 0.$$

Logo o denominador $p(u_1) - p(iu_2)$ da expressão precedente não póde ser nullo sem ser $e_1 = e_3 = 0$, isto é, sem se reduzir o grau do trinomio que entra no integral (1).

O numerador da mesma expressão não póde ser infinito sem que $p(u_1)$ e $p(iu_2)$ o sejam conjunctamente; porque, se só $p(u_1)$ fôsse infinito, viria (n.º 182-1.º) $u_1 = 2m\omega$, e portanto [fórm. (c)]

$$p(u) = p(2m\omega + iu_2) = p(iu_2),$$

e $p(u)$ seria finito; e, se só $p(iu_2)$ fôsse infinito, viria $u_2 = 2m\omega'$ e portanto

$$p(u) = p(u_1 + 2mi\omega') = p(u_1),$$

e $p(u)$ seria ainda finito. Tendo de ser pois ao mesmo tempo $p(u_1)$ e $p(iu_2)$ infinitos, será $u_1 = 2n\omega$, $u_2 = 2m\omega'$, e recaimos no caso já considerado.

2.º No caso de as raizes e_2 e e_3 serem imaginarias, a funcção $p(u)$ torna-se infinita nos pontos $2n\omega + 2mi\omega'$ e em outros pontos que vamos determinar.

Como neste caso $p(u_1)$ varia entre os limites e_1 e ∞, e $p(iu_2)$ varia (n.º 183) entre os limites e_1 e $-\infty$, o denominador $p(u_1) - p(iu_2)$ da expressão que define $p(u)$ é nullo quando

$$p(u_1) = p(iu_2) = e_1,$$

isto é (n.os 180 e 184) quando $u_1 = \omega$ e $u_2 = \omega'$.

Neste caso a fracção que entra na expressão de $p(u_1 + iu_2)$ apresenta-se debaixo da fórma $\frac{0}{0}$.

Para achar o verdadeiro valor d'esta fracção, ponha-se nella $u_2 = \omega'$ e faça-se tender u_1

para ω; teremos

$$\lim_{u_1=\omega} \frac{p'(u_1)-p'(i\omega')}{p(u_1)-p(i\omega')} = \lim_{u_1=\omega} \frac{p'(\omega)+(u_1-\omega)p''(\omega)+\ldots}{p(\omega)+(u_1-\omega)p'(\omega)+\ldots-e_1}$$

$$= \lim_{u_1=\omega} \frac{2p''(\omega)+\ldots}{(u_1-\omega)p''(\omega)+\ldots} = \infty.$$

Logo

$$p(\omega+i\omega')=\infty.$$

Temos tambem

$$p(2n\omega+\omega+2mi\omega'+i\omega')=p(\omega+i\omega')=\infty.$$

Vê-se, procedendo como no caso anterior, que não póde haver outros valores de u que tornem infinita a funcção $p(u)$.

III. *A funcção $p(u)$ é periodica. Quando e_1, e_2 e e_3 são reaes, esta funcção tem os periodos 2ω e $2i\omega'$; quando e_2 e e_3 são imaginarias, tem os periodos 2ω, $2i\omega'$ e $\omega+i\omega'$.*

1.º Supponhamos primeiramente que as raizes e_1, e_2 e e_3 são reaes.

As egualdades

$$p(u+2n\omega)=\frac{1}{4}\left(\frac{p'(u_1+2n\omega)-p'(iu_2)}{p(u_1+2n\omega)-p(iu_2)}\right)^2-p(u_1+2n\omega)-p(iu_2),$$

$$p(u_1+2n\omega)=p(u_1), \quad p'(u_1+2n\omega)=p'(u_1)$$

dão

$$p(u+2n\omega)=\frac{1}{4}\left(\frac{p'(u_1)-p'(iu_2)}{p(u_1)-p(iu_2)}\right)^2-p(u_2)-p(iu_2),$$

ou

$$p(u+2n\omega)=p(u_1+iu_2)=p(u).$$

Logo $p(u)$ tem o periodo 2ω.

Do mesmo modo se procede para mostrar que $p(u)$ tem o periodo imaginario $2i\omega'$.

Temos pois

$$p(u+2n\omega+2mi\omega')=p(u).$$

Podemos demonstrar agora que $p(u)$ não póde ter periodos distinctos dos precedentes. Com effeito, se existisse outro periodo ω'', teriamos

$$p(u+\omega'')=p(u)$$

e, pondo $u = 2n\omega + 2mi\omega'$,

$$p(2n\omega + 2mi\omega' + \omega'') = p(2n\omega + 2mi\omega') = \infty.$$

Logo seria

$$2n\omega + 2mi\omega' + \omega'' = 2n_1\,\omega + 2n_1\,i\omega',$$

(n_1 e m_1 representando numeros inteiros) e teriamos

$$\omega'' = 2(n_1 - n)\,\omega + 2(m_1 - m)\,i\omega'.$$

O periodo ω'' não seria pois distincto dos anteriores.

2.º Supponhamos agora que as raizes e_2 e e_3 são imaginarias.

Demonstra-se, procedendo como no caso anterior, que 2ω e $2i\omega'$ são periodos de $p(u)$.

Por outra parte, as egualdades

$$p(u+\omega) = \frac{1}{4}\left(\frac{p'(u) - p'(\omega)}{p(u) - p(\omega)}\right)^2 - p(u) - p(\omega),$$

$$p(u+i\omega') = \frac{1}{4}\left(\frac{p'(u) - p'(i\omega'')}{p(u) - p(i\omega')}\right)^2 - p(u) - p(i\omega'),$$

pondo nellas (n.º 184–1.º)

$$p(\omega) = e_1, \quad p'(\omega) = 0, \quad p(i\omega') = e_1, \quad p'(i\omega') = 0,$$

dão

$$p(u+\ \omega) = \frac{1}{4}\left(\frac{p'(u)}{p(u) - e_1}\right)^2 - p(u) - e_1,$$

$$p(u+i\omega') = \frac{1}{4}\left(\frac{p'(u)}{p(u) - e_1}\right)^2 - p(u) - e_1.$$

Logo temos

$$p(u+\omega) = p(u+i\omega'),$$

e, mudando u em $u+\omega$,

$$p(u+\omega+i\omega') = p(u+2\omega) = p(u);$$

o que mostra que $\omega + i\omega'$ é tambem um periodo de $p(u)$.

Procedendo como no caso anterior, mostra-se que não póde haver periodos distinctos dos precedentes.

IV. A equação

$$p(u) = p(v),$$

onde u é uma quantidade desconhecida e v uma quantidade dada, só admitte as soluções

$$u = \pm v + 2n\omega + 2mi\omega',$$

quando as raizes e_1, e_2 e e_3 são reaes, e admitte, além d'estas, as soluções

$$u = \pm v + (2n+1)\omega + (2m+1)i\omega',$$

quando as raizes e_2 e e_3 são imaginarias.

O theorema de addição dá, com effeito,

$$\begin{aligned} p(u+v) - p(u-v) &= \frac{1}{4}\left(\frac{p'(u)-p'(v)}{p(u)-p(v)}\right)^2 - p(u) - p(v) \\ &- \frac{1}{4}\left(\frac{p'(u)+p'(v)}{p(u)-p(v)}\right)^2 - p(u) - p(v) \\ &= -\frac{p'(u)p'(v)}{[p(u)-p(v)]^2}, \end{aligned}$$

e esta egualdade mostra que ou $p(u+v)$ ou $p(u-v)$ é infinito, quando a equação proposta é satisfeita. Como esta circumstancia só se dá quando u e v estão ligados pelas relações consideradas, a equação proposta não póde ser satisfeita por valores de u differentes dos dados por estas relações.

V. *A funcção $p(u)$ é holomorpha em toda a área plana que não contem pontos em que seja infinita.*

Os pontos em que esta funcção é infinita são pólos da funcção, e na visinhanças d'elles é

$$(15) \qquad p(u) = \mathrm{P}(u-a_c) + \frac{1}{(u-a_c)^2},$$

representando por a_c um qualquer d'elles e por $\mathrm{P}(u-a_c)$ uma série ordenada segundo as potencias pares de $u-a_c$.

A primeira parte do theorema é uma consequencia do theorema de Cauchy (n.º 129). A segunda parte demonstra-se por meio do theorema de Laurent, que dá (n.º 133)

$$p(u) = \ldots + \frac{A_3}{(u-a_c)^3} + \frac{A_2}{(u-a_c)^2} + \frac{A_1}{u-a_c} + \mathrm{P}(u-a_c),$$

A_1, A_2, A_3, etc. representando constantes, que têem o mesmo valor, quer u seja real, quer seja imaginario.

Devendo, com effeito, ser (n.º 182-V)

$$\lim_{u=a_c} (u-a_c)^2 p(u) = 1,$$

temos

$$\lim_{u=a_c} \left[A_2 + \frac{A_3}{u-a_c} + \frac{A_4}{(u-a_c)^2} + \dots \right] = 1,$$

o que dá $A_2 = 1$, $A_3 = 0$, $A_4 = 0$, etc.

Por outra parte, por ser a_c um periodo de $p(u)$, temos, na visinhança de $u = 0$,

$$p(u) = p(u + a_c) = \frac{1}{u^2} + \frac{A_1}{u} + P(u),$$

e esta egualdade mostra (n.º 186-1.º) que é $A_1 = 0$ e que em $P(u)$ só entram potencias pares de u.

Substituíndo estes valores de A_1, A_2, etc. na expressão anterior de $p(u)$, vem a fórmula (15).

187. A parte dos theoremas II, III e IV do numero precedente que se refere ao caso de serem imaginarias as raizes e_2 e e_3 póde ser enunciada de um modo semelhante áquelle que foi empregado no caso de e_2 e e_3 serem reaes, introduzindo duas novas quantidades ω_1 e ω_1 definidas pelas egualdades

$$\omega_1' = \frac{1}{2}(\omega + i\omega'), \qquad \omega_2' = \frac{1}{2}(\omega - i\omega').$$

Com effeito, em virtude d'estes theoremas a funcção $p(u)$ é infinita (se e_2 e e_3 são imaginarios) quando é

$$u = n_1 \omega + m_1 i\omega',$$

n_1 e m_1 representando dois inteiros, que são simultaneamente pares ou impares; e os periodos d'esta funcção são os numeros $n_1 \omega + m_1 i\omega'$.

Temos porém

$$n_1 \omega + m_1 i\omega' = (n_1 + m_1)\omega_1' + (n_1 - m_1)\omega_2',$$

ou, notando que os numeros $n_1 + m_1$ e $n_1 - m_1$ são pares, e pondo $n_1 + m_1 = 2n$, $n_1 - m_1 = 2m$,

$$n_1 \omega + m_1 i\omega' = 2n\omega_1' + 2m\omega_2'.$$

Logo, *quando as raizes* e_2 *e* e_3 *são imaginarias:*

1.º *A funcção* $p(u)$ *é infinita nos pontos em que*

$$u = 2n\omega'_1 + 2m\omega'_2,$$

e estes pontos são pólos da funcção.

2.º *A funcção* $p(u)$ *é periodica e os numeros da fórma* $2n\omega_1 + 2m\omega'_2$ *são os periodos da funcção.*

3.º *A equação* $p(u) = p(v)$ *é satisfeita pelos valores que satisfazem á condição*

$$u = \pm v + 2n\omega'_1 + 2m\omega'_2$$

e só por estes valores.

188. A derivada $p'(u)$ da funcção $p(u)$ goza das propriedades seguintes:

I. *A funcção* $p'(u)$ *é holomorpha em qualquer área que não contenha pólo algum de* $p(u)$; *admitte os mesmos pólos que* $p(u)$; *e, na visinhança de cada pólo* a_c, *é*

$$p'(u) = -\frac{2}{(u-a_c)^2} + P'(u-a_c). \tag{16}$$

Seja, com effeito, b um ponto de uma área A que não contenha pólo algum de $p(u)$. As derivadas de $p'(u)$ são finitas na visinhança do ponto b, e a funcção é portanto holomorpha na visinhança d'este ponto.

Notando agora que b um ponto qualquer da área A, conclue-se que $p'(u)$ é holomorpha em toda a área.

Para demonstrar que os pólos de $p(u)$ são tambem pólos de $p'(u)$, e que na visinhança d'elles tem logar a egualdade (16), basta derivar a egualdade (15).

II. *A funcção* $p'(u)$ *é periodica e os seus periodos são os de* $p(u)$.

Temos com effeito, representando por ω_1 e ω_2 duas quantidades respectivamente eguaes a ω e $i\omega'$, quando as raizes e_1, e_2 e e_3 são reaes, e a ω'_1 e ω'_2, quando duas d'estas raizes são imaginarias,

$$p(u + 2n\omega_1 + 2m\omega_2) = p(u),$$

e, derivando esta egualdade,

$$p'(u + 2n\omega_1 + 2m\omega_2) = p'(u).$$

*

Para mostrar que $p'(u)$ não póde ter periodo algum que não esteja comprehendido no systema precedente, notemos que, se fôr ω_3 um periodo de $p'(u)$, temos

$$p'(2n\omega_1 + 2m\omega_2 + \omega_3) = p'(2n\omega_1 + 2m\omega_2) = \infty,$$

e portanto

$$2n\omega_1 + 2m\omega_2 + \omega_3 = 2n'\omega_1 + 2m'\omega_2,$$

n' e m' representando numeros inteiros. Logo o periodo ω_3 tem a fórma $2n\omega_1 + 2m\omega_2$, e está portanto comprehendido no systema precedente.

189. Para calcular $p(u)$, póde recorrer-se ao desenvolvimento de $p(u)$ em série ordenada segundo as potencias de $u-a$, que, segundo o que vimos de ver, é da fórma

$$p(u) = \frac{A}{(u-a)^2} + a_0 + a_1(u-a) + a_2(u-a)^2 + \ldots$$

onde é $A = 1$ quando a é um pólo de $p(u)$, e $A = 0$ no caso contrario.

Esta série é, com effeito, convergente no circulo de raio (n.º 129) egual á distancia entre o ponto a e o pólo mais proximo d'este ponto.

Para determinar os coefficientes a_0, a_1, a_2, etc., póde recorrer-se á fórmula de Taylor, quando a é um ponto em que $p(u)$ se não torna infinita.

No caso porém de a ser um pólo de $p(u)$, recorre-se á relação

$$\text{(A)} \qquad p'^2(u) = 4p^3(u) - g_2\,p(u) - g_3.$$

Attendendo neste caso primeiramente a que, por ser a um periodo da funcção, temos

$$p(u) = p(u+a) = \frac{1}{u^2} + a_0 + a_1 u + a_2 u^2 + \ldots,$$

e a que $p(u)$ é uma funcção par, vem

$$a_1 = 0, \quad a_3 = 0, \quad a_5 = 0, \quad \ldots.$$

Substituindo depois na egualdade anterior $p(u)$ e $p'(u)$ pelos seus desenvolvimentos

$$p(u) = \frac{1}{u^2} + a_0 + a_2 u^2 + \ldots, \qquad p'(u) = -\frac{2}{u^3} + 2a_2 u + 4a_4 u^3 + \ldots$$

e egualando os coefficintes das mesmas potencias de u, obtêem-se equações que determinam os outros coefficientes.

Acha-se d'este modo a série

$$p(u) = \frac{1}{(u-a)^2} + \frac{g_2}{20}(u-a)^2 + \frac{g_3}{28}(u-a)^4 + \dots \tag{17}$$

Em logar de calcular todos os coefficintes a_0, a_2, a_4, etc. por meio da egualdade (A), como vimos de dizer, pódem-se calcular por meio d'ella sómente os dois primeiros e recorrer para o calculo dos seguintes á egualdade mais simples,

$$2p''(u) = 12\,p^2(u) - g_2,$$

que resulta de derivar a primeira, ou ainda á egualdade

$$2p'''(u) = 24\,p(u)\,p'(u).$$

Da egualdade (17) tira-se a relação

$$\lim_{u=a}\left[p(u) - \frac{1}{(u-a)^2}\right] = 0, \tag{18}$$

de que adiante teremos de fazer uso.

Do desenvolvimento de $p(u)$ tira-se a série que dá o desenvolvimento de $p'(u)$:

$$p'(u) = -\frac{2}{(u-a)^3} + \frac{g_2}{10}(u-a) + \frac{g_3}{7}(u-a)^3 + \dots$$

Esta série dá

$$\lim_{u=a}\left[p'(u) + \frac{2}{(u-a)^3}\right] = 0. \tag{19}$$

III

Funcções duplamente periodicas. Definições e propriedades geraes

190. A doutrina exposta nos numeros anteriores leva-nos a estudar as funcções que satisfazem á condição

$$(1) \qquad f(u + n\omega_1 + m\omega_2) = f(u),$$

onde n e m representam numeros inteiros positivos ou negativos; isto é, as *funcções periodicas* que admittem para periodos todas as quantidades da fórma $n\omega_1 + m\omega_2$, e só estas. Se ω_1 e ω_2 não fôrem multiplos de um numero Ω, a funcção $f(u)$ diz-se *duplamente periodica.* No caso contrario a funcção $f(u)$ tem um unico periodo Ω.

191. Vamos principiar o estudo das funcções duplamente periodicas demonstrando, com Jacobi, o theorema seguinte:

Se a funcção $f(u)$ é uniforme e duplamente periodica, a razão $\frac{\omega_1}{\omega_2}$ dos dois periodos não póde ser real.

Com effeito, se esta razão fôsse egual a um numero racional $\frac{a}{b}$, teriamos,

$$n\omega_1 - m\omega_2 = \frac{na - mb}{b}\,\omega_2,$$

e, dando a n e m dois valores p e q taes que seja $pa - qb = 1$ (valores que se determinam por meio da theoria das fracções continuas),

$$p\omega_1 - q\omega_2 = \frac{\omega_2}{b}\,.$$

Logo existiria um periodo $\frac{\omega_2}{b}$ que não estaria comprehendido em $n\omega_1 + m\omega_2$, o que é contra a hypothese.

Se a razão $\frac{\omega_1}{\omega_2}$ fôsse egual a um numero irracional, podia-se desenvolver este numero em fracção continua e obter assim uma fracção $\frac{p}{q}$, cuja differença para aquella razão fôsse inferior e $\frac{1}{q^2}$. Teriamos pois, representando por θ uma quantidade comprehendida entre -1 e $+1$,

$$\frac{\omega_1}{\omega_2} = \frac{p}{q} + \frac{\theta}{q^2},$$

ou

$$q\omega_1 - p\omega_2 = \frac{\theta}{q}\omega_2;$$

e portanto

$$f\left(u + \frac{\theta}{q}\omega_2\right) = f(u).$$

Como porém o numero q é tão grande quanto se queira, os pontos onde a funcção $f(u)$ tomaria o mesmo valor não estariam isolados, se esta egualdade tivesse logar. Logo a funcção $f(u)$ seria (*C. dif.*, n.º 168-4.º) constante.

192. Seja u_0 um valor qualquer de u. Se marcarmos sobre um plano os pontos correspondentes a u_0, $u_0 + \omega_1$, $u_0 + \omega_1 + \omega_2$, $u_0 + \omega_2$, fórma-se um parallelogrammo, a que se dá o nome de *parallelogrammo dos periodos*. É evidente que a funcção $f(u)$ não póde ter valor algum fóra de um parallelogrammo dos periodos, que não seja egual a um dos valores que toma neste parallelogrammo.

193. Postas estas noções geraes, vamos estudar as propriedades das funcções periodicas.

I. *Toda a funcção holomorpha e duplamente periodica é constante.*

Com effeito, a funcção proposta não podendo ter valores differentes d'aquelles que toma em um parallelogrammo dos periodos, existe um numero que os seus valores não podem exceder, e portanto (n.º 131) é constante.

II. *O quociente de duas funcções meromorphas, que admittem os mesmos zeros e os mesmos pólos, com os mesmos graus de multiplicidade, é egual a uma constante.*

Se a é um zero das funcções $f(u)$ e $F(u)$, temos, na visinhança do ponto a,

$$f(u) = (u - a)^{\alpha} P(u), \qquad F(u) = (u - a)^{\alpha} Q(u),$$

onde $P(u)$ e $Q(u)$ representam funcções que não se annullam no ponto a. Logo o quociente $\frac{f(u)}{F(u)}$ não é nullo nem infinito neste ponto.

Se b é um pólo das funcções $f(u)$ e $F(u)$, temos, na visinhança do ponto b,

$$(u - b)^{\alpha} f(u) = P(u), \qquad (u - b)^{\alpha} F(u) = Q(u)$$

e portanto $\frac{f(u)}{F(u)}$ não é nullo nem infinito no pólo b.

Logo o quociente $\frac{f(u)}{F(u)}$ é uma funcção holomorpha de u, e esta funcção reduz-se, em virtude do theorema anterior, a uma constante.

III. *As derivadas das funcções periodicas são periodicas.*

Derivando, com effeito, relativamente a u a egualdade

$$f(u+n\omega_1+m\omega_2)=f(u)$$

vem

$$f'(u+n\omega_1+m\omega_2)=f'(u)$$

....

IV. *A somma dos residuos de uma funcção meromorpha e duplamente periodica $f(u)$, relativamente aos pólos collocados em um parallelogrammo dos periodos, é nulla.*

Suppomos o parallelogrammo dos periodos collocado de tal modo que não haja pólo algum sobre o seu contôrno.

A somma dos residuos da funcção $f(u)$ relativamente aos pólos situados em um parallelogramo dos periodos, cujos vertices são A, B, C, D, é egual (n.º 136) ao integral

$$\frac{1}{2i\pi}\int_s f(u)\,du,$$

onde s representa o contôrno do parallelogrammo considerado, que suppomos descripto no sentido ABCD.

Mas temos, notando que aos pontos A, B, C, D correspondem os numeros u_0, $u_0+\omega_1$, $u_0+\omega_1+\omega_2$, $u_0+\omega_2$, e que é $f(u+\omega_1)=f(u)$, $f(u+\omega_2)=f(u)$,

$$\int_s f(u)\,du=\int_{u_0}^{u_0+\omega_1} f(u)\,du+\int_{u_0+\omega_1}^{u_0+\omega_1+\omega_2} f(u)\,du+\int_{u_0+\omega_1+\omega_2}^{u_0+\omega_2} f(u)\,du+\int_{u_0+\omega_2}^{u_0} f(u)\,du$$

$$=\int_{u_0}^{u_0+\omega_1} f(u)\,du+\int_{u_0}^{u_0+\omega_2} f(u+\omega_1)\,du-\int_{u_0}^{u_0+\omega_1} f(u+\omega_2)\,du-\int_{u_0}^{u_0+\omega_2} f(u)\,du=0.$$

Logo a somma considerada é egual a zero.

V. *Em toda a funcção duplamente periodica meromorpha o numero de zeros e o numero de pólos contidos em um parallelogrammo dos periodos são eguaes.*

Seja n o numero de zeros e m o numero de pólos contidos em um parallelogrammo dos periodos. Será (n.º 138)

$$n-m=\frac{1}{2i\pi}\int_s \frac{f'(u)\,du}{f(u)},$$

onde o contôrno da integração é o parallelogrammo dos periodos; ou (n.º 193-IV), por ser periodica a funcção $\frac{f'(u)}{f(u)}$,

$$n-m=0.$$

VI. *A funcção duplamente periodica $f(u)$ não póde conter no interior de cada parallelogrammo dos periodos um só pólo simples.*

Com effeito, se $f(u)$ contivesse no interior do parallelogrammo dos periodos um unico pólo a, seria nullo o residuo de $f(u)$ relativamente a a; e portanto teriamos, na visinhança do ponto a,

$$f(u)=\frac{\mathrm{A}}{(u-a)^k}+\frac{\mathrm{B}}{(u-a)^{k+1}}+\ldots+\mathrm{P}(u-a),$$

onde k representa um inteiro superior á unidade e $\mathrm{P}(u-a)$ uma série ordenada segundo as potencias de $u-a$. O pólo a seria pois de ordem superior a 1.

VII. *Se $f(u)$ representa uma funcção meromorpha duplamente periodica, existem sempre, em cada parallelogrammo dos periodos, tantas raizes da equação $f(u)=c$, quantos os pólos de $f(u)$ contidos neste parallelogrammo.*

A funcção $f(u)-c$ é com effeito duplamente periodica, meromorpha e tem os mesmos pólos que $f(u)$; e portanto, chamando n o numero de raizes da equação considerada e m o numero de pólos de $f(u)$, temos (n.º 193-V) $n=m$.

IV

Representação analytica das funcções $p(u)$, $p'(u)$, etc.

194. Lemma I. — *A série*

$$\mathrm{S}=\Sigma\frac{1}{(n^2+m^2)^\alpha},$$

cujos termos se formam dando a n e a m no termo geral todos os valores

$$n=0,\quad \pm1,\quad \pm2,\quad \pm3,\quad \ldots$$
$$m=0,\quad \pm1,\quad \pm2,\quad \pm3,\quad \ldots,$$

excluindo a combinação $n=0$ com $m=0$, é absolutamente convergente, quando é $\alpha>1$.

Com effeito, representando por S_u a somma dos termos da série considerada em que algum dos numeros n e m é egual (em valor absoluto) a u e o outro egual ou inferior a u, esta série póde ser substituida pela seguinte (*C. dif.*, n.º 24):

$$S_0 + S_1 + S_2 + \ldots + S_u + \ldots.$$

É facil porém de vêr que o numero do termos em que (em valor absoluto) um dos numeros n e m é egual a u e o outro inferior a u é egual a $8u+4$ e que cada um d'estes termos não póde exceder $\frac{1}{u^{2\alpha}}$, visto ser, para estes valores de n e m, $n^2+m^2 \geqq u^2$. Logo temos

$$S_u < \frac{8u+4}{u^{2\alpha}}.$$

Suppondo agora $u>4$, é

$$S_u < \frac{8u+4}{u^{2\alpha}} < \frac{9u}{u^{2\alpha}},$$

e os termos da série proposta são, a partir do quinto, respectivamente menores do que os termos da mesma ordem da série absolutamente convergente

$$9\left[\frac{1}{1^{2\alpha-1}} + \frac{1}{2^{2\alpha-1}} + \frac{1}{3^{2\alpha-1}} + \ldots\right];$$

e portanto aquella é tambem absolutamente convergente.

Corollario. — *A série*

$$\sum_{n,\,m} \frac{1}{(2n\omega_1 + 2m\omega_2)^{\alpha}}$$

é absolutamente convergente, quando é $\alpha > 2$ *e a parte imaginaria do quociente* $\frac{\omega_1}{\omega_2}$ *é differente de zero.*

Seja

$$\omega_1 = a + ib, \qquad \omega_2 = a_1 + ib_1,$$

e consideremos a série seguinte, cujos termos são os módulos dos termos da série precedente:

$$\sum \frac{1}{2\left[(na+ma_1)^2 + (nb+mb_1)^2\right]^{\frac{\alpha}{2}}}.$$

Por ser differente de zero a parte imaginaria $\frac{a_1 b - b_1 a}{a_1^2 + b_1^2}$ do quociente $\frac{\omega_1}{\omega_2}$, nenhum dos valores reas de n e m, que satisfazem á condição

$$n^2 + m^2 = 1,$$

póde annullar simultaneamente os binomios $na + ma_1$, $nb + mb_1$; e porisso, para estes valores de n e m, a funcção d'estas quantidades

$$\frac{(na + ma_1)^2 + (nb + mb_1)^2}{n^2 + m^2}$$

conserva um valor superior a uma quantidade l, positiva e differente de zero.

Escrevendo esta funcção debaixo da fórma

$$\frac{\left(a + \frac{m}{n} a_1\right)^2 + \left(b + \frac{m}{n} b_1\right)^2}{1 + \frac{m^2}{n^2}},$$

vê-se que ella se conserva ainda superior a l, quando a n e a m se dão valores differentes dos precedentes: porque, representando por n_1 e m_1 os novos valores de n e m e por q o quociente $\frac{m_1}{n_1}$, é sempre possivel dar a n e m valores que satisfaçam á egualdade $n^3 + m^2 = 1$ e cujo quociente seja egual a q. Basta para isso pôr

$$n = \frac{1}{\sqrt{q^2 + 1}}, \quad m = \frac{q}{\sqrt{q^2 + 1}}.$$

Temos pois para todos os valores de n e m differentes de zero

$$(na + ma_1)^2 + (nb + mb_1)^2 > l\,(n^2 + m^2),$$

e portanto

$$\frac{1}{[(na + ma_1)^2 + (nb + mb_1)^2]^{\frac{\alpha}{2}}} < \frac{1}{l\,(n^2 + m^2)^{\frac{\alpha}{2}}}.$$

Como a série cujo termo geral é o segundo membro d'esta desegualdade é convergente, a série cujo termo geral é o primeiro membro da mesma desegualdade é tambem convergente, e a série proposta é portanto absolutamente convergente.

*

195. LEMMA II. — *A série*

$$(1) \qquad \sum_{c=0}^{\infty} \frac{f(c, u)}{(u - a_c)^{\alpha}},$$

onde a_c *representa os aumeros que se obtêem dando a* n *e* m *os valores* $0, \pm 1, \pm 2, \pm 3,$ *etc. na expressão* $2n\omega_1 + 2m\omega_2$, *é absoluta e uniformemente convergente em qualquer área* A *que não contenha ponto algum dos que fôram representados por* a_c, *se fôr* $\alpha > 2$ *e existir um numero* L *que* $|f(c, u)|$ *não possa exceder, quando* c *varia desde* 0 *até* ∞ *e* u *passa por todos os valores representados por pontos da área* A.

Suppomos que as quantidades ω_1 e ω_2, que entram neste enunciado, são as mesmas que fôram consideradas no numero anterior, e portanto que satisfazem á condição de ser differente de zero a parte imaginaria de $\frac{\omega_1}{\omega_2}$.

Por ser, na área A, u differente de a_c, existe um numero l a que a quantidade

$$\left| 1 - \left| \frac{u}{a_c} \right| \right|^{\alpha}$$

não póde ser inferior, e porisso temos

$$\frac{|f(c, u)|}{\left| 1 - \left| \frac{u}{a_c} \right| \right|^{\alpha}} < \frac{\mathrm{L}}{l};$$

e, por ser convergente a série (n.º 194-*corollario*)

$$\frac{\mathrm{L}}{l} \sum_{c=1}^{\infty} \left| \frac{1}{a_c^{\alpha}} \right|,$$

a cada valor da quantidade positiva δ, por mais pequeno que seja, corresponde um numero t_1 tal que a deseguualdade

$$\frac{\mathrm{L}}{l} \sum_{c=t}^{t+p} \left| \frac{1}{a_c^{\alpha}} \right| < \delta$$

é satisfeita pelos valores de t superiores a t_1, qualquer que seja p.

Logo teremos, quando $t > t_1$,

$$\sum_{c=t}^{t+p} \left| \frac{1}{a_c^{\alpha}} \right| \frac{|f(c, u)|}{\left| 1 - \left| \frac{u}{a_c} \right| \right|^{\alpha}} < \delta;$$

depois

$$\sum_{c=t}^{t+p} \left| \frac{1}{a_c^\alpha} \right| \frac{|f(c, u)|}{\left| 1 - \frac{u}{a_c} \right|^\alpha} < \delta,$$

por ser

$$1 = \left| 1 - \frac{u}{a_c} + \frac{u}{a_c} \right| \overline{\overline{<}} \left| 1 - \frac{u}{a_c} \right| + \left| \frac{u}{a_c} \right|,$$

ou

$$\left| 1 - \frac{u}{a_c} \right| \geqq 1 - \left| \frac{u}{a_c} \right|;$$

e finalmente

$$\sum_{c=t}^{t+p} \left| \frac{f(c, u)}{(u - a_c)^\alpha} \right| < \delta.$$

D'esta desegualdade conclue-se que a série proposta é absoluta e uniformemente convergente no interior da área A.

Corollarios. — As séries seguintes, de que teremos de usar:

$$\sum_{c=0}^{\infty} \left[\frac{1}{(u - a_c)^2} - \frac{1}{a_c^2} \right], \qquad \sum_{c=0}^{\infty} \left[\frac{1}{u - a_c} + \frac{1}{a_c} + \frac{u}{a_c^2} \right],$$

são absoluta e uniformemente convergentes na área A.

Com effeito, a primeira série póde ser reduzida á fórma

$$\sum_{c=0}^{\infty} \frac{u(2a_c - u)(u - a_c)}{a_c^2 (u - a_c)^3},$$

e a sua convergencia demonstra-se por meio do theorema anterior, pondo

$$f(c, u) = \frac{u(2a_c - u)(u - a_c)}{a_c^2} = u \left(2 - \frac{u}{a_c}\right) \left(\frac{u}{a_c} - 1\right)$$

e notando que $|f(c, u)|$ não póde augmentar indefinidamente, quando c cresce desde 0 até ∞ e u passa por todos os pontos da área A.

A segunda série póde reduzir-se á fórma

$$\sum_{c=0}^{\infty} \frac{u^2 (u - a_c)^2}{a_c^2 (u - a_c)^3},$$

e neste caso podemos pôr

$$f(c, u) = \left(\frac{u}{a_c}\right)^2 (u - a_c)^2 = u^2 \left(\frac{u}{a_c} - 1\right)^2,$$

e demonstrar ainda a sua convergencia por meio do theorema anterior.

196. Representação analytica das funcções $p'(u)$, $p''(u)$, etc. — A circumstancia de $p'(u)$ ter na visinhança dos pontos representados por a_c a fórma (n.º 188)

$$p'(u) = P'(u - a_c) - \frac{2}{(u - a_c)^3}$$

leva naturalmente a comparar $p'(u)$ com a funcção $\varphi(u)$ definida pela série uniformemente convergente

$$\varphi(u) = -\Sigma \frac{2}{(u - a_c)^3}.$$

Para fazer esta comparação, notemos primeiramente que $\varphi(u)$ admitte derivadas de todas as ordens, finitas em todos os pontos differentes de a_c, e dadas pelas relações

$$\varphi'(u) = \Sigma \frac{2.3}{(u - a_c)^4}, \quad \varphi''(u) = -\Sigma \frac{2.3.4}{(u - a_c)^5}, \quad \ldots,$$

visto que estas séries são todas uniformemente convergentes (n.º 195).

Posto isto, nos pontos differentes de a_c, como as duas funcções $p'(u)$ e $\varphi(u)$ admittem derivadas finitas, a funcção $p'(u) - \varphi(u)$ tambem admitte derivadas finitas.

Na visinhança do ponto a_j, representando por j um qualquer dos valores de c, teremos

$$\varphi(u) + \frac{2}{(u - a_j)^3} = -\Sigma' \frac{2}{(u - a_c)^3}$$

(devendo, no segundo membro d'esta egualdade, excluir-se o numero j dos valores dados a c) e (n.º 188)

$$p'(u) = P'(u - a_j) - \frac{2}{(u - a_j)^3};$$

e portanto

$$p'(u) - \varphi(u) = P'(u - a_j) + \Sigma' \frac{2}{(u - a_c)^3},$$

onde o segundo membro admitte derivadas de todas as ordens finitas no ponto a_j.

Logo a differença $p'(u) - \varphi(u)$ admitte derivadas de todas as ordens, finitas em todo o plano, e é portanto uma funcção holomorpha de u, que representaremos por $P_1(u)$.

Temos pois

$$p'(u) = P_1(u) - \Sigma \frac{2}{(u - a_c)^3}.$$

Resta determinar a funcção $P_1(u)$.

Notemos, para isso, que a funcção $\varphi(u)$ é periodica, e que os seus periodos são os de $p'(u)$. Com effeito, mudando em $a_c = 2n\omega_1 + 2m\omega_2$, n em $n_1 + n$ e m em $m_1 + m$, vem

$$\varphi(u) = -\Sigma \frac{2}{[u - 2(n + n_1)\omega_1 - 2(m + m_1)\omega_2]^3},$$

e, mudando depois u em $u + 2n_1\omega_1 + 2m_1\omega_2$,

$$\varphi(u + 2n_1\omega_1 + 2m_1\omega_2) = -\Sigma \frac{2}{(u - 2n\omega_1 - 2m\omega_2)} = \varphi(u).$$

Logo a funcção holomorpha $P_1(u)$ é duplamente periodica, e é portanto egual a uma constante C (n.º 193). Temos pois

$$p'(u) = C - \Sigma \frac{2}{(u - a_c)^3},$$

ou, pondo em evidencia o termo correspondente a $m = 0$ e $n = 0$,

$$p'(u) = C - \frac{2}{u^3} - \Sigma \frac{2}{(u - a_c)^3}.$$

Para determinar C basta pôr nesta egualdade $u = 0$. Se se attender, com effeito, á egualdade (n.º 188)

$$\lim_{u=0} \left[p'(u) + \frac{2}{u^3} \right] = 0$$

e a que é

$$\Sigma \frac{1}{(-a_c)^3} = 0,$$

(visto que a cada valor de a_c corresponde outro que só differe d'elle no signal), acha-se $C = 0$.

Temos pois

$$(2) \qquad p'(u) = \sum_{n,\, m} \frac{2}{(u - a_c)^3}$$

onde é

$$a_c = 2n\omega_1 + 2m\omega_2, \qquad n,\ m = 0, \quad \pm 1, \quad \pm 2, \quad \ldots.$$

Da fórmula (2) tira-se por derivações successivas,

$$p''(u) = \sum_{n,m} \frac{2.3}{(u-a_c)^4}, \quad p'''(u) = -\sum_{n,m} \frac{2.3.4}{(u-a_c)^5}, \quad \ldots$$

As séries que entram nos segundos membros d'estas egualdades são, com effeito, uniformemente convergentes em qualquer área em que não existem pólos da funcção, e os seus dois membros têem os mesmos pólos e comportam-se do mesmo modo na visinhança dos pólos.

197. Representação analytica de $p(u)$. — Para obter a representação analytica de $p(u)$, integremos entre os limites 0 e u os dois membros da egualdade (2), o que é possivel, visto ser uniformemente convergente a série que entra no segundo membro. Temos d'este modo, separando o termo correspondente a $n=0$ e $m=0$,

$$\int_0^u \left[p'(u) + \frac{2}{u^3}\right] du = \Sigma \left[\frac{1}{(u-a_c)^2} - \frac{1}{a_c^2}\right],$$

ou

$$p(u) - \frac{1}{u^2} - \lim_{u=0}\left[p(u) - \frac{1}{u^2}\right] = \Sigma \left[\frac{1}{(u-a_c)^2} - \frac{1}{a_c^2}\right],$$

ou (n.º 188)

$$(3) \qquad p(u) = \frac{1}{u^2} + \Sigma \left[\frac{1}{(u-a\ )^2} - \frac{1}{a^2}\right].$$

V

Definição geral de $p(u)$

198. Definiu-se e estudou-se precedentemente a funcção $p(u, \omega_1, \omega_2)$ quando ω_1 e ω_2 representavam respectivamente as quantidades ω e $i\omega'$, ou ω_1' e ω_2'. No caso de ω_1 e ω_2 representarem duas quantidades quaesquer, taes que a parte imaginaria do seu quociente seja differente de zero, póde definir-se $p(u)$ por meio da série convergente

$$(1) \qquad p(u) = \frac{1}{u^2} + \Sigma \left[\frac{1}{(u-a_c)^2} - \frac{1}{a_c^2}\right],$$

onde a_c representa os valores que resultam de pôr na quantidade $2n\omega_1 + 2m\omega_2$

$$n = 0, \quad \pm 1, \quad \pm 2, \quad \ldots,$$
$$m = 0, \quad \pm 1, \quad \pm 2, \quad \ldots,$$

excluindo a combinação $n = 0$, $m = 0$.

Vamos, com effeito, vêr que a funcção assim definida gosa das propriedades demonstradas anteriormente para o caso de ser $\omega_1 = \omega$, $\omega_2 = i\omega'$, e para o caso de ser $\omega_1 = \omega_1'$, $\omega_2 = \omega_2'$.

I. A simples inspecção da fórmula precedente mostra que a funcção $p(u)$ é moromorpha e que os seus pólos são os pontos $2n\omega_1 + 2m\omega_2$; que é

$$(2) \qquad p(-u) = p(u);$$

e que é

$$(3) \qquad \lim_{u=0} \left[p(u) - \frac{1}{u^2} \right] = 0.$$

II. Das egualdades (1), (2) e (3) conclue-se que $p(u)$ póde ser desenvolvida em série por meio do theorema de Laurent, e que este desenvolvimento tem a fórma

$$(4) \qquad p(u) = \frac{1}{u^2} + a_2 u^2 + a_4 u^4 + \ldots.$$

III. A funcção $p(u)$ é duplamente periodica e os seus periodos são $2\omega_1$ e $2\omega_2$.

Para demonstrar esta proposição, consideremos primeiramente a série que resulta de derivar (1) (onde se introduz o termo $-\frac{2}{u^3}$ na somma Σ):

$$p'(u) = -\Sigma \frac{2}{(u - 2n\omega_1 - 2m\omega_2)^3}$$

Mudando n em $n_1 + n$ e m em $m_1 + m$, vem

$$p(u) = -\Sigma \frac{2}{[u - 2(n + n_1)\omega_1 - 2(m + m_1)\omega_2]^3};$$

e, mudando depois u em $u + 2n_1\omega_1 + 2m_1\omega_2$,

$$p'(u + 2n_1\omega_1 + 2m_1\omega_2) = -\Sigma \frac{2}{(u - 2n\omega_1 - 2m\omega_2)^3}.$$

Logo

$$p'(u+2n_1\omega_1+2m_1\omega_2)=p'(u).$$

Integremos agora a equação

$$p'(u+2n_1\omega_1+2m_1\omega_2)\,du=p'(u)\,du,$$

e teremos

$$p(u+2n_1\omega_1+2m_1\omega_2)=p(u)+\mathrm{C},$$

C representando a constante arbitraria. Para a determinar, ponha-se $u=-(n_1\omega_1+m_1\omega_2)$, o que dá

$$p(-n_1\omega_1-m_1\omega_2)=p(n_1\omega_1+m_1\omega_2)+\mathrm{C}$$

e portanto $\mathrm{C}=0$. Temos pois

$$p(u+2n_1\omega_1+2m_1\omega_2)=p(u),$$

que é o que se queria demonstrar.

IV. A funcção $p(u)$ satisfaz a uma equação da fórma (1)

$$p'^2(u)=4p^3(u)-g_2p(u)-g_3.$$

Para demonstrar esta proposição, notemos primeiramente que as funcções duplamente periodicas

$$p'^2(u),\qquad 4p^3(u)-g_2p(u),$$

que têem um unico pólo $u=0$ em um dos parallelogrammos dos periodos, dão, na visinhança do ponto $u=0$,

$$p'^2(u)=\left[-\frac{2}{u^3}+2a_2u+4a_4u^3+\dots\right]^2=\frac{4}{u^6}-\frac{8a_2}{u^2}-16a_4+\dots,$$

$$4p^3(u)-g_2p(u)=4\left[\frac{1}{u^2}+a_2u^2+a_4u^4+\dots\right]^3-g_2\left[\frac{1}{u^2}+a_2u^2+a_4u^4+\dots\right]$$

$$=\frac{4}{u^6}+\frac{12a_2-g_2}{u^2}+12a_4+\dots.$$

(1) Esta demonstração e a seguinte são tiradas de um artigo que a este respeito publicámos no *Bulletin des sciences mathématiques*, (t. XXVII, 1892).

Logo, se pozermos

$$12\,a_2 - g_2 = -8\,a_2,$$

a differença

$$p'^3(u) - [4p^3(u) - g_2\,p(u)]$$

não tem o pólo $u=0$, e esta differença é portanto (n.º 193-I) constante.

Temos pois

$$p'^2(u) = 4p^3(u) - g_2\,p(u) - g_3,$$

representando a constante por $-g_3$. Para a determinar, substitua-se $p'^2(u)$, $p^3(u)$ e $p(u)$ pelos seus valores e ponha-se $u=0$; teremos assim

$$g_3 = 28\,a_4.$$

Logo $p(u)$ satisfaz a uma relação da fórma

$$p'^2(u) = 4p^3(u) - g_2\,p(u) - g_3,$$

onde é

$$g_2 = 20\,a_2, \qquad g_3 = 28\,a_4.$$

V. O theorema de addição da funcção $p(u)$:

$$p(u+v) = \frac{1}{4}\left[\frac{p'(u) - p'(v)}{p(u) - p(v)}\right]^2 - p(u) - p(v)$$

subsiste tambem no caso geral dos periodos $2\omega_1$ e $2\omega_2$.

Para o demonstrar, consideremos as duas funcções

$$F_1(u) = p(u+v)\,[p(u) - p(v)]^2,$$

$$F_2(u) = \frac{1}{4}[p'(u) - p'(v)]^2 - [p(u) + p(v)]\,[p(u) - p(v)]^2,$$

que, considerando v como constante e u como variavel, são funcções periodicas de u, que admittem os mesmos periodos $2\omega_1$ e $2\omega_2$.

A primeira funcção admitte o pólo $u=0$; e, substituindo $p(u)$ pelo desenvolvimento (4) e $p(u+v)$ pelo desenvolvimento

$$p(u+v) = p(v) + up'(v) + \frac{1}{2}u^2 p''(v) + \ldots,$$

onde

$$p''(v) = 6p^2(v) - \frac{1}{2} g_2 = 6p^2(v) - 10a_2, \qquad p'''(v) = 12p(v)p'(v),$$

temos, na visinhança d'este pólo,

$$F_1(u) = \frac{p(v)}{u^4} + \frac{p'(v)}{u^3} + \frac{p^2(v) - 5a_2}{u^2} + \frac{0}{u} + \ldots.$$

A funcção $F_2(u)$ dá do mesmo modo

$$F_2(u) = \frac{p(v)}{u^4} + \frac{p'(v)}{u^3} + \frac{p^2(v) - 5a^2}{u^2} + \frac{0}{u} + \ldots.$$

Logo a differença

$$F_1(u) - F_2(u)$$

não contém o pólo 0, nem mesmo em virtude da sua periodicidade, pólo algum; e temos (n.º 193-I)

$$F_1(u) - F_2(u) = C.$$

Para determinar a constante C, ponha-se $u = v$, e teremos $F_1(v) = 0$, $F_2(v) = 0$, e portanto $C = 0$.

Logo

$$p(u+v)[p(u) - p(v)]^2 = \frac{1}{4}[p'(u) - p'(v)]^2 - [p(u) + p(v)][p(u) - p(v)]^2.$$

D'esta relação tira-se o theorema de addição de $p(u)$.

VI. A egualdade

$$p'(u) = -\Sigma \frac{2}{(u - 2n\omega_1 - 2m\omega_2)^3}$$

dá, pondo $u = \omega_1$,

$$p'(\omega_1) = \Sigma \frac{2}{[(2n-1)\omega_1 + 2m\omega_2]^3}.$$

Se notarmos agora que a cada termo d'esta somma corresponde outro egual e de signal contrario, que se obtem mudando $2n-1$ em $-(2n-1)$ e m em $-m$, podemos escrever

$$p'(\omega_1) = 0.$$

Do mesmo modo se mostra que é

$$p'(\omega_2)=0.$$

D'estas egualdades e da egualdade

$$p'^2(u)=4p^3(u)-g_2 p(u)-g_3$$

deduz-se que $p(\omega_1)$ e $p(\omega_2)$ são raizes da equação

$$4p^3(u)-g_2 p(u)-g_3=0.$$

Vimos já como se distinguiam estas raizes no caso particular de g_2 e g_3 serem reaes.

VII. A expressão de $p(u)$ mostra que $p(u)$ não soffre alteração quando se muda o signal a uma ou a ambas as quantidades ω_1 e ω_2. A mesma expressão mostra que $p(u)$ é uma funcção *homogenea* do grau -2 de u, ω_1 e ω_2; e temos portanto

$$p(su,\ s\omega_1,\ s\omega_2)=\frac{1}{s^2}\cdot p(u,\ \omega_1,\ \omega_2)=\frac{1}{s^2}p(u,\ -\omega_1,\ \omega_2)=\frac{1}{s^2}p(u,\ -\omega_1,\ -\omega_2).$$

No caso de ser $\omega_1=\omega$, $\omega_2=i\omega'$ e $s=i$, esta egualdade dá

$$p(iu,\ i\omega,\ \omega')=-p(u,\ \omega,\ i\omega').$$

VI

Sobre a funcção $\zeta(u)$

199. Designa-se por $\zeta(u)$ a funcção definida pela série absoluta e uniformemente convergente (n.º 195)

$$\zeta(u)=\frac{1}{u}+\Sigma\left[\frac{1}{u-a_c}+\frac{1}{a_c}+\frac{u}{a_c^2}\right], \tag{5}$$

onde a_c representa os numeros que resultam de dar a n e a m os valores

$$n=0,\quad \pm 1,\quad \pm 2,\quad \pm 3,\quad \ldots,\quad \pm\infty,$$
$$m=0,\quad \pm 1,\quad \pm 2,\quad \pm 3,\quad \ldots,\quad \pm\infty$$

em

$$a_c = 2n\omega_1 + 2m\omega_2,$$

excluindo a combinação $n=0$, $m=0$.

200. Vamos estudar as propriedades d'esta funcção.

I. Derivando a série que define $\zeta(u)$, vem o resultado

$$-\left\{\frac{1}{u^2} + \Sigma\left[\frac{1}{(u-a_c)^2} - \frac{1}{a_c^2}\right]\right\},$$

e portanto (n.º 198)

$$\frac{d\zeta(u)}{du} = -p(u). \tag{6}$$

II. Da expressão analytica de $\zeta(u)$ resulta immediatamente que a *funcção $\zeta(u)$ é regular em todo o plano, excepto nos pontos* 0 *e* a_c, *que são pólos.*

III. Como a cada valor de a_c corresponde outro egual e de signal contrario, a expressão de $\zeta(u)$ não muda de valor quando se substitue a_c por $-a_c$. Mudando em seguida u em $-u$, torna a apparecer a mesma expressão com signal contrario. Logo temos

$$\zeta(-u) = -\zeta(u).$$

A funcção $\zeta(u)$ é pois impar.

IV. Para todos os valores de u representados pelos pontos do interior de um circulo, cujo centro é o ponto a e cujo raio é a distancia d'este ponto ao pólo mais proximo, a funcção $\zeta(u)$ é susceptivel de um desenvolvimento da fórma

$$\zeta(u) = \frac{A}{u-a} + A_0 + A_1(u-a) + A_3(u-a)^3 + \ldots,$$

onde $A=1$, quando a é um pólo de $\zeta(u)$ e $A=0$ no caso contrario.

Para determinar A_0, A_1, A_2, etc., póde-se derivar esta egualdade e comparar o resultado com o desenvolvimento de $p(u)$ obtido n.º 189, o que dá, quando a é um pólo de $p(u)$,

$$A_0 = 0, \quad A_1 = 0, \quad A_3 = -\frac{g_2}{3 \cdot 20},$$

e portanto

$$\zeta(u) = \frac{1}{u-a} - \frac{g_2}{20}\frac{(u-a)^3}{3} - \frac{g_3}{28}\frac{(u-a)^5}{5} \ldots \tag{7}$$

D'esta egualdade resulta

$$(8)\qquad \lim_{u=a}\left(\zeta(u)-\frac{1}{u-a}\right)=0.$$

V. A funcção $\zeta(u)$ tem um theorema de addição, que se deduz do theorema de addição da funcção $p(u)$, como vamos ver.

O theorema de addição da funcção $p(u)$ dá (n.º 180 e 198-V)

$$p(u+v)-p(u-v)=-\frac{p'(u)\,p'(v)}{[p(u)-p(v)]^2},$$

e portanto

$$p(u+v)\,du-p(u-v)\,du=-\frac{p'(u)\,p'(v)\,du}{[p(u)-p(v)]^2}$$

Integrando os dois membros d'esta egualdade, vem

$$-\zeta(u+v)+\zeta(u-v)=\frac{p'(v)}{p(u)-p(v)}+\mathrm{C},$$

C representando uma constante arbitraria que se póde determinar pondo $u=0$, o que dá, attendendo ás egualdades $\zeta(-v)=-\zeta(v)$, $p'(0)=\infty$,

$$\mathrm{C}=-2\,\zeta(v).$$

Temos pois

$$(\mathrm{A})\qquad \zeta(u-v)-\zeta(u+v)=\frac{p'(v)}{p(u)-p(v)}-2\,\zeta(v).$$

D'esta relação e da precedente deduzem-se as egualdades

$$(9)\qquad \begin{cases} \zeta(u+v)=\dfrac{1}{2}\,\dfrac{p'(u)-p'(v)}{p(u)-p(v)}+\zeta(u)+\zeta(v),\\[2ex] \zeta(u-v)=\dfrac{1}{2}\,\dfrac{p'(u)+p'(v)}{p(u)-p(v)}+\zeta(u)-\zeta(v),\end{cases}$$

nas quaes consiste o theorema de addição da funcção $\zeta(u)$.

VI. A relação

$$p(u\pm 2\omega_1)=p(u)$$

dá (I)

$$\zeta(u\pm 2\omega_1)=\zeta(u)+\mathrm{C},$$

onde C representa uma constante arbitraria. Para determinar esta constante, ponha-se $u = \mp \omega_1$, e teremos $C = \pm 2\zeta(\omega_1)$.

Logo, pondo para simplificar $\zeta(\omega) = \eta_1$, temos

$$\zeta(u \pm 2\omega_1) = \zeta(u) \pm 2\eta_1.$$

Mudando nesta egualdade u em $u \pm 2\omega$, vem

$$\zeta(u \pm 4\omega_1) = \zeta(u_1) \pm 4\eta_1.$$

Continuando do mesmo modo obtem-se a egualdade

$$\zeta(u + 2n\omega_1) = \zeta(u) + 2n\eta_1$$

onde n representa um inteiro positiva ou negativo.

Do mesmo modo se acha a egualdade

$$\zeta(u + 2m\omega_2) = \zeta(u) + 2m\eta_2,$$

onde $\eta_2 = \zeta(\omega_2)$.

Reunindo estas duas egualdades numa só, temos

$$\zeta(u + 2n\omega_1 + 2m\omega_2) = \zeta(u) + 2n\eta_1 + 2m\eta_2.$$

VI. A expressão de $\zeta(u)$ mostra que $\zeta(u)$ não varia quando se muda o signal de uma ou ambas as quantidades ω_1 e ω_2. A mesma expressão mostra que $\zeta(u)$ é uma funcção *homogenea* do grau -1 das quantidades u, ω_1 e ω_2. Temos pois

$$\zeta(su, s\omega_1, s\omega_2) = \frac{1}{s}\zeta(u, \omega_1, \omega_2) = \frac{1}{s}\zeta(u, -\omega_1, \omega_2) = \frac{1}{s}\zeta(u, -\omega_1, -\omega_2).$$

Se fôr $\omega_1 = \omega$, $\omega_2 = i\omega'$ e $s = i$, esta egualdade dá

$$\text{(B)} \qquad \zeta(iu, i\omega, \omega') = \frac{1}{i}\zeta(u, \omega, i\omega').$$

201. Entre os periodos da funcção $p(u)$ e os valores de $\zeta(u)$ correspondentes existe uma relação notavel, que vamos demonstrar.

Sejam $2\omega_1$ e $2\omega_2$ os periodos de $p(u)$ e consideremos o integral curvilineo $\int_s \zeta(u)\,du$, o contôrno da integração sendo o parallelogrammo cujos vertices são os pontos representados por

$$u_0, \quad u_0+2\omega_1, \quad u_0+2\omega_1+2\omega_2, \quad u_0+2\omega_2,$$

u_0 sendo escolhido de tal modo que os lados d'este parallelogrammo não passem por pólo algum da funcção $\zeta(u)$. No interior d'este parallelogrammo existe um unico pólo da funcção $\zeta(u)$ e o residuo correspondente é egual a 1. Temos pois, em virtude do theorema de Cauchy (n.º 136),

$$\int_s \zeta(u)\, du = 2i\pi.$$

Decompondo o integral que entra no primeiro membro d'esta egualdade nos integraes relativos ás quatro rectas que formam o parallelogrammo, vem

$$\int_{u_0}^{u_0+\omega_1} \zeta(u)\, du + \int_{u_0+2\omega_1}^{u_0+2\omega_1+2\omega_2} \zeta(u)\, du + \int_{u_0+2\omega_1+2\omega_2}^{u_0+2\omega_2} \zeta(u)\, du + \int_{u_0+2\omega_2}^{u_0} \zeta(u)\, du = 2i\pi,$$

ou

$$\int_{v_0}^{u_0+2\omega_1} \zeta(u)\, du + \int_{u_0}^{u_0+2\omega_2} \zeta(u+2\omega_1)\, du - \int_{u_0}^{u_0+2\omega_1} \zeta(u+2\omega_2)\, du - \int_{v_0}^{u_0+2\omega_2} \zeta(u)\, du = 2i\pi.$$

Mas (n.º 200-VI)

$$\int_{u_0}^{u_0+2\omega_2} \zeta(u+2\omega_1)\, du = \int_{u_0}^{u_0+2\omega_2} \zeta(u)\, du + 4\omega_2\,\eta_1,$$

$$\int_{u_0}^{u_0+2\omega_1} \zeta(u+2\omega_2)\, du = \int_{u_0}^{u_0+2\omega_1} \zeta(u)\, du + 4\omega_1\,\eta_2.$$

Substituindo estes dois integraes na fórmula anterior, vem

$$\omega_2\,\eta_1 - \omega_1\,\eta_2 = \frac{1}{2}\, i\pi. \tag{11}$$

VII

Sobre a funcção $\sigma(u)$

202. Formemos por meio do theorema de Weierstrass (*C. dif.*, n.º 171) as funcções inteiras cujas raizes são os pólos de $p(u)$, isto é, o ponto 0 e os pontos a_c, e cujos graus de multiplicidade são eguaes á unidade.

Teremos

$$f(u) = e^{\varphi(u)} u \prod_{c=1}^{\infty} \left(1 - \frac{u}{a_c}\right) e^{S_c}, \qquad S_c = \sum_{k=1}^{m_c} \frac{1}{k} \left(\frac{u}{a_c}\right)^k,$$

m_c devendo ser determinado pela condição de ser convergente a série (*C. dif.*, n.º 172)

$$\sum_{c=1}^{\infty} \left| \frac{u^{m_c+1}}{a_c^{m_c+1}} \right|.$$

Ora já vimos (n.º 194) que esta série é convergente, quando $m_c = 2$, e temos portanto a fórmula

$$f(u) = e^{\varphi(u)} u \prod \left(1 - \frac{u}{a_c}\right) e^{\frac{u}{a_c} + \frac{1}{2} \frac{u^2}{a_c^2}}$$

que dá todas as funcções que satisfazem ás condições enunciadas.

A mais simples d'estas funcções corresponde a $\varphi(u) = 0$, e é esta que se representa por $\sigma(u)$. Temos pois

$$(1) \qquad \sigma(u) = u \prod \left(1 - \frac{u}{a_c}\right) e^{\frac{u}{a_c} + \frac{1}{2} \frac{u^2}{a_c^2}},$$

onde

$$a_c = 2n\omega_1 + 2m\omega_2, \qquad \left.\begin{matrix} n \\ m \end{matrix}\right\} = 0, \quad \pm 1, \quad \pm 2, \quad \ldots.$$

203. Vamos estudar as propriedades d'esta funcção.

I. *A funcção $\sigma(u)$ é holomorpha e as suas raizes são* 0 *e os numeros a_c.*

II. O logarithmo de $\sigma(u)$ é dado pela fórmula

$$\log \sigma(u) = \log u + \Sigma \left[\log\left(1 - \frac{u}{a_c}\right) + \frac{u}{a_c} + \frac{1}{2} \frac{u^2}{a_c^2} \right].$$

Derivando, vem

$$\frac{\sigma'(u)}{\sigma(u)} = \frac{1}{u} + \Sigma \left[\frac{1}{u - a_c} + \frac{1}{a_c} + \frac{u}{a_c^2} \right].$$

O segundo membro d'esta egualdade é a série uniformemente convergente que representa a funcção $\zeta(u)$; logo temos

$$\frac{d \log \sigma(u)}{du} = \zeta(u). \tag{2}$$

III. Quando u tende para zero, temos

$$\lim_{u=0} \frac{\sigma(u)}{u} = 1.$$

IV. Se notarmos que a cada valor de a_c corresponde outro egual e de signal contrario, podemos escrever a fórmula (1) do modo seguinte

$$\sigma(u) = u \Pi \left(1 + \frac{u}{a_c}\right) e^{-\frac{u}{a_c} + \frac{1}{2} \frac{u^2}{a_c^2}}.$$

Mudando nesta egualdade u em $-u$ e comparando o resultado com (1), vem

$$\sigma(-u) = -\sigma(u). \tag{3}$$

Logo *a funcção* $\sigma(u)$ *é impar.*

V. Da relação (2) e da relação

$$\zeta(u+v) + \zeta(u-v) - 2\zeta(u) = \frac{p'(u)}{p(u) - p(v)}$$

deduz-se

$$\frac{d}{du} \log \frac{\sigma(u+v)\,\sigma(u-v)}{\sigma^2(u)} = \frac{d}{du} \log [p(u) - p(v)],$$

*

e portanto

$$C\frac{\sigma(u+v)\,\sigma(u-v)}{\sigma^2(u)}=p(u)-p(v),$$

onde C representa uma constante arbitraria, que vamos determinar.

Para isso, multipliquem-se os dois membros d'esta egualdade por u^2, e faça-se tender u para 0. Teremos

$$-C\sigma^2(v)\lim_{u=0}\frac{u^2}{\sigma^2(u)}=\lim_{u=0}u^2 p(u)$$

e, attendendo á egualdade $\lim\frac{u}{\sigma(u)}=1$ e á egualdade (3) do n.º 198, $C=-\frac{1}{\sigma^2(v)}$.

Temos portanto

$$\text{(4)}\qquad \frac{\sigma(u+v)\,\sigma(u-v)}{\sigma^2(u)\,\sigma^2(v)}=p(v)-p(u).$$

Esta fórmula importante representa para a funcção $\sigma(u)$ o papel que o theorema de addição representa para as funcções $\zeta(u)$ e $p(u)$.

VI. Da relação (n.º 200-VI)

$$\zeta(u\pm 2\omega_1)=\zeta(u)\pm 2\eta_1$$

tira-se

$$\frac{d}{du}\log\frac{\sigma(u\pm 2\omega_1)}{\sigma(u)}=\pm 2\eta_1\,;$$

e portanto

$$\frac{\sigma(u\pm 2\omega_1)}{\sigma(u)}=e^{\pm 2\eta_1 u+C},$$

onde C representa uma constante arbitraria, que vamos determinar. No caso do signal superior, pondo para isso $u=-\omega_1$, vem

$$\frac{\sigma(\omega_1)}{\sigma(-\omega_1)}=-1=e^{-2\eta_1\omega_1+C},$$

ou

$$e^C=-e^{2\eta_1\omega_1}\,;$$

e portanto temos

$$\sigma(u+2\omega_1)=-e^{2\eta_1(u+\omega_1)}\,\sigma(u).$$

No caso do signal inferior temos, pondo $u = \omega_1$ e procedendo do mesmo modo,

$$\sigma(u - 2\omega_1) = -e^{-2\eta_1(u-\omega_1)}\sigma(u).$$

D'estas fórmulas tira-se, mudando u em $u + 2\omega_1$,

$$\sigma(u + 4\omega_1) = (-1)^2 e^{4\eta_1(u+2\omega_1)}\sigma(u)$$

e

$$\sigma(u - 4\omega_1) = (-1)^2 e^{-4\eta_1(u-2\omega_1)}\sigma(u).$$

Continuando do mesmo modo, vem

$$\sigma(u + 2n\omega_1) = (-1)^n e^{2n\eta_1(u+n\omega_1)}\sigma(u), \tag{5}$$

onde n representa um inteiro positivo ou negativo.

Do mesmo modo se acha a fórmula

$$\sigma(u + 2m\omega_2) = (-1)^m e^{2m\eta_2(u+m\omega_2)}\sigma(u). \tag{6}$$

VII. Das propriedades de $\sigma(u)$ notaremos ainda o seguinte

$$\begin{aligned}\sigma(a-b)\sigma(a+b)\sigma(c-d)\sigma(c+d) + \sigma(b-c)\sigma(b+c)\sigma(a-d)\sigma(a+d)\\ + \sigma(c-a)\sigma(c+a)\sigma(b-d)\sigma(b+d) = 0,\end{aligned}$$

conhecida pelo nome de *equação dos tres termos* da funcção $\sigma(u)$, que se verifica facilmente substituindo $\sigma(a-b)\sigma(a+b)$, $\sigma(c-d)\sigma(c+d)$, etc. pelos seus valores tirados da egualdade (4).

204. Considerações que aqui não desenvolveremos levam a introduzir na theoria das funcções ellipticas as tres funcções $\sigma_1(u)$, $\sigma_2(u)$, $\sigma_3(u)$ definidas pelas egualdades

$$\left\{\begin{aligned} &\sigma_1(u) = \frac{\sigma(\omega_1 + u)}{\sigma(\omega_1)} e^{-\eta_1 u}, \qquad \sigma_2(u) = \frac{\sigma(u + \omega_1 + \omega_2)}{\sigma(\omega_1 + \omega_2)} e^{-(\eta_1+\eta_2)u},\\ &\sigma_3(u) = \frac{\sigma(u + \omega_2)}{\sigma(\omega_2)} e^{-\eta_2 u}.\end{aligned}\right. \tag{7}$$

Estas quatro funcções são holomorphas, e são respectivamente nullas nos pontos

$$(2n+1)\omega_1 + 2m\omega_2, \qquad (2n+1)\omega_1 + (2m+1)\omega_2, \qquad 2n\omega_1 + (2m+1)\omega_2.$$

VIII

Sobre as funcções $H(u)$, $\Theta(u)$, $H_1(u)$, $\Theta_1(u)$, $Z(u)$

205. A funcção $\sigma(u)$, considerada nos n.os 202–204, não é periodica, e porisso não lhe é applicavel a doutrina relativa á série de Fourier, exposta no n.º 147. Podemos porém formar facilmente uma funcção $f(u)$, que goza da propriedade de ser periodica, pondo

$$f(u) = e^{-\frac{\eta_1 u^2}{2\omega_1}} \sigma(u).$$

Com effeito, baseando-se nas propriedades (n.º 203–VI)

$$\sigma(u + 4\omega_1) = (-1)^2 \sigma(u) e^{4\eta_1(u+2\omega_1)},$$

$$\sigma(u + 2\omega_2) = -\sigma(u) e^{2\eta_2(u+\omega_2)},$$

é facil de vêr que

$$f(u + 4\omega_1) = f(u), \qquad f(u + 2\omega_2) = -f(u) e^{2(u+\omega_2)\frac{\eta_2\omega_1 - \omega_2\eta_1}{\omega_1}}.$$

Por ser (n.º 201) porém

$$\eta_1\omega_2 - \eta_2\omega_1 = \frac{1}{2} i\pi,$$

a ultima egualdade póde ser escripta do modo seguinte:

$$f(u + 2\omega_2) = -f(u) e^{-\frac{i\pi u}{\omega_1}} e^{i\pi\frac{\omega_2}{\omega_1}}$$

ou, pondo $q = e^{\frac{i\pi\omega_2}{\omega_1}}$,

$$f(u + 2\omega_2) = -q^{-1} e^{-\frac{i\pi u}{\omega_1}} f(u).$$

No que segue supporemos $|q| < 1$, isto é, que a parte imaginaria de $\frac{\omega_2}{\omega_1}$ é positiva. Se esta condição não tiver logar, trocaremos em toda esta analyse ω_2 por ω_1 e ω_1 por ω_2, e a condição verificar-se-ha para o novo valor de q.

Posto isto, applicando a série de Fourier á funcção $f(u)$, temos (n.º 147), notando que o periodo de $f(u)$ é $4\omega_1$,

$$f(u)=\sum_{m=-\infty}^{\infty} a_m e^{\frac{mi\pi u}{2\omega_1}}.$$

Vamos determinar os coefficientes a_m. Para isso, mude-se nesta egualdade u em $u+2\omega_2$, o que dá

$$f(u+2\omega_2)=\sum_{m=-\infty}^{\infty} a_m e^{\frac{mi\pi(u+2\omega_2)}{2\omega_1}}=\sum_{m=-\infty}^{\infty} a_m e^{\frac{mi\pi u}{2\omega_1}} e^{\frac{mi\pi\omega_2}{\omega_1}}=\sum_{m=-\infty}^{\infty} a_m q^m e^{\frac{mi\pi u}{2\omega_1}},$$

e compare-se este resultado com o valor de $f(u+2\omega_2)$ anteriormente achado. Teremos a identidade

$$\Sigma a_m q^m e^{\frac{mi\pi u}{2\omega_1}}=-q^{-1} e^{-\frac{i\pi u}{\omega_1}} \Sigma a_m e^{\frac{mi\pi u}{2\omega_1}}=-q^{-1}\Sigma a_m e^{\frac{(m-2)i\pi u}{2\omega_1}}=-q^{-1}\Sigma a_{m+2} e^{\frac{mi\pi n}{2\omega_1}},$$

que, egualando os coefficientes das mesmas potencias de $e^{\frac{i\pi u}{2\omega_1}}$ no primeiro e ultimo membro, dá

$$q^{m+1} a_m=-a_{m+2}.$$

D'esta egualdade deduz-se primeiramente, notando que é $f(u)=0$ quando $u=0$,

$$a_0=0, \quad a_2=0, \quad a_4=0, \quad \ldots.$$

Da mesma egualdade deduz-se depois

$$a_3=-q^2 a_1, \quad a_5=q^6 a_1, \quad \ldots, \quad a_{2n+1}=(-1)^n q^{n(n+1)} a_1, \quad \ldots$$

$$a_{-1}==a_1, \quad a_{-3}=q^2 a_1, \quad \ldots, \quad a_{-(2n+1)}=(-1)^{n-1} q^{n(n+1)} a_1, \quad \ldots.$$

Temos pois

$$e^{-\frac{\eta_1 u^2}{2\omega_1}}\sigma(u)=a_1\sum_{n=0}^{\infty}(-1)^n q^{n(n+1)}\left[e^{\frac{(2n+1)i\pi u}{2\omega_1}}-e^{-\frac{(2n+1)i\pi u}{2\omega_1}}\right],$$

ou, pondo $2ia_1=C$,

$$e^{-\frac{\eta_1 u^2}{2\omega_1}}\sigma(u)=C\sum_{n=0}^{\infty}(-1)^n q^{n(n+1)}\operatorname{sen}\frac{(2n+1)\pi u}{2\omega_1}.$$

Resta determinar C. Para isso, basta pôr $u=0$ e attender ás egualdades

$$\lim_{u=0} \frac{\sigma(u)}{u}=1, \quad \lim_{u=0} \frac{\operatorname{sen} \frac{(2n+1)\pi u}{2\omega_1}}{\frac{(2n+1)\pi u}{2\omega_1}}=1,$$

e teremos

$$\frac{1}{C}=\frac{\pi}{2\omega_1} \sum_{n=0}^{\infty} (-1)^n q^{n(n+1)} (2n+1).$$

206. A doutrina que precede leva-nos a considerar a funcção estudada pela primeira vez por Jacobi:

$$\mathrm{H}(u)=2q^{\frac{1}{4}} \sum_{n=0}^{\infty} (-1)^n q^{n(n+1)} \operatorname{sen} \frac{(2n+1)\pi u}{2\omega_1}=2 \sum_{n=0}^{\infty} (-1)^n q^{\frac{(2n+1)^2}{4}} \operatorname{sen} \frac{(2n+1)\pi u}{2\omega_1}$$

$$=\frac{1}{i} \sum_{n=-\infty}^{\infty} (-1)^n q^{\frac{(2u+1)^2}{4}} e^{\frac{(2n+1)i\pi u}{2\omega_1}}.$$

Derivando esta série, vem

$$\mathrm{H}'(u)=2q^{\frac{1}{4}} \Sigma (-1)^n q^{n(n+1)} (2n+1) \frac{\pi}{2\omega_1} \cos \frac{(2n+1)\pi u}{2\omega_1},$$

e, pondo $u=0$,

$$\mathrm{H}'(0)=2q^{\frac{1}{4}} \frac{\pi}{2\omega_1} (-1)^n q^{n(n+1)} (2n+1).$$

Temos pois

$$\frac{1}{C}=\frac{1}{2} q^{-\frac{1}{4}} \mathrm{H}'(0);$$

e portanto

$$(1) \qquad e^{-\frac{\eta_1 u^2}{2\omega_1}} \sigma(u)=\frac{\mathrm{H}(u)}{\mathrm{H}'(0)}.$$

207. As funcções $\sigma_3(u)$, $\sigma_2(u)$, $\sigma_1(u)$ levam a resultados semelhantes. Assim para a funcção $\sigma_3(u)$ temos, applicando a fórmula precedente á funcção $\sigma(u+\omega_2)$, que entra na sua definição,

$$\sigma(u+\omega_2)=-\frac{i}{\mathrm{H}'(0)} e^{\frac{\eta_1(u+\omega_2)^2}{2\omega_1}} \sum_{n=-\infty}^{\infty} (-1)^n q^{\frac{(2n+1)^2}{4}} e^{\frac{(2n+1)i(u+\omega_2)\pi}{2\omega_1}}$$

$$=\mathrm{A} e^{\frac{\eta_1 u^2}{2\omega_1}} e^{\eta_1 \frac{\omega_2}{\omega_1} u} \sum_{n=-\infty}^{\infty} (-1)^n q^{\frac{(2n+1)^2}{4}} e^{\frac{(2n+1)i\pi u}{2\omega_1}} e^{(2n+1)\frac{i\pi\omega_2}{2\omega_1}},$$

onde A representa uma constante; e, por ser

$$2\eta_1\omega_2 = i\pi + 2\eta_2\omega_1, \qquad q = e^{\frac{i\pi\omega_2}{\omega_1}},$$

temos depois

$$\sigma(u+\omega_2) = -Ae^{\frac{\eta_1 u^2}{2\omega_1}} e^{\eta_2 u} q^{-\frac{1}{4}} \sum_{n=-\infty}^{\infty} (-1)^{n+1} q^{(n+1)^2} e^{\frac{2(n+1)i\pi u}{2\omega_1}}$$

Somos assim levados a considerar a funcção de Jacobi:

$$\Theta(u) = \sum_{n=-\infty}^{\infty} (-1)^{n+1} q^{(n+1)^2} e^{\frac{2(n+1)i\pi u}{2\omega_1}} = \sum_{n=-\infty}^{\infty} (-1)^n q^{n^2} e^{\frac{ni\pi u}{\omega_1}} = 1 + 2\sum_{n=0}^{\infty} (-1)^n q^{n^2} \cos\frac{n\pi u}{\omega_1}.$$

Entre a funcção $\Theta(u)$ e a funcção $\sigma_3(u)$ existe uma relação muito simples. Temos, com effeito (n.° 204),

$$\sigma_3(u) = \frac{\sigma(u+\omega_2)}{\sigma(\omega_2)} e^{-\eta_2 u} = A_1 e^{\frac{\eta_1 u^2}{2\omega_1}} \Sigma(-1)^{n+1} q^{(n+1)^2} e^{\frac{(n+1)i\pi u}{\omega_1}} = A_1 e^{\frac{\eta_1 u^2}{2\omega_1}} \Theta(u).$$

Pondo agora $u=0$, para determinar A_1, temos $A_1 = \frac{1}{\Theta(0)}\cdot$ Logo

$$(2) \qquad e^{-\frac{\eta_1 u^2}{2\omega_1}} \sigma_3(u) = \frac{\Theta(u)}{\Theta(0)}.$$

Procedendo do mesmo modo, acha-se no caso das funcções $\sigma_1(u)$ e $\sigma_2(u)$ as relações

$$(3) \qquad e^{-\frac{\eta_1 u^2}{2\omega_1}} \sigma_1(u) = \frac{H_1(u)}{H_1(0)},$$

$$(4) \qquad e^{-\frac{\eta_1 u^2}{2\omega_1}} \sigma_2(u) = \frac{\Theta_1(u)}{\Theta_1(0)},$$

onde

$$H_1(u) = \sum_{n=-\infty}^{\infty} q^{\frac{(2n+1)^2}{4}} e^{\frac{(2n+1)i\pi u}{2\omega_1}} = 2\sum_{n=\infty}^{\infty} q^{\frac{(2n+1)^2}{4}} \cos(2n+1)\frac{\pi u}{2\omega_1},$$

$$\Theta_1(u) = \sum_{n=-\infty}^{\infty} q^{(n+1)^2} e^{\frac{(n+1)i\pi u}{\omega_1}} = \sum_{n=-\infty}^{\infty} q^{n^2} e^{\frac{ni\pi u}{\omega_1}} = 1 + 2\sum_{n=0}^{\infty} q^{n^2} \cos\frac{n\pi u}{\omega_1}.$$

As funcções $\mathrm{H}(u)$, $\mathrm{H}_1(u)$, $\Theta(u)$, $\Theta_1(u)$ são tambem representadas muitas vezes pelas notações $\theta_1(u)$, $\theta_2(u)$, $\theta_0(u)$, $\theta_3(u)$.

208. Das relações entre as funcções $\sigma(u)$, $\sigma_1(u)$, $\sigma_2(u)$, $\sigma_3(u)$ e as funcções de Jacobi, que vimos de achar, e das propriedades das primeiras, ou ainda das séries que definem as segundas, deduzem-se facilmente as propriedades seguintes das quatro ultimas funcções.

I. *As funcções* $\mathrm{H}(u)$, $\mathrm{H}_1(u)$, $\Theta(u)$, $\Theta_1(u)$ *são funcções holomorphas, cujos zeros são respectivamente*

$$2n\omega_1 + 2m\omega_2, \qquad (2n+1)\,\omega_1 + 2m\omega_2,$$

$$2n\omega_1 + (2m+1)\,\omega_2, \qquad (2n+1)\,\omega_1 + (2m+1)\,\omega_2.$$

Esta propriedade resulta das relações (1), (2), (3) e (4) e do que se disse no n.º 204.

II. *As funcções* $\Theta(u)$, $\Theta_1(u)$ *e* $\mathrm{H}_1(u)$ *são pares. A funcção* $\mathrm{H}(u)$ *é impar:*

$$\Theta_1(-u) = \Theta_1(u), \qquad \Theta(-u) = \Theta(u)$$

$$\mathrm{H}_1(-u) = \mathrm{H}_1(u), \qquad \mathrm{H}(-u) = -\mathrm{H}(u).$$

Resulta esta propriedade das séries trigonometricas que definem estas funcções.

III. Entre as quatro funcções de Jacobi existem as seguintes relações, que resultam immediatamente das séries de exponenciaes que definem estas funcções:

$$(5)\qquad \left\{\begin{array}{ll} \Theta_1(u+\omega_1) = \Theta(u), & \mathrm{H}_1(u+\omega_1) = -\mathrm{H}(u), \\ \Theta(u+\omega_1) = \Theta_1(u). & \mathrm{H}(u+\omega_1) = \mathrm{H}_1(u)\,; \end{array}\right.$$

$$(6)\qquad \left\{\begin{array}{ll} \omega_1(u+\omega_2) = \lambda\,\mathrm{H}_1(u), & \mathrm{H}_1(u+\omega_2) = \lambda\,\omega_1(u), \\ \Theta(u+\omega_2) = i\lambda\,\mathrm{H}(u), & \mathrm{H}(u+\omega_2) = i\lambda\,\Theta(u), \end{array}\right.$$

onde

$$\lambda = q^{-\frac{1}{4}}\, e^{-\frac{i\pi u}{2\omega_1}}.$$

Destas relações deduzem-se as seguintes:

$$(7)\qquad \left\{\begin{array}{ll} \Theta_1(u+\omega_1+\omega_2) = i\lambda\,\mathrm{H}(u), & \mathrm{H}_1(u+\omega_1+\omega_2) = -i\lambda\,\Theta(u), \\ \Theta(u+\omega_1+\omega_2) = \lambda\,\mathrm{H}_1(u), & \mathrm{H}(u+\omega_1+\Theta_2) = \lambda\,\Theta_1(u)\,; \end{array}\right.$$

$$(8)\qquad \left\{\begin{array}{ll} \Theta_1(u+2\omega_2) = \eta\,\Theta_1(u), & \mathrm{H}_1(u+2\omega_2) = \eta\,\mathrm{H}_1(u), \\ \Theta(u+2\omega_2) = -\eta\,\Theta(u), & \mathrm{H}(u+2\omega_2) = -\eta\,\mathrm{H}(u), \end{array}\right.$$

onde

$$\eta = q^{-1} e^{-\frac{i\pi u}{\omega_1}}.$$

IV. *As funcções* H (u), $\mathrm{H}_1(u)$, $\Theta(u)$, $\Theta(u)$ *satisfazem á equação differencial*

$$\frac{d^2y}{du^2} = -\frac{\pi^2}{\omega_1^2}\,\frac{dy}{d(\log q)},$$

quando se substituem no logar de y.

Verifica-se facilmente esta proposição substituindo nella as funcções pelos seus desenvolvimentos em série.

209. Conjunctamente com as quatro transcendentes precedentes consideram alguns geometras a funcção $\mathrm{Z}(u)$ definida pela egualdade

$$\mathrm{Z}(u) = \frac{\mathrm{H}'(u)}{\mathrm{H}(u)}.$$

Por ser

$$\mathrm{H}(u + 2\omega_1) = -\mathrm{H}(u), \qquad \mathrm{H}'(u + 2\omega_1) = -\mathrm{H}'(u),$$

temos

$$\mathrm{Z}(u + 2\omega_1) = \mathrm{Z}(u).$$

Do mesmo modo se acha

$$\mathrm{Z}(u + 2\omega_2) = -\frac{i\pi}{\omega_1} + \mathrm{Z}(u).$$

Logo temos

$$\mathrm{Z}'(u + 2\omega_1) = \mathrm{Z}'(u), \qquad \mathrm{Z}'(u + 2\omega_2) = \mathrm{Z}'(u),$$

e portanto a funcção $\mathrm{Z}'(u)$ é duplamente periodica.

A funcção $\mathrm{Z}(u)$ está ligada com a funcção $\zeta(u)$ por uma relação que vamos achar.

Por ser

$$\mathrm{Z}(u) = \frac{d\log \mathrm{H}(u)}{du},$$

a fórmula (1) dá

$$\mathrm{Z}(u) = \frac{d}{du}\left[-\frac{\eta_1 u^2}{2\omega_1} + \log\sigma(u) + \log \mathrm{H}'(0)\right]$$

*

ou

$$(9) \qquad Z(u) = -\frac{\eta_1 u}{\omega_1} + \zeta(u).$$

Derivando, vem

$$(10) \qquad Z'(u) = -\frac{\eta_1}{\omega_1} - p(u), \qquad Z''(u) = -p'(u), \qquad \ldots.$$

IX

Representação analytica das funcções duplamente periodicas

210. Seja $f(u)$ uma funcção meromorpha, que em um parallelogrammo dos periodos tem os pólos $a_1, a_2, \ldots, a_m$, e supponhamos que, na visinhança do pólo a_c, é

$$f(u) = \frac{A_1^{(c)}}{u-a_c} + \frac{A_2^{(c)}}{(u-a_c)^2} + \ldots + \frac{A_\alpha^{(c)}}{(u-a_c)^\alpha} + P(u-a_c),$$

$P(u-a_c)$ representando uma série ordenada segundo as potencias inteiras e positivas de $u-a_c$.

Se $p(u)$ tem os mesmos periodos que a funcção $f(u)$, esta funcção póde ser decomposta do modo seguinte:

$$f(u) = \sum_{c=1}^{m} \left[A_1^{(c)} \zeta(u-a_c) + A_2^{(c)} p(u-a_c) - \ldots + \frac{(-1)^{\alpha-2}}{(\alpha-1)!} A_\alpha^{(c)} p^{(\alpha-2)}(u-a_c) \right] + \text{const.}$$

Este theorema importante, devido a Hermite, demonstra-se do modo seguinte.

Representemos por $F(u)$ a funcção

$$F(u) = \sum_{c=1}^{m} \left[A_1^{(c)} \zeta(u-a_c) + A_2^{(c)} p(u-a_c) - \ldots + \frac{(-1)^{\alpha-2}}{(\alpha-1)!} A_\alpha^{(c)} p^{(\alpha-2)}(u-a_c) \right].$$

Mudando u em $u+2\omega_1$, a funcção $\zeta(u-a_c)$ transforma-se em $\zeta(u-a_c)+2\eta_1$, e as suas derivadas $p(u-a_c)$, $p'(u-a_c)$, ... não variam; logo a funcção $F(u)$ varia da quantidade

$$2\eta_1 \sum_{c=1}^{m} A_1^{(c)}.$$

que é nulla por ser (n.º 193-IV) $\Sigma A_1^{(c)} = 0$. A funcção $F(u)$ admitte pois o periodo $2\omega_1$.

Do mesmo modo se demonstra que $F(u)$ admitte pois o periodo $2\omega_2$.

Notemos, em segundo logar, que a funcção $F(u)$ admitte os mesmos pólos que as funcções $\zeta(u-a_c)$, $p(u-a_c)$, $p'(u-u_c)$, ..., e que não admitte outros pontos singulares.

Notemos finalmente que, mudando u em $u-a_c$ em (n.º 200-IV)

$$\zeta(u) = \frac{1}{u} + P_1(u),$$

representando por $P_1(u)$ uma série ordenada segundo as potencias inteiras e positivas de u, vem

$$\zeta(u-a_c) = \frac{1}{u-a_c} + P_1(u-a_c),$$

e depois

$$p(u-a_c) = \frac{1}{(u-a_c)^2} - P_1'(u-a_c), \qquad p'(u-a_c) = -\frac{2}{(u-a_c)^3} - P_1'(u-a_c), \qquad \ldots .$$

e que, substituindo estes valores na expressão de $F(u)$, temos

$$F(u) = \Sigma\left[\frac{A_1^{(c)}}{u-a_c} + \frac{A_2^{(c)}}{(u-a_c)^2} + \ldots + \frac{A_\alpha^{(c)}}{(u-a_c)^\alpha}\right] + P_2(u-a_c),$$

e portanto

$$f(u) - F(u) = P(u-a_c) - P_2(u-a_c).$$

Do que precede conclue-se que a differença $f(u)-F(u)$ é uma funcção periodica, cujos periodos são $2\omega_1$ e $2\omega_2$, e que esta funcção não admitte pontos singulares. Portanto (n.º 193-I) temos

$$f(u) - F(u) = \text{const.},$$

o que dá o theorema enunciado.

211. A integração das funcções periodicas dá logar a uma das applicações mais importantes do theorema de Hermite. Temos, com effeito, quando $f(u)$ e $p(u)$ têem os mesmos periodos

$$\int f(u)\,du = \sum_{c=1}^{m}\left[A_1^{(c)} \log\sigma(u-a_c) - A_2^{(c)}\zeta(u-a_c)\right.$$

$$\left. - \frac{A_3^{(c)}}{2!}p(u-a_c) + \ldots + \frac{(-1)^{\alpha-2}}{(\alpha-1)!}A_\alpha^{(c)}p^{(\alpha-1)}(u-a_c)\right] + Cu + C',$$

onde C' representa a constante arbitraria.

212. As fórmulas precedentes póde-se dar uma outra fórma, empregando, em logar das funcções $\zeta, p, p', \ldots$, as funcções $Z, Z', Z'', \ldots$. Basta, para isso, substituir nellas $\zeta(u-a_c)$, $p(u-a_c)$, etc. pelos seus valores tirados das egualdades (9) e (10), e teremos, attendendo á egualdade $\sum_{c=1}^{m} A_1^{(c)}=0$ e mudando o valor da constante C,

$$f(u)=\sum_{c=1}^{m}\left[A_1^{(c)} Z(u-a_c)-A_2^{(c)} Z'(u-a_c)+\ldots+\frac{(-1)^{\alpha-1}}{(\alpha-1)!} A_\alpha^{(c)} Z^{(\alpha-1)}(u-a_c)\right]+C,$$

$$\int f(u)\,du=\sum_{c=1}^{m}\left[A_1^{(c)}\log H(u-a_0)-A_2^{(c)} Z(u-a_c)\right.$$

$$\left.+\ldots+\frac{(-1)^{\alpha-1}}{(\alpha-1)!} A_\alpha^{(c)} Z^{(\alpha-2)}(u-a_c)\right]+Cu+C'.$$

213. A funcção duplamente periodica $f(u)$ é susceptivel de uma decomposição differente da precedente, que torna explicitos os pólos da funcção.

Supponhamos que $f(u)$ e $p(u)$ admittem os mesmos periodos, que os pólos da funcção $f(u)$ existentes em um parallelogrammo dos periodos são a, b, c, etc. e que estes pólos são simples, isto é, que temos na visinhança de qualquer d'elles, a por exemplo,

$$f(u)=\frac{A_1}{u-a}+P(u-a).$$

A fórmula de Hermite reduz-se neste caso a

$$f(u)=C+A_1\zeta(u-a)+B_1\zeta(u-b)+\ldots;$$

e portanto temos (n.º 199)

$$f(u)=\frac{A_1}{u-a}+A_1\Sigma\left[\frac{1}{u-a-a_c}+\frac{1}{a_c}+\frac{u-a}{a_c^2}\right]$$

$$+\frac{B_1}{u-b}+B_1\Sigma\left[\frac{1}{u-b-a_e}+\frac{1}{a_c}+\frac{u-a_c}{a_c^2}\right]$$

$$+\ldots\ldots\ldots\ldots\ldots\ldots\ldots\ldots+C,$$

onde

$$a_c=2n\omega_1+2m\omega_2,\quad \left.\begin{matrix}n\\m\end{matrix}\right\}=0,\quad \pm1,\quad \pm2,\quad \text{etc.}$$

Do mesmo modo se deduz a fórmula applicavel ao caso de ser, na visinhança do pólo a,

$$f(u)=\frac{A_1}{u-a}+\frac{A_2}{(u-a)^2}+\ldots+\frac{A_\alpha}{(u-a)^\alpha}+P(u-a).$$

214. *Toda a funcção meromorpha e duplamente periodica $f(u)$ é uma funcção racional de $p(u)$ e $p'(u)$, e reciprocamente.*

Com effeito, por meio do theorema de Hermite, demonstrado no n.º 210, póde-se exprimir $f(u)$ em funcção racional de $\zeta(u-a_c)$, $p(u-a_c)$, $p'(u-a_c)$, ...; e por meio do theorema de addição d'estas funcções póde-se depois exprimi-la em funcção racional de $\zeta(u)$, $p(u)$, $p'(u)$, $p''(u)$, ...

Se notarmos porém que é

$$p''(u) = 6p^2(u) - \frac{1}{2}g_2, \qquad p'''(u) = 12\,p(u)\,p'(u), \qquad \ldots,$$

isto é, que $p''(u)$, $p'''(u)$, ... são funcções racionaes de $p(u)$ e $p'(u)$, conclue-se que tambem $f(u)$ é funcção racional de $p(u)$ e $p'(u)$, que é o que se queria demonstrar.

Para demonstrar a proposição reciproca da precedente basta notar que $p'(u)$ e $p(u)$ podem ser substituidas (*C. diff.*, n.º 179) por quocientes de funcções inteiras e que, sendo feitas depois na expressão de $f(u)$ as operações necessarias para a reduzir a uma fracção unica, $f(u)$ vem tambem expressa pelo quociente de duas funcções inteiras.

215. *Duas funcções quaesquer x e y, meromorphas e duplamente periodicas, que admittem os mesmos periodos, estão ligadas por uma equação algebrica. Se esta equação é do grau n relativamente a x e do grau m relativamente a y, x tem m pólos e m zeros em um parallelogrammo dos periodos e y tem n pólos e n zeros no mesmo parallelogrammo.*

A primeira parte d'este theorema resulta do theorema anterior. Com effeito, x e y sendo funcções racionaes de $p(u)$ e $p'(u)$, a eliminação de $p(u)$ e $p'(u)$ entre as equações

$$x = \varphi[p(u),\ p'(u)], \qquad y = \psi[p(u),\ p'(u)],$$

onde φ e ψ representam estas funcções, e a egualdade

$$p'^2(u) = 4p^3(u) - g_2\,p(u) - g_3$$

leva a uma equação algebrica entre x e y.

Para demonstrar a segunda parte do theorema, basta notar que, representando por x_0 um valor qualquer de x e suppondo que a funcção $x_0 - \varphi[p(u),\ p'(u)]$ admitte em um parallelogrammo dos periodos m' pólos, esta funcção admitte no mesmo parallelogrammo dos periodos m' zeros (n.º 193-V); e que portanto existem m' valores de u que dão a x um mesmo valor x_0 e a y, em geral, m' valores differentes. Como porém existe, por hypothese, entre x e y uma relação algebrica do grau m relativamente a y, a cada valor de x correspondem, em geral, m valores differentes para y. Logo temos $m' = m$. Basta attender agora a que as funcções $\varphi[p(u),\ p'(u)]$ e $x_0 - \varphi[p(u),\ p'(u)]$ admittem os mesmos pólos, para concluir que

$\varphi[p(u), p'(u)$ admitte m pólos, e portanto m zeros (n.º 193-V), em cada parallelogrammo dos periodos.

Do mesmo modo se demonstra que a funcção y tem n pólos e n zeros em cada parallelogrammo dos periodos.

216. Vimos no n.º 179 do *Calculo differencial* que toda a funcção meromorpha $f(u)$ é o quociente de duas funcções inteiras. Vamos determinar a fórma d'estas funcções no caso de a funcção $f(u)$ admittir os periodos $2\omega_1$ e $2\omega_2$. Supporemos que $f(u)$ admitte no parallelogrammo dos periodos ν zeros $a_1, a_2, \ldots, a_\nu$ e μ pólos $\alpha_1, \alpha_2, \ldots, \alpha_\mu$, e que os graus de multiplicidade d'estes zeros e d'estes pólos são respectivamente $n_1, n_2, \ldots, n_\nu$ e $m_1, m_2, \ldots, m_\mu$. Entre estes numeros deve existir a relação (n.º 193-V)

$$n_1 + n_2 + \ldots + n_\nu = m_1 + m_2 + \ldots + m_\mu.$$

Posto isto, consideremos a funcção duplamente periodica $\frac{f'(u)}{f(u)}$, que admitte os pólos $\alpha_1, \alpha_2, \ldots, \alpha_\nu, a_1, a_2, \ldots, a_\mu$. Teremos (n.º 138), na visinhança dos pontos $\alpha_1, a_1, \alpha_2, a_2, \ldots$,

$$\frac{f'(u)}{f(u)} = -\frac{m_1}{u-\alpha_1} + P_1(u-\alpha_1), \qquad \frac{f'(u)}{f(u)} = \frac{n_1}{u-a_1} + P_2(u-a_1),$$

$$\frac{f'(u)}{f(u)} = -\frac{m_2}{u-\alpha_2} + P_3(u-\alpha_2), \qquad \frac{f'(u)}{f(u)} = \frac{n_2}{u-a_2} + P_4(u-a_2),$$

$$\ldots\ldots\ldots\ldots\ldots\ldots\ldots\ldots\ldots\ldots,$$

onde $P_1(u-\alpha_1)$, $P_2(u-a_1)$, ... representam séries ordenadas segundo as potencias inteiras e positivas de $u-\alpha_1$, $u-a_1$, ...

Applicando pois á funcção $\frac{f'(u)}{f(u)}$ o theorema do n.º 210, temos

$$\frac{f'(u)}{f(u)} = C + n_1\zeta(u-a_1) + n_2\zeta(u-a_2) + \ldots + n_\nu\zeta(u-a_\nu)$$
$$- m_1\zeta(u-\alpha_1) - m_2\zeta(u-\alpha_2) - \ldots - m_\mu\zeta(u-\alpha_\mu).$$

Integrando vem

$$\log f(u) = C' + Cu + \log\sigma^{n_1}(u-a_1) + \ldots + \log\sigma^{n_\nu}(u-a_\nu)$$
$$- \log\sigma^{m_1}(u-\alpha_1) - \ldots - \log\sigma^{m_\mu}(u-\alpha_\mu),$$

o que dá

$$(1) \qquad f(u) = \frac{\sigma^{n_1}(u-a_1)\,\sigma^{n_2}(u-a_2)\ldots\sigma^{n_\nu}(u-a_\nu)}{\sigma^{m_1}(u-\alpha_1)\,\sigma^{m_2}(u-\alpha_2)\ldots\sigma^{m_\mu}(u-\alpha_\mu)}\, e^{Cu+C'},$$

C e C′ representando duas constantes. Vamos determinar C.

Mudando, para isso, nesta egualdade u em $u+2\omega_1$ e attendendo ás relações (n.º 203)

$$\sigma(u-a_1+2\omega_1) = -\sigma(u-a_1)\, e^{2\eta_1(u-a_1+\omega_1)},$$

$$\sigma(u-\alpha_1+2\omega_1) = -\sigma(u-\alpha_1)\, e^{2\eta_1(u-\alpha_1+\omega_1)},$$

vem

$$f(u+2\omega_1) = f(u)\, e^m,$$

onde

$$m = 2\eta_1 S + 2C\omega_1, \qquad S = m_1\alpha_1 + m_2\alpha_2 + \ldots + m_\mu \alpha_\mu - (n_1 a_1 + \ldots + n_\nu a_\nu).$$

Mudando u em $u+2\omega_2$, acha-se do mesmo modo

$$f(u+2\omega_2) = f(u)\, e^s, \qquad s = 2\eta_2 S + 2C\omega_2.$$

Logo, para $2\omega_1$ e $2\omega_2$ serem periodos de $f(u)$, é necessario que tenhamos $e^m = 1$, $e^s = 1$, ou

$$m = 2\eta_1 S + 2C\omega_1 = \log 1 = 2k_2 i\pi, \qquad s = 2\eta_2 S + 2C\omega_2 = \log 1 = -2k_1 i\pi,$$

k_1 e k_2 representando dois numeros inteiros quaesquer, positivos ou negativos.

Eliminando entre estas equações a constante C e attendendo á egualdade (n.º 201)

$$\eta_2\,\omega_2 - \eta_2\,\omega_1 = \frac{1}{2} i\pi,$$

vem

$$(2) \qquad S = 2k_1\omega_1 + 2k_2\omega_2.$$

Eliminando entre as mesmas equações a quantidade S, vem

$$(3) \qquad C = -(2k_2\eta_2 + 2k_1\eta_1)$$

Do que precede conclue-se o seguinte theorema importante, devido a Liouville:

Os zeros e os pólos de toda a funcção duplamente periodica meromorpha satisfazem á re-

lação (2); *e esta funcção é reductivel á fórma* (1), *onde* C *representa uma constante dada pel*
fórmula (3).

Substituindo na fórmula (1) $\sigma(u-a_1)$, $\sigma(u-a_2)$, ... pelos seus valores expressos pela funcções (n.º 206) $H(u-a_1)$, $H(u-a_2)$ ..., e attendendo ás egualdades (2) e (3) e á egual dade (11) do n.º 201, vem a fórmula

$$(4) \qquad f(u) = A \frac{H^{n_1}(u-a_1)\ldots H^{n_\nu}(u-a_\nu)}{H^{m_1}(u-a_1)\ldots H^{m_\mu}(u-a_\mu)} e^{-\frac{k_2 i\pi u}{\omega_1}},$$

onde A representa uma constante, que tem as mesmas applicações que a fórmula (1).

X

Funcções sn u, cn u, dn u

217. A rectificação da ellipse, que depende, como vimos, de um integral onde entra raiz quadrada de uma funcção inteira do quarto grau, levou Legendre a estudar a integraçã das funcções racionaes de x e d'este radical. Principiou o eminente geometra por reduzir integração d'estas funcções aos tres integraes canonicos considerados no n.º 14:

$$\int_0^z \frac{dx}{\sqrt{(1-x^2)(1-k^2x^2)}}, \qquad \int_0^z \sqrt{(1-x^2)(1-k^2x^2)}\,dx,$$

$$\int_0^z \frac{dx}{(1+nx^2)\sqrt{(1-x^2)(1-k^2x^2)}},$$

e em seguida estudou desenvolvidamente as propriedades destes integraes.

O primeiro integral contêm como caso particular o seguinte:

$$\int_0^z \frac{dx}{\sqrt{1-x^2}} = \text{arc sen } z.$$

Como a funcção inversa d'este integral, isto é, a funcção sen z, tem propriedades mai interessantes do que o integral, Abel e Jacobi fôram levados por analogia a considerar tam bem a funcção inversa do primeiro dos integraes precedentes. Pondo

$$(1)\qquad u=\int_0^z \frac{dx}{+\sqrt{(1-x^2)(1-k^2x^2)}},$$

vê-se, como no caso do polynomio do terceiro grau (n.º 178), que z, no intervallo de $z=0$ a $z=1$, é uma funcção real de u, que se designa por $\operatorname{sn} u$. O estudo d'esta funcção póde fazer-se de um modo analogo ao que foi empregado para a funcção $p(u)$; póde-se porém tambem relacionar a funcção $\operatorname{sn} u$ com a funcção $p(u)$, e deduzir das propriedades d'esta as propriedades d'aquella, como vamos ver.

Consideremos pois o integral (1) e seja o módulo k^2 real e menor do que a unidade.

Pondo em (1)

$$x=(a+t)^{-\frac{1}{2}}$$

e representando por T um valor dado pela egualdade

$$(a)\qquad z=(a+\mathrm{T})^{-\frac{1}{2}},$$

vem

$$u=-\int_\infty^{\mathrm{T}} \frac{dt}{2\sqrt{(t+a)(t+a-1)(t+a-k^2)}},$$

e determinando a de modo que a somma das raizes e_1, e_2 e e_3 do denominador da fracção a integrar seja nulla, isto é, determinando a por meio da equação

$$e_1+e_2+e_3=-[a+(a-1)+(a-k^2)]=0,$$

que dá

$$a=\frac{1+k^2}{3},$$

temos

$$(2)\qquad u=\int_{\mathrm{T}}^\infty \frac{dt}{2\sqrt{(t-e_1)(t-e_2)(t-e_3)}},$$

onde e_1, e_2 e e_3 representam as tres raizes

$$(3)\qquad e_1=\frac{2-k^2}{3},\qquad e_2=\frac{2k^2-1}{3},\qquad e_3=-\frac{1+k^2}{3},$$

as quaes satisfazem, como é facil de verificar, á condição $e_1>e_2>e_3$.

*

A egualdade (2) dá $T = p(u)$, no intervallo de $u=0$ a $u=\omega$ (n.º 178); logo a fórmula (*a*) dá

$$z = \left(\frac{1+k^2}{3} + p(u)\right)^{-\frac{1}{2}}.$$

Por esta egualdade vê-se que, quando u varia desde 0 até ω, a cada valor de u corresponde um valor de z que satisfaz á egualdade (1); e portanto z é uma funcção de u. Representa-se esta funcção importante por $\operatorname{sn} u$. Temos pois

$$(4) \qquad z = \operatorname{sn} u = \left(\frac{1+k^2}{3} + p(u)\right)^{-\frac{1}{2}},$$

o radical devendo ser tomado com o signal $+$, como o radical que entra em (1).

Nesta fórmula entram tres constantes, que são os periodos 2ω e $2i\omega'$ de $p(u)$ e o módulo k. Entre estas constantes existem as duas relações (n.os 180 e 182)

$$(5) \qquad p(\omega) = e_1 = \frac{2-k^2}{3}, \quad p(i\omega') = e_3 = -\frac{1+k^2}{3},$$

uma das quaes póde ser substituida pela seguinte:

$$(5') \qquad p(\omega + i\omega') = e_2 = \frac{2k^2-1}{3}.$$

218. Viu-se que a egualdade (4) determina uma funcção $\operatorname{sn} u$ que satisfaz a (1), quando u está comprehendido entre 0 e ω. Para todos os outros valores de u, reaes ou imaginarios, a mesma egualdade (4) serve para definir esta funcção.

Conjunctamente com a funcção $\operatorname{sn} u$ consideram-se as funcções seguintes, que se representam por $\operatorname{cn} u$ e $\operatorname{dn} u$:

$$(7) \qquad \operatorname{cn} u = \sqrt{1-\operatorname{sn}^2 u}, \quad \operatorname{dn} u = \sqrt{1-k^2 \operatorname{sn}^2 u},$$

onde os radicaes devem ser tomados com o signal $+$.

Das egualdades (4), (5) e (7) e da egualdade $p(0) = \infty$ resultam immediatamente as seguintes:

$$(8) \qquad \operatorname{sn} 0 = 0, \quad \operatorname{sn} \omega = 1, \quad \operatorname{cn} 0 = 1, \quad \operatorname{cn} \omega = 0, \quad \operatorname{dn} 0 = 1, \quad \operatorname{dn} \omega = k',$$

onde é $k' = +\sqrt{1-k^2}$. A k' chama-se *módulo complementar* de k.

219. As quantidades ω e ω' que entram nas fórmulas precedentes têem os valores seguintes (n.os 178 e 183):

$$\omega = \int_{e_1}^{\infty} \frac{dt}{2\sqrt{(t-e_1)(t-e_2)(t-e_3)}}, \quad \omega' = \int_{-e_1}^{\infty} \frac{dt}{2\sqrt{(t+e_1)(t+e_2)(t+e_3)}}.$$

As quantidades ω e ω' podem ser expressas por meio de integraes da fórma (1). Pondo, com effeito, na primeira das fórmulas precedentes

$$t = \frac{1}{x^2} + e_1 - 1$$

e substituindo e_1, e_2 e e_3 pelos seus valores, dados pelas fórmulas (3), vem

(9)
$$\omega = \int_0^1 \frac{dx}{\sqrt{(1-x^2)(1-k^2x^2)}};$$

e pondo na segunda fórmula

$$t = \frac{1}{x^2} - e_3 - 1$$

e, substituindo tambem e_1, e_2 e e_3 pelos seus valores, vem

(10)
$$\omega' = \int_0^1 \frac{dx}{\sqrt{(1-x^2)(1-k'^2x^2)}},$$

onde é $k'^2 = 1 - k^2$.

220. Deve-se notar que a funcção sn u não é exprimivel de uma só maneira por meio de $p(u)$.

Com effeito, pondo em (2) $t = \lambda t_1$, λ representando uma constante positiva qualquer e t_1 uma nova variavel, e pondo ao mesmo tempo

$$e_1 = \lambda\varepsilon_1, \quad e_2 = \lambda\varepsilon_2, \quad e_3 = \lambda\varepsilon_3,$$

temos, fazendo $T = \lambda T_1$,

$$u = \int_{T_1}^{\infty} \frac{dt_1}{2\sqrt{\lambda(t_1-\varepsilon_1)(t_1-\varepsilon_2)(t_1-\varepsilon_3)}};$$

e portanto, pondo $u\sqrt{\lambda} = v$,

$$T_1 = p(v, \varepsilon_1, \varepsilon_2, \varepsilon_3).$$

Logo

$$T = \lambda T_1 = \lambda p(v, \varepsilon_1, \varepsilon_2, \varepsilon_3),$$

e, em virtude da fórmula (a),

$$z = \operatorname{sn} u = \left[\frac{1+k^2}{3} + \lambda p(v, \varepsilon_1, \varepsilon_2, \varepsilon_3)\right]^{-\frac{1}{2}}.$$

Pondo nesta fórmula $\lambda = 1$, vem a fórmula (4).

O periodo $2\omega_1$ da funcção $p(v)$, que entra nesta fórmula, é dado pela egualdade

$$\omega_1 = \int_{\varepsilon_1}^{\infty} \frac{dt}{2\sqrt{(t-\varepsilon_1)(t-\varepsilon_2)(t-e_3)}}.$$

a qual, pondo

$$t = \frac{1}{\lambda x^2} + \varepsilon_1 - \frac{1}{\lambda},$$

dá

$$\omega_1 = \int_0^1 \frac{\sqrt{\lambda}\, dx}{\sqrt{(1-x^2)(1-k^2 x^2)}} = \sqrt{\lambda}\, \omega.$$

Do mesmo modo se acha

$$\omega_2 = \sqrt{\lambda}\, i\omega'$$

Temos tambem

$$p(\omega_1) = \varepsilon_1 = \frac{2-k^2}{3\lambda}, \quad p(\omega_2) = \varepsilon_3 = -\frac{1+k^2}{3\lambda}, \quad p(\omega_1 + \omega_2) = \varepsilon_2 = \frac{2k^2 - 1}{3\lambda}.$$

221. Estudo da funcção sn u. — Por ser

$$p(i\omega') = e_3 = -\frac{1+k^2}{3},$$

a fórmula (4) dá

$$\operatorname{sn}^2 u = [p(u) - p(i\omega')]^{-1},$$

e portanto (n.º 203-V)

$$\operatorname{sn}^2 u = -\frac{\sigma^2(i\omega')\,\sigma^2(u)}{\sigma(u+i\omega')\,\sigma(u-i\omega')}.$$

Mas temos (n.º 203-VI)

$$\sigma(u - i\omega') = \sigma(u - 2i\omega' + i\omega') = -e^{-2\eta_2 u}\,\sigma(u + i\omega').$$

Logo

$$\operatorname{sn}^2 u = \frac{\sigma^2(i\omega')\,\sigma^2(u)}{\sigma^2(u+i\omega')} e^{2\eta_2 u},$$

e, extrahindo a raiz quadrada e attendendo, para a determinação do signal do radical, a que para os valores positivos visinhos de $u = 0$ a funcção $\operatorname{sn} u$ é positiva assim como [por ser (n.ºs 202 e e 204) $\lim\limits_{u=0} \frac{\sigma(u)}{u\,\sigma_3(u)} = 1$] a funcção $\frac{\sigma(u)}{\sigma_3(u)}$,

$$(11) \qquad \operatorname{sn} u = \frac{\sigma(i\omega')\,\sigma(u)}{\sigma(u+i\omega')}\, e^{\eta_2 u} = \frac{\sigma(u)}{\sigma_3(u)}.$$

Temos assim a funcção $\operatorname{sn} u$ expressa pelo quociente de duas funcções holomorphas, resultado importante do qual vamos deduzir as propriedades d'esta funcção.

Por ser $\operatorname{sn} \omega = 1$, a egualdade (11) dá a identidade

$$(12) \qquad \frac{\sigma(\omega)}{\sigma_3(\omega)} = 1.$$

I. *A funcção* $\operatorname{sn} u$ *é meromorpha; os seus zeros são os pontos que satisfazem á condição*

$$u = 2n\omega + 2mi\omega'$$

e os seus pólos são os pontos que satisfazem á condição

$$u = 2n\omega + (2m+1)\,i\omega',$$

n e m representando dois numeros inteiros, positivos, negativos ou nullos.

A fórmula (11) mostra, com effeito, que $\operatorname{sn} u$ é o quociente de duas funcções inteiras, a primeira das quaes é nulla nos pontos $2n\omega + 2mi\omega'$ (n.° 203) e a segunda das quaes é nulla nos pontos $2n\omega + (2m+1)\,i\omega'$ (n.° 204).

II. *A funcção* $\operatorname{sn} u$ *é impar; isto é, temos* $\operatorname{sn}(-u) = -\operatorname{sn} u$.

A fórmula (11) dá, com effeito, mudando u em $-u$ (n.° 203-IV),

$$\operatorname{sn}(-u) = \frac{\sigma(i\omega')\,\sigma(u)}{\sigma(u-i\omega')}\, e^{-\eta_2 u}.$$

Substituindo neste resultado $\sigma(u-i\omega')$ pelo seu valor (n.° 203-VI)

$$\sigma(u-i\omega') = \sigma(u+i\omega'-2i\omega') = -e^{-2\eta_2 u}\,\sigma(u+i\omega'),$$

vem

$$\operatorname{sn}(-u) = -\frac{\sigma(i\omega')\,\sigma(u)}{\sigma(u+i\omega')}\, e^{\eta_2 u} = -\operatorname{sn} u.$$

III. *A funcção* $\operatorname{sn} u$ *toma o mesmo valor como signal contrario cada vez que* u *augmenta de* 2ω.

É o que resulta da fórmula (11), mudando u em $u+2\omega$ e attendendo ás relações (n.º 203-VI e n.º 201)

$$\sigma(u+2\omega) = -e^{2\eta_1(u+\omega)}\sigma(u),$$

$$\sigma(u+i\omega'+2\omega) = -e^{2\eta_1(u+\omega+i\omega')}\sigma(u+i\omega'), \qquad e^{2(i\omega'\eta_1-\omega\eta_2)} = e^{i\pi} = -1.$$

Temos pois

$$\operatorname{sn}(u+2\omega) = -\operatorname{sn} u.$$

IV. *A funcção* $\operatorname{sn} u$ *é duplamente periodica e os seus periodos são* 4ω *e* $2i\omega'$.

O theorema anterior dá

$$\operatorname{sn}(u+4\omega) = -\operatorname{sn}(u+2\omega) = \operatorname{sn} u;$$

logo 4ω é um periodo de $\operatorname{sn} u$.

Para mostrar que $2i\omega'$ é um periodo de $\operatorname{sn} u$, mude-se na fórmula (11) u em $u+2i\omega'$ e substituam-se depois $\sigma(u+2i\omega')$ e $\sigma(u+3i\omega')$ pelos valores seguintes:

$$\sigma(u+2i\omega') = -e^{2\eta_2(u+i\omega')}\sigma(u), \qquad \sigma(u+3i\omega') = \sigma(u+i\omega'+2i\omega') = -e^{2\eta_2(u+2i\omega')}\sigma(u+i\omega'),$$

o que dá $\operatorname{sn}(u+2i\omega') = \operatorname{sn} u$.

Podemos accrescentar que não existem periodos de $\operatorname{sn} u$ que não sejam multiplos de 4ω e $2i\omega'$, visto que $\operatorname{sn} u$ não póde ter periodo algum que não seja tambem periodo de $p(u)$.

De tudo o que precede concluem-se as relações:

$$\operatorname{sn}(u+4n\omega+2mi\omega') = \operatorname{sn} u, \qquad \operatorname{sn}[u+(4n+2)\omega+2mi\omega'] = -\operatorname{sn} u.$$

222. Consideremos agora a funcção

$$\operatorname{cn}^2 u = 1 - \operatorname{sn}^2 u.$$

Temos, em virtude das fórmulas (4) e (5), a relação

$$\operatorname{cn}^2 u = \frac{p(u) - \dfrac{2-k^2}{3}}{p(u) + \dfrac{1+k^2}{3}} = \frac{p(u) - p(\omega)}{p(u) - p(i\omega')};$$

ou, em virtude da fórmula (4) do n.º 203,

$$\text{(13)} \qquad \operatorname{cn}^2 u = \frac{\sigma^2(i\omega')\,\sigma(u+\omega)\,\sigma(u-\omega)}{\sigma^2(\omega)\,\sigma(u+i\omega')\,\sigma(u-i\omega')}.$$

Mas (n.º 203-VI)

$$\sigma(u-\omega) = \sigma(u-2\omega+\omega) = -e^{-2\eta_1 u}\,\sigma(u+\omega),$$

$$\sigma(u-i\omega') = \sigma(u-2i\omega'+i')\,\omega = -e^{-2\eta_2 u}\,\sigma(u+i\omega').$$

Logo

$$\operatorname{cn}^2 u = \frac{\sigma^2(i\omega')\,\sigma^2(u+\omega)}{\sigma^2(\omega)\,\sigma^2(u+i\omega')}\,e^{2(\eta_2-\eta_1)u},$$

e (n.º 204), extrahindo a raiz quadrada e determinando o signal do radical pela condição de ser $\operatorname{cn} 0 = 1$,

$$\text{(14)} \qquad \operatorname{cn} u = \frac{\sigma(i\omega')\,\sigma(u+\omega)}{\sigma(\omega)\,\sigma(u+i\omega')}\,e^{(\eta_2-\eta_1)u} = \frac{\sigma_1(u)}{\sigma_3(u)}.$$

D'esta egualdade deduzem-se, precedendo como no caso de $\operatorname{sn} u$, as seguintes propriedades de $\operatorname{cn} u$:

I. *A funcção* $\operatorname{cn} u$ *é meromorpha, é par, é nulla quando*

$$u = (2n+1)\,\omega + 2mi\omega',$$

e é infinita quando

$$u = 2n\omega + (2m+1)\,i\omega'.$$

Estes ultimos pontos são pólos simples da funcção.

II. *Quando* u *augmenta de* 2ω *ou de* $2i\omega'$, *temos*

$$\text{(15)} \qquad \operatorname{cn}(u+2\omega) = -\operatorname{cn} u, \qquad \operatorname{cn}(u+2i\omega') = -\operatorname{cn} u.$$

III. *A funcção* $\operatorname{cn} u$ *é periodica e os seus periodos são* 4ω *e* $4i\omega$.

223. Consideremos finalmente a funcção $\operatorname{dn}^2 u$ dada pela relação

$$\operatorname{dn}^2 u = 1 - k^2 \operatorname{sn}^2 u.$$

Eliminando $\operatorname{sn}^2 u$ entre esta relação e a relação (4), temos, attendendo a (5) e (5'),

$$\operatorname{dn}^2 u = \frac{p(u) - \frac{2k^2-1}{3}}{p(u) + \frac{1+k^2}{3}} = \frac{p(u) - p(\omega + i\omega')}{p(u) - p(i\omega')};$$

e portanto (n.º 203-V)

$$\operatorname{dn}^2 u = \frac{\sigma^2(i\omega')\,\sigma(u+\omega+i\omega')\,\sigma(u-\omega-i\omega')}{\sigma^2(\omega+i\omega')\,\sigma(u+i\omega')\,\sigma(u-i\omega')}.$$

Mas (n.º 203-VI e n.º 201)

$$\begin{aligned}\sigma(u-\omega-i\omega') &= \sigma(u-\omega-2i\omega'+i\omega') = -e^{-2\eta_2(u-\omega)}\,\sigma(u-\omega+i\omega')\\ &= e^{-2(\eta_2+\eta_1)u+2(\eta_2\omega-\eta_1 i\omega')}\,\sigma(u+\omega+i\omega')\\ &= e^{-i\pi}\,e^{-2\eta(\eta_2+\eta_1)u}\,\sigma(u+\omega+i\omega') = -e^{-2(\eta_2+\eta_1)u}\,\sigma(u+\omega+i\omega').\end{aligned}$$

Logo

$$\operatorname{dn}^2 u = \frac{\sigma^2(i\omega')\,\sigma^2(u+\omega+i\omega')}{\sigma^2(\omega+i\omega')\,\sigma^2(u+i\omega')}\,e^{-2\eta_1 u},$$

e (n.º 204)

$$\operatorname{dn} u = \frac{\sigma(i\omega')\,\sigma(u+\omega+i\omega')}{\sigma(\omega+i\omega')\,\sigma(u+i\omega')}\,e^{-\eta_1 u} = \frac{\sigma_2(u)}{\sigma_3(u)}. \tag{16}$$

D'esta egualdade deduzem-se as seguintes propriedades de $\operatorname{dn} u$:

I. *A funcção* $\operatorname{dn} u$ *é meromorpha, é par, é nulla quando*

$$u = (2n+1)\omega + (2m+1)i\omega',$$

e é infinita quando

$$u = 2n\omega + (2m+1)i\omega'.$$

Estes ultimos pontos são pólos simples da funcção.

II. *Quando* u *augmenta de* 2ω *e de* $2i\omega'$ *temos*

$$\operatorname{dn}(u+2\omega) = \operatorname{dn} u, \qquad \operatorname{dn}(u+2i\omega') = -\operatorname{dn} u. \tag{17}$$

III. *A funcção* $\operatorname{dn} u$ *é duplamente periodica e os seus periodos são* 2ω *e* $4i\omega'$.

224. Em logar de exprimir $\operatorname{sn} u$, $\operatorname{cn} u$ e $\operatorname{dn} u$ por meio das funcções σ, σ_1, etc., podem-se exprimir por meio das funcções H, Θ, H_1 e Θ_1. É o que resulta das fórmulas (1), (2), (3) e (4) dos n.os 206 e 207 e das fórmulas (11), (14) e (16) dos n.os 221, 222 e 223, que dão

$$(18)\qquad \operatorname{sn} u = \frac{\Theta(0)}{H'(0)} \frac{H(u)}{\Theta(u)}, \quad \operatorname{cn} u = \frac{\Theta(0)}{H_1(0)} \frac{H_1(u)}{\Theta(u)}, \quad \operatorname{dn} u = \frac{\Theta(0)}{\Theta_1(0)} \frac{\Theta_1(u)}{\Theta(u)}.$$

Ao factor constante da primeira d'estas fórmulas póde-se ainda dar outra fórma. Pondo, com effeito, nella $u = \omega$ e attendendo á terceira e á quarta das fórmulas (5) do n.º 208, vem

$$(19)\qquad 1 = \frac{\Theta(0)}{H'(0)} \frac{H(\omega)}{\Theta(\omega)} = \frac{\Theta(0)}{H'(0)} \frac{H_1(0)}{\Theta_1(0)};$$

e portanto temos

$$(20)\qquad \operatorname{sn} u = \frac{\Theta_1(0)}{H_1(0)} \frac{H(u)}{\Theta(u)}.$$

225. Os coefficientes das fórmulas (18) podem ainda ser expressos em funcção do módulo k, como vamos ver.

I. Consideremos primeiramente a funcção $\operatorname{sn} u$.

Pondo na fórmula (4) do n.º 217 $u == \omega + i\omega'$ e substituindo $p(\omega + i\omega')$ pelo seu valor dado pela fórmula (5') do mesmo numero, temos

$$\operatorname{sn}^2(\omega + i\omega') = \frac{1}{k^2}.$$

A fórmula (20) dá pois, pondo tambem n'ella $u = \omega + i\omega$,

$$\frac{1}{k^2} = \frac{\Theta_1^2(0)}{H_1^2(0)} \frac{H^2(\omega + i\omega')}{\Theta^2(\omega + i\omega')},$$

ou, attendendo á terceira e á quarta das fórmulas (7) do n.º 208,

$$\frac{1}{k^2} = \frac{\Theta_1^4(0)}{H_1^4(0)}.$$

Logo (n.º 207)

$$(21)\qquad \frac{1}{\sqrt{k}} = \frac{\Theta_1(0)}{H_1(0)} = \frac{1 + 2q + 2q^4 + \dots}{2q^{\frac{1}{4}} + 2q^{\frac{9}{4}} + \dots},$$

*

o radical $\sqrt{k}$ devendo ser tomado com o signal +, visto ser positivo o segundo membro da egualdade.

Temos pois

(22) $$\operatorname{sn} u = \frac{1}{\sqrt{k}} \frac{\mathrm{H}(u)}{\Theta(u)},$$

e (n.º 208)

(23) $$\operatorname{sn}(\omega + i\omega') = \frac{1}{k}.$$

II. Consideremos em segundo logar a funcção $\operatorname{cn} u$.

A egualdade

$$\cos^2(\omega + i\omega') = 1 - \operatorname{sen}^2(\omega + i\omega') = 1 - \frac{1}{k^2} = -\frac{k'^2}{k^2},$$

combinada com a segunda das egualdades (18), dá, attendendo á segunda e á terceira das fórmulas (7) do n.º 208,

$$-\frac{k'^2}{k^2} = \frac{\Theta^2(0)}{\mathrm{H}_1^2(0)} \frac{\mathrm{H}_1^2(\omega + i\omega')}{\Theta^2(\omega + i\omega')} = -\frac{\Theta^4(0)}{\mathrm{H}_1^4(0)}.$$

Logo temos (n.º 207)

(24) $$\sqrt{\frac{k'}{k}} = \frac{\Theta(0)}{\mathrm{H}_1(0)} = \frac{1 - 2q + 2q^4 - \dots}{2\sqrt[4]{q} + 2\sqrt[4]{q^9} + \dots}.$$

Para mostrar que o radical que entra no primeiro membro d'esta egualdade deve ser tomado com o signal +, basta notar que o denominador do seu segundo membro é sempre positivo e que o numerador é positivo na visinhança de $q = 0$, não passa por zero em ponto algum, e portanto não póde ser jámais negativo.

Temos pois

(25) $$\operatorname{cn} u = \sqrt{\frac{k'}{k}} \frac{\mathrm{H}_1(u)}{\Theta(u)},$$

e (n.º 208)

(26) $$\operatorname{cn}(\omega + i\omega') = -\frac{ik'}{k}.$$

III. Consideremos finalmente a funcção $\operatorname{dn} u$. As fórmulas (8) e (18) dão

(27) $$\sqrt{k'} = \frac{\Theta(0)}{\Theta_1(0)} = \frac{1 - 2q + 2q^4 - \dots}{1 + 2q + 2q^4 + \dots}.$$

Logo temos

$$\operatorname{dn} u = \sqrt{k'}\,\frac{\Theta_1(u)}{\Theta(u)}, \tag{28}$$

e (n.º 208)

$$\operatorname{dn}(\omega + i\omega') = i\sqrt{k'}\,\frac{H(0)}{H_1(0)} = 0. \tag{29}$$

226. A egualdade (21) determina o módulo k, quando é dada a razão dos periodos. Para achar um d'estes periodos, póde-se recorrer ás fórmulas (19) e (21), que dão, attendendo ás fórmulas demonstradas nos n.os 206 e 207,

$$\sqrt{k} = \frac{H'(0)}{\Theta(0)} = \frac{\frac{\pi}{\omega} q^{\frac{1}{4}} (1 - 3q^2 + 5q^6 - \ldots)}{1 - 2q + 2q^4 - \ldots},$$

e portanto

$$\frac{\omega\sqrt{k}}{\pi} = \frac{q^{\frac{1}{4}} - 3q^{\frac{9}{4}} + 5q^{\frac{25}{4}} - \ldots}{1 - 2q + 2q^4 - \ldots}. \tag{30}$$

Depois de determinar k por meio da fórmula (21), determina-se ω por meio de (30).

227. Das fórmulas (22), (25) e (28) e das fórmulas (5), (6) e (7) do n.º 208 tiram-se facilmente as relações seguintes:

$$\operatorname{sn}(u + \omega) = \frac{\operatorname{cn} u}{\operatorname{dn} u}, \qquad \operatorname{cn}(u + \omega) = -\frac{k' \operatorname{sn} u}{\operatorname{dn} u}, \qquad \operatorname{dn}(u + \omega) = \frac{k'}{dn\, u},$$

$$\operatorname{sn}(u + i\omega') = \frac{1}{k \operatorname{sn} u}, \qquad \operatorname{cn}(u + i\omega') = \frac{\operatorname{dn} u}{ik \operatorname{sn} u}, \qquad \operatorname{dn}(u + i\omega') = \frac{\operatorname{cn} u}{i \operatorname{sn} u},$$

$$\operatorname{sn}(u + \omega + i\omega') = \frac{\operatorname{dn} u}{k \operatorname{sn} u}, \qquad \operatorname{cn}(n + \omega + i\omega') = \frac{k'}{ik \operatorname{sn} u}, \qquad \operatorname{dn}(u + \omega + \omega') = \frac{ik' \operatorname{sn} u}{\operatorname{cn} u}.$$

228. Residuos. —I. A funcção $\operatorname{sn} u$ admitte em um dos parallelogrammos dos periodos os pólos $i\omega'$ e $2\omega + i\omega'$. Para achar os residuos de $\operatorname{sn} u$ relativamente ao pólo $i\omega'$, podemos recorrer á fórmula (22), que dá (n.º 123), representando por A_1 este residuo,

$$A_1 = \frac{1}{\sqrt{k}}\,\frac{H(i\omega')}{\Theta'(i\omega')},$$

ou, attendendo á quarta e á terceira das egualdades (6) do n.º 208 e á egualdade $H(0)=0$,

$$A_1 = \frac{1}{\sqrt{k}} \frac{\Theta(0)}{H'(0)} = \frac{1}{k}. \tag{31}$$

Do mesmo modo se acha o residuo A_2 de $\operatorname{sn} u$ relativamente a $2\omega + i\omega'$; e vem

$$A_2 = \frac{1}{\sqrt{k}} \frac{H(2\omega + i\omega')}{\Theta'(2\omega + i\omega')} = -\frac{1}{\sqrt{k}} \frac{H(i\omega')}{\Theta'(i\omega')} = -\frac{1}{k}. \tag{31'}$$

Temos pois, na visinhança dos pólos $i\omega'$ e $2\omega + i\omega'$,

$$\operatorname{sn} u = \frac{1}{k(u - i\omega')} + P_1(u - i\omega'), \qquad \operatorname{sn} u = -\frac{1}{k(u - 2\omega - i\omega')} + P_2(u - 2\omega - i\omega').$$

Em todos os outros pontos do parallelogrammo dos periodos considerado a funcção $\operatorname{sn} u$ é *regular*.

II. A funcção $\operatorname{cn} u$ admitte no mesmo parallelogrammo dos periodos anteriormente considerado os pólos $i\omega'$, $2\omega + i\omega'$, $2\omega + 3i\omega'$. Procedendo como no caso anterior, acha-se que os residuos B_1, B_2 e B_3 de $\operatorname{cn} u$ relativamente a estes pólos são

$$B_1 = \frac{1}{ik}, \qquad B_2 = -\frac{1}{ik}, \qquad B_3 = \frac{1}{ik}. \tag{32}$$

Temos pois, na visinhança d'estes pontos,

$$\operatorname{cn} u = \frac{1}{ik(u - i\omega')} + P_1(u - i\omega'), \qquad \operatorname{cn} u = -\frac{1}{ik(u - 2\omega - i\omega')} + P_2(u - 2\omega - i\omega'),$$

$$\operatorname{cn} u = \frac{1}{ik(u - 2\omega - 3i\omega')} + P_3(u - 2\omega - 3i\omega').$$

Em todos os outros pontos do parallelogrammo a funcção é *regular*.

III. Finalmente a funcção $\operatorname{dn} u$ admitte no mesmo parallelogrammo dos periodos os pólos $i\omega'$ e $3i\omega'$ e os residuos C_1 e C_2 correspondentes são

$$C_1 = -i, \qquad C_2 = i \tag{33}$$

e temos porisso, na visinhança d'estes pontos,

$$\operatorname{dn} u = -\frac{i}{(u - i\omega')} + P_1(u - i\omega'), \qquad \operatorname{dn} u = \frac{i}{(u - 3i\omega')} + P_2(u - 3i\omega').$$

Em todos os outros pontos do parallelogrammo a funcção é *regular*.

229. DERIVADAS. — Para achar a derivada de $\operatorname{sn} u$ relativamente a u, póde-se recorrer á fórmula (4) do n.º 217, que dá

$$\frac{d \operatorname{sn} u}{du} = -\frac{1}{2}\left(\frac{1+k^2}{3}+p(u)\right)^{-\frac{3}{2}} p'(u) = -\frac{1}{2}\operatorname{sn}^3 u\, p'(u).$$

Temos porém

$$p'^2(u) = 4\,[p(u)-e_1]\,[p(u)-e_2]\,[p(u)-e_3],$$

ou, substituindo $p(u)$, e_1, e_2, e_3 pelos seus valores dados pelas fórmulas (3) e (4),

$$p'^2(u) = \frac{2\,(1-\operatorname{sn}^2 u)\,(1-k^2\operatorname{sn}^2 u)}{\operatorname{sn}^6 u} = \frac{4\operatorname{cn}^2 u\operatorname{dn}^2 u}{\operatorname{sn}^6 u}.$$

Logo

$$\frac{d\operatorname{sn} u}{du} = \pm\operatorname{cn} u\, dn\, u.$$

Para determinar o signal, basta attender a que a derivada procurada deve ser uma funcção uniforme de u, e a que é, no ponto $u=0$ [como mostra a primeira das fórmulas (18)],

$$\frac{d\operatorname{sn} u}{du} = \lim_{u=0}\frac{\operatorname{sn} u}{u} = 1.$$

Temos pois

$$(34)\qquad \frac{d\operatorname{sn} u}{du} = \operatorname{cn} u\operatorname{dn} u.$$

Partindo da egualdade

$$\operatorname{sn}^2 u + \operatorname{cn}^2 u = 1,$$

acha-se

$$\operatorname{sn} u\,\frac{d\operatorname{sn} u}{du} + \operatorname{cn} u\,\frac{d\operatorname{cn} u}{du} = 0,$$

e portanto

$$(35)\qquad \frac{d\operatorname{cn} u}{du} = -\operatorname{sn} u\operatorname{dn} u.$$

A egualdade

$$\operatorname{dn}^2 u + k^2\operatorname{sn}^2 u = 1$$

dá do mesmo modo

$$\frac{d\,\mathrm{dn}\,u}{du} = -k^2\,\mathrm{sn}\,u\,\mathrm{cn}\,u. \tag{36}$$

O primeiro d'estes theoremas póde ainda ser demonstrado de um modo facil por meio do theorema de Hermite (n.º 210).

Com effeito, a funcção $\mathrm{sn}^2 u$ admittindo no parallelogrammo dos periodos um unico pólo $i\omega'$, que é duplo, e sendo $\frac{1}{k^2}$ (n.º 228) o residuo correspondente, temos

$$\mathrm{sn}^2 u = \frac{1}{k^2} p\,(u - i\omega') + \mathrm{C}\,;$$

Consideremos agora a funcção

$$f(u) = \mathrm{sn}\,u\,\mathrm{cn}\,u\,dn\,u.$$

Por ser

$$\mathrm{sn}\,(u + 2\omega)\,\mathrm{cn}\,(u + 2\omega)\,\mathrm{dn}\,(u + 2\omega) = \mathrm{sn}\,u\,\mathrm{cn}\,u\,\mathrm{dn}\,u,$$

$$\mathrm{sn}\,(u + 2i\omega')\,\mathrm{cn}\,(u + 2i\omega')\,\mathrm{dn}\,(u + 2i\omega') = \mathrm{sn}\,u\,\mathrm{cn}\,u\,\mathrm{dn}\,u,$$

vê-se que a funcção $f(u)$ admitte para periodos 2ω e $2i\omega'$, e portanto tem em um parallelogrammo dos periodos um unico pólo $i\omega'$; e é, na visinhança d'este pólo,

$$f(u) = \frac{\mathrm{A}_1}{u - i\omega'} + \frac{\mathrm{A}_2}{(u - i\omega')^2} + \frac{\mathrm{A}_3}{(u - i\omega')^3} + \ldots + \mathrm{P}_1\,(u - i\omega').$$

Como deve ser nulla a somma dos residuos relativamente ao pólo $i\omega'$ da funcção $f(u)$ (n.º 193-IV), temos $\mathrm{A}_1 = 0$. Por ser

$$\mathrm{sn}\,(u - i\omega')\,\mathrm{cn}\,(u - i\omega')\,\mathrm{dn}\,(u - i\omega') = -\,\mathrm{sn}\,(i\omega' - u)\,\mathrm{cn}\,(i\omega' - u)\,dn\,(i\omega' - u)$$

não devem existir no desenvolvimento de $f(u)$ potencias pares; logo deve ser $\mathrm{A}_2 = 0$.

Para determinar A_3 notemos que é

$$\mathrm{A}_3 = \lim_{u = i\omega'} (u - i\omega')^3\,\mathrm{sn}\,u\,\mathrm{cn}\,u\,\mathrm{dn}\,u$$

e (n.º 228)

$$\lim_{u = i\omega'} (u - i\omega')\,\mathrm{sn}\,u = \frac{1}{k}, \qquad \lim_{u = i\omega'} (u - i\omega')\,\mathrm{cn}\,u = \frac{1}{ik}, \qquad \lim_{u = i\omega'} (u - i\omega')\,dn\,u = \frac{1}{i}\cdot$$

Temos pois $\mathrm{A}_3 = -\frac{1}{k^2}\cdot$

As quantidades A_4, A_5, etc. são nullas, porque, se o não fôssem, A_3 seria infinita.

Applicando o theorema de Hermite á funcção $f(u)$, vem

$$\operatorname{sn} u \operatorname{cn} u \operatorname{dn} u = \frac{1}{2k^2} p'(u - i\omega') + C,$$

e determinando C pela condição de ser o primeiro membro d'esta egualdade nullo, quando é $u = 0$, e notando que $p'(i\omega') = 0$,

$$\operatorname{sn} u \operatorname{cn} u \operatorname{dn} u = \frac{1}{2k^2} p'(u - i\omega).$$

Temos pois

$$\frac{d \operatorname{sn} u}{du} = \operatorname{cn} u \operatorname{dn} u.$$

230. Theorema de addição. — Ao theorema de addição da funcção $p(u)$ correspondem theoremas de addição das funcções $\operatorname{sn} u$, $\operatorname{cn} u$ e $\operatorname{dn} u$, que vamos demonstrar por um methodo devido a Hermite, que se baseia no theorema demonstrado no n.º 210.

Applicando este theorema á funcção $\operatorname{sn} u \operatorname{sn}(u + a)$, cujos periodos são (n.º 221-III) 2ω e $2i\omega'$, e que admitte portanto dois pólos simples $i\omega'$ e $-a + i\omega'$ em um parallelogrammo dos periodos, vem

$$\operatorname{sn} u \operatorname{sn}(u + a) = A_1 \zeta(u - i\omega') + B_1 \zeta(u + a - i\omega') + C.$$

Para determinar A_1, que é o resíduo de $\operatorname{sn} u \operatorname{sn}(u + a)$ relativamente ao pólo $i\omega'$, recorra-se (n.º 123) á egualdade

$$A_1 = \lim_{u = i\omega'} (u - i\omega') \operatorname{sn} u \operatorname{sn}(u + a),$$

que dá (n.º 228)

$$A_1 = \operatorname{sn}(a + i\omega') \lim_{u = i\omega'} (u - i\omega') \operatorname{sn} u = \frac{1}{k} \operatorname{sn}(a + i\omega');$$

e portanto (n.º 227)

$$A_1 = \frac{1}{k^2 \operatorname{sn} a}.$$

Para determinar B_1, empregue-se a egualdade

$$B_1 = \lim_{u = -a + i\omega'} (u + a - i\omega') \operatorname{sn} u \operatorname{sn}(u + a),$$

que dá

$$B_1 = \operatorname{sn}(i\omega' - a) \lim_{u = i\omega'} (u - i\omega') \operatorname{sn} u = -\frac{1}{h^2 \operatorname{sn} a}.$$

Temos pois

$$\operatorname{sn} u \operatorname{sn}(u+a) = C + \frac{1}{k^2 \operatorname{sn} a} [\zeta(u - i\omega') - \zeta(u + a - i\omega')].$$

Para determinar C, ponha-se $u = 0$, e teremos

$$C = \frac{1}{k^2 \operatorname{sn} a} [\zeta(a - i\omega') + \zeta(i\omega')].$$

Portanto

$$k^2 \operatorname{sn} u \operatorname{sn}(u+a) = \frac{1}{\operatorname{sn} a} [\zeta(u - i\omega') - \zeta(u + a - i\omega') + \zeta(a - i\omega') + \zeta(i\omega')].$$

Do mesmo modo se acha a relação

$$\operatorname{cn} u \operatorname{cn}(u+a) = \operatorname{cn} a - \frac{\operatorname{dn} a}{k^2 \operatorname{sn} a} [\zeta(u - i\omega') - \zeta(u + a - i\omega') + \zeta(a - i\omega') + \zeta(i\omega')].$$

Eliminando a quantidade

$$\zeta(u - i\omega') - \zeta(u + a - i\omega') + \zeta(a - i\omega') + \zeta(i\omega')$$

entre estas duas egualdades, vem

$$\text{(A)} \qquad \operatorname{cn} u \operatorname{cn}(u+a) = \operatorname{cn} a - \operatorname{sn} u \operatorname{sn}(u+a) \operatorname{dn} a.$$

Mudando nesta equação u em a e a em u, vem tambem

$$\operatorname{cn} a \operatorname{cn}(u+a) = \operatorname{cn} u - \operatorname{sn} a \operatorname{sn}(u+a) \operatorname{dn} u.$$

Eliminando entre estas duas equações $\operatorname{cn}(u+a)$, resulta

$$\operatorname{sn}(u+a) = \frac{\operatorname{cn}^2 a - \operatorname{cn}^2 u}{\operatorname{sn} u \operatorname{dn} a \operatorname{cn} a - \operatorname{sn} a \operatorname{cn} u \operatorname{dn} u} = \frac{\operatorname{sn}^2 u - \operatorname{sn}^2 a}{\operatorname{sn} u \operatorname{dn} a \operatorname{cn} a - \operatorname{sn} a \operatorname{cn} u \operatorname{dn} u},$$

e, multiplicando o numerador e denominador d'esta fracção por

$$\operatorname{sn} u \operatorname{dn} a \operatorname{cn} a + \operatorname{sn} a \operatorname{cn} u \operatorname{dn} u,$$

vem

$$\operatorname{sn}(u+a) = \frac{(\operatorname{sn}^2 u - \operatorname{sn}^2 a)(\operatorname{sn} u \operatorname{dn} a \operatorname{cn} a + \operatorname{sn} a \operatorname{cn} u \operatorname{dn} u)}{\operatorname{sn}^2 u \operatorname{dn}^2 a \operatorname{cn}^2 a - \operatorname{sn}^2 a \operatorname{cn}^2 u \operatorname{dn}^2 u}$$

$$= \frac{(\operatorname{sn}^2 u - \operatorname{sn}^2 a)(\operatorname{sn} u \operatorname{dn} a \operatorname{cn} a + \operatorname{sn} a \operatorname{cn} u \operatorname{dn} u)}{\operatorname{sn}^2 u (1 - k^2 \operatorname{sn}^2 a)(1 - \operatorname{sn}^2 a) - \operatorname{sn}^2 a (1 - \operatorname{sn}^2 u)(1 - k^2 \operatorname{sn}^2 u)},$$

ou

$$(37)\qquad \operatorname{sn}(u+a)=\frac{\operatorname{sn}u\operatorname{dn}a\operatorname{cn}a+\operatorname{sn}a\operatorname{cn}u\operatorname{dn}u}{1-k^2\operatorname{sn}^2a\operatorname{sn}^2u}.$$

Consiste nesta fórmula o theorema de addição da funcção $\operatorname{sn}u$.

Por meio das relações

$$\operatorname{cn}^2u=1-\operatorname{sn}^2u,\qquad \operatorname{dn}^2u=1-k^2\operatorname{sn}^2u,$$

deduzem-se depois os theoremas de addição das funcções $\operatorname{cn}u$ e $\operatorname{dn}u$.

Para a funcção $\operatorname{cn}u$, temos

$$\operatorname{cn}^2(u+a)=1-\operatorname{sn}^2(u+a)=\frac{(1-k^2\operatorname{sn}^2a\operatorname{sn}^2u)^2-(\operatorname{sn}u\operatorname{dn}a\operatorname{cn}a+\operatorname{sn}a\operatorname{cn}u\operatorname{dn}u)^2}{(1-k^2\operatorname{sn}^2a\operatorname{sn}^2u)^2};$$

mas, por ser

$$1-k^2\operatorname{sn}^2a\operatorname{sn}^2u=\operatorname{cn}^2u+\operatorname{sn}^2u\operatorname{dn}^2a=\operatorname{cn}^2a+\operatorname{sn}^2a\operatorname{dn}^2u,$$

temos

$$(1-k^2\operatorname{sn}^2a\operatorname{sn}^2u)^2=(\operatorname{cn}^2u+\operatorname{sn}^2u\operatorname{dn}^2a)(\operatorname{cn}^2a+\operatorname{sn}^2a\operatorname{dn}^2u).$$

Logo

$$\operatorname{cn}^2(u+a)=\frac{(\operatorname{cn}u\operatorname{cn}a-\operatorname{sn}u\operatorname{sn}a\operatorname{dn}u\operatorname{dn}a)^2}{(1-k^2\operatorname{sn}^2a\operatorname{sn}^2u)^2},$$

e extraindo a raiz quadrada e determinando o signal do segundo membro de modo que este seja egual a $\operatorname{cn}u$, quando $a=0$,

$$(38)\qquad \operatorname{cn}(u+a)=\frac{\operatorname{cn}u\operatorname{cn}a-\operatorname{sn}u\operatorname{sn}a\operatorname{dn}u\operatorname{dn}a}{1-k^2\operatorname{sn}^2a\operatorname{sn}^2u}.$$

Do mesmo modo se acha

$$(39)\qquad \operatorname{dn}(u+a)=\frac{\operatorname{dn}u\operatorname{dn}a-k^2\operatorname{sn}u\operatorname{sn}a\operatorname{cn}u\operatorname{cn}a}{1-k^2\operatorname{sn}^2a\operatorname{sn}^2u}.$$

231. As tres funcções $\operatorname{sn}n$ e $\operatorname{dn}u$ são susceptiveis de desenvolvimentos semelhantes ao obtido no n.º 197 para a funcção $p(u)$. Em logar de obter estes desenvolvimentos de um modo directo, vamos aqui tirá-los do desenvolvimento de $p'(u)$ obtido no n.º 196.

Appliquemos para isso á funcção $\operatorname{sn}u$ a fórmula de decomposição de Hermite (n.º 210). Teremos, attendendo a que esta funcção admitte em um dos parallelogrammos dos periodos 4ω e $2i\omega'$ os pólos $i\omega'$ e $2\omega+i\omega'$, e a que os residuos correspondentes são (n.º 228) $\frac{1}{k}$ e $-\frac{1}{k}$,

$$\operatorname{sn}u=\frac{1}{k}[\zeta(u-i\omega')-\zeta(u-2\omega-i\omega')]+C,$$

*

e, derivando duas vezes,

$$\frac{d^2 \operatorname{sen} u}{du^2} = \frac{1}{k}[p'(u - 2\omega - i\omega') - p'(u - i\omega')].$$

Logo temos, em virtude da fórmula (2) do n.º 196,

$$\frac{d^2 \operatorname{sn} u}{du^2} = \frac{2}{k}\left[\Sigma \frac{1}{[u - 2n\omega - (2m+1)i\omega']^3} - \Sigma \frac{1}{[u - 2(2n+1)\omega - (2m+1)i\omega']^3}\right],$$

ou

$$\frac{d^2 \operatorname{sn} u}{du^2} = \Sigma \frac{2(-1)^s}{k[u - 2s\omega - (2m+1)i\omega']^3},$$

onde o sommatorio Σ se refere a todos os valores inteiros de s e m.

Obtido assim o desenvolvimento da derivada segunda de sn u, passa-se para o desenvolvimento da derivada primeira por uma integração entre os limites 0 e u, e para o desenvolvimento de sn u por uma segunda integração entre os mesmos limites. Temos assim, pondo $2s\omega + (2m+1)i\omega' = a_c$ e notando que a derivada de sn u é egual á unidade quando $u = 0$, primeiramente

$$\frac{d \operatorname{sn} u}{du} = 1 - \frac{1}{k}\Sigma(-1)^s\left[\frac{1}{(u - a_c)^2} - \frac{1}{a_c^2}\right],$$

e depois

$$\operatorname{sn} u = u + \frac{1}{k}\Sigma(-1)^s\left[\frac{1}{u - a_c} + \frac{1}{a_c} + \frac{u}{a_c^2}\right].$$

Do mesmo modo se acham as fórmulas seguintes:

$$\operatorname{cn} u = 1 + \frac{1}{i}\Sigma(-1)^{m+s}\left[\frac{1}{u - a_c} + \frac{1}{a_c} + \frac{u}{a_c^2}\right],$$

$$\operatorname{dn} u = 1 + \frac{1}{ik^2}\Sigma(-1)^m\left[\frac{1}{u - a_c} + \frac{1}{a_c} + \frac{u}{a_c^2}\right].$$

232. FUNCÇÕES sn u, cn u, dn u DE PERIODOS QUAESQUER. — Todas as propriedades das funcções ellipticas sn u, cn u e dn u estudadas nos numeros anteriores são consequencias das egualdades (11), (12), (14), (16), (21), (27) e das propriedades das funcções σ, σ_1, ..., H, Θ, H_1, Θ_1.

Com effeito, as propriedades de sn u, cn u e dn u demonstradas nos n.os 221, 222 e 223 fôram todas tiradas das fórmulas (11), (14) e (16). A egualdade sn $\omega = 1$, que foi tirada da fórmula (4), é consequencia immediata das fórmulas (11) e (12). As fórmulas (18), (19) e (20) do n.º 224 fôram tiradas das fórmulas (11), (12), (14) e (16). As fórmulas (20) e (21) levam á fórmula (22) e d'esta é consequencia a fórmula (23). A terceira das fórmulas (18) e a fórmula (27) levam á fórmula (28). A segunda das fórmulas (18) e as fórmulas (21) e (27) levam á fórmula (25) e d'esta é consequencia a egualdade (26). As egualdades (31), (31'), (32) e (33) são consequencias das egualdades (22), (25) e (28) e d'aquellas resultam as egualdades

$$\mathrm{sn}^2 u + \mathrm{cn}^2 u = 1, \qquad \mathrm{dn}^2 u + k^2 \mathrm{sn}^2 u = 1,$$

como vamos ver.

Para demonstrar d'este modo a primeira egualdade, basta notar que $\mathrm{sn}^2 u$ e $\mathrm{cn}^2 u$ têem um unico pólo $i\omega'$ em um dos parallelogrammos dos periodos, que este pólo é duplo, e que é, na sua visinhança (n.º 228),

$$\mathrm{sn}^2 u = \frac{1}{k^2(u-i\omega')^2} + \mathrm{P}_1(u-i\omega'), \qquad \mathrm{cn}^2 u = -\frac{1}{k^2(u-i\omega')} + \mathrm{P}_2(u-i\omega').$$

Destas egualdades conclue-se que a somma das funcções $\mathrm{sn}^2 u$ e $\mathrm{cn}^2 u$ não tem o pólo $i\omega'$, e que portanto (n.º 193) temos

$$\mathrm{sn}^2 u + \mathrm{cn}^2 u = \mathrm{C}.$$

Para determinar a constante C, ponha-se $u = 0$, e temos $\mathrm{C} = 1$.

Do mesmo modo se demonstra a segunda egualdade.

Pondo $u = \omega + i\omega'$ na primeira egualdade vem

$$k^2 + k'^2 = 1.$$

Os theoremas demonstrados nos n.os 227, 229, 230, e 231 são consequencias dos resultados anteriores.

Baseados nestas considerações, podemos estender as definições de $\mathrm{sn}\, u$, $\mathrm{cn}\, u$ e $\mathrm{dn}\, u$ ao caso em que a razão $\frac{i\omega'}{\omega}$ é um numero qualquer, cuja parte imaginaria é positiva e differente de zero. Podemos, com effeito, neste caso determinar q por meio da egualdade $q = e^{-\frac{\pi\omega'}{\omega}}$, ω por meio da egualdade (12), e finalmente $\sqrt{k}$ e $\sqrt{k'}$ por meio das egualdades (21) e (27), e depois definir $\mathrm{sn}\, u$, $\mathrm{cn}\, u$ e $\mathrm{dn}\, u$ por meio das egualdades (11), (14) e (16).

Adoptando-se as definições precedentes, todas as propriedades de $\mathrm{sn}\, u$, $\mathrm{cn}\, u$ e $\mathrm{dn}\, u$, demonstradas nos numeros anteriores para o caso particular primeiramente considerado, subsistem no caso geral.

233. Mais geralmente ainda, pódem-se tomar dois numeros ω e $i\omega'$ taes que a parte imaginaria do quociente $\frac{i\omega'}{\omega}$ seja positiva e differente de zero, e definir tres funcções $\lambda(u)$,

$\mu(u)$, $\nu(u)$ por meio das egualdades

$$\lambda(u) = g\frac{\sigma(u)}{\sigma_3(u)}, \quad \mu(u) = \frac{\sigma_1(u)}{\sigma_3(u)}, \quad \nu(u) = \frac{\sigma_2(u)}{\sigma_3(u)},$$

onde g representa uma quantidade dada pela egualdade

$$g\frac{\sigma(\omega)}{\sigma_3(\omega)} = 1.$$

Definindo neste caso $\sqrt{k}$ e $\sqrt{k'}$ por meio das egualdades (21) e (27), vê-se, como no caso anterior, que as funcções $\lambda(u)$, $\mu(u)$ e $\nu(u)$ gozam de todas as propriedades demonstradas nos numeros anteriores para as funcções $\operatorname{sn} u$, $\operatorname{cn} u$ e $\operatorname{dn} u$, exceptuando as propriedades expressas pelas egualdades (34), (35) e (36), que são substituidas pelas seguintes:

$$\frac{d\lambda(u)}{du} = g\,\mu(u)\,\nu(u)$$

(como se vê por meio da segunda das demonstrações empregadas no n.º 229),

$$\frac{d\mu(u)}{du} = -g\lambda(u)\,\nu(u), \quad \frac{d\nu(u)}{du} = -gk^2\lambda(u)\,\mu(u).$$

CAPITULO XII

Applicações da theoria das funcções ellipticas

I

Applicação á integração das funcções irracionaes

234. Funcções dependentes da raiz quadrada de um polynomio do terceiro grau. — O integral

$$U = \int f(x, \sqrt{X})\, dx,$$

onde $f(x, \sqrt{X})$ representa uma funcção racional de x e de $\sqrt{X}$ e X o polynomio do terceiro grau

$$X = A + Bx + Cx^2 + x^3,$$

póde ser transformado por meio da relação

$$x = t \sqrt[3]{4} - \frac{1}{3} C$$

em um integral da fórma

$$(1) \qquad U = \int F(t, \sqrt{4t^3 - g_2 t - g_3})\, dt,$$

onde F representa ainda uma funcção racional de t e do radical.

As funcções ellipticas permittem obter este ultimo integral. Pondo com effeito $t = p(u)$, temos

$$U = \int F[p(u),\ p'(u)]\, p'(u)\, du,$$

e este integral póde ser calculado por meio do methodo de Hermite exposto nos n.os 211 e 212.

Póde-se ainda calcular o integral (1) fazendo-o depender, pelo methodo exposto no n.º 13, dos integraes

$$\int \frac{dt}{\sqrt{4t^3 - g_2 t - g_3}}, \quad \int \frac{tdt}{\sqrt{4t^3 - g_2 t - g_3}}, \quad \int \frac{dt}{(t-a)\sqrt{4t^3 - g_2 t - g_3}}$$

e calculando depois estes integraes pelo methodo precedente. Como o primeiro integral já foi estudado, vamos considerar os outros.

O segundo integral dá, pondo $t = p(u)$,

$$\int \frac{tdt}{\sqrt{4t^3 - g_2 t - g_3}} = \int p(u)\, du = -\zeta(u) + C,$$

C representando a constante arbitraria.

O terceiro integral dá, fazendo a mesma substituição e pondo $a = p(\alpha)$,

$$\int \frac{dt}{(t-a)\sqrt{4t^3 - g_2 t - g_3}} = \int \frac{du}{p(u) - p(\alpha)}.$$

Como a funcção $[p(u) - p(\alpha)]^{-1}$ admitte em um parallelogrammo dos periodos os pólos $u = \alpha$ e $u = -\alpha$ e como temos, na visinhança d'estes pólos,

$$p(u) = p(\alpha) \pm (u \mp \alpha) p'(\alpha) + \ldots,$$

vê-se que estes pólos são simples e que os residuos correspondentes são respectivamente

$$\frac{1}{p'(\alpha)}, \quad -\frac{1}{p'(\alpha)}.$$

Temos pois, na visinhança dos pontos α e $-\alpha$,

$$\frac{1}{p(u) - p(\alpha)} = \frac{1}{p'(\alpha)(u-\alpha)} + P_1(u-\alpha), \quad \frac{1}{p'(\alpha) - p(\alpha)} = -\frac{1}{p'(u)(u+\alpha)} + P_2(u+\alpha);$$

e o theorema de Hermite (n.º 210) dá portanto

$$\frac{1}{p(u) - p(\alpha)} = \frac{1}{p'(\alpha)} [\zeta(u-\alpha) - \zeta(u+\alpha)] + C,$$

e determinando C, para o que basta pôr $u=0$,

$$\frac{1}{p(u)-p(a)}=\frac{1}{p'(a)}[\zeta(u-a)-\zeta(u+a)+2\zeta(a)].$$

Temos pois, integrando,

$$\int\frac{du}{p(u)-p(a)}=\frac{1}{p'(a)}\left[\log\frac{\sigma(u-a)}{\sigma(u+a)}+2\zeta(a)u+c\right],$$

c representando a constante arbitraria.

235. Funcções dependentes da raiz quadrada de um polynomio inteiro de quarto grau. — Seja agora

$$F(x, \sqrt{X})\,dx$$

uma funcção differencial, em que F representa uma funcção racional de x e de $\sqrt{X}$ e X um polynomio inteiro do quarto grau. Podemos por meio da substituição indicada no n.º 13 transformar esta expressão em outra em que entre a raiz quadrada de um polynomio do terceiro grau.

Para isso, escreva-se X debaixo da fórma

$$X=(x-a)(x-b)(x-c)(x-d)$$

e ponha-se

$$\frac{x-b}{x-a}=t.$$

Teremos

$$\sqrt{X}=\frac{(b-a)\sqrt{(c-a)(d-a)}}{(1-t)^2}\sqrt{t\left[t-\frac{c-b}{c-a}\right]\left[t-\frac{d-b}{d-a}\right]},$$

e pondo $t=t_1-\lambda$ e determinando λ de modo que o polynomio que entra debaixo do radical não contenha termo do terceiro grau,

$$\lambda=-\frac{1}{3}\left(\frac{c-b}{c-a}+\frac{d-b}{d-a}\right),\qquad \sqrt{X}=A\frac{\sqrt{4(t_1-\lambda)(t_1-\lambda_1)(t_1-\lambda_2)}}{(1-t_1+\lambda)^2},$$

onde

$$A=\frac{(b-a)\sqrt{(c-a)(d-a)}}{2},\qquad \lambda_1=\lambda+\frac{c-b}{c-a},\qquad \lambda_2=\lambda+\frac{d-b}{d-a}.$$

Pondo agora

$$t_1 = p(u), \qquad 1 + \lambda = p(v),$$

vem

$$\sqrt{X} = A \frac{p'(u)}{[p(u) - p(v)]^2}.$$

Temos tambem

$$x = \frac{b - at_1}{1 - t_1} = \frac{b + a\lambda - at_1}{1 + \lambda - t_1},$$

e portanto

$$x = a - \frac{b - a}{p(u) - p(v)}, \qquad dx = \frac{(b - a) p'(u) du}{[p(u) - p(v)]^2}.$$

Substituindo os precedentes valores de $\sqrt{X}$, x e dx na expressão differencial dada, obtem-se uma funcção racional de $p(u)$ e $p'(u)$, que se integra pelo methodo de Hermite.

236. O methodo precedente exige o conhecimento das raizes da equação $X = 0$. Vamos porisso expôr outro, que não exige o conhecimento d'estas raizes, e que porisso é preferivel quando X é dado debaixo da fórma [1]

$$X = x^4 + 4a_1 x^3 + 6a_2 x^2 + 4a_3 x + a_4.$$

A doutrina, que vamos expôr, baseia-se em uma fórmula que vamos primeiramente demonstrar.

Derivando relativamente a v a primeira das fórmulas (9) do n.º 200, vem a egualdade

$$p(u + v) - p(v) = -\frac{1}{2} \frac{d}{dv} \frac{p'(u) - p'(v)}{p(u) - p(v)} = \frac{p''(v)[p(u) - p(v)] - p'(v)[p'(u) - p'(v)]}{2[p(u) - p(v)]^2},$$

que, pondo

$$y = \frac{1}{2} \frac{p'(u) - p'(v)}{p(u) - p(v)},$$

dá

$$p''(v) - 2y p'(v) = 2[p(u + v) - p(v)][p(u) - p(v)].$$

Por outra parte, a fórmula

$$p(u + v) = \frac{1}{4} \left(\frac{p'(u) - p'(v)}{p(u) - p(v)} \right)^2 - p(u) - p(v)$$

[1] Halphen: — *Traité des fonctions elliptiques*, pag 118.

dá, fazendo a mesma transformação,

$$y^2 - 3p(v) = [p(u+v) - p(v)] + p(u) - p(v).$$

Logo temos, elevando ao quadrado os dois membros d'esta egualdade e subtrahindo do resultado, membro a membro, a egualdade que resulta de multiplicar por 2 os dois membros da anterior,

$$y^4 - 6p(v)y^2 + 4p'(v)y + 9p^2(v) - 2p''(v) = [p(u+v) - p(u)]^2.$$

É nesta fórmula que se funda o methodo, para a resolução da questão proposta, que vamos expôr.

Por meio da substituição $x = y - a_1$ transforme-se o polynomio X em outro independente do termo do terceiro grau:

$$X = y^4 + 6a_2 y^2 + 4a_3 y + a_4$$

e determinem-se as quantidades g_2 e g_3, que entram na definição de $p(u)$, e o argumento v de modo que este polynomio seja identico ao polynomio anterior. Teremos as equações

$$p(v) = -a_2, \quad p'(v) = a_3, \quad 9p^2(v) - 2p''(v) = a_4,$$

que, pondo

$$p'^2(v) = 4p^3(v) - g_2 p(v) - g_3 = -4a_2^3 + g_2 a_2 - g_3, \quad 2p''(v) = 12p^2(v) - g_2 = 12a_2^2 - g_2,$$

dão

$$g_2 = a_4 + 3a_2^2, \quad g_3 = a_2 a_4 - a_2^3 - a_3^2.$$

Determinadas assim a funcção $p(u)$ e o argumento v, temos, para determinar X e x, as egualdades

$$\sqrt{X} = p(u+v) - p(u), \quad x = -a_1 + \frac{1}{2}\,\frac{p'(u) - p'(v)}{p(u) - p(v)}.$$

Substituindo estes valores de x e $\sqrt{X}$ na expressão proposta, obtem-se uma funcção racional de $p(u)$ e $p'(u)$, que se integra pelo methodo exposto no n.° 211.

*

II

Applicação á theoria das conicas

237. Rectificação da ellipse. — Já vimos que a rectificação dos arcos da ellipse se obtem por meio da fórmula (n.º 45)

$$s = \int_0^x \sqrt{\frac{1-k^2x^2}{1-x^2}}\, dx,$$

tomando o eixo maior da ellipse para a unidade e representando por k a excentricidade.

O integral que entra no segundo membro d'esta egualdade póde decompôr-se em dois, e temos

$$s = \int_0^x \frac{dx}{\sqrt{(1-x^2)(1-k^2x^2)}} - \int_0^x \frac{k^2x^2\, dx}{\sqrt{(1-x^2)(1-k^2x^2)}}.$$

Estes integraes podem ser calculados pelo methodo exposto no n.º 235. Chega-se porém mais facilmente ao resultado considerando-os directamente e empregando como auxiliar para obtê-los a funcção $\operatorname{sn} u$, em logar da funcção $p(u)$. Pondo com effeito $x = \operatorname{sn} u$, vem

$$s = u - k^2 \int_0^u \operatorname{sn}^2 u\, du.$$

Mas, a funcção $\operatorname{sn}^2 u$ admittindo um unico pólo $i\omega'$ em um parallelogrammo dos periodos, sendo este pólo duplo e sendo o residuo correspondente (n.º 228) egual a $\frac{1}{k^2}$, temos (n.º 210)

$$\operatorname{sn}^2 u = \frac{1}{k^2} p(u - i\omega') + C,$$

e determinando C pela condição de ser $\operatorname{sn} u = 0$ quando $u = 0$,

$$\operatorname{sn}^2 u = \frac{1}{k^2} [p(u - i\omega') - p(i\omega')].$$

Temos pois

$$\int_0^u \operatorname{sn}^2 u\, du = -\frac{1}{k^2} [\zeta(u - i\omega') + p(i\omega')u + \zeta(i\omega')],$$

e portanto

$$s = \zeta(u - i\omega') + [1 + p(i\omega')]\, u + \zeta(i\omega').$$

Por meio d'esta fórmula calcula-se o comprimento do arco da ellipse comprehendido entre os pontos (0, 0) e (x, y).

Pondo nesta fórmula $u = \omega$, obtem-se o comprimento E de um quadrante da ellipse considerada. Temos d'este modo a egualdade

$$E = \zeta(\omega - i\omega') + [1 + p(i\omega')]\, \omega + \zeta(i\omega'),$$

que, por ser (n.º 200-V e 217)

$$\zeta(\omega - i\omega') = \zeta(\omega) - \zeta(i\omega'), \qquad p(i\omega') = -\frac{1 + k^2}{3},$$

se reduz a

$$E = \eta_1 + \frac{2 - k^2}{3}\, \omega,$$

onde $\eta_1 = \zeta(\omega)$.

238. Entre os comprimentos E e E′ dos quadrantes de duas ellipses, cujos eixos maiores são eguaes e cujas excentricidades k e k' satisfazem á condição $k^2 + k'^2 = 1$, existe uma relação muito simples, que vamos deduzir.

Temos primeiramente, tomando o eixo maior das ellipses para unidade,

$$E = \eta_1 + \frac{2 - k^2}{3}\, \omega.$$

Como á mudança de k em k' corresponde (n.º 219) a mudança de ω em ω' e de ω' em ω, basta, para se obter E′, mudar nesta egualdade k^2 em $1 - k^2$, ω em ω' e ω' em ω, o que dá, tornando explicitos os periodos da funcção ζ,

$$E' = \zeta(\omega', \omega', i\omega) + \frac{1 + k^2}{3}\, \omega'.$$

Temos porém, pondo na fórmula (A) do n.º 200-VII $u = -i\omega'$,

$$\zeta(\omega', i\omega, \omega') = \frac{1}{i}\, \zeta(-i\omega', \omega, i\omega') = -\frac{1}{i}\, \zeta(i\omega', \omega, i\omega') = i\zeta(i\omega', \omega, i\omega').$$

Logo

$$E' = i\eta_2 + \frac{1 + k^2}{3}\, \omega'.$$

Das expressões de E e E′, que vimos de achar, resulta a egualdade

$$E\omega' + E'\omega - \omega\omega' = \eta_1\omega' + i\eta_2\omega = \frac{1}{i}(\eta_1 i\omega' - \eta_2\omega),$$

ou (n.º 201)

$$E\omega' + E'\omega - \omega\omega' = \frac{\pi}{2}\cdot$$

E esta relação, devida a Legendre, que pretendiamos achar.

239. Polygonos de Poncelet. — Dá-se o nome de *polygonos de Poncelet* aos polygonos inscriptos em uma conica e circumscriptos a outra conica, porque foi este geometra eminente o primeiro que se occupou d'elles.

Os resultados importantes a que chegou Poncelet, estudando estes polygonos por meios puramente geometricos, fôram mais tarde demonstrados por Jacobi de um modo mais simples por meio da theoria das funcções ellipticas. Depois muitos geometras se occuparam d'elles, estudando-os uns por meio das funcções ellipticas, outros por meios algebricos (¹).

Aqui limitar-nos-hemos a demonstrar por meio das funcções ellipticas o theorema fundamental seguinte, devido a Poncelet:

Nem sempre existe um polygono de um numero determinado de lados que possa ser inscripto em um circulo dado e circumscripto a outro. Quando porém existe um polygono que satisfaz a estas condições, existem outros, em numero infinito, que satisfazem ás mesmas condições.

Sejam dados dois circulos um exterior do raio R e centro C e outro interior de raio r e centro c, e seja a a distancia dos centros, P um dos pontos em que a recta que une os centros centros corta a circumferencia exterior, $A_0 A_1$ uma tangente ao circulo interior, M o ponto de contacto, A_0 e A_1 os pontos em que esta tangente corta este circulo e $2\varphi_0$ e $2\varphi_1$ os angulos PCA_0 e PCA_1. Teremos, projectando a linha quebrada $A_0 Cc$ sobre cM,

$$r = R\cos(\varphi_1 - \varphi_0) + a\cos(\varphi_1 + \varphi_0),$$

ou

$$r = (R + a)\cos\varphi_1\cos\varphi_0 + (R - a)\,\text{sen}\,\varphi_1\,\text{sen}\,\varphi_0.$$

Ponha-se nesta egualdade

$$\text{sn}\,\varphi_1 = \text{sn}\,u_1,\qquad \text{sen}\,\varphi_0 = \text{sn}\,u_0,\qquad \frac{r}{R+a} = \text{cn}\,\theta,\qquad \frac{R-a}{R+a} = \text{dn}\,\theta,$$

(¹) Veja-se a bella e importante memoria que o sr. Gino Loria consagrou á historia d'estes polygonos: *I poligoni di Poncelet,* Torino, 1889.

o que é sempre possivel, visto que se póde dispôr de u_1, u_0 e θ de modo a serem satisfeitas as tres primeiras egualdades[1] e se póde dispôr de k^2 de modo a ser satisfeita a quarta, determinando k^2 por meio da relação

$$k^2 = \frac{(R+a)^2-(R-a)^2}{(R+a)^2-r^2};$$

vem

$$\operatorname{cn}\theta = \operatorname{cn} u_1 \operatorname{cn} u_0 + \operatorname{sn} u_1 \operatorname{sn} u_0 \operatorname{dn}\theta;$$

e portanto, em virtude da fórmula (A) do n.° 230, $u_1 = u_0 + \theta$, onde θ tem sempre o mesmo valor, qualquer que seja a tangente considerada.

Se agora tirarmos pelo ponto A_1 outra tangente e circumferencia interior e chamarmos φ_2 o angulo PCA_2 e u_2 uma quantidade tal que seja sen $\varphi_2 = \operatorname{sn} u_2$, teremos do mesmo modo

$$u_2 = u_1 + \theta = u_0 + 2\theta.$$

Continuando do mesmo modo e tendo o cuidado de contar sempre os angulos $\varphi_0, \varphi_1, \varphi_2, \ldots$ no mesmo sentido, temos para a tangente de ordem n

$$u_n = u_0 + n\theta.$$

As tangentes successivas $A_0 A_1$, $A_1 A_2$, ... formam uma linha polygonal. Para que esta linha seja fechada, deve ser $\varphi_n = \varphi_0 + p\pi$, e portanto

$$\operatorname{sn}\varphi_n = \operatorname{sen}(\varphi_0 + p\pi) = (-1)^p \operatorname{sen}\varphi_0,$$

ou

$$\operatorname{sn} u_n = \operatorname{sn}(u_0 + n\theta) = (-1)^p \operatorname{sn} u_0;$$

logo (n.° 221-III)

$$n\theta = 2p\omega,$$

p representando um numero inteiro e 2ω o periodo real da funcção $\operatorname{sn} u$.

Esta egualdade exprime a condição para que exista um polygono de n lados que possa ser inscripto em um dos circulos dados e circumscripto ao outro. Como esta egualdade é independente de φ_0, póde-se, quando ella se verifica, tomar para ponto de partida do polygono

---

[1] Por ser duplamente periodica e admittir pólos a funcção $\operatorname{sn} u - \operatorname{sen}\varphi_1$, esta funcção admitte tambem zeros (n.° 193). Logo existe um valor u_1 que satisfaz á equação $\operatorname{sn} u = \operatorname{sen}\varphi_1$. Do mesmo modo se consideram as outras duas equações.

um ponto qualquer da circumferencia exterior, e todos os polygonos que assim se obtêem satisfazem ao problema.

240. I. Para fazer uma primeira applicação da doutrina precedente, procuremos a condição para que exista um triangulo que possa ser inscrito em um dos circulos dados e circumscripto ao outro. Temos de fazer nas fórmulas anteriores $n=3$, $p=1$, o que dá

$$\frac{r}{R+a}=\operatorname{cn}\frac{2\omega}{3}, \quad \frac{R-a}{R+a}=\operatorname{dn}\frac{2\omega}{3}.$$

A fórmula (A) do n.º 230 dá porém, pondo $a=-\frac{4}{3}\omega$, $u=\frac{2}{3}\omega$,

$$\operatorname{cn}\frac{4\omega}{3}=\operatorname{cn}^2\frac{2\omega}{3}-\operatorname{sn}^2\frac{2\omega}{3}\operatorname{dn}\frac{4\omega}{3},$$

e esta fórmula, por ser

$$\operatorname{cn}\frac{4\omega}{3}=\operatorname{cn}\left(2\omega-\frac{2}{3}\omega\right)=-\operatorname{cn}\frac{2\omega}{3}, \qquad \operatorname{dn}\frac{4\omega}{3}=\operatorname{dn}\left(2\omega-\frac{2\omega}{3}\right)=\operatorname{dn}\frac{2\omega}{3},$$

reduz-se a

$$\operatorname{cn}\frac{2\omega}{3}=\operatorname{sn}^2\frac{2\omega}{3}\operatorname{dn}\frac{2\omega}{3}-\operatorname{cn}^2\frac{2\omega}{3},$$

ou, passando todos os termos para o primeiro membro e exprimindo $\operatorname{sn}\frac{2\omega}{3}$ por meio de $\operatorname{cn}\frac{2\omega}{3}$,

$$\left(1+\operatorname{cn}\frac{2\omega}{3}\right)\left[\operatorname{cn}\frac{2\omega}{3}-\left(1-\operatorname{cn}\frac{2\omega}{3}\right)\operatorname{dn}\frac{2\omega}{3}\right]=0,$$

ou, por ser o primeiro factor differente de zero,

$$\operatorname{cn}\frac{2\omega}{3}-\left(1-\operatorname{cn}\frac{2\omega}{3}\right)\operatorname{dn}\frac{2\omega}{3}=0.$$

Substituindo nesta egualdade $\operatorname{cn}\frac{2\omega}{3}$ e $\operatorname{dn}\frac{2\omega}{3}$ pelos seus valores em funcção de R, r e a, vem

$$a^2=R(R-2r).$$

Esta egualdade, descoberta por Euler por meios elementares, dá a relação que deve existir entre os raios dos circulos considerados e a distancia dos centros para que exista um triangulo que possa ser inscripto em um d'estes circulos e circumscripto ao outro.

II. Para achar a condição para que exista um quadrilatero que possa ser inscripto em um dos circulos e circumscripto ao outro, ponha-se $n = 4$ e $p = 1$. Teremos

$$\frac{r}{R + a} = \operatorname{cn} \frac{\omega}{2}, \quad \frac{R - a}{R + a} = \operatorname{dn} \frac{\omega}{2}.$$

Mas a fórmula (A) do n.º 230 dá, pondo $a = \frac{\omega}{2}$, $u = \frac{\omega}{2}$,

$$\operatorname{cn} \frac{\omega}{2} = \operatorname{sn} \frac{\omega}{2} \operatorname{dn} \frac{\omega}{2},$$

ou

$$\operatorname{cn}^2 \frac{\omega}{2} = \left(1 - \operatorname{cn}^2 \frac{\omega}{2}\right) \operatorname{dn}^2 \frac{\omega}{2}.$$

Substituindo nesta egualdade $\operatorname{cn} \frac{\omega}{2}$ e $\operatorname{dn} \frac{\omega}{2}$ pelos seus valores, vem a egualdade

$$2\,(R^2 + a^2)\, r^2 = (R^2 - a^2)^2,$$

que exprime a condição a que devem satisfazer os raios dos circulos considerados e a distancia dos seus centros para que exista um quadrilatero que possa ser inscripto em um e circumscripto ao outro.

241. O theorema demonstrado no n.º 239 tem ainda logar quando, em logar de serem dados dois circulos, são dadas duas conicas. É o que se demonstra facilmente por meio dos theoremas de Geometria projectiva, ou ainda directamente, como vamos vêr.

Sejam C_1 e C_2 as duas conicas dadas. Demonstra-se em Geometria analytica que existe um systema de coordenadas trilineares tal que as equações das duas conicas tomam a fórma

$$x^2 + y^2 + z^2 = 0, \quad \frac{x'^2}{a} + \frac{y'^2}{b} + \frac{z'^2}{c} = 0,$$

e que a equação da tangente á primeira conica é, representando por X, Y e Z as coordenadas correntes da recta,

$$xX + yY + zZ = 0.$$

Supponhamos que as constantes a e b são positivas, que a constante c é negativa e que é $a > b > c$. Tudo isto se póde conseguir mudando, se fôr necessario, o signal a todos os termos da equação e trocando entre si todas ou algumas das variaveis x', y' e z'.

Posto isto, satisfaz-se evidentemente a primeira d'estas equações pondo

$$x = iz \operatorname{cn} u, \qquad y = iz \operatorname{sn} u,$$

e portanto, considerando u como variavel, estas equações representam a primeira curva.

Do mesmo modo, a segunda curva póde ser representada pelas equações

$$x' = z'\sqrt{-\frac{a}{c}} \operatorname{cn} v, \qquad y' = z'\sqrt{-\frac{b}{c}} \operatorname{sn} v.$$

A equação da tangente á primeira conica reduz-se pois á fórma

$$\mathrm{X}i \operatorname{cn} u + \mathrm{Y}i \operatorname{sn} u + \mathrm{Z} = 0,$$

e os pontos da intersecção d'esta recta com a segunda conica são dados pelas equações

$$\sqrt{\frac{a}{c}} \operatorname{cn} u \operatorname{cn} v + \sqrt{\frac{b}{c}} \operatorname{sn} u \operatorname{sn} v = 1, \qquad x' = z'\sqrt{-\frac{c}{a}} \operatorname{cn} v, \qquad y' = z'\sqrt{-\frac{c}{b}} \operatorname{sn} v,$$

das quaes a primeira determina v e as duas outras determinam as coordenadas dos pontos de intersecção pedidos.

A primeira d'estas equações, pondo

$$\sqrt{\frac{b}{a}} = \operatorname{dn} \theta, \qquad \sqrt{\frac{c}{a}} = \operatorname{cn} \theta,$$

o que é sempre possivel, visto que se pódem determinar o módulo k de *sn* e depois o argumento θ por meio das equações, que resultam d'estas,

$$\operatorname{cn} \theta = \sqrt{\frac{c}{a}}, \qquad k^2 = \frac{a-b}{a-c},$$

reduz-se á fórma

$$\operatorname{cn} u \operatorname{cn} v + \operatorname{sn} u \operatorname{sn} v \operatorname{dn} \theta = \operatorname{cn} \theta;$$

e dá portanto [n.º 230, fórm. (A)] $v = u \pm \theta$.

Temos pois, para determinar os pontos de intersecção da tangente á conica C_1 com a conica C_2, as egualdades

$$x' = z'\left(-\frac{c}{a}\right)^{\frac{1}{2}} \operatorname{cn}(u \pm \theta), \qquad y' = z'\left(-\frac{c}{b}\right)^{\frac{1}{2}} \operatorname{sn}(u \pm \theta).$$

Posto isto, se pelo ponto

$$x'_0 = z'_0 \left(-\frac{c}{a}\right)^{\frac{1}{2}} \operatorname{cn} u_0, \qquad y'_0 = z'_0 \left(-\frac{c}{b}\right)^{\frac{1}{2}} \operatorname{sn} u_0$$

da conica C_2 tirarmos uma tangente á conica C_1, esta tangente corta a conica C_2 em um ponto cujas coordenadas são

$$x'_1 = z'_1 \left(-\frac{c}{a}\right)^{\frac{1}{2}} \operatorname{cn} (u_0 + 2\theta), \qquad y'_1 = z'_1 \left(-\frac{c}{b}\right)^{\frac{1}{2}} \operatorname{sn} (u_0 + 2\theta).$$

Se por este ponto tirarmos outra tangente á conica C_1, esta tangente corta a conica C_2 em outro ponto cujas coordenadas são

$$x'_2 = z'_2 \left(-\frac{c}{a}\right)^{\frac{1}{2}} \operatorname{cn} (u_0 + 4\theta), \qquad y'_1 = z'_2 \left(-\frac{c}{b}\right)^{\frac{1}{2}} \operatorname{sn} (u_0 + 4\theta).$$

Continuando do mesmo modo obtem-se uma linha polygonal, cujos extremos têem para coordenadas

$$x'_0 = z'_0 \left(-\frac{c}{a}\right)^{\frac{1}{2}} \operatorname{cn} u_0, \qquad y'_0 = z'_0 \left(-\frac{c}{b}\right)^{\frac{1}{2}} \operatorname{sn} u_0,$$

$$x'_n = z' \left(-\frac{c}{a}\right)^{\frac{1}{2}} \operatorname{cn} (u_0 + 2n\theta), \qquad y'_n = z'_n \left(-\frac{c}{b}\right)^{\frac{1}{2}} \operatorname{sn} (u_0 + 2n\theta).$$

Para que esta linha polygonal seja fechada, deve ser

$$\operatorname{cn} (u_0 + 2n\theta) = \operatorname{cn} u_0, \qquad \operatorname{sn} (u_2 + 2n\theta) = \operatorname{sn} u_0,$$

e portanto $2n\theta$ *deve ser egual a um periodo das funcções* sn *e* cn.

Temos assim a condição, dada por Jacobi, para que exista um polygono inscripto na conica C_2 e circumscripto á conica C_1. Como esta condição não depende de u_0, vê-se que, quando ella é satisfeita, existe uma infinidade de polygonos que satisfazem á questão.

III

Applicação á theoria das cubicas

242. A equação geral das cubicas é

$$Ay^3 + A_1 y^2 x + A_2 y x^2 + A_3 x^3 + D y^2 + E y x + F x^2 + M x + N y + L = 0.$$

Seja primeiramente A differente de zero e ponha-se, o que é sempre possivel, $A = 1$. Por ser

$$\frac{y^3}{x^3} + A_1 \frac{y^2}{x^2} + A_2 \frac{y}{x} + A_3 = \left(\frac{y}{x} - a\right)\left(\frac{y}{x} - b\right)\left(\frac{y}{x} - c\right),$$

representando por a, b e c as raizes da equação

$$(1) \qquad z^3 + A_1 z^2 + A_2 z + A_3 = 0,$$

aquella equação póde ser escripta debaixo da fórma

$$(2) \qquad (y - ax)(y - bx)(y - cx) + Dy^2 + Eyx + Fx^2 + Mx + Ny + L = 0.$$

Por ser impar o grau da equação (1), uma das suas raizes, pelo menos, é real. Seja pois a uma raiz real desta equação e ponha-se $y = ax + \theta$.

Teremos

$$(3) \qquad \left\{ \begin{array}{l} x^2[(b-a)(c-a)\theta + a^2 D + Ea + F] \\ + x[(2a - b - c)\theta^2 + (2aD + E)\theta + M + aN] + \theta^3 + D\theta^2 + N\theta + L = 0. \end{array} \right.$$

Os coefficientes d'esta equação são reaes, mesmo quando as raizes b e c de (1) são imaginarias, visto que, neste caso, sendo estas raizes conjugadas, é nulla a parte imaginaria de $(b-a)(c-a)$ e de $2a - b - c$.

Pondo agora em (3) $\theta = \theta' + h$, e determinando h pela condição de ser

$$(b-a)(c-a)h + a^2 D + Ea + F = 0,$$

vem uma equação da fórma

$$(4)\quad (b-a)(c-a)\theta' x^2 + [(2a-b-c)\theta'^2 + M_1\theta' + N_1]x + \theta'^3 + P_1\theta'^2 + Q_1\theta' + R_1 = 0,$$

onde M_1, N_1, P_1, Q_1 e R_1 representam constantes reaes.

Resolvendo esta equação relativamente a x, vem um resultado da fórma

$$x = \frac{P_2(\theta') \pm \sqrt{P_4(\theta')}}{2(b-a)(c-a)\theta'},$$

onde $P_2(\theta')$ e $P_4(\theta')$ representam funcções inteiras de θ', que são respectivamente do segundo e quarto grau relativamente a esta variavel.

Deve-se notar que o coefficiente de θ'^4 em $P_4(\theta')$ é egual a $(b-c)^2$.

Podemos pois exprimir as coordenadas da cubica proposta em funcção da quantidade auxiliar θ' por meio das equações

$$(5)\qquad x = \frac{P_2(\theta') \pm \sqrt{P_4(\theta')}}{2(b-a)(c-a)\theta'}, \qquad y = ax + \theta' + h.$$

Para se passar da fórmula (4) para as fórmulas (5), é necessario que a raiz a não seja egual nem a b nem a c.

No caso de ser $a=b$ ou $a=c$, a fórmula (4) dá x expresso por uma funcção racional de θ', e depois a fórmula $y = ax + \theta' + h$ dá y expresso tambem por uma funcção racional de θ'. Neste caso a curva proposta é pois *unicursal* (n.º 12).

Existe um outro caso ainda em que a curva proposta é unicursal. É quando duas ou mais das raizes do polynomio $P_4(\theta')$ são eguaes. Com effeito neste caso $\sqrt{P_4(\theta')}$ reduz-se ao producto de um trinomio do segundo grau, e esta raiz póde ser expressa, assim como θ', em funcção racional de uma terceira variavel t por meio das transformações indicadas no n.º 11.

Por este processo obtêem-se pois x e y expressos por funcções racionaes de t.

Se na equação proposta é $A=0$, as fórmulas precedentes não têem logar; podemos porêm, quando A_3 é differente de zero, mudar na analyse que precede x em y e y em x e obtêem-se as fórmulas que neste caso têem logar.

Se é ao mesmo tempo $A=0$ e $A_3=0$, a equação proposta tem já a fórma (3).

243. Postos estes principios geraes, para obter a representação das coordenadas das cubicas não unicursaes por funcções ellipticas, basta attender a que, a primeira das fórmulas (5) dando x expresso em funcção racional de θ' e da raiz quadrada de um polynomio do quarto grau, a doutrina exposta no n.º 237 é aqui applicavel; porisso, representando por $4a_1$ o coefficiente de θ'^3 em $P_4(\theta')$ e pondo

$$\theta' = \frac{1}{2}\,\frac{p'(u)-p'(v)}{p(u)-p(v)} - \frac{a_1}{(b-c)^2}, \qquad \sqrt{P_4(\theta')} = (b-c)\,[p(u+v)-p(u)],$$

temos um resultado da fórma

$$(6) \qquad x = \varphi[p(u), p'(u)], \qquad y = \psi[p(u), p'(u)],$$

representando por φ e ψ funcções racionaes de $p(u)$ e $p'(u)$.

O numero de pólos de cada uma das funcções φ e ψ depende do mais alto grau de x e de y na equação proposta (n.º 215). Em todos os casos porêm *o numero total de pólos differentes que têem as duas funcções é egual a tres,* contando cada pólo duplo ou triplo por dois ou tres pólos simples. Com effeito, a cubica podendo ser cortada por uma infinidade de rectas, cujas equações são da fórma

$$Ax + By + C = 0,$$

em tres pontos, a funcção de u, que resulta de substituir em $Ax + By + C$ as quantidades x e y pelos seus valores expressos em u, deve ter em cada parallelogrammo dos periodos tres zeros, e portanto tres pólos (n.º 193-V); e esta funcção admitte os pólos de x e y, e só estes. No que segue representaremos por W a somma dos valores que toma u nestes tres pólos.

A applicação da theoria das funcções ellipticas á theoria das cubicas é devida a Clebsch (¹). Foi este geometra eminente o primeiro que obteve a representação das coordenadas das cubicas por meio de funcções ellipticas, da qual representação tirou um grande numero de consequencias, baseando-se, como vamos ver, no principio que vimos de enunciar e no theorema demonstrado no n.º 216.

244. *É condição necessaria e sufficiente para que tres pontos de uma cubica, correspondentes aos valores u_1, u_2 e u_3 de u, estejam em linha recta, que seja*

$$u_1 + u_2 + u_3 = 2n\omega_1 + 2m\omega_2 + W,$$

onde n e m representam numeros inteiros, e $2\omega_1$ e $2\omega_2$ os periodos de $p(u)$.

Com effeito, se os tres pontos da cubica estão collocados em linha recta, as suas coordenadas satisfazem a uma equação da fórma $Ax + By + C = 0$.

Portanto a funcção de u que resulta de substituir na funcção $Ax + By + C$ as quantidades x e y pelos seus valores expressos eu u tem tres zeros, e portanto tres pólos, em cada parallelogrammo dos periodos. Chamando pois u_1, u_2 e u_3 os valores que toma u nos pontos em que a recta corta a curva temos (n.º 216).

$$u_1 + u_2 + u_3 = 2n\omega_1 + 2m\omega_2 + W.$$

Reciprocamente, se esta relação tiver logar e pelos pontos da cubica correspondentes a u_1

(¹) Clebsch: — *Leçons sur la Géometrie*, t. II.

e u_2 fizermos passar uma recta cuja equação seja $Ax + By + C = 0$, teremos, representando por u'_3 o valor de u correspondente ao terceiro ponto em que a recta corta a cubica,

$$u_1 + u_1 + u'_3 = 2n'\omega_1 + 2m'\omega_2 + W.$$

Portanto

$$u_3 = u'_3 + 2(n - n')\,\omega_1 + 2(m - m')\,\omega_2.$$

Logo u'_3 e u_3 differem em multiplos dos periodos, e porisso, substituidos em (6), dão para x e y os mesmos valores. Os pontos correspondentes a estes dois valores de u coincidem pois.

Deste principio tirou Clebsch a demonstração de muitos theoremas importantes relativos ás cubicas. Eis alguns d'estes theoremas.

I. Por ser nos pontos de inflexão da cubica proposta $y'' = 0$, a tangente á curva nestes pontos tem com a curva um contacto de segunda ordem, e corta portanto a cubica em tres pontos que coincidem. Como uma recta qualquer não póde cortar uma cubica em mais de tres pontos, a tangente não póde ter com a cubica um contacto de ordem superior á segunda e não póde ser portanto nulla em ponto algum da cubica a derivada y'''. Logo todos os pontos da cubica que satisfazem á condição $y'' = 0$ são pontos de inflexão (*C. diff.*, n.º 134).

Vejamos como se pódem determinar estes pontos por meio do theorema precedente.

Como a tangente á cubica em cada ponto de inflexão corta a curva em tres pontos que coincidem, o theorema anterior dá, pondo $u_1 = u_2 = u_3$, a egualdade

$$3u_1 = 2n\omega_1 + 2m\omega_2 + W,$$

que determina os valores de u a que correspondem pontos de inflexão.

Esta equação dá para u_1 um numero infinito de soluções; porém só a nove d'estas soluções correspondem valores de x e y distinctos, em virtude da periodicidade da funcção $p(u)$, que entra nas fórmulas (6). Estas soluções são as seguintes, que se obtêem dando a n e m os valores 0, 1, 2:

$$u_1 = \frac{W}{3}, \qquad u_1 = \frac{2}{3}\omega_2 + \frac{W}{3}, \qquad u_1 = \frac{4}{2}\omega_2 + \frac{W}{3},$$

$$u_1 = \frac{2}{3}\omega_1 + \frac{W}{3}, \qquad u_1 = \frac{2}{3}\omega_1 + \frac{2}{3}\omega_2 + \frac{W}{3}, \qquad u_1 = \frac{2}{3}\omega_1 + \frac{4}{3}\omega_2 + \frac{W}{3},$$

$$u_1 = \frac{4}{3}\omega_1 + \frac{W}{3}, \qquad u_1 = \frac{4}{3}\omega_1 + \frac{2}{3}\omega_2 + \frac{W}{3}, \qquad u_1 = \frac{4}{3}\omega_1 + \frac{4}{3}\omega_2 + \frac{W}{3}.$$

Vê-se pois que *a cubica proposta tem nove pontos de inflexão, que podem ser reaes ou imaginarios.*

Disponham-se os valores precedentes de u em fórma de determinante:

$$\begin{vmatrix} \frac{W}{3} & \frac{2}{3}\omega_2+\frac{W}{3} & \frac{4}{3}\omega_2+\frac{W}{3} \\ \frac{2}{3}\omega_1+\frac{W}{3} & \frac{2}{3}\omega_1+\frac{2}{3}\omega_2+\frac{W}{3} & \frac{2}{3}\omega_1+\frac{4}{3}\omega_2+\frac{W}{3} \\ \frac{4}{3}\omega_1+\frac{W}{3} & \frac{4}{3}\omega_1+\frac{2}{3}\omega_2+\frac{W}{3} & \frac{4}{3}\omega_1+\frac{4}{3}\omega_2+\frac{W}{3} \end{vmatrix}.$$

Se sommarmos os elementos d'este determinante que estão na mesma columna, obtem-se um resultado da fórma $2n\omega_1+2m\omega_2+W$. Logo, em virtude do theorema precedente, os pontos correspondentes a estes valores de u_1 estão em linha recta. As tres rectas correspondentes ás tres columnas formam um triangulo, cujos lados contêem cada um tres pontos de inflexão, e a que se dá o nome de *triangulo de inflexão.*

Do mesmo modo se vê que os pontos de inflexão, correspondentes aos tres valores de u_1 collocados na mesma linha do determinante, estão em linha recta e formam um segundo triangulo de inflexão.

Se sommarmos os elementos d'este determinante que entram em cada termo positivo do seu desenvolvimento, vê-se que a somma é ainda da fórma $2n\omega_1+2m\omega_2+W$, e porisso que os pontos correspondentes estão em linha recta. As tres rectas que assim se obtêem formam um terceiro triangulo de inflexão. Se sommarmos finalmente os elementos do mesmo determinante que entram em cada termo negativo do seu desenvolvimento, vê-se do mesmo modo que os pontos correspondentes estão em linha recta, e forma-se um quarto triangulo de inflexão.

Resumindo esta discussão temos pois o theorema seguinte:

Os nove pontos de inflexão das cubicas não unicursaes estão tres a tres em linha recta, e estas rectas formam quatro triangulos, cujos lados contêem cada um tres pontos de inflexão.

II. Supponhamos que por um ponto A da cubica considerada se tira uma recta que seja tangente á curva em um ponto differente d'este. Esta tangente corta a curva em tres pontos, dois dos quaes coincidem. Chamando pois u_1 o valor que tem u no ponto de contacto, temos $u_1=u_3$ e portanto

$$(a)\qquad 2u_1+u_2=2n\omega_1+2m\omega_2+W.$$

Esta egualdade dá para u_1 uma infinidade de soluções, mas só a quatro d'ellas correspondem valores distinctos para x e y, dados pelas fórmulas (6). Estas soluções obtêem-se dando a n e m os valores 0 e 1, e são

$$u_1=-\frac{u_2}{2}+\frac{W}{2},\quad u_1'=\omega_1-\frac{u_2}{2}+\frac{W}{2},\quad u_1''=\omega-\frac{u_2}{2}+\frac{W}{2},\quad u_1'''=\omega_1+\omega_2-\frac{u_2}{2}+\frac{W}{2}.$$

Por ser

$$u_1 + u_1' + u_2 + \omega_1 = 2\omega_1 + \mathrm{W}, \qquad u_1'' + u_1''' + u_2 + \omega_1 = 2\omega_1 + 2\omega_2 + \mathrm{W},$$

a recta que une os pontos correspondentes a u_1 e u_1', corta a recta que une os pontos correspondentes a u_1'' e u_1''' em um ponto M_1, collocado sobre a curva, que corresponde a $u_2 + \omega_1$.

Do mesmo modo se mostra que a recta que une os pontos correspondentes a u_1 e u_1'' e a recta que une os pontos correspondentes a u_1' e u_1''' se cortam em um ponto M_2, collocado sobre a curva, que corresponde a $u_2 + \omega_2$; e finalmente que a recta que une os pontos correspondentes a u_1' e u_1'' e a recta que une os pontos correspondentes a u_1 e u_1''' se cortam sobre a curva no ponto M_3, correspondente a $u_2 + \omega_1 + \omega_2$.

Para achar agora o ponto em que a tangente no ponto M_1 encontra a cubica, emprega-se a egualdade

$$2u_2 + 2\omega_1 + \theta = 2n\omega_1 + 2m\omega_2 + \mathrm{W},$$

onde θ representa o valor de u correspondente ao ponto pedido, a qual dá

$$\theta = -2u_2 + 2(n-1)\omega_1 + 2m\omega_2 + \mathrm{W},$$

e portanto temos

$$p(\theta) = p(2u_2 - \mathrm{W}).$$

Para as tangentes nos pontos M_2 e M_3 acha-se o mesmo resultado, assim como para a tangente á cubica no ponto correspondente a u_2.

Logo os valores correspondentes de x e y são todos eguaes; e porisso as tangentes á curva nos pontos M_1, M_2, M_3 e no ponto dado passam por um mesmo ponto da curva.

Temos pois o theorema seguinte, devido a Maclaurin:

Por qualquer ponto de uma cubica não unicursal podem tirar-se quatro rectas, em geral, que sejam tangentes á cubica em pontos differentes do ponto dado. Ligando estes pontos de contacto dois a dois por meio de rectas, estas rectas cortam-se em tres pontos M_1, M_2 *e* M_3, *que estão todos sobre a cubica.*

Se pelos pontos M_1, M_2 *e* M_3 *tirarmos rectas que sejam nelles tangentes á cubica, estas tangentes cortam em um mesmo ponto da cubica a tangente á curva no ponto* A.

Se o ponto dado A é um ponto de inflexão, o numero das tangentes reduz-se a tres. Com effeito, neste caso o ponto dado corresponde a um valor de u_2 da fórma (n.º 245-I)

$$u_2 = \frac{2}{3}n\omega_1 + \frac{2}{3}m\omega_2 + \frac{\mathrm{W}}{3},$$

e, substituindo este valor na expressão (a), vê-se que um dos valores de u_1 é egual a u_2, e portanto que um dos quatros pontos coincide com o ponto dado.

Pondo successivamente $u_2 = u_1, u'_1, u''_1, u'''_1$ em

$$u_1 + u'_1 + u''_1 + u'''_1 = 2\omega_1 + 2\omega_2 - 2u_2 + 2W,$$

vê-se que a somma dos valores restantes de u é da fórma $2n\omega_1 + 2m\omega_2 + W$ e portanto que os pontos correspondentes estão em linha recta.

Logo por um ponto de inflexão só podem ser tiradas tres rectas que sejam tangentes á cubica em pontos differentes do ponto dado, e os pontos de contacto correspondentes estão em linha recta.

III. *Se pelos pontos de intersecção de uma cubica com uma recta tirarmos rectas que sejam tangentes a cubica em esses pontos, estas tangentes cortam a cubica em tres pontos, que estão em linha recta.*

Com effeito, representando por u_1, u_2 e u_3 os valores que tem u nos tres pontos de intersecção da recta dada com a cubica e por u'_1, u'_2 e u'_3 os valores que tem u nos pontos em que as tangentes cortam a cubica, temos

$$u_1 + u_2 + u_3 = 2n\omega_1 + 2m\omega_2 + W, \quad 2u_1 + u'_1 = 2n_1\omega_1 + 2m_1\omega_2 + W,$$

$$2u_2 + u'_2 = 2n_2\omega_1 + 2m_2\omega_2 + W, \quad 2u_3 + u'_3 = 2n_3\omega_1 + 2m_3\omega_2 + W.$$

D'estas egualdades tira-se

$$u'_1 + u'_2 + u'_3 = 2k\omega_1 + 2k'\omega_2 + W,$$

o que prova o theorema enunciado.

245. Aproveitemos esta occasião para expôr uma demonstração do theorema de addição da funcção $p(u)$, baseada em principios que têem relação com a doutrina dos numeros anteriores. Demonstremos primeiramente o *lemma* seguinte, devido a Euler:

Se $\varphi(x)$ e $\psi(x)$ representarem duas funcções inteiras de x, taes que o grau de $\varphi(x)$ seja inferior de duas unidades pelo menos ao grau de $\psi(x)$, e se $x_1, x_2, \ldots, x_\nu$ representarem as raizes, que suppomos todas simples, da equação $\psi(x) = 0$, teremos

$$\frac{\varphi(x_1)}{\psi'(x_1)} + \frac{\varphi(x_2)}{\psi'(x_2)} + \ldots + \frac{\varphi(x_\nu)}{\psi'(x_\nu)} = 0.$$

Com effeito, vimos na *Nota* ao n.º 42 do *Calculo differencial* que, decompondo $\frac{\varphi(x)}{\psi(x)}$ em fracções simples, vem

$$\frac{\varphi(x)}{\psi(x)} = \frac{\varphi(x_1)}{\psi'(x_1)(x - x_1)} + \frac{\varphi(x_2)}{\psi'(x_2)(x - x_2)} + \ldots + \frac{\varphi(x_\nu)}{\psi'(x_\nu)(x - x_\nu)};$$

e esta egualdade, multiplicando ambos os membros por x e fazendo depois $x=\infty$, dá a egualdade anterior.

Posto isto, consideremos a cubica e a recta cujas equações são $y^2=4x^3-g_2x-g_3$ e $y=ax+b$, e sejam (x_1, y_1), (x_2, y_2), (x_3, y_3) os pontos de intersecção d'estas duas linhas.

Teremos, eliminando y entre estas equações, a equação

$$\text{(A)} \qquad \psi(x)=4x^3-g_2x-g_3-(ax+b)^2=0$$

a que satisfazem as abscissas x_1, x_2 e x_3 dos pontos de intersecção da recta com a cubica.

Esta equação determina x em funcção dos parametros a e b, e portanto, fazendo variar estes parametros, temos

$$\psi'(x)\,dx-2(ax+b)(x\,da+db)=0,$$

ou

$$\frac{dx}{2y}=\frac{x}{\psi'(x)}\,da+\frac{1}{\psi'(x)}\,db.$$

Substituindo nesta equação x e y pelos tres systemas de valores (x_1, y_1), (x_2, y_2), (x_3, y_3) e sommando os resultados, vem

$$\sum_{n=1}^{3}\frac{dx_n}{2y_n}=\sum_{n=1}^{3}\frac{x_n}{\psi'(x_n)}\,da+\sum_{n=1}^{3}\frac{1}{\psi'(x_n)}\,db,$$

ou, em virtude do lemma demonstrado anteriormente,

$$\frac{dx_1}{y_1}+\frac{dx_2}{y_2}+\frac{dx_3}{y_3}=0.$$

Pondo agora $x=p(u)$ e representando por u_1, u_2 e u_3 os valores que toma u nos pontos (x_1, y_1), (x_2, y_2), (x_3, y_3), temos $y=p'(u)$, $x_1=p(u_1)$, $y_1=p'(u_1)$, ...

A equação anterior reduz-se depois a $du_1+du_2+du_3=0$; e, integrando, temos

$$\text{(B)} \qquad u_1+u_2+u_3=c,$$

c representando uma constante, que adiante determinaremos.

Por outra parte, as egualdades $y_2=ax_2+b$, $y_3=ax_3+b$ dão $y_3-y_2=a(x_3-x_2)$; e, por serem x_1, x_2 e x_3 raizes da equação (A), temos

$$x_1+x_2+x_3=\frac{a^2}{4}.$$

*

Destas relações resulta

$$(y_3 - y_2)^2 = 4(x_1 + x_2 + x_3)(x_3 - x_2)^2,$$

e portanto

$$\text{(C)} \qquad p(u_1) + p(u_2) + p(u_3) = \frac{1}{4}\left(\frac{p'(u_3) - p'(u_2)}{p(u_3) - p(u_2)}\right)^2.$$

Para determínar a constante c, que entra em (B), ponha-se $u_2 = -u_3$ nas egualdades (C) e (B), o que dá $p(c) = \infty$; portanto $c = 2n\omega_1 + 2m\omega_2$ e

$$u_1 + u_2 + u_3 = 2n\omega_1 + 2m\omega_2.$$

Quando pois u_1, u_2 e u_3 estiverem ligados por esta relação, entre os valores correspondentes de $p(u)$ existe a relação (C).

A demonstração que vimos de dar do theorema de addição da funcção $p(u)$ é baseada nos principios que serviram a Abel para estabelecer uma proposição muito geral, que contem o theorema precedente, e que é applicavel a todos os integraes das funcções algebricas. D'este ultimo theorema, fundamental na theoria das funcções *abelianas*, não nos occuparemos aqui.

CAPITULO XIII

Funcções multiformes

I

Principios geraes

246. Seja A uma área plana fechada, S uma linha qualquer traçada nesta área e $f(z)$ uma funcção definida de modo que satisfaça á condição de ter um valor unico em cada ponto da linha S, sobre a qual suppomos representada a variavel z. Se em cada ponto da área A a funcção $f(z)$ tem sempre o mesmo valor, qualquer que seja a linha S que passe por este ponto e exista na área, a funcção $f(z)$ é *uniforme* na área A. Se pelo contrario o valor que toma $f(z)$ em cada ponto da área varia com a linha que se considera, a funcção $f(z)$ é *multiforme* na área A.

Consideremos a equação

$$(1) \qquad F(z, u) = 0,$$

e supponhamos que a cada valor de z correspondem dois ou mais valores de u e que na visinhança de qualquer ponto (z, u), certos pontos singulares sendo exceptuados, os valores de u, que satisfazem á equação, formam uma funcção analytica de z. Neste caso, se fizermos descrever á variavel z uma curva continua, que não passe pelos pontos exceptuados, nem por ponto algum a que correspondam valores de u eguaes, os valores correspondentes de u formam curvas continuas distinctas S_1, S_2, ..., e cada uma destas curvas S_n é completamente determinada pelo valor inicial a_n tomado por z no ponto de partida, pela curva descripta por z e pela condição de continuidade de u. Cada uma das funcções de z, que representaremos por u_1, u_2, ..., correspondentes a estas curvas, diz-se um *ramo da funcção u*. O valor que toma cada ramo u_n da funcção em cada ponto z é pois determinado pelo seu valor inicial a_n, pelo caminho S_n seguido pela variavel z na passagem do ponto inicial z_0 para z, e pela continuidade da funcção.

Posto isto, supponhamos que se faz variar a curva descripta por z desde uma posição ANB até AMB, e supponhamos que na área comprehendida entre estas curvas não existe ponto algum em que a funcção u seja discontinua ou tome valores eguaes. Neste caso cada ramo da funcção u tem o mesmo valor no ponto B, quer z siga, na passagem de A para B, o caminho AMB quer siga o caminho ANB *(fig. 4)*. Com effeito, entre os valores de u que satisfazem á equação (1), correspondentes a cada ponto da área AMBN, existe uma differença que não póde ser nulla, por hypotese. Chamando pois L o menor valor que toma esta differença na área considerada, e attendendo a que por hypothese a funcção u é continua, vê-se que podemos traçar uma linha MPQ tão proxima de QM que, quando z descreve AMB, cada ramo da funcção u tome em Q um valor tal que a differença entre elle e o valor que tomou em M seja menor do que L, quer z siga a linha MPQ quer siga a linha MQ. Logo cada ramo da funcção u tem em B o mesmo valor quer z siga AMQB quer siga AMPQB. Do mesmo modo se mostra que o caminho AMPQB póde ser substituido por outro mais proximo de ANB do que este. Continuando d'este modo chega-se afinal ao caminho ANB, que póde pois substituir AMB, sem haver alteração do valor que u_n toma em B.

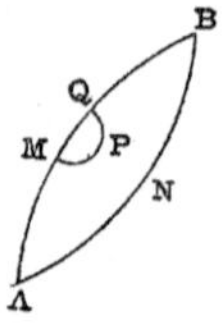

Fig. 4

Temos pois o theorema seguinte:

Se em uma área A, *fechada por um unico contôrno, a funcção u, dada pela equação* $F(z, u) = 0$, *fôr continua e não tiver valores eguaes em um mesmo ponto, cada ramo da funcção u é uniforme na área* A.

O facto indicado neste theorema exprime-se tambem muitas vezes dizendo que a funcção u é uniforme na área A.

O theorema que precede não tem logar quando na área A existe algum ponto tal que u tenha nelle valores eguaes; estes pontos são *criticos*. Para achar então o valor que tem no ponto z da área A o ramo da funcção u_n, correspondente ao valor inicial a_n, é necessario entrar em consideração com o caminho seguido pelo pela variavel z na passagem do ponto inicial z_0 para Z.

É facil de ver, attendendo ao theorema anteriormente demonstrado, que, qualquer que seja o caminho que z tenha de seguir para ir de z_0 a Z *(fig. 5)*, póde elle sempre ser substituido pelo que resulta de descrever um certo numero de vezes, successivas ou alternadas, os contôrnos z_0 AMA z_0, z_0 BNB z_0, etc. (cada um dos quaes é formado por uma linha que é percorrida duas vezes, uma em cada sentido, e uma curva fechada contendo no interior um ponto singular da funcção) e seguir finalmente a linha determinada z_0 Z. As linhas z_0 Z, z_0 A, z_0 B, ... devem satisfazer á condição de não passar por ponto singular algum, e as curvas fechadas devem conter cada uma no interior um unico ponto singular; ordinariamente fazem-se seguir á variavel z as rectas que unem o ponto z_0 aos pontos Z, c, c', ... e as circumferencias descriptas á roda dos pontos singulares c, c', ... como centros.

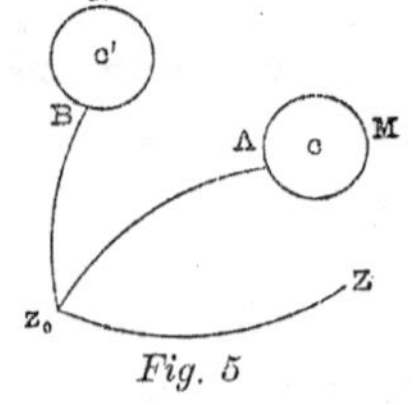

Fig. 5

A cada um dos contôrnos z_0 AMA z_0, z_0 BNB z_0 ... chama-se um *contôrno elementar*. Para os distinguir indica-se o ponto singular que o contôrno tem no interior.

247. Assim, por exemplo, a equação

$$u^2 = (z - c)(z - c')$$

define uma funcção u que tem os pontos criticos c e c', e dá

$$u = \pm\sqrt{(z - c)(z - c')},$$

ou

$$u = \pm\sqrt{\rho\rho'}\left[\cos\frac{1}{2}(\theta + \theta') + i \operatorname{sen}\frac{1}{2}(\theta + \theta')\right],$$

chamando ρ e ρ' os módulos e θ e θ' os argumentos de $z - c$ e $z - c'$.

Se o ponto z parte de z_0, onde θ e θ' são eguaes a θ_0 e θ'_0, e volta a z_0 depois de ter dado n voltas circulares em roda de c, vê-se, attendendo a que θ é o angulo formado pela recta que une o ponto z ao ponto c com o eixo das abscissas, que o angulo θ_0 augmenta de $2n\pi$. Do mesmo modo, se o ponto z dá n' voltas em roda de c', o angulo θ'_0 augmenta de $2n'\pi$. Teremos pois para valor de u, quando z volta a z_0,

$$u = \pm\sqrt{\rho_0\rho'_0}\left[\cos\frac{1}{2}(\theta_0 + \theta'_0 + 2n\pi + 2n'\pi) + i \operatorname{sen}\frac{1}{2}(\theta_0 + \theta'_0 + 2n\pi + 2n'\pi)\right].$$

Se em seguida z se dirige para Z, θ e θ' variam desde θ_0 e θ'_0 até θ_1 e θ'_1, e temos para valor de u no ponto Z

$$u = \pm\sqrt{\rho_1\rho'_1}\left[\cos\left((n + n')\pi + \frac{\theta_1 + \theta'_1}{2}\right) + i \operatorname{sen}\left((n + n')\pi + \frac{\theta_1 + \theta'_1}{2}\right)\right],$$

ou

$$u = \pm(-1)^{n+n'}\sqrt{\rho_1\rho'_1}\left[\cos\frac{\theta_1 + \theta'_1}{2} + i \operatorname{sen}\frac{\theta_1 + \theta'_1}{2}\right],$$

Desta egualdade conclue-se que a funcção u tem dois ramos, um correspondente ao signal $+$ e outro correspondente ao signal $-$; que cada vez que z descreve um contôrno elementar á roda do ponto c ou c', cada um d'estes ramos muda de signal; e que o valor que tem cada ramo em cada ponto Z é completamente determinado quando se conhece o caminho seguido pela variavel z na passagem de z_0 para Z.

Deve-se observar que cada ramo da funcção dá só por si todos os valores de u que satisfazem á equação proposta, porque cada ramo tem no ponto Z um ou outro dos valores

$$\pm\sqrt{\rho_1\rho'_1}\left[\cos\frac{\theta_1 + \theta'_1}{2} + i \operatorname{sen}\frac{\theta_1 + \theta'_1}{2}\right],$$

segundo o signal que do caminho seguido pela variavel z na passagem de z_0 para Z provém para $(-1)^{n+n'}$. Porisso os dois ramos da funcção não constituem duas funcções distinctas.

Do mesmo modo se considera a funcção u definida pela equação

$$u^2 = (z-c)(z-c') \ldots (z-c^{(m)}),$$

e vê-se que esta funcção tem dois ramos, que c, c' ..., $c^{(m)}$ são os seus pontos criticos, que cada ramo muda de signal cada vez que z descreve um contôrno elementar á roda de um ponto critico, e que o valor que toma no ponto Z é dado pela fórmula

$$u = \pm(-1)^{n+n'+\cdots}\sqrt{\rho_1 \rho'_1 \ldots}\left[\cos\frac{\theta_1+\theta'_1+\ldots}{m+1} + i \operatorname{sen}\frac{\theta_1+\theta'_1+\ldots}{m+1}\right],$$

o signal + correspondendo a um ramo e o signal — ao outro.

II

Funcções algebricas

248. Já vimos que se chama *funcção algebrica* de z toda a funcção u determinada por uma equação irreductivel da fórma

$$(1) \qquad F(u, z) = a_n u^n + a_{n-1} u^{n-1} + \ldots + a_1 u + a_0 = 0,$$

onde n representa um numero inteiro positivo e a_n, a_{n-1}, etc. funcções racionaes inteiras da variavel z.

Vejamos algumas propriedades d'estas funcções.

THEOREMA 1.° — *Se a funcção algebrica u é dada por uma equação do grau n relativamente a u, a cada valor de z correspondem n valores de u, que podem ser finitos ou infinitos, eguaes ou deseguaes.*

Este theorema importante é o principio fundamental da theoria das equações, que é demonstrado em Algebra por meios puramente algebricos, e que póde ser tambem deduzido do theorema demonstrado no n.° 138, como vamos ver.

Dê-se a z um valor qualquer que não annule o coefficiente a_n. O numero dos valores de u, comprehendidos no interior de um contôrno fechado, que satisfazem á equação (1), é dado pelo integral

$$J = \frac{1}{2i\pi}\int_S \frac{na_n u^{n-1} + (n-1)a_{n-1}u^{n-2} + \ldots}{a_n u^n + a_{n-1}u^{n-1} + \ldots}\, du;$$

e basta por isso tomar para S uma circumferencia de raio infinito para ter o numero total dos valores de u que correspondem ao valor dado a z. Temos porém

$$J = \frac{1}{2i\pi}\int_S \frac{ndu}{u}(1+\varepsilon) = \frac{n}{2i\pi}\left[\int_S \frac{du}{u} + \int_S \frac{\varepsilon\, du}{u}\right],$$

representando por ε uma quantidade qne tende para zero, quando u tende para o infinito; e, pondo nos dois integraes que entram no ultimo membro d'esta egualdade $u = \rho e^{i\omega}$ e applicando ao segundo o theorema demonstrado no n.º 121,

$$\int_S \frac{du}{u} = i\int_0^{2\pi} d\omega = 2\pi i, \qquad \int_S \frac{\varepsilon\, du}{u} = i\int_0^{2\pi} \varepsilon\, d\omega = 2\pi i\, \lambda_1\, \varepsilon_1,$$

representando por ε_1 o valor de ε em um ponto u_1 do contôrno. Logo

$$J = n + \lambda_1 n\, \varepsilon_1.$$

Quando se toma para o contôrno S uma circumferencia de raio infinito, temos $u_1 = \infty$, $\varepsilon_1 = 0$ e portanto $J = n$, o que demonstra o theorema enunciado.

Consideremos agora os valores de z que tornam nullo o coefficiente a_n. Pondo em (1) $u = \frac{1}{v}$, resulta a equação

$$a_0 v^n + a_1 v^{n-1} + \ldots + a_{n-1} v + a_n = 0.$$

Quando é $a_n = 0$ e a_{n-1} differente de zero, esta equação admit'e (mesmo quando $a_0 = 0$) a raiz $v = 0$, á qual corresponde para u o valor $u = \infty$. Os restantes valores de u são dados pela equação

$$a_{n-1} u^{n-1} + \ldots + a_1 u + a_0 = 0,$$

e são finitos.

Se é ao mesmo tempo $a_n = 0$, $a_{n-1} = 0$, e a_{n-2} é differente de zero, a equação anterior dá para v dois valores eguaes a 0, aos quaes correspondem dois valores infinitos para u; e a equação

$$a_{n-2} u^{n-2} + \ldots + a_1 u + a_0 = 0$$

dá os $n - 2$ restantes valores de u, que são finitos.

Do mesmo modo se considera o caso de se annullarem os coefficientes seguintes, e vê-se que o theorema enunciado tem sempre logar.

249. THEOREMA 2.º — *A funcção algebrica u é continua em qualquer ponto ($z = a$, $u = b$) onde o coefficiente a_n não é nullo; e se a $z = a$ correspondem ω valores, eguaes a b, para u, na* *visinhauça de $z = a$ a cada valor de z correspondem ω valores para u, que tendem para b, quando z tende para a.*

Esta proposição importante é devida a Cauchy [1].

Sejam $b_1, b_2, \ldots, b_n$ os n valores, eguaes ou deseguaes, que a equação (1) dá para u, quando a z se dá o valor a.

Pondo em (1)

$$z = a + h, \qquad u = b_1 + k,$$

e ordenando segundo as potencias de k, vem um resultado da fórma

$$(2) \qquad a_n k^n + Z_{n-1} k^{n-1} + \ldots + Z_1 k + Z_0 = 0,$$

onde Z_0, Z_1, etc. representam funcções inteiras de $a + h$.

Temos porém, representando por $k_1, k_2, \ldots, k_n$ as n raizes d'esta equação,

$$|k_1 k_2 \ldots k_n| = \left|\frac{Z_0}{a_n}\right|,$$

e portanto, representando por k_1 aquella d'estas raizes que tem menor módulo,

$$|k_1|^n < \left|\frac{Z_0}{a_n}\right|.$$

Notando agora que a funcção Z_0 de h é nulla quando $h = 0$ [pois que então deve ser $u = b_1$, e portanto a equação (2) deve dar $k = 0$] e que é continua, vê-se que o segundo membro d'esta desegualdade tende para zero, quando h tende para zero, e portanto que k_1 tende tambem para zero. Logo, quando z tende para a, u passa por uma série de valores (que representaremos por u_1) que tendem para b_1, e a funcção u_1 é portanto continua no ponto (a, b_1).

Pondo agora a equação (1) debaixo da fórma

$$a_n (u - u_1)(u - u_2) \ldots (u - u_n) = 0,$$

e dividindo-a por $u - u_1$, vem

$$a_n (u - u_2) \ldots (u - u_n) = 0,$$

e conclue-se do mesmo modo que u_2 tende para b_2 (que póde ser egual ou differente de b_1), quando z tende para a.

Continuando do mesmo modo demonstra-se completamente o theorema enunciado.

---

[1] Cauchy: — *Nouveaux Exercices de Mathématiques*, t. II.

250. Pondo na equação (1) $z = a + h$ e $u = b + k$, e desenvolvendo o primeiro membro pela série de Taylor, vem

$$F(a, b) + h\frac{\partial F}{\partial a} + k\frac{\partial F}{\partial b} + \frac{1}{2}\left[h^2\frac{\partial^2 F}{\partial a^2} + 2hk\frac{\partial^2 F}{\partial a\,\partial b} + k^2\frac{\partial^2 F}{\partial b^2}\right] + \ldots = 0,$$

ou, sendo (a, b) um systema de soluções da equação (1),

$$h\frac{\partial F}{\partial a} + k\frac{\partial F}{\partial b} + \frac{1}{2}\left[h^2\frac{\partial^2 F}{\partial a^2} + 2hk\frac{\partial^2 F}{\partial a\,\partial b} + k^2\frac{\partial^2 F}{\partial b^2}\right] + \ldots = 0.$$

Esta equação dá, quando $\frac{\partial F}{\partial b}$ differente de zero no ponto (a, b),

$$u' = \lim\frac{k}{h} = -\frac{\frac{\partial F}{\partial a}}{\frac{\partial F}{\partial b}}.$$

Derivando esta egualdade, obtêem-se as derivadas de ordem superior de u. Temos pois o seguinte theorema:

THEOREMA 3.º — *A funcção u admitte derivadas de todas as ordens, finitas nos pontos em que esta funcção é finita e* $\frac{\partial F}{\partial b}$ *é differente de zero.*

251. Procuremos agora os pontos singulares da funcção u.

Os valores de a a que correspondem valores eguaes de u e os valores correspondentes de u são dados (como se sabe pela Algebra) pela equação (1) e pela equação

$$\frac{\partial F}{\partial u} = 0. \tag{3}$$

Estas equações determinam pois os pontos criticos da funcção u, em que esta funcção é finita.

Os pontos em que a funcção se torna infinita são dados, como já vimos, pela equação

$$a_n = 0. \tag{4}$$

Todos os outros pontos são pontos ordinarios da funcção u. Temos pois o seguinte theorema:

THEOREMA 4.º — *A funcção algebrica definida por* (1) *tem n ramos, e cada ramo é uma funcção uniforme de z em qualquer área que não contenha ponto algum tal que nelle seja satisfeita a equação* (3) *ou a equação* (4).

Applicando o theorema de Cauchy (n.º 129) podemos tambem dizer:

THEOREMA 5.º — *Se os valores $z=a$, $u=b$ satisfizerem á equação* (1) *se não satisfizerem nem a* (3) *nem a* (4), *temos, na visinhança do ponto* (a, b),

$$u=b+A_1(z-a)+A_2(z-a)^2+\ldots.$$

O raio de convergencia d'esta série é representado pela distancia do ponto a ao ponto mais proximo que satisfaz a (3) *ou a* (4). *Os coefficientes* A_1, A_2, ... *determinam-se por meio da fórmula de Taylor.*

D'este theorema deduz-se que os pontos em que a funcção u se torna infinita são pólos ou pontos criticos d'esta funcção.

Pondo, com effeito, $u=\frac{1}{v}$ na equação (1), temos

$$a_0 v^n+a_1 v^{n-1}+\ldots+a_{n-1} v+a_n=0.$$

Se $z=a$ é uma raiz de $a_n=0$, uma das raizes correspondentes da precedente equação é $v=0$. Se esta raiz é simples, a funcção v é regular no ponto $(a, 0)$ e temos, na visinhança d'este ponto, representando por α um numero inteiro positivo,

$$v=A_1(z-a)^\alpha+A_2(z-a)^{\alpha+1}+\ldots.$$

Logo

$$u=\frac{1}{A_1(z-a)^\alpha+A_2(z-a)^{\alpha+1}+\ldots};$$

e portanto

$$u(z-a)^\alpha=\frac{1}{A_1+A_2(z-a)+\ldots}.$$

O segundo membro d'esta egualdade é finito no ponto a, e temos porisso

$$u(z-a)^\alpha=B_0+B_1(z-a)+\ldots$$

o que dá

$$u=\frac{B_0}{(z-a)^\alpha}+B_1+B_2(z-a)+\ldots.$$

Esta egualdade mostra que a é um pólo de u.

Se porém a satisfaz ao mesmo tempo a $a_n = 0$ e $a_{n-1} = 0$, a transformada da equação (1) dá dois valores eguaes a 0 para v, e para u vêem portanto dois valores infinitos.

Temos pois o seguinte theorema:

THEOREMA 6.º — *As funcções algebricas não podem ter outros pontos singulares além de pólos e pontos criticos.*

252. Vamos agora considerar o caso em que a funcção u admitte pontos criticos na área que se quer considerar. Para o estudo d'este caso seguiremos o methodo empregado por Puiseux na sua importante memoria: *Recherches sur les fonctions algébriques* (1).

Sejam a e b os valores que tomam z e u no ponto critico considerado. Os ramos da funcção que não passam por este ponto são funcções uniformes na visinhança de a, e porisso é applicavel a estes ramos o que se disse nos numeros anteriores. Consideremos os ramos que passam por este ponto, isto é, os ramos que tomam o valor b quando a z se dá o valor a.

Sejam $a+h$ e $u+k$ os valores que tomam z e u na visinhança do ponto (a, b). Teremos, pondo na equação (1) $z = a+h$, $u = b+k$, um resultado da fórma

$$\Sigma A h^{\mu} k^{\nu} = 0, \tag{5}$$

onde o primeiro membro é uma funcção inteira de h e k, que se annulla quando $h = 0$ e $k = 0$.

Posto isto, vamos procurar a ordem infinitesimal de k relativamente a h para cada um dos ramos da funcção u que se cortam no ponto critico.

Para resolver esta questão, principiaremos por considerar o caso particular simples em que a equação (5) é da fórma

$$k^q + Ah + \Sigma B h^{\mu} k^{\nu} = 0,$$

onde $\mu + \frac{\nu}{q} > 1$. Neste caso k toma q valores, e porisso no ponto (a, b) passam q ramos. Para determinar a ordem infinitesimal de k relativamente a h em cada um d'estes ramos, ponha-se $k = vh^{\alpha}$, o que dá

$$v^q h^{q\alpha} + Ah + \Sigma B v^{\nu} h^{\mu + \alpha\nu} = 0,$$

e determine-se α de modo que os dois primeiros termos tenham expoentes eguaes, isto é, de de modo que seja $q^{\alpha} = 1$. Teremos

$$v^q + A + \Sigma B v^{\nu} h^{\mu + \frac{\nu}{q} - 1} = 0.$$

Chamando $v_1, v_2, \ldots, v_q$ as q raizes da equação $v^q + A = 0$, esta equação póde ser

(1) *Jornal de Liouville*, t. xv, pag. 365.

escripta debaixo da fórma

$$(v-v_1)(v-v_2)\dots(v-v_q)+\varepsilon=0,$$

onde ε representa uma quantidade infinitamente pequena com h. Esta equação determina q valores de v, para cada valor de h, que tendem respectivamente para v_1, v_2, ..., v_q, quando h tende para zero; e a estes valores de v correspondem q valores de k da fórma

$$k_j=h^{\frac{1}{q}}(v_j+\varepsilon_j),$$

ε_j representando uma quantidade infinitamente pequena com h. Temos pois as expressões seguintes dos ramos u_1, u_2, ..., u_q que passam no ponto (a, b):

$$u_1=b+h^{\frac{1}{q}}(v_1+\varepsilon_1),\qquad u_2=b+h^{\frac{1}{q}}(v_2+\varepsilon_2),\qquad \dots$$

Passando ao caso geral, ponha-se tambem na equação (5) $k=vh^{\alpha}$, v representando uma nova variavel, que substitue k, e α uma constante, e determine-se esta constante de modo que os expoentes dos termos da equação resultante

$$\Sigma A h^{\mu+\nu\alpha}v^{\nu}=0,$$

que são de ordem menos elevada, sejam eguaes. Consegue-se isto por tentativas, egualando os expoentes dos termos da equação dois a dois e aproveitando só os valores de α que são positivos e que dão aos termos considerados expoentes não superiores aos que dão aos outros termos.

Consideremos um d'estes valores de α. Os termos da equação precedente que são de ordem menos elevada são do mesmo grau relativamente a h, e porisso, dividindo toda a equação pela menor potencia de h, vem um resultado da fórma

$$(6)\qquad (v-v_1)(v-v_2)\dots(v-v_l)+\varepsilon=0,$$

ε representando uma quantidade que é infinitamente pequena com h. Esta equação dá para v valores que tendem para v_1, v_2, ..., quando h tende para zero, e temos porisso

$$\lim\frac{k}{h^{\alpha}}=v_1,\qquad \lim\frac{k}{h^{\alpha}}=v_2,\qquad \dots,$$

o que dá

$$k=h^{\alpha}(v_1+\varepsilon_1)\qquad k=h^{\alpha}(v_2+\varepsilon_2),\qquad \dots,$$

ε_1, ε_2, ... representando quantidades infinitamente pequenas com h. A estes valores de k correspondem as seguintes expressões dos ramos da funcção u que passam pelo ponto critico considerado

$$(7)\qquad u_1 = b + h^\alpha (v_1 + \varepsilon_1), \qquad u_2 = b + h^\alpha (v_2 + \varepsilon_2), \qquad \ldots.$$

Se α é um numero inteiro, a equação (6) determina uma funcção algebrica v que toma no ponto $h = 0$ os valores $v_1, v_2, \ldots$, e, se excluirmos os que são eguaes, os ramos d'esta funcção que passam pelos pontos $(v_1, 0)$, $(v_2, 0)$, ... são uniformes na visinhança d'estes pontos. Os ramos correspondentes da funcção u, dados por (7), são pois tambem uniformes na visinhança do ponto (a, b).

Se a decomposição da equação (5) a que nos referimos anteriormente se póde fazer de muitos modos differentes, a cada um d'elles corresponde uma equação da fórma (6). Neste caso, para ter todos os ramos da funcção u, que passam pelo ponto (a, b), é necessario attender a todas estas equações.

Se algumas das quantidades $v_1, v_2, \ldots$ são eguaes, deve-se recorrer, para separar os ramos correspondentes da funcção u, aos termos da expressão de k que são de ordem superior a α. Para isso, deve-se pôr na equação (6)

$$u = vh^\alpha + wh^\beta,$$

v e α representando as quantidades, determinadas anteriormente, que correspondem aos ramos que se querem separar, w uma nova variavel e β uma constante; e determinar depois β e w pelo processo que serviu anteriormente para determinar α e v. Vem d'este modo para os ramos da funcção que se querem separar expressões da fórma

$$(8)\qquad u_j = b + v_j h^\alpha + h^\beta (w_j + \varepsilon_j),$$

que têem logar na visinhança do ponto (a, b).

Este processo póde ser continuado do mesmo modo, quando para w vêem valores eguaes.

A decomposição da equação (6) de que falámos anteriormente e que serviu de base a este methodo de separação dos ramos da funcção u, póde, como dissemos, ser feita por tentativas. Existe para o mesmo fim uma regra segura dada por Newton debaixo de fórma geometrica. Para o estudo d'esta regra, assim como para a demonstração de que por este methodo se obtêem todos os ramos da funcção u que passam pelo ponto (a, b), enviamos para a *Memoria* de Puiseux já citada.

253. Desenvolvimento em série das funcções algebricas, na visinhança dos pontos criticos. — Vimos já como se desenvolve qualquer ramo da funcção algebrica u em série ordenada segundo as potencias de $z - a$, quando a representa um ponto ordinario ou um pólo do ramo da funcção considerado. A doutrina precedente permitte obter este desenvolvimento, quando a representa um ponto critico do mesmo ramo.

Consideremos primeiramente os ramos da funcção u que correspondem áquellas das quantidades v_1, v_2, ... que são deseguaes. Se o numero α é inteiro, todos os ramos determinados pelas fórmulas (7) são uniformes e portanto susceptiveis de ser desenvolvidos em série ordenada segundo as potencias de $z-a$, que se póde obter por meio da fórmula de Taylor. Se porém $\alpha=\frac{p}{q}$, podemos pôr na equação (1)

$$h=z-a=(z'-a)^q,$$

e a analyse do numero anterior leva ás equações seguintes

$$u_1=b+(z'-a)^p(v_1+\varepsilon_1), \quad u_2=b+(z'-a)^p(v_2+\varepsilon_3), \quad \ldots,$$

que substituem as fórmulas (7) e que estão no caso que vimos de considerar, visto p ser inteiro. Temos pois, para um qualquer u_j d'estes ramos,

$$u_j=b+(z'-a)^p[v_j+A_1(z'-a)+A_2(z'-a)^2+\ldots],$$

e portanto

$$u_j=b+v_j(z-a)^{\frac{p}{q}}+A_1(z-a)^{\frac{p+1}{q}}+A_2(z-a)^{\frac{p+2}{q}}+\ldots.$$

Se algumas das quantidades v_1, v_2, ... são eguaes e na fórmula (8) é $\alpha=\frac{p}{q}$, $\beta=\frac{s}{t}$, podemos pôr

$$h=z-a=(z'-a)^{qt},$$

e temos, fundando-nos na fórmula (8) e procedendo como no caso anterior,

$$u_j=b+v_j(z'-a)^{pt}+(z'-a)^{sq}[w_j+A_1(z'-a)+\ldots],$$

ou

$$u_j=b+v_j(z-a)^{\frac{p}{q}}+w_j(z-a)^{\frac{qs}{qt}}+A_1(z-a)^{\frac{qs+1}{qt}}+\ldots.$$

Determinada assim a fórma do desenvolvimento em série de cada ramo da funcção u e determinados os expoentes de $z-a$ em cada termo, para achar os coefficientes A_0, A_1, A_2, ..., basta substituir estes desenvolvimentos na equação proposta em logar de u, ordenar o resultado segundo as potencias de $z-a$, e egualar a zero o coefficiente de cada potencia de $z-a$. Obtem-se assim equações por meio das quaes se determina estes coefficientes.

Observaremos finalmente que as séries obtidas são convergentes em um circulo de centro a e de raio egual á distancia do ponto a ao ponto singular do ramo da funcção considerada que fica mais proximo de a.

254. Pontos criticos no infinito. — Em tudo o que precede temos supposto que a quantidade b, correspondente ao valor a dado a z, é finito. Para considerar o caso em que aquella quantidade é infinita, basta pôr na equação (1) $u = \frac{1}{u'}$, o que dá a transformada

$$a_0 u'^n + a_1 u'^{n-1} + \ldots + a_{n-1} u' + a_n = 0.$$

O ponto $u' = 0$ é um ponto critico d'esta funcção, e aos ramos que se cortam nelle e que se determinam pelo processo anteriormente dado, correspondem os ramos da funcção u que se cortam no ponto (a, ∞). Neste caso as fórmulas (7) dão, para qualquer ramo u'_j correspondente a um v_j dos valores $v_1, v_2, \ldots$ que não são multiplos,

$$u'_j = h^{\alpha} (v_j + \varepsilon_j);$$

e portanto temos

$$u_j = h^{-\alpha} \left(\frac{1}{v_j} + \varepsilon'_j\right),$$

ε_j representando uma quantidade infinitamente pequena com h. Pondo agora

$$h = z - a = (z' - a)^q,$$

temos

$$u_j = (z' - a)^{-p} \left(\frac{1}{v_j} + \varepsilon'_j\right),$$

e $z' = a$ é um pólo de u_j; portanto

$$u_j = (z' - a)^{-p} \left[\frac{1}{v_j} + A_1 (z' - a) + \ldots\right],$$

o que dá

$$u_j = \frac{1}{v_j} (z - a)^{-\frac{p}{q}} + A_1 (z - a)^{-\frac{p-1}{q}} + A_2 (z - a)^{-\frac{p-2}{q}} + \ldots.$$

Do mesmo modo se consideram os ramos correspondentes aos valores eguaes de v_j.

255. Viu-se no n.º 246 que, para achar o valor que um ramo qualquer u_j da funcção u, que parte do ponto correspondente a $z = z_0$ com o valor inicial a_j, tem no ponto Z, podemos substituir o caminho seguido pela variavel z, qualquer que elle seja, por outro composto de contôrnos elementares e de um caminho de fórma determinada, a maior parte das vezes rectilineo. Somos pois levados a procurar qual o valor que este ramo da funcção, partindo com um valor conhecido do ponto z_0, toma quando volta a este ponto, depois de percorrer um contôrno elementar. Baseados nas considerações desenvolvidas no numero anterior podemos resolver facilmente esta questão.

Seja a_j o valor que tem o ramo u_j, que se considera, em um ponto A, seja b_j o valor que toma o mesmo ramo em um ponto B depois de descrever AB, e vejamos como se acha o valor que u_j toma no mesmo ponto B depois de descrever uma circumferencia BMB á roda do ponto critico a.

Representando por ρ o raio do circulo considerado, por θ o argumento de $z-a$ e por θ_0 o valor que toma este argumento no ponto B, antes de ser descripta a circumferencia, temos

$$h=z-a=\rho e^{i\theta};$$

e portanto as fórmulas (7) dão para valor de u_j no ponto B, antes de ser descripta a circumferencia,

$$u_j=b_j=b+\rho^{\frac{p}{q}}e^{\frac{ip\theta_0}{q}}(v_j+\varepsilon_j),$$

e para valores de u_j no mesmo ponto, depois de z descrever de uma até $q-1$ vezes a circumferencia,

$$u_j=b+\rho^{\frac{p}{q}}e^{\frac{ip(\theta_0+2\pi)}{q}}(v_j+\varepsilon_j'),\quad \ldots,\quad u_j=b+\rho^{\frac{p}{q}}e^{\frac{ip[\theta_0+2(q-1)\pi]}{q}}[v_j+\varepsilon_j^{(q-1)}].$$

Estes valores são todos distinctos, e devem coincidir com valores que tomam os outros ramos da funcção no ponto da circumferencia considerado. Vê-se pois que os ramos da funcção se podem reunir em grupos e dispôr por uma ordem tal que, cada vez que z descreve a circumferencia, cada ramo do grupo tome quando chega ao ponto da partida o mesmo valor que o ramo seguinte tinha á partida. Se fizermos descrever a z mais uma volta alêm das $q-1$, vem

$$u_j=b+\rho^{\frac{p}{q}}e^{\frac{ip(\theta_0+2q\pi)}{q}}[v_j+\varepsilon_j^{(q)}]=b+\rho^{\frac{p}{q}}e^{\frac{ip\theta_0}{q}}(v_j+\varepsilon_j);$$

e portanto vê-se que cada ramo do grupo toma, depois de z dar q voltas, o mesmo valor que tinha á partida.

Puiseux exprime este facto dizendo que *os ramos da funcção que se cortam em* (a, b) *formam á roda do ponto* (a, b) *systemas circulares*, correspondendo um systema circular a cada grupo de ramos que estão nas condições dos q ramos que vimos de considerar.

Se algumas das quantidades v_1, v_2, ... são multiplas, vê-se do mesmo modo, tomando para base a fórmula (8), que os ramos correspondentes se agrupam ainda em systemas circulares.

Depois de ter assim os valores que os ramos da funcção tomam no ponto B, depois de descrever a circumferencia, para ter os valores que tomam no ponto A basta notar que, se u_j parte com um valor inicial differente de b_j, quando z parte do ponto B para A, deve chegar a A com um valor differente do que tinha á partida, isto é, com o valor inicial correspondente ao ramo cujo valor tomou no ponto B.

Logo no ponto A dão-se, depois de descripto o circuito elementar, as mesmas trocas de ramos que no ponto B.

Para obter o valor que cada ramo u_j da funcção toma no ponto Z, qunndo z descreve uma linha ALZ, desenvolva-se u_j em série ordenada segundo as potencias de $z-z_0$. o que dá um resultado da fórma

$$u_j = a_j + P(z - z_0),$$

$P(z - z_0)$ representando uma série convergente em um circulo de raio ρ egual á distancia do ponto z_0 ao ponto singular mais proximo. Tome-se depois um ponto z_1 da curva ALZ, collocado no interior d'este circulo e mais proximo do ponto Z do que z_0 está de Z, e por meio da série precedente ache-se o valor b'_j que u_j toma no ponto z_1. Desenvolva-se depois u_j em série ordenada segundo as potencias de $z - z_1$, e teremos um resultado da fórma

$$u_j = b'_j + P_1(z - z_1),$$

$P_1(z - z_1)$ representando uma série convergente no circulo de raio ρ' egual á distancia de z_1 ao ponto critico mais proximo de z_1. Continuando do mesmo modo até chegar a Z, obtem-se o valor pedido. Do mesmo modo se acha o valor que u_j toma no ponto B quando z descreve o contôrno elementar.

256. Para fazer uma applicação da doutrina estudada nos numeros precedentes, consideremos a funcção definida pela equação (¹)

$$u^3 - u + z = 0.$$

A equação (3) reduz-se neste caso a

$$3u^2 - 1 = 0,$$

e temos dois pontos criticos, que são

$$z = \frac{2}{3\sqrt{3}}, \quad z = -\frac{2}{3\sqrt{3}},$$

nos quaes a funcção u tem respectivamente os valores

$$u = \frac{1}{\sqrt{3}}, \quad u = -\frac{1}{\sqrt{3}}.$$

Consideremos o primeiro d'estes pontos. Nelle tem u, além de dois valores eguaes a $\frac{1}{\sqrt{3}}$, um valor egual a $-\frac{2}{\sqrt{3}}$; mas a esta raiz não corresponde ponto critico da funcção.

(¹) **Puiseux**, *l. c.*, pag. 405.

*

Para ver como a funcção se comporta na visinhança do ponto critico $\left(\frac{2}{3\sqrt{3}}, \frac{1}{\sqrt{3}}\right)$, ponha-se $z = \frac{2}{3\sqrt{3}} + h$, $u = \frac{1}{\sqrt{3}} + k$ na equação proposta, o que dá

$$k^3 + \sqrt{3}\,k^2 + h = 0,$$

e em seguida ponha-se nesta equação $k = vh^\alpha$, o que dá

$$v^3 h^{3\alpha} + \sqrt{3}\,v^2 h^{2\alpha} + h = 0.$$

Os termos de ordem menos elevada são o segundo e terceiro, e porisso, pondo $2\alpha = 1$, teremos

$$v^2 + \frac{1}{\sqrt{3}} + \frac{v^3}{\sqrt{3}} h^{\frac{1}{2}} = 0,$$

e portanto

$$v_1 = \frac{i}{\sqrt[4]{3}}, \quad v_2 = -\frac{i}{\sqrt[4]{3}}.$$

Os dois ramos da funcção que se cortam no ponto critico considerado têem para expressões

$$u_1 = \frac{1}{\sqrt{3}} + h^{\frac{1}{2}}\left(\frac{i}{\sqrt[4]{3}} + \varepsilon_1\right), \quad u_2 = \frac{1}{\sqrt{3}} + h^{\frac{1}{2}}\left(-\frac{i}{\sqrt[4]{3}} + \varepsilon_2\right).$$

Para os desenvolver em série ordenada segundo as potencias de $z - \frac{2}{3\sqrt{3}}$, empregue-se o processo dado no n.º 253, que mostra que o desenvolvimento do primeiro ramo é da fórma

$$u_1 = \frac{1}{\sqrt{3}} + \frac{i}{\sqrt[4]{3}}\left(z - \frac{2}{\sqrt{3}\sqrt{}}\right)^{\frac{1}{2}} + A_1\left(z - \frac{2}{3\sqrt{3}}\right) + A_2\left(z - \frac{2}{3\sqrt{3}}\right)^{\frac{3}{2}} + \ldots$$

Determinando depois os coefficientes A_1, A_2, ... pelo methodo exposto no mesmo numero, vem

$$A_1 = \frac{1}{6}, \quad A_2 = -\frac{5i}{24\,(\sqrt[4]{3})^3}, \quad A_3 = -\frac{1}{9\sqrt{3}}, \quad \ldots.$$

Para obter o desenvolvimento do ramo u_2 basta mudar neste desenvolvimento i em $-i$.

III

Sobre algumas funcções transcendentes

257. Funcção $\log z$. — I. Consideremos em primeiro logar a funcção $\log z$, isto é, a funcção u definida pela egualdade $e^u = z$. Viu-se no *Calculo differencial* (n.º 48) que u tem em cada ponto um numero infinito de valores, dados pela egualdade

$$u = \log \rho + i(\omega + 2k\pi),$$

onde ρ e ω representam o módulo e o argumento de z e k um numero inteiro qualquer, positivo ou negativo; e viu-se tambem que a funcção u é continua em todos os pontos, excepto no ponto $x = 0$, onde é infinita. Viu-se depois que esta funcção admitte derivadas de todas as ordens, finitas nos pontos em que é continua.

Se observarmos agora que não ha valor algum de z para o qual dois valores de u sejam eguaes, pois que viria

$$\log \rho + i(\omega + 2k\pi) = \log \rho + i(\omega + 2k'\pi)$$

ou $k = k'$, podemos concluir, em primeiro logar, que a funcção analytica $\log z$ *é multiforme, tem um numero infinito de ramos e admitte um unico ponto singular, que é* $z = 0$; e depois *que cada ramo é uma funcção holomorpha no interior de qualquer área limitada por um unico contôrno, a qual não contenha o ponto* $z = 0$ (n.º 134).

II. Cada ramo da funcção $\log z$ é determinado pela continuidade e pelo valor que este ramo toma no ponto inicial z_0, valor que é dado pela egualdade

$$u_0 = \log \rho_0 + i(\omega_0 + 2k\pi)$$

(onde ρ_0 e ω_0 representam o módulo e o argumento de z_0), dando a k o valor particular k_1 correspondente ao ramo considerado.

É facil de achar o valor que toma no ponto Z este ramo da funcção logarithmica, quando z, partindo de z_0, descreve um caminho qualquer dado para chegar a Z. Com effeito, este caminho póde ser sempre substituido pelo caminho que resulta de z seguir a recta z_0A até um ponto A tão proximo quanto se queira do ponto correspondente a $z = 0$; dar n voltas circulares á roda d'este ponto no sentido directo, e m voltas no sentido retrogrado; e seguir depois uma linha recta de z_0 a Z. Cada vez que z dá uma volta á roda do ponto correspondente a $z = 0$, isto é, á roda da origem das coordenadas, o angula ω augmenta do dobro de π;

logo, chamando ω_1 o valor que tomaria ω no ponto Z, se z seguisse sómente o caminho rectilineo para ir de z_0 a Z, teremos

$$\log Z = \log |Z| + i(\omega_1 + 2n\pi - 2m\pi + 2k_1\pi).$$

Esta fórmula resolve a questão considerada, isto é, dá o valor que toma o ramo da funcção logarithmica, correspondente a um valor determinado de k, no ponto Z, quando é dado o caminho seguido por z na passagem de z_0 para Z.

Se o ponto Z estiver sobre o prolongamento da linha recta que une o ponto z_0 ao ponto correspondente a $z=0$, a parte rectilinea $z_0 Z$ deve ser substituida por dois segmentos d'esta recta e por meia circumferencia descripta á roda do ponto correspondente a $z=0$.

Terminaremos o que temos a dizer sobre a funcção $\log z$, observando que *um ramo qualquer d'esta funcção póde tomar todos os valores que satisfazem á egualdade $e^u = z$, fazendo descrever a z um contôrno convenientemente escolhido.* Com effeito, como podemos sempre dar a m e n valores taes que seja

$$2n\pi - 2m\pi + 2k_1\pi = 2k_2\pi,$$

qualquer que seja o valor do inteiro k_2, o ramo da funcção u correspondente a k_1 póde tomar no ponto z o valor

$$\log |Z| + i(\omega_1 + 2k_2\pi),$$

isto é, um qualquer dos valores que toma $\log z$ no ponto Z. Porisso os differentes ramos da funcção $\log z$ não constituem funcções distinctas.

258. Funcção z^a. — A funcção z^a é algebrica todas as vezes que a é um numero racional. Se a é irracional ou imaginario, esta funcção é definida pela egualdade

$$z^a = e^{a \log((z))} = e^{a[\log \rho + i(\omega + 2k\pi)]}$$

como se viu no n.º 50 do *Calculo differencial*, e tem portanto um numero infinito de valores para cada valor de z. Viu-se tambem já que a funcção z^a é continua e admitte derivadas de todas as ordens finitas em todos os pontos, excepto no ponto $z=0$. Logo *a funcção z^a é multiforme, tem um numero infinito de ramos, tem um unico ponto singular, que é $z=0$, e cada ramo é uma funcção holomorpha no interior de qualquer área limitada por um unico contôrno, a qual não contenha o ponto $z=0$.*

Para ter o valor que toma esta funcção em um ponto qualquer Z, procede-se como no caso da funcção $\log z$, e vem

$$z^a = e^{a[\log|Z| + i(\omega_1 + 2k_1\pi)]} e^{2(n-m)ai\pi}$$

onde ω_1, k_1, n e m têem a mesma significação que no numero anterior.

259. Funcções circulares inversas. — Consideremos em primeiro logar a funcção u definida pela equação

$$\cos u = z.$$

Viu-se no n.º 53 do *Calculo differencial* que os valores de u são dados pela egualdade

$$u = \frac{1}{i} \log((z + \sqrt{z^2 - 1})).$$

A funcção u definida por esta egualdade é continua e admitte derivadas de todas as ordens finitas em todo o plano, excepto nos pontos $z = \pm 1$. Estes pontos são singulares, e, como não existe valor algum de z que torne nulla a somma $z + \sqrt{z^2 - 1}$, vê-se que não existem outros pontos singulares. *A funcção* arc cos z *é pois multiforme, tem um numero infinito de ramos, admitte dois pontos singulares* $+1$ *e* -1, *e cada ramo é holomorpho no interior de qualquer área limitada por unico contôrno, a qual não contenha estes pontos.*

Para ter o valor que toma cada ramo d'esta funcção em um ponto Z, quando z passa do ponto z_0 para Z seguindo um contôrno dado, substitua-se este contôrno por outro composto, como se disse no n.º 245, de rectas e circulos de raio infinitamente pequeno traçados á roda de pontos $+1$ e -1. Seja A o ponto de partida de z e seja neste ponto $z_0 = 0$, $u_0 = \frac{\pi}{2}$; e sejam c e c' os pontos correspondentes aos pontos singulares $+1$ e -1. Quando z descreve o segmento AB do eixo das abscissas positivas, esta variavel passa pelos valores reaes que estão comprehendidos entre 0 e $1 - h$, h representando a distancia infinitamente pequena Bc; e portanto arc cos z varia desde $\frac{\pi}{2}$ até k, k representando uma quantidade infinitamente pequena com h. Quando depois z descreve a circumferencia BMB de centro c que passa por B, o radical $\sqrt{1 - z^2}$, que entra na expressão de u, varia de tal modo que, quando z volta a B depois de descrever a circumferencia, este radical toma o mesmo valor (n.º 246) com signal contrario; e portanto a funcção arc cos z toma um valor differente de k, mas que, por ser continua, deve differir d'elle infinitamente pouco. Como porém os unicos valores infinitamente pequenos que póde tomar k, quando é $z = 1 - h$, são k e $-k$, vê-se que o valor tomado por arc cos z quando z volta ao ponto B é egual a $-k$. Quando depois z varia desde $1 - h$ até voltar a zero, arc cos z é negativo e varia desde $-k$ até $-\frac{\pi}{2}$. Logo, quando o ponto z descreve o contôrno ABMBA, arc cos z varia da quantidade $-\pi$.

Do mesmo modo se mostra que, quando z descreve un contôrno ACNCA, symetrico do precedente relativamente ao eixo das ordenas, arc cos z varia da quantidade π. Se porém z descreve o contôrno ACNA depois de ter descripto o contôrno ABMBA, u parte de A com o valor inicial $-\frac{\pi}{2}$; e porisso toma em C primeiramente o valor $-\pi + k$ e depois o valor $-\pi - k$, e em A o valor $-\frac{3}{2}\pi$.

Cada vez pois que a variavel z descreve todo o contôrno ABMBACNCA, u varia de -2π. Se z descreve duas vezes qualquer dos contôrnos ABMBA ou ACNCA, u não varia, pois que o radical $\sqrt{1-z^2}$, que entra na expressão de u, toma o mesmo valor, quando z descreve duas vezes qualquer d'estes contôrnos (n.º 247).

De tudo o que precede conclue-se que o valor que a funcção u toma no ponto de partida $z=0$, depois de descrever um contôrno qualquer, é dado por uma das tres fórmulas

$$u=2(n-m)\pi+\frac{1}{2}\pi, \quad u=2(n-m)\pi+\frac{3}{2}\pi, \quad u=2(n-m)\pi-\frac{\pi}{2},$$

n representando o numero de vezes que os dois contôrnos elementares são descriptos seguidamente principiando pelo contôrno da esquerda, e m o numero de vezes que os mesmos contôrnos são descriptos seguidamente principiando pelo contôrno da direita. A primeira fórmula tem logar quando o numero total de contôrnos elementares descriptos por z é par. A segunda e a terceira têem logar quando este numero é impar, devendo empregar-se a segunda, quando é impar o numero de vezes que o contôrno elementar da esquerda é descripto, a terceira, quando este numero é par.

As tres fórmas que póde ter u e que dependem, como vimos de ver, do contôrno descripto por z, podem ser reunidas nas duas seguintes

$$u=2s\pi\pm\frac{\pi}{2}.$$

Obtidas assim as fórmulas que dão os valores que tem o ramo da funcção $\arccos z$ considerado no ponto $z=0$, para achar as fórmulas que dão o valor que este ramo toma no ponto Z, temos de procurar o valor que toma no ponto Z o ramo da funcção $\frac{1}{i}\log[(z+\sqrt{z^2-1})]$ que tem no ponto $z=0$ o valor inicial $\frac{1}{i}\log i=2s\pi+\frac{\pi}{2}$, e o ramo da mesma funcção que tem no ponto $z=0$ o valor inicial $\frac{1}{i}\log(-i)=2s\pi-\frac{\pi}{2}$. Vêem d'este modo as duas egualdades

$$u=u_1+2s\pi, \quad u=u_2+2s\pi,$$

onde u_1 e u_2 representam respectivamente os valores que tomam no ponto Z os ramos da funcção $\frac{1}{i}\log[(z+\sqrt{z^2-1})]$ que no ponto $z=0$ tomam os valores $\frac{\pi}{2}$ e $-\frac{\pi}{2}$. Entre os valores de u_1 e u_2 existe a relação $u_1=-u_2$, que resulta da egualdade

$$\log(z+\sqrt{z^2-1})=\log\frac{(z+\sqrt{z^2-1})(z-\sqrt{z^2-1})}{z-\sqrt{z^2-1}}=-\log(z-\sqrt{z^2-1});$$

e temos porisso

$$u=\pm u_1+2s\pi.$$

IV

Série de Lagrange. Generalisação d'esta série

261. Deu-se no n.º 124 do *Calculo Differencial* uma fórmula para desenvolver em série ordenada segundo as potencias de x a funcção y definida pelas equações

$$(1) \qquad y=f(u), \qquad u=t+x\varphi_1(u)+x^2\varphi_2(u)+\ldots+x^k\varphi_k(u).$$

Não se tratou porêm nesse logar das condições de convergencia da mesma série. Vamos pois agora estudar esta questão, considerado sómente o caso particular, estudado por Lagrange, e seguindo para isso o mesmo caminho que seguiu Rouché na importante *Memoria* que consagrou a esta série([1]). O estudo geral d'esta questão póde vêr-se em um artigo que publicámos no *Journal de mathématiques pures et appliquées* (4.ª série, t. V), transcripto no tomo I das nossas *Obras sobre Mathematica*.

Seja pois

$$(2) \qquad y=f(u), \qquad u=t+x\varphi(u),$$

onde $f(u)$ e $\varphi(u)$ representam duas funcções holomorphas no interior de um contôrno S, t uma quantidade representada por um ponto collocado no interior d'este contôrno e x uma quantidade assaz pequena para que a condição

$$(3) \qquad \left|\frac{x\varphi(u)}{u-t}\right|<1$$

seja satisfeita em todos os pontos do contôrno considerado.

Neste caso a cada valor de x, que satisfaz á condição (3), corresponde um valor unico z de u que satisfaz á segunda das equações (2), porque o numero j de raizes d'esta equação que podem ser representadas por pontos do interior do contôrno S é dado (n.º 138) pela egualdade

$$j=\frac{1}{2i\pi}\int_S\frac{1-x\varphi'(u)}{u-t-x\varphi(u)}du=\frac{1}{2i\pi}\int_S d\log[u-t-x\varphi(u)],$$

ou

$$j=\frac{1}{2i\pi}\int_S d\log(u-t)+\int_S d\log\left(1-\frac{x\varphi(u)}{u-t}\right).$$

([1]) *Journal de l'École Polytechnique de Paris*, cad. 39.

O primeiro d'estes integraes é egual ao producto de $2i\pi$ pelo residuo de $\frac{1}{u-t}$ relativamente a t, e portanto temos

$$\int_S d\log(u-t) = 2i\pi.$$

Como a funcção $1 - \frac{x\varphi(u)}{u-t}$ não póde ser nulla no contôrno S, em virtude da condição (3), a funcção $\log\left(1 - \frac{x\varphi(u)}{u-t}\right)$ é finita e toma o mesmo valor cada vez que u volta ao ponto de partida depois de descrever o contôrno. Temos pois para valor do segundo integral

$$\int_S d\log\left(1 - \frac{x\varphi(u)}{u-t}\right) = 0.$$

Logo $j = 1$.

Posto isto, como o residuo da funcção $\frac{f(u)}{u-t-x\varphi(u)}$ relativamente ao unico pólo $u = z$, que tem no interior do contôrno S, é egual (n.º 137) a $\frac{f(z)}{1-x\varphi'(z)}$, o theorema de Cauchy demonstrado no n.º 136 dá

$$\frac{f(z)}{1-x\varphi'(z)} = \frac{1}{2i\pi}\int_S \frac{f(u)\,du}{u-t-x\varphi(u)}.$$

Temos porêm

$$\frac{1}{u-t-x\varphi(u)} = \frac{1}{u-t} + \frac{x\varphi(u)}{(u-t)^2} + \ldots + \frac{x^n\varphi^n(u)}{(u-t)^{n+1}} + \frac{x^{n+1}\varphi^{n+1}(u)}{(u-t)^{n+1}[u-t-x\varphi(u)]}.$$

Logo

$$\frac{f(z)}{1-x\varphi'(z)} = \frac{1}{2i\pi}\sum_{m=0}^{n} x^m \int_S \frac{f(u)\varphi^m(u)\,du}{(u-t)^{m+1}} + \mathrm{R},$$

ou (n.º 129)

$$\frac{f(z)}{1-x\varphi'(z)} = \sum_{m=0}^{n} \frac{x^m}{m!}\,\frac{d^m[f(t)\varphi^m(t)]}{dt^m} + \mathrm{R},$$

onde

$$\mathrm{R} = \frac{x^{n+1}}{2i\pi}\int_S \frac{f(u)\varphi^{n+1}(u)\,du}{(u-t)^{n+1}[u-t-x\varphi(u)]}.$$

Mudando no desenvolvimento precedente a funcção $f(u)$ em $f(u)[1-x\varphi'(u)]$, vem

$$\begin{aligned} f(z) &= \sum_{m=0}^{n} \frac{x^m}{m!}\,\frac{d^m[f(t)(1-x\varphi'(t))\varphi^m(t)]}{dt^m} + \mathrm{R} \\ &= \sum_{m=0}^{n} \frac{x^m}{m!}\left[\frac{d^m[f(t)\varphi^m(t)]}{dt^m} - m\,\frac{d^{m-1}[f(t)\varphi'(t)\varphi^{m-1}(t)]}{dt^{m-1}}\right] + \mathrm{R}, \end{aligned}$$

e portanto

$$(4)\qquad f(z)=f(t)+\sum_{m=1}^{n}\frac{x^m}{m!}\,\frac{d^{m-1}[f'(t)\varphi^m(t)]}{dt^{m-1}}+R,$$

onde

$$(5)\qquad R=\frac{x^{n+1}}{2i\pi}\int_S\frac{f(u)[1-x\varphi'(u)]\varphi^{n+1}(u)\,du}{(u-t)^{n+1}[u-t-x\varphi(u)]}.$$

A expressão de R póde ser escripta do modo seguinte (n.° 126-VI)

$$R=\frac{\lambda_1 s}{2i\pi}\left(\frac{x\varphi(u_1)}{u_1-t}\right)^{n+1}\frac{f(u_1)[1-x\varphi'(u_1)]}{u_1-t-x\varphi(u_1)},$$

u_1 representando um dos valores que toma u, quando descreve o contôrno S. Assim escripta, esta expressão faz ver que, se a desegualdade (3) tem logar, R tende para zero, quando n tende para o infinito; e portanto temos a fórmula de Lagrange

$$(6)\qquad f(z)=f(t)+\sum_{m=1}^{\infty}\frac{x^m}{m!}\,\frac{d^{m-1}[f'(t)\varphi^m(t)]}{dt^{m-1}}.$$

V

Funcções definidas por integraes

262. Os integraes definidos tomados entre limites imaginarios conduzem a funcções multiformes. Entre estas funcções têem principal importancia as que são definidas por integraes das funcções algebricas. Se a funcção algebrica é dada por uma equação do terceiro ou do quarto grau caimos na theoria dos integraes ellipticos. Se o grau d'esta equação é superior ao quarto, temos os *integraes abelianos,* assim chamados, porque foi Abel quem fundou a sua theoria. Estes integraes levam pela inversão ás *funcções abelianas*, que têem dado origem a trabalhos da mais alta importancia. Não entra no nosso plano occupar-nos da theoria dos *integraes abelianos* nem da theoria das *funcções abelianas*. Limitar-nos-hemos aqui a considerar os integraes ellipticos de primeira especie de Weierstrass e de Legendre, para completar em um certo ponto a theoria das funcções ellipticas anteriormente estudada.

Consideremos primeiramente o integral

$$(1)\qquad \int_{z_0}^{z}\frac{dz}{\sqrt{4z^3-g_2z-g_3}}=\int_{z_0}^{z}\frac{dz}{2\sqrt{(z-e_1)(z-e_2)(z-e_3)}},$$

e, para definir completamente a funcção, tomemos para valor inicial do radical um v_0 dos valores que elle toma no ponto $z=z_0$. O outro valor que o radical toma no ponto z_0 será representado por $-v_0$.

Para ter os valores que este integral toma no ponto Z, quando z vae desde z_0 até Z por differentes caminhos, podemos sempre substituir estes caminhos por outros formados de circuitos elementares á roda dos pontos A, B, C, correspondentes a e_1, e_2, e_3, e por um caminho dado M, o qual póde ser rectilinio todas as vezes que na recta que une z_0 a Z não exista qualquer dos pontos A, B, C. É o que resulta do theorema de Cauchy demonstrado no n.º 128-1.º e do que se disse no n.º 246. Os integraes relativos aos circuitos elementares serão respectivamente representados por (A), (B) e (C), e para os integraes relativos aos outros caminhos empregaremos a notação já usada no n.º 130.

Posto isto, temos, representando por a e b pontos do circuito circular descripto á roda de A,

$$(A)=(z_0\, a)+(a\, b\, a)+(a\, z_0).$$

Mas, quando z volta ao ponto a depois de descrever a circumferencia $a\,b\,a$, a funcção a integrar muda de signal (n.º 247) e portanto $(a\, z_0)$ [que seria egual a $-(z_0\, a)$ se o signal da funcção não mudasse] será agora egual a $(z_0\, a)$. Temos pois

$$(A)=2\,(z_0\, a)+(a\, b\, a).$$

Para calcular o integral $(a\, b\, a)$, ponha-se $z-e_1=\rho e^{it}$, e teremos a egualdade

$$(a\, b\, a)=i\rho^{\frac{1}{2}}\int_0^{2\pi}\frac{e^{\frac{1}{2}it}\,dt}{2\sqrt{(\rho e^{it}+e_1-e_2)\,(\rho e^{it}+e_1-e_3)}},$$

que faz ver que $(a\, b\, a)$ tende para zero, quando ρ tende para zero.

Logo

$$(A)=2\,(z_0\, A).$$

Do mesmo modo se acha, para o mesmo valor inicial v_0 do radical,

$$(B)=2\,(z_0\, B),\qquad (C)=2\,(z_0\, C).$$

Quando a variavel z, depois de descrever o circuito A volta ao ponto z_0, o radical toma neste ponto o valor $-v_0$, differente d'aquelle com que partiu (n.º 248). Logo, se descrever segunda vez o mesmo circuito, o integral correspondente é egual a $-(A)$, e o integral correspondente aos dois circuitos reunidos é egual a zero.

Se porêm a variavel z, depois de descrever o circuito A, passa a descrever o circuito B, como o valor que o radical tem á partida é $-v_0$, o integral correspondente é $-(B)$, e o integral correspondente aos dois circuitos A e B reunidos é $(A)-(B)$.

Se notarmos agora que, quando z chega ao ponto Z, tem descripto um numero par de circuitos ou um numero par de circuitos mais um, e que no primeiro caso, quando z descreve a linha M, o radical parte de z_0 com o valor v_0 e no segundo caso com o valor $-v_0$, e se pozermos

$$Q = n[(A)-(B)] + m[(A)-(C)] + p[(B)-(C)],$$

n, m e p representando numeros inteiros positivos ou negativos, vê-se que u póde tomar uma das seguintes fórmas

$$Q + (M), \quad Q + (A) - (M), \quad Q + (B) - (M), \quad Q + (C) - M.$$

Se notarmos agora que

$$(B) - (C) = [(A) - (C)] - [(A) - (B)],$$

podemos escrever a expressão de Q do modo seguinte

$$Q = (n-p)[(A)-(B)] + (m+p)[(A)-(C].$$

Se notarmos ainda que o integral ao longo dos tres circuitos A, B e C reunidos é egual (n.º 130) ao integral ao longo de um circulo de raio infinitamente grande com o centro na origem das coordenadas, temos, pondo no integral proposto $z = \rho e^{it}$, ρ representando o raio d'este circulo,

$$(A) - (B) + (C) = \lim_{\rho=\infty} i \int_0^{2\pi} \frac{\rho e^{it}\, dt}{2\sqrt{(\rho e^{it} - e_1)(\rho e^{it} - e_2)(\rho e^{it} - e_3)}}$$

$$= \lim_{\rho=\infty} i\rho^{-\frac{1}{2}} \int_0^{2\pi} \frac{e^{\frac{1}{2}it}\, dt}{2\sqrt{\left(1 - \frac{e_1}{\rho} e^{-it}\right)\left(1 - \frac{e_2}{\rho} e^{-it}\right)\left(1 - \frac{e_3}{\rho} e^{-it}\right)}},$$

e portanto

$$(A) - (B) + (C) = 0.$$

Pondo agora

$$(A) - (B) = 2\omega_1, \quad (A) - (C) = 2\omega_2,$$

e attendendo a que estas egualdades e a anterior dão

$$A = 2\omega_2 - 2\omega_1, \quad B = 2\omega_2 - 4\omega_1, \quad C = -2\omega_1,$$

vê-se que as quatro expressões obtidas para u estão comprehendidas nas fórmas

$$u = 2n_1\omega_1 + 2n_2\omega_2 \pm (M),$$

onde n_1 e n_2 representam numeros inteiros. Estas fórmulas dão o valor que tem o integral (1) no ponto Z, quando é dado o caminho seguido pela variavel z na passagem de z_0 para Z.

263. Consideremos em segundo logar o integral

$$(2) \qquad u=\int_0^Z \frac{dz}{\sqrt{(z-e_1)(z-e_2)(z-e_3)(z-e_4)}}.$$

Procedendo como no caso anterior, acha-se que u póde tomar uma das cinco fórmas, segundo o caminho seguido pela variavel z na passagem de 0 para Z:

$$Q+(M), \quad Q+(A)-(M), \quad Q+(B)-(M), \quad Q+(C)-(M), \quad Q+(D)-(M),$$

onde

$$Q=m[(A)-(B)]+n[(A)-(C)]+p[(A)-(D)]$$
$$+q[(B)-(C)]+r[(B)-(D)]+s[(C)-(D)],$$

m, n, p, q, r e s representando numeros inteiros. Temos porêm

$$(B)-(C)=[(A)-(C)]-[(A)-(B)],$$
$$(B)-(D)=[(A)-(D)]-[(A)-(B)],$$
$$(C)-(D)=[(A)-(D)]-[(A)-(C)],$$

e, attendendo, como no caso anterior, a que o integral tomado ao longo de todos os circuitos percorridos successivamente é egual ao integral tomado ao longo de um circulo de raio infinito com o centro na origem das cordenadas,

$$(A)-(B)+(C)-(D)=0.$$

Temos pois, pondo

$$(A)-(B)=2\omega_1, \qquad (A)-(C)=2\omega_2,$$

e attendendo ás egualdades anteriores,

$$(B)=(A)-2\omega_1, \quad (C)=(A)-2\omega_2, \quad (D)=(A)-2\omega_2+2\omega_1, \quad Q=2n_1\omega_1+2n_2\omega_2.$$

Em virtude d'estas egualdades as quatro expressões precedentes do integral u reduzem-se ás duas

$$2n_1\omega_1+2n_2\omega_2+(M), \qquad 2n_1\omega_1+2n_2\omega_2+(A)-(M),$$

que dão o valor que este integral tem no ponto Z, quando é dado o caminho seguido por z na passagem de 0 para Z.

264. Funcções definidas por equações differenciaes. — A integração das equações differenciaes, quando não póde ser feita por meio de funcções conhecidas, leva á definição e estudo de funcções novas. A respeito d'este assumpto, que não póde ser aqui estudado com desenvolvimento, limitar-nos-hemos a demonstrar o seguinte theorema fundamental, devido a Cauchy, e a tirar d'elles algumas consequencias.

Theorema. — *Se a funcção* F (z, u) *é holomorpha na visinhança do ponto* $z=a$, $u=b$, *existe uma funcção de* z, *holomorpha na visinhança do ponto* $z=a$, *que satisfaz á equação differencial*

$$\frac{du}{dz}=\mathrm{F}(u, z) \tag{3}$$

e que toma o valor $u=b$, *quando a* z *se dá o valor* a. *Existe uma unica funcção holomorpha de* z *que satisfaz a estas duas condições.*

A demonstração que deu Cauchy d'esta importante proposição foi simplificada por Briot e Bouquet [1]. É esta demonstração que vamos dar.

Como podemos tomar para origem das coordenadas no plano de representação dos u, o ponto b, sem alterar a fórma da equação (3), podemos pôr na analyse que vae seguir $a=0$, $b=0$, o que simplifica as formulas.

1.° Viu-se no n.° 89 que, calculando as derivadas u', u'', ... por meio das igualdades

$$\text{(A)}\quad u'=\mathrm{F}(z, u),\quad u''=\frac{\partial \mathrm{F}}{\partial z}+u'\frac{\partial \mathrm{F}}{\partial u},\quad u'''=\frac{\partial^2 \mathrm{F}}{\partial u^2}+2u'\frac{\partial^2 \mathrm{F}}{\partial z\,\partial u}+u'^2\frac{\partial^2 \mathrm{F}}{\partial u^2}+u''\frac{\partial \mathrm{F}}{\partial u},\ \ldots$$

e substituindo os valores que estas derivadas têem no ponto $z=0$ no desenvolvimento

$$u'_0 z+u''_0\frac{z^2}{2!}+\ldots,$$

se a série resultante fôr convergente, a sua somma é igual a u. Esta proposição foi demonstrada suppondo as variaveis reaes, mas o raciocinio empregado para o estabelecer subsiste no caso das variaveis imaginarias. Estamos pois reduzidos, para demonstrar o theorema enunciado, a mostrar a convergencia d'esta série.

Para este fim substitue-se a funcção F (z, u) por uma outra funcção que satisfaz á condição de levar a um desenvolvimento cuja convergencia se demonstra com facilidade, e que

---

[1] Briot e Bouquet: — *Théorie des fonctions elliptiques*, 2.ª edição, p. 325.

é tal que o módulo de cada um dos seus termos é maior do que o módulo do termo correspondente do desenvolvimento que tem logar no caso geral. Esta funcção é, representando neste caso a variavel dependente por v,

$$\varphi(z, v) = \frac{M}{\left(1 - \frac{z}{\rho}\right)\left(1 - \frac{v}{r}\right)},$$

onde r e ρ representam os raios dos circulos de convergencia, relativos respectivamente a u e z, do desenvolvimento de $F(u, z)$ em série ordenada segundo as potencias de z e u, e M o maior valor que toma o módulo de $F(u, z)$ no interior dos circulos de raio r e ρ.

Para mostrar que a equação differencial

$$\frac{dv}{dz} = \varphi(z, v) = \frac{M}{\left(1 - \frac{z}{\rho}\right)\left(1 - \frac{v}{r}\right)}$$

conduz a um desenvolvimento de v em série convergente ordenada segundo as potencias inteiras positivas de z, integremos esta equação, o que dá

$$v - \frac{v^2}{2r} = -M\rho \log\left(1 - \frac{z}{\rho}\right) + C.$$

e, determinando a constante pela condição de ser $v = 0$, quando $z = 0$, e tomando o ramo do lagarithmo que neste caso se annulla,

$$v - \frac{v^2}{2r} = -M\rho \log\left(1 - \frac{z}{\rho}\right),$$

ou

$$v = r - r\sqrt{1 + \frac{2M\rho}{r} \log\left(1 - \frac{z}{\rho}\right)},$$

onde se deve tomar o ramo do radical que tem o valor inicial $+1$, quando $z = 0$, visto que este ramo dá neste caso $v = 0$.

A funcção v dada por esta igualdade toma dois valores iguaes quando

$$\log\left(1 - \frac{z}{\rho}\right) = -\frac{r}{2M\rho},$$

isto é, quando

$$(4) \qquad z = \rho\left(1 - e^{-\frac{r}{2M\rho}}\right) = \rho'.$$

A funcção v admitte pois um ponto critico $z=\rho'$ e não admitte, além d'este e de $z=\rho$, outros pontos singulares; e, como $\rho'<\rho$, esta funcção é susceptivel de ser desenvolvida em série ordenada segundo as potencias de z, convergente em um circulo de raio ρ'.

Este desenvolvimento é dado pela formula

$$v=v_0' z+v_0'' \frac{z^2}{2!}+v_0''' \frac{z^3}{3!}+\dots$$

e os coefficientes v_0', v_0'',... são dados pelas equações

$$\text{(B)} \quad v'=\varphi(z, v) \quad v''=\frac{\partial\varphi}{\partial z}+v'\frac{\partial\varphi}{\partial v} \quad v'''=\frac{\partial^2\varphi}{\partial z^2}+2v'\frac{\partial^2\varphi}{\partial z\,\partial v}+v'^2\frac{\partial^2\varphi}{\partial v^2}+v''\frac{\partial\varphi}{\partial v},\dots$$

depois de nellas pôr $z=0$ e $v=0$.

Terminada assim a primeira parte da demonstração do theorema enunciado, resta comparar os coefficientes do desenvolvimento de v com os coefficientes do desenvolvimento de u.

Para isso, notemos em primeiro logar que a funcção $\varphi(u, z)$, sendo desenvolvida em série ordenada segundo as potencias de u e z, dá um resultado da fórma

$$\varphi(u, z)=\Sigma \mathrm{M}\left(\frac{u}{r}\right)^n\left(\frac{z}{\rho}\right)^m,$$

e portanto que temos

$$\left(\frac{\partial^{n+m}\varphi(u, z)}{\partial u^n\,\partial z^m}\right)_0=\frac{n!\,m!\,\mathrm{M}}{r^n\rho^m};$$

logo será, applicando a desigualdade demonstrada no n.º 142, onde se deve pôr $s_1=2\pi r$, $s_2=2\pi\rho$,

$$\left|\left(\frac{\partial^{n+m}\mathrm{F}(u, z)}{\partial u^n\,\partial z^m}\right)_0\right| \overline{\overline{<}} \left(\frac{\partial^{u+m}\varphi}{\partial u^n\,\partial z^m}\right)_0.$$

Notemos em segundo logar que, a funcção $\varphi(u, z)$ e as suas derivadas parciaes relativamente a z e u sendo todas positivas quando $u=0$ e $z=0$, as fórmulas (B) dão para v_0', v_0'',... valores reaes positivos.

Baseando-se nestas duas considerações, pode-se fazer a comparação dos valores que as formulas (A) dão para u_0', u_0'',... com os valores que as formulas (B) dão para v_0', v_0'', ... Por ser $|\mathrm{F}(0, 0)| \overline{\overline{<}} \mathrm{M}$, temos primeiramente $|u_0'| \overline{\overline{<}} v_0'$. Por ser

$$\left|\left(\frac{\partial\mathrm{F}}{\partial z}\right)_0\right| \overline{\overline{<}} \left(\frac{\partial\varphi}{\partial z}\right)_0, \quad \left|\left(\frac{\partial\mathrm{F}}{\partial u}\right)_0\right| \overline{\overline{<}} \left(\frac{\partial\varphi}{\partial u}\right)_0, \quad |u_0'|<v_0',$$

a comparação da segunda das formulas (A) com a segunda das formulas (B) dá $|u_0''|<v_0''$. Continuando do mesmo modo acham-se as desigualdades $|u_0'''|<v_0'''$, $|u_0^{(4)}|<v_0^{(4)}$,...

Os módulos dos termos da série que se obtem quando se considera a funcção geral F (u, z), são pois menores do que os termos correspondentes da série que se obtem quando se considera a funcção particular $\varphi\ (u, z)$. Como esta ultima é convergente, a primeira é tambem convergente, e a existencia de uma funcção u que satisfaz á equação (2) e toma o valor b quando $z = a$ está demonstrada.

2.º Resta demonstrar a segunda parte do theorema, isto é, que existe só uma funcção que satisfaz á equação (3), toma no ponto $z = a$ o valor $u = b$ e é holomorpha na visinhança d'este ponto.

Continuemos a pôr $a = 0$, $b = 0$, e seja u o integral cuja existencia vimos de demonstrar e $u + v$ um outro integral, v representando uma funcção que é nulla quando $z = 0$. Teremos

$$\frac{d\,(u+v)}{dz} = \mathrm{F}\,(u+v,\ z),$$

e portanto

$$\frac{dv}{dz} = \mathrm{F}\,(u+v,\ z) - \mathrm{F}\,(u,\ z).$$

O segundo membro d'esta igualdade é nullo quando $v = 0$, qualquer que seja z; logo temos (*Calculo dif.*, n.º 168-3.º)

$$(a) \qquad \frac{dv}{dz} = v^m\,\psi(u,\,v,\,z) = v^m\,\psi_1(z),$$

visto que u e v são funcções de z.

Mas, por ser por hypothese v uma funcção holomorpha de z na visinhança do ponto $z = 0$, e por ser, como resulta d'esta ultima equação,

$$v_0 = 0,\ v_0' = 0,\ v_0'' = 0,\ \ldots,\ v_0^{(m} = 0,\ v_0^{(m+1)} \lesseqgtr 0,$$

temos

$$v = \frac{v_0^{(m+1)}}{(m+1)!}\,z^{m+1} + \frac{v_0^{(m+2)}}{(m+2)!}\,z^{m+2} + \ldots$$

Substituindo este desenvolvimento na equação (a), vem a igualdade

$$\frac{v_0^{(m+1)}}{m!}\,z^m + \ldots = \left[\frac{v_0^{(m+1)}}{(m+1)!}\,z^{m(m+1)} + \ldots\right]\psi_1(z),$$

que, devendo ser satisfeita por todos os valores de z visinhos de $z = 0$, dá $v_0^{(m+1)} = 0$, o que é absurdo. Não existe pois outro integral holomorpho que satisfaça ás condições do enunciado do theorema.

Para saber se existem integraes não holomorphos que satisfaçam á equação (3) e tomem no ponto $z = a$ o valor $u = b$, e para obter estes integraes, quando existem, é necessario procurar todos os integraes da equação (a) que tomam o valor $v = 0$, quando a z se dá o valor $z = 0$. O estudo da equação (a) foi feito por Fuchs em uma memoria ([1]) importante, que consagrou a esta equação, para a qual enviamos o leitor. Aqui limitar-nos-hemos a observar que este eminente geometra mostrou que a equação (a) ou não tem integral algum não holomorpho que tome o valor 0 quando $z = 0$, ou tem uma infinidade d'elles.

266. Do theorema que vimos de demonstrar tiram-se muitas consequencias importantes, entre as quaes notaremos as seguintes:

1.º Se a funcção $F(z, u)$ fôr holomorpha para todos os valores de z e u representados respectivamente por pontos de duas áreas A e A′ terminadas pelos contôrnos simples S e S′, e se z_0 e u_0 representarem pontos quaesquer d'estas áreas, pode-se formar uma série ordenada segundo as potencias inteiras e positivas de $z - z_0$, convergente em um circulo cujo raio ρ' é dado pela formula (4), que satisfaça á equação (3) e tome no ponto z_0 o valor u_0. Temos pois, na visinhança do ponto z_0,

$$u = P_1(z - z_0).$$

Tomando um ponto qualquer z_1, collocado no interior do circulo de convergencia d'esta série, pode-se por meio d'ella achar o valor u_1, que toma u no ponto z_1, e formar em seguida uma série ordenada segundo as potencias de $z - z_1$ que satisfaça á equação (3) e tome no ponto z_1 o valor u_1. Temos pois, na visinhança do ponto z_1,

$$u = P_2(z - z_1).$$

Continuando do mesmo modo forma-se uma funcção analytica regular em todos os pontos, que pode ser uniforme ou multiforme na área A em que vem de ser definida.

Se quizermos ter o valor que esta funcção tem no ponto Z, quando z descreve uma linha comprehendida entre z_0 e Z, existente na área A, deve-se tomar os pontos successivos z_1, z_2, ... sobre a linha que une z_0 a Z.

Como a funcção u é continua ao longo da linha z_0 Z, vê-se como no n.º 246 que se póde deslocar esta linha, sem alterar o valor que a funcção u toma no ponto Z, se na passagem de uma posição para a outra a linha não passar por ponto algum singular da funcção $F(z, u)$.

2.º Uma segunda consequencia que se tira do theorema demonstrado anteriormente é o theorema seguinte, que foi já demonstrado no n.º 251 para o caso das funcções algebricas:

Se $F(z, u)$ *é uma funcção holomorpha de z e u, na visinhança do ponto $z = a$, $u = b$, e se a derivada* $\frac{\partial f}{\partial u}$ *não é nulla neste ponto, a equação* $F(u, z) = 0$ *define u como funcção holomorpha de z na visinhança de $z = a$, $u = b$.*

([1]) *Sitzungsberichte der K. Akademie der Wissenschaften zu Berlin,* 1886.

Com effeito, por ser holomorpha na visinhança do ponto (a, b) a funcção que representa o quociente de $\frac{\partial F}{\partial z}$ por $\frac{\partial F}{\partial u}$, quando $\frac{\partial F}{\partial u}$ é differente de zero, a equação

$$\frac{\partial F}{\partial z}+\frac{\partial F}{\partial u}\frac{du}{dz}=0$$

é satisfeita por uma funcção $u=f(z)$, holomorpha na visinhança do ponto $z=a$, e que no ponto a toma o valor b. Por ser porém

$$dF(z, u)=\frac{\partial F}{\partial z}dz+\frac{\partial F}{\partial u}du,$$

temos $dF(z, u)=0$, e portanto

$$F(z, u)=c.$$

Para determinar a constante c, ponha se $z=a$, $u=b$, o que dá $c=0$. A funcção $f(z)$ satisfaz pois á equação $F(z, u)=0$.

267. Funcções ellipticas. — Para fazer uma applicação da doutrina anterior, vamos considerar a funcção z definida pela equação differencial

$$(5) \qquad \frac{dz}{du}=2\sqrt{(z-e_1)(z-e_2)(z-e_3)},$$

ou

$$(5') \qquad \left(\frac{dz}{du}\right)^2=4z^3-g_2z-g_3.$$

onde e_1, e_2, e_3 são constantes reaes ou imaginarias. Supponhamos que se toma para valor inicial do radical um v_0 dos valores que elle toma no ponto z_0 e que se toma para valor inicial de z este mesmo valor z_0.

Como e_1, e_2, e_3 são os pontos criticos do radical, o segundo membro da igualdade (5) é uma funcção holomorpha na visinhança de qualquer ponto differente dos pontos e_1, e_2, e_3. Portanto, em virtude do theorema demonstrado no n.º 265, z é uma funcção de u holomorpha na visinhança de qualquer valor que der a z um valor differente de e_1, e_2 e e_3.

Para vêr como se comporta esta funcção na visinhança dos pontos criticos do radical, consideremos um d'estes pontos, e_1 por exemplo, e represente u_1 o valor de u que dá a z o valor e_1. Pondo $z=e_1+t^2$, $u=u_1+v$, t e v representando duas novas variaveis, a equação (5) transforma-se na seguinte

$$\frac{dt}{dv}=\sqrt{(t^2+e_1-e_2)(t^2+e_1-e_3)},$$

que faz vêr que t é uma funcção holomorpha de v na visinhança do ponto $v=0$. Logo z é uma funcção holomorpha de u na visinhança do ponto u_1.

Vê-se pois que a funcção z definida pela equação proposta é holomorpha em todos os pontos em que é finita.

Consideremos agora os pontos em que esta funcção z é infinita. Pondo $z=\frac{1}{t^2}$, a equação proposta transforma-se na seguinte:

$$\frac{dt}{du}=-\sqrt{(1-e_1 t^2)(1-e_2 t^2)(1-e_3 t^2)},$$

a qual faz vêr que t é uma funcção holomorpha de u na visinhança do ponto $t=0$, e portanto que os pontos onde $z=\infty$ são pólos da funcção z. Por ser $\frac{dt}{du}$ differente de zero, quando $t=0$, vê-se que os valores de u que dão $t=0$ são raizes simples d'esta equação; e portanto a egualdade $z=\frac{1}{t^2}$ faz vêr que estes valores são pólos duplos de z e que temos, na visinhança de um qualquer d'elles a_c,

$$z=\frac{A}{(u-a_c)^2}+\frac{B}{u-a_c}+A_0+A_1(u-a_c)+\ldots$$

Substituindo este desenvolvimento na egualdade (5′) e egualando os coefficientes das mesmas potencias de $u-a_c$, vêem equações por meio das quaes se determinam os coefficientes A, B, A_0, $A_1 \ldots$ Obtem-se d'este modo a igualdade

$$z=\frac{1}{(u-a_c)^2}+\frac{g^2}{20}(u-a_c)^2+\ldots \tag{6}$$

Temos pois o theorema seguinte:

A funcção z definida pela equação (5) *é meromorpha em todo o plano. Os pólos são duplos e na visinhança de cada um d'elles tem logar o desenvolvimento* (6).

Raciocinando como no exemplo anterior, com a modificação de pôr $z=\frac{1}{t}$, em logar de $z=\frac{1}{t^2}$, na parte em que se demonstra que os pontos em que a variavel z é infinita são pólos da funcção, vê-se que *a equação*

$$\frac{dz}{du}=\sqrt{(z-e_1)(z-e_2)(z-e_3)(z-e_4)}$$

define uma funcção meromorpha, que admitte só pólos simples.

268. Do theorema demonstrado no numero anterior conclue-se que a equação

$$u=\int_z^\infty \frac{dz}{\sqrt{4z^3-g_2 z-g_3}} \tag{7}$$

determina z em funcção de u, e que esta funcção é meromorpha. Viu-se no n.º 195 que, quando g_2 e g_3 são quantidades reaes, a funcção z é susceptivel de um desenvolvimento da fórma (3), e viu-se o modo de obter este desenvolvimento. Aqui vamos mostrar que, no caso de g_2 e g_3 serem imaginarios, ainda z é susceptivel de um desenvolvimento da mesma fórma e achar este desenvolvimento. Esta questão é inversa da que foi tratada no n.º 196–IV.

Notemos para isso, em primeiro logar, que a cada valor que se der a z na equação (7) corresponde (n.º 263) um numero infinito de valores para o integral, taes que, se fôr u um d'elles, os outros são da fórma $2n_1\omega_1 + 2n_2\omega_2 \pm u$. Se representarmos pois por $f(u)$ a funcção z, temos

$$f(2n_1\omega_1 + 2n_2\omega_2 \pm u) = f(u); \tag{8}$$

e portanto a funcção z definida por (7) é duplamente periodica e os seus periodos são $2\omega_1$ e $2\omega_2$.

Notemos, em segundo logar, que as igualdades (7) e (8) fazem vêr que a funcção $f(u)$ admitte o pólo 0 e os pólos $2n_1\omega_1 + 2n_2\omega_2$, e que na visinhança de cada um d'estes pólos tem logar o desenvolvimento (6).

Posto isto, se construirmos por meio da série (1) do n.º 196 uma funcção $p(u)$ que tenha os periodos $2\omega_1$ e $2\omega_2$, esta funcção e a funcção $f(u)$ téem os mesmos pólos, e é, na visinhança de cada um d'elles (n.º 196),

$$p(u) - f(u) = \frac{1}{(u-a_c)^2} + P_1(u-a_c) - \frac{1}{(u-a_c)^2} - P_2(u-a_c) = P_1(u-a_c) - P_2(u-a_c),$$

$P_1(u-a_c)$ e $P_2(u-a_c)$ representando séries ordenadas segundo as potencias inteiras de $u-a_c$.

Logo a funcção $p(u) - f(u)$ é uma funcção holomorpha; e, por ser duplamente periodica, temos (n.º 191)

$$p(u) - f(u) = C,$$

C representando uma constante.

Para determinar esta constante, basta attender a que a fórmula (4) do n.º 196 e a fórmula (6) do n.º 267 (pondo $a_c = 0$) dão

$$p(u) - f(u) = a_2 u^2 - \frac{g_2}{20} u^4 + \ldots = C,$$

e portanto, pondo $u = 0$, vem $C = 0$.

Temos pois

$$f(u) = p(u).$$

A funcção $f(u)$ definida pela equação differencial (5') e a funcção $p(u)$ definida pela série (1) do n.º 198 coincidem pois.

269. Pondo no integral (2) do n.º 265 $e_1=1$, $e_2=-1$, $e_3=\frac{1}{h}$, $e_4=-\frac{1}{k}$, este integral reduz-se á fórma

$$(9) \qquad u=\int_0^z \frac{dz}{\sqrt{(1-z^2)(1-k^2z^2)}}.$$

A inversão d'este integral foi já feita no n.º 217, suppondo z real e k^2 real e inferior á unidade.

Como vimos de ver nos numeros precedentes, este integral determina z como funcção de u, e esta funcção goza, quer k seja real quer seja imaginario das propriedades, que vamos enunciar.

1.º *A funcção z é meromorpha* (n.º 267).

2.º *A mesma funcção é duplamente periodica.* Com effeito, representando-a por $f(u)$ e attendendo ao que se disse no n.º 264, temos

$$z=f(2n_1\omega_1+2n_2\omega_2+u)=f(u), \qquad z=f[2n_1\omega_1+2n_2\omega_2+(\mathrm{A})-u]=f(u),$$

onde

$$2\omega_1=(\mathrm{A})-(\mathrm{B}), \qquad 2\omega_2=(\mathrm{A})-(\mathrm{C}),$$

$$\mathrm{A}=2\int_0^1 \frac{dz}{\sqrt{(1-z^2)(1-k^2z^2)}}, \qquad (\mathrm{B})=-(\mathrm{A}), \qquad (\mathrm{C})=2\int_0^{\frac{1}{k}} \frac{dz}{\sqrt{(1-z^2)(1-k^2z^2)}}.$$

Pondo $\omega_1=2\omega$, da primeira e quarta egualdade tira-se $(\mathrm{A})=2\omega$. Porisso as duas expressões anteriores de z podem ser escriptas do modo seguinte

$$(10) \qquad f(4n_1\omega+2n_2\omega_2+u)=f(u), \qquad f(4n_1\omega+2\omega+2n_2\omega_2-u)=f(u).$$

Os periodos de $f(u)$ são pois 4ω e $2\omega_2$.

3.º *A funcção z é egual á unidade, quando $u=\omega$.* Pondo com effeito em (9) $z=1$, vem

$$u=\frac{1}{2}(\mathrm{A})=\omega.$$

4.º *A mesma funcção é nulla nos pontos*

$$u=2n\omega+2n_2\omega_2.$$

É o que resulta da egualdade (9), que dá $z=0$, quando $u=0$, e das egualdades (10).

Como a derivada de z relativamente a u não é nulla n'estes pontos, os zeros de z são simples.

5.º *A funcção z é infinita nos pontos*

$$u = 2n\omega + (2n_2 + 1)\omega_2.$$

e estes pontos são pólos simples da funcção. Para demonstrar esta proposição, integremos a funcção proposta ao longo de um contôrno M'M NM' formado pela recta MM', que passa pela origem O das coordenadas, pela semicircumferencia M'NM de centro O e raio R, a qual contém no inteior os pontos A e C correspondentes a $z = 1$ e a $z = \frac{1}{k}$. Teremos (n.º 114-2.º), pondo $e^{i\theta} = \alpha$, θ representando o angulo MON,

$$\int_{-R\alpha}^{0} \frac{dz}{\sqrt{(1-z^2)(1-k^2z^2)}} + \int_{0}^{R\alpha} \frac{dz}{\sqrt{(1-z^2)(1-k^2z^2)}}$$
$$+ \int_{\frac{1}{2}C} \frac{dz}{\sqrt{(1-z^2)(1-k^2z^2)}} = (C) - (A).$$

Façamos agora n'esta egualdade $R = \infty$. Vê-se facilmente, procedendo como no n.º 264, isto é, pondo no ultimo d'estes integraes $z = Re^{it}$ e em seguida fazendo tender R para o infinito, que temos

$$\lim_{R=\infty} \int_{\frac{1}{k}C} \frac{dz}{\sqrt{(1-z^2)(1-k^2z^2)}} = 0.$$

Logo

$$2\int_{0}^{\infty} \frac{dz}{\sqrt{(1-z^2)(1-k^2z^2)}} = (C) - (A).$$

D'esta egualdade tira-se

$$\int_{0}^{\infty} \frac{dz}{\sqrt{(1-z^2)(1-k^2z^2)}} = -\omega_2.$$

A funcção $f(u)$ torna-se pois infinita, quando $u = -\omega_2$; e as egualdades (10) fazem ver que a funcção $f(u)$ é tambem infinita, quando $u = 2n\omega + (2n_2 + 1)\omega_2$.

Como a funcção $f(u)$ só tem dois zeros simples em cada parallelogrammo dos periodos, esta mesma funcção só tem dois pólos em cada parallelogrammo dos periodos e estes pólos são simples (n.º 193-V).

270. Das propriedades que vimos de demonstrar póde-se concluir a proposição inversa da que foi demonstrada no n.º 229, isto é, que a funcção z, que resulta da inversão do integral (9), coincide com a funcção sn u considerada no n.º 221, e portanto goza das propriedades que vimos que esta funcção tinha. Esta proposição foi já demonstrada no caso de k ser real, positivo e inferior á unidade, e vai agora ser estendida ao caso de k representar uma quantidade qualquer, real ou imaginaria. Para isso, vamos mostrar que a funcção $f(u)$ satisfaz á condição (n.° 221)

$$(11) \qquad f(u) = \frac{\sigma(u)}{\sigma_3(u)},$$

e que os seus periodos 4ω e $2\omega_2$ e o seu módulo k satisfazem ás condições (n.° 225)

$$(12) \qquad \frac{\sigma(\omega)}{\sigma_3(\omega)} = 1, \qquad \sqrt{k} = \frac{H_1(0)}{\Theta_1(0)},$$

em que se baseou toda a theoria da funcção sn u (n.° 233).

Podemos, com effeito, formar (n.° 233) uma funcção $\frac{\sigma(u)}{\sigma_3(u)}$ que admitta para periodos 4ω e $2\omega_2$, e esta funcção tem os mesmos zeros e os mesmos pólos que a funcção $f(u)$. Log entre as duas funcções existe uma relação da fórma (n.° 193)

$$z = f(u) = K\frac{\sigma(u)}{\sigma_3(u)},$$

K representando uma constante. Para a determinar, faça-se tender u para zero, e note-se que a equação

$$\frac{dz}{du} = \sqrt{(1-z^2)(1-k^2z^2)}$$

mostra que $\lim_{u=0} \frac{z}{u} = \left(\frac{dz}{du}\right)_0 = 1$, e que tambem (n.° 203) $\lim_{u=0} \frac{\sigma(u)}{u} = 1$. Temos pois $K=1$ e $z = \frac{\sigma(u)}{\sigma_3(u)}$, isto é, a egualdade (11).

Pondo em (11) $u=\omega$ e notando que $f(\omega)=1$, temos a primeira das egualdades (12).

Notando finalmente que, por ser (n.° 233) $\sqrt{k_1} = \frac{H_1(0)}{\Theta_1(0)}$ a egualdade que determina o módulo k_1 da funcção $\frac{\sigma(u)}{\sigma_3(u)}$, esta funcção satisfaz á egualdade

$$\left(\frac{dz}{du}\right)^2 = (1-z^2)(1-k_1^2z^2).$$

Mas, em virtude das egualdades (9) e (11), a mesma funcção deve satisfazer á egualdade

$$\left(\frac{dz}{du}\right)^2 = (1-z^2)(1-k^2z^2).$$

Logo temos $k = k_1$ e portanto $\sqrt{k} = \dfrac{H_1(0)}{\Theta_1(0)}$.

271. Terminaremos o que temos de dizer sobre a funcção sn u, notando que a funcção $\lambda(u)$ definida no n.º 233 coincide com a funcção sn gu. É o que resulta de $\lambda(u)$ satisfazer á equação

$$\frac{d\lambda(u)}{du} = g\mu(u)\,\nu(u) = g\sqrt{[1-\lambda^2(u)]^2[1-k^2\lambda^2(u)]},$$

que dá

$$gu = \int_0^{\lambda(u)} \frac{dx}{\sqrt{(1-x^2)(1-k^2x^2)}},$$

e portanto $\lambda(u) = \text{sn}\, gu$.

FIM DO VOLUME VI

INDICE

Calculo integral

CAPITULO I

Integraes indefinidos

CAPITULO II

Integraes definidos

CAPITULO III

Applicações geometricas. Integraes multiplos

CAPITULO IV

Applicações analyticas da theoria dos integraes indefinidos

CAPITULO V

Integração das equações differenciaes de primeira ordem

CAPITULO VI

Integração das equações differenciaes de ordem superior á primeira

CAPITULO VII

Integração das equações ás derivadas parciaes

CAPITULO VIII

Applicações geometricas

CAPITULO IX

Integração das funcções de variaveis imaginarias

CAPITULO X

Integraes Eulerianos. Funcção $\Gamma(a)$

CAPITULO XI

Funcções ellipticas

CAPITULO XII

Applicações da theoria das funcções ellipticas

CAPITULO XIII

Funcções multiformes